Cálculo
Ilustrado, Prático e Descomplicado

Cálculo
Ilustrado, Prático e Descomplicado

Geraldo Ávila
Luís Cláudio Lopes de Araújo

gen | LTC

Apesar dos melhores esforços dos autores, do editor e dos revisores, é inevitável que surjam erros no texto. Assim, são bem-vindas as comunicações de usuários sobre correções ou sugestões referentes ao conteúdo ou ao nível pedagógico que auxiliem o aprimoramento de edições futuras. Os comentários dos leitores podem ser encaminhados à **LTC – Livros Técnicos e Científicos Editora** pelo e-mail ltc@grupogen.com.br.

Travessa do Ouvidor, 11
Rio de Janeiro, RJ – CEP 20040-040
Tels.: 21-3543-0770 / 11-5080-0770
Fax: 21-3543-0896
ltc@grupogen.com.br
www.ltceditora.com.br

Capa:
Fotos: Ponte JK – Aquilino Bouzan / Ipê – Geraldo Ávila
Projeto gráfico: Máquina Voadora DG

CIP-BRASIL. CATALOGAÇÃO-NA-FONTE
SINDICATO NACIONAL DOS EDITORES DE LIVROS, RJ

A972i

Ávila, Geraldo, 1933-2010
Cálculo : ilustrado, prático e descomplicado / Geraldo Ávila, Luís Cláudio Lopes de Araújo. - [Reimpr.]. - Rio de Janeiro : LTC, 2015.
il. ; 28 cm

ISBN 978-85-216-2072-3

1. Cálculo. I. Araújo, Luís Cláudio Lopes de. II. Título.

12-2194. CDD: 515
CDU: 517.2/.3

Dedico este trabalho ao professor Geraldo Ávila, meu mentor e amigo, com muito carinho.

Prefácio

Em fevereiro de 2008 conversávamos, eu e o professor Geraldo Ávila, em sua casa sobre ensino de cálculo, dificuldades de aprendizagem dos alunos e o uso de novas tecnologias. Ele contou que certa vez uma estudante havia escrito a ele um *e-mail* no qual questionava alguns passos dados em demonstrações que usava termos como "não é difícil concluir que" ou "é fácil ver que", e outras do gênero. O que concluímos disso é que, às vezes, o que parece óbvio para quem escreve, não é necessariamente simples para quem lê. Então ele disse que seria interessante escrever uma obra em que a leitura fosse facilitada por uma linguagem coloquial e sem excesso de formalismos e que, se possível, se tentasse agregar a ela os recursos tecnológicos (preferencialmente livres) disponíveis hoje aos alunos, mas que não obrigasse o professor ou aluno a, necessariamente, fazer uso de *softwares*. O desafio era, portanto, escrever um livro que pudesse ser usado por professores ou alunos de qualquer perfil.

Foi quando nos propusemos, então, a escrever o livro de cálculo que aqui é apresentado, e que é um pouco diferente do tradicional. A obra deveria ter três volumes, como a outra coleção, mas desta vez com um olhar mais paterno (se é que podemos dizer assim) em relação aos alunos que chegam ao ensino superior, mas não têm a base que todos os professores gostariam que tivessem. Desde então começamos a trabalhar no livro, basicamente nos meses de julho e janeiro, época do recesso ou de férias nas instituições em que leciono. Infelizmente para nós, o professor Geraldo Ávila nos deixou no dia 29 de agosto de 2010, e esta obra ainda estava por concluir.

Tanto a família quanto os profissionais da LTC, editora integrante do GEN, e eu, claro, concordamos que seria interessante concluí-la, já que esta foi sua última obra. Desde então venho trabalhando (usando janeiros e julhos) na conclusão deste trabalho. A seguir, você terá a oportunidade de entender um pouco este livro.

Uma palavra com o professor

Prezado colega professor, se você é um pouco mais tradicional e gosta mais das coisas como era há algum tempo, quando matemática era estudada apenas com lápis, borracha e papel, gostaria de tranquilizá-lo com respeito a ter que fazer uso de *software* para usar este livro. Isso não é necessário. O livro foi escrito de forma que o uso desse recurso é OPCIONAL, tanto para o professor quanto para o aluno. É possível que o professor opte por não fazer nenhuma menção a *software* e, mesmo assim, o aluno queira fazer uso, já que não depende em nada do conhecimento do professor. Todas as instruções estão contidas nesta obra de modo que o estudante pode executar as tarefas exploratórias dos conceitos estudados sem ter que recorrer em nenhum momento ao professor. É também possível que o professor opte por usar os recursos computacionais em suas aulas, e o aluno ficar apenas no texto principal. Não há uma exigência de uso de um dos dois *softwares* (GeoGebra ou MAXIMA). A obra foi pensada para ter essa versatilidade.

Por outro lado, se você, professor, gosta de fazer uso de recursos tecnológicos em suas aulas, também poderá usar este livro até como apoio para uma atividade exploratória em um laboratório, pois ele foi pensado para que o aluno executasse as ações sem a necessidade de nenhum intermediário.

O livro foi organizado da seguinte forma: todo capítulo tem um anexo chamado "Experiências no computador", onde o estudante encontrará um apoio para usar os referidos *softwares* (livres) visando explorar os conteúdos estudados no texto principal do capítulo. O uso desse anexo é opcional, como já dito, de modo que caso o professor ou aluno opte por um curso de cálculo tradicional bastará desconsiderar o anexo mencionado, ou seja, não há uma dependência dos *softwares* para o aprendizado dos conteúdos. Eles (os *softwares*) apenas ajudarão na compreensão de alguns conceitos, mas você não é um "escravo" do programa.

Vale ressaltar que, em nenhum lugar, o estudante encontrará escrito "a partir do que vimos podemos concluir que...", "a imagem nos leva a concluir", "a imagem prova que..." ou outra frase semelhante. A todo o momento é deixado claro ao estudante que os *softwares* são auxiliares, eles não substituem o cálculo manual e tampouco que deva usá-los para algo que não seja uma mera ilustração. Sempre que há oportunidade, dizemos que imagem não prova nada, apenas ilustra. Entretanto, as imagens são importantes para fixar ideias e fazer com que se lembre mais facilmente do que determinado resultado diz, o que significa, do ponto de vista geométrico, e até pode dar ao estudante um "norte" para o início de uma demonstração.

Uma palavra com o aluno

Prezado colega estudante, este livro foi escrito pensando principalmente em você. Tentamos usar uma linguagem que fosse clara, e que não fizesse uso de excesso de formalismo. Entretanto, isso não significa que adotamos atitudes "dogmáticas", dando "receitas" sem justificativas ou incentivando você a tirar conclusões apenas a partir de imagens. Todo o material foi desenvolvido de maneira prática, utilizando bastante a intuição e visualização geométrica.

Você tem, ainda, a OPÇÃO de explorar todo o conteúdo estudado com o uso de *softwares* livres – o GeoGebra e o MAXIMA – escolhidos por serem de fácil uso e por serem livres, ou seja, você pode usá-los sem a necessidade de pagar pela licença de uso. Para um melhor entendimento dos conceitos estudados, junto com cada capítulo há um anexo que lhe ensinarão a comandar os *softwares* para que visualize melhor determinada propriedade ou confira se o resultado encontrado manualmente está ou não correto. Caso esteja errado, você pode procurar onde está o seu erro e, descobrindo onde errou, terá a oportunidade de entender o que fez de errado e tentar não incorrer novamente no mesmo desacerto. O uso desses recursos computacionais é OPCIONAL e caso opte por fazer uma disciplina no modo tradicional, verá que não haverá nenhum problema. Basta ignorar os anexos de cada capítulo.

Uma palavra com o professor e o aluno sobre uso de recursos computacionais

A partir de 1985, aproximadamente, surgiu no mundo um movimento de renovação dos livros e do ensino de Cálculo. Isso trouxe boas contribuições, como a ênfase no papel ativo do aluno no aprendizado, mas também acarretou inconvenientes, tanto na insistência do uso exagerado de *softwares*, como num ensino tipo "receituário", sem a devida apresentação de conceitos e teorias que o justifiquem. Não temos esse propósito e tampouco o de fazer uso indiscriminado de *softwares* no ensino de Cálculo. Este livro tenta ser um meio-termo. A utilização de *softwares* pode ser vantajosa em diversos aspectos, desde que não substitua nem prejudique a apresentação tradicional das técnicas do Cálculo, mas auxilie o aluno na compreensão dos conceitos estudados e que possa permitir que se localize em que parte da resolução houve um erro de cálculo.

Alguns pontos que podem contar a favor do uso de programas de computador no auxílio aos estudos dos conteúdos aprendidos em Cálculo, se usados de forma adequada:

- **Autonomia:** o aluno consegue saber se acertou ou não a resolução de um exercício e pode usar o próprio *software* para encontrar o erro (caso tenha ocorrido um desacerto). Essa busca pelo "onde errou" colabora com o aprendizado.

- **Visualização de resultados parciais:** o aluno pode fazer da máquina (um computador equipado com um *software*) uma parceira que apontará o que deverá encontrar e, havendo eventuais desacertos, em que ponto de sua resolução houve um erro. Isso seria feito pelo professor da disciplina, um monitor ou um professor particular.

- **Visualização de objetos matemáticos de forma dinâmica (com movimento):** diversos resultados em Cálculo possuem um significado geométrico. Como exemplo podemos citar: o significado da derivada, da integral definida como resultado do limite de uma soma, o Teorema do Valor Médio e outros. O aluno pode visualizar o gráfico, o ponto sobre o gráfico, a reta tangente deslizando sobre a curva ou os retângulos usados para construir a Soma de Riemann com a quantidade de retângulos modificando e tanto a soma superior quanto a inferior sendo mostrada em tempo real. Isso ajudará a fixar as ideias criando uma imagem do teorema. Um velho ditado chinês diz: "uma imagem vale mais que mil palavras". Agora imagine uma imagem não estática. Quando se falar de derivada, soma integrada ou do Teorema do Valor Médio, por exemplo, esses conceitos estarão gravados na memória e a partir daquela lembrança ele poderá dizer o que diz o Teorema (uma espécie de engenharia reversa). A proposição passa a ter uma imagem associada e isso facilita o entendimento. Quantos alunos que estão no Cálculo 2 sabem encontrar uma derivada, mas, se indagados sobre o significado daquele número, eles não sabem. E são muitos, posso assegurar.

Por tudo isso, é de se pensar que tais recursos podem auxiliar o estudante no caminho que ele deve percorrer quando cursa uma disciplina como Cálculo 1.

Sobre a organização do livro

Este livro foi organizado da seguinte forma:

- O Capítulo 1 traz o básico que o aluno deve saber sobre a matemática do ensino médio. Nesse capítulo o estudante recordará o conceito de função, domínio, gráficos, funções afins, quadráticas, circunferências e hipérboles.

- No Capítulo 2 o estudante já terá contato com o conceito de derivadas, antes mesmo de limite e continuidade, que serão introduzidos à medida que se fizerem necessários a partir do Capítulo 3.

- O Capítulo 4 trata de regras de derivação e da regra da cadeia.

- O Capítulo 5 versa sobre o Teorema do Valor Médio e as aplicações da derivada.

- No Capítulo 6 o conceito de primitiva de uma função é inserido e vários cálculos são feitos, mas ainda sem um símbolo para representar uma primitiva. Posteriormente é apresentado o conceito de soma integrada e os dois teoremas fundamentais do cálculo, de onde virão os símbolos para representação de integral definida e indefinida (primitivas). Vê-se que até o momento nenhum exercício ou problema envolveu funções exponenciais, logarítmicas ou trigonométricas, que serão apresentadas nos três capítulos seguintes: 7, 8 e 10.

- O Capítulo 9 traz o conceito de Regra de l'Hôpital e aplicações diversas das funções exponenciais como: juro composto, crescimento populacional, desintegração radioativa e meios de datação, circuitos RL e outros. Nesse capítulo há também uma discussão sobre o número e, base do logaritmo natural. Poderíamos ter construído uma matemática que não fizesse uso desse notável número?

- Finalmente, o Capítulo 11 trata de integrais (cálculo de primitivas), mas apenas por manipulação algébrica, substituição simples e integração por partes. Ali se verá que o tradicional "u" foi trocado por um $\square$. O uso desse símbolo se deu em função de experiência em sala de aula. Para os alunos a visualização pareceu mais natural e o entendimento foi facilitado. É lógico que essa abordagem é só inicial. Depois de um tempo, voltamos a usar "x", "u" e os clássicos.

Agradecimento

Quero registrar aqui o meu agradecimento aos diversos profissionais que nos ajudaram na preparação desta obra. Primeiramente ao saudoso professor Geraldo Ávila e toda a sua família. Em particular àqueles mais próximos, como a dona Neuza Ávila (esposa), Rita (filha), Eduardo (genro), Guilherme Ávila (neto) e Gabriel Ávila (neto), com quem tive o prazer de conviver, pois moramos na mesma cidade (Brasília), por cerca de cinco anos, e não menos importantes, os demais Ávilas: Geraldo, Eliana, André e Pedro.

Agradeço também ao profissional Eliseu Lopes de Araújo que criou, no CorelDRAW, as artes usadas nos títulos dos exercícios, das respostas, sugestões e soluções, parte da que foi usada em cada abertura de capítulo e nas seções. Meus sinceros agradecimentos também ao professor José Julimá Bezerra Junior e à professora Maria Marony Sousa Farias, colegas engenheiros eletricistas do UniCEUB, pela leitura e apontamento nos textos envolvendo eletricidade. Finalmente agradeço aos nossos editores pelo interesse neste trabalho e a toda a equipe da LTC Editora (GEN).

Luís Cláudio LA (Lopes de Araújo)

Material Suplementar

Este livro conta com o seguinte material suplementar:

- Ilustrações da obra em formato de apresentação (restrito a docentes)

O acesso ao material suplementar é gratuito, bastando que o leitor se cadastre em: http://gen-io.grupogen.com.br.

Sumário

Cálculo
Ilustrado, Prático e Descomplicado

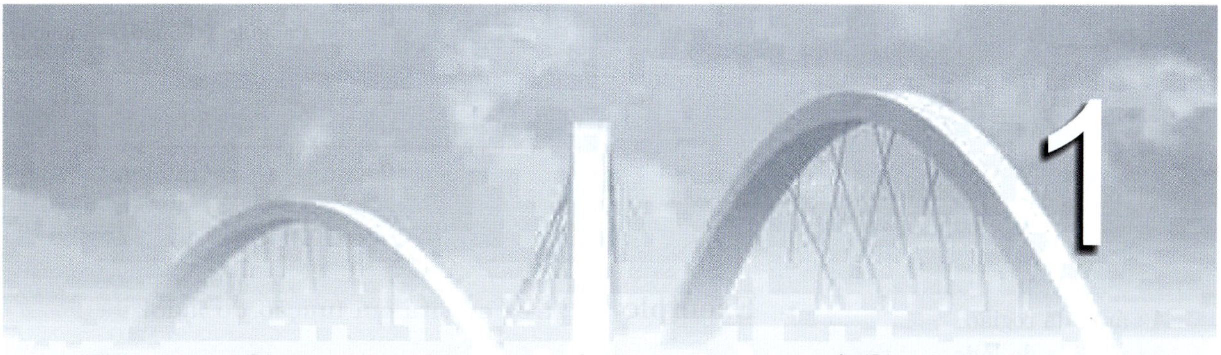

1 Funções, equações e gráficos

O Cálculo fundamenta-se em dois pilares básicos, que são a *derivada* e a *integral*. No entanto, subjacente a eles está o conceito de *função*, com o qual o leitor com certeza já adquiriu alguma familiaridade em seus estudos no ensino médio. Não obstante isso, é conveniente que dediquemos este capítulo inicial a um apanhado sobre funções e gráficos. E para bem entender as ideias relacionadas a funções não é necessário todo aquele formalismo de conjuntos e muitas definições como ainda se costuma fazer no ensino médio. Os conceitos devem ser introduzidos aos poucos, somente quando são realmente necessários à apresentação das ideias. É essa a orientação que adotamos aqui.

1.1 Primeiras noções de funções

> O conceito de função vem de séculos atrás, mas foi só em meados do século XVII que ele começou a se desenvolver mais intensamente; e isso aconteceu por causa das necessidades que iam surgindo com o desenvolvimento do Cálculo. Mesmo assim, demorou para que o conceito evoluísse o bastante para satisfazer as necessidades práticas. Foi só no século seguinte que a ideia de função adquiriu esse significado que cultivamos ainda hoje, o de que os valores de uma variável dependem dos valores de outra ou várias outras.

Nos tempos modernos, o conceito de função começou a surgir no século XVII, mas apenas de maneira embrionária; foi se desenvolvendo aos poucos, à medida que as necessidades se impunham, e só adquiriu plena maturidade no século XIX. É mais fácil entender esse conceito por meio de exemplos simples, que vão preparando o caminho para a definição que será dada mais adiante. Começaremos com exemplos bem elementares e de fácil compreensão.

▶ Exemplo 1: Variável dependente e variável independente.

Um automóvel que viaja a 60 km/h percorre uma distância s (espaço) em t horas. Podemos, pois, escrever: $s = 60t$. Atribuindo a t valores arbitrários, calculamos o espaço percorrido s (Fig. 1.1). Assim,[1]

$$\begin{aligned} t = 2 &\quad\Rightarrow\quad s = 60 \cdot 2 = 120 \\ t = 3 &\quad\Rightarrow\quad s = 60 \cdot 3 = 180 \\ t = 1,5 &\quad\Rightarrow\quad s = 60 \cdot 1,5 = 90 \\ t = 1,25 &\quad\Rightarrow\quad s = 60 \cdot 1,25 = 75 \end{aligned}$$

e assim por diante.

Como se vê nesse exemplo, temos duas grandezas variáveis, o espaço s e o tempo t. Ao tempo t atribuímos valores arbitrários e calculamos os valores correspondentes de s. É por isso que se diz que t é a *variável independente*, enquanto s é chamada *variável dependente*, pois os valores de s dependem dos valores atribuídos a t. Essa dependência de s sobre t também se exprime dizendo que s é "função" de t.

[1] Veja o significado dos símbolos "$\Rightarrow$" e "$\Leftrightarrow$" na p. 325.

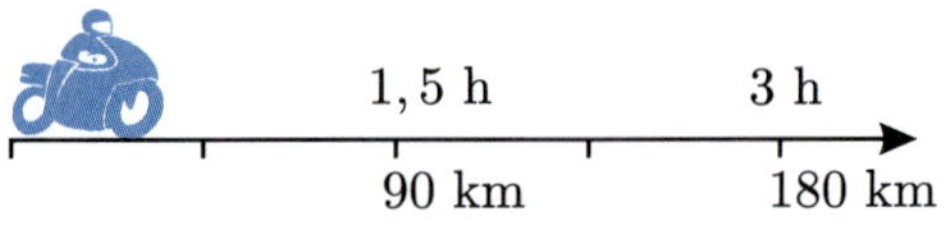

Figura 1.1

▶ Exemplo 2: Área escrita em função do lado.

Um triângulo equilátero com lado de medida x possui área dada por $A(x) = x^2\sqrt{3}/4$ (veja o Exercício 14 adiante, inclusive a sugestão para resolvê-lo). Se o polígono for um quadrado, essa função área será $A(x) = x^2$. Se o polígono regular for um hexágono, sua área será igual a seis vezes a área de um triângulo equilátero de mesmo lado (Fig. 1.2), ou seja, $A(x) = 6x^2\sqrt{3}/4 = 3x^2\sqrt{3}/2$.

A : área da região
x : medida do lado

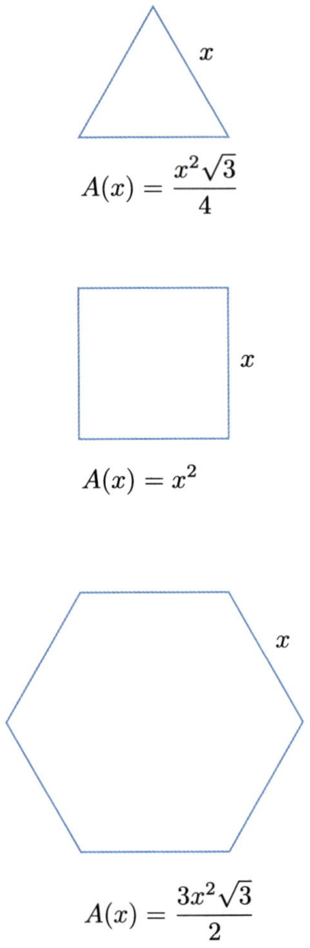

Figura 1.2

Repare que em todos esses casos estamos exprimindo uma grandeza geométrica (área) em função de outra (lado do polígono). São inúmeras as situações geométricas em que isso acontece. Por exemplo, a área do círculo é dada em função de seu raio mediante a fórmula $A(r) = \pi r^2$; o comprimento da circunferência em função do raio, $C(r) = 2\pi r$; o volume e a área da esfera em função do raio, respectivamente, pelas fórmulas $V(r) = 4\pi r^3/3$ e $A(r) = 4\pi r^2$. O exemplo seguinte exibe mais uma situação geométrica.

▶ Exemplo 3: Área de um cercado retangular.

Em uma fazenda há um muro que um fazendeiro quer aproveitar para fazer um cercado na forma de um retângulo. Para isso ele adquiriu 100 metros de tela. Denotando com x o lado do retângulo perpendicular ao muro, pede-se a área da região cercada pela tela em função de x.

Um antigo provérbio chinês revela bastante sabedoria quando diz: *uma boa figura vale mais que mil palavras.* A visualização dos dados de um problema em uma figura (uma ilustração) é importante, e sempre faremos uso desse recurso; e insistimos em que é muito proveitoso cultivar esse hábito. Os dados do problema nos levam à situação ilustrada na Fig. 1.3. Naturalmente que para um retângulo cujas medidas dos lados sejam x e $100 - 2x$ a área será $A(x) = x(100 - 2x) = 100x - 2x^2$, que é a área dada em função da medida de um dos lados do retângulo.

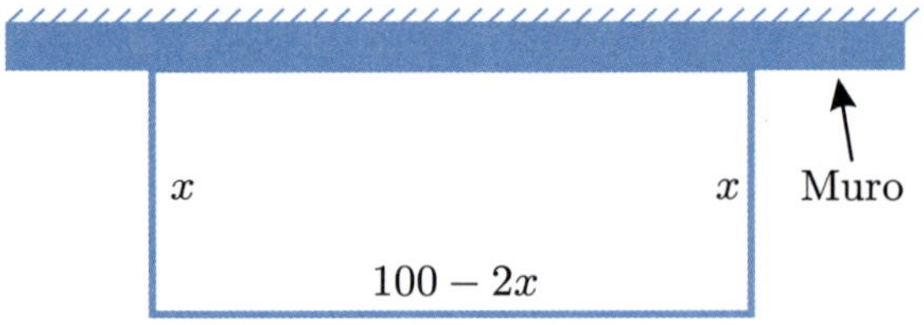

Figura 1.3

■ Função como caixa de transformação

Outra maneira sugestiva de visualizar uma função consiste em considerá-la como "caixa de transformação", vale dizer, uma caixa na qual entram valores x, os quais são transformados, segundo determinada regra, produzindo valores finais y. Como primeiro exemplo, suponhamos que a regra seja "elevar ao quadrado":

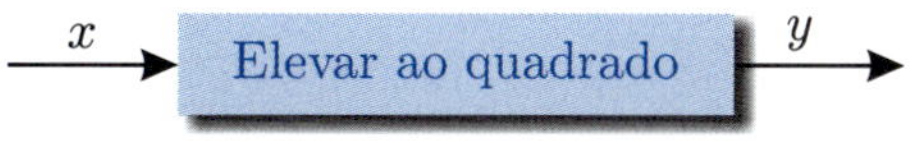

Assim, se o número de entrada x tiver o valor 3, o y da saída terá o valor $3^2 = 9$; se a entrada for $3/4$, a saída será $(3/4)^2 = 9/16$; se a entrada for $-7/2$, a saída será $(-7/2)^2 = 49/4$; e assim por diante. De um modo geral, um número genérico x na entrada produz o número de saída $y = x^2$.

Outro exemplo de função: a entrada x transforma-se em sua raiz quadrada. Assim, $x = 16$ produz a saída[2] $y = \sqrt{16} = 4$; $x = 5/9$ produz a saída $\sqrt{5}/3$; e assim por diante. De um modo geral, essa caixa transforma um valor genérico de entrada x no valor de saída $y = \sqrt{x}$. Repare que no exemplo anterior podíamos entrar com qualquer número x, positivo, negativo ou nulo, ao passo que agora não podemos entrar com valores negativos, os quais não têm raiz quadrada real. Por exemplo, $x = -9$ produziria $y = \sqrt{-9}$, mas isso não é um número real.

Vejamos mais um exemplo: subtrair 1 e extrair a raiz quadrada, regra essa que se traduz pela fórmula $y = \sqrt{x-1}$, ilustrada na figura seguinte.

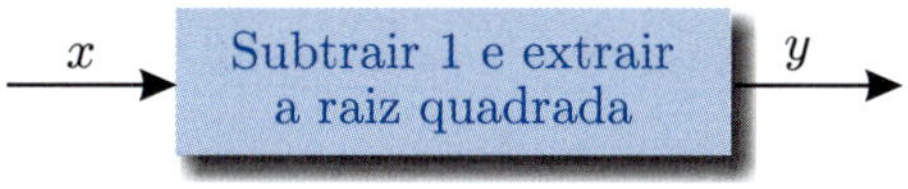

Por exemplo, se a entrada é 19, a saída deve ser

$$\sqrt{19-1} = \sqrt{18} = \sqrt{9 \cdot 2} = \sqrt{9} \cdot \sqrt{2} = 3\sqrt{2};$$

se a entrada é 10, a saída deve ser $\sqrt{10-1} = \sqrt{9} = 3$, e assim por diante. Aqui é necessário que $x - 1$ nunca seja negativo, ou não podemos extrair a raiz quadrada; mas $x - 1 \geq 0$ significa $x \geq 1$.

E se a regra fosse "adicionar 3 e extrair a raiz quadrada", que restrições teríamos de impor a x? A regra seria $y = \sqrt{x+3}$, mostrando que $x + 3$ não pode ser negativo, vale dizer, $x + 3 \geq 0$, donde $x \geq -3$.

Em todos esses exemplos há um elemento comum, que é a regra de transformação. Vamos denotá-la com a letra f, de "função". Assim, escrevemos $y = f(x)$ para denotar a função que transforma x em y segundo uma lei de transformação f.

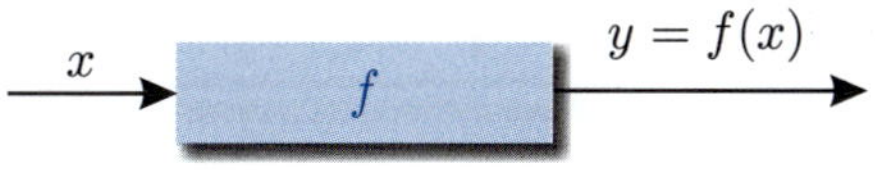

Em muitas das funções que surgirão em nosso estudo, a entrada x tem de ser restrita a conjuntos apropriados, como vimos em alguns dos nossos exemplos. Um tal conjunto é chamado *domínio* da função.

---

[2] Lembre-se de que não podemos escrever $\sqrt{16} = \pm 4$, pois o símbolo $\sqrt{16}$ significa sempre a raiz quadrada positiva de 16. Veja mais sobre isso na p. 331.

Exercícios

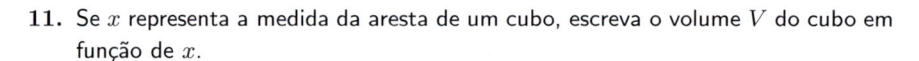

Nos Exercícios 1 a 7 encontre a relação entre o valor de entrada x e o valor de saída y para cada uma das regras de transformação dadas.

1. Elevar ao quadrado e subtrair 3.

2. Subtrair 1 e elevar ao quadrado.

3. Dobrar e adicionar 3.

4. Triplicar, adicionar 3 e extrair a raiz quadrada.

5. Dobrar, subtrair 5 e extrair a raiz quadrada.

6. Inverter (inverso multiplicativo).

7. Subtrair 1 e inverter.

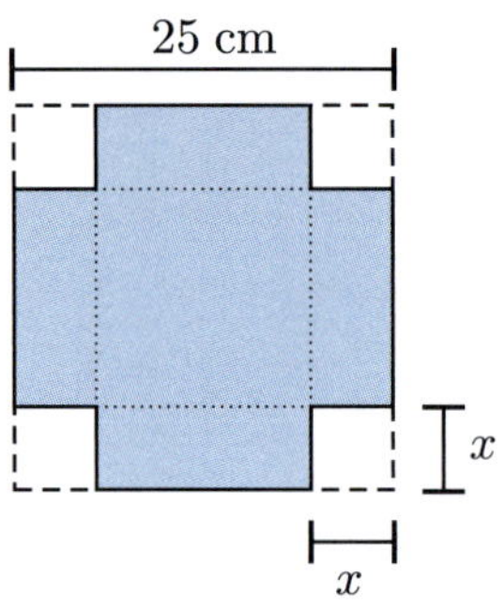

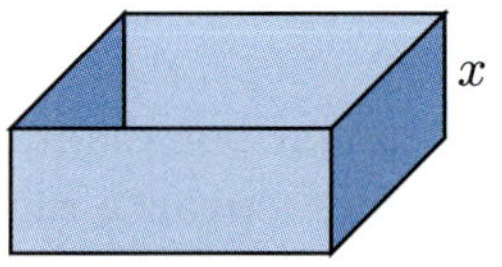

Determine o domínio de cada uma das funções dadas nos Exercícios 8 a 10.

8. $y = \dfrac{1}{x-3}$.

9. $y = \sqrt{x-9}$.

10. $y = \sqrt[3]{x-1}$.

Nos Exercícios de 11 a 15, escreva a relação solicitada entre as grandezas.

11. Se x representa a medida da aresta de um cubo, escreva o volume V do cubo em função de x.

12. Se x representa a medida da aresta de um cubo, expresse a diagonal d do cubo em função de x.

13. Os lados iguais de um triângulo isósceles têm medida 2. Se x representa a medida da base, escreva a área A do triângulo em função de x.

14. Mostre que a área de um triângulo equilátero cujo lado tem medida x é dada por $A = x^2\sqrt{3}/4$.

15. Um fio de comprimento L é cortado em dois pedaços. Com um pedaço formamos uma circunferência e com o outro, um quadrado. Se x for a medida do lado do quadrado, expresse a área total englobada pelas duas figuras como função de x.

16. Suponha que se tenha um papel na forma de um quadrado de lado 25 cm, e que de cada quina se retire um quadrado de lado x (veja ilustração na margem). Com o papel sem essas pontas faz-se uma caixa. Qual é a função de x que representa o volume V dessa caixa?

Respostas, sugestões, soluções

1. $y = x^2 - 3$.

2. $y = (x-1)^2$.

3. $y = 2x + 3$.

4. $y = \sqrt{3x+3}$.

5. $y = \sqrt{2x-5}$.

6. $y = 1/x$.

7. $y = \dfrac{1}{x-1}$.

8. O valor de x não pode ser 3, já que o denominador se anularia e a fração não teria sentido. Portanto, o domínio é o conjunto de todos os números reais diferentes de 3.

9. É necessário que $x - 9 \geq 0$, ou seja, $x \geq 9$ para que esse número real x seja transformado em um número real y pela regra dada. Então, o domínio é o conjunto dos números reais maiores ou iguais a 9.

10. O domínio é o conjunto de todos os números reais.

11. $V = x^3$

12. $d = \sqrt{x^2 + x^2 + x^2} = \sqrt{3x^2} = x\sqrt{3}$, pois $x \geq 0$.

13. Desenhe a figura de um triângulo conforme proposto no exercício. Considere h a medida da altura do triângulo relativa à base x. Observe que essa altura divide o triângulo em dois triângulos retângulos congruentes, cada um de hipotenusa 2 e catetos h e $x/2$. Aplique o Teorema de Pitágoras em um desses triângulos e conclua que $h = \sqrt{16 - x^2}/2$ e $A = x\sqrt{16 - x^2}/4$.

14. Refaça o exercício anterior trocando o lado 2 por x.

15. Considerando um fio de comprimento L, sendo x a medida do lado do quadrado, o comprimento usado para construir o quadrado será $4x$. Para a circunferência restará $L - 4x$. Como o comprimento é $2\pi r$ teremos $L - 4x = 2\pi r$, o que implica que o raio da circunferência será $r = \frac{L-4x}{2\pi}$. Desse modo, a circunferência terá área $A_c = \pi r^2 = \pi \left(\frac{L-4x}{2\pi}\right)^2$. Sendo a área do quadrado $A_q = x^2$, a área da região cercada com o fio de comprimento L será

$$A = A_q + A_c = x^2 + \pi r^2 = x^2 + \pi \left(\frac{L - 4x}{2\pi}\right)^2.$$

16. $V = (25 - 2x)x = 25x - 2x^2$.

1.2 Exemplos simples de funções

Noções sobre conjuntos

Embora o leitor decerto já tenha adquirido certa familiaridade com a noção e notação de conjunto em seus estudos no ensino básico, é conveniente fazer aqui uma breve recordação dessas noções. Os conjuntos que vamos considerar serão sempre subconjuntos do conjunto $\mathbb{R}$ dos números reais ou o próprio conjunto $\mathbb{R}$. Para indicar que um certo x é elemento de um conjunto A escreve-se "$x \in A$", que se lê: "x pertence ao conjunto A". Ao contrário, a notação "$y \notin A$" significa que y não pertence ao conjunto A (Fig. 1.4).

Frequentemente um conjunto é caracterizado por alguma propriedade de seus elementos. Por exemplo, para denotar o conjunto C das raízes reais de um polinômio $P(x)$ escreve-se:

$$C = \{x \in \mathbb{R} : \ P(x) = 0\},$$

que se lê: "conjunto dos números reais x tais que $P(x) = 0$" ou "conjunto das raízes reais da equação $P(x) = 0$".

▶ Exemplo 1: Conjunto das raízes de um polinômio.

Considere $P(x) = x^2 - 5x + 6$. Neste caso,

$$C = \{x \in \mathbb{R} : \ x^2 - 5x + 6 = 0\} = \{2, \ 3\},$$

A noção de conjunto, como a conhecemos hoje, é recente na história da matemática. O primeiro matemático a escrever sobre conjuntos infinitos foi Bernhard Bolzano (1781-1848), um notável intelectual e sacerdote católico que nasceu, viveu e morreu em Praga. Ele escreveu um livro sobre paradoxos do infinito, publicado postumamente em 1859, uma obra mais de caráter filosófico que matemático. Depois dele, o matemático alemão Richard Dedekind (1831-1916) utilizou conjuntos — embora ainda de maneira bem moderada — em seus estudos sobre os números, principalmente os números reais. Mas foi George Cantor (1845-1918) quem desenvolveu uma teoria de conjuntos que, desde o início do século XX, vem tendo enorme influência no estudo dos fundamentos da matemática, além de desempenhar papel muito importante no desenvolvimento de várias disciplinas avançadas da matemática.

Se a equação $P(x) = 0$ não tiver raízes reais, teremos uma situação em que aparece o chamado *conjunto vazio*, ou conjunto sem nenhum elemento. Assim, é vazio o conjunto

$$C = \{x \in \mathbb{R} : \ x^2 + 1 = 0\} = \{x \in \mathbb{R} : \ x^2 = -1\},$$

pois não existe número real x cujo quadrado seja -1.

Diz-se que A é um *subconjunto* de B, ou que A está *contido* em B, e escreve-se $A \subset B$, quando todo elemento de A é também elemento de B. É claro que $A \subset B$ e $B \subset A$ equivale a dizer que $A = B$. Diz-se que A é um subconjunto *próprio* de B quando $A \subset B$, mas $B \not\subset A$, isto é, existe pelo menos um elemento y de B que não esteja em A (Fig. 1.5).

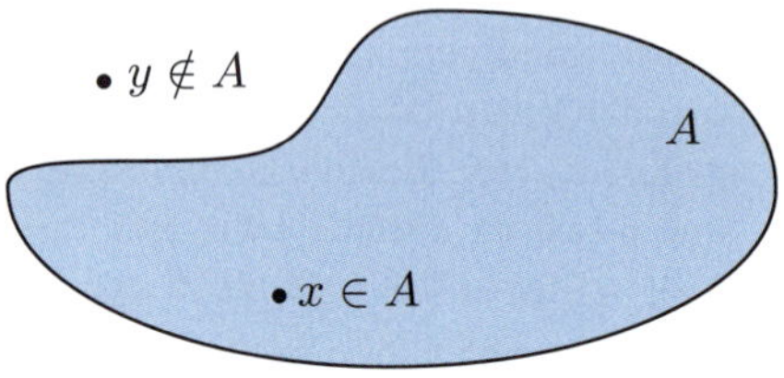

Figura 1.4

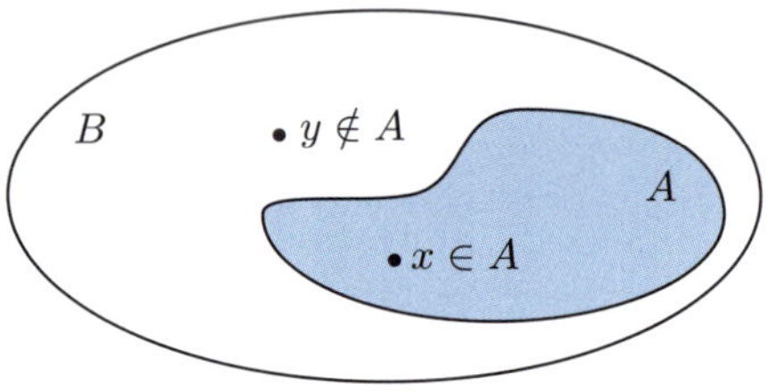

$A \subset B$

Figura 1.5

Intervalos

Em nosso estudo teremos necessidade de nos referir a funções definidas em conjuntos que são "intervalos" ou "semieixos", daí a conveniência de introduzir esses conceitos aqui.

Dados dois números a e b, chama-se *intervalo aberto* de extremos a e b ao conjunto de todos os números compreendidos entre a e b. Costuma-se denotar esse intervalo como $a < x < b$ ou (a, b). Também se escreve, em notação de conjunto,

$$\{x : \ a < x < b\},$$

que se lê: "conjunto dos números x tais que x é maior do que a e menor do que b". Por exemplo, o intervalo aberto de extremos -3 e 2, ilustrado na Fig. 1.6(a), é denotado de qualquer uma das três maneiras equivalentes a seguir:

$$-3 < x < 2, \quad (-3, 2), \quad \{x : \ -3 < x < 2\}.$$

O intervalo de extremos a e b se diz *fechado* quando inclui os extremos. Ele pode ser denotado

$$[a, b], \quad a \leq x \leq b \quad \text{ou} \quad \{x : \ a \leq x \leq b\}.$$

Um exemplo concreto é o intervalo $[3, 7]$, representado na Fig. 1.6(b).

Figura 1.6

Se apenas um dos extremos é incluído no intervalo, ele se diz *semiaberto* ou *semifechado*. Eis dois exemplos representados nas Figs. 1.7(a) e 1.7(b), respectivamente:

$$[1, 3) = \{x : 1 \leq x < 3\} \quad \text{e} \quad (4, 7] = \{x : 4 < x \leq 7\}.$$

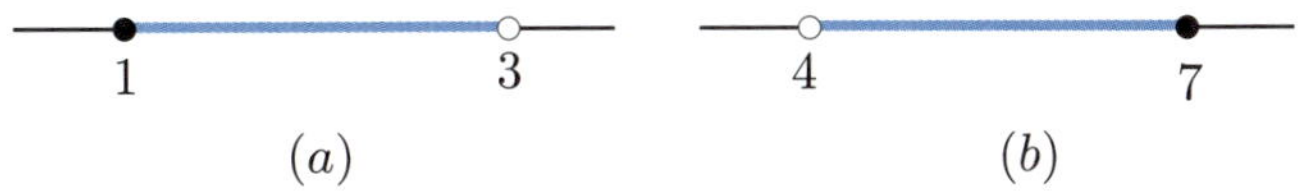

Figura 1.7

Embora indispensável em estudos avançados de matemática, a noção de conjunto é de menor importância no ensino básico e no Cálculo. Tanto assim que foi somente a partir de 1960 que a noção de conjunto foi introduzida no ensino básico, isso devido a uma grande reforma do ensino que naquela época ocorreu em todo o mundo. Antes disso não se utilizavam conjuntos no ensino fundamental e médio. Essa reforma incorporou o ensino de conjuntos de maneira exagerada e teve desastrosas consequências, tanto que não durou uma década e começou a ser descartada em favor de ideias mais sensatas sobre ensino. Aqui no Brasil as coisas demoraram mais tempo para apresentar melhoras.

Introduzindo os símbolos $-\infty$ e $+\infty$ (este último frequentemente escrito apenas ∞), podemos considerar todo o eixo real como um intervalo (aberto, evidentemente, pois esses símbolos, não sendo números, não podem ser incluídos no intervalo):

$$(-\infty, +\infty) = \{x : -\infty < x < +\infty\}.$$

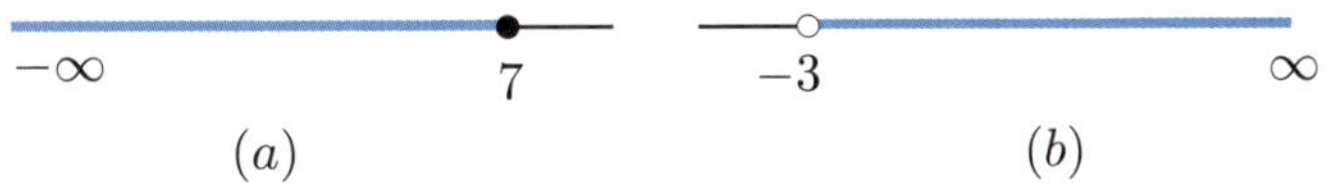

Figura 1.8

Um intervalo com uma das extremidades finita e a outra infinita ($-\infty$ ou $+\infty$) é chamado *semieixo* (fechado ou aberto, respectivamente, se a extremidade finita é ou não incluída no intervalo). As Figs. 1.8(a) e 1.8(b) ilustram os semieixos $(-\infty, 7]$ e $(-3, +\infty)$, fechado e aberto, respectivamente.

Definição de função

Como vimos nos exemplos anteriores, o conceito de função surge da consideração de grandezas variáveis que estão relacionadas entre si. Em todo o nosso estudo só nos interessam funções numéricas, isto é, aquelas em que as variáveis envolvidas são números reais, como nos exemplos anteriores. Por *variável* entendemos *um símbolo que serve para denotar qualquer dos elementos de um dado conjunto*, chamado *domínio* da variável. Assim, no Exemplo 1 da p. 1, o domínio da variável t é o conjunto de todos os números reais $t \geq 0$; no Exemplo 2 da p. 2, o domínio de r é o conjunto dos números reais $r > 0$; e no Exemplo 3 da mesma página, o domínio de x é o intervalo $0 < x < 100$.

A definição de função que damos aqui só surgiu depois dos estudos de Joseph Fourier (1768-1830) sobre propagação do calor, estudos esses publicados em livro em 1822, uma obra clássica de física matemática. Essa definição ficou mais bem explicitada num trabalho de Dirichlet (1805-1859) de 1837 e é a que mais convém nos estudos de Cálculo, Análise e muitas outras disciplinas matemáticas. Uma outra definição, bem mais recente, baseada em produto cartesiano de conjuntos e relação, é bem mais abstrata e de interesse muito restrito. Por um dos exageros que já mencionamos sobre o ensino de conjuntos, ela ainda aparece em alguns livros do ensino médio.

▸ **Definição: (de função)** *Chama-se função a toda correspondência f que atribui a cada valor de uma variável x em seu domínio — também chamado domínio da função — um e um só valor de uma variável y num certo conjunto Y — chamado contradomínio da função.*

Como já dissemos anteriormente, x é a *variável independente* e y a *variável dependente*. Geralmente uma função é denotada por uma letra, muito frequentemente a letra f. Por exemplo, com $y = f(x) = x^2 - 3x - 7$, temos

$$f(4) = 4^2 - 3 \cdot 4 - 7 = 16 - 12 - 7 = -3;$$

$$f(-4) = (-4)^2 - 3(-4) - 7 = 16 + 12 - 7 = 21;$$

$$\begin{aligned} f(3/2) &= (3/2)^2 - 3(3/2) - 7 \\ &= 9/4 - 9/2 - 7 = -9/4 - 7 = -37/4. \end{aligned}$$

Quando consideramos várias funções ao mesmo tempo, temos de denotá-las com letras diferentes. Por exemplo,

$$f(x) = x^3, \quad g(x) = \sqrt{x^2 + 4}, \quad h(x) = 1 - x^2.$$

Na definição anterior falamos em "correspondência". Trata-se da lei segundo a qual cada valor x é levado num valor y. Essa lei pode ser inteiramente arbitrária; e, de fato, há situações em que temos de considerar funções dadas por leis bastante gerais. Mas, em nosso estudo, o que mais nos interessa são as funções dadas por "expressões analíticas" ou "fórmulas", como nos exemplos já considerados.

Argumento de uma função

Às vezes a variável independente também costuma ser designada *argumento* da função, principalmente quando é substituída por uma expressão. Por exemplo, se $f(x) = x^2$, então(3)

$$f(3 + h) = (3 + h)^2 = 3^2 + 2 \cdot 3 \cdot h + h^2 = 9 + 6h + h^2.$$

Nesse último exemplo, $3+h$ é o "argumento" da função. Como se vê, quando lidamos com uma função f, tanto podemos falar em $f(x)$, como em $f(t)$, $f(x-7)$, $f(t + a)$, $f(2 - a)$, $f(x^2 - 3x + 7ax)$, $f(7x/y)$ etc. Em todos esses casos estamos substituindo a variável x por uma certa expressão, daí o nome *argumento da função* que se dá a uma tal expressão. Observe que ao fazermos essa substituição, obtemos uma nova função da nova variável ou variáveis que introduzimos. Por exemplo, se $f(x) = x^2 - 2x$, então

$$f(3 + h) = (3 + h)^2 - 2(3 + h) = 9 + 6h + h^2 - 6 - 2h = h^2 + 4h + 3,$$

que é uma nova função de h, digamos g: $g(h) = h^2 + 4h + 3$.

No próximo capítulo, ao lidarmos com a derivada, teremos de calcular expressões do tipo

$$\frac{f(a + h) - f(a)}{h}.$$

Por exemplo, com $f(x) = 3x^2$ e $a = 1$,

$$\begin{aligned} \frac{f(1 + h) - f(1)}{h} &= \frac{3(1 + h)^2 - 3 \cdot 1^2}{h} = \frac{3(1 + 2h + h^2) - 3}{h} \\ &= \frac{3h^2 + 6h}{h} = 3h + 6. \end{aligned}$$

(3) Aqui estamos utilizando a conhecida regra que diz que "o quadrado de uma soma é igual ao quadrado do primeiro, mais duas vezes o primeiro vezes o segundo, mais o quadrado do segundo". Uma recordação disso encontra-se na p. 328.

Domínio

Para caracterizar uma função, não basta dar a lei que a cada x faz corresponder um y, mas é preciso deixar claro qual é o domínio da função. Não obstante isso, é costume falar de uma função sem mencionar explicitamente seu domínio, caso em que se deve entender que ele será o maior subconjunto de $\mathbb{R}$ para o qual a lei de associação transforma um número real em outro. Por exemplo, quando se fala "seja a função $y = \sqrt{x-3}$", sem especificar o domínio, este deve ser entendido como o semieixo $[3, \infty)$, pois $x - 3$ não pode ser negativo.

▶ **Exemplo 2:** **Determine o domínio da função $f(x) = \sqrt{x+1}$.**

A expressão $\sqrt{x+1}$ só faz sentido se $x + 1 \geq 0$. Assim, devemos ter $x + 1 \geq 0$, vale dizer, $x \geq -1$. Portanto, o maior domínio possível da função é $D_f = \{x \in \mathbb{R} : x \geq -1\}$.

▶ **Exemplo 3:** **Determine o domínio da função $f(x) = \sqrt[3]{x+1}$.**

Repare que essa função faz sentido para todos os números reais x, mesmo os negativos; por exemplo, se $x = -9$, então $f(-9) = \sqrt[3]{-9+1} = \sqrt[3]{-8} = -2$, pois $(-2)^3 = -8$ e desse modo $\sqrt[3]{-8} = -2 \in \mathbb{R}$. Portanto, o domínio máximo dessa função é o conjunto de todos os números reais.

▶ **Exemplo 4:** **Determine o domínio da função $\dfrac{1}{x^2-1}$.**

Como $1/0$ não faz sentido, devemos ter $x^2 - 1 \neq 0$, que equivale a $x \neq \pm 1$. Logo, o domínio da função é o conjunto $D_f = \{x \in \mathbb{R}\colon x \neq \pm 1\}$.

Às vezes é conveniente representar o argumento de uma função por um símbolo, como $\Box$, com o objetivo de facilitar a análise do domínio da função. Por exemplo, para

$$f(x) = \sqrt[n]{\Box},$$

em que n é um número inteiro positivo e par, o domínio de f é o conjunto dos números reais x que fazem com que $\Box \geq 0$. Assim, se $\Box = x + 5$, devemos ter $\Box = x + 5 \geq 0$, donde $x \geq -5$. Já no caso da função

$$f(x) = \sqrt[n]{\Box},$$

em que n denota um número inteiro positivo e ímpar, o domínio de f é o conjunto de todos os números reais, pois agora não há restrição de que o argumento $\Box$ seja negativo.

Contradomínio e imagem

Denotando com D_f o domínio de uma função f, chama-se *imagem de um subconjunto $A \subset D_f$ por f* ao conjunto $f(A)$, assim definido:

$$f(A) = \{f(x) : x \in A\},$$

ilustrado na Fig. 1.9. Em particular, o conjunto

$$I_f = f(D_f) = \{f(x) : x \in D_f\}$$

é chamado de *imagem* da função f, em vez de "imagem de D_f pela função f". Observe que I_f é precisamente o domínio da variável dependente.

A definição de função também faz referência a "contradomínio", que é o conjunto Y onde a variável dependente y assume seus valores. Mas, cuidado! O contradomínio não é necessariamente o domínio da variável dependente ou imagem I_f. É verdade que ele sempre contém I_f, mas, em geral, contém mais elementos, como ilustra a Fig. 1.9.

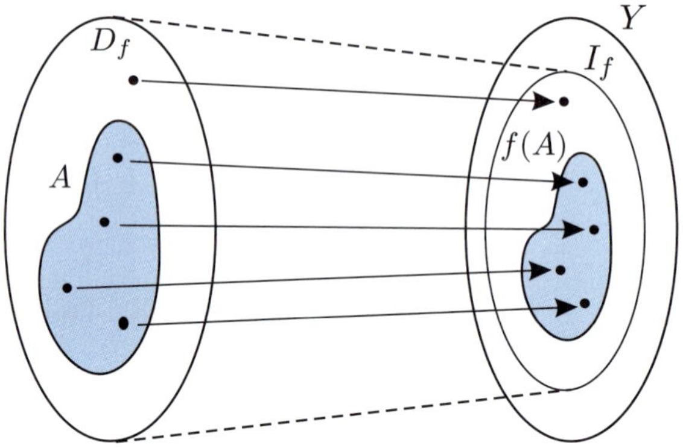

Figura 1.9

Em nosso estudo podemos entender que todas as funções consideradas tenham o conjunto dos números reais como contradomínio. Assim, a função $y = 2x + 1$, definida para todo x real, tem imagem coincidente com o contradomínio; já a função $y = x^2$, também definida para todo x real, tem por imagem o conjunto dos números $y \geq 0$, que não coincide com o contradomínio, mas é um seu subconjunto próprio.

Notação

Como já dissemos, é costume escrever $y = f(x)$ para indicar que y é função de x, e que lemos "y é igual a f de x". Quando lidamos com várias funções ao mesmo tempo, usamos diferentes letras para distingui-las: $f(x)$, $g(x)$, $h(x)$, etc. A rigor, $f(x)$ é o valor da função no ponto x, ou *imagem* de x, sendo mais correto dizer "seja a função f" em vez de "seja a função $f(x)$", embora, frequentemente, se prefira essa última maneira de falar. Outro modo de indicar uma função consiste em escrever $f : x \mapsto f(x)$, que se lê: "f leva x em $f(x)$". Assim, as funções

$$y = x^2, \quad y = 3x - 1 \quad \text{e} \quad y = \sqrt{1 - x^2}$$

são também denotadas, respectivamente, por

$$x \mapsto x^2, \quad x \mapsto 3x - 1 \quad \text{e} \quad x \mapsto \sqrt{1 - x^2}.$$

Mas, como já observamos, para caracterizar uma função não basta dar a lei que a cada x faz corresponder um y; é preciso deixar claro qual é o domínio da função. Por isso mesmo, essa notação de função que acabamos de introduzir se torna mais completa quando nela incluímos o domínio da função. Assim, uma função genérica f com domínio D é denotada por

$$f : x \in D \mapsto f(x),$$

notação essa que deixa claro que cada x no domínio D é levado em $f(x)$, que é a imagem de x pela f.

Quaisquer letras podem ser usadas para denotar as variáveis. Assim, tanto faz escrever

$$y = x^2, \quad s = t^2, \quad x \mapsto x^2, \quad \text{ou} \quad t \mapsto t^2,$$

estamos tratando da mesma função.

Operações com funções

Podemos adicionar, subtrair, multiplicar e dividir funções de maneira óbvia, desde que seus domínios sejam convenientemente restritos a um domínio comum. Por exemplo, $y = \sqrt{x}$ e $y = \sqrt{1-x}$ têm domínios $x \geq 0$ e $x \leq 1$, respectivamente; logo, o produto

$$y = \sqrt{x}\sqrt{1-x} = \sqrt{x(1-x)},$$

tem por domínio o intervalo $0 \leq x \leq 1$, ou $[0,\ 1]$.

De forma análoga, podemos também compor uma função com outra. Por exemplo, se $f(x) = x^2 + 1$ e $g(t) = 1/t^{2/3}$, então

$$g(f(x)) = \frac{1}{(x^2+1)^{2/3}}.$$

Exercícios

Para cada uma das funções dadas nos Exercícios 1 a 6, calcule

(a) $f(2+h)$, (b) $f(2+h) - f(2)$, (c) $\dfrac{f(2+h) - f(2)}{h}$.

1. $f(x) = 3x + 1$. **2.** $f(x) = 5x - 3$. **3.** $f(x) = mx + n$.

4. $f(x) = x^2 + 8$. **5.** $3x^2 + 2x$. **6.** $x^2 - 3x + 5$.

Determine o domínio de cada uma das funções nos Exercícios 7 a 18.

7. $y = \sqrt{3x+3}$ **8.** $y = \sqrt{5-x}$ **9.** $y = 2x + 1$

10. $y = \sqrt{4-3x}$ **11.** $y = \dfrac{1}{x-2}$ **12.** $y = \dfrac{x-1}{x+3}$

13. $y = \dfrac{x}{2x-5}$ **14.** $y = \dfrac{x^2+1}{3x+2}$ **15.** $y = \dfrac{1-x^2}{x^2-3}$

16. $y = \dfrac{\sqrt{9-x^2}}{4-x^2}$ **17.** $y = \sqrt{\dfrac{9-x^2}{x^2-4}}$ **18.** $y = \dfrac{\sqrt[3]{x^2-11}}{\sqrt[8]{x^2+x-2}}$.

Respostas, sugestões, soluções

1. $f(2+h) = 3h + 7$, $f(2+h) - f(2) = 3h$, $\frac{f(2+h)-f(2)}{h} = 3$.

2. $f(2+h) = 5h + 7$, $f(2+h) - f(2) = 5h$, $\frac{f(2+h)-f(2)}{h} = 5$.

3. $f(2+h) = 2m + mh + n$, $f(2+h) - f(2) = hm$, $\frac{f(2+h)-f(2)}{h} = m$.

4. $f(2+h) = h^2 + 4h + 12$, $f(2+h) - f(2) = h^2 + 4h$, $\frac{f(2+h)-f(2)}{h} = h + 4$.

5. $f(2+h) = 3h^2 + 14h + 16$, $f(2+h) - f(2) = 3h^2 + 14h$, $\frac{f(2+h)-f(2)}{h} = 3h + 14$.

6. $f(2+h) = h^2 + h + 3$, $f(2+h) - f(2) = h^2 + h$, $\frac{f(2+h)-f(2)}{h} = h + 1$.

7. Devemos ter $3x + 3 \geq 0$, donde $x \geq -1$.

8. $x \leq 5$.

9. O domínio é o conjunto de todos os números reais.

10. $4 - 3x \geq 0$, donde $x \leq 4/3$.

11. O denominador não pode ser nulo; portanto, devemos ter $x - 2 \neq 0$, donde $x \neq 2$.

12. $x \neq -3$. **13.** $x \neq 5/2$. **14.** $x \neq -2/3$.

15. $x^2 \neq 3$, donde $x \neq \pm\sqrt{3}$.

16. O denominador não pode ser nulo: $x^2 \neq 4$, donde $x \neq \pm 2$. O numerador exige $x^2 \leq 9$, donde $|x| \leq 3$. Assim, o domínio é o intervalo fechado que vai de -3 a 3, exceto os números -2 e 2. Faça uma figura.

17. Para que o radicando não seja negativo devemos ter

$$9 - x^2 \geq 0 \text{ e } x^2 - 4 > 0; \quad \text{ou} \quad 9 - x^2 \leq 0 \text{ e } x^2 - 4 < 0.$$

As duas primeiras inequações equivalem a $|x| \leq 3$ e $|x| > 2$. Faça uma figura para ver que se trata da união dos intervalos $[-3, -2)$ e $(2, 3]$, que é a solução, pois as duas outras inequações equivalem a $|x| \geq 3$ e $|x| < 2$, que é um conjunto vazio.

18. A única restrição é que o radicando do denominador, que é um trinômio do 2º grau, seja positivo. Como suas raízes são $x = -2$ e $x = 1$, ele é positivo fora dos intervalos das raízes, vale dizer, nos intervalos abertos $(-\infty, -2)$ e $(1, \infty)$; portanto, o domínio pedido é a união desses dois intervalos.

1.3 Gráficos de funções

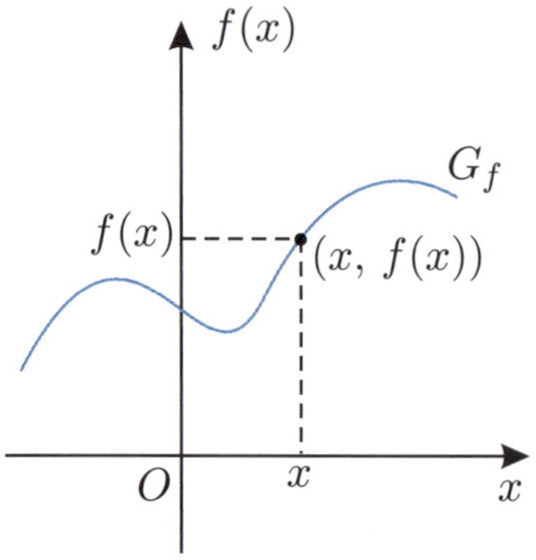

Figura 1.10

O *gráfico* de uma função f é o conjunto G_f dos pares ordenados $(x, f(x))$, onde x varia no domínio de f. Em notação de conjunto, isso se exprime assim:

$$G_f = \{(x, f(x)) : \ x \in D\},$$

em que D é o domínio da função f considerada. A representação de todos esses pares $(x, f(x))$ num plano cartesiano permite uma visualização do gráfico por meio de uma figura geométrica que é, em geral, uma curva, como ilustra a (Fig. 1.10). Essa curva é o *gráfico* da função dada pela equação $y = f(x)$, a qual, por sua vez, é chamada *equação da curva*.

Um exemplo preliminar

Muitas vezes uma equação em duas variáveis pode ser resolvida em uma dessas variáveis, a qual fica expressa como função da outra. Por exemplo, deixando a variável y no primeiro membro da equação $y - x = 6$, ela aparece claramente como função de x na forma $y = x + 6$. De modo análogo podemos exprimir x como função de y: $x = y - 6$.

O gráfico de uma função $y = f(x)$ pode ser representado num sistema de coordenadas cartesianas, marcando os valores atribuídos a x no eixo horizontal e os correspondentes valores de $y = f(x)$ no eixo vertical. Vamos retomar o exemplo anterior $y = 6 - x$ e escolher como domínio de x os números inteiros de -8 a 6, ou seja,

$$D = \{-8, -7, \ldots, 4, 5, 6\}.$$

Em seguida escrevemos esses valores de x e os valores correspondentes de y, bem como os pares $(x, f(x))$, em três colunas sucessivas, como vemos na tabela seguinte. A Fig. 1.11 mostra o gráfico correspondente no plano cartesiano.

x	$y = x + 6$	y	(x, y)
-8	$-8 + 6$	-2	$(-8, -2)$
-4	$-4 + 6$	2	$(-4, 2)$
0	$0 + 6$	6	$(0, 6)$
4	$4 + 6$	10	$(4, 10)$

A representação de funções por gráficos apareceu pela primeira vez, de forma muito embrionária, num trabalho de Nicole Oresme (1325-1382), que foi um ilustre intelectual, versado em vários ramos do conhecimento. Mas a representação de pontos e gráficos de funções utilizando eixos ortogonais num plano só começou a acontecer de maneira sistemática em meados do século XVII. Foram dois ilustres matemáticos franceses, René Descartes (1596-1650) e Pierre de Fermat (1601-1665), os criadores da Geometria Analítica, embora suas obras ainda não contenham gráficos como costumamos utilizá-los hoje em dia. Demorou ainda algum tempo para que muitos outros matemáticos explorassem devidamente os métodos de Descartes e Fermat, tornando-os uma ferramenta muito útil no estudo das funções.

Se, em vez de considerarmos apenas os inteiros de -8 até 6, incluirmos também os números $-7,5$, $-6,5, \ldots, 4,5$, $5,5$, o domínio da função passa a ser o conjunto

$$D = \{-8,\ -7{,}5,\ -7,\ -6{,}5, \cdots, 5,\ 5{,}5,\ 6\}.$$

Agora os pontos do gráfico aparecem mais juntos, como ilustra a Fig. 1.12.

À medida que diminuímos o distanciamento entre sucessivos valores de x, obtemos pontos cada vez mais próximos no gráfico; por fim veremos apenas uma linha e não mais pontos separados. A linha será obtida quando o conjunto D for um intervalo dos números reais; nesse caso essa linha será parte de uma reta, como veremos a seguir na consideração das funções linear e afim.

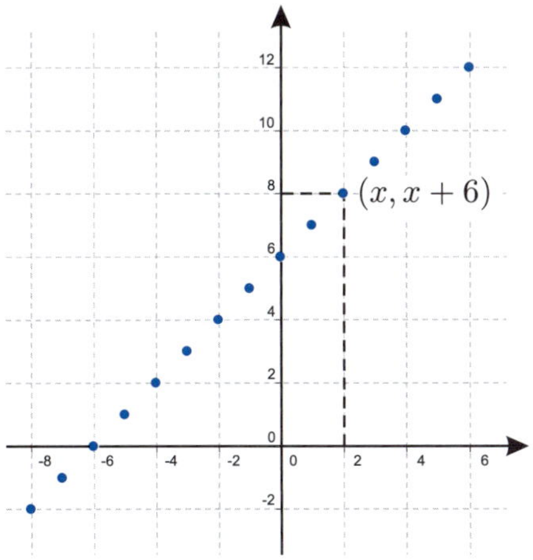

Figura 1.11

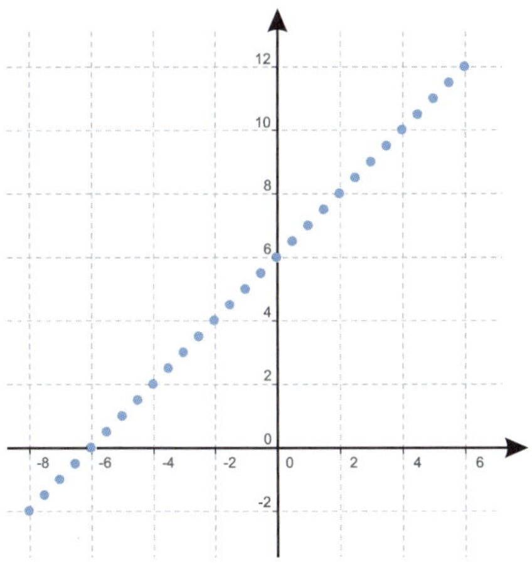

Figura 1.12

Função linear

Chama-se *função linear* à função dada por uma equação do tipo

$$y = mx, \tag{1.1}$$

em que m é uma constante. Por exemplo,

$$y = 3x; \quad y = -2x; \quad y = \frac{3x}{2}; \quad y = -\frac{x}{3}, \quad y = \frac{\sqrt{3}x}{5}.$$

Todas essas funções são do tipo $y = mx$, com m assumindo os valores 3, -2, $3/2$, $-1/3$ e $\sqrt{3}/5$, respectivamente.

O gráfico da função linear é uma reta, como podemos ver da seguinte maneira: escrevemos a equação $y = mx$ na forma

$$\frac{y}{x} = \frac{m}{1}.$$

Suponhamos que m seja positivo. Com referência à Fig. 1.13, isso equivale a dizer que os triângulos OAP_0 e OBP são semelhantes, ou seja, o ponto P está na reta OP_0. Fica assim provado que o gráfico da equação $y = mx$ é a reta que passa pela origem e pelo ponto P_0.

O raciocínio no caso em que $m < 0$ é o mesmo e está ilustrado na Fig. 1.14. Finalmente, se $m = 0$, a equação se reduz a $y = 0$, cujas soluções são os pontos $(x, 0)$ qualquer que seja x, isto é, as soluções são os pontos do eixo Ox; portanto, o gráfico, nesse caso, é esse eixo.

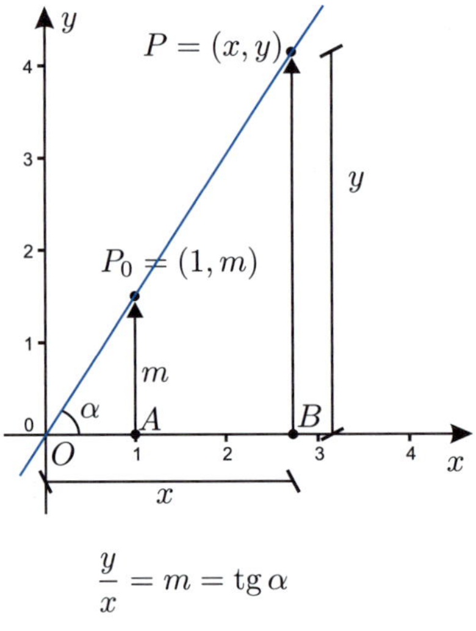

Figura 1.13

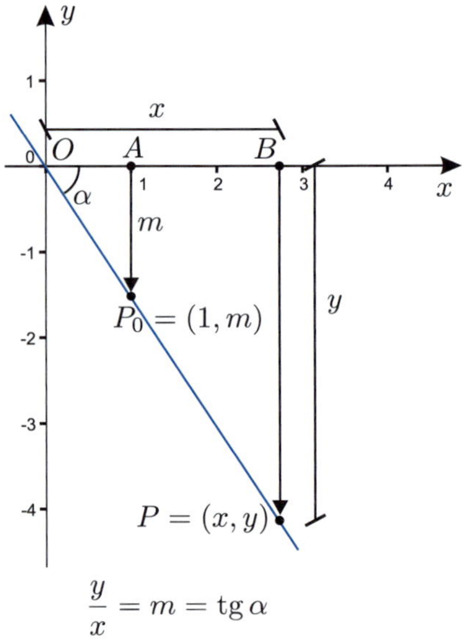

Figura 1.14

Coeficiente angular

O coeficiente m que aparece em (1.1) chama-se *coeficiente angular*, *inclinação*, *declive* ou *declividade*. Ele é a tangente trigonométrica do ângulo α que o gráfico da função faz com o eixo Ox. Pelo exame da Fig. 1.13, vemos que quanto maior o m tanto mais inclinado será o gráfico de $y = mx$ em relação ao eixo Ox. Analogamente, examinando a Fig. 1.14, vemos que também aqui o número m indica quão inclinado está o referido gráfico, mas agora, sendo m negativo, o ângulo de inclinação é do 2º quadrante, mostrando que o gráfico está situado neste e no 4º quadrantes. O gráfico, porém, é tanto mais inclinado quanto maior for o valor absoluto de m.

Exercícios

Faça os gráficos de cada uma das funções dadas nos Exercícios 1 a 7. Você já sabe que o gráfico, em cada caso, é uma reta que passa pela origem; portanto, só precisa achar um outro ponto do gráfico, que pode ser aquele correspondente a $x = 1$. Mas pode usar outro ponto, digamos, com $x = -1$, $x = 1/3$, $x = 2/3$, $x = -5/2$, $x = -1/2$, $x = 1/4$ etc. Tente essas várias possibilidades.

1. $y = x$. **2.** $y = 3x$. **3.** $y = 4x$.

4. $y = 5x$. **5.** $y = 6x$. **6.** $y = 7x$.

7. $y = 8x$.

> .: OPCIONAL :.
>
> O leitor pode ver a forma de cada gráfico usando o *software* GeoGebra. Entretanto, sugerimos que faça isso depois de tentar fazer manualmente. Use o programa para checar se o que encontrou está correto. Veja instruções de uso na p. 46.

Agora faça os gráficos das funções dadas nos Exercícios 8 a 10, todas com declives negativos.

8. $y = -x$. **9.** $y = -3x$. **10.** $y = -4x$.

Faça os gráficos das funções dadas nos Exercícios 11 a 18, todas com declives fracionários. Você notará que o mais conveniente nesses casos é fazer x igual ao denominador do declive. Por exemplo, em $y = 2x/7$, quando $x = 7$, $y = 2$, de sorte que o gráfico passa pelo ponto $(7, 2)$. Note que tanto podemos escrever $5x/8$ como $(5/8)x$, é a mesma coisa.

Observe que qualquer declive racional, inteiro ou não, se escreve na forma $m = p/q$, como $m = 4 = 4/1$, $m = 5/7$ ou $m = -3/5$; se m for irracional, podemos aproximá-lo por uma fração, como $\sqrt{2} \approx 1,4 = 14/10 = 7/5$. Assim, reduzindo m sempre a uma fração, ao fazer os exercícios você notará que é conveniente interpretar o declive $m = p/q$, como em $y = px/q$; assim: p é o valor de y quando $x = q$. Essa interpretação facilita uma visualização rápida de como e quão inclinado é o gráfico da função $y = px/q$.

11. $y = \frac{2}{3}x$. **12.** $y = \frac{3x}{2}$. **13.** $y = \frac{4x}{5}$.

14. $y = \frac{5}{4}x$. **15.** $y = \frac{3x}{5}$. **16.** $y = \frac{5x}{3}$.

17. $y = \sqrt{2}x$. **18.** $y = \frac{x}{\sqrt{2}}$.

Nestes dois últimos exercícios, use a aproximação $\sqrt{2} \approx 1,4$.

Agora você está preparado para fazer gráficos de equações do tipo (1.1) com declives fracionários e negativos, isto é, como as dadas nos Exercícios 19 a 26, cujos gráficos você deve fazer agora. Lembre-se: $-m/n$ é o mesmo que $m/(-n)$.

19. $y = \frac{-2}{3}x.$ **20.** $y = \frac{3x}{-2}.$ **21.** $y = \frac{4x}{-5}.$

22. $y = \frac{-5}{4}x.$ **23.** $y = \frac{3x}{-5}.$ **24.** $y = \frac{-5x}{3}.$

25. $y = \frac{-1}{\sqrt{2}}x.$ **26.** $y = \frac{\sqrt{7,8}x}{-7}.$

Nos Exercícios 27 a 29, encontre a equação da reta que passa pela origem e o ponto dado. Faça os gráficos dessas retas.

27. $(1,\ 3).$ **28.** $(2,\ -3).$ **29.** $(-1,\ -3).$

Respostas, sugestões, soluções

Todas as retas passam pelo ponto $(0,\ 0)$ (origem) e ainda pelos pontos:

1. $(1,\ 1).$ **2.** $(1,\ 3).$ **3.** $(1,\ 4).$

4. $(1,\ 5).$ **5.** $(1,\ 6).$ **6.** $(1,\ 7).$

7. $(1,\ 8).$ **8.** $(1,\ -1).$ **9.** $(1,\ -3).$

10. $(1,\ -4).$ **11.** $(3,\ 2).$ **12.** $(2,\ 3).$

13. $(5,\ 4).$ **14.** $(4,\ 5).$ **15.** $(5,\ 3).$

16. $(3,\ 5).$

17. $(1,\ \sqrt{2})$. Alternativamente, tome $\sqrt{2} \approx 1,4 = 14/10 = 7/5$, e note que a reta passa pela origem e próxima ao ponto $(5,\ 7)$.

18. $(\sqrt{2},\ 1)$. Análogo ao anterior. Considere $\sqrt{2} \approx 7/5$ e constate que a reta passa pela origem e próxima ao ponto $(7,\ 5)$.

19. $(3,\ -2).$ **20.** $(-2,\ 3).$ **21.** $(-5,\ 4).$

22. $(4,\ -5).$ **23.** $(-5,\ 3).$ **24.** $(3,\ -5).$

25. $(\sqrt{2},\ -1)$. Se tomarmos $\sqrt{2} \approx \frac{7}{5}$ veremos que a reta passa pela origem e próxima ao ponto $(7,\ -5)$.

26. $(-7,\ \sqrt{7,8})$. Se tomarmos $\sqrt{7,8} \approx 2,8$, teremos $y \approx (-2,8/7)x = -28x/70 = -2x/5$, o que nos permite ver que a reta passa próxima ao ponto $(-5,\ 2)$.

27. $y = 3x.$ **28.** $y = -\frac{3x}{2}.$ **29.** $y = 3x.$

1.4 Função afim

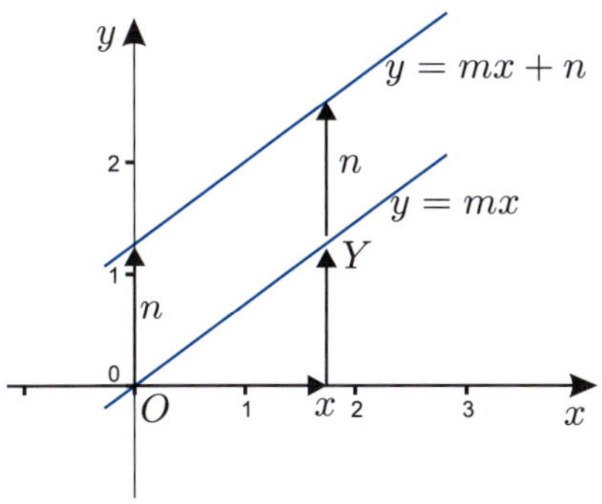

Figura 1.15

Consideremos, em seguida, a chamada *função afim*, dada por

$$y = mx + n, \tag{1.2}$$

em que m e n são constantes. Veja alguns exemplos particulares de uma tal função: $y = 3x + 1$, $y = -2x + 3$, $y = 5x - 2$, $y = -2x - 3$, etc.

Para ver que o gráfico da função afim também é uma reta, como no caso da função linear, suponhamos $n \neq 0$ e denotemos com Y a ordenada de um ponto genérico da reta pela origem com coeficiente angular m e equação $Y = mx$. Em seguida, basta acrescentar n à ordenada de cada um dos pontos dessa reta para obtermos o gráfico da função original (Fig. 1.15). Teremos, em particular, $y = n$ quando $x = 0$, de forma que o gráfico passa pelo ponto $(0, n)$, isto é, corta o eixo Oy no ponto de ordenada n. Esse parâmetro n é conhecido como *coeficiente linear* da reta. O parâmetro m continua tendo a mesma designação e o mesmo significado já introduzidos no caso da função linear.

Como se vê, para traçar o gráfico da função (1.2) basta achar outro ponto do gráfico além do ponto $(0, n)$. Vejamos alguns exemplos:

Embora haja uma diferença entre "função afim" e "função linear", os matemáticos profissionais costumam usar a mesma designação de "função linear" em ambos os casos; é, por assim dizer, um abuso de linguagem, justificado pelo fato de que, tanto num caso como no outro, o gráfico dessas funções é sempre uma reta; e é frequente e cômodo falar em "aproximação linear" àquela que é dada pela reta tangente a uma curva num de seus pontos, reta essa que é o gráfico de uma função afim. Seguiremos sempre o costume dos matemáticos profissionais.

▶ Exemplo 1: Traçar o gráfico de $y = 3x - 2$.

Para $x = 0$, $y = -2$; e para $x = 1$, $y = 1$. O gráfico passa pelos pontos $(0, -2)$ e $(1, 1)$, como ilustra Fig. 1.16.

▶ Exemplo 2: Traçar o gráfico de $y = -2x + 3$.

Para $x = 0$, $y = 3$; e para $x = 1$, $y = 1$. O gráfico passa pelos pontos $(0, 3)$ e $(1, 1)$ (Fig. 1.17).

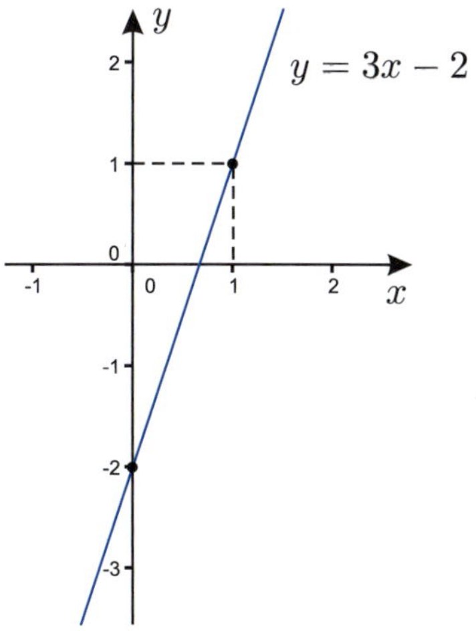

Figura 1.16

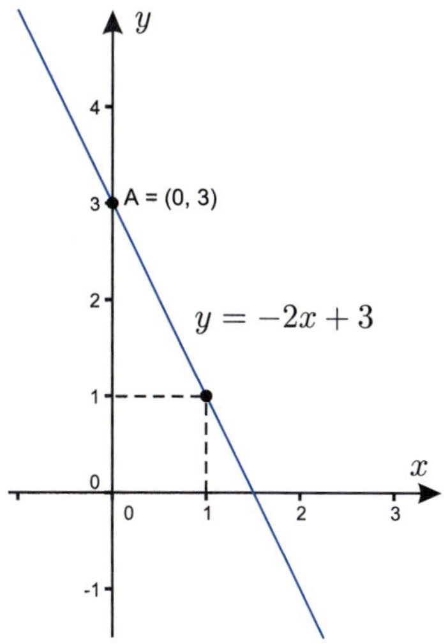

Figura 1.17

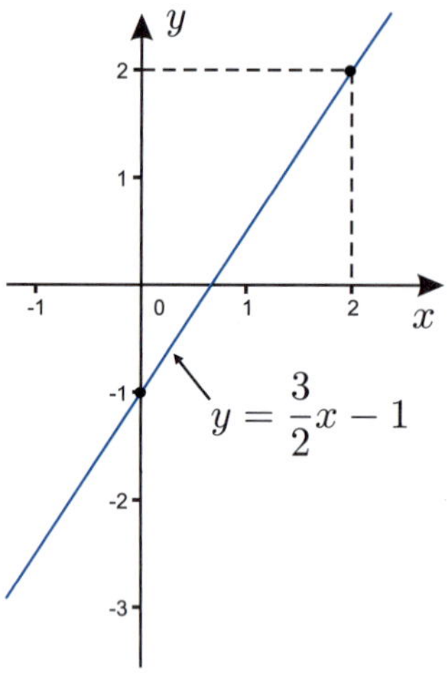

Figura 1.18

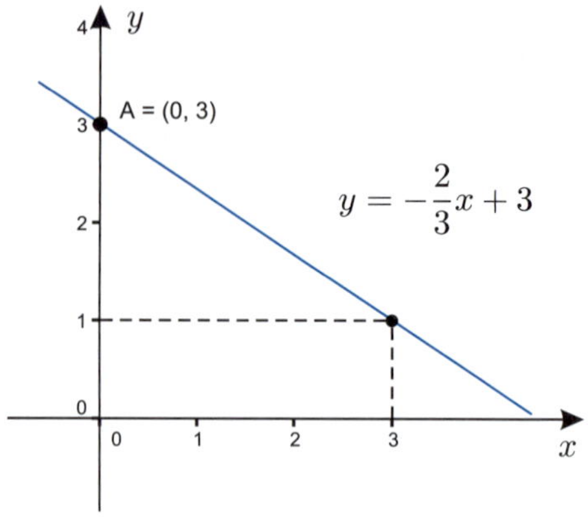

Figura 1.19

► **Exemplo 3:** **Traçar o gráfico de** $y = 3x/2 - 1$**.**

Além de $(0, -1)$, outro ponto do gráfico pode ser obtido fazendo $x = 2$, que resulta em $y = 2$ (Fig. 1.18).

► **Exemplo 4:** **Traçar o gráfico de** $y = -2x/3 + 3$**.**

Agora é conveniente fazer $x = 3$, resultando no ponto $(3, 1)$. O gráfico passa por esse ponto e por $(0, 3)$, como se vê na Fig. 1.19.

Reta por dois pontos

Vimos como encontrar o gráfico de uma função afim, que é sempre uma reta. Reciprocamente, dada uma reta no plano cartesiano, que não seja paralela ao eixo Oy, ela é sempre o gráfico de uma função afim. Para obter a equação que define essa função — equação essa que é chamada *equação da reta* —, basta conhecer dois pontos quaisquer da reta. Com efeito, sejam $P_0 = (x_0, y_0)$ e $P_1 = (x_1, y_1)$ esses pontos; e seja $P = (x, y)$ um ponto genérico da reta. Então, a semelhança dos triângulos P_0AP_1 e P_0BP na Fig. (1.20) permite escrever

$$\frac{BP}{P_0B} = \frac{AP_1}{P_0A},$$

donde segue que

$$\frac{y - y_0}{x - x_0} = \frac{y_1 - y_0}{x_1 - x_0}.$$

Observe que esse segundo membro já é o coeficiente angular m. A equação na forma $y = mx + n$ resulta dessa última equação. Vamos ilustrar isso por meio de exemplos.

► **Exemplo 5:** **Reta pelos pontos** $(1, 2)$ **e** $(3, 5)$**.**

O leitor deve fazer um gráfico desses pontos e da reta que passa por eles. Para obter a equação dessa reta, notamos que

$$\frac{y - 2}{x - 1} = \frac{5 - 2}{3 - 1} = \frac{3}{2} = m,$$

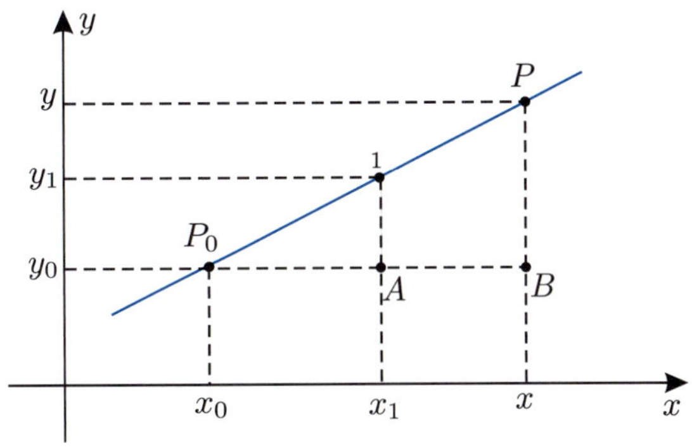

Figura 1.20

donde

$$y - 2 = \frac{3}{2}(x-1), \quad \text{ou seja,} \quad y = \frac{3x}{2} + 2 - \frac{3}{2}.$$

Finalmente, $y = \dfrac{3x}{2} + \dfrac{1}{2}$.

► **Exemplo 6:** **Reta pelos pontos $(-1, 5)$ e $(3, -4)$.**

Novamente deixamos ao leitor a tarefa de fazer um gráfico desses pontos e da reta que passa por eles. Vamos obter a equação dessa reta:

$$\frac{y-5}{x-(-1)} = \frac{-4-5}{3-(-1)} = \frac{-9}{4} = m,$$

donde

$$y - 5 = \frac{-9}{4}(x+1), \quad \text{portanto,} \quad y = \frac{-9x}{4} + 5 - \frac{9}{4},$$

ou seja, $y = \dfrac{-9x}{4} + \dfrac{11}{4}$.

Reta a partir de seu declive e um de seus pontos

A equação que define a função afim, ou seja,

$$y = mx + n$$

é muito usada para obter a equação da reta dada por um de seus pontos e declive m. Para isso, observe que se a reta deve passar por um dado ponto $P_0 = (x_0, y_0)$, então a equação anterior deve ficar satisfeita quando nela substituímos x e y por x_0 e y_0 respectivamente, isto é,

$$y_0 = mx_0 + n.$$

Subtraindo essa equação da anterior, obtemos

$$y - y_0 = m(x - x_0). \tag{1.3}$$

► **Exemplo 7:** **Reta pelo ponto $(3/2, -3/2)$ com $m = -2/3$.**

Vamos encontrar a equação da reta de declive $m = -2/3$, passando pelo ponto $(3/2, -3/2)$. Para isso, basta substituir esses dados na equação anterior, donde vem

$$y - \frac{-3}{2} = \frac{-2}{3}\left(x - \frac{3}{2}\right).$$

Simplificando, chegamos à equação desejada:

$$y = \frac{-2}{3}x + \frac{-3}{2} + \frac{2}{3} \cdot \frac{3}{2}, \quad \text{ou seja,} \quad y = -\frac{2}{3}x - \frac{3}{2} + 1,$$

de onde vem o resultado desejado,

$$y = -\frac{2x}{3} - \frac{1}{2}.$$

Deixamos ao leitor a tarefa de fazer o gráfico dessa reta. Notamos que é comum referir-se à equação de uma reta como a própria reta, como fizemos agora.

Exercícios

Nos Exercícios 1 a 12, construa os gráficos das retas de equações dadas, localizando, em cada caso, as interseções dessas retas com os eixos das coordenadas.

1. $y = x + 2$.

2. $y = 2x - 1$.

3. $y = -x - 1$.

4. $y = -x + 1$.

5. $y = -x/2 - 2$.

6. $y = 2x/3 - 4$.

7. $y = 3x/2 + 1$.

8. $y = -3x/5 + 4$.

9. $y = -5x/3 + 2$.

10. $y = -3x/5 - 3/2$.

11. $y = 4x + 1$.

12. $y = x/4 - 5$.

Nos Exercícios 13 a 22, determine as equações das retas que passam pelos pontos dados e faça os respectivos gráficos.

13. $(0, 0)$ e $(1, 2)$.

14. $(1, 1)$ e $(2, 3)$.

15. $(-1, 2)$ e $(2, -1)$.

16. $(1/2, -3)$ e $(-4, 2)$.

17. $(3, 5/2)$ e $(3, 1)$.

18. $(-2, 1)$ e $(3, 1)$.

19. $(2, 1)$ e $(2, -2)$.

20. $(3/2, 1/3)$ e $(-7/8, 1/3)$.

21. $(3, 0)$ e $(5, 0)$.

22. $(0, -1)$ e $(0, 1)$.

Respostas, sugestões, soluções

Nos Exercícios 1 a 12, os gráficos são retas que passam pelos seguintes pontos:

1. $(0, 2)$ e $(-2, 0)$.

2. $(0, -1)$ e $(1/2, 0)$.

3. $(0, -1)$ e $(-1, 0)$.

4. $(0, 1)$ e $(1, 0)$.

5. $(0, -2)$ e $(-4, 0)$.

6. $(0, -4)$ e $(6, 0)$.

.: OPCIONAL :.

O leitor pode explorar os exercícios utilizando o *software* GeoGebra. As instruções estão na p. 46

7. $(0,\ 1)$ e $(-2/3,\ 0)$.

8. $(0,\ 4)$ e $(20/3,\ 0)$.

9. $(0,\ 2)$ e $(6/5,\ 0)$.

10. $(0,\ -3/2)$ e $(-5/2,\ 0)$.

11. $(0,\ 1)$ e $(-1/4,\ 0)$.

12. $(0,\ -5)$ e $(20,\ 0)$.

13. $\dfrac{y-0}{x-0} = \dfrac{2-0}{1-0}$, donde $y = 2x$.

14. $\dfrac{y-1}{x-1} = \dfrac{3-1}{2-1}$, donde $y = 2x - 1$.

15. $\dfrac{y-2}{x-(-1)} = \dfrac{2-(-1)}{-1-2}$, donde $y = -x + 1$.

16. $\dfrac{y-2}{x-(-4)} = \dfrac{2-(-3)}{-4-1/2}$, donde $y = -\dfrac{10x}{9} - \dfrac{22}{9}$.

17. Reta paralela a Oy, de equação $x = 3$.

18. Reta paralela a Ox, de equação $y = 1$.

19. $x = 2$.

20. $y = \dfrac{1}{3}$.

21. Reta que coincide com o eixo Ox, de equação $y = 0$.

22. Reta que coincide com o eixo Oy, de equação $x = 0$.

1.5 A circunferência

A equação da circunferência de centro $P_0 = (x_0,\ y_0)$ e raio R (Fig. 1.21) é prontamente obtida por simples aplicação do teorema de Pitágoras ao triângulo P_0PA:

$$(x - x_0)^2 + (y - y_0)^2 = R^2. \tag{1.4}$$

Vamos considerar vários exemplos simples de funções cujos domínios são intervalos fechados e cujos gráficos são semicircunferências.

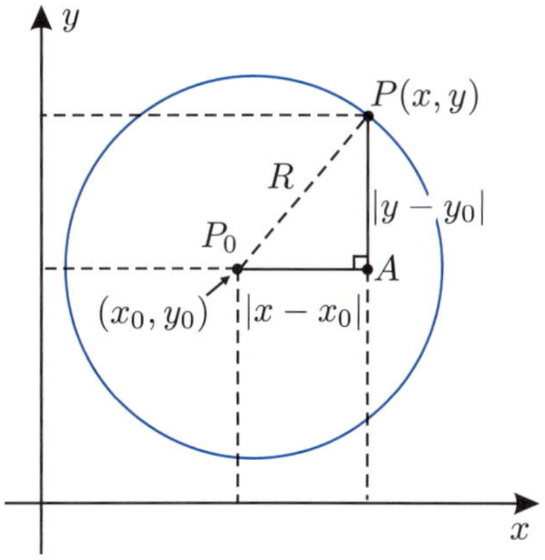

Figura 1.21

▶ Exemplo 1: Circunferência a partir de sua equação.

Verifique que a equação $x^2 + y^2 - 9 = 0$ representa uma circunferência. Identifique o centro e o raio dessa circunferência, e faça um desenho ilustrativo dela. Resolva a equação para obter y como função de x.

Observe que essa última equação é do mesmo tipo da equação (1.4), bastando identificar $(x_0,\ y_0)$ com $(0,\ 0)$ e tomar $R = 3$. Assim, a equação dada representa a circunferência de raio 3 e o centro na origem dos eixos de coordenadas (Fig. 1.22).

Para resolver a equação em y, primeiro obtemos $y^2 = 9 - x^2$. Extraindo a raiz quadrada de ambos os membros chegamos a duas soluções:

$$y = \sqrt{9 - x^2} \quad \text{e} \quad y = -\sqrt{9 - x^2}. \tag{1.5}$$

Cada uma dessas soluções representa uma função, ambas com o mesmo domínio, o qual é determinado notando que a expressão $9 - x^2$ não pode ser negativa, pois temos de extrair sua raiz quadrada. Isso significa que o referido domínio é o conjunto que resulta da resolução da inequação

$$9 - x^2 \geq 0, \quad \text{ou seja,} \quad x^2 \leq 9.$$

Aqui não podemos simplesmente extrair a raiz quadrada e escrever $x \leq 3$. O procedimento correto está explicado na p. 334. Veja:

$$x^2 \leq 9 \Leftrightarrow |x|^2 \leq 9 \Leftrightarrow |x| \leq 3 \Leftrightarrow -3 \leq x \leq 3.$$

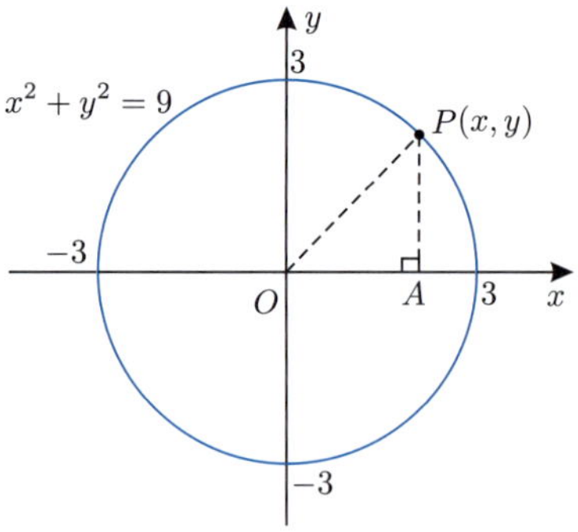

Figura 1.22

Assim, nossas funções têm por domínio o intervalo $-3 \leq x \leq 3$, facilmente identificável na Fig. 1.22. Repare que a primeira das funções em (1.5) tem por gráfico a semicircunferência superior $y \geq 0$, enquanto o gráfico da segunda função é a semicircunferência inferior $y \leq 0$.

Obs.: A equação $x^2 + y^2 - 9 = 0$ do Exemplo anterior é do tipo $f(x, y) = 0$. Tivemos de resolver essa equação para "explicitar" y com função de x. Por causa disso, dizemos que equações do tipo $f(x, y) = 0$ definem y *implicitamente* como função de x; ou que y é *função implícita* de x. Damos a seguir mais alguns exemplos de funções definidas implicitamente por equações de circunferências.

▸ Exemplo 2: Circunferência a partir de sua equação.

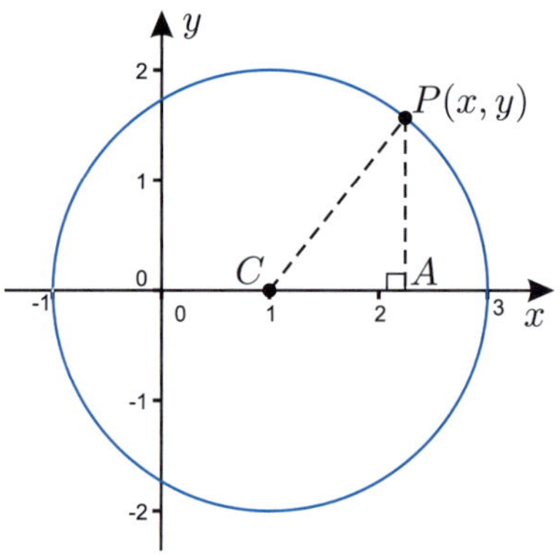

Figura 1.23

Vamos identificar a circunferência de equação $(x - 1)^2 + y^2 - 4 = 0$ e discutir as funções y de x definidas por essa equação. Novamente comparamos a equação dada com a Eq. (1.4); percebemos então que $(x_0, y_0) = (1, 0)$ e $R = 2$. Dessa maneira, como no exemplo anterior, essa equação representa uma circunferência, agora com raio 2 e centro no ponto $C = (1, 0)$ (Fig. 1.23).

Para resolver a equação em y, primeiro obtemos

$$y^2 = 4 - (x - 1)^2,$$

equação essa que admite as duas soluções seguintes:

$$y = \sqrt{4 - (x - 1)^2} \quad \text{e} \quad y = -\sqrt{4 - (x - 1)^2}.$$

Essas funções têm o mesmo domínio, que é o conjunto dos pontos x tais que

$$4 - (x - 1)^2 \geq 0, \quad \text{donde} \quad (x - 1)^2 \leq 4.$$

Extraindo a raiz quadrada de ambos os membros dessa inequação (veja observação na margem), encontramos

$$|x - 1| \leq 2, \quad \text{donde se segue que} \quad -2 \leq x - 1 \leq 2$$

e, finalmente, adicionando uma unidade aos três membros dessa última inequação (na verdade, duas inequações), vem o resultado desejado:

$$-1 \leq x \leq 3.$$

Lembre-se de que $\sqrt{\square^2} = |\square|$ e que, sendo $a > 0$, então $|\square| \leq a \Leftrightarrow -a \leq \square \leq a$.

Podemos dizer então que o domínio das funções é o intervalo fechado $[-1, 3]$, o qual pode ser facilmente identificado na Fig. 1.23.

Como no exemplo anterior, as duas funções aqui definidas têm por gráficos semicircunferências: o gráfico da primeira função é a semicircunferência que jaz no semiplano superior $y \geq 0$, e o da segunda é a semicircunferência do plano inferior $y \leq 0$.

▶ **Exemplo 3:** **Circunferência a partir de sua equação.**

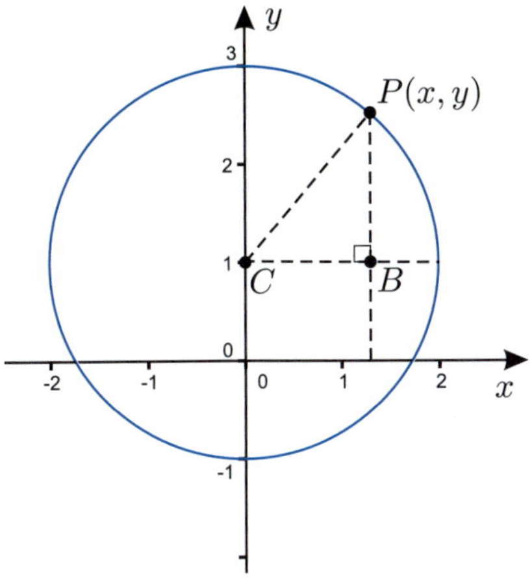

Figura 1.24

Vamos identificar a circunferência de equação $x^2 + (y-1)^2 - 4 = 0$ e proceder a uma discussão das funções que ela define como nos exemplos anteriores. Novamente uma simples comparação com a Eq. (1.4) revela tratar-se da circunferência de centro $(x_0,\ y_0) = (0,\ 1)$ e raio $R = 2$ (Fig. 1.24).

Para resolver a equação em y, primeiro obtemos $(y-1)^2 = 4 - x^2$, donde $y - 1 = \pm\sqrt{4-x^2}$, e dessa equação obtemos as duas soluções seguintes:

$$y = 1 + \sqrt{4-x^2} \quad \text{e} \quad y = 1 - \sqrt{4-x^2}.$$

Essas funções têm o mesmo domínio, que é o intervalo fechado $|x| \leq 2$, $[-2,\ 2]$, visível na Fig. 1.24. Os gráficos dessas duas funções são as semicircunferências do semiplano superior $y \geq 1$ e inferior $y \leq 1$, respectivamente.

Finalmente, vamos considerar uma situação mais geral, em que o centro da circunferência é um ponto fora dos eixos.

▶ **Exemplo 4:** **Circunferência a partir de sua equação.**

Vamos identificar a circunferência de equação $(x+3)^2 + (y-2)^2 - 25 = 0$ e estudar as funções que ela define.

Observe que $x + 3 = x - (-3)$, o que nos leva a considerar a circunferência de centro $C = (-3,\ 2)$ e raio 5 (Fig. 1.25). Resolvida em relação a y, a equação assim se transforma:

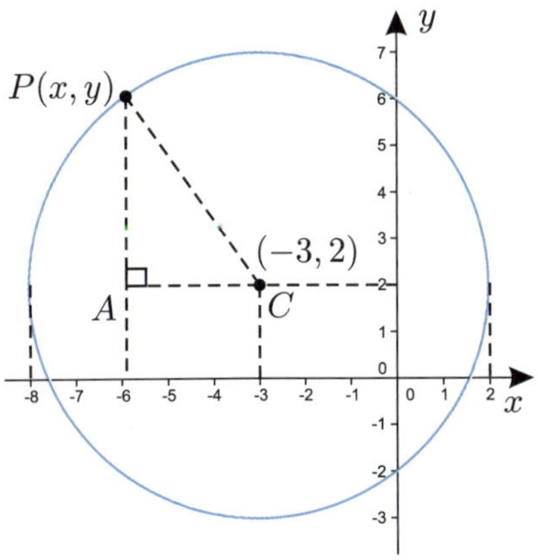

Figura 1.25

$$(y-2)^2 = 25 - (x+3)^2, \quad \text{donde} \quad y - 2 = \pm\sqrt{25-(x+3)^2}.$$

Daqui obtemos duas soluções:

$$y = 2 + \sqrt{25-(x+3)^2} \quad \text{e} \quad y = 2 - \sqrt{25-(x+3)^2}.$$

Com a experiência já adquirida nos exemplos anteriores, o leitor não deve ter dificuldades em terminar a discussão. Notamos apenas como obter o domínio das duas funções obtidas:

$$\begin{aligned} 25-(x+3)^2 \geq 0 \quad &\Leftrightarrow \quad 25 \geq (x+3)^2 \\ &\Leftrightarrow \quad (x+3)^2 \leq 25 \\ &\Leftrightarrow \quad |x+3| \leq 5 \\ &\Leftrightarrow \quad -5 \leq x+3 \leq 5. \end{aligned}$$

Finalmente, $-8 \leq x \leq 2$, ou seja, o domínio é o intervalo $[-8,\ 2]$.

Exemplos envolvendo completar quadrados

Nos três exemplos seguintes, a equação da circunferência é dada em forma que não evidencia claramente seu raio e seu centro. Teremos de utilizar a técnica de completar quadrados, que está explicada na p. 330.

▶ **Exemplo 5:** **Circunferência a partir de sua equação.**

À primeira vista, não está claro que a equação $x^2+y^2+4x = 12$ representa uma circunferência. No entanto, repare que, pela técnica de completar quadrados, explicada na p. 330,

$$x^2 + 4x = x^2 + 2\cdot x\cdot 2 = x^2 + 2\cdot x\cdot 2 + 4 - 4 = (x+2)^2 - 4,$$

de sorte que a equação original equivale a

$$(x+2)^2 + y^2 - 4 = 12, \quad \text{ou seja,} \quad (x+2)^2 + y^2 = 16,$$

que é a equação de uma circunferência de centro $(-2,\ 0)$ e raio 4. Deixamos ao leitor a tarefa de fazer a figura.

▶ Exemplo 6: Circunferência a partir de sua equação.

Consideremos agora a equação $x^2+y^2-2y = 8$. Novamente usamos a técnica de completar quadrados, mas dessa vez vamos obter o quadrado de uma diferença, não de uma soma:

$$y^2 - 2y = y^2 - 2 \cdot y \cdot 1 + 1 - 1 = (y-1)^2 - 1.$$

Portanto, a equação original equivale a $x^2 + (y-1)^2 = 9$, que representa uma circunferência de raio 3 e centro $(0,\ 1)$.

▶ Exemplo 7: Circunferência a partir de sua equação.

Finalmente, juntando os dois exemplos anteriores, consideramos a equação $x^2 + y^2 + 4x - 2y + 1 = 0$. Completando os quadrados como anteriormente obtemos

$$[(x+2)^2 - 4] + [(y-1)^2 - 1] + 1 = 0, \quad \text{donde} \quad (x+2)^2 + (y-1)^2 = 4,$$

que representa uma circunferência de centro $(-2,\ 1)$ e raio 2. Faça uma figura.

Exercícios

Nos Exercícios 1 a 6, identifique o centro e o raio da circunferência de equação dada, comparando essa equação com a equação geral (1.4) da p. 21. Faça uma figura e expresse y como função de x em cada caso. Dê os domínios das funções encontradas.

1. $x^2 + y^2 = 16$

2. $(x-1)^2 + y^2 = 9$

3. $x^2 + (y+3)^2 = 1$

4. $(x-2)^2 + (y-3)^2 = 4$

5. $(x-1)^2 + (y+2)^2 = 25$

6. $(x+1/3)^2 + (y-1/4)^2 = 5$

Nos Exercícios 7 a 10, encontre a equação da circunferência que tem centro e raio dados.

7. Centro em $(2,\ 0)$ e raio 2.

8. Centro em $(0,\ 3)$ e raio 3.

9. Centro em $(-1,\ -1)$ e raio 4.

10. Centro em $(-2,\ 3)$ e raio $\sqrt{3}$.

> .: OPCIONAL :.
>
> O leitor pode explorar os exercícios utilizando o *software* GeoGebra. As instruções estão na p. 50.

Nos Exercícios 11 a 16, encontre o centro e o raio da circunferência dada por sua equação.

11. $x^2 + y^2 = 6x$

12. $x^2 + y^2 + 8x = 0$

13. $x^2 + y^2 = -8y$

14. $x^2 + y^2 = 10y$

15. $x^2 + y^2 - 10x + 6y + 9 = 0$

16. $x^2 + y^2 - 4x - 8y + 15 = 0$

Respostas, sugestões, soluções

1. Circunferência com centro em $(0, 0)$ e raio 4; $y = \sqrt{16 - x^2}$ e $y = -\sqrt{16 - x^2}$. $x \in [-4, 4]$.

2. Circunferência com centro em $(1, 0)$ e raio 3; $y = \sqrt{9 - (x-1)^2}$ e $y = -\sqrt{9 - (x-1)^2}$. $x \in [-2, 4]$.

3. Circunferência com centro em $(0, -3)$ e raio 1; $y = -3 + \sqrt{1 - x^2}$ e $y = -3 - \sqrt{1 - x^2}$. $x \in [-1, 1]$.

4. Circunferência com centro em $(2, 3)$ e raio 2; $y = 3 + \sqrt{4 - (x-2)^2}$ e $y = 3 - \sqrt{4 - (x-2)^2}$. $x \in [0, 4]$.

5. Circunferência com centro em $(1, -2)$ e raio 5; $y = -2 + \sqrt{25 - (x-1)^2}$ e $y = -2 - \sqrt{25 - (x-1)^2}$. $x \in [-1, 6]$.

6. Circunferência com centro em $(-1/3, 1/4)$ e raio $\sqrt{5}$; $y = 1/4 + \sqrt{5 - (x + 1/3)^2}$ e $y = 1/4 - \sqrt{5 - (x + 1/3)^2}$. O domínio é o intervalo $[-\sqrt{5} - 1/3, \sqrt{5} - 1/3]$.

7. $(x-2)^2 + y^2 = 4$.

8. $x^2 + (y-3)^2 = 9$.

9. $(x+1)^2 + (y+1)^2 = 16$.

10. $(x+2)^2 + (y-3)^2 = 3$.

11. Centro em $(3, 0)$ e raio 3.

12. Centro em $(-4, 0)$ e raio 4.

13. Centro em $(0, -4)$ e raio 4.

14. Centro em $(0, 5)$ e raio 5.

15. Centro em $(5, -3)$ e raio 5.

16. Centro em $(2, -4)$ e raio $\sqrt{5}$.

1.6 A parábola

Chama-se *função quadrática* aquela que é dada por um trinômio do 2º grau, isto é, $y = ax^2 + bx + c$, em que a, b e c são constantes e $a \neq 0$. Vamos começar com a função quadrática mais simples, dada pela equação

$$y = f(x) = x^2,$$

que está definida para todo número real x. Vamos calcular os valores dessa função para diferentes valores de x:

$$\begin{aligned} f(1) &= 1^2 &= 1, \\ f(0) &= 0^2 &= 0, \\ f(1/2) &= (1/2)^2 &= 1/4 \\ f(3/2) &= (3/2)^2 &= 9/4, \\ f(2) &= 2^2 &= 4 \\ f(5/2) &= (5/2)^2 &= 25/4. \end{aligned}$$

Notemos também que $f(-x) = (-x)^2 = x^2 = f(x)$. Isso facilita o cálculo de valores da função para valores negativos de x. Observe:

$$f(-1) = (-1)^2 = 1 = 1^2 = f(1),$$

$$f(-2) = (-2)^2 = 4 = 2^2 = f(2) \text{ etc.}$$

Vemos, pois, que estão no gráfico da função os pontos

$$(0,\, 0), \qquad (\pm 1/2,\, 1/4), \qquad (\pm 1,\, 1),$$
$$(\pm 3/2,\, 9/4), \qquad (\pm 2,\, 4), \qquad (\pm 5/2,\, 25/4).$$

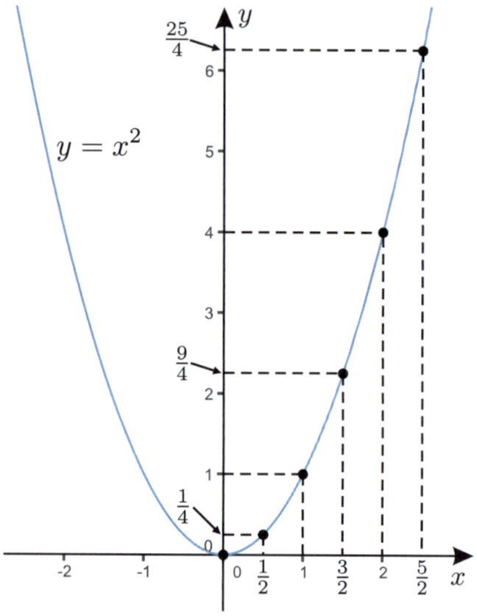

Figura 1.26

Esses pontos, marcados no plano, dão uma boa ideia do gráfico da função (Fig. 1.26). Trata-se de uma curva simétrica em relação ao eixo Oy, vale dizer, se o ponto $(a,\, b)$ jaz sobre a curva, o mesmo ocorre com o ponto $(-a,\, b)$. Isso traduz o fato de que $f(x) = x^2$ é *função par*, assim chamada toda função que goza da propriedade

$$f(-x) = f(x).$$

Enquanto o domínio da função é todo o eixo real, sua imagem é o semieixo positivo, incluindo o zero. Assim, quando x varia de zero a $-\infty$, $f(x)$ varia de zero a $+\infty$; e $f(x)$ cobre novamente os valores de zero a $+\infty$ quando x varia de zero a $+\infty$.

A curva que acabamos de construir chama-se *parábola*. Ela é objeto de estudo mais detalhado em cursos de Geometria Analítica. Aqui faremos apenas um estudo parcial, suficiente para os propósitos de nosso curso de Cálculo. No entanto, convém observar que toda parábola tem um eixo de simetria, chamado *eixo da parábola*. No caso da parábola particular que estamos considerando esse eixo é o próprio eixo Oy. O *vértice* da parábola é o ponto onde ela intersecta seu eixo.

Reflexões e translações verticais

Vamos considerar exemplos de funções cujos gráficos podem ser obtidos a partir do gráfico de $y = x^2$, todos esses gráficos sendo parábolas. Observe que a função $y = -x^2$ difere da anterior apenas no sinal, que agora é negativo. Em vista disso, seu gráfico é obtido por uma simples reflexão do gráfico de $y = x^2$ com relação ao eixo Ox, vale dizer, cada ponto $(a,\, b)$ do gráfico de $y = x^2$ é levado no ponto $(a,\, -b)$ do gráfico de $y = -x^2$ (Fig. 1.27).

De modo análogo, os gráficos de funções como $y = x^2 + 2$ e $y = x^2 - 3$ estão relacionados com o gráfico da função original $y = x^2$. Eles são obtidos por translações do gráfico dessa última função ao longo do eixo Oy: o primeiro por translação de duas unidades (portanto, na direção positiva de Oy), e o segundo por translação de -3 unidades (portanto, na direção negativa de Oy), ilustrados nas Figs. 1.28 e 1.29, respectivamente.

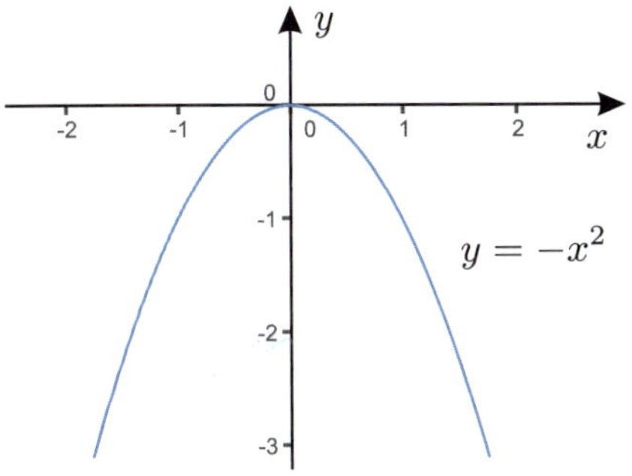

Figura 1.27

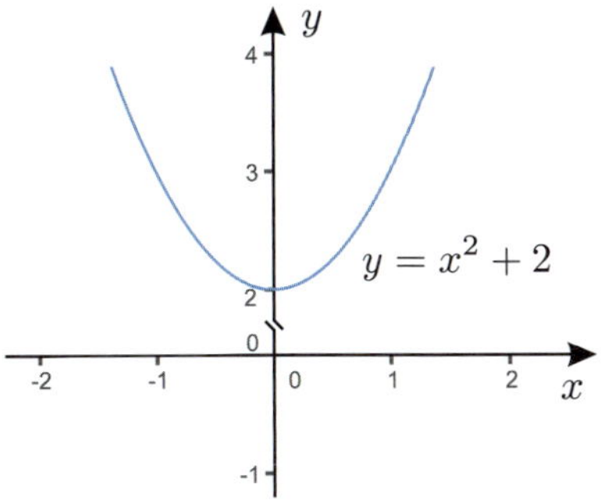

Figura 1.28

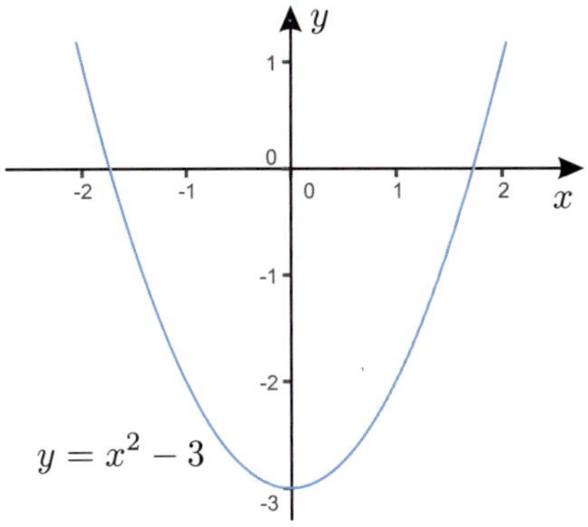

Figura 1.29

Parábolas mais abertas e mais fechadas

Consideremos agora a função $y = 2x^2$. Como se pode perceber, a ordenada de cada abscissa x de seu gráfico é o dobro da ordenada da abscissa x do gráfico de $y = x^2$. Em outras palavras, para se obter o gráfico da função aqui considerada, basta multiplicar por 2 as ordenadas do gráfico da função original $y = x^2$ (Fig. 1.30). Analogamente, o gráfico de $y = x^2/2$ é obtido dividindo por 2 as ordenadas do gráfico de $y = x^2$ (Fig. 1.31).

De um modo geral, o gráfico de qualquer função do tipo $y = kx^2$ é obtido pela multiplicação das ordenadas do gráfico da função original $y = x^2$ pela constante k (veja a Fig. 1.32). O gráfico é tanto mais "fechado" quanto maior o valor absoluto de k e tanto mais "aberto" quanto menor o valor absoluto dessa constante k; terá a concavidade voltada para cima se $k > 0$, e voltada para baixo se $k < 0$.

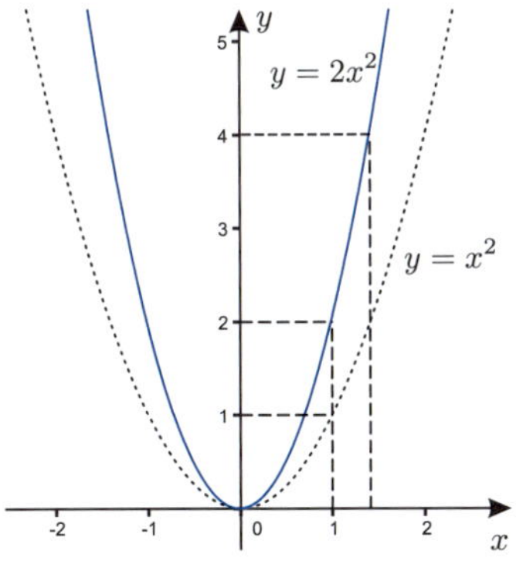

Figura 1.30

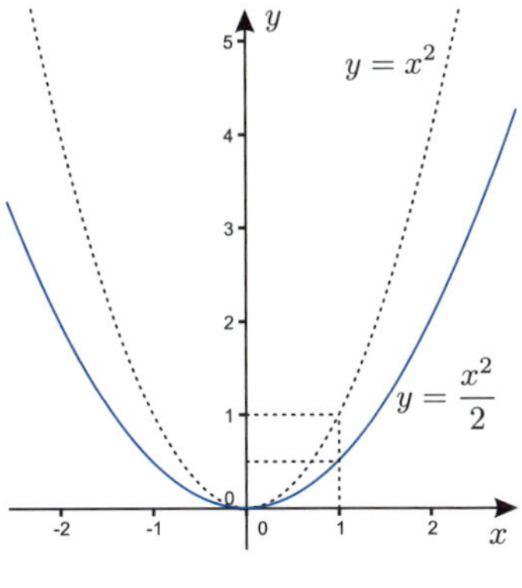

Figura 1.31

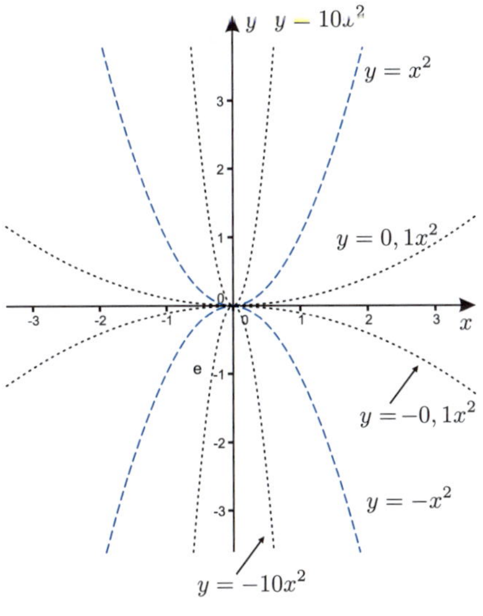

Figura 1.32

Translações horizontais

Vamos analisar agora o efeito sobre o gráfico da função $y = x^2$ quando trocamos x por $x - k$, isto é, desejamos obter o gráfico de $y = (x - k)^2$ a partir do gráfico de $y = x^2$.

Primeiro vamos examinar dois casos concretos simples, começando com $y = (x - 2)^2$. A Fig. 1.33 mostra que o gráfico dessa função é idêntico ao de

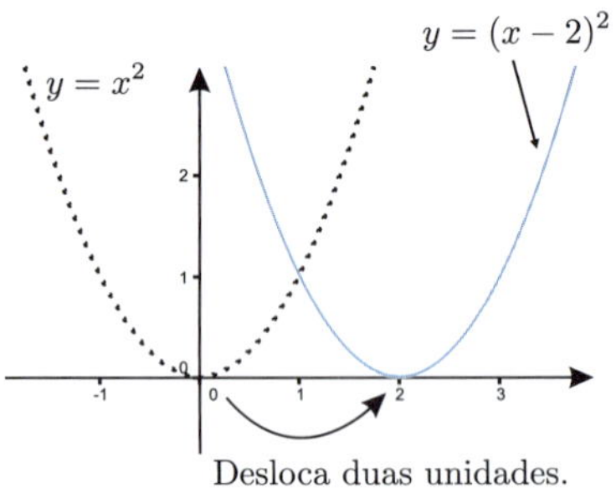

Figura 1.33

$y = x^2$ transladado duas unidades para a direita. Para ver isso notamos que $x = 2$ em $y = (x-2)^2$ produz o mesmo efeito que $x = 0$ em $y = x^2$; $x = 3$ em $y = (x-2)^2$ produz o mesmo efeito que $x = 1$ em $y = x^2$; e assim por diante.

Considere agora a função $y = (x+3)^2$. A Fig. 1.34 mostra que o gráfico dessa função é idêntico ao de $y = x^2$ transladado três unidades para a esquerda. Como no exemplo anterior, vemos isso notando que $x = -3$ em $y = (x+3)^2$ produz o mesmo efeito que $x = 0$ em $y = x^2$; $x = -2$ em $y = (x+3)^2$ produz o mesmo efeito que $x = 1$ em $y = x^2$; $x = 1$ em $y = (x+3)^2$ produz o mesmo efeito que $x = 4$ em $y = x^2$; e assim por diante.

De modo geral, sendo $k > 0$, o gráfico de $y = (x-k)^2$ é idêntico ao de $y = x^2$ com uma translação de magnitude k para a direita; e o gráfico de $y = (x+k)^2$ é idêntico ao de $y = x^2$ com uma translação de magnitude k para a esquerda.

Uma variedade de parábolas

Podemos combinar translações horizontal e vertical, juntamente com multiplicação de x^2 por um número k.

▶ Exemplo 1: Gráfico de $y = (x-2)^2 + 3$.

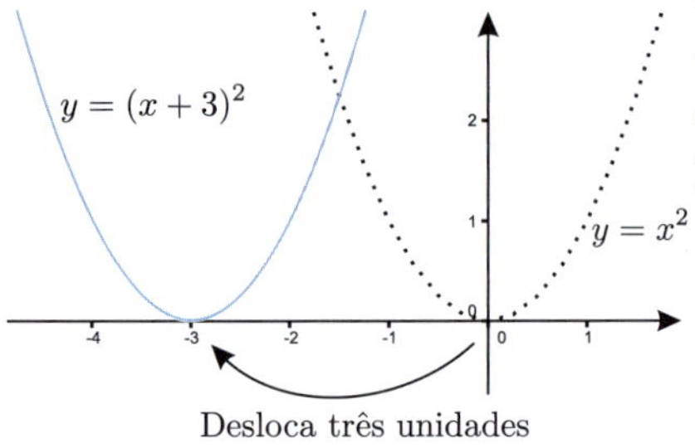

Figura 1.34

O gráfico da função $y = (x-2)^2 + 3$ é igual ao gráfico da parábola $y = x^2$ transladado duas unidades para a direita e três para cima. Assim, o vértice, que antes era o ponto (0, 0), agora passa a ser o ponto (2, 3). Veja este exemplo ilustrado na Fig. 1.35.

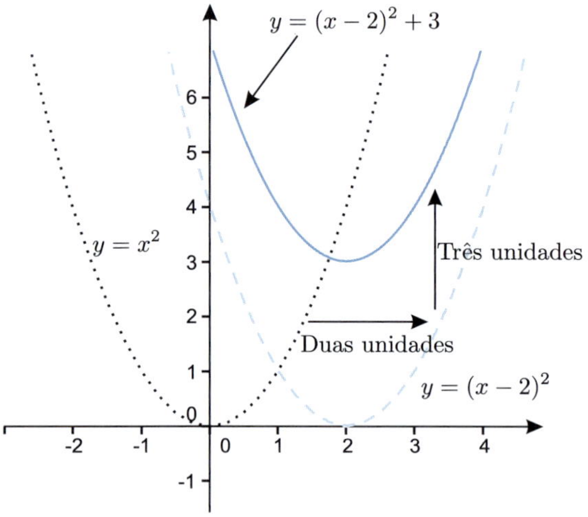

Figura 1.35

▶ Exemplo 2: Gráfico de $y = (x+5)^2 - 1$.

O gráfico da função $y = (x+5)^2 - 1 = [x - (-5)]^2 - 1$ é idêntico ao da parábola $y = x^2$ transladado cinco unidades para a esquerda e uma unidade para baixo. Assim, o vértice, que antes era o ponto (0, 0), agora está localizado no ponto (−5, −1). Faça o gráfico.

Função quadrática geral

Veremos agora que o gráfico do trinômio do 2º grau $y = ax^2 + bx + c$ também pode ser obtido a partir do gráfico da função $y = x^2$, aplicando as operações já utilizadas, como translações, reflexões e a técnica de completar quadrados (já utilizada nos Exemplos 5, 6 e 7, pp. 23 e 24, referentes a circunferências; essa técnica também está explicada na p. 330). Isso mostrará, em particular, que o gráfico de um trinômio do 2º grau é sempre uma parábola.

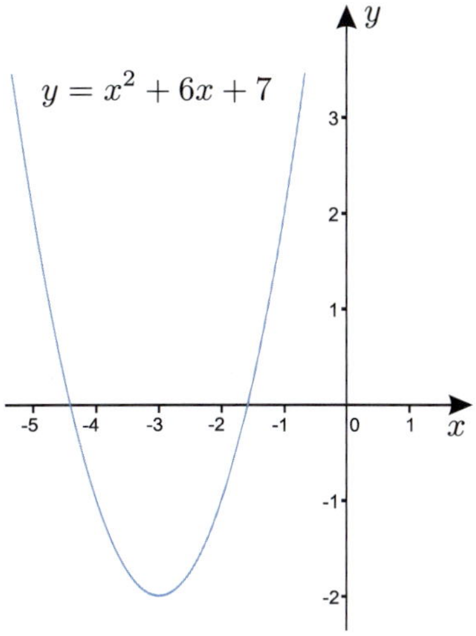

Figura 1.36

► **Exemplo 3:** **Gráfico de $y = x^2 + 6x + 7$.**

Temos

$$y = (x^2 + 2 \cdot x \cdot 3 + 3^2) - 9 + 7 = (x + 3)^2 - 2,$$

por onde se vê que o gráfico da função dada é o mesmo que o gráfico de $y = x^2$ deslocado três unidades para a esquerda e duas unidades para baixo, como ilustra a Fig. 1.36.

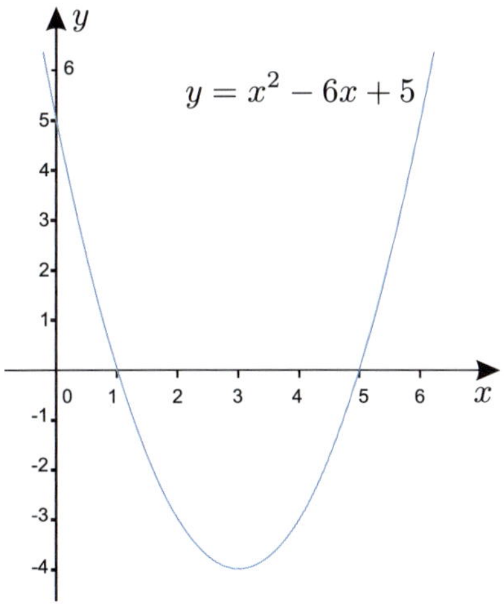

Figura 1.37

► **Exemplo 4:** **Gráfico de $y = x^2 - 6x + 5$.**

Neste caso vamos precisar do quadrado da diferença:

$$y = (x^2 - 2 \cdot x \cdot 3 + 3^2) - 9 + 5 = (x - 3)^2 - 4.$$

Vemos então que o gráfico da função dada é o mesmo que o de $y = x^2$ deslocado três unidades para a direita e quatro unidades para baixo (Fig. 1.37).

► **Exemplo 5:** **Gráfico de $y = 2x^2 - 3x$.**

Agora o termo em x^2 tem coeficiente 2. Vamos fatorá-lo e proceder como no exemplo anterior; observe que, para completar o quadrado temos de acrescentar um termo dentro do colchete, o qual, por virtude do fator 2, tem de ser compensado pela subtração do último termo que aparece na expressão. Veja:

$$y = 2x^2 - 3x = 2\left(x^2 - \frac{3}{2}x\right) = 2\left(x^2 - 2 \cdot x \cdot \frac{3}{2} \cdot \frac{1}{2}\right)$$

$$= 2\left(x^2 - 2 \cdot x \cdot \frac{3}{4}\right) = 2\left[x^2 - 2 \cdot x \cdot \frac{3}{4} + \left(\frac{3}{4}\right)^2 - \left(\frac{3}{4}\right)^2\right]$$

$$= 2\left[x^2 - 2 \cdot x \cdot \frac{3}{4} + \left(\frac{3}{4}\right)^2\right] - 2\left(\frac{3}{4}\right)^2.$$

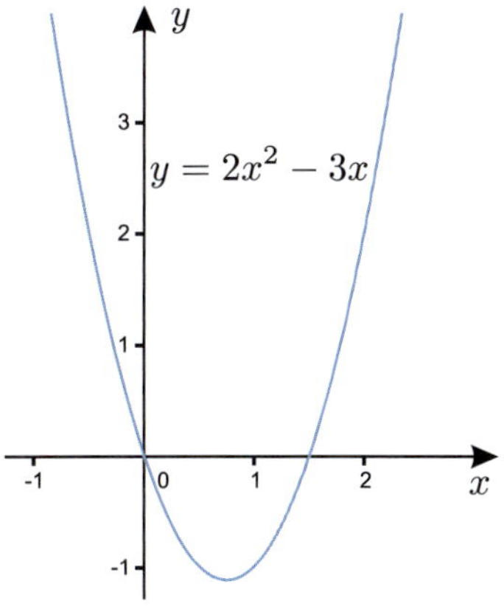

Figura 1.38

Portanto,

$$y = 2x^2 - 3x = 2\left(x - \frac{3}{4}\right)^2 - 2 \cdot \frac{9}{16} = 2\left(x - \frac{3}{4}\right)^2 - \frac{9}{8}.$$

Daqui concluímos que o gráfico da função dada é obtido multiplicando as ordenadas do gráfico de $y = x^2$ pelo fator 2, em seguida efetuando uma translação de magnitude $3/4$ para a direita e uma translação de magnitude $9/8$ para baixo. Veja a Fig. 1.38.

Significado dos coeficientes do trinômio

Fazendo $x = 0$ no trinômio $y = ax^2 + bx + c$, ele se reduz a $y = c$, deixando claro que c é a ordenada correspondente a $x = 0$, isto é, a ordenada onde o gráfico do trinômio corta o eixo Oy. O coeficiente a no trinômio tem o mesmo significado que em $y = ax^2$: ele é o fator de multiplicação das ordenadas do gráfico dessa última função. Após essa multiplicação por a e duas translações, uma horizontal e outra vertical, obtemos o gráfico do trinômio. Em particular, se $a > 0$ o gráfico tem concavidade voltada para cima, e se $a < 0$ a concavidade estará voltada para baixo.

Como veremos na p. 68, o coeficiente b é o declive do gráfico do trinômio no ponto de abscissa $x = 0$. Assim, se $b > 0$, o gráfico do trinômio será uma curva com aspecto ascendente quando a variável x passar de valores negativos a positivos; e esse gráfico terá aspecto descendente se $b < 0$; e se $b = 0$, o cruzamento da parábola com o referido eixo ocorrerá no vértice da parábola.

Quanto ao discriminante do trinômio, $\Delta = b^2 - 4ac$, se maior do que zero, então a parábola cruzará o eixo Ox em dois pontos distintos, pois o trinômio terá duas raízes reais e distintas. Se esse discriminante for igual a zero, o trinômio terá uma única raiz real, significando que seu gráfico tocará o eixo Ox em um único ponto. Finalmente, se $\Delta < 0$, não haverá raiz real e assim o gráfico não cruzará o eixo Ox.

Vamos utilizar essas ideias para esboçar gráficos de trinômios do 2º grau sem a necessidade das translações que vimos utilizando nos exemplos anteriores.

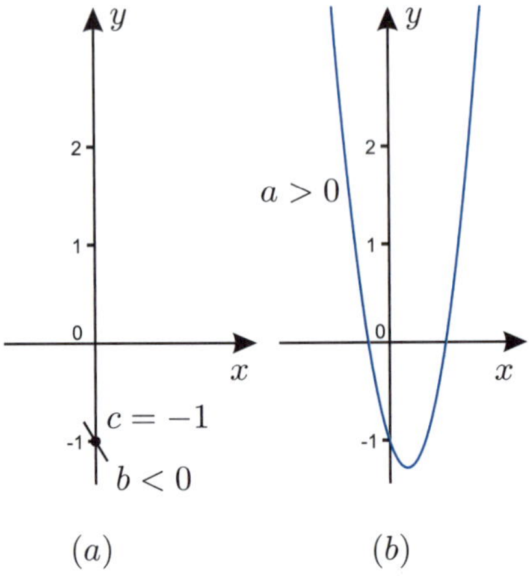

Figura 1.39

▸ Exemplo 6: Gráfico de $y = 8x^2 - 3x - 1$.

Temos aqui $a = 8$, $b = -3$ e $c = -1$; portanto, o discriminante é dado por $\Delta = (-3)^2 - 4 \cdot 8 \cdot (-1) = 41$. Como $c = -1$, o gráfico cruza o eixo Oy em $y = -1$. Como o parâmetro b é negativo ($b = -1$) a parábola cruza o eixo Oy de maneira descendente , como indicamos na Fig. 1.39(a) com um pequeno segmento de reta.

Por outro lado, como $a = 8 > 0$, a parábola tem a concavidade voltada para cima [Fig. 1.39(b)]. E sendo $\Delta = (-3)^2 - 4 \cdot 8(-1) = 41 > 0$, essa parábola corta o eixo Ox em dois pontos, como ilustra a Fig. 1.39(b).

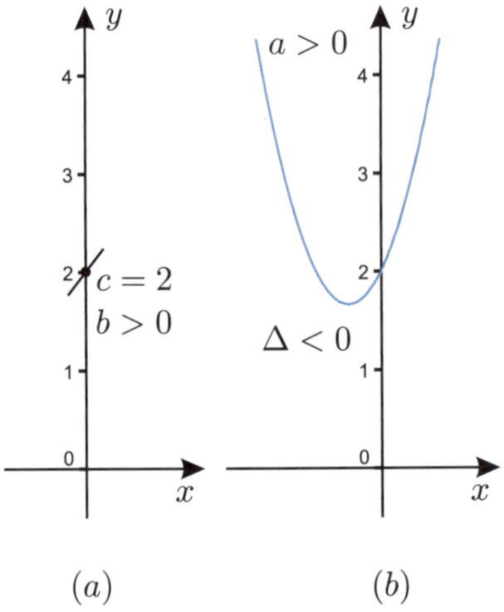

Figura 1.40

▸ Exemplo 7: Gráfico de $y = 3x^2 + 2x + 2$.

Agora $a = 3$, $b = 2$, $c = 2$ e $\Delta = b^2 - 4ac = 2^2 - 4 \cdot 3 \cdot 2 = -20 < 0$. Como $c = 2$ o gráfico cruza o eixo Oy em $y = 2$ [Fig. 1.40(a)]; e tem aí aspecto ascendente, pois $b = 2 > 0$.

Como $a = 1 > 0$, o gráfico tem concavidade voltada para cima; e levando em conta que $\Delta = -20 < 0$, vemos que ele não toca o eixo Ox e terá a forma ilustrada na Fig. 1.40(b).

Embora esse método de análise do gráfico seja menos preciso que o anterior, ele é mais fácil.

Exercícios

Esboce o gráfico de cada uma das funções dadas nos Exercícios 1 a 12.

1. $y = x^2 + 5$

2. $y = -x^2 + 1$

3. $y = x^2 - 2$

4. $y = -x^2 - 2$

5. $y = 3x^2$

6. $y = -x^2/2$

7. $y = \dfrac{2}{3}x^2 + 3$

8. $y = -\dfrac{3}{2}x^2 - 2$

9. $y = (x - 1)^2$

10. $y = (x + 4)^2$

11. $y = (x - 2)^2 - 2$

12. $y = (x + 3)^2 + 1$

Nos Exercícios 13 a 18 complete os quadrados e faça os respectivos gráficos.

13. $y = x^2 + 8x + 14$.

14. $y = x^2 - 3x + 2$.

15. $y = -x^2 + 4x - 1$.

16. $y = -2x^2 + 4x$.

17. $y = 3x^2 - x + 1$.

18. $y = x^2 + 4x/3 - 5$.

Nos Exercícios 13 a 18 você soube como era o gráfico depois de completar os quadrados e perceber o que deveria fazer com o gráfico de $y = x^2$ (abrir, fechar, transladar para a direita ou a esquerda, para cima ou para baixo). Esse método permite encontrar o gráfico preciso. Entretanto, com menos precisão poderá usar apenas o significado dos coeficientes (do trinômio) a, b, c e $\Delta = b^2 - 4ac$, como explicamos na p. 30. Refaça os Exercícios 13 a 18 dessa nova maneira e faça também os Exercícios 19 a 24 da mesma forma.

19. $y = 2x^2 - 3x + 4$.

20. $y = -3x^2 - 2x + 2$.

21. $y = -5x^2 + 3x - 2$.

22. $y = -4x^2 + x$.

23. $y = 2x^2 - 5x + 2$.

24. $y = 7x^2 + 3x/4 - 1$.

Respostas, sugestões, soluções

1. Gráfico de $y = x^2$ transladado cinco unidades para cima.

2. Gráfico de $y = -x^2$ transladado uma unidade para cima.

3. Por conta do leitor.

4. Por conta do leitor.

5. Gráfico de $y = x^2$, mais fechado (pois $|3| > 1$), passando por $(-1, 3)$, $(0, 0)$ e $(1, 3)$.

6. Gráfico de $y = -x^2$, mais aberto (pois $|-1/2| < 1$), passando por $(-2, -2)$, $(0, 0)$ e $(2, -2)$.

7. Faça o gráfico de $y = 2x^2/3$ e translade o resultado.

8. Análogo ao anterior.

9. Gráfico de $y = x^2$ transladado uma unidade para a direita.

10. Por conta do leitor.

11. Por conta do leitor.

> .: OPCIONAL :.
>
> O leitor pode explorar esses exercícios com o *software* GeoGebra. As instruções estão na p. 53.

12. Por conta do leitor.

13. Complete o quadrado para obter $y = (x+4)^2 - 2$. Agora faça as devidas translações.

14. Como no exercício anterior, complete o quadrado e conclua que o gráfico é o de $y = x^2$ transladado de $3/2$ para a direita e de $1/4$ para baixo.

15. Observe que $y = -x^2 + 4x - 1 = -(x^2 - 4x + 1)$ e continue.

16. Comece notando que $y = -2x^2 + 4x = -2(x^2 - 2x)$. Complete o quadrado para obter $y = -(x-1)^2 + 2$. A partir daí descreva o gráfico final.

17. Por conta do leitor.

18. Completando o quadrado, você deve encontrar $y = 3(x + 2/3)^2 - 49/9$.

19. Como $b = -3$, o gráfico cruza o eixo Oy em $y = 4$ em sua parte descendente. E como $\Delta = -23 < 0$ o gráfico não intersecciona o eixo Ox e tem a concavidade voltada para cima. Veja figura a seguir.

20. Análogo ao anterior. Como $\Delta > 0$, o gráfico cruza o eixo Ox em dois pontos; sua concavidade está voltada para baixo, pois $a = -3 < 0$. Veja figura a seguir.

21. O gráfico cruza o eixo Oy em $y = -2$; e é ascendente nesse ponto, pois $b = 3 > 0$. A concavidade é voltada para baixo, uma vez que $a = -5 < 0$. Como $\Delta = -31 < 0$ o gráfico não intersecciona o eixo Ox. Veja figura a seguir.

22. 23. 24. Por conta do leitor. Veja figura a seguir.

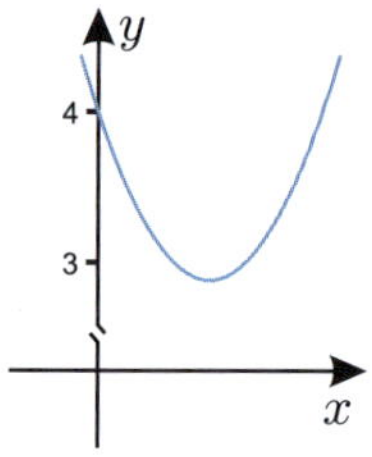

Exerc. 19.

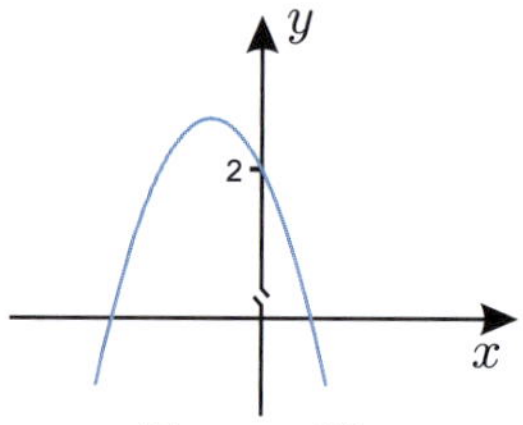

Exerc. 20.

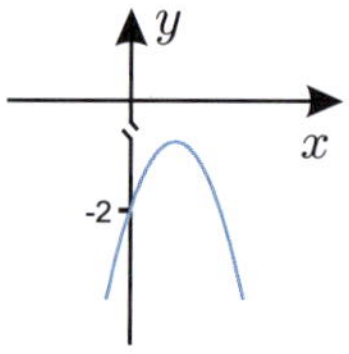

Exerc. 21.

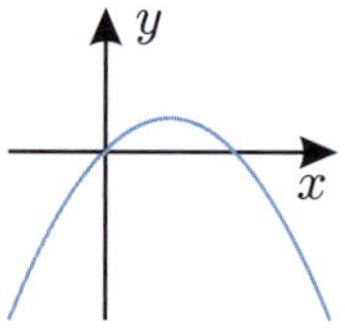

Exerc. 22.

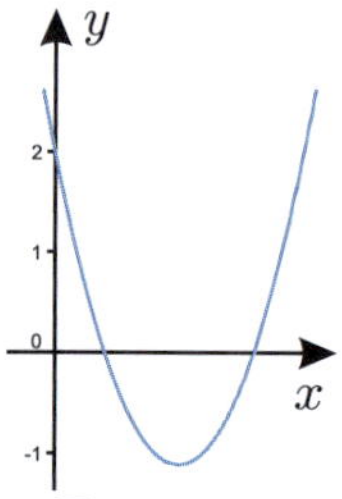

Exerc. 23.

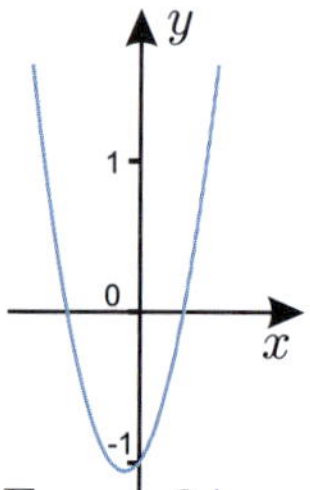

Exerc. 24.

1.7 A parábola $y = \sqrt{x}$

Encontramos um outro exemplo de parábola no gráfico da função

$$y = \sqrt{x}.$$

cujo domínio de definição é o conjunto dos pontos $x \geq 0$. Não podemos admitir $x < 0$, visto que os números negativos não têm raiz quadrada real. A imagem

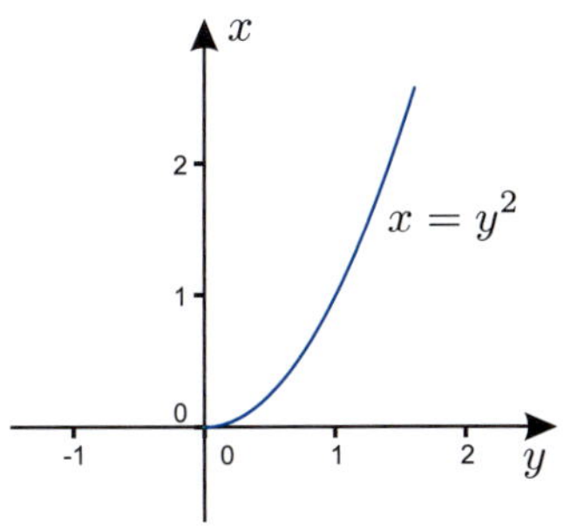

Figura 1.41

dessa função é também o conjunto dos números $y \geq 0$, como vemos pela própria fórmula que define a função.

Elevando $y = \sqrt{x}$ ao quadrado, obtemos $x = y^2$. Portanto, se considerarmos x como função de y mediante $x = y^2$, com $y \geq 0$, obtemos o gráfico da Fig. 1.41. (Repare que aqui o eixo horizontal é Oy e o vertical é Ox.)

Observe que $b = \sqrt{a} \Leftrightarrow a = b^2$, de sorte que o ponto (a, b) estará no gráfico da função $x \mapsto \sqrt{x}$ se e somente se o ponto (b, a) estiver no gráfico da função $x \mapsto x^2$. Mas os pontos (a, b) e (b, a) são simétricos relativamente à reta $y = x$, como revela um argumento geométrico elementar. (Veja o Exercício 12 adiante.) Isso mostra que os gráficos das duas funções consideradas são obtidos um do outro por reflexão na reta $y = x$ (Fig. 1.42).[(4)] Essa reflexão pode ser visualizada assim: refletimos o gráfico de $y = x^2$ no eixo Oy e em seguida fazemos uma rotação de 90° no sentido horário; assim obtemos o gráfico da função $y = \sqrt{x}$. As funções consideradas, $x \mapsto \sqrt{x}$ e $x \mapsto x^2$, $x \geq 0$, são cada uma a *inversa* da outra.

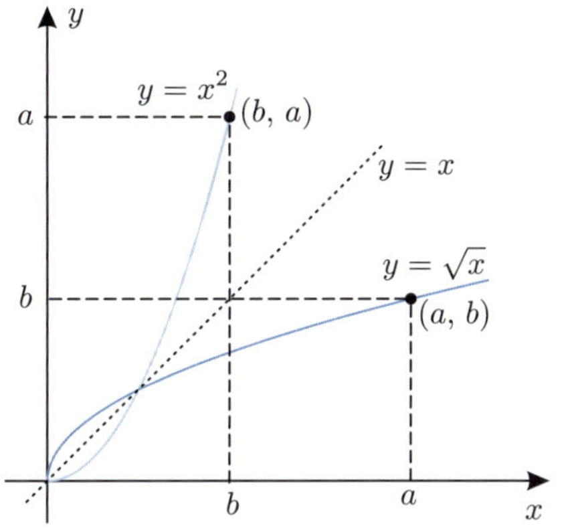

Figura 1.42

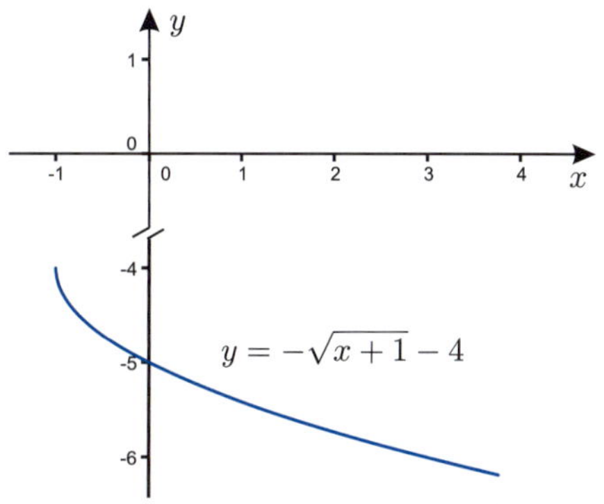

Figura 1.43

Mais translações e reflexões

A obtenção de gráficos de funções quadráticas a partir do gráfico da função básica $y = x^2$ por translações e reflexões se aplica a funções gerais. Vamos ilustrar isso concretamente tomando como função básica a função $y = \sqrt{x}$. Assim, o gráfico de $y = \sqrt{x} + 2$ é o gráfico de $y = \sqrt{x}$ deslocado duas unidades para cima; o de $y = \sqrt{x+3}$ é o gráfico de $y = \sqrt{x}$ deslocado horizontalmente três unidades para a esquerda; o gráfico de $y = \sqrt{x-2} - 3$ é o de $y = \sqrt{x}$, deslocado duas unidades para a direita e três unidades para baixo; o de $y = \sqrt{-x}$ é o de $y = \sqrt{x}$ refletido no eixo Oy; o de $y = -\sqrt{x}$ é o gráfico de $y = \sqrt{x}$ refletido no eixo Ox. Vemos assim como aproveitar um gráfico básico para a obtenção de outros sem precisar fazer, a cada caso, uma nova construção.

▶ Exemplo 1: Gráfico de $y = -\sqrt{x+1} - 4$.

Partindo inicialmente de $y = \sqrt{x}$, temos que $y = \sqrt{x+1}$ é a translação do gráfico uma unidade para a esquerda. Daí, $y = -\sqrt{x+1}$ reflete este último gráfico no eixo Oy; e por fim $y = -\sqrt{x+1} - 4$ translada o último gráfico quatro unidades para baixo. Ao final obtemos o gráfico ilustrado na Fig. 1.43.

[(4)]Observe que nesta figura estamos usando x para variável independente nas duas funções.

Exercícios

Faça o gráfico das funções dadas nos Exercícios 1 a 11.

1. $y = -\sqrt{x}$. **2.** $y = 2 - \sqrt{x}$. **3.** $y = \sqrt{x} - 2$.

4. $y = \sqrt{x - 2}$. **5.** $y = \sqrt{x + 1}$. **6.** $y = 2 + \sqrt{x}$.

7. $y = -1 + \sqrt{x}$. **8.** $y = 3 + \sqrt{x - 2}$. **9.** $y = \sqrt{-x}$.

10. $y = -\sqrt{-x}$. **11.** $y = -\sqrt{2 - x}$.

12. Prove que os pontos $(a,\, b)$ e $(b,\, a)$ são simétricos em relação à reta $y = x$.

Respostas, sugestões, soluções

Com a experiência já adquirida com os muitos exemplos e exercícios anteriores, utilizando translações, o leitor não deverá ter dificuldades com a maioria dos exercícios.

.: OPCIONAL :.

O leitor pode ver cada um dos gráficos usando o *software* GeoGebra. Há instruções na p. 55. Deixe para fazer uso do *software* quando já tiver tentado fazer manualmente.

1. Reflexão do gráfico de $y = \sqrt{x}$ em torno do eixo Ox.

2. Translação vertical em duas unidades para cima do gráfico obtido no exercício anterior.

3. Translação vertical em duas unidades para baixo do gráfico de $y = \sqrt{x}$.

4. Translação horizontal em duas unidades para a direita do gráfico de $y = \sqrt{x}$.

5. Translação horizontal em uma unidade para a esquerda do gráfico de $y = \sqrt{x}$.

6. Translação do gráfico de $y = \sqrt{x}$ em duas unidades para cima.

7. Translação do gráfico de $y = \sqrt{x}$ em uma unidade para baixo.

8. Translação do gráfico de $y = \sqrt{x}$ em duas unidades para a direita e três unidades para cima.

9. A função dada está definida em $x \leq 0$; portanto, o gráfico pedido é o refletido no eixo Oy do gráfico de $y = \sqrt{x}$.

10. Reflexão do gráfico de $y = \sqrt{x}$ em torno do eixo Oy e posteriormente em torno do eixo Ox.

11. Reescreva a função assim: $y = -\sqrt{-(x-2)}$. Temos então uma translação do gráfico de $y = \sqrt{x}$ em duas unidades para a direita ($y = \sqrt{(x-2)}$), uma reflexão em torno do eixo $x = 2$ (($y = \sqrt{-(x-2)}$)) e finalmente uma reflexão em torno do eixo Ox (($y = -\sqrt{-(x-2)}$)).

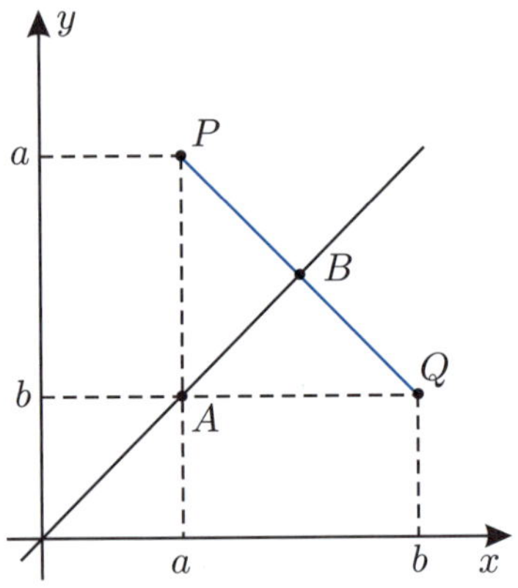

12. Os triângulos ABP e ABQ têm ângulos iguais (a 45°) no vértice A, pois tais ângulos são correspondentes a ângulos com vértices na origem e a reta OA é bissetriz do 1º quadrante. Os lados AP e AQ são congruentes por terem a mesma medida $a - b$; e o lado AB é comum aos dois triângulos. Em consequência, os dois referidos triângulos são congruentes pelo caso LAL. Então PB e QB são congruentes. Também são congruentes os ângulos PBA e QBA; e, como têm soma $180°$, ambos são ângulos retos, donde $PQ \perp AB$. Isso completa a demonstração de que os pontos P e Q são simétricos.

1.8 A hipérbole

Vamos considerar agora a função dada por

$$y = f(x) = \frac{1}{x}$$

que está definida para todo $x \neq 0$. Vemos que

$$f(1/4) = 4, \quad f(1/2) = 2, \quad f(1) = 1, \quad f(3/2) = 2/3,$$

$$f(2) = 1/2, \quad f(3) = 1/3, \quad f(4) = 1/4 \text{ etc.}$$

Os pontos $(x,\ f(x))$ assim obtidos estão marcados na Fig. 1.44, dando uma ideia de um dos ramos do gráfico da função no 1º quadrante.

Observe que, à medida que x cresce, $y = f(x)$ decresce, podendo tornar-se tão pequeno quanto quisermos, bastando para isso fazer x suficientemente grande. Analogamente, $y = f(x)$ cresce à medida que x decresce por valores positivos, tornando-se tão grande quanto quisermos, desde que x, sempre positivo, seja feito suficientemente pequeno. Esses fatos estão ilustrados na mesma Fig. 1.44.

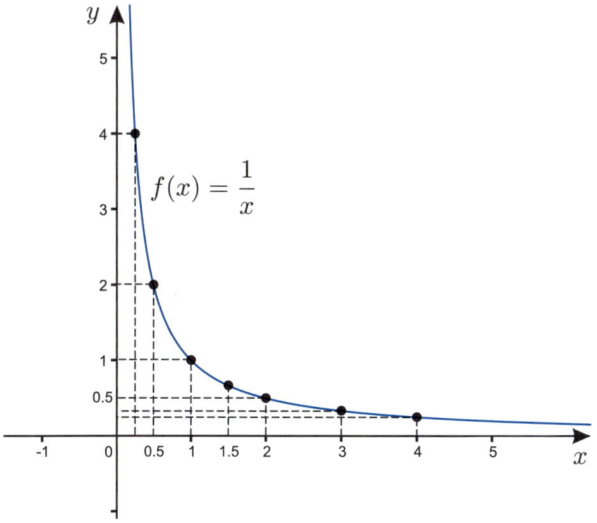

Figura 1.44

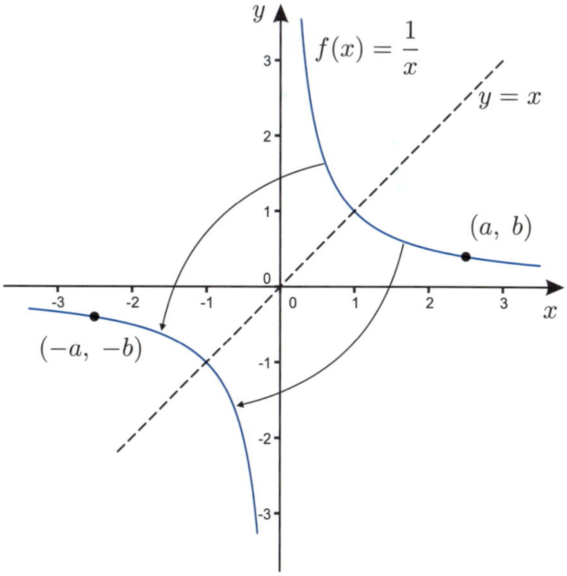

Figura 1.45

Como se vê, o gráfico se aproxima dos eixos quanto mais x cresce ou y cresce. Por essa razão, os eixos são chamados *assíntotas* da hipérbole; Ox é uma assíntota horizontal, e Oy é uma assíntota vertical.

Para obtermos o gráfico em $x < 0$, notamos que a função é *ímpar*, assim chamada toda função que satisfaz a equação

$$f(-x) = -f(x).$$

Em consequência disso, o gráfico de f está disposto *simetricamente em relação à origem*, vale dizer, sendo $(a,\ b)$ um ponto do gráfico, também estará no gráfico o ponto $(-a,\ -b)$.

É de se notar também que

$$y = \frac{1}{x} \Leftrightarrow x = \frac{1}{y},$$

isto é,

$$y = f(x) \Leftrightarrow x = f(y).$$

Isso significa que a função dada coincide com a sua inversa, donde se segue que $(a,\ b)$ estará no gráfico de f se e somente se $(b,\ a)$ também estiver. Em outras palavras, o gráfico é simétrico em relação à reta $y = x$, como ilustra a Fig. 1.45.

A curva que acabamos de construir chama-se *hipérbole.*[5]

■ Assíntotas

Há pouco falamos de assíntotas a uma curva, mas tratamos apenas dos eixos de coordenadas como assíntotas. Mas há outros tipos de assíntotas além dos eixos; de um modo geral, uma reta é *assíntota* de uma curva se a distância dessa curva à reta tende a zero quando a variável independente tende a um certo valor finito ou infinito. Por exemplo, o gráfico da equação

$$y = \sqrt{1 + x^2}$$

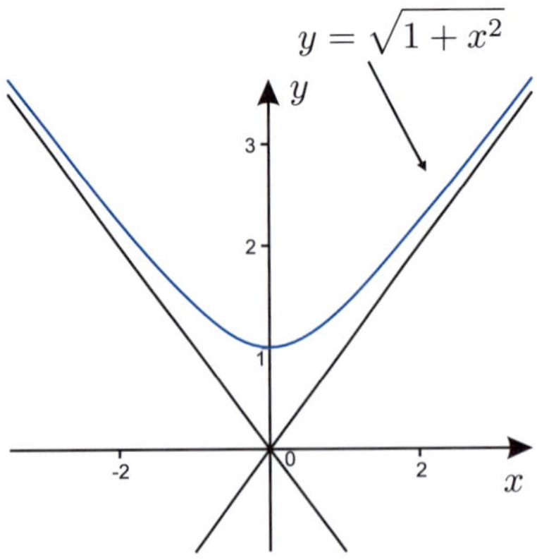

Figura 1.46

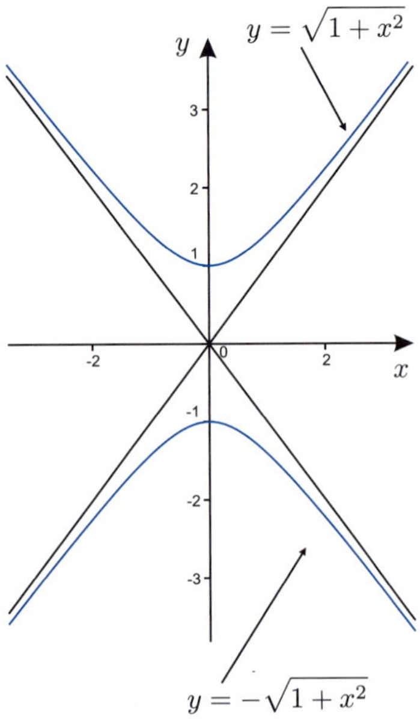

Figura 1.47

[5] A hipérbole, tanto quanto a parábola, é objeto de estudo mais detalhado em cursos de Geometria Analítica. Aqui fazemos apenas um estudo parcial, suficiente para os propósitos de nosso curso de Cálculo.

tem o aspecto ilustrado na Fig. 1.46; e as retas $y = x$ e $y = -x$ são assíntotas dessa curva. Refletida no eixo Ox, obtemos uma outra curva, que nada mais é do que o gráfico de $y = -\sqrt{1 + x^2}$, com as mesmas assíntotas. A Fig. 1.47 ilustra as duas curvas juntas, que formam uma hipérbole. Na verdade, essa hipérbole é obtida com uma rotação do gráfico de $y = 1/x$ por um ângulo de $45°$ em torno da origem dos eixos, mas não temos como provar isso no momento.

Uma variedade de hipérboles

Vamos considerar exemplos de funções cujos gráficos podem ser obtidos a partir do gráfico de $y = 1/x$, todos esses gráficos sendo hipérboles.

Funções do tipo $y = k/x$, com $k > 0$, têm gráficos análogos ao de $y = 1/x$. Assim, o gráfico de $y = 2/x$ pode ser obtido do gráfico de $y = 1/x$ multiplicando cada ordenada por 2; e o de $y = 1/3x$ pode ser obtido dividindo por 3 as ordenadas do gráfico de $y = 1/x$. A Fig. 1.48 ilustra os aspectos dos gráficos de $y = k/x$, com k positivo, seja $k > 1$, $k = 1$ ou $k < 1$.

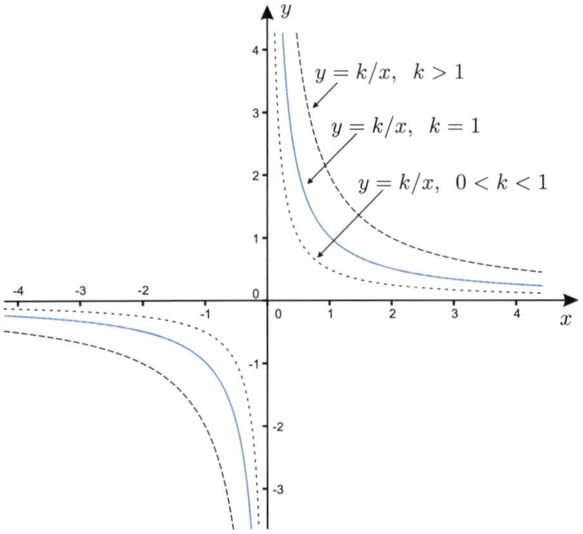

Figura 1.48

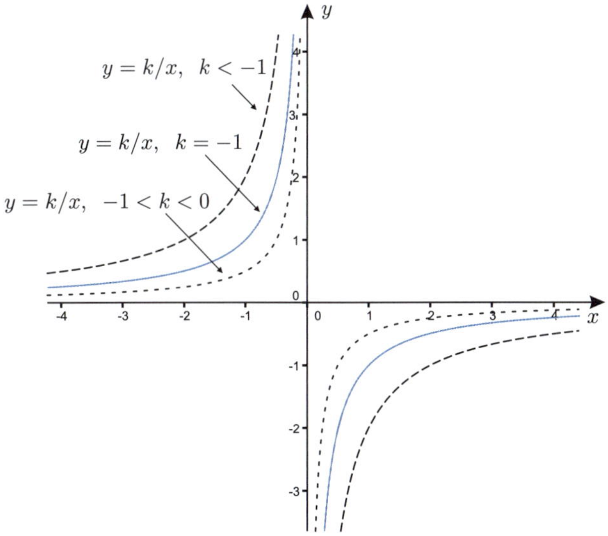

Figura 1.49

O gráfico de $y = -1/x$ é a imagem, por reflexão, no eixo Ox, do gráfico de $y = 1/x$, como é fácil ver. Análogos a esse são os gráficos das funções $y = k/x$ com $k < 0$, como ilustra a Fig. 1.49. Todas essas curvas são hipérboles.

Dado um número $a > 0$, uma translação de magnitude a para a direita transforma a hipérbole $y = 1/x$ na hipérbole $y = 1/(x - a)$; e uma translação de magnitude a para a esquerda transforma a mesma hipérbole $y = 1/x$ na hipérbole $y = 1/(x + a)$. Assim é possível obter o gráfico de uma variedade de hipérboles apenas fazendo uso dessa informação.

> Para construir o gráfico de uma hipérbole na forma $y = \frac{1}{x-a}$, podemos considerar que o "centro" da hipérbole está no ponto $(a, 0)$; e a partir daí construímos o gráfico de $y = \frac{1}{x}$.

▶ Exemplo 1: Gráfico de $y = \dfrac{1}{x - 3}$.

Para esse gráfico, basta observar que a hipérbole está transladada três unidades para a direita, como ilustra a Fig. 1.50.

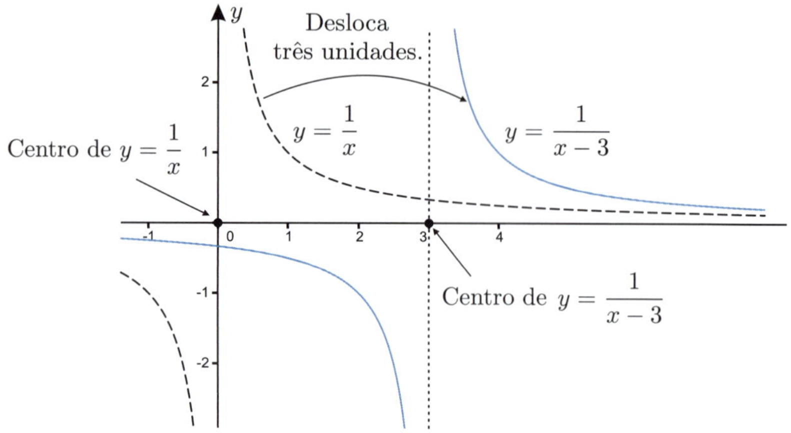

Figura 1.50

Dado um número $b > 0$ a hipérbole $y = \frac{1}{x} + b$ é a hipérbole $y = \frac{1}{x}$ transladada verticalmente b unidades para cima. Se $b < 0$ a hipérbole será deslocada $|b|$ unidades para baixo. Podemos combinar translações horizontais e verticais, e o exemplo seguinte ilustra isso.

▶ Exemplo 2: Gráfico de $y = \frac{x-2}{x-3}$.

Para esse gráfico começamos observando que

$$y = \frac{x-2}{x-3} = \frac{x-3+1}{x-3} = \frac{x-3}{x-3} + \frac{1}{x-3} = 1 + \frac{1}{x-3}.$$

Dessa forma percebemos que o gráfico da função desejada é a translação de $y = 1/x$ três unidades para a direita e uma unidade para cima. Observe que nesse caso o centro da hipérbole é o ponto (3, 1), como ilustra a Fig. 1.51.

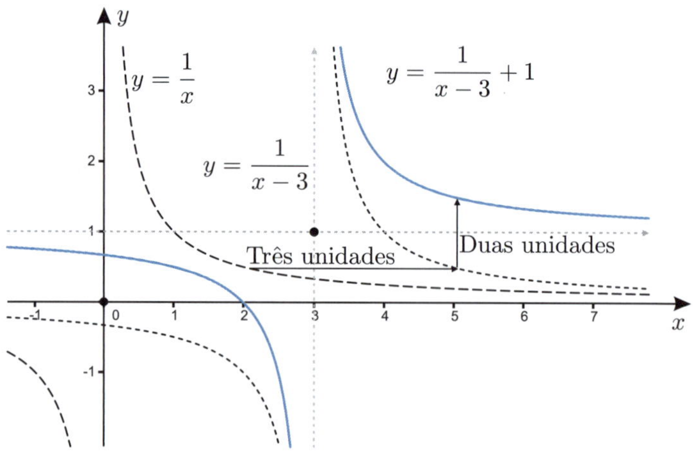

Figura 1.51

Os gráficos de funções do tipo

$$y = \frac{ax+b}{cx+d},$$

como

$$y = \frac{x}{x-1}, \quad y = \frac{x-3}{x-5}, \quad y = \frac{-x+2}{2x-1},$$

podem sempre ser obtidos do gráfico de $y = 1/x$ por meio das transformações já indicadas: reflexões nos eixos, multiplicação e divisão das ordenadas por números e translações. O procedimento é análogo ao que já descrevemos na seção anterior sobre a parábola. Por exemplo,

$$y = \frac{x}{x-1} = \frac{(x-1)+1}{x-1} = 1 + \frac{1}{x-1},$$

por onde se vê que o gráfico da função considerada é o mesmo que o de $y = 1/x$, transladado uma unidade para a direita e uma unidade para cima.

Exercícios

Construa os gráficos das funções dadas nos Exercícios 1 a 15.

1. $y = \dfrac{1}{x-2}$. **2.** $y = \dfrac{2}{x+3}$. **3.** $y = \dfrac{-3}{x+5}$.

4. $y = \dfrac{3}{2-x}$. **5.** $y = \dfrac{1}{3x+7}$. **6.** $y = \dfrac{x}{x+2}$.

7. $y = \dfrac{1+3x}{2x}$. **8.** $y = \dfrac{-x}{x+3}$. **9.** $y = \dfrac{3x}{x-4}$.

10. $y = \dfrac{2-5x}{3x}$. **11.** $y = \dfrac{x-1}{x+1}$. **12.** $y = \dfrac{2x+1}{x-1}$.

13. $y = \dfrac{1}{|x|}$. **14.** $y = -\dfrac{4}{|x|}$. **15.** $y = \dfrac{2}{|x-1|}$.

16. Dada a função $f(x) = 1/x$, mostre que $f(1+h) - f(1) = -h/(1+h)$. Calcule $f(a+h) - f(a)$.

17. Calcule a função $g(a+h) - g(a)$, em que $g(x) = (x+1)/x$. O resultado coincide com o último resultado do exercício anterior. Explique por que isso acontece. Mostre que o mesmo é verdade se $g(x) = (kx+1)/x$, em que k é uma constante qualquer.

18. Demonstre que uma função f, definida em toda a reta [ou num intervalo $(-a, a)$], se decompõe, univocamente, na forma

$$f = f_p + f_i$$

em que f_p é função par e f_i é função ímpar. (Veja as definições de função par e função ímpar nas pp. 26 e 36, respectivamente.)

Respostas, sugestões, soluções

Os Exercícios 1 a 4 ficam por conta do leitor. No caso do 3, é preciso começar com o gráfico de $-3/x$; e no caso do 4, troque os sinais do numerador e do denominador.

5. Repare que $y = \dfrac{1}{3(x + 7/3)}$; portanto, o gráfico pedido é o transladado do gráfico de $1/3x$ de $7/3$ para a esquerda.

6. Repare que $y = \dfrac{x}{x+2} = \dfrac{(x+2)-2}{x+2} = 1 - \dfrac{2}{x+2}$

7. Observe que $y = \dfrac{1}{2x} + \dfrac{3}{2}$; portanto, o gráfico pedido é o gráfico de $y = \dfrac{1}{2x}$, transladado $3/2$ para cima.

8. Comece notando que $y = \dfrac{-(x+3)+3}{x+3} = \dfrac{3}{x+3} - 1$. Veja então como é o gráfico.

9. Nesse caso $y = \dfrac{3(x-4)+12}{x-4}$; e daqui pode-se concluir como é o gráfico.

10. Por conta do leitor.

11. Por conta do leitor.

12. Veja: $y = \dfrac{2(x-1)+3}{x-1} =$ etc.

13. $y = f(x) = \dfrac{1}{|x|}$. $f(x) = \dfrac{1}{x}$ se $x > 0$ e $f(-x) = f(x)$. Gráfico de $y = 1/x$ se $x > 0$ e o refletido deste no eixo Oy.

14. Gráfico de $y = -4/x$ se $x > 0$ e o refletido deste no eixo Oy.

15. Gráfico de $y = 2/|x|$, transladado uma unidade para a direita.

16. $f(1+h) - f(1) = \dfrac{1}{1+h} - \dfrac{1}{1} = \dfrac{1-(1+h)}{1+h} = \dfrac{-h}{1+h}$;

$f(a+h) - f(a) = \dfrac{1}{a+h} - \dfrac{1}{a} = \dfrac{a-(a+h)}{a(a+h)} = \dfrac{-h}{a(a+h)}$.

17.

$$\begin{aligned} g(a+h) - g(a) &= \frac{a+h+1}{a+h} - \frac{a+1}{a} \\ &= \frac{a(a+h+1) - (a+1)(a+h)}{a(a+h)} \\ &= \frac{a(a+h) + a - a(a+h) - (a+h)}{a(a+h)} = \frac{-h}{a(a+h)}. \end{aligned}$$

Esse resultado coincide com o último resultado do exercício anterior porque

$$g(x) = \frac{x+1}{x} = 1 + \frac{1}{x} = 1 + f(x),$$

em que $f(x) = 1/x$ é a função do exercício anterior. Consequentemente,

$$g(a+h) - g(a) = f(a+h) - f(a),$$

pois o termo aditivo 1 é eliminado na diferença $g(a+h) - g(a)$, como é fácil verificar.

No caso em que $g(x) = (kx+1)/x$, teremos ainda $g(x) = k + f(x)$, e sendo k constante, acontecerá o mesmo.

18. Considere $f_p(x) = \dfrac{f(x)+f(-x)}{2}$ e $f_i(x) = \dfrac{f(x)-f(-x)}{2}$. Observe que f_p é par, f_i é ímpar e

$$f_p(x) + f_i(x) = \frac{f(x)+f(-x)}{2} + \frac{f(x)-f(-x)}{2} = f(x).$$

Experiências no computador

Nesta seção veremos como usar o *software* LIVRE GeoGebra para auxiliar no entendimento dos conceitos e exercícios estudados no Capítulo 1. Transfira *softwares* gratuitamente acessando:

http://www.geogebra.org/cms/pt_BR/installers

A página raiz pode ser acessada através do seguinte endereço:

http://www.geogebra.org/cms/ .

A versão utilizada nas instruções que seguem foi a 3.2. Caso a disponível no endereço acima seja mais nova, o *layout* pode estar diferente do que se verá a seguir. O leitor, opcionalmente, pode transferir o GeoGebra 3.2 acessando

http://www.luisclaudio.mat.br/geogebra32.zip .

Primeiro contato com o *software* GeoGebra

Após instalar o *software*, aparecerá uma janela como ilustra a Fig. 1.52. Nessa janela destacamos:

MENU PRINCIPAL: onde se acessam as funções de controle do *software* como: salvar arquivos, exportar construções, idioma, tamanho de fontes etc.

BARRA DE FERRAMENTAS: onde se acessam diversas ferramentas do *software* através de botões.

JANELA DE VISUALIZAÇÃO: é onde os objetos criados são exibidos.

JANELA DE ÁLGEBRA: onde as informações algébricas dos objetos que estão na JANELA DE VISUALIZAÇÃO são mostrados; como exemplos podemos citar: equações de retas, cônicas, leis de funções, coordenadas de pontos etc.

CAMPO DE ENTRADA: onde se dá ordem ao *software* por meio de comandos escritos.

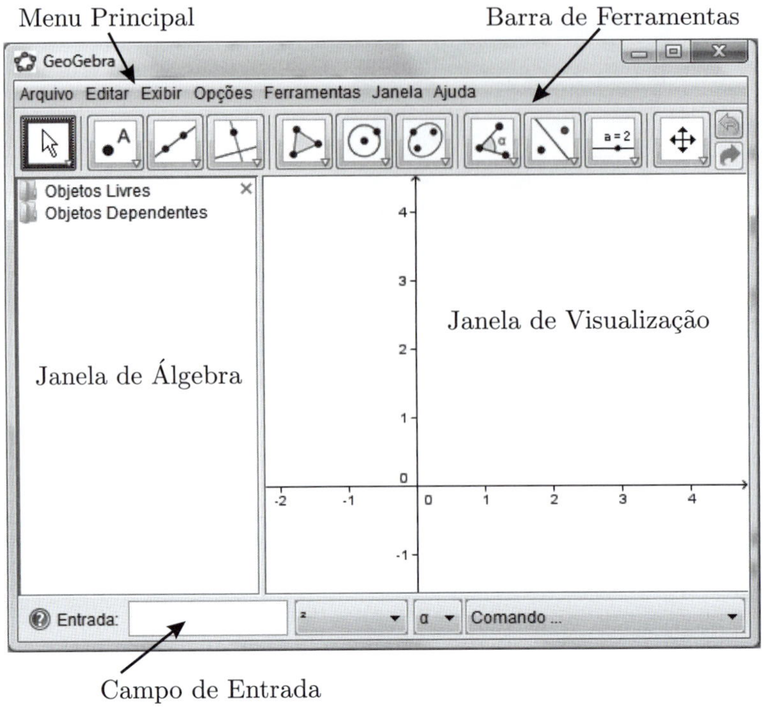

Figura 1.52

Comandos simples

> Com o *mouse* sobre a JANELA DE VISUALIZAÇÃO, se girar sua *rodinha* poderá modificar o *zoom*. O centro é a posição onde o *mouse* está.

> Sempre que entrar com um comando no CAMPO DE ENTRADA, aperte ENTER para que o comando seja executado.

Para um reconhecimento inicial, siga as instruções a seguir. Digite no CAMPO DE ENTRADA (e aperte ENTER após cada comando):

- `(2, 3)`
- `(3, 2)`
- `Reta[A,B]`

O resultado dessa ação pode ser visto na Fig. 1.53. Observe que na JANELA DE VISUALIZAÇÃO há três objetos (dois pontos e uma reta) e na de ÁLGEBRA encontram-se as informações algébricas dos objetos que estão na de VISUALIZAÇÃO: as coordenadas dos pontos **A** e **B** e a equação da reta a $(x + y = 5)$. Os objetos são automaticamente nomeados quando não se avisa o "nome" que deverão ter. Nos dois primeiros comandos anteriores os nomes A e B foram dados aos pontos. No terceiro comando a reta recebeu o nome "a" do próprio *software*. Se escrevesse `r=Reta[A,B]` o nome do objeto reta passaria a ser "r".

A familiaridade com o *software* e seus comandos se dará ao longo das atividades.

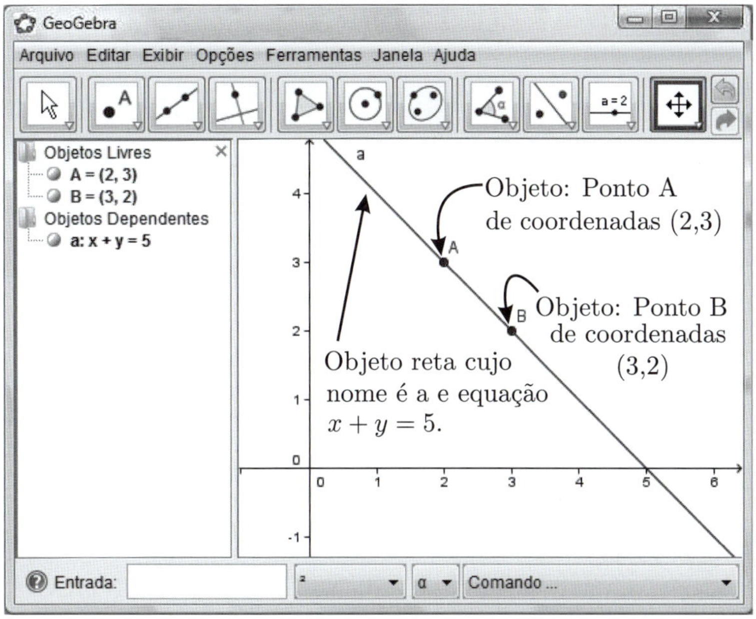

Figura 1.53

Explorando a Seção 1.1 com o GeoGebra

Como "x" é uma variável reservada, usaremos a variável "lado1" para representar o lado que mede x e "lado2" a medida do outro lado (que mede $100 - 2 \cdot x$).

Na Seção 1.1 (p. 1) foi apresentada a ideia de uma grandeza estar em função de outra. A seguir construiremos uma ilustração que permitirá observar essa relação. Em particular, no Exemplo 2 desta seção foi proposto um problema, que envolve usar 100 m de tela para cercar uma área aproveitando um muro existente. A figura seguinte ilustra a situação.

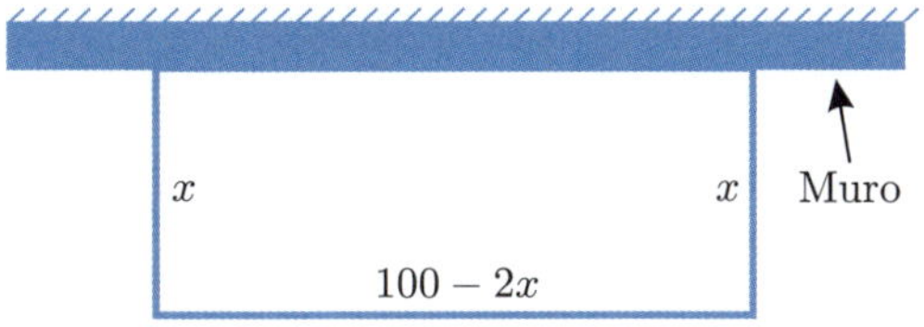

É possível abrir uma nova janela com uma combinação de teclas. Segure a tecla Crtl e aperte N (Crtl+N).

Vamos construir uma ilustração que mostra a dependência da área em relação à medida de um dos lados. Siga as instruções seguintes:

1. Abra o *software* ou uma nova janela do *software* e clique com o botão do lado direito do *mouse* sobre a área branca (JANELA DE VISUALIZAÇÃO) e selecione a opção JANELA DE VISUALIZAÇÃO. Uma nova janela aparecerá como a mostrada na Fig. 1.54(a) aparecerá. Ajuste os valores mínimo e máximo como mostrado na Fig. 1.54.

2. Na guia EixoX clique no campo RÓTULO escreva LADO [Fig. 1.54(b)]. De forma análoga, clique sobre a guia EixoY e no campo RÓTULO escreva ÁREA. Feito isso, clique em FECHAR.

3. Criaremos um seletor que permita modificar a medida do lado do cercado. Para isso, ative a ferramenta SELETOR (10ªJanela) e clique sobre a JANELA DE VISUALIZAÇÃO onde gostaria que ele aparecesse. Uma nova

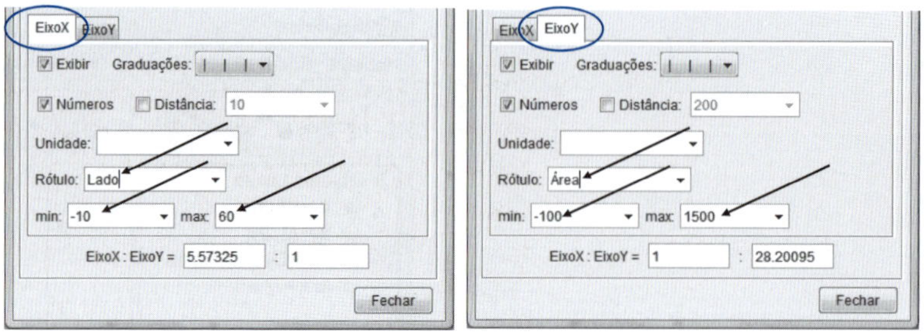

(*a*) (*b*)

Figura 1.54

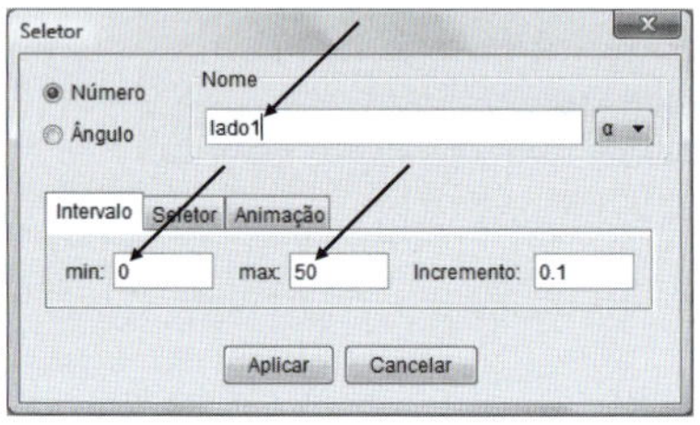

Figura 1.55

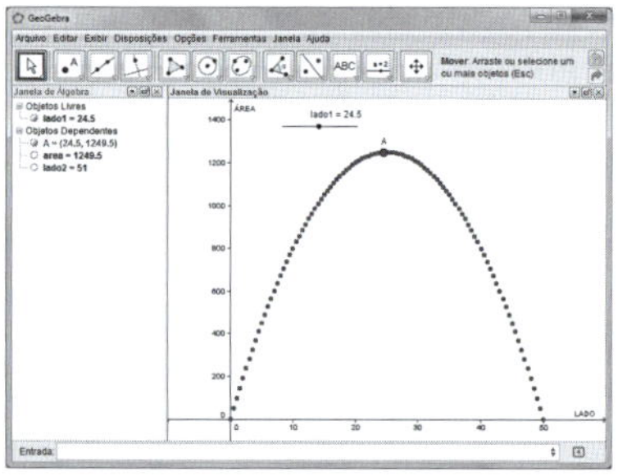

Figura 1.56

janela aparecerá. Entre com os seguintes dados. No campo RÓTULO escreva "lado1", no campo MIN escreva 0 e no campo MAX escreva 50 como na Fig. 1.55. Feito isso, clique em APLICAR.

4. No CAMPO DE ENTRADA, entre com os seguintes comandos (aperte ENTER após digitar cada comando):

- `lado2=100-2*lado1`
- `area=lado1*lado2`
- `A=(lado1,area)`

5. Clique com o botão do lado direito do *mouse* sobre o ponto **A** que acabou de aparecer na JANELA DE VISUALIZAÇÃO e selecione a opção HABILITAR RASTRO. Se clicar no ponto **A** na JANELA DE ÁLGEBRA terá o mesmo efeito.

6. Aperte a tecla ESC de seu teclado e arraste o seletor. O que verá são várias situações que mostram a relação entre a medida de um lado e a área.

Note que há um momento em que a área é máxima. Essa ilustração permite que se estime qual é a medida do lado que fará com que a área seja máxima. Explore sua construção. Se tudo correr bem, chegará a algo como mostra a Fig. 1.56.

Explorando a Seção 1.2 com o GeoGebra

É possível usar o GeoGebra para ajudar com a visualização de domínio de funções. Isso será possível porque o *software* não exige que seja informado qual intervalo deve ser considerado para a construção do gráfico. Assim, quando pedir para que seja desenhado o gráfico de uma função qualquer, basta observar a projeção do gráfico sobre o eixo Ox. É onde estará o domínio da função(6). Vamos a um exemplo para fixar as ideias.

(6)Lembre-se de que o gráfico é visualizado em uma janela onde há um valor mínimo e máximo para a abscissa e a ordenada. Apenas uma análise algébrica poderá determinar exatamente qual é o domínio da função.

"sqrt" são as consoantes da palavra *square root* (raiz quadrada, em inglês) e é uma forma de escrita muito comum de raiz quadrada em *softwares*. No GeoGebra, "cbrt" é o comando usado para raiz cúbica.

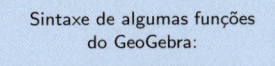

Sintaxe de algumas funções do GeoGebra:

Sintaxe GeoGebra	Função
x/a	$\frac{x}{a}$
a^(x)	a^x
sqrt(x)	$\sqrt{x}$
cbrt(x)	$\sqrt[3]{x}$
sin(x)	$\text{sen}(x)$
cos(x)	$\cos(x)$
tan(x)	$\text{tg}(x)$
asin(x)	$\text{arc sen}(x)$
acos(x)	$\text{arc cos}(x)$
atan(x)	$\text{arc tan}(x)$
exp(x)	e^x
abs(x)	$\|x\|$
ln(x)	$\log_e(x)$
ld(x)	$\log_2(x)$
log(x)	$\log_{10}(x)$

▸ Exemplo 1: Visualização do domínio da função $f(x) = \sqrt{x+1}$.

No Exemplo 2 da Seção 1.2 (p. 9) pede-se para determinar o domínio da função $f(x) = \sqrt{x+1}$. Para isto, faça o seguinte.

1. Abra o *software* ou uma nova janela. (Ctrl+N é um atalho.)
2. Escreva no CAMPO DE ENTRADA: `f(x)=sqrt(x+1)` e aperte a tecla ENTER.

Observe que só há gráfico desenhado para $x \geq -1$. Para $x < -1$ não há. Complemente sua construção da seguinte forma. Digite no CAMPO DE ENTRADA (exatamente como está escrito):

1. `A=Ponto[EixoX]`
2. `Perpendicular[A,EixoX]`

O ponto **A** tem a propriedade de se mover apenas sobre o eixo Ox quando a ferramenta MOVER (1ª Janela) está ativada. Além disso, esse ponto tem abscissa no domínio da função se a reta vertical cruzar com o gráfico da função (Fig. 1.57). Consegue perceber por que o domínio é o conjunto dos números reais maiores ou iguais a -1?

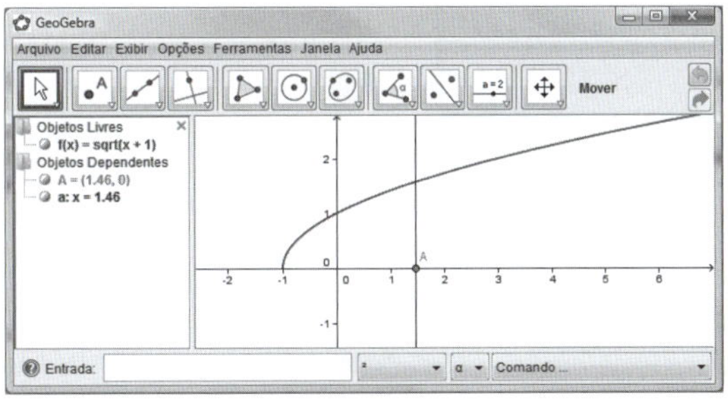

Figura 1.57

▸ Exemplo 2: Visualização do domínio da função $f(x) = \sqrt[3]{x+1}$.

Considere o problema de determinar o domínio da função $f(x) = \sqrt[3]{x+1}$ (Exemplo 3 da Seção 1.2, p. 9). Digite no CAMPO DE ENTRADA:

```
f(x)=cbrt(x+1)
```

e aperte ENTER. Alternativamente, é possível pedir ao GeoGebra que faça o desenho do gráfico dessa função, escreva-a como uma potência de expoente racional. Como

$$\sqrt[3]{x+1} = (x+1)^{\frac{1}{3}}$$

escreva no CAMPO DE ENTRADA:

```
f(x)=(x+1)^(1/3)
```

e aperte ENTER. O resultado deverá ser o mesmo que o dado com a função "cbrt( )".

É possível mudar a escala do desenho usando a *rodinha* do *mouse* ou a ferramenta AMPLIAR e REDUZIR (11ª Janela). Há ainda outras formas. Uma delas consiste em ativar a ferramenta DESLOCAR EIXOS (11ª Janela), clicar sobre o eixo que deseja modificar a escala e arrastá-lo. Outra forma consiste em segurar a tecla Ctrl, clicar sobre aquele eixo que deseja mudar sua escala e arrastá-lo.

Aperte a tecla ESC, clique e arraste novamente o ponto **A**. Note que a reta vertical aparentemente[7] interceptará o gráfico sempre. Essa ilustração nos leva a crer que não há restrições para os valores de x. A justificativa formal foi feita no texto da Seção 1.2 do Capítulo 1 (p. 9).

Para finalizar, deixamos os comandos que deverá escrever no CAMPO DE ENTRADA para observar o gráfico dos três últimos exercícios da Seção 1.2 (p. 11).

Exercício 16: `f(x)=sqrt(9-x^2)/(4-x^2)`

Exercício 17: `f(x)=sqrt((9-x^2)/(x^2-4))`

Exercício 18: `f(x)=(x^2-11)^(1/3)/(x^2+x-2)^(1/8)`

Explorando a Seção 1.3 com o GeoGebra

Na Seção 1.3 (p. 12) discutiu-se sobre gráfico de funções e em particular de funções lineares. Vamos fixar as ideias usando o GeoGebra. Na p. 14 o assunto abordado foi coeficiente angular (também chamado de declive ou inclinação). Iremos construir uma ilustração dinâmica que permita explorar esse conceito.

Lembre-se de que é possível modificar a escala dos eixos. Veja instruções no quadro anterior.

Para tal, faça o seguinte: Abra o *software* ou uma nova janela e digite no CAMPO DE ENTRADA (aperte ENTER depois de cada comando):

- `m=1`
- `y=m x` ou `y=m*x`
- `Inclinação[a]`
- `P=(1,m)`
- Clique com o botão do lado direito do *mouse* sobre o texto $m = 1$ na JANELA DE ÁLGEBRA e selecione a opção EXIBIR OBJETO. Um SELETOR aparecerá, como se pode ver na Fig. 1.58.
- Aperte a tecla ESC e modifique a posição do seletor.

Com os valores do parâmetro "m" sendo modificados, a reta na JANELA DE VISUALIZAÇÃO será modificada também.

Faça o que se pede a seguir e observe os aspectos aos quais chamamos a atenção.

- Modifique o valor do parâmetro m arrastando o seletor e observe a equação da reta na JANELA DE ÁLGEBRA.
- Observe também na JANELA DE VISUALIZAÇÃO a altura do triângulo retângulo relativa à base que está sobre o eixo Ox. Esse triângulo é especial, pois a medida de um dos catetos (a base sobre o eixo Ox) tem 1 unidade. A altura é, então, o declive (ou inclinação) da reta. Tente justificar isso.

[7] Usamos o termo "aparentemente" porque não é possível visualizar o gráfico em sua totalidade. Uma análise algébrica irá concluir que o domínio é o conjunto dos números reais.

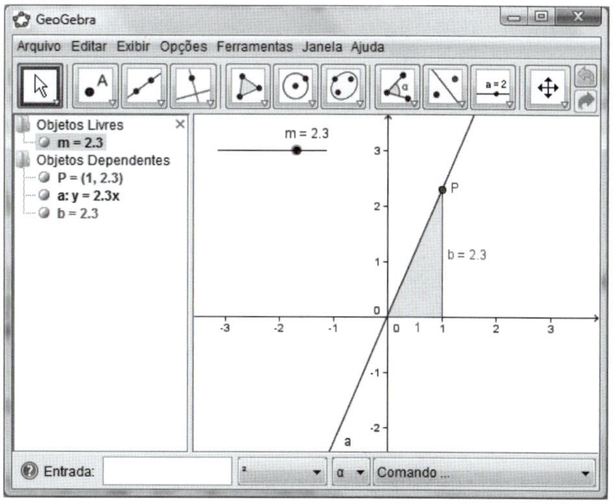

Figura 1.58

- Faça com que o valor de m seja negativo e observe o que ocorre com a reta. Para quais valores de m a função cujo gráfico é uma reta é crescente? E decrescente? O que ocorre se $m = 0$?

Reta que passa pela origem e outro ponto

Na p. 16 há diversos exercícios onde você poderá conferir a sua resposta com o mostrado pelo GeoGebra. Devemos encontrar a equação da reta que passa pelos dados. Para ilustrar o uso do *software*, usaremos o Exercício 28 da mesma página: *encontrar a equação da reta que passa pelos pontos* (0, 0) *e* (2, −3).

.: IMPORTANTE :.

Não se esqueça que os cálculos devem ser feitos; o *software* é usado apenas para conferir e visualizar o que está fazendo.

Para conferir o resultado que você encontrou no cálculo manual, siga estas instruções. Abra o *software* ou uma nova janela e digite no CAMPO DE ENTRADA (aperte ENTER após cada comando):

- `A=(0,0)`
- `B=(-2,3)`
- `Reta[A,B]`

Observe a equação da reta na JANELA DE ÁLGEBRA. É possível modificar a forma com que a equação é escrita. Para isso basta clicar sobre a equação da reta na JANELA DE ÁLGEBRA com o botão do lado direito do *mouse* e selecionar a opção EQUAÇÃO `y=kx+d` (Fig. 1.59).

Reta por dois pontos

Lembre-se de que a equação pode estar escrita em dois formatos: $ax + by = c$ ou $y = kx + d$. Alterne entre os formatos clicando com o botão do lado direito do *mouse* sobre a equação e escolhendo a forma que deseja que a equação seja exibida.

Abra o *software* ou uma nova janela. Considere o Exemplo 6 da Seção 1.4 (p. 19): encontrar a equação da reta que passa pelos pontos (−1, 5) e (3, −4). Para ver os pontos e a reta, proceda da seguinte forma: digite no CAMPO DE ENTRADA:

- `A=(-1,5)`
- `B=(3,-4)`
- `Reta[A,B]`

Na JANELA DE ÁLGEBRA aparecerá a equação da reta. Confira se é a mesma que encontrou em seus cálculos. Outra opção é digitar a equação que

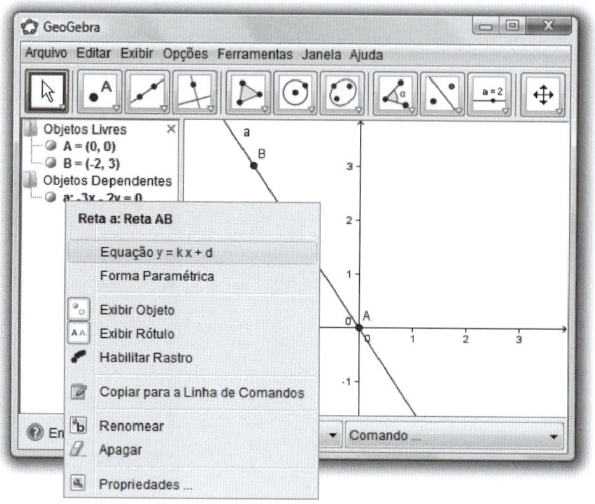

Figura 1.59

encontrou e verificar se a reta passa pelos pontos dados. Esta mesma ideia pode ser usada para auxiliar o leitor com os Exercícios 13 ao 22 da lista de exercícios da Seção 1.4.

Explorando a Seção 1.4 com o GeoGebra

Nesta seção o leitor terá a oportunidade de ver de forma dinâmica o que foi discutido na Seção 1.4 (p. 17). Como visto na referida seção, uma função afim é aquela cuja lei de formação tem a forma

$$y = mx + n, \text{ em que } 0 \neq m \in \mathbb{R}, n \in \mathbb{R} \tag{1.6}$$

O espaço é entendido pelo GeoGebra como "vezes", assim como o símbolo "*". Desse modo o leitor pode escrever 2 x ou 2*x e ele entenderá 2x.

Construiremos uma ilustração que mostra o papel dos parâmetros m e n na equação da reta. Abra o *software* ou uma nova janela e digite no CAMPO DE ENTRADA:

- `m=1`
- `n=1`
- `y=m x+n` ou `y=m*x+n`.
- `(0,n)`
- `Inclinação[a]`
- Clique no pequeno círculo ao lado do texto "$m = 1$" que está na JANELA DE ÁLGEBRA para que apareça um seletor na JANELA DE VISUALIZAÇÃO. Outra forma de fazer o seletor aparecer é clicar com o botão direito do *mouse* sobre o texto "$m = 1$" que está na JANELA DE ÁLGEBRA e selecionar a opção EXIBIR OBJETO.
- Faça o mesmo com "$n = 1$" (Fig. 1.60).

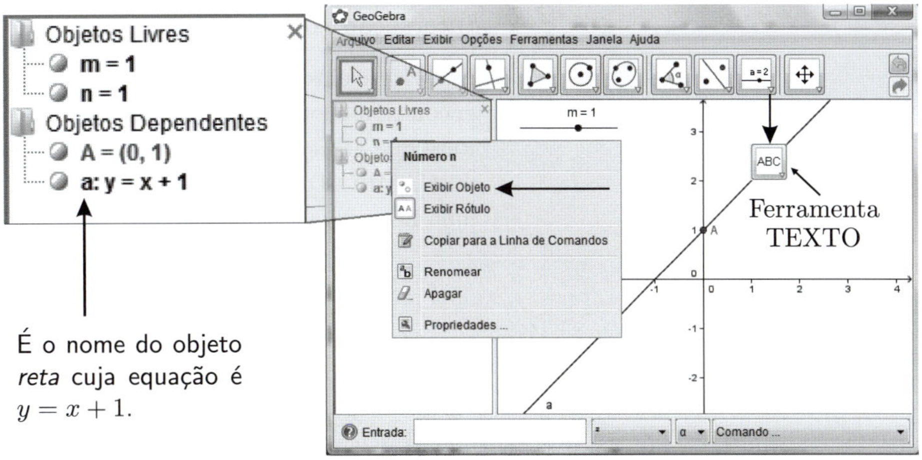

Figura 1.60

Observe que na JANELA DE ÁLGEBRA ao lado da equação da reta ($y = x + 1$) aparece o nome desse objeto. Nesse caso "a" é o nome do objeto reta. Ative a ferramenta INSERIR TEXTO (10ª Janela)(Fig. 1.60) e clique em algum lugar da JANELA DE VISUALIZAÇÃO (onde deseja que a equação da reta apareça). Na janela que aparecerá escreva "a" (sem aspas) (Fig. 1.61) e clique em OK. A Fig. 1.62 mostra aonde deverá chegar.

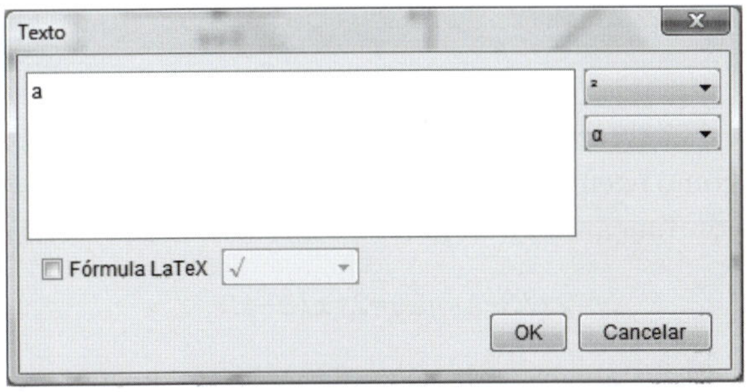

Figura 1.61

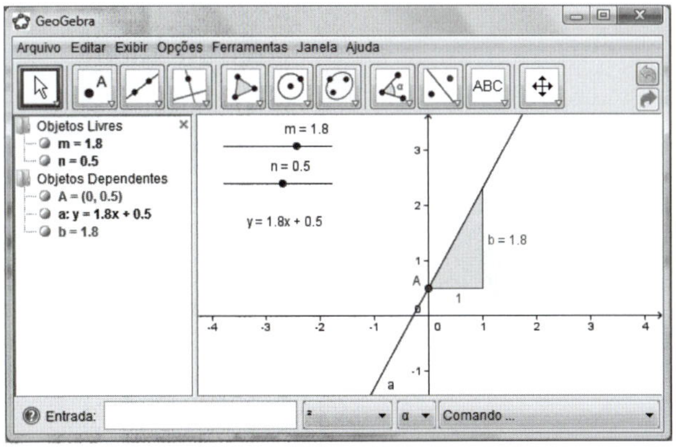

Figura 1.62

Aperte a tecla ESC e arraste o seletor que guarda o valor de m. Observe o que ocorre com a reta, faça uma reflexão e tente responder às seguintes questões:

Para desenhar o gráfico de uma função no GeoGebra basta escrever y= (lei da função com variável x) ou f(x)=(lei da função), g(x)=... h(x)=... r(x)=... nome(x)=... Veja alguns exemplos: f(x)=2*x+1, y=-2/3*x+4, h(x)=x^2-2 e assim por diante. Se escrever: y=2*t+1, f(a)=a+5, g(r)=3-r ou outra função qualquer onde a variável independente não seja x, ele não *entenderá*.

(a) Quando $m > 0$, a função cujo gráfico é a reta é crescente ou decrescente?

(b) Quando $m < 0$, a função cujo gráfico é a reta é crescente ou decrescente?

(c) O que ocorre se aumentar o valor de "n"? E se diminuir?

(d) Qual é a relação entre o valor de "n" e o ponto onde a reta cruza com o eixo Oy?

(e) Qual é a relação entre o valor de "m" e o número "b", que é inclinação da reta.

(f) Por que o número "b" é a inclinação da reta?

Interseção com os eixos coordenados

Nos Exercícios 1 a 12 da lista de exercícios da Seção 1.4 (p. 20) se pede que encontre a coordenada dos pontos onde o gráfico cruza com os eixos Ox e Oy. Para que perceba o porquê do que fará, façamos uma atividade simples. Digite no CAMPO DE ENTRADA os seguintes comandos após abrir o *software* ou uma nova janela.

- `(0,1)`
- `(0,4)`
- `(0,-3)`
- `(0,-1)`

Os pontos apareceram sobre qual eixo? Observe que a abscissa de todos os pontos é zero, e o ponto nesse caso está sobre o eixo Oy, correto? Exiba mais alguns pontos por sua conta.

Agora mostraremos pontos onde a ordenada é zero. Digite no CAMPO DE ENTRADA os seguintes comandos:

- `(1,0)`
- `(4,0)`
- `(-3,0)`
- `(-1,0)`

Agora os pontos apareceram sobre qual eixo? Observe que a ordenada é zero e o ponto nesse caso está sobre o eixo Ox. Exiba mais alguns pontos por sua conta.

> *Um ponto (x, y) está sobre o eixo Ox se $y = 0$ e está sobre o eixo Oy se $x = 0$.*

Entendido isso, é fácil fazer os Exercícios 1 a 12 mencionados anteriormente (p. 20). Tomemos como exemplo o Exercício 6. A função dada foi $y = 2x/3 - 4$. Visualize o gráfico da função digitando no CAMPO DE ENTRADA

`y=2x/3-4` ou `y=2*x/3-4`.

Agora é possível visualizar onde o gráfico cruza com os eixos. Mostre, algebricamente, onde ocorre essa interseção. Se tudo correr bem, você verá que o gráfico cruza com o eixo Ox em $x = 6$ (basta resolver a equação $2x/3 - 4 = 0$) e cruza com o eixo Oy em $y = -4$ (basta fazer $x = 0$ na relação $y = 2/3\,x - 4$).

Explorando a Seção 1.5 com o GeoGebra

Nesta seção exploraremos o conceito de circunferência discutido na Seção 1.5 (p. 21). Abra o *software* ou uma nova janela.

Circunferências com centro na origem

Vimos que uma circunferência com centro na origem e raio r é o conjunto de pontos do $\mathbb{R}^2$ que satisfaz a equação

$$x^2 + y^2 = r^2.$$

Construiremos uma circunferência que permita a visulização dessa ideia. No CAMPO DE ENTRADA digite:

- `r=3`
- `x^2+y^2=r^2`

Você notará que aparecerá uma circunferência com centro em (0, 0) . O *zoom* pode ser controlado girando a *rodinha* do *mouse*. Clique no pequeno círculo ao lado do texto $r = 3$ na JANELA DE ÁLGEBRA. Um seletor aparecerá na JANELA DE VISUALIZAÇÃO. Aperte a tecla ESC e arraste o seletor. Veja o que ocorre com a circunferência e relacione o raio e sua equação. Você irá se deparar com algo semelhante ao que se vê na Fig. 1.63.

As propriedades de um seletor podem ser modificadas. Para isto basta clicar com o botão do lado direito do *mouse* sobre ele e selecionar PROPRIEDADES. Na janela que aparecerá, clique na guia SELETOR e modifique suas propriedades

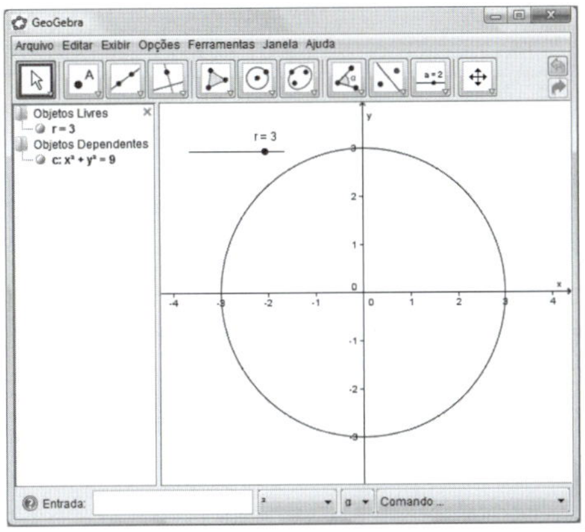

Figura 1.63

Se modificar o valor do parâmetro "r", verá que a curva correspondente à equação

$$x^2 + y^2 = r^2$$

será uma circunferência com centro na origem (0, 0) e raio r.

Depois que digitar todos os comandos e fazer aparecer os seletores, aperte a tecla ESC e arraste o centro da circunferência. Observe que os seletores acompanham o centro mostrando os valores de x_0 e y_0.

Circunferência qualquer com o GeoGebra

Nesta seção teremos a oportunidade de ver como os parâmetros x_0, y_0 e r modificam as propriedades da circunferência (como centro e raio). Como visto, a equação da circunferência possui a forma

$$(x - x_0)^2 + (y - y_0)^2 = r^2.$$

Entre no CAMPO DE ENTRADA com os seguintes comandos:

- `x0=1`
- `y0=1`
- `(x0,y0)`
- `r=1`
- `(x-x0)^2+(y-y0)^2=r^2`

Para especificar um valor para um parâmetro, basta dar um clique duplo sobre o texto correspondente ao parâmetro na JANELA DE ÁLGEBRA. Quando se abrir uma caixa de edição, entre com o valor que deseja; por exemplo "r=sqrt(2)/2" para fazer a medida de $r = \frac{\sqrt{2}}{2}$.

Na JANELA DE ÁLGEBRA, clique sobre os pequenos círculos ao lado dos textos"`x0=1`", "`y0=1`" e "`r=1`" e depois aperte a tecla ESC. Arraste cada um dos seletores e veja o que ocorre com a circunferência.

Tente perceber a importância de se colocar uma equação (de circunferência) na forma

$$(x - x_0)^2 + (y - y_0)^2 = r^2.$$

A partir desse formato, é possível determinar que a curva é uma circunferência, quais são o seu centro e seu raio. Considere por exemplo o lugar geométrico dos pontos $(x,\ y)$ que satisfazem a equação

$$x^2 + y^2 - 6x - 4y + 4 = 0.$$

Pense em como saber que curva é essa. Uma das formas é tentar completar os quadrados para obter algo semelhante à equação da circunferência. Fica como exercício[8] o leitor mostrar que

$$x^2 + y^2 - 6x - 4y + 4 = 0 \iff (x - 3)^2 + (y - 2)^2 = 9.$$

Observando essa última igualdade, é possível perceber que se trata de uma circunferência com centro no ponto $(3,\ 2)$ e raio 3.

Eis uma instrução que poderá ajudá-lo mostrando ao que deverá chegar após completar os quadrados. Abra o *software* ou uma nova janela e no CAMPO DE ENTRADA entre com o seguinte comando:

É possível modificar várias propriedades dos objetos que estão na JANELA DE VISUALIZAÇÃO como cores, espessura, decoração etc. Para fazer isso clique com o botão do lado direito do *mouse* e selecione a opção PROPRIEDADES. Por exemplo: para modificar a cor selecione a guia COR e clique na cor desejada. Feito a alteração, clique em OK.

- `x^2+y^2-6*x-4*y+4=0`
- `Centro[c]`

Observe que o *software* criará uma circunferência (cujo nome é c), colocará sua equação na forma padrão e marcará onde é seu centro. Se quiser ver a equação da circunferência no outro formato, clique com o botão do lado direito do *mouse* na equação da circunferência na JANELA DE ÁLGEBRA e selecione (Fig. 1.64) a opção

$$\text{Equação } (x - m)^2 + (y - n)^2 = r^2.$$

Essa pode ser uma boa ajuda para mostrar aonde deverá chegar. Observe que o *software* funcionará como um aliado e não um substituto (de raciocínio). Você deverá tentar fazer os exercícios manualmente, mas terá um apoio mostrando aonde deverá chegar.

Sintaxe de algumas funções do GeoGebra:

Sintaxe GeoGebra	Função
x/a	$\frac{x}{a}$
a^(x)	a^x
sqrt(x)	$\sqrt{x}$
cbrt(x)	$\sqrt[3]{x}$
sin(x)	$\text{sen}(x)$
cos(x)	$\cos(x)$
tan(x)	$\text{tg}(x)$
asin(x)	$\text{arc sen}(x)$
acos(x)	$\text{arc cos}(x)$
atan(x)	$\text{arc tan}(x)$
exp(x)	e^x
abs(x)	$\|x\|$
ln(x)	$\log_e(x)$
ld(x)	$\log_2(x)$
log(x)	$\log_{10}(x)$

Semicircunferências

Veja a Eq. (1.5) da p. 21. Foi visto que $x^2 + y^2 = 9$ representava o conjunto de pontos $(x,\ y)$ que estavam a três unidades de distância da origem, e a esse lugar geométrico dá-se o nome circunferência. Entretanto, esta curva não é o gráfico de uma função. Para representar a semicircunferência como uma função, precisamos deixar y escrito como função de x (ou x em função de y para funções na forma $x = x(y)$). Não é difícil ver que:

$$y = \sqrt{9 - x^2} \quad \text{e} \quad y = -\sqrt{9 - x^2}.$$

Com o GeoGebra podemos ver esses dois ramos da circunferência. Para isso, abra uma nova janela e digite no CAMPO DE ENTRADA

[8] O leitor encontrará explicação detalhada sobre como completar quadrado no Apêndice desta obra (p. 330).

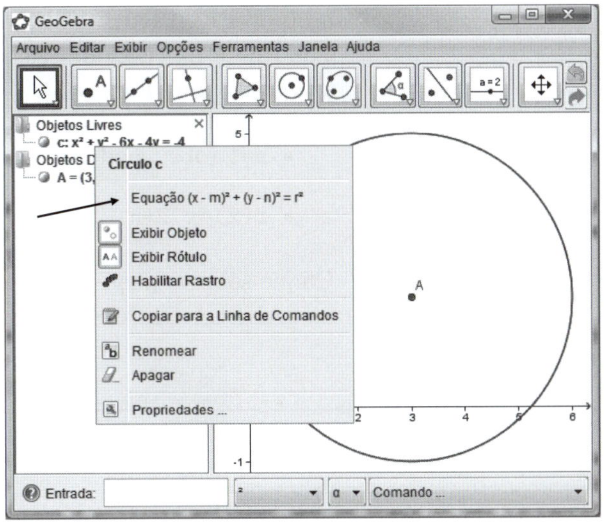

Figura 1.64

- `y=sqrt(9-x^2)` para ver um ramo superior.
- `y=-sqrt(9-x^2)` para ver o outro ramo inferior.

No Exemplo 4 (p. 23), use o que foi discutido para desenhar as duas funções dadas implicitamente pela equação $(y-2)^2 = 25-(x+3)^2$. Nessa mesma página já estão explicitadas as funções.

Faça o mesmo com a circunferência $(x-5)^2 + (x+3)^2 = 4$. Para saber se acertou, digite no CAMPO DE ENTRADA

`(x-5)^2+(x+3)^2=4.`

Essa última curva deverá se sobrepor às duas que você desenhou (após encontrar a expressão $y = y(x)$ para cada ramo).

Explorando a Seção 1.6 com o GeoGebra

Esta seção tem por finalidade visualizar aspectos importantes vistos na Seção 1.6 (A Parábola (p. 25)) como: translação horizontal, translação vertical, significados dos parâmetros "a", "b" e "c" da forma geral $y = ax^2 + bx + c$.

Translações verticais

Considere um parâmetro "n" real. Vejamos o efeito que esse parâmetro tem em uma parábola cuja lei de formação é $y = x^2 + n$. Como visto na Seção 1.6, p. 26 se $n > 0$, devemos ter uma translação vertical para cima e se $n < 0$, devemos ter uma translação vertical para baixo. Vejamos isso ilustrado com o GeoGebra.

Abra o *software* ou uma nova janela. Digite no CAMPO DE ENTRADA: `y=x^2`. Essa será a curva de referência. Para que ela fique diferente da outra que iremos criar, mudaremos algumas propriedades dela. Sugerimos que faça o seguinte: clique com o botão do lado direito do *mouse* sobre a parábola (ou sobre a sua informação algébrica na JANELA DE ÁLGEBRA) e escolha a opção PROPRIEDADES. Na nova janela que aparecerá, clique sobre a guia ESTILO e na caixa de seleção ESTILO DE LINHA escolha um pontilhado a seu gosto (veja Fig. 1.65).

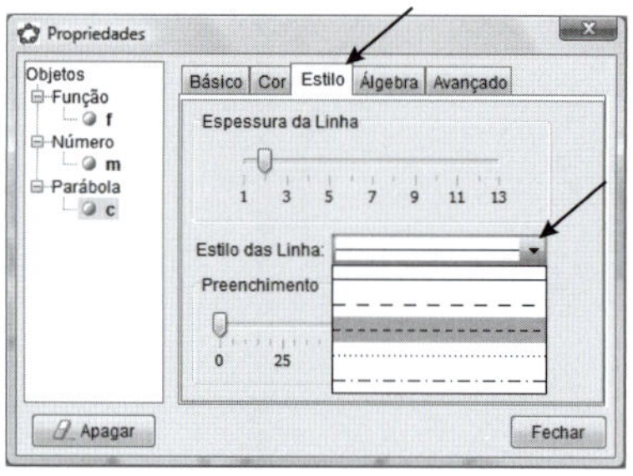

Figura 1.65

- `n=1` (obs.: pode ser qualquer valor).
- `f(x)=x^2+n`

Clique sobre o pequeno círculo ao lado do texto $n = 1$. Um seletor aparecerá na JANELA DE VISUALIZAÇÃO.

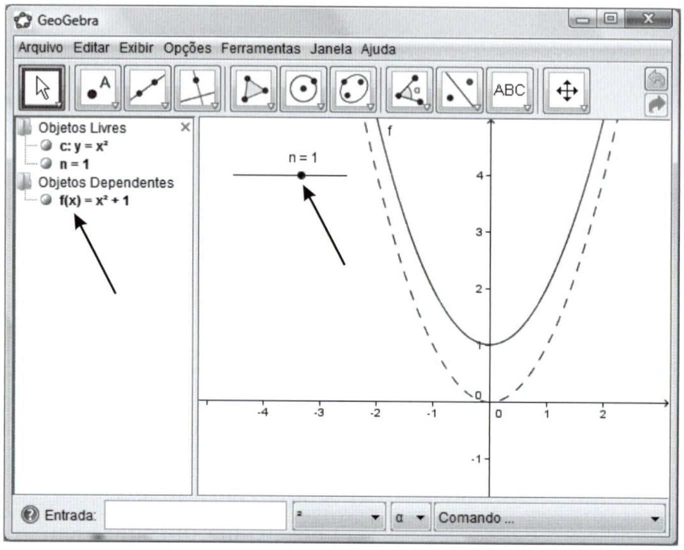

Figura 1.66

Deverá ficar com algo semelhante ao que se vê na Fig. 1.66. Aperte a tecla ESC e arraste o seletor que está com o parâmetro "n". Observe o que ocorre com o gráfico e a função que aparecem na JANELA DE ÁLGEBRA. Se tudo correr bem, observará uma translação vertical.

Os Exercícios 1 a 4 da p. 31 podem ser resolvidos usando essa ideia de translação vertical. É possível usar o GeoGebra também para conferir as respostas desses exercícios.

Esse princípio é válido para qualquer função, ou seja, o gráfico de $g(x) = f(x) + c$, $(c \in \mathbb{R})$ é o gráfico de $f(x)$ transladado em $|c|$ unidades na vertical. Se $c > 0$ a translação é para cima e para baixo se $c < 0$.

Translações horizontais

Considere um parâmetro "m" real. Vejamos o efeito que esse parâmetro tem em uma parábola cuja lei de formação é $y = (x - m)^2$. Como visto na p. 27 (Translações horizontais), se $m > 0$, devemos ter uma translação horizontal para a direita, e se $m < 0$ devemos ter uma translação horizontal para a esquerda (Fig. 1.67). Vejamos isso ilustrado com o GeoGebra.

Coloque novamente a curva de referência $y = x^2$ como na seção anterior. No CAMPO DE ENTRADA, digite os seguintes comandos.

- `m=2` (obs.: pode ser qualquer valor).
- `f(x)=(x-m)^2`

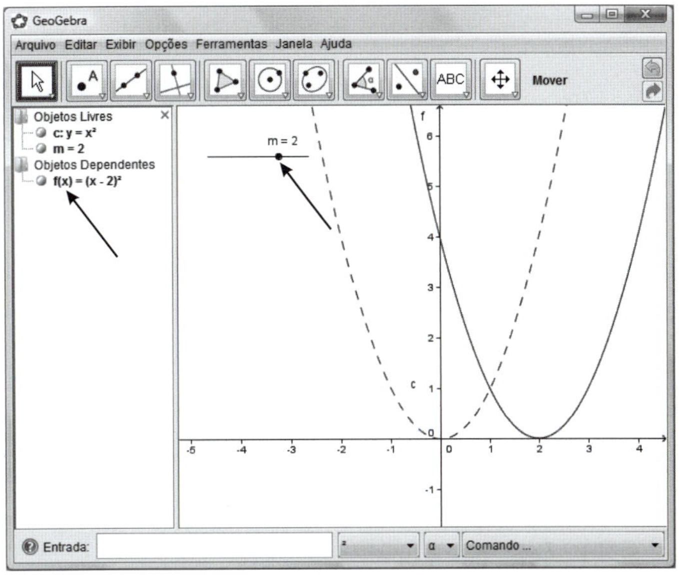

Figura 1.67

Clique sobre o pequeno círculo ao lado do texto "m=2" na JANELA DE ÁLGEBRA. Um seletor aparecerá na JANELA DE VISUALIZAÇÃO. Aperte a tecla ESC e arraste o seletor. Observe o que ocorre com o gráfico da função. Se tudo correr bem, você deverá observar uma translação horizontal.

Esse princípio é válido para qualquer função, ou seja, o gráfico de $g(x) = f(x-m)+c$, $(m \in \mathbb{R})$ é o gráfico de $f(x)$ transladado em $|m|$ unidades na horizontal. Se $m > 0$ a translação é para direita, e para esquerda se $m < 0$.

Explorando as Seções 1.7 e 1.8 com o GeoGebra

Nesta seção exploraremos propriedades relacionadas a reflexões sobre os eixos Ox e Oy.

Reflexão sobre o eixo Oy

Vale o seguinte caso geral. Se $y = f(x)$, então $y = f(-x)$ possui como gráfico a reflexão do gráfico de $y = f(x)$ sobre o eixo Oy. A parábola $y = x^2$ não é adequada para o exemplo, já que é simétrica em relação ao eixo Oy. Vamos usar então a parábola $y = \sqrt{x}$. A intenção é fazer com que perceba o que foi dito.

Abra o *software* ou uma nova janela e no CAMPO DE ENTRADA digite:

- `f(x)=sqrt(x)`
- `g(x)=f(-x)`

Se preferir, modifique as propriedades de f colocando a curva pontilhada ou mudando sua cor. Observe que o gráfico de $y = \sqrt{-x}$ é a reflexão do gráfico de $y = \sqrt{x}$ (Fig. 1.68).

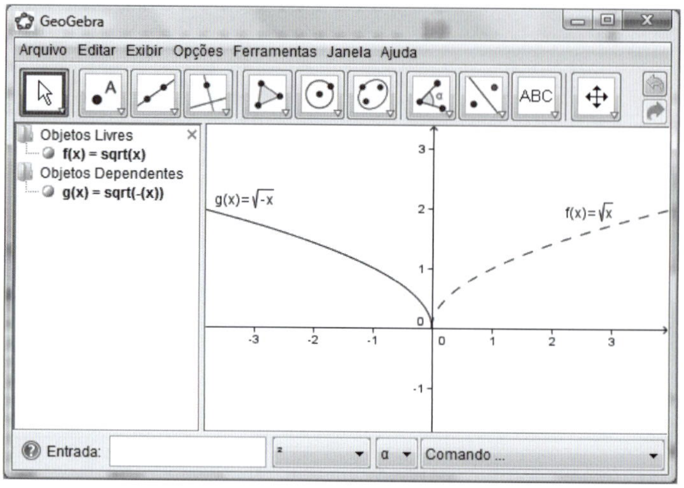

Figura 1.68

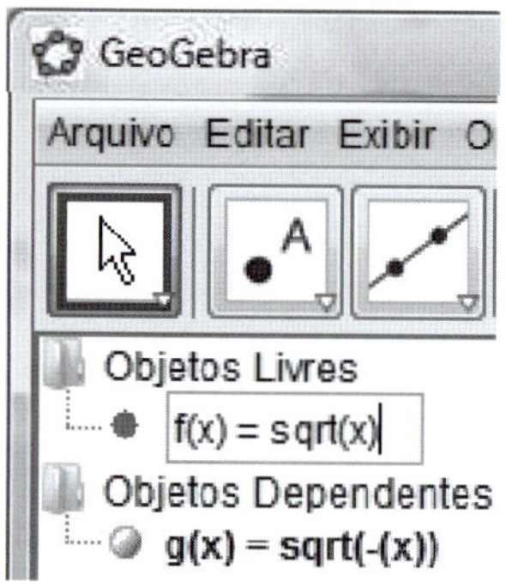

Figura 1.69

Reflexão sobre o eixo Ox

Agora escreva no campo de entrada `h(x)=-f(x)`. Você deverá perceber que ocorrerá uma reflexão em torno do eixo Ox. Modifique a função f para qualquer outra. Para isso, basta dar um clique duplo sobre a informação algébrica na JANELA DE ÁLGEBRA e escrever a lei da nova função (Fig. 1.69). Outra forma é escrever no CAMPO DE ENTRADA a função desejada. Eis alguns exemplos que você pode usar:

- `f(x) = sqrt(x-3)`
- `f(x)= ln(x)`
- `f(x) = -x^2+4*x`

Perceba então que $f(-x)$ possui como gráfico a reflexão do gráfico de $f(x)$ em torno do eixo Oy e $-f(x)$ possui como gráfico o gráfico de $f(x)$ refletido em torno do eixo Ox.

Atividade envolvendo translações e reflexões

O que foi discutido nas seções anteriores sobre translações horizontais e verticais no caso particular para a parábola $y = x^2$ e $y = \sqrt{x}$ é também válido para qualquer função, isto é, $y = f(x - m)$ translada o gráfico de $y = f(x)$ em $|m|$ unidades para a direita se $m > 0$ e, em $|m|$ unidades para a esquerda se $m < 0$; $y = f(x) + n$ translada o gráfico de $y = f(x)$ em $|n|$ unidades para cima se $n > 0$ e em $|n|$ unidades para baixo se $n < 0$. Façamos uma atividade que terá por objetivo fixar essas ideias.

Abra o *software* ou uma nova janela e no CAMPO DE ENTRADA digite:

- `a=1`
- `b=1`
- `m=0`
- `n=0`
- `f(x)=sqrt(x)`
- `g(x)=a*f(b*x-m)+n`

Você notará que foram construídos dois gráficos, mas eles estão sobrepostos. Clique sobre o pequeno círculo ao lado dos textos "a=1", "b=1", "m=0",

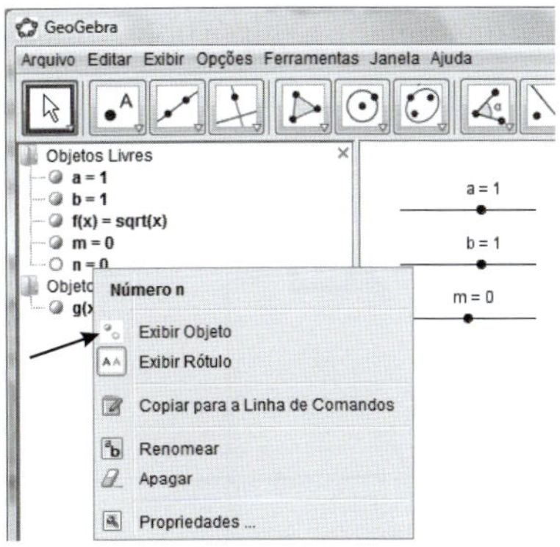

Figura 1.70

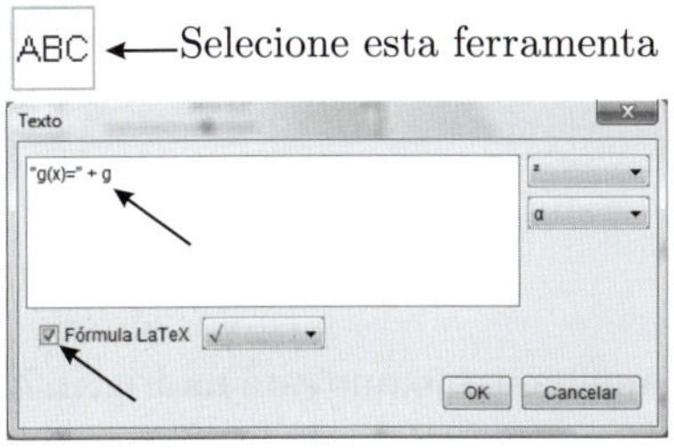

Figura 1.71

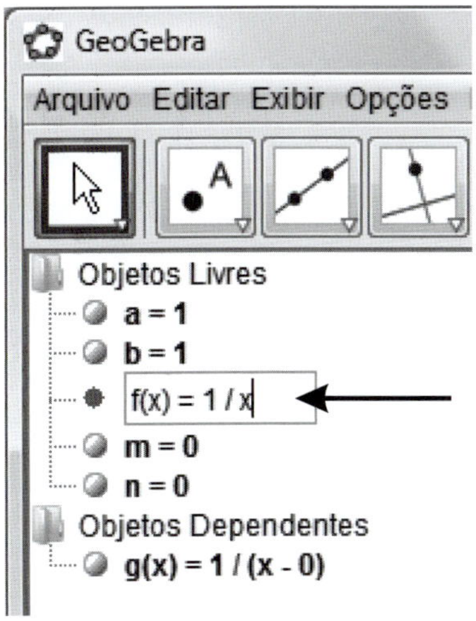

Figura 1.72

"n=0" na JANELA DE ÁLGEBRA e aperte a tecla ESC. Alternativamente, você pode clicar com o botão do lado direito do *mouse* e selecionar a opção EXIBIR OBJETO (Fig. 1.70). Modifique os valores dos parâmetros arrastando os seletores.

Para ficar mais fácil acompanhar a função que está observando o gráfico, ative a ferramenta INSERIR TEXTO (10ª Janela). Na janela que aparecerá, escreva `"g(x)=" + g`. Marque a caixa FÓRMULA LaTeX e clique em OK (Fig. 1.71).

Aperte a tecla ESC e primeiro modifique o valor do parâmetro "m" e veja o que ocorre com o gráfico. Você deverá ver um deslocamento horizontal. Observe o texto dinâmico que acabou de criar. Feito isso, modifique o valor do parâmetro "n" e veja o que ocorre com o gráfico. Você deverá ver um deslocamento vertical. Observe o texto dinâmico e perceba o que está acontecendo com a lei de formação e com o gráfico. Volte "m" e "n" aos valores originais ($m = 1$, $n = 1$).

No CAMPO DE ENTRADA, escreva `a=-1` e aperte ENTER. Veja o que ocorre com o gráfico. Escreva novamente `a=1` e aperte ENTER. Observa uma reflexão sobre o eixo Oy? Faça com que o valor de "n" seja 1. Para isso basta arrastar o seletor até a posição $n = 1$ ou escrever no CAMPO DE ENTRADA `n=1`. Agora faça novamente o que foi feito antes. Escreva no campo de entrada `a=-1` e depois `a=1`. A reflexão foi sobre o eixo Ox?

Agora, volte os parâmetros"a","b","m" e "n" aos valores iniciais: $a = 1$, $b = 1$, $m = 0$, $n = 0$. Modifique os valores de m e veja que ocorre uma translação horizontal. Acompanhe o texto dinâmico. Se modificar o valor de n verá uma translação vertical. Continue observando o texto dinâmico. Perceba o efeito no gráfico para a mudança de cada parâmetro.

Agora, volte os parâmetros"a","b","m" e "n" aos valores iniciais: $a = 1$, $b = 1$, $m = 0$, $n = 0$. Faça com que o valor de "b" seja -1. Para isso no CAMPO DE ENTRADA digite `b=-1` e aperte ENTER. Observe o gráfico. Digite novamente `b=1` e veja o que ocorreu: uma reflexão em torno do eixo Oy?

Fixadas essas ideias é possível que se façam os Exercícios da p. 34 sem maiores dificuldades. Lembre-se de que a ideia é não atribuir diversos valores para x para encontrar a forma do gráfico e sim partir do gráfico de $y = \sqrt{x}$ e, usando translações verticais e horizontais, descobrir como é o gráfico das funções.

Usando a mesma construção feita anteriormente, é possível alterar a função f para a que quiser. Por exemplo: dê um clique duplo sobre o texto da função f na JANELA DE ÁLGEBRA (Fig. 1.72). Quando a caixa de edição abrir, modifique a lei da função para `f(x)=1/x`. Toda a estrutura será modificada e adaptada para essa nova função, e poderemos ver qual é o efeito da mudança de cada parâmetro para o gráfico da função.

Assíntotas com o GeoGebra

Tudo o que discutimos anteriormente se aplica à Seção 1.8, que trata de hipérboles, as translações horizontais, verticais, reflexões sobre o eixo Ox e sobre o eixo Oy. O único aspecto que há nessa seção que não foi tratado é com respeito a assíntotas.

Entenda o aspecto geométrico com o GeoGebra. Para tal, siga estas instruções. No CAMPO DE ENTRADA digite:

1. `x^2-y^2=1`

Obs.: o comando `Assíntota[ ]` funciona desde que o argumento seja uma curva cônica (parábola, elipse, hipérbole).

2. Provavelmente o nome que o objeto recebeu foi "c". Entre então com o seguinte comando: `Assíntota[c]` (não esqueça do acento agudo no "i").

O que observa? Apareceram duas retas que tangenciam a hipérbole. Essas retas são chamadas de assíntotas.

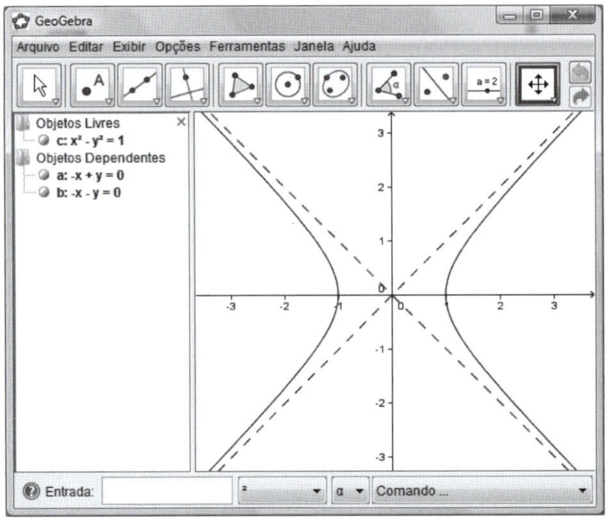

Figura 1.73

Se tudo correu bem, você deverá ver algo semelhante ao que está na Fig. 1.73. Sua figura não está com as retas tracejadas. Como exercício, faça com que fiquem como na Fig. 1.73.

Derivadas

A derivada surgiu no século XVII, em conexão com o problema de traçar a reta tangente a uma curva. Mas há uma outra motivação da derivada, não menos importante que a da reta tangente: trata-se da ideia de taxa de variação, como no caso da velocidade de um móvel, da taxa de decaimento de um material radioativo, da taxa de crescimento de uma cultura de bactérias etc. Vamos considerar esses dois aspectos da derivada, sempre começando com as situações mais simples, evoluindo gradualmente para os casos mais complexos.

2.1 Reta tangente

Vamos considerar o problema de traçar a reta tangente a uma dada curva num de seus pontos. No caso de uma circunferência, sabemos que a tangente num ponto P é a reta que passa por P, perpendicularmente ao raio por esse ponto; ou ainda, dito de maneira equivalente, é a reta que toca a circunferência somente nesse ponto (Fig. 2.1).

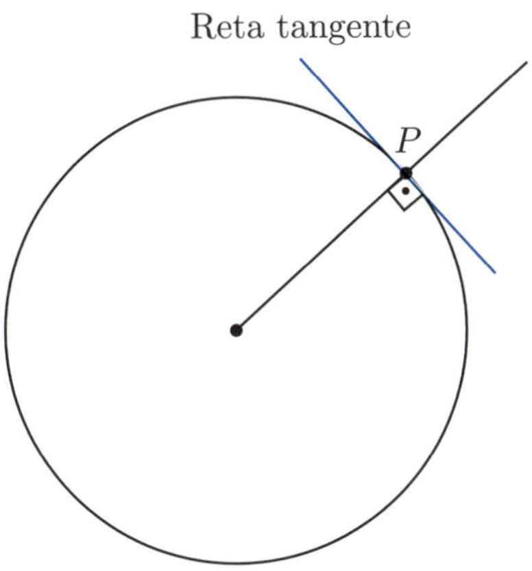

Figura 2.1

No caso de uma curva qualquer, o traçado da reta tangente requer outro tratamento, como explicaremos agora. Suponhamos que a curva seja o gráfico de uma certa função f, e sejam a e $f(a)$ as coordenadas do ponto P, onde desejamos traçar a tangente (Fig. 2.2).

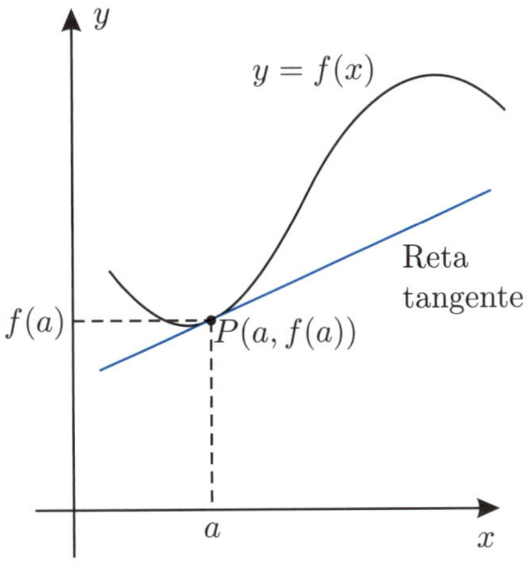

Figura 2.2

Consideremos um outro ponto Q do gráfico de f (Fig. 2.3), cuja abscissa representamos por $a+h$; então, a ordenada de Q é $f(a+h)$. O declive da reta secante PQ é dado pelo quociente

$$\frac{f(a+h)-f(a)}{h},$$

chamado *razão incremental da função f no ponto a.* Essa designação se justifica, já que h é realmente um *incremento* que damos à abscissa de P para obtermos a abscissa de Q; em consequência, a ordenada $f(a+h)$ é obtida de $f(a)$ mediante o *incremento* $f(a+h)-f(a)$:

$$f(a+h)=f(a)+[f(a+h)-f(a)].$$

Vamos imaginar agora que, enquanto o ponto P permanece fixo, o ponto Q se aproxima de P, passando por sucessivas posições Q_1, Q_2, Q_3, etc., como ilustra a Fig. 2.3. Em consequência, a secante PQ assumirá as posições PQ_1, PQ_2, PQ_3 etc. O que se espera é que a razão incremental já citada, que é o declive da secante, se aproxime de um determinado valor m à medida que o ponto Q se aproxima de P. Isso acontecendo, definimos a reta tangente da seguinte maneira.

▸ **Definição:** **(de reta tangente)** *Chama-se reta tangente a curva no ponto P à reta que passa por P e cujo coeficiente angular é o número m mencionado.*

Esse número m é também chamado *declive da curva* no ponto P.

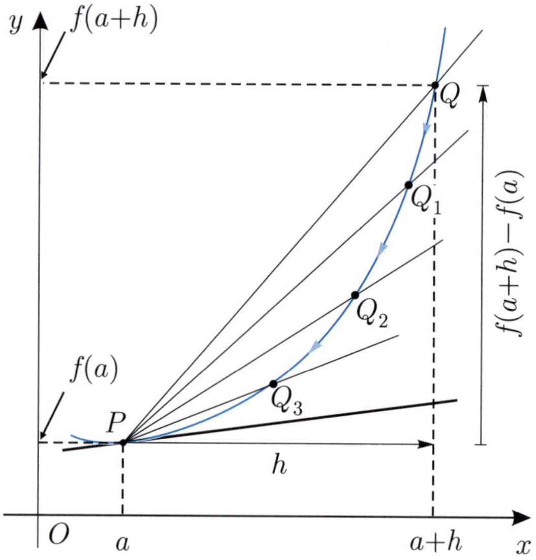

Figura 2.3

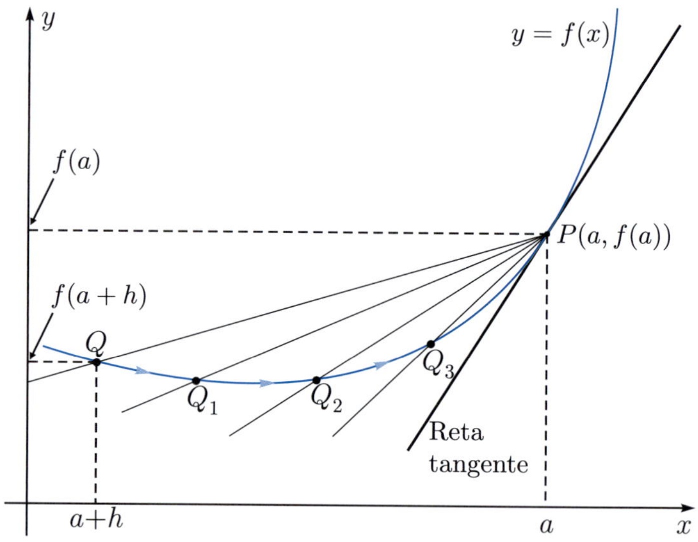

Figura 2.4

■ O declive da curva é um "limite"

O modo de fazer Q se aproximar de P consiste em fazer o número h cada vez mais próximo de zero na razão incremental. Dizemos que h está *tendendo a zero* e escrevemos "$h \to 0$". Observe que h pode assumir valores positivos e negativos. Se imaginarmos h assumindo valores exclusivamente positivos, então o ponto Q estará se aproximando de P *pela direita*, como ilustra a Fig. 2.3. Mas podemos também imaginar que h esteja assumindo valores exclusivamente negativos, e, nesse caso, o ponto Q estará se aproximando de P *pela esquerda* (Fig. 2.4).

Quando fazemos $h \to 0$ e a razão incremental se aproxima de um valor finito m, dizemos que m é o *limite da razão incremental, com h tendendo a zero* e escrevemos:

$$m = \lim_{h \to 0} \frac{f(a+h) - f(a)}{h}.$$

O símbolo "$\lim\limits_{h \to 0}$", que também se escreve "$\lim_{h \to 0}$", significa "limite com h tendendo a zero". O leitor deve notar que h é sempre diferente de zero na razão incremental, pois essa razão não tem sentido para $h = 0$, já que ficaria sendo $0/0$.

A parábola como exemplo

Vamos ilustrar as considerações gerais que acabamos de fazer com exemplos concretos relativos à parábola $y = f(x) = x^2$.

▶ Exemplo 1: Reta tangente à parábola $f(x) = x^2$ em $x = 1$.

Seja traçar a reta tangente à parábola $y = f(x) = x^2$ no ponto P de abscissa $x = 1$. Começamos observando que $f(1) = 1^2 = 1$ e $P = (1, 1)$, de sorte que (pelo quadrado da soma, como está explicado na p. 328),

$$f(1+h) = (1+h)^2 = 1 + 2h + h^2.$$

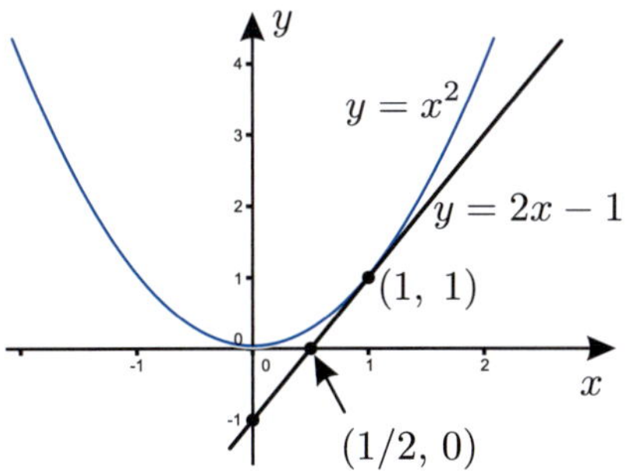

Figura 2.5

Daqui obtemos

$$\frac{f(1+h) - f(1)}{h} = \frac{2h + h^2}{h} = \frac{h(2+h)}{h} = 2 + h.$$

Essa expressão $2 + h$ aproxima o valor 2 quando $h \to 0$, de forma que podemos escrever

$$m = \lim_{h \to 0} \frac{f(1+h) - f(1)}{h} = 2.$$

De posse desse valor $m = 2$, podemos escrever a equação da reta tangente à curva no ponto $P = (1, 1)$. Para isso lembramos a equação da reta na forma dada na p. 19, ou seja,

$$y - y_0 = m(x - x_0).$$

Substituindo, nessa equação, $m = 2$ e $x_0 = y_0 = 1$, obtemos

$$y - 1 = 2(x - 1), \quad \text{donde} \quad y = 2x - 1,$$

que é a equação da reta tangente, ilustrada na Fig. 2.5. Essa reta, com inclinação $m = 2$, corta o eixo Ox no ponto de abscissa $x = 1/2$ e o eixo Oy no ponto da ordenada $y = -1$.

▶ Exemplo 2: Reta tangente à parábola $f(x) = x^2$ em $x = 3/2$.

Vamos repetir o problema anterior num outro ponto da curva, digamos, no ponto de abscissa $x = 3/2$. Então, $f(3/2) = (3/2)^2 = 9/4$ e

$$f\left(\frac{3}{2}+h\right) = \left(\frac{3}{2}+h\right)^2 = \frac{9}{4} + 2\cdot\frac{3}{2}\cdot h + h^2 = \frac{9}{4} + 3h + h^2,$$

de forma que

$$f\left(\frac{3}{2}+h\right) - f\left(\frac{3}{2}\right) = 3h + h^2 = h(3+h)$$

e a razão incremental no presente caso é

$$\frac{1}{h}\left[f\left(\frac{3}{2}+h\right) - f\left(\frac{3}{2}\right)\right] = \frac{h(3+h)}{h} = 3 + h,$$

que aproxima o valor 3 quando $h \to 0$. De posse desse valor $m = 3$, podemos escrever a equação da reta tangente à curva no ponto considerado, $P = (3/2,\ 9/4)$:

$$y - \frac{9}{4} = 3\left(x - \frac{3}{2}\right) = 3x - \frac{9}{2}, \quad \text{donde} \quad y = 3x - \frac{9}{4}.$$

Essa reta, com inclinação $m = 3$, corta o eixo Oy no ponto de ordenada $y = -9/4$ e o eixo Ox em $x = 3/4$, como ilustra a Fig. 2.6.

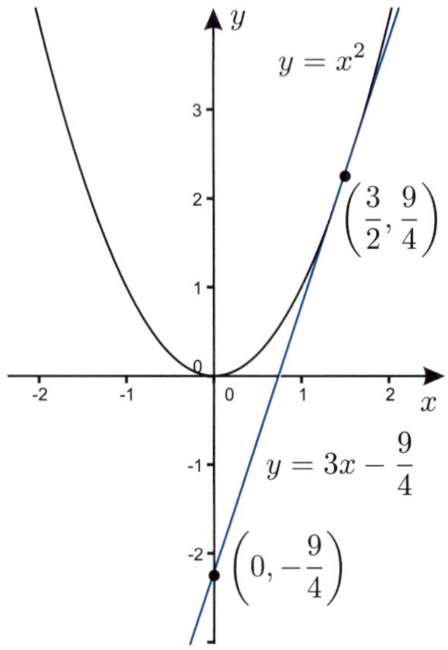

Figura 2.6

▶ Exemplo 3: Reta tangente à parábola $f(x) = x^2$ em $x = -2/3$.

Vamos fazer mais um problema de traçar a reta tangente à curva $y = f(x) = x^2$, dessa vez no ponto de abscissa $x = -2/3$. De maneira inteiramente análoga ao procedimento dos exemplos anteriores, temos: $f(-2/3) = (-2/3)^2 = 4/9$ e

$$f\left(-\frac{2}{3}+h\right) = \left(-\frac{2}{3}+h\right)^2 = \frac{4}{9} - 2\cdot\frac{2}{3}\cdot h + h^2,$$

de sorte que

$$\frac{f\left(-\frac{2}{3}+h\right) - f\left(-\frac{2}{3}\right)}{h} = \frac{1}{h}\left(-\frac{4}{3}h + h^2\right) = -\frac{4}{3} + h,$$

expressão essa que aproxima o valor $-4/3$ quando $h \to 0$. Portanto, podemos escrever:

$$m = \lim_{h\to 0} \frac{f\left(-\frac{2}{3}+h\right) - f\left(-\frac{2}{3}\right)}{h} = -\frac{4}{3}.$$

De posse desse valor $m = -4/3$, escrevemos a equação da reta tangente à curva no ponto $P = (-2/3,\ 4/9)$, cujo gráfico está ilustrado na Fig. 2.7:

$$y - \frac{4}{9} = -\frac{4}{3}\left(x + \frac{2}{3}\right), \quad \text{donde} \quad y = -\frac{4x}{3} - \frac{4}{9}.$$

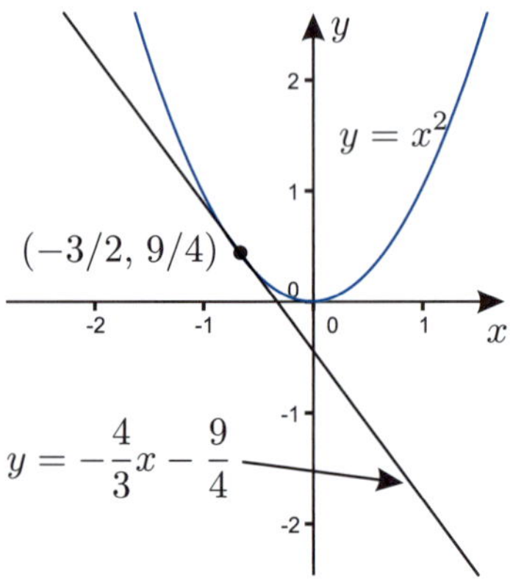

Figura 2.7

► Exemplo 4: Reta tangente à parábola $f(x) = x^2$ em $x = a$.

Vamos considerar o problema de traçar a reta tangente num ponto genérico da curva, um ponto de abscissa $x = a$, em que a é um número qualquer. Observe:

$$f(a) = a^2 \quad \text{e} \quad f(a+h) = (a+h)^2 = a^2 + 2ah + h^2,$$

de sorte que

$$\frac{f(a+h) - f(a)}{h} = \frac{2ah + h^2}{h} = \frac{h(2a+h)}{h} = 2a + h.$$

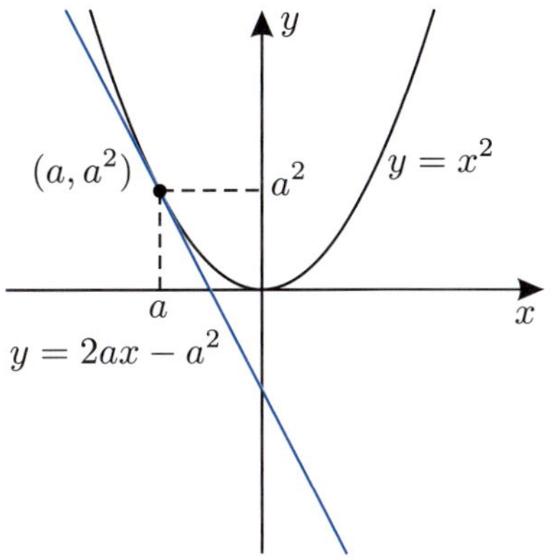

Figura 2.8

O limite dessa expressão com $h \to 0$ é $2a$; portanto, a reta tangente no ponto $P = (a,\ a^2)$ é dada por

$$y - a^2 = 2a(x - a),$$

ou seja,

$$y = 2ax - a^2.$$

A Fig. 2.8 ilustra uma situação em que $a < 0$.

► Exemplo 5: Reta tangente à parábola $y = \sqrt{x-1}$ em $x = 2$.

Primeiramente vamos encontrar o declive da reta tangente à parábola $y = \sqrt{x-1}$ no ponto $x = 2$. Para isso iniciamos com os pontos de abscissa 2 e $2 + h$:

$$f(2) = \sqrt{2-1} = \sqrt{1} = 1 \quad \text{e} \quad f(2+h) = \sqrt{2+h-1} = \sqrt{1+h}.$$

Portanto,

$$\frac{f(2+h) - f(2)}{h} = \frac{\sqrt{1+h} - 1}{h}.$$

Note que aqui não podemos fazer $h = 0$, pois isso resultaria numa divisão de 0 por 0, que é uma indeterminação. Estamos lidando com um quociente chamado *forma indeterminada.* "Levantar a indeterminação" significa manipular a expressão em pauta até levá-la a uma forma que permita calcular o limite com facilidade. Para conseguir isso no caso presente, multiplicamos o numerador e o denominador por $\sqrt{1+h} + 1$, com vistas a aplicar o produto notável $(a - b)(a + b) = (a^2 - b^2)$, que está explicado na p. 328:

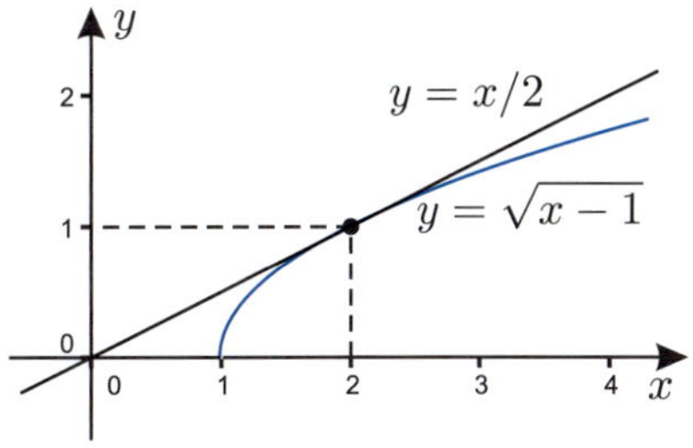

Figura 2.9

$$\frac{\sqrt{1+h} - 1}{h} = \frac{(\sqrt{1+h} - 1)}{h} \cdot \frac{(\sqrt{1+h} + 1)}{(\sqrt{1+h} + 1)} = \frac{(\sqrt{1+h})^2 - 1^2}{h(\sqrt{1+h} + 1)}$$
$$= \frac{1 + h - 1}{h(\sqrt{1+h} + 1)} = \frac{h}{h(\sqrt{1+h} + 1)} = \frac{1}{\sqrt{1+h} + 1}.$$

Agora sim, com essa última expressão é fácil ver que seu limite com $h \to 0$ é $m = 1/2$, que é o declive da reta tangente procurada. Então, a equação dessa tangente é (Fig. 2.9)

$$y - 1 = \frac{1}{2}(x - 2) \quad \text{ou seja,} \quad y = x/2.$$

▶ Exemplo 6: Declive do gráfico de $f(x) = \dfrac{1}{x-3}$ em $x = 4$.

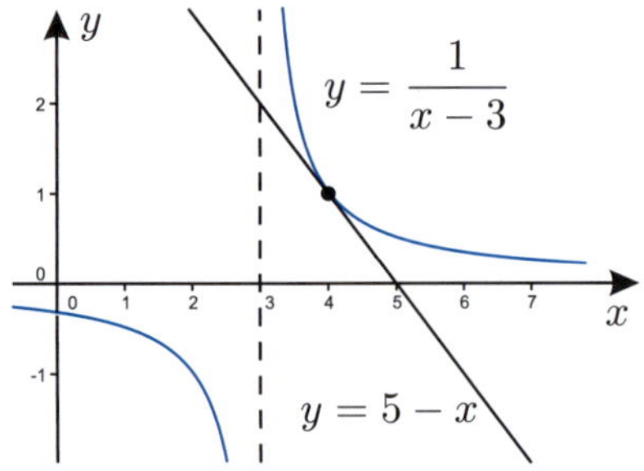

Figura 2.10

Como nos exemplos anteriores, começamos com o declive da reta secante, no presente caso pelos pontos $(4, f(4))$ e $(4+h, f(4+h))$ (Fig. 2.10). Notamos que

$$f(4) = \frac{1}{4-3} = 1 \quad \text{e} \quad f(4+h) = \frac{1}{4+h-3} = \frac{1}{1+h},$$

donde

$$\frac{f(4+h) - f(4)}{h} = \frac{1/(1+h) - 1}{h} = \frac{1/(1+h) - (1+h)/(1+h)}{h}$$
$$= \frac{1}{h}\left(\frac{1-1-h}{1+h}\right) = \frac{1}{h}\left(\frac{-h}{1+h}\right) = \frac{-1}{1+h}.$$

Como é fácil ver, o limite dessa última expressão com $h \to 0$ é $m = -1$, que é o declive da reta tangente. Deixamos ao leitor a tarefa de encontrar a equação dessa reta, que é $y = 5 - x$.

Exercícios

.: OPCIONAL :.

Prezado leitor, exercícios como estes que aqui se apresentam oferecem uma excelente oportunidade para que se usem *softwares* como o GeoGebra e o Maxima para visualização e conferência dos resultados encontrados. Não deixe de visitar a seção **Experiências no Computador** (pp. 79-89) para aprender a usar os *softwares* como ferramenta para melhorar sua compreensão e aprimorar o seu aprendizado.

Calcule os declives dos gráficos das funções dadas nos Exercícios 1 a 10, nos valores dados de x, e determine as equações das retas tangentes correspondentes. Esboce o gráfico em cada caso.

1. $f(x) = x^2$ em $x = -5/3$.

2. $f(x) = 2x^2/3$ em $x = 3/2$ e $x = a$ qualquer.

3. $f(x) = x^2/2$ em $x = 3$ e $x = a$ qualquer.

4. $f(x) = x^2 - 3x$ em $x = -1$ e $x = a$ qualquer.

5. $f(x) = 1/x$ em $x = -2$ e $x = 2$.

6. $f(x) = x/(x+2)$ em $x = 2$ e $x = -3$.

7. $f(x) = 1/(x-1)$ em $x = 0$ e $x = -1$.

8. $f(x) = 3/(2x-1)$ em $x = 5$.

9. $f(x) = x^3$ em $x = a$ qualquer.

10. $f(x) = \sqrt{x}$ em $x = 3$.

11. Determine a reta tangente à curva $y = x^2$, com declive $m = -8$. Faça um gráfico.

Respostas, sugestões, soluções

1. Comece notando que

$$f\left(\frac{-5}{3} + h\right) = \left(\frac{-5}{3} + h\right)^2 = \left(-\frac{5}{3}\right)^2 - 2 \cdot \frac{5}{3} \cdot h + h^2$$
$$= f\left(-\frac{5}{3}\right) - \frac{10h}{3} + h^2.$$

já que $(-5/3)^2 = f(-5/3)$. Daí, $f(-5/3 + h) - f(-5/3) = -\frac{10h}{3} + h^2$. Divida por h e faça com que $h \to 0$ para encontrar $m = -10/3$.

> **.: OPCIONAL :.**
>
> Nos Exercícios de 1 a 4, optamos por mostrar como encontrar o declive da reta tangente deixando ao leitor a tarefa de encontrar a equação desta e fazer o esboço dos gráficos. Sugerimos que visite a seção **Experiências no Computador** (pp. 79-89) e se dê a oportunidade de visualizar e perceber o significado do que encontra não só para estes primeiros exercícios, mas também para os demais.

2. O caso $x = 3/2$ é análogo ao anterior; $x = a$ é ainda mais fácil, resultando em $m = 4a/3$.

3. $f(3+h) - f(3) = \dfrac{1}{2}(3+h)^2 - \dfrac{9}{2} = \dfrac{1}{2}(6h + h^2) = 3h + \dfrac{h^2}{2}$.

4. No caso $x = -1$, $f(-1+h) - f(-1) = (-1+h)^2 - 3(-1+h) - [(-1)^2 - 3(-1)] = 1 - 2h + h^2 + 3 - 3h - 4 = -5h + h^2$. Agora fica fácil terminar. No caso $x = a$, $f(a+h) - f(a) = (a+h)^2 - 3(a+h) - (a^2 - 3a) = a^2 + 2ah + h^2 - 3a - 3h - a^2 + 3a = (2a-3)h + h^2$. Dividindo por h e fazendo $h \to 0$, obtemos $m = 2a - 3$.

5. No caso $x = 2$,

$$f(2+h) - f(2) = \frac{1}{2+h} - \frac{1}{2} = \frac{2-(2+h)}{2(2+h)} = \frac{-h}{2(2+h)}.$$

Dividindo por h e fazendo $h \to 0$, obtemos $m = -1/4$. No caso $x = -2$,

$$f(-2+h) - f(-2) = \frac{1}{-2+h} - \frac{1}{-2} = \frac{1}{h-2} + \frac{1}{2} = \frac{2+h-2}{2(h-2)} = \frac{h}{2(h-2)}.$$

Dividindo por h e fazendo $h \to 0$, obtemos $m = -1/4$. Observe que os declives são iguais nos dois casos. As retas tangentes são $x + 4y - 4 = 0$ e $x + 4y + 4 = 0$, respectivamente.

6. Declives $1/8$ e 2, respectivamente, com as correspondentes retas tangentes $x - 8y + 2 = 0$ e $2x - y + 9 = 0$. Veja como calcular o declive em $x = -3$:

$$\begin{aligned} f(-3+h) - f(-3) &= \frac{-3+h}{(-3+h)+2} - \frac{-3}{-3+2} \\ &= \frac{h-3}{h-1} - 3 = \frac{h-3-3(h-1)}{h-1} = \frac{-2h}{h-1}. \end{aligned}$$

Divida por h e faça $h \to 0$. O resto dos cálculos fica por conta do leitor.

7. Retas tangentes $y = -x - 1$ e $x + 4y + 3 = 0$, respectivamente.

8. Reta tangente: $2x + 27y - 19 = 0$.

9. $f(a+h) = (a+h)^3 = a^3 + 3a^2h + 3ah^2 + h^3$; portanto,

$$\frac{f(a+h) - f(a)}{h} = 3a^2 + 3ah + h^2 \to 3a^2 \text{ com } h \to 0.$$

A reta tangente é $y = 3a^2x - 2a^3$.

10. $\dfrac{f(3+h) - f(3)}{h} = \dfrac{\sqrt{3+h} - \sqrt{3}}{h}$. Quando $h \to 0$, o numerador e o denominador dessa expressão tendem ambos a zero, de forma que não dá para saber o valor do limite. Levantamos essa indeterminação, usando o artifício de multiplicar numerador e denominador por $\sqrt{3+h} + \sqrt{3}$ e utilizar a identidade $(a+b)(a-b) = a^2 - b^2$ com $a = \sqrt{3+h}$ e $b = \sqrt{3}$. Veja:

$$\begin{aligned} \frac{f(3+h) - f(3)}{h} &= \frac{\sqrt{3+h} - \sqrt{3}}{h} = \frac{(\sqrt{3+h} - \sqrt{3})(\sqrt{3+h} + \sqrt{3})}{h(\sqrt{3+h} + \sqrt{3})} \\ &= \frac{(\sqrt{3+h})^2 - (\sqrt{3})^2}{h(\sqrt{3+h} + \sqrt{3})} = \frac{h}{h(\sqrt{3+h} + \sqrt{3})} = \frac{1}{\sqrt{3+h} + \sqrt{3}}. \end{aligned}$$

O declive resultará igual a $1/2\sqrt{3}$, e a reta tangente será

$$y - \sqrt{3} = \frac{1}{2\sqrt{3}}(x - 3), \quad \text{donde} \quad x - 2\sqrt{3}y + 3 = 0.$$

11. O declive da curva em $x = a$ é $m = 2a$. Como tal declive deve ser $m = -8$, vemos que $a = -4$ e $a^2 = 16$. A tangente passa pelo ponto $P = (-4, 16)$, com declive -8; sua equação é $y = -8x - 16$.

2.2 A derivada

Vimos, na seção anterior, que o declive da reta tangente a uma curva $y = f(x)$, num ponto de abscissa $x = a$, é o limite da razão incremental com $h \to 0$, isto é,

$$m = \lim_{h \to 0} \frac{f(a+h) - f(a)}{h}.$$

Como já tivemos oportunidade de ver, por meio de exemplos concretos, essa quantidade m depende do valor $x = a$ considerado, isto é, m é função de a. Ela é chamada *derivada* da função f no ponto $x = a$ e é indicada com o símbolo $f'(a)$. Escrevemos, então, a expressão anterior na forma

$$f'(a) = \lim_{h \to 0} \frac{f(a+h) - f(a)}{h}.$$

O leitor deve notar que nada há de especial no símbolo $x = a$ que vimos usando. Trata-se de um valor genérico de x, por isso mesmo pode ser substituído por qualquer outro símbolo, em particular pelo próprio x. Assim,

$$f'(x) = \lim_{h \to 0} \frac{f(x+h) - f(x)}{h}.$$

Podemos também escrever x' em lugar de $x + h$:

$$x' = x + h, \quad \text{donde} \quad h = x' - x.$$

Então, fazer h tender a zero equivale a fazer x' tender a x, isto é,

$$f'(x) = \lim_{x' \to x} \frac{f(x') - f(x)}{x' - x}.$$

O incremento h da variável x costuma ser indicado com o símbolo Δx, que se lê "delta x", visto que Δ é a letra grega "delta" (maiúscula). Com essa notação, podemos escrever:

$$f'(x) = \lim_{\Delta x \to 0} \frac{f(x + \Delta x) - f(x)}{\Delta x} = \lim_{\Delta x \to 0} \frac{\Delta f}{\Delta x}$$

em que $\Delta f = f(x + \Delta x) - f(x)$ é o incremento da função f devido ao incremento Δx da variável x.

► Exemplo 1: Derivada da função afim.

Vamos verificar que a derivada da função $y = f(x) = mx + n$, em que m e n são constantes, é $y' = m$. Mas, antes mesmo de "demonstrar" isso, observe que, sendo o gráfico dessa função uma reta, seu declive é constantemente igual a m para todo x; então, a derivada dessa função deve mesmo ser m.

A prova disso, diretamente da definição, é muito simples; basta notar que

$$\frac{f(x+h)-f(x)}{h} = \frac{m(x+h)+n-(mx+n)}{h} = \frac{mh}{h} = m.$$

Se a razão incremental é constantemente igual a m, o mesmo acontece no limite com $h \to 0$, o que completa nossa demonstração. O leitor deve fazer um gráfico para interpretar o resultado geometricamente.

Uma consequência muito importante desse último resultado é que toda função constante tem derivada zero. De fato, basta considerar a função afim com $m = 0$. Esse resultado é tão importante que devemos escrevê-lo em destaque:

A derivada de uma constante é zero.

▶ Exemplo 2: A derivada de $f(x) = x^2$.

Vamos voltar à função $f(x) = x^2$ e calcular sua derivada. O cálculo é exatamente o mesmo que fizemos no Exemplo 1 da Seção 2.1 (p. 61), só que agora devemos escrever x em lugar de a. Veja:

$$f(x) = x^2 \quad \text{e} \quad f(x+h) = (x+h)^2 = x^2 + 2xh + h^2,$$

de sorte que

$$\frac{f(x+h)-f(x)}{h} = \frac{2xh+h^2}{h} = \frac{h(2x+h)}{h} = 2x + h.$$

É claro que o limite dessa expressão com $h \to 0$ é $2x$, isto é,

$$f(x) = x^2 \Rightarrow f'(x) = 2x.$$

Se, em vez de $f(x) = x^2$, estivéssemos considerando $F(x) = ax^2$, com a constante, a derivada seria $F'(x) = 2ax$, como é fácil verificar.

■ A derivada e o gráfico

A derivada nos dá informações interessantes sobre o aspecto do gráfico da função. Veja: à medida que x cresce, a derivada $f'(x) = 2x$ cresce; portanto, o declive da curva cresce com o crescer de x. Assim, na parte positiva do eixo Ox, o declive $2x$ é positivo e vai crescendo à medida que x cresce; e a reta tangente vai ficando cada vez mais vertical com o crescer de x, como se vê na parte direita da Fig. 2.11.

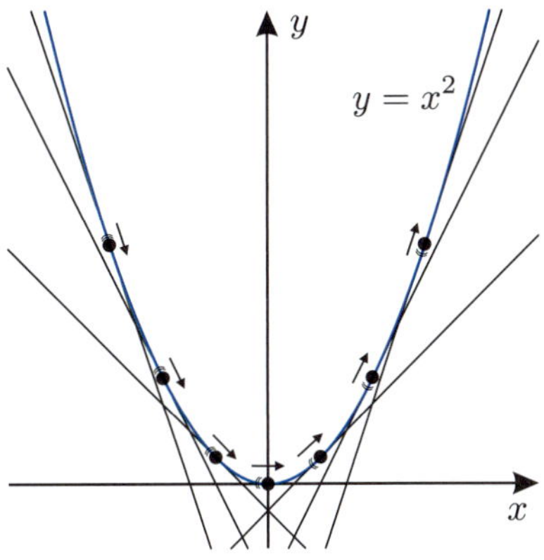

Figura 2.11

Observe também que a derivada $2x$ se anula em $x = 0$ (tangente horizontal) e é negativa para x negativo. Mas, mesmo sendo negativa, começando em qualquer valor negativo de x, a derivada vai crescendo com o crescer de x. Por exemplo, em $x = -100$ ela vale -200; quando x cresce de -100 para -50, a derivada cresce de -200 para -100; quando x cresce de -50 para -10, a derivada cresce de -100 para -20; e assim por diante. E a reta tangente vai passando de muito vertical negativamente a cada vez mais próxima da horizontal, chegando a horizontal em $x = 0$; e em seguida, com o crescer da derivada, a tangente vai aproximando mais e mais da vertical. Vemos que a curva se abre para cima, tem sua "concavidade" voltada para cima. Tudo isso está ilustrado na Fig. 2.11.

Mais exemplos

▶ Exemplo 3: A derivada do trinômio do 2º grau.

Com os exemplos já vistos, o leitor pode verificar, sem dificuldade, que a derivada do trinômio do 2º grau

$$f(x) = ax^2 + bx + c \quad \text{é} \quad f'(x) = 2ax + b.$$

Para isso basta fazer a derivada de cada termo do trinômio separadamente. Esse é um procedimento fácil de justificar de uma maneira geral, como teremos oportunidade de tratar no Capítulo 4 sobre "regras de derivação".

> ▶ **Observação: Significado de "b" para o gráfico do trinômio.**
>
> É interessante notar que a derivada do trinômio em $x = 0$ é $f'(0) = b$, donde podemos concluir que a parábola cruza o eixo Oy com declive b. Logo, se $b > 0$, a parábola estará cruzando esse eixo em sua parte crescente; se $b < 0$ esse cruzamento ocorrerá na parte decrescente do gráfico. Finalmente, se $b = 0$, o cruzamento da parábola com o referido eixo ocorrerá em seu vértice.

▶ Exemplo 4: A derivada de $f(x) = x^3$.

Para calcular a derivada dessa função, partimos da razão incremental,

$$\frac{f(x+h) - f(x)}{h} = \frac{(x+h)^3 - f(x)}{h}.$$

Veja, na p. 335, que $(x+h)^3 = x^3 + 3x^2h + 3xh^2 + h^3$, de forma que

$$\begin{aligned}\frac{f(x+h) - f(x)}{h} &= \frac{(x^3 + 3x^2h + 3xh^2 + h^3) - x^3}{h} \\ &= \frac{3x^2h + 3xh^2 + h^3}{h} = \frac{h(3x^2 + 3xh + h^2)}{h} \\ &= 3x^2 + 3xh + h^2.\end{aligned}$$

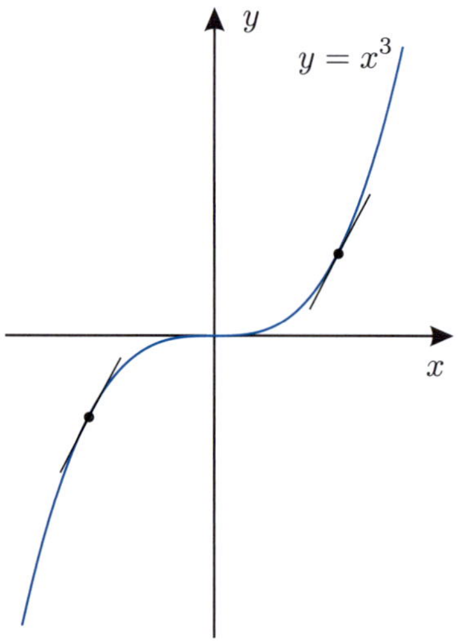

Figura 2.12

Agora vemos que, ao fazer $h \to 0$, os dois últimos termos dessa última expressão tendem a zero, o que demonstra que $f'(x) = 3x^2$, ou seja, a derivada de x^3 é $3x^2$.

Veja como essa derivada nos ajuda a entender o gráfico da função original $f(x) = x^3$: quando x vem de $-\infty$ até zero, a derivada decresce de $+\infty$ até zero, significando que a reta tangente à curva passa de quase vertical até horizontal. Isso mostra que a curva tem concavidade voltada para baixo (Fig. 2.12); quando x cresce de zero a $+\infty$, a derivada cresce de zero a $+\infty$, significando que a reta tangente passa de horizontal a quase vertical, mostrando que a curva tem agora sua concavidade voltada para cima.

▶ Exemplo 5: Derivada de um polinômio de 3º grau.

Com procedimento inteiramente análogo ao do Exemplo 3, podemos calcular a derivada do polinômio

$$f(x) = ax^3 + bx^2 + cx + d,$$

derivando cada termo separadamente. Isso resulta na derivada

$$f'(x) = 3ax^2 + 2bx + c.$$

▶ Exemplo 6: Derivada de $f(x) = 1/x$.

Vamos provar que a derivada de $f(x) = 1/x$ é $f'(x) = -1/x^2$. De fato,

$$f(x+h) - f(x) = \frac{1}{x+h} - \frac{1}{x} = \frac{x - (x+h)}{x(x+h)} = \frac{-h}{x(x+h)},$$

de forma que

$$\frac{f(x+h) - f(x)}{h} = \frac{-1}{x(x+h)}.$$

Finalmente, fazendo $h \to 0$, obtemos $f'(x) = -1/x^2$, como queríamos demonstrar.

▶ Exemplo 7: Derivada de $f(x) = \sqrt{x}$.

A derivada da função $f(x) = \sqrt{x}$ é $f'(x) = 1/2\sqrt{x}$. Para verificar isso, começamos assim:

$$f'(x) = \lim_{x' \to x} \frac{f(x') - f(x)}{x' - x} = \lim_{x' \to x} \frac{\sqrt{x'} - \sqrt{x}}{x' - x}.$$

Quando fazemos $x' \to x$ nessa última expressão, não dá para saber seu limite porque o numerador e o denominador tendem ambos a zero. Isso é uma forma indeterminada. Já tivemos oportunidade de encontrar uma forma desse tipo no Exemplo 5 da p. 63, onde explicamos o que significa "levantar a indeterminação". No caso presente procederemos de maneira análoga, multiplicando o numerador e o denominador por $\sqrt{x'} - \sqrt{x}$ e utilizando a identidade $a^2 - b^2 = (a-b)(a+b)$ com $a = \sqrt{x'}$ e $b = \sqrt{x}$. Obtemos

$$\begin{aligned} f'(x) &= \lim_{x' \to x} \frac{(\sqrt{x'} - \sqrt{x})}{(x' - x)} = \lim_{x' \to x} \frac{(\sqrt{x'} - \sqrt{x})}{(x' - x)} \cdot \frac{(\sqrt{x'} + \sqrt{x})}{(\sqrt{x'} + \sqrt{x})} \\ &= \lim_{x' \to x} \frac{(\sqrt{x'})^2 - (\sqrt{x})^2}{(x' - x)(\sqrt{x'} + \sqrt{x})} = \lim_{x' \to x} \frac{x' - x}{(x' - x)(\sqrt{x'} + \sqrt{x})} \\ &= \lim_{x' \to x} \frac{1}{\sqrt{x'} + \sqrt{x}} = \frac{1}{2\sqrt{x}}. \end{aligned}$$

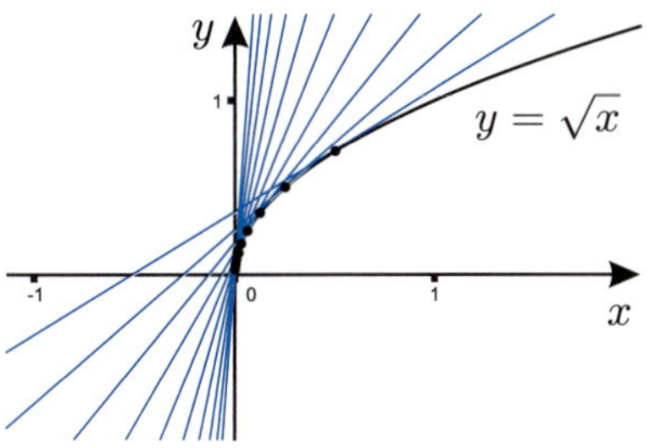

Figura 2.13

Observe que essa derivada é sempre positiva e se torna cada vez maior, quanto menor for x. Isso está de acordo com o fato de que as retas tangentes à curva vão ficando cada vez mais verticais, à medida que x tende a zero (Fig. 2.13). A derivada não está definida em $x = 0$; seu valor torna-se arbitrariamente grande com $x \to 0$, daí dizermos que seu limite é infinito com x tendendo a zero pela direita. Simbolicamente, escrevemos:

$$\lim_{x \to 0^+} f'(x) = +\infty.$$

A reta tangente à curva em $x = 0$ é vertical e coincide com o eixo Oy. A curva se abre para baixo, ou seja, tem sua concavidade voltada para baixo. Isso decorre do fato de que o declive da reta tangente vai diminuindo à medida que x cresce, como se vê na Fig. 2.13.

Notação

É costume indicar a derivada de uma função $y = f(x)$ por y' ou $f'(x)$. Mas se usamos outras letras para indicar as variáveis, a notação da derivada deve adaptar-se de acordo com essa notação. Assim, no caso da função

$$y = f(x) = ax^2 + bx + c,$$

escrevemos a derivada como

$$y' = f'(x) = 2ax + b.$$

Porém, se escrevermos

$$s = s(t) = at^2 + bt + c,$$

deveremos escrever

$$s' = s'(t) = 2at + b$$

para a derivada. Observe, nesse último exemplo, que s é a variável dependente e t a variável independente. Essas letras são muito usadas em cinemática, onde s representa a posição de um móvel e t representa o tempo. Voltaremos a exemplos desse tipo mais adiante.

Em Mecânica, é comum o uso do símbolo $\dot{y}$ para indicar a derivada de uma função y da variável tempo t. Assim, no exemplo que demos há pouco, tratamos da função

$$s = s(t) = at^2 + bt + c,$$

que pode representar a posição de um móvel ao longo de sua trajetória, enquanto t representa o tempo de percurso. Nesse caso, a derivada seria representada por $\dot{s}(t) = 2at + b$. Essa notação é devida ao grande sábio inglês Isaac Newton (1642-1727).

Outra notação frequente, devida a Leibniz (1646-1716), é dy/dx ou df/dx. Assim, é costume escrever expressões como

$$\frac{dx^2}{dx} = 2x, \quad \frac{d(x^2 - 3x)}{dx} = 2x - 3, \quad \frac{d}{dx}(x^2 - 3x) = 2x - 3.$$

Para entender a lógica da notação de Leibniz, observe que o número $h = x' - x$ é o incremento dado a x para se obter $x' = x + h$. Como já vimos antes, é costume indicar esse incremento com o símbolo Δx ("delta x", incremento, acréscimo ou *variação* de x):

$$\Delta x = x' - x, \quad \text{donde} \quad x' = x + \Delta x.$$

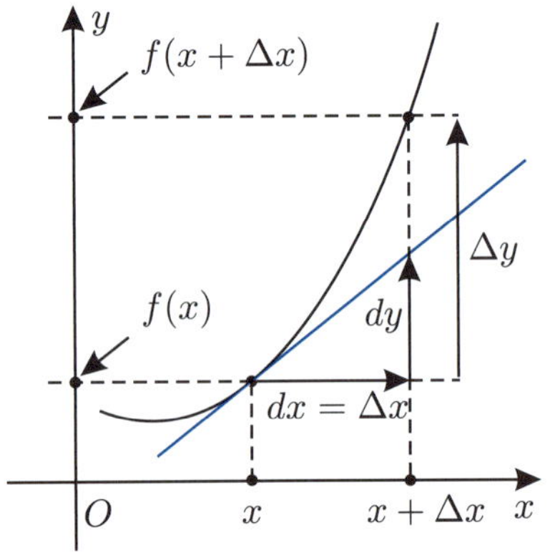

Figura 2.14

Se variarmos x de uma quantidade Δx, a variável dependente y também sofrerá uma variação (Fig. 2.14)

$$\Delta y = \Delta f(x) = f(x + \Delta x) - f(x),$$

de sorte que a razão incremental será dada por

$$\frac{f(x + \Delta x) - f(x)}{\Delta x} = \frac{\Delta f(x)}{\Delta x} = \frac{\Delta y}{\Delta x}.$$

Quando fazemos $\Delta x \to 0$, a variação $\Delta f(x) = \Delta y$ também tende a zero, de maneira que a razão incremental se aproxima da derivada. No entender de Leibniz, a derivada devia ser vista como o quociente de quantidades infinitamente pequenas dy e dx.

A diferencial

Para melhor esclarecer essa questão, vamos definir a *diferencial* dy de uma função $y = f(x)$, no ponto x, pela expressão

$$dy = f'(x)\Delta x.$$

Essa diferencial também está representada na Fig. 2.14: ela é a medida do segmento vertical que só alcança a reta tangente à curva no ponto de abscissa x, enquanto Δy é a medida do segmento que vai até a curva, tudo isso ilustrado na Fig. 2.14.

Quando a função é $f(x) = x$, sua diferencial dx é simplesmente Δx, pois nesse caso a derivada da função considerada é 1:

$$dx = 1 \cdot \Delta x = \Delta x.$$

Portanto,

$$dy = f'(x)dx, \quad \text{donde} \quad f'(x) = \frac{dy}{dx}.$$

Assim, a derivada $f'(x)$ é realmente o quociente das diferenciais dy e dx, quociente esse que não é apenas um símbolo notacional. Leibniz concebia uma curva como feita de elementos infinitamente pequenos, os chamados *infinitésimos*.

Na época em que ele viveu, ainda no século XVII e início do século XVIII, não havia a ideia de "passar ao limite com $h \to 0$"; os matemáticos trabalhavam com "infinitésimos" mesmo; assim, dy e dx eram vistos como infinitésimos, ou seja, quantidades infinitamente pequenas, em valor absoluto menores do que qualquer número positivo. Isto, em si, é impossível, portanto, uma contradição, que só seria superada com a definição de limite no início do século XIX.

Mas note bem: hoje em dia, com a definição que demos de diferencial, dx e dy não precisam ser imaginados como quantidades infinitamente pequenas, pois $dx = \Delta x$, que é um incremento arbitrário, em correspondência ao qual temos $dy = f'(x)dx$.

Como já observamos, a derivada $f'(x)$ de $y = f(x)$ é também uma função de x. Podemos, então, considerar sua derivada, que é chamada *derivada segunda* de f. Ela é indicada pelos símbolos

$$f'', \quad D^{(2)}f, \quad D_{xx}f, \quad \frac{d^2f}{dx^2}, \quad y'', \quad \ddot{y}.$$

Do mesmo modo, consideram-se derivadas terceira, quarta, etc. A derivada n-ésima é indicada com os símbolos

$$f^{(n)}, \quad D^{(n)}f, \quad \frac{d^nf}{dx^n}, \quad y^{(n)}.$$

Embora o Cálculo tenha desabrochado aos poucos, durante todo o século XVII, foram Newton e Leibniz os matemáticos que, por seus trabalhos, deixaram clara a ideia de que se tratava de uma nova disciplina matemática e não apenas um amontoado de técnicas para resolver problemas que iam surgindo isoladamente. A notação introduzida por Leibniz foi um grande sucesso para o desenvolvimento do Cálculo em todo o século XVIII; não só a da derivada, mas também a da diferencial $df = f'(x)dx$. E Leibniz deixou seguidores notáveis, como os irmãos Jean Bernoulli (1667-1748) e Jacques Bernoulli (1654-1705), Leonardo Euler (1707-1783), Daniel Bernoulli (1700-1782), filho de Jean, e dezenas de outros.

Exercícios

1. Mostre que a derivada de $f(x) = (x+3)^2$ é $f'(x) = 2x + 6$.

2. Sendo a e b constantes, mostre que a derivada de $f(x) = a(x-b)^2$ é $f'(x) = 2a(x-b)$.

3. Sendo a uma constante, mostre que a derivada de $f(x) = a/x$ é $f'(x) = -a/x^2$.

4. Sendo a e b constantes, mostre que a derivada de $f(x) = a/(x+b)$ é $f'(x) = -a/(x+b)^2$.

5. Sendo a uma constante, mostre que a derivada de $f(x) = a\sqrt{x}$ é $f'(x) = a/2\sqrt{x}$.

6. Sendo a e b constantes, mostre que a derivada de $f(x) = a\sqrt{x+b}$ é $f'(x) = a/2\sqrt{x+b}$.

7. Sendo a uma constante e f uma função qualquer, mostre que a derivada de $af(x)$ é $af'(x)$.

8. Determine, pela origem, a reta tangente (ou retas tangentes) à parábola $y = f(x) = x^2 + a$, em que a é uma constante positiva. Considere vários casos concretos, como $a = 1$, $a = 4$, $a = 1/4$, e faça gráficos em todos esses casos.

9. Determine, pela origem, a reta tangente à hipérbole $y = f(x) = 1/x + a$, em que a é uma constante positiva. Considere os casos concretos $a = 1$ e $a = 2$ e faça os gráficos em cada caso.

10. Determine as retas tangentes à hipérbole $y = 1/x$ pelos pontos $(1,\ 1)$ e $(-1,\ -1)$. Faça os respectivos gráficos.

.: OPCIONAL :.

Prezado leitor, estes exercícios devem ser feitos manualmente e passo a passo. Entretanto, erros podem ocorrer durante a resolução. Na p. 85 há instruções que mostram como usar um *software* do tipo SAC (Sistema de Álgebra por Computador) ou CAS (*Computer Algebra System*) como um instrumento que mostra onde pode ter cometido um eventual erro em sua resolução. Na p. 87 encontrará instruções específicas para estudar a Seção 2.2 com o auxílio do SAC MAXIMA.

Respostas, sugestões, soluções

1. Transforme $f(x+h) - f(x) = (x+3+h)^2 - (x+3)^2$ pela diferença de dois quadrados o obtenha $h(2x+6+h)$. Divida por h e faça $h \to 0$.

2. $f(x+h) - f(x) = a(x+h-b)^2 - a(x-b)^2$ é novamente a diferença de dois quadrados. Faça como no exercício anterior.

3. Proceda como no Exemplo 6 da p. 69.

4. Comece observando que

$$\begin{aligned} f(x+h) - f(x) &= \frac{a}{x+h+b} - \frac{a}{x+b} \\ &= \frac{a[x+b-(x+h+b)]}{(x+h+b)(x+b)} = \frac{-ah}{(x+h+b)(x+b)}. \end{aligned}$$

Agora é só dividir por h e fazer $h \to 0$ para obter o resultado desejado.

5. Proceda como no Exemplo 7 da p. 69.

6. A razão incremental é

$$\frac{a[(\sqrt{x+h+b} - \sqrt{x+b})]}{h}.$$

Multiplique numerador e denominador por $\sqrt{x+h+b} + \sqrt{x+b}$ e utilize a diferença de dois quadrados.

7. Fácil; basta escrever a razão incremental e fazer $h \to 0$.

8. Seja x_0 a abscissa do ponto de tangência. Uma das condições do problema é que a tangente pedida tenha equação $y = mx$, com declive m igual à derivada de f no ponto x_0, isto é, $y = 2x_0$. A outra condição é que a tangente passe pelo ponto da parábola correspondente a $x = x_0$, isto é, $2x_0^2 = x_0^2 + a$, donde $x_0 = \pm\sqrt{a}$. O resto fica por conta do leitor. Observe que há duas tangentes em cada caso. Faça uma interpretação geométrica.

.: OPCIONAL :.

Os Exercícios 2 e 4 estão resolvidos nas pp. 87,88 com o SAC MAXIMA. O leitor pode ver os passos da resolução desses dois exercícios e aprender a encontrar as respostas dos demais. Não se esqueça de que um *software* pode auxiliá-lo, mas não irá substituir a escrita. Em matemática, escrever as resoluções é muito importante.

9. Seja x_0 a abscissa do ponto de tangência. Uma das condições do problema é que a tangente pedida tenha equação com declive igual à derivada de f no ponto x_0, isto é, $y = -x/x_0^2$ (pois $m = -1/x_0^2$ já que $f'(x) = -1/x^2$). A outra condição é que essa tangente passe pelo ponto da hipérbole correspondente a $x = x_0$, isto é, o ponto de abscissa x_0 deve ser comum à reta e à hipórbole, logo $-1/x_0 = 1/x_0 + a$, donde $x_0 = -2/a$. O resto fica por conta do leitor.

10. $x + y = 2$ e $x + y = -2$, respectivamente.

2.3 A derivada como taxa de variação

Se o Cálculo teve um grande desenvolvimento no continente europeu, graças à liderança de Leibniz, o mesmo não aconteceu na Inglaterra com Newton, que era uma personalidade muito complicada; ele e seus seguidores cismaram que Leibniz havia plagiado Newton na invenção do Cálculo, um fato devidamente comprovado como inverídico. Por causa disso os matemáticos ingleses se recusavam a seguir Leibniz e sua escola. Aliado a isso há o fato de que a notação de Newton era muito desfavorável na maioria das situações e não tinha as virtudes da notação de Leibniz. Em consequência, a matemática inglesa foi muito prejudicada e se atrasou por cerca de um século!

A derivada, como vimos, é o declive da reta tangente ao gráfico da função considerada. Mas há uma outra interpretação não menos importante da derivada, que está ligada à ideia de velocidade de um móvel ao longo de sua trajetória. Mais adiante, na p. 162 e seguintes, voltaremos a tratar de taxas de variação de maneira mais completa. Aliás, foi no estudo do movimento que a derivada apareceu pela primeira vez, exatamente dessa maneira.

Para bem entender isso, vamos relembrar alguns conceitos elementares de cinemática, considerando o movimento de um ponto material. O movimento é caracterizado pela chamada *equação horária* $s = s(t)$, que descreve a posição do móvel ao longo de sua trajetória como função do tempo t.

Consideremos o móvel em dois instantes de tempo, digamos, t e $t + \Delta t$. Então, como ilustra a Fig. 2.15, $\Delta s = s(t + \Delta t) - s(t)$ é o espaço percorrido pelo móvel durante o intervalo de tempo $[t, t + \Delta t]$. A *velocidade média* v_m nesse intervalo de tempo é definida como o quociente do espaço percorrido pelo tempo gasto em percorrê-lo, isto é,

$$v_m = \frac{s(t + \Delta t) - s(t)}{\Delta t} = \frac{\Delta s}{\Delta t},$$

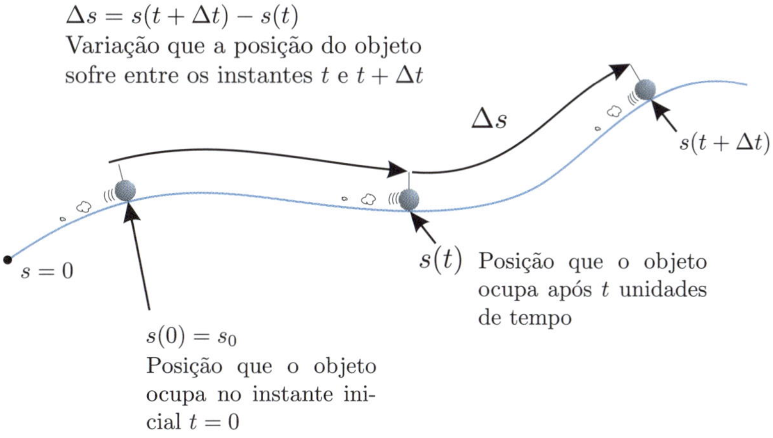

Figura 2.15

O movimento se diz *uniforme* quando sua velocidade média é constante para todos os valores de t e Δt.[1]

[1] Valores admissíveis, isto é, tais que o intervalo $[t, t + \Delta t]$ esteja todo contido no domínio da função $s(t)$.

Velocidade instantânea

Se o movimento não for uniforme, a velocidade média nada nos diz sobre o estado do movimento em cada instante t. Por exemplo, imagine um motorista que vai de São Paulo a Campinas em uma hora e meia. Tomando a distância entre as duas cidades como 90 km, ele desenvolve uma velocidade média

$$v_m = \frac{90}{1,5} = 60 \text{ km/h}.$$

Mas isso nada diz sobre a velocidade nos vários pontos do caminho. Pode ser que em dado momento ele estivesse a 100 km/h; parou no pedágio, voltou a acelerar, passou por velocidades maiores e menores que 60 km/h. Para saber a velocidade num dado instante t, devemos considerar intervalos de tempo $[t,\ t + \Delta t]$ cada vez menores, para que as velocidades médias nesses intervalos possam nos dar informações cada vez mais precisas do que se passa no instante t. Somos assim levados ao conceito de *velocidade instantânea*, $v = v(t)$ no instante t como o limite, com $\Delta t \to 0$, da razão incremental que dá a velocidade média:

$$v(t) = \dot{s}(t) = \lim_{\Delta t \to 0} \frac{s(t + \Delta t) - s(t)}{\Delta t} = \lim_{\Delta t \to 0} \frac{\Delta s}{\Delta t}.$$

Essa velocidade instantânea em geral varia com o tempo, isto é, ela é função do tempo. Assim, quando falamos que no final da travessia de uma ponte nosso carro estava a uma velocidade de 80 km/h, mas no alto da subida essa velocidade veio a cair para 70 km/h, estamos nos referindo a velocidades instantâneas em dois instantes diferentes do trajeto.

Tanto a velocidade média como a velocidade instantânea são *taxas de variação* da função espacial $s = s(t)$, a primeira é uma *taxa de variação média*, enquanto a segunda é uma *taxa de variação instantânea*. Vejamos um exemplo concreto.

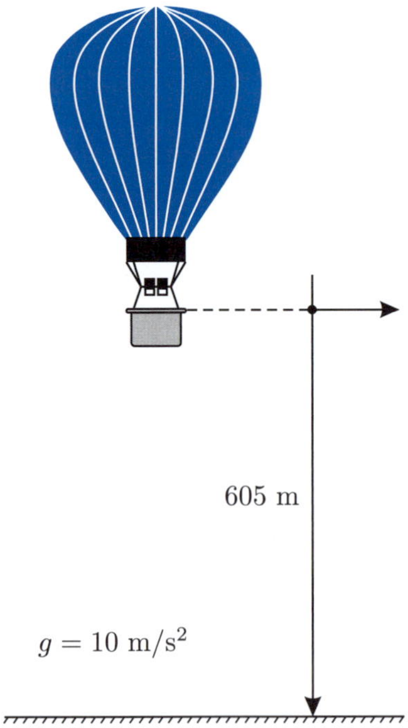

▶ Exemplo 1: Queda livre.

Vamos imaginar que um objeto pesado, como uma pedra, caia de um balão a 605 metros de altura. Pela lei da queda dos corpos, o espaço s percorrido em sua queda é dado por $s = s(t) = gt^2/2$, em que g representa a aceleração da gravidade.[(2)] Para simplificar nosso exemplo, vamos tomar g com o valor aproximado $g = 10 \text{ m/s}^2$, de sorte que

$$s = s(t) = 5t^2 \quad \text{metros}.$$

Observe que o domínio apropriado dessa função é o intervalo que se inicia em $t = 0$, quando o objeto começa a cair, e termina quando ele toca o chão, isto é, quando s assume o valor $s = 605$. Isso significa que devemos ter

$$605 = 5t^2, \quad \text{donde} \quad t^2 = 121, \quad \text{portanto} \quad t = \sqrt{121} = 11 \text{ segundos}.$$

Então o domínio da função $s(t)$ é o intervalo $[0,\ 11]$. A velocidade média, ou taxa de variação média de $s(t)$ nos primeiros 3 segundos, é

$$v_m = \frac{s(3) - s(0)}{t - 0} = \frac{5 \cdot 9}{3 - 0} = 15 \text{ m/s}.$$

Observe que essa velocidade média é menor do que a velocidade instantânea no instante $t = 3$, que é

$$s'(3) = 5 \cdot 3^2 = 5 \cdot 9 = 45 \text{ m/s}.$$

(2) Esta lei só é válida aproximadamente devido à resistência do ar.

Outros tipos de taxas

O conceito de taxa se aplica às funções de um modo geral, não apenas a funções do tempo, como o caso da velocidade de um móvel, considerada há pouco. Assim,

$$\frac{f(x+\Delta x)-f(x)}{\Delta x}$$

é a *taxa de variação média* da função f no intervalo $[x,\ x+\Delta x]$, ao passo que quando falamos em *taxa de variação* num ponto x, sem qualificativo, estamos nos referindo à taxa de variação instantânea, isto é, à derivada $f'(x)$.

▶ Exemplo 2: Taxa de variação de uma função linear.

O caso mais simples de taxa de variação é exibido pela função linear[3] $y = mx + n$. Nesse caso, como a derivada é constantemente igual a m, o acréscimo Δy é m vezes o acréscimo Δx (Fig. 2.16), vale dizer, y varia m vezes tão depressa como x; e permanece constantemente igual a esse valor m em todo o domínio da função.

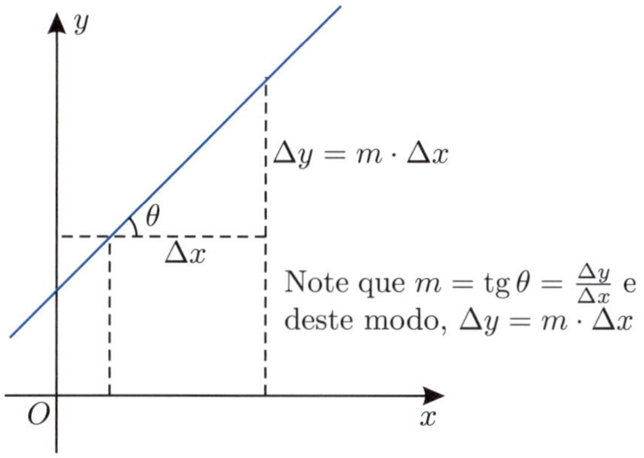

Figura 2.16

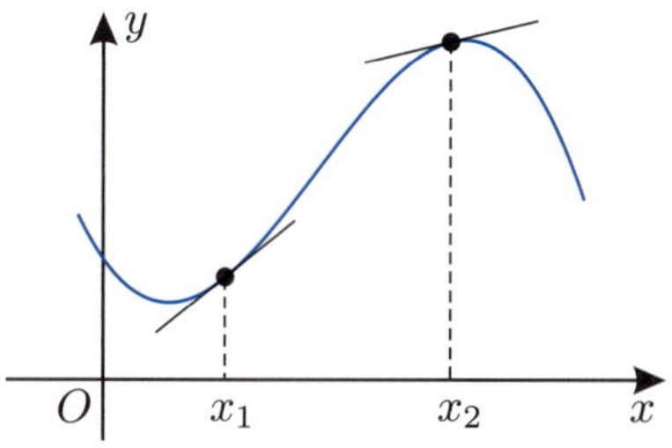

Figura 2.17

Por outro lado, em se tratando de uma função qualquer, $y = f(x)$, a taxa de variação em cada ponto x é a derivada $f'(x)$, a qual, em geral varia de ponto a ponto. Assim, no caso de uma função cujo gráfico tenha o aspecto ilustrado na Fig. 2.17, sua taxa de variação $f'(x)$ em x_1 é maior do que no ponto x_2.

▶ Exemplo 3: Taxa de variação da área em relação ao raio.

Considere a função $A(r) = \pi r^2$, que expressa a área de um círculo em função de seu raio r. Sua taxa de variação é a derivada $A'(r) = 2\pi r$. Ela nos diz que a área está crescendo tão rapidamente quanto 2π vezes o raio. Portanto, seu crescimento é tanto maior quanto maior for o raio.

Já a taxa média de variação num intervalo $[r,\ r+h]$ é

$$\frac{A(r+h)-A(r)}{h} = \frac{\pi[(r+h)^2-r^2]}{h} = \frac{\pi(2rh+h^2)}{h} = 2\pi r + \pi h,$$

[3] Embora, como já observamos na p. 17, a rigor, essa função seja chamada *função afim*, os matemáticos profissionais preferem chamá-la *função linear*, simplesmente porque seu gráfico é uma reta.

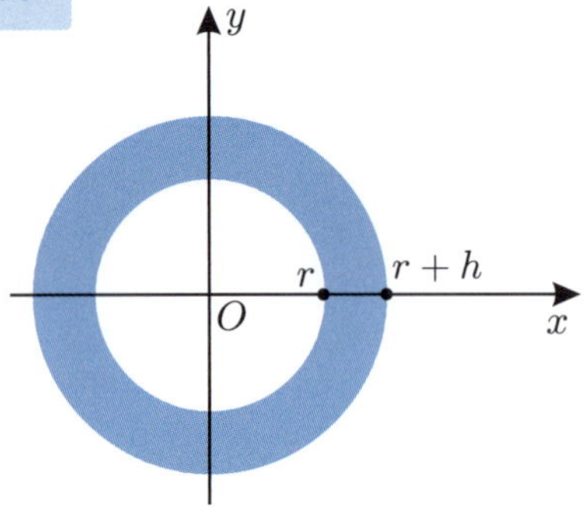

$$\begin{aligned} A(r+h) - A(r) &= \text{Área da coroa} \\ &= \pi(r+h)^2 - \pi r^2 \\ &= \pi(r^2 + 2rh + h^2) - \pi r^2 \\ &= \pi r^2 + 2\pi rh + \pi h^2 - \pi r^2 \\ &= 2\pi rh + \pi h^2 \end{aligned}$$

Figura 2.18

que é maior que a taxa $A'(r)$. Para entender por que é maior, notamos que $A(r+h) - A(r)$ é a área do anel ilustrado na Fig. 2.18, ou seja, $2\pi rh + \pi h^2$, que supera a área do retângulo de base $2\pi r$ e altura h exatamente pela área de um retângulo de lado πh e altura h.

Outra explicação consiste em observar que a área $A(r)$ tem por gráfico uma parábola côncava para cima; portanto, seu declive na extremidade esquerda do intervalo $[r, r+h]$ é menor que o declive da reta secante pelos pontos de abscissas r e $r+h$, como ilustra a Fig. 2.19. Observe também que o declive da reta secante é menor que o declive da tangente na extremidade direita do intervalo, qual seja, a derivada $A'(r+h) = 2\pi(r+h)$.

Voltaremos a tratar de outros problemas envolvendo taxas de variação no Capítulo 5, quando então já teremos estudado máximos e mínimos, tópico esse que será essencial nas aplicações que faremos então.

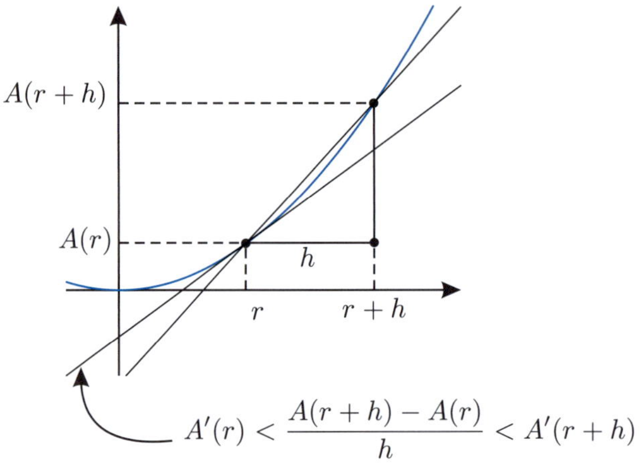

Figura 2.19

Exercícios

Em cada um dos Exercícios 1 a 4 calcule a velocidade média v_m no intervalo dado e também as velocidades instantâneas $v(t) = s'(t)$ nos extremos de cada intervalo. Considere a distância medida em *metros* e o tempo em *segundos*. Em cada caso, faça o gráfico de $s(t)$ para interpretar geometricamente as desigualdades dos relacionamentos das três velocidades.

1. $s(t) = t^2 - 9$ no intervalo $[1, 3]$.

2. $s(t) = t^2 + 3t + 1$ no intervalo $[2, 5]$.

3. $s(t) = \sqrt{t}$ no intervalo $[1, 4]$.

4. $s(t) = 1/(t+1)$ no intervalo $[0, 1]$.

5. Dada a função $s(t) = at^2 + bt + c$, com $a > 0$, prove que sua taxa de variação instantânea no extremo esquerdo de qualquer intervalo $[r, r+h]$, com $h > 0$, é menor que sua taxa média nesse intervalo, a qual, por sua vez, é menor que a taxa instantânea no extremo direito do intervalo.

6. Dada a função $s(t) = at^2 + bt + c$, com $a < 0$, prove que sua taxa de variação instantânea no extremo esquerdo de qualquer intervalo $[r, r + h]$, com $h > 0$, é maior que sua taxa média nesse intervalo, a qual, por sua vez, é maior que a taxa instantânea no extremo direito do intervalo.

7. Estima-se que t anos a partir de agora, a circulação de um jornal $C(t)$ local será dada por $1000\sqrt{t} + 5000$.

   a) Quantos jornais circulam hoje diariamente?

   b) Qual é a expressão para a taxa na qual a circulação está variando t anos a partir de agora?

   c) A que taxa (de variação instantânea) a circulação está variando em relação ao tempo daqui a 4 anos a partir de agora?

   d) De quanto a circulação realmente varia durante o quinto ano?

8. Uma torneira enche um tanque de modo que seu volume no instante t segundos é $V(t) = 100\sqrt{t+1} - 100$ litros. A que taxa (de variação instantânea) o volume está variando 8 segundos após ligada?

9. Um objeto é lançado verticalmente do solo para cima. Sua posição após t segundos é $h(t) = -5t^2 + 20t$ metros. Após quantos segundos o objeto atinge a altura máxima? Qual é a altura máxima?

10. Mostre que a taxa de variação do volume da esfera em relação a seu raio é igual à área de sua superfície.

Respostas, sugestões, soluções

1. A velocidade média no intervalo $[1, 3]$ é

$$v_m = \frac{s(3) - s(1)}{3 - 1} = \frac{0 - (-8)}{2} = 4 \text{ m/s}.$$

Por outro lado, $v(t) = 2t$, donde $v(1) = 2$ m/s e $v(3) = 6$ m/s. O relacionamento das três velocidades resulta em $v(1) < v_m < v(3)$.

.: OPCIONAL :.

Deixaremos a construção dos gráficos por conta do leitor, que poderá, opcionalmente, usar o *software* GeoGebra para checar se a construção feita manualmente está correta.

2. Como $s(t) = t^2 + 3t + 1$, então $v(t) = s'(t) = 2t + 3$, donde $v(2) = 7$ m/s $v(5) = 13$ m/s; $v_m = 10$ m/s.

3. Como $s(t) = \sqrt{t}$, então $v(t) = s'(t) = 1/2\sqrt{t} = v(t)$, donde $v(1) = 1/2$, $v(4) = 1/4$ m/s; $v_m = 1/3$ m/s.

4. $v_m = -1/2$ m/s; $v_i(0) = -1$ m/s e $v_i(1) = -1/4$ m/s, em que $v_i(t) = \frac{-1}{(t+1)^2}$ (veja o Exercício 4 da p. 72 com $a = 1$ e $b = 1$); $-1/2 = v_m(0) > v_i(0) = -1$ e $-1/2 = v_m(1) < v_i(1) = -1/4$.

5. Para encontrar a taxa média de variação no intervalo $[r, r + h]$ mostre que $s(r + h) - s(r) = 2ahr + bh + ah^2$. Dividindo por h, teremos $2ar + b + ah$. Para encontrar a taxa instantânea de variação em $t = r$, faça $h \to 0$ na última expressão para encontrar $2ar + b$. Essa expressão é nitidamente menor que $2ar + b + ah$, já que $a > 0$ e $h > 0$.

6. Análogo ao anterior.

7. (a) $C(0) = 5000$; (b) $C'(t) = \frac{500}{\sqrt{t}}$; (c) $C'(4) = \frac{500}{\sqrt{4}} = 250$ jornais/ano; (d) $C(4) - C(3) = 2000 - 1000 \cdot \sqrt{3} \approx 267.94 \approx 268$ jornais/ano.

8. A taxa de variação (instantânea) será $V'(t) = \frac{50}{\sqrt{t+1}}$ litros/segundo. Após 8 segundos a vazão será de $V'(8) = \frac{50}{3} \approx 16,66$ litros/segundo.

9. A altura máxima será atingida quando a velocidade do objeto for zero. Mas a velocidade é a taxa de variação (instantânea) da posição em relação ao tempo. Assim, como $h(t) = -5t^2 + 20t$, então $v(t) = -10t + 20$. Essa última expressão será zero se $t = 2$ s. A altura máxima será a posição do objeto após 2 s, ou seja, $h(2) = 20$ m.

10. Óbvio.

Experiências no computador

Neste apêndice apresentaremos o SAC (Sistema de Álgebra por Computador) MAXIMA, um *software* LIVRE que será usado para manipulação simbólica. O leitor pode transferi-lo acessando o seguinte endereço:

http://maxima.sourceforge.net/download.html .

Atente ao fato de que, eventualmente, novas versões podem ter um *layout* diferente. Como opção, deixamos outro endereço onde poderá ter acesso à versão 5.24.0, a que usamos na escrita das instruções. Acesse

http://www.luisclaudio.mat.br/sac/maxima5240.zip .

Explorando a Seção 2.1 com o GeoGebra

Usaremos o SAC MAXIMA a partir da próxima seção. Nesta, como o interessante será a visualização bidimensional, o *software* mais apropriado aqui é o GeoGebra. Como o procedimento é o mesmo para todos os exercícios, mostraremos o que fazer com alguns e deixaremos para o leitor a construção das demais ilustrações. Abra o *software* GeoGebra.

> Observe que os comandos do GeoGebra são escritos em língua portuguesa do Brasil (e em mais de 20 outras línguas), e assim o leitor não deve se esquecer de colocar cedilha, til etc. Por exemplo: Função, Inclinação, Reflexão etc. Se escrever Funcao, Inclinacao ou Reflexao, o programa não entenderá e será mostrada uma janela de erro de sintaxe.

Nos Exercícios de 1 a 10 (p. 64) solicita-se a) *encontrar os declives*, b) *determinar a equação da reta tangente* e c) *fazer um esboço do gráfico*. Vejamos algumas ilustrações para os exercícios:

2. $f(x) = 2x^2/3$ em $x = 3/2$ e $x = a$ qualquer.

Para construir a ilustração, proceda da seguinte forma. No CAMPO DE ENTRADA, digite (aperte ENTER ao final de cada comando):

- `f(x)=2*x^2/3` ou `f(x)=2 x^2/3`
- `a=3/2` (esta é a abscissa do ponto onde estará a reta tangente).
- `A=(a,f(a))` (ponto sobre o gráfico de f com abscissa "a").
- `t=Tangente[A,f]` (esta é a reta tangente ao gráfico de f no ponto de abscissa "a").

- `m=Inclinação[t]` (esta é a inclinação da reta tangente).

Confira se o resultado que encontrou está como mostra a Fig. 2.20. Observe o desenho e entenda o que é a inclinação da reta.

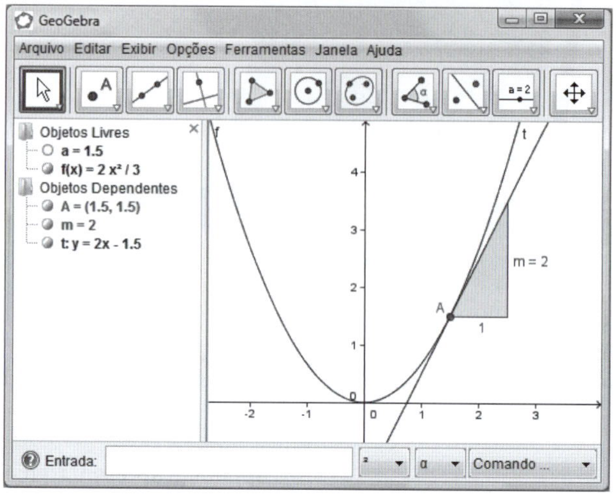

Figura 2.20

Para modificar o valor de "a", basta escrever o novo valor no CAMPO DE ENTRADA (por exemplo `a=-1`) ou fazer com que um seletor[4] apareça na JANELA DE VISUALIZAÇÃO. Para isso, clique sobre o pequeno círculo branco que há ao lado do texto "a=1.5" na JANELA DE ÁLGEBRA (Fig. 2.21). Aperte a tecla ESC de seu teclado (para ativar a ferramenta MOVER) e arraste o seletor modificando o valor do parâmetro "a". O que se observa?

Se clicar sobre o pequeno círculo branco à esquerda do texto "$a = 1.5$", aparecerá um seletor na JANELA DE VISUALIZAÇÃO.

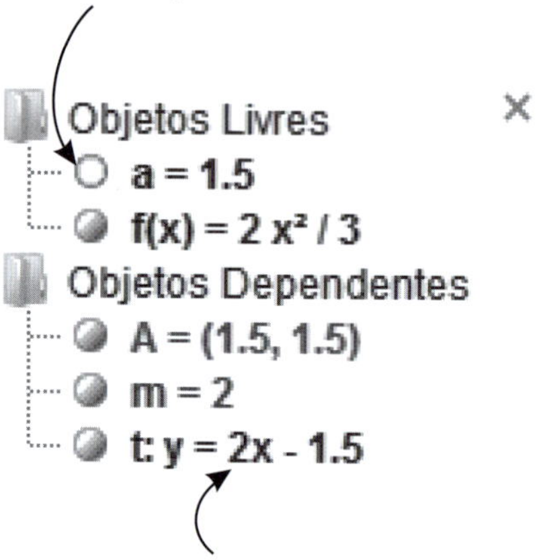

Se clicar sobre a equação da reta com o botão do lado direito do *mouse* poderá escolher a forma de exibição da equação: $ax + by = c$, $y = kx + d$ ou na forma paramétrica $X = (x_0, y_0) + \lambda\vec{v}$.

Figura 2.21

6. $f(x) = x/(x + 2)$ em $x = 2$ e $x = -3$.

Se já fez a ilustração anterior, basta escrever no CAMPO DE ENTRADA

- `f(x)=x/(x+2)`
- `a=2`
- Para ver a ilustração no outro ponto, digite: `a=-3`

10. $f(x) = \sqrt{x}$ em $x = 3$

Se já fez a primeira ilustração, basta escrever no CAMPO DE ENTRADA

- `f(x)=sqrt(x)`
- `a=3`

Com esses exemplos o leitor será capaz de construir as ilustrações para os demais exercícios.

[4] **Observação:** quando se clica no pequeno círculo à esquerda do texto na JANELA DE ÁLGEBRA e aparece um seletor, automaticamente esse parâmetro passa a assumir valores que estão no intervalo $[-5,\ 5]$. Para alterar esse intervalo, clique com o botão do lado direito do *mouse* sobre o texto "$a = \cdots$", e na JANELA DE ÁLGEBRA escolha PROPRIEDADES. Na nova janela que aparecerá, clique na guia SELETOR. É nesse local que você poderá escolher a faixa de variação do parâmetro em questão e outras propriedades.

Ao digitar expressões matemáticas em qualquer software, fique atento aos parênteses. Escrever `f(x)=1/x+1` não é o mesmo que `f(x)=1/(x+1)`. A primeira escrita é para a função $f(x) = \frac{1}{x} + 1$ enquanto a segunda é $f(x) = \frac{1}{x+1}$. De forma análoga `f(x)=2+x/3` não é o mesmo que `f(x)=(2+x)/3`. Consegue ver a diferença?

Função derivada com o GeoGebra

Agora, propomos ao leitor que construa, usando o *software* GeoGebra, uma ilustração que mostre o gráfico de uma função, sua reta tangente em um ponto qualquer e o ponto $(x, f'(x))$ onde a partir do movimento da abscissa x possamos perceber o gráfico de $y = f'(x)$ sendo construído ponto a ponto. Para tal, siga estas instruções. Abra o *software* GeoGebra. No CAMPO DE ENTRADA digite:

- `f(x)=x^2 + 2*x` Esta é apenas uma função inicial. Depois da ilustração pronta, ao mudar a função f, toda a ilustração passará a valer para a nova função.
- `P=Ponto[f]` Criará um ponto "P" que se moverá apenas sobre o gráfico de f. Observe que esse ponto aparecerá sobre o gráfico de f e sobre o eixo Oy.
- `t=Tangente[P,f]` Criará a reta tangente ao gráfico de f no ponto de abscissa $x(P)$, ou seja, na abscissa do ponto "P".
- `m=Inclinação[t]` Mostrará a inclinação da reta tangente ao gráfico de f no ponto $x(P)$.

Feito isso, nossa construção *base* já está pronta. Gostaríamos agora de marcar o ponto (x, y) em que $y = f'(x)$. Por sorte, essa derivada é a inclinação da reta tangente no ponto de abscissa x. Em nossa construção, o ponto "P" tem abscissa $x = x(P)$ e a inclinação da reta tangente nesse ponto é, pela construção feita anteriormente, $f'(x(P)) = m$. Assim, vamos pedir que o ponto "D" (de **D**erivada) seja marcado. Para isso, basta que no CAMPO DE ENTRADA entre com o seguinte comando:

- `D=(x(P),m)`

Para terminar, clique com o botão do lado direito do *mouse* sobre o ponto "D" e selecione a opção HABILITAR RASTRO. Aperte a tecla ESC e arraste o ponto "P" que está sobre o gráfico de f. Se tudo correr bem, verá uma imagem semelhante ao que está na Fig. 2.22. O rastro deixado é dos pontos que estão sobre o gráfico da função derivada (representado pelo tracejado na referida figura).

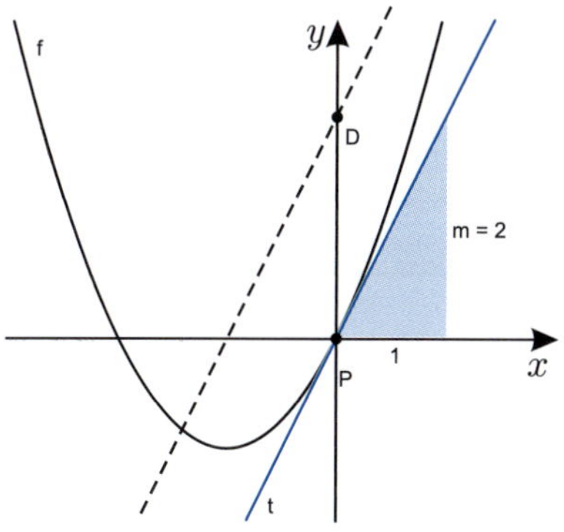

Figura 2.22

Para ver a ilustração para uma outra função, basta modificar a função f no CAMPO DE ENTRADA. Veja alguns exemplos que você pode colocar no CAMPO DE ENTRADA.

- `f(x)=sin(x)`
- `f(x)=x*cos(x)`
- `f(x)=ln(x)` (nesse caso o ponto "P" deve ter abscissa positiva)

Adicionalmente, para ver o traço da função derivada, deve-se entrar com o seguinte comando no CAMPO DE ENTRADA:

- `LugarGeométrico[D,P]`

Esse último comando mostra o lugar geométrico obtido com o ponto "D" quando o ponto "P" se movimenta. Outra forma de gerar o traço da função derivada é usar a função `Derivada[ ]` do GeoGebra. Para isso, basta escrever no CAMPO DE ENTRADA

- `Derivada[f]` .

Apresentação do *software* MAXIMA

Depois de instalar o *software*, abra wxMAXIMA, e você irá se deparar com uma janela como a que se vê na Fig. 2.23.

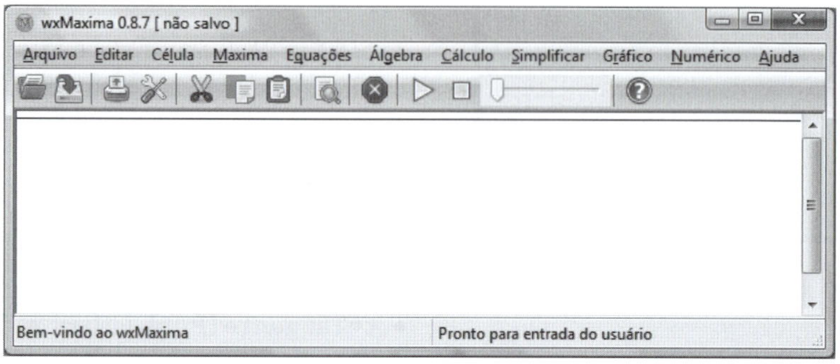

Figura 2.23

Como pode haver diferença entre as versões do MAXIMA com wxMAXIMA, esclarecemos que para estas instruções e figuras a versão usada foi a 5.24.0 .

Observe como ela está limpa. O *software* é operado através de comandos que podem ser escritos diretamente pelo usuário ou preenchendo campos em janelas. Para visualizar os botões que chamam as janelas para funções específicas, faça o seguinte: no MENU PRINCIPAL, clique em MAXIMA, PAINÉIS e escolha, por exemplo, MATEMÁTICA GERAL.[5] Com isso ativamos uma coluna de botões que permite que o usuário acesse os comandos sem a necessidade de saber sua sintaxe; basta preencher os campos em uma janela. Esses botões são mostrados, geralmente, na coluna esquerda, como se vê na Fig. 2.24.

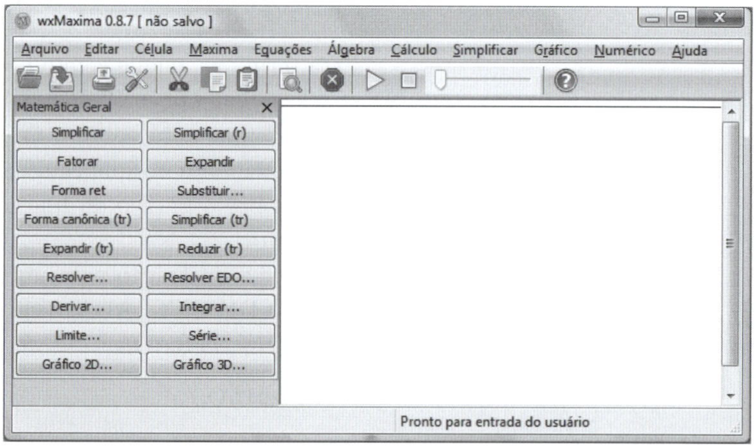

Figura 2.24

Faça uma exploração inicial procurando se familiarizar com o software. A seguir algumas instruções iniciais serão dadas para que você possa explorar a Seção 2.2 com esta ferramenta computacional.

Comandos básicos do SAC MAXIMA

Com o *software* aberto, escreva:

[5] Observe que é possível ativar outros grupos de botões. A sugestão pelo MATEMÁTICA GERAL se dá em função de ter as principais ferramentas que usaremos.

No texto, o símbolo >> será usado como um *prompt*[a] e seu equivalente no wxMAXIMA é %iX, em que X é o número da entrada, como veremos adiante. Você deverá digitar o que está à direita deste símbolo (>>). Depois, mantenha a tecla SHIFT (⇑) pressionada e aperte a tecla ENTER.

[a] Um *prompt* é uma indicação de prontidão para lembrar ao usuário que uma entrada é esperada.

```
>> 1/2+1/3
```

Se você apertar somente a tecla ENTER, verá que o cursor passará para a linha de baixo sem fazer o cálculo solicitado.[6] Para que isso não ocorra, deve-se manter a tecla SHIFT (⇑) pressionada e apertar a tecla ENTER.

```
(%i1)  1/3+1/2;
```

(%o1) $\dfrac{5}{6}$

Façamos um novo cálculo: $(-1)^{51} \cdot \frac{5}{4} \cdot \frac{16}{25}$. Para isso escolha onde deseja que apareça o texto que irá digitar. Há um *cursor horizontal* (Fig. 2.25) cuja posição pode ser alterada usando o *mouse* ou as setas para cima (↑) e para baixo(↓) em seu teclado.

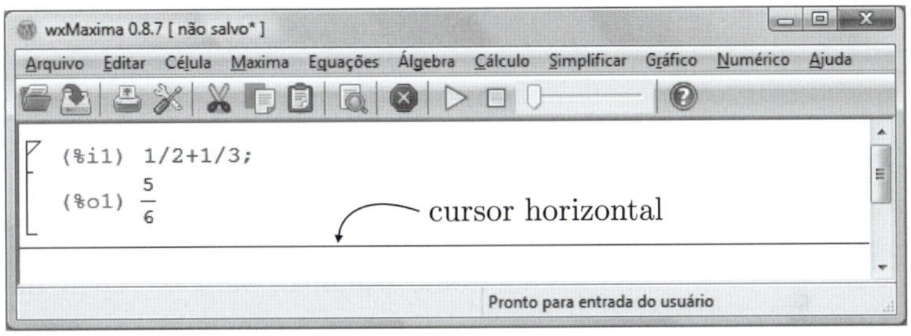

Figura 2.25

Naturalmente (%I1) e (%o1) não devem ser digitados. O símbolo (%I1) significa entrada 1 (*input* 1) e (%o1) significa saída 1 (*output* 1)

Feito isso, digite:

```
>> (-1)^(51)*5/4*16/25
```

e execute o comando (mantenha a tecla SHIFT (⇑) pressionada e aperte a tecla ENTER) para obter como resposta.

```
(%i2)  (-1)^(51)*5/4*16/25;
```

(%o2) $-\dfrac{4}{5}$

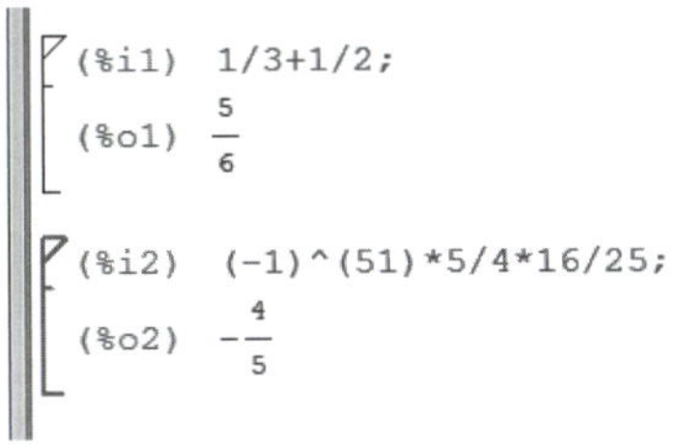

Figura 2.26

A Fig. 2.26 mostra como é, de fato, a entrada e saída no software. Limitar-nos-emos a escrever como serão essas entradas e saídas como texto.

As variáveis % e %oX

Note que, na medida em que se entra com comandos, estes ficam à direita de um *prompt* na forma `(%i1)`, `(%i2)`, `(%i3)`, etc., e as saídas ficam em `(%o1)`, `(%o2)`, `(%o3)`, etc. Estas últimas funcionam como variáveis dentro do MAXIMA, de modo que é possível fazer qualquer operação com elas. Por exemplo, podemos pedir para o *software* adicionar a saída `(%o1)` com a `(%o2)`, e para isso basta escrever:

```
(%i3)  %o1+%o2;
```

(%o3) $\dfrac{1}{30}$

[6] É possível modificar o programa para que o comando seja executado com um ENTER. Para isso, clique em EDITAR > CONFIGURAÇÕES e, na janela que aparecerá, marque a opção ENTER CALCULA CÉLULA.

No MAXIMA o símbolo % é uma variável e tem como atribuição **sempre** a última saída. No exemplo anterior, na variável % há o valor 1/30 (que é a última saída) de modo que se escrever, por exemplo, `%^2` a resposta será, naturalmente, $\frac{1}{900}$ como se vê a seguir.

(%i4) `%^2;`

(%o4) $\frac{1}{900}$

Como definir função com o MAXIMA?

Vamos reiniciar o MAXIMA para esta subseção. Para isto, no MENU PRINCIPAL clique em MAXIMA e posteriormente em REINICIAR MAXIMA. Feito isso, limpe a tela selecionando tudo (Ctrl+A) e apague a seleção (aperte a tecla Del). Com isso o *software* fica como estava inicialmente, quando abriu.

No MAXIMA é possível definir funções de forma bem simples. Basta escrever usando uma sintaxe da seguinte forma:

`nome-da-função(variável):=expressão`

Como exemplo, vamos criar a função $f(x) = x^2$. Para isto, basta escrever (para todos os comandos, após a escrita mantenha a tecla SHIFT (⇑) apertada e pressione a tecla ENTER).

Outro comando importante é o SIMPLIFICAR cuja finalidade o próprio nome já diz. Ele pode ser acessado via botão caso o que queira simplificar seja a última saída ou via comando escrito. A sintaxe é: `ratsimp( )` ou `radcan( )`. Para saber mais sobre esses comandos, aperte a tecla F1 e na janela que aparecerá clique na guia ÍNDICE. No campo que estará logo abaixo escreva "ratsimp" e aperte ENTER. Faça o mesmo com o outro comando escrevendo "radcan".

>> `f(x):=x^2`

>> `f(3)`

A resposta esperada é como se vê a seguir.

(%i1) `f(x):=x^2;`

(%o1) $\text{f}(x) := x^2$

(%i2) `f(3);`

(%o2) 9

Esse cálculo não precisa ser apenas com números. É possível se trabalhar com expressões. Por exemplo: podemos estar interessado nos resultados de $f(x+h)$, $f(x+h) - f(x)$ ou $\frac{f(x+h)-f(x)}{h}$ se $f(x) = x^2$. Para isso, basta escrever, respectivamente

>> `f(x+h)`

>> `f(x+h)-f(x)`

>> `(f(x+h)-f(x))/h`

O resultado será como mostrado a seguir.

(%i3) `f(x+h);`

(%o3) $(x+h)^2$

(%i4) `f(x+h)-f(x);`

(%o4) $(x+h)^2 - x^2$

```
(%i5)  (f(x+h)-f(x))/h;
```

(%o5) $\dfrac{(x+h)^2 - x^2}{h}$

Note que o *software* não fez os cálculos que gostaríamos que fizesse. Apenas substituiu a variável pela expressão entre os parênteses. Para que os cálculos sejam feitos, basta clicar no botão EXPANDIR (se o que deseja expandir for a última saída) ou dizer qual linha gostaria de expandir. Para exemplificar, vamos pedir para que o *software* expanda a saída (%o3). Para isto basta escrever `expand(%o3)` e teremos:

```
(%i6)  expand(%o3);
```

(%o6) $x^2 + 2\,h\,x + h^2$

De forma análoga para as outras duas saídas teremos:

```
(%i7)  expand(%o4);
```

(%o7) $2\,h\,x + h^2$

```
(%i8)  expand(%o5);
```

(%o8) $2\,x + h$

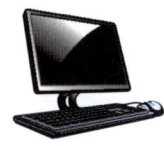

Como usar o computador?

Nesta seção procuraremos orientar o leitor a respeito do uso do computador e *softwares* para auxiliar na aprendizagem. Em primeiro lugar deve-se notar que o *software* não substitui o trabalho de fazer os cálculos. O que ele permite é que se faça uma checagem durante a resolução dos exercícios e se está ou não no caminho certo. Encare resolver um exercício como fazer uma caminhada onde deve passar por alguns pontos. Para ilustrar essa ideia, considere o problema de encontrar a inclinação da reta tangente ao gráfico da função $f(x) = \frac{2x^2}{3}$ no ponto de abscissa $x = 3$.

> Lembre-se de que o computador é uma ferramenta e como tal precisa ser bem utilizada para que o resultado final seja satisfatório. Ele não substitui os cálculos manuais que são importantes para fixar propriedades e desenvolver a capacidade de fazer a ligação entre os diversos conceitos estudados etc.

Observe que você deve saber o que fazer. Nesse caso precisamos mostrar o que ocorre com a expressão $\frac{f(x+3)-f(3)}{h}$ quando h tende a zero. Sabendo disso, primeiro tente fazer o exercício sem o computador. A resposta é 4. Se acertou, passe para o próximo execício. Caso não, o MAXIMA pode ajudar, em muitos casos, a detectar onde houve um erro. A Fig. 2.27 ilustra (passo a passo) o que precisa ser feito para resolver o problema. Os pontos indicam onde o computador pode ajudar o leitor.

Suponha que o resultado do exercício que resolveu não esteja correto. Então vamos tentar descobrir onde ocorreu o erro. Reinicie o MAXIMA. Para tal, no MENU PRINCIPAL, clique em MAXIMA e depois em REINICIAR MAXIMA. Entre com a função e depois peça para que o *software* mostre o resultado $f(3 + h)$. Para isso os comandos serão:

```
(%i1)  f(x):=2*x^2/3;
```

(%o1) $\mathrm{f}(x) := \dfrac{2\,x^2}{3}$

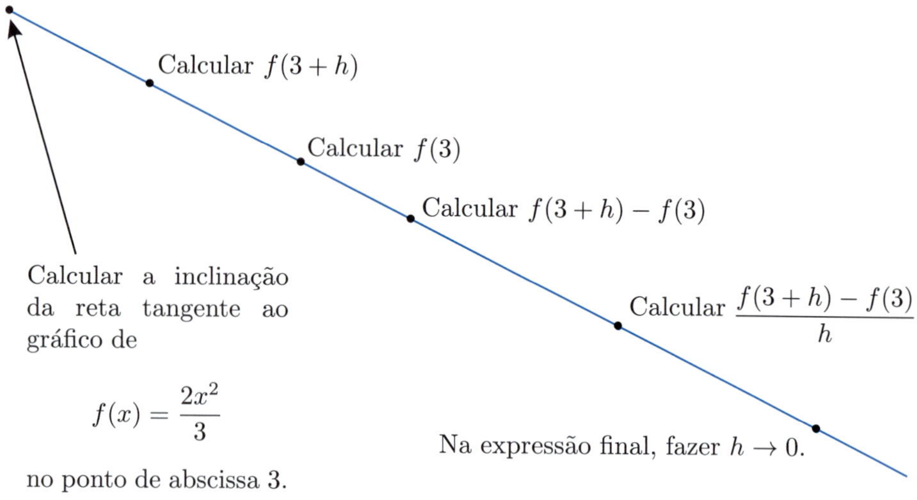
Calcular $f(3+h)$
Calcular $f(3)$
Calcular $f(3+h) - f(3)$
Calcular a inclinação da reta tangente ao gráfico de
$f(x) = \dfrac{2x^2}{3}$
no ponto de abscissa 3.
Calcular $\dfrac{f(3+h) - f(3)}{h}$
Na expressão final, fazer $h \to 0$.

Figura 2.27

`(%i2) f(3+h);`

(%o2) $\dfrac{2\,(h+3)^2}{3}$

`(%i3) expand(%);`

(%o3) $\dfrac{2\,h^2}{3} + 4\,h + 6$

Agora que você sabe o que deve ter dado a expressão $f(3+h) = \frac{2(h+3)^2}{3}$, confira com o resultado que encontrou. Se não estiver correto, já sabe onde está o (ou um dos) erro(s). Concentre-se em resolver o problema da expansão. Se o problema foi resolvido, vá para os próximos passos. A seguir mostramos os passos seguintes resolvidos com o MAXIMA.

`(%i4) f(3);`

(%o4) 6

`(%i5) f(3+h)-f(3);`

(%o5) $\dfrac{2\,(h+3)^2}{3} - 6$

`(%i6) expand(%);`

(%o6) $\dfrac{2\,h^2}{3} + 4\,h$

Use o SAC MAXIMA para saber se a resolução está no caminho certo e isolar possíveis erros.

`(%i7) %/h;`

(%o7) $\dfrac{\frac{2\,h^2}{3} + 4\,h}{h}$

`(%i8) expand(%);`

(%o8) $\dfrac{2\,h}{3} + 4$

Observe que na linha `(%i7)` usamos o comando `%/h;`. Por quê? Na seção anterior vimos que a variável % fica com a última saída. Observe que a última saída foi $\frac{2h^2}{3} + 4h = f(3+h) - f(3)$ e desse modo `%/h;` é o mesmo que `(f(3+h)-f(3))/h;`. Poderíamos fazer da seguinte forma:

(%i9) `(f(3+h)-f(3))/h;`

(%o9) $\dfrac{\frac{2(h+3)^2}{3} - 6}{h}$

(%i10) `expand(%);`

(%o10) $\dfrac{2h}{3} + 4$

Na Fig. 2.28 há novamente o esquema apresentado na Fig. 2.27 com o que se deve encontrar em cada passo. Nessa última expressão, se $h \to 0$, o quociente tende a 4. Assim a inclinação da reta tangente é 4.

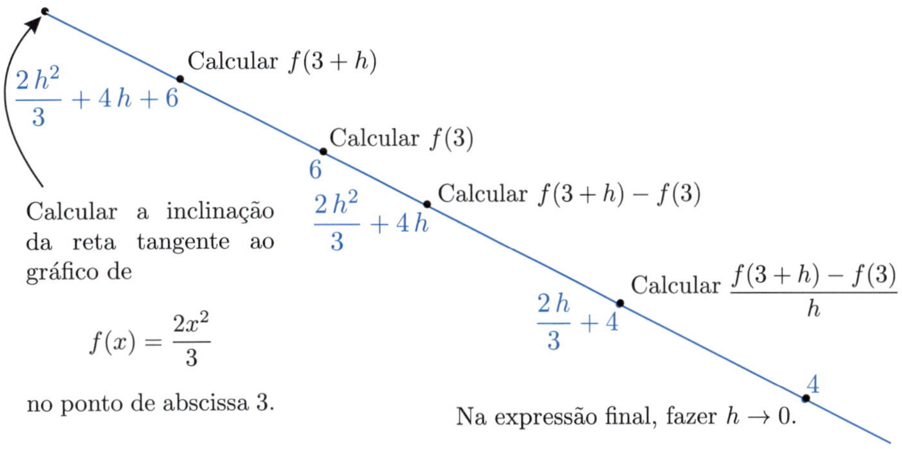
Calcular $f(3+h)$
$\frac{2h^2}{3} + 4h + 6$
Calcular $f(3)$
6
Calcular $f(3+h) - f(3)$
$\frac{2h^2}{3} + 4h$
Calcular a inclinação da reta tangente ao gráfico de
$f(x) = \frac{2x^2}{3}$
no ponto de abscissa 3.
Calcular $\frac{f(3+h) - f(3)}{h}$
$\frac{2h}{3} + 4$
4
Na expressão final, fazer $h \to 0$.

Figura 2.28

Explorando a Seção 2.2 com o MAXIMA

A seguir usamos dois exercícios da Seção 2.2 (p. 71) para ilustrar o uso do *software* MAXIMA.

2. Sendo a e b constantes, mostre que a derivada de $f(x) = a(x+b)^2$ é $f'(x) = 2a(x+b)$.

Veja a sequência de comandos que dará, passo a passo, os resultados parciais para este exercício.

(%i1) `f(x):=a*(x+b)^2;`

(%o1) $\mathrm{f}(x) := a\,(x+b)^2$

(%i2) `f(x+h);`

(%o2) $a\,(x+h+b)^2$

(%i3) `expand(%);`

(%o3) $a\,x^2+2\,a\,h\,x+2\,a\,b\,x+a\,h^2+2\,a\,b\,h+a\,b^2$

(%i4) `f(x);`

(%o4) $a\,(x+b)^2$

Acompanhe os comandos que mostram os resultados parciais na solução deste problema. A mesma ideia será usada para resolver os demais exercícios com a mudança apenas no primeiro comando, onde se informa qual é a função usada.

(%i5) `expand(%);`

(%o5) $a\,x^2+2\,a\,b\,x+a\,b^2$

(%i6) `f(x+h)-f(x);`

(%o6) $a\,(x+h+b)^2-a\,(x+b)^2$

(%i7) `expand(%);`

(%o7) $2\,a\,h\,x+a\,h^2+2\,a\,b\,h$

(%i8) `(f(x+h)-f(x))/h;`

(%o8) $\dfrac{a\,(x+h+b)^2-a\,(x+b)^2}{h}$

(%i9) `expand(%);`

(%o9) $2\,a\,x+a\,h+2\,a\,b$

O final do exercício consiste em fazer $h\to 0$ nesta última expressão. Com isto você obterá

$$2\,a\,x+a\cdot 0+2\,a\,b=2\,a\,x+2\,a\,b=2\,a\,(x+b).$$

4. Sendo a e b constantes, mostre que a derivada de $f(x)=a/(x+b)$ é $f'(x)=-a/(x+b)^2$.

(%i1) `f(x):=a/(x+b);`

(%o1) $\mathrm{f}\,(x):=\dfrac{a}{x+b}$

(%i2) `f(x+h);`

(%o2) $\dfrac{a}{x+h+b}$

(%i3) `f(x+h)-f(x);`

(%o3) $\dfrac{a}{x+h+b}-\dfrac{a}{x+b}$

O comando "ratsimp()" pode ser acessado apenas clicando no botão SIMPLIFICAR que fica na barra inferior.

(%i4) `ratsimp(%);`

(%o4) $-\dfrac{a\,h}{x^2+(h+2\,b)\,x+b\,h+b^2}$

(%i5) `(f(x+h)-f(x))/h;`

(%o5) $\dfrac{\frac{a}{x+h+b}-\frac{a}{x+b}}{h}$

(%i6) `ratsimp(%);`

(%o6) $-\dfrac{a}{x^2+(h+2\,b)\,x+b\,h+b^2}$

O final do exercício consiste em fazer $h \to 0$ nesta última expressão. Com isso obterá

$$-\frac{a}{x^2+(0+2\,b)\,x+b\,0+b^2}=-\frac{a}{x^2+2\,b\,x+b^2}=-\frac{a}{(x+b)^2}.$$

Nos Exercícios 5 e 6 (p. 72), para levantar a indeterminação precisamos multiplicar o numerador e o denominador por um fator apropriado e assim, o MAXIMA não dará a expressão final livre de ideterminação apenas com os comandos usados anteriormente. A sugestão é que o use para checar o que ocorre com determinadas operações. Por exemplo: ao multiplicar $a\sqrt{x+h}-a\sqrt{x}$ por $a\sqrt{x+h}+a\sqrt{x}$ o que encontramos como produto? Uma das formas é a que mostramos a seguir. Reinicie o MAXIMA antes de entrar com os comandos (MAXIMA -> REINICIAR MAXIMA). Limpe a tela (opcionalmente) com Ctrl+A e (aperte a tecla) Del.

(%i1) `a*sqrt(x+h)-a*sqrt(x);`

(%o1) $a\,\sqrt{x+h}-a\,\sqrt{x}$

(%i2) `a*sqrt(x+h)+a*sqrt(x);`

(%o2) $a\,\sqrt{x+h}+a\,\sqrt{x}$

(%i3) `%o1*%o2;`

(%o3) $\left(a\,\sqrt{x+h}-a\,\sqrt{x}\right)\,\left(a\,\sqrt{x+h}+a\,\sqrt{x}\right)$

(%i4) `expand(%);`

(%o4) $a^2\,h$

Lembre-se: o que está por trás dessa simplificação é o produto notável que produz a *diferença de dois quadrados*

$$(A-B)(A+B)=A^2-B^2$$

com $A=a\sqrt{x+h}$ e $B=a\sqrt{x}$.

A esse produto notável damos o nome de *produto da soma pela diferença*.

Outra forma seria com o que vê a seguir:

(%i5) `(a*sqrt(x+h)-a*sqrt(x))*(a*sqrt(x+h)+a*sqrt(x));`

(%o5) $\left(a\,\sqrt{x+h}-a\,\sqrt{x}\right)\,\left(a\,\sqrt{x+h}+a\,\sqrt{x}\right)$

(%i6) `expand(%);`

(%o6) $a^2\,h$

Com isso poderá checar se seus cálculos estão corretos. Em alguns exercícios (por exemplo, o 9 e 10, da p. 72) é interessante, também, uma visualização. Embora o MAXIMA também faça desenho de gráficos, o GeoGebra é mais apropriado.

Limite e continuidade

Neste capítulo introduziremos a noção de função contínua e uma importante propriedade dessas funções. Para isso necessitaremos do conceito de limite, que foi introduzido de maneira apenas intuitiva na definição da derivada. Continuaremos com essa abordagem intuitiva, que é suficiente para nossos propósitos, mesmo porque o tratamento rigoroso desses tópicos é objeto dos cursos de Análise, e não tem como ser feito de maneira proveitosa sem o embasamento de uma teoria rigorosa dos números reais.

Continuidade

Lembre-se de que

$$|\square| = \begin{cases} \square, & \text{se} \quad \square \geq 0 \\ -\square, & \text{se} \quad \square < 0 \end{cases}$$

Para bem entender o conceito de continuidade, o melhor é começar analisando um exemplo de função que apresenta "descontinuidade". E uma ocorrência bem simples dessa situação é ilustrada pela função $f(x) = |x|/x$. Lembrando o significado do módulo (definido na p. 331, confira lembrete na margem), vemos que

$$x > 0 \Rightarrow f(x) = \frac{|x|}{x} = \frac{x}{x} = 1 \quad \text{e} \quad x < 0 \Rightarrow f(x) = \frac{|x|}{x} = \frac{-x}{x} = -1,$$

isto é,

$$f(x) = \begin{cases} -1 & \text{se} \quad x < 0, \\ 1 & \text{se} \quad x > 0. \end{cases}$$

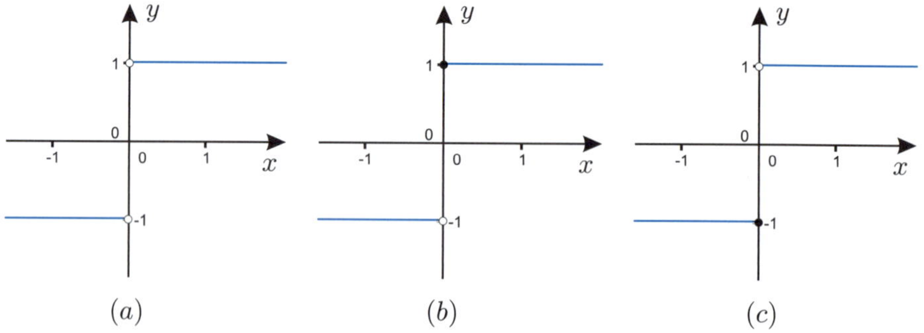

Figura 3.1

A função não está definida em $x = 0$, e seu gráfico [Fig. 3.1(a)] apresenta uma ruptura nesse ponto. Podemos defini-la em $x = 0$ como qualquer número. O mais natural é fazê-la igual a 1 ou -1 nesse ponto. Se escolhermos o valor 1, seu gráfico incluirá o ponto $(0, 1)$; e x poderá aproximar zero por valores positivos (pela direita), até atingir esse valor zero [Fig. 3.1(b)]. Se escolhermos

O conceito de continuidade evoluiu lentamente ao longo de todo o século XVIII, mas foi só no século seguinte que esse conceito passou a ter importância fundamental na Análise Matemática. Foi então que surgiu a definição dada aqui. Numa primeira fase, por volta de 1820, ela é devida a Cauchy (1789-1857), um matemático muito influente; e Bolzano (1781-1848), também muito talentoso, mas cujos trabalhos foram muito pouco divulgados, portanto, praticamente esquecidos em sua época. Mas foi só no final do século que o conceito de continuidade ficou bem formulado em termos de épsilons e deltas nos trabalhos de Weierstrass (1815-1897), um dos maiores nomes da Análise Matemática do século XIX.

o valor -1, o gráfico incluirá o ponto $(0, -1)$ e x poderá aproximar zero por valores negativos (pela esquerda), até atingir esse valor zero [Fig. 3.1(c)]. Mas em qualquer caso, com esses valores 1 ou -1, ou outro qualquer, haverá uma ruptura do gráfico ao passar de x pelo valor zero, de positivo a negativo ou de negativo a positivo. Dizemos que a função tem uma descontinuidade em $x = 0$.

Esse exemplo de descontinuidade, em que a função apresenta um "salto" em seu gráfico, é apenas um dos tipos de descontinuidades. Outros tipos existem e aparecerão oportunamente ao longo do nosso estudo.

É interessante notar que os matemáticos só conseguiram chegar a uma definição adequada de continuidade depois de se depararem com exemplos de funções que apresentavam certos tipos de descontinuidades, vale dizer, foi o aparecimento de funções descontínuas em suas investigações que levou os matemáticos a introduzir o conceito de continuidade. Mas esse conceito demorou a se cristalizar na forma como o conhecemos hoje. Embora muito importante para o desenvolvimento da Análise Matemática, quando ele surgiu o Cálculo já estava bem desenvolvido. Por isso mesmo, tal conceituação rigorosa de continuidade não é relevante nos primeiros estudos de Cálculo. Entretanto, vamos dar essa definição logo em seguida, mais para que o leitor tome conhecimento dela do que por sua importância no que faremos ao longo do curso.

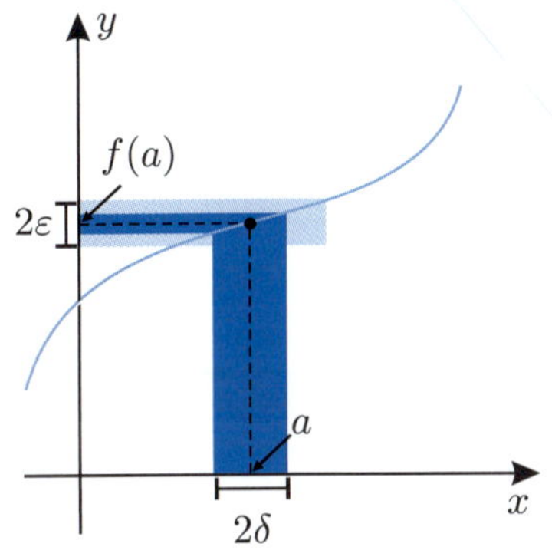

Figura 3.2

▶ **Definição:** **(continuidade)** *Dizemos que f é contínua no ponto $x = a$ se $f(x)$ aproximar o valor $f(a)$ com x tendendo ao valor a.*

Duas observações se fazem necessárias a respeito dessa definição.

1. Só podemos falar em continuidade no ponto $x = a$ se f for definida nesse ponto; em outras palavras, é preciso que faça sentido falar em $f(a)$.

2. Dizer que $f(x)$ aproxima o valor $f(a)$ significa dizer que a diferença entre esses dois valores, em módulo, isto é, $|f(x) - f(a)|$, pode ser feita menor que qualquer número $\varepsilon > 0$[(1)] fixado, por menor que seja esse número. Repare bem, esse ε mede então quão perto $f(x)$ deve ficar de $f(a)$. Mas como conseguir isso, se podemos prescrever o ε arbitrariamente? A resposta é: tomando x suficientemente próximo de a (Fig. 3.2), ou seja, encontrando um $\delta > 0$ tal que, quando $0 < |x - a| < \delta$, se tenha $|f(x) - f(a)| < \varepsilon$, vale dizer (veja figura ao lado),

$$|x - a| < \delta \Rightarrow |f(x) - f(a)| < \varepsilon.$$

Uma função diz-se *descontínua* no ponto $x = a$ se não for contínua nesse ponto. E um dos modos de uma função ser descontínua é seu gráfico apresentar ruptura no ponto considerado. Mas, além deste, há outros tipos de descontinuidade, como veremos mais tarde.

Continuidade e valor intermediário

A noção de continuidade acarreta a propriedade geométrica segundo a qual o gráfico da função não apresenta quebra ou ruptura. Um modo preciso de ex-

---

[(1)] ε é uma letra grega que se lê "épsilon".

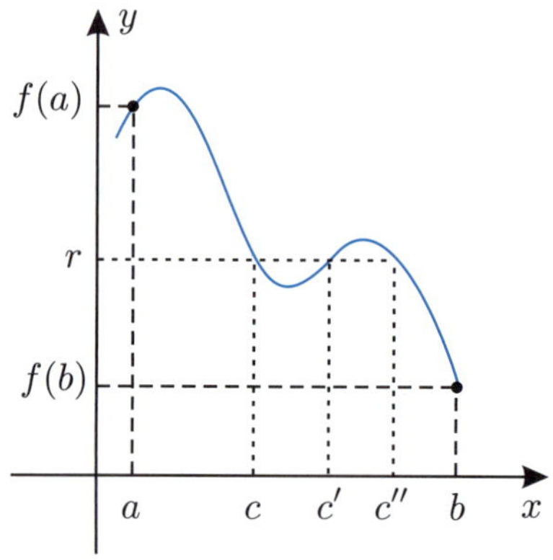

Figura 3.3

primir esta propriedade geométrica em linguagem analítica consiste em dizer que

> *uma função f, que seja contínua num intervalo $[a, b]$, assume todos os valores r compreendidos entre $f(a)$ e $f(b)$.*

Isso significa que existe algum c conveniente entre a e b, tal que $f(c) = r$. Pode haver um ou vários valores c nessas condições; por exemplo, a Fig. 3.3 ilustra uma situação com três valores c, c', c'', tais que

$$f(c) = f(c') = f(c'') = r.$$

A propriedade que acabamos de descrever é conhecida e estudada nos cursos de Análise com o nome de "Teorema do Valor Intermediário". Uma versão equivalente desse teorema é a seguinte propriedade, ilustrada na Fig. 3.4:

> Durante boa parte do século XIX muitos matemáticos ainda pensavam que a continuidade de uma função significasse que seu gráfico não apresentaria ruptura. Isso não é verdade; uma função pode gozar da propriedade do valor intermediário sem ser contínua, como ficou evidenciado mais no final do século.

> *Se f é uma função contínua num intervalo $[a, b]$, com $f(a)$ e $f(b)$ possuindo sinais contrários, então existe pelo menos um ponto c entre a e b onde f se anula.*

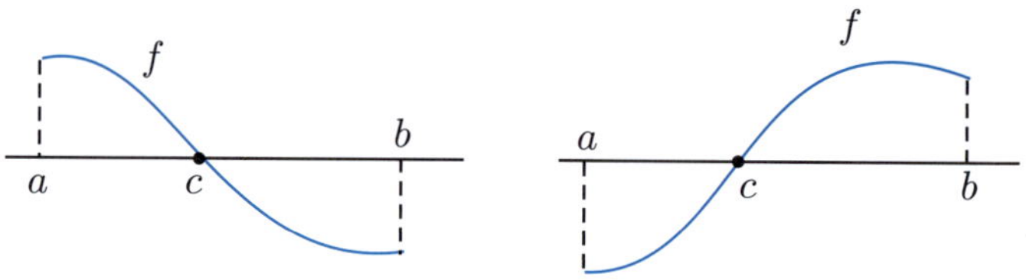

Figura 3.4

Limites

Como vimos, no problema de traçar a reta tangente a uma curva, o conceito de limite surge com o conceito de derivada. Mas esse conceito tem importância e aparece mesmo quando não estamos lidando com derivadas. Foi o que vimos há pouco na definição de continuidade. Uma outra situação em que intervém o limite ocorre quando estamos estudando uma população P (por exemplo, os habitantes de um país ou as bactérias de uma cultura) que varia com o tempo: $P = P(t)$. Uma questão importante consiste em saber se a população se estabilizará, isto é, se existe o limite de $P = P(t)$ com t tendendo a infinito.

Em geral, as funções com que lidamos no Cálculo são dadas por fórmulas, são contínuas em seus domínios, exceto, eventualmente, em um ou mais pontos isolados. Vejamos alguns exemplos de funções contínuas, cujos limites podem ser facilmente reconhecidos como iguais aos valores das funções nos pontos onde são calculados esses limites.

▸ Exemplo 1: Limite de função contínua.

$$\lim_{x \to 5} (3x - 7) = 3 \cdot 5 - 7 = 15 - 7 = 8 = f(5).$$

▸ Exemplo 2: Limite de função contínua.

$$\lim_{x \to 4} (x^2 - \sqrt{x} + 1) = 4^2 - \sqrt{4} + 1 = 16 - 2 + 1 = 15 = f(4).$$

Lembre-se: substituir a variável pelo valor para o qual ela tende, para calcular o limite da função, é algo que se pode fazer somente quando a função é contínua (no ponto onde pretende fazer a substituição).

▶ **Exemplo 3: Limite de função contínua.**

$$\lim_{x\to 9} \frac{\sqrt{x}+10}{x-1} = \frac{\sqrt{9}+10}{9-1} = \frac{13}{8} = f(9).$$

▶ **Exemplo 4: Limite de função contínua.**

$$\lim_{x\to 1} \frac{x^2-3x+7}{6x-1} = \frac{1^2-3\cdot 1+7}{6\cdot 1-1} = \frac{1-3+7}{6-1} = 1 = f(1).$$

Formas indeterminadas

Em contraste com os exemplos que acabamos de considerar, apresentamos a seguir as funções que têm limites, mas as funções mesmas não estão definidas nos pontos para onde tende a variável x; portanto, elas não são contínuas nesses pontos.

▶ **Exemplo 5: Limite de função descontínua.**

Lembre-se: a forma fatorada de um trinômio de segundo grau é

$$ax^2+bx+c = a(x-x')(x-x''),$$

onde x' e x'' são as raízes do trinômio e $a \neq 0$.

A função

$$f(x) = \frac{x^2+8x-20}{x^2-x-2}$$

está definida para todo x, exceto $x = 2$. De fato, quando $x = 2$, ela fica reduzida à forma inadmissível $0/0$. No entanto, para $x \neq 2$ podemos escrever

$$f(x) = \frac{x^2+8x-20}{x^2-x-2} = \frac{(x-2)(x+10)}{(x-2)(x+1)} = \frac{x+10}{x+1}.$$

é fácil reconhecer agora que essa última expressão tende para 4 com $x \to 2$:

$$\lim_{x\to 2} \frac{x^2+8x-20}{x^2-x-2} = \lim_{x\to 2} \frac{x+10}{x+1} = \frac{2+10}{2+1} = \frac{12}{3} = 4.$$

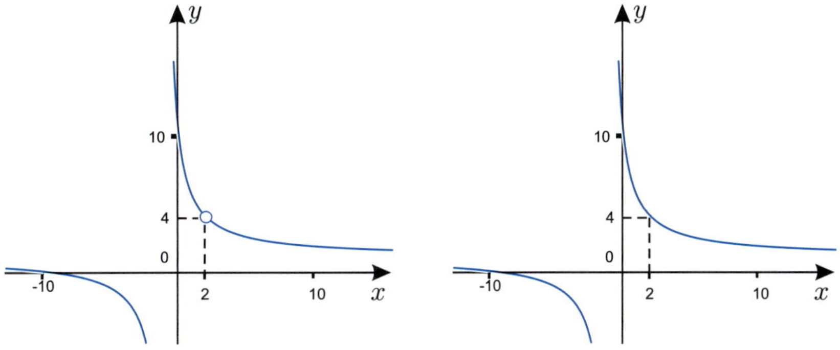

Gráfico de $f(x) = \dfrac{x^2+8x-20}{x^2-x-2}$ Gráfico de $f(x) = \dfrac{x+10}{x-1}$

Figura 3.5 Note que, exceto pelo ponto (2, 4), os gráficos são idênticos.

Vemos, então, que, embora a função f não esteja definida em $x = 2$ (Fig. 3.5), na forma em que foi dada originalmente, ela tem limite com x tendendo a 2. Devido a isso é natural definir $f(x)$ nesse ponto $x = 2$ como sendo 4; ou seja, é natural pôr $f(2) = 4$, pois isso faz com que a função passe a ser definida e contínua nesse ponto $x = 2$.

Um ponto como esse $x = 2$, em que a função é inicialmente indeterminada, mas que pode ser estendida de forma a ser contínua no ponto, é chamado *descontinuidade removível*. A função, em sua expressão original, é o que se chama *forma indeterminada* do tipo $0/0$. Estudaremos essas formas mais detalhadamente no Capítulo 9, quando teremos à nossa disposição a chamada "Regra de l'Hôpital", que é de fundamental importância neste estudo.

▶ Exemplo 6: Limite de função descontínua.

Lembre-se:

$$(a - b)(a + b) = a^2 - b^2$$

O objetivo é fazer aparecer tanto no numerador quanto no denominador, fatores que se anulam e assim obter outra função (dessa vez contínua) que seja igual à primeira, exceto, possivelmente, em um ponto; nesse caso particular elas não retornam o mesmo valor se $x = 9$.

Vamos considerar mais uma forma indeterminada do tipo $0/0$, um pouco mais complicada que a do exemplo anterior. Aqui o leitor poderá ver que o limite será diferente do limite 4 daquele exemplo. Isso deixará claro que é impossível definir $0/0$, já que não teríamos como escolher para tal "fração" um valor único: diferentes formas têm diferentes limites.

Consideramos a função

$$f(x) = \frac{x - 9}{\sqrt{x} - 3},$$

que está definida para todo x, exceto $x = 9$ (Fig. 3.6); de fato, nesse valor de x nossa função assume a forma indeterminada $0/0$. Para levantar essa "indeterminação", podemos proceder como no Exemplo 7 da p. 69, ou então, por fatoração: pela fatoração "diferença de dois quadrados" (explicada na p. 328),

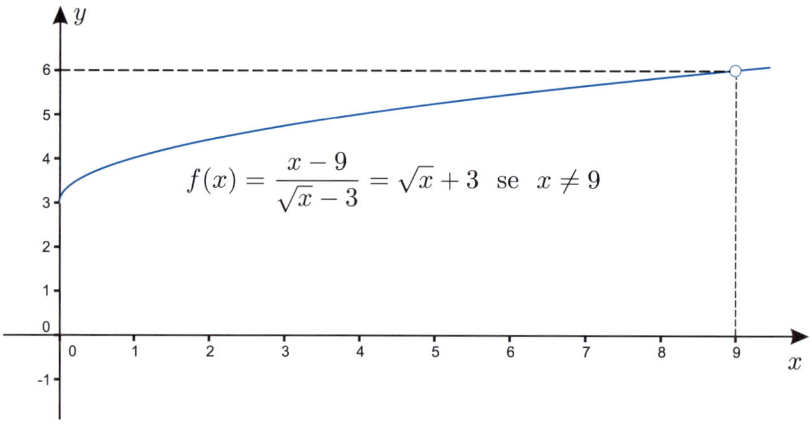

Figura 3.6

Observe que o cálculo proposto no Exemplo 6 pode ser feito multiplicando o numerador e o denominador da fração por $\sqrt{x} + 3$. Experimente resolver o exercício usando esse caminho.

$$f(x) = \frac{x - 9}{\sqrt{x} - 3} = \frac{(\sqrt{x})^2 - 3^2}{\sqrt{x} - 3} = \frac{(\sqrt{x} + 3)(\sqrt{x} - 3)}{\sqrt{x} - 3}.$$

Desde que mantenhamos $x \neq 9$, $\sqrt{x} - 3$ será diferente de zero, donde podermos cancelar esse fator no numerador e no denominador, de forma que

$$f(x) = \frac{x - 9}{\sqrt{x} - 3} = \sqrt{x} + 3 \quad \text{desde que} \quad x \neq 9.$$

Estamos agora em condições de calcular o limite com $x \to 9$. Como as duas expressões que definem nossa função em $x \neq 9$ são iguais, e como o cálculo do limite é com x aproximando 9, mas nunca precisando igualar 9, obtemos

$$\lim_{x \to 9} \frac{x - 9}{\sqrt{x} - 3} = \lim_{x \to 9} (\sqrt{x} + 3) = 6.$$

Como no exemplo anterior, podemos agora definir nossa função em $x = 9$ como 6, e assim ela ficará contínua nesse ponto $x = 9$. Trata-se de uma *descontinuidade removível*, como no exemplo anterior.

Note bem: dessa vez a forma indeterminada é 6, enquanto no exemplo anterior ela era 4. Por causa do aparecimento de diferentes valores para essas formas indeterminadas é que é impossível definir 0/0.

Exercícios

Nos Exercícios 1 a 9 seguintes, calcule o limite indicado, verificando que ele coincide com o valor da função no ponto considerado; isso confirma que ela é realmente contínua nesse ponto.

1. $\lim_{x \to 2} (x^2 - 3x + 1)$. **2.** $\lim_{x \to -9} (\sqrt{-x} - x - 10)$. **3.** $\lim_{x \to -1} \sqrt{2 - x^2}$.

4. $\lim_{x \to -2} \sqrt{x(x-1)}$. **5.** $\lim_{x \to 3} \dfrac{1 - \sqrt{1+x}}{\sqrt{x-1} - x}$. **6.** $\lim_{x \to 9} \dfrac{x\sqrt{x}}{x^2 - 1}$.

7. $\lim_{x \to 1/2} \dfrac{1 - 2\sqrt{x}}{\sqrt{x} - 1}$. **8.** $\lim_{x \to -3/5} \dfrac{x^2 + 1}{1 - x^2}$. **9.** $\lim_{x \to 2} \dfrac{x+2}{x^2 + 5x + 6}$.

Lembre-se: a forma fatorada de um trinômio de segundo grau é

$$ax^2 + bx + c = a(x - x')(x - x''),$$

em que x' e x'' são as raízes do trinômio e $a \neq 0$.

Nos Exercícios 10 a 15, levante a indeterminação fatorando o numerador e o denominador. Calcule, então, o limite indicado.

10. $\lim_{x \to 7} \dfrac{x - 7}{x^2 - 49}$. **11.** $\lim_{x \to 1/3} \dfrac{3x - 1}{9x^2 - 1}$. **12.** $\lim_{x \to 4} \dfrac{x^2 - 16}{x^2 - 5x + 4}$.

13. $\lim_{x \to -1} \dfrac{x^2 + 3x + 2}{x^2 - 1}$. **14.** $\lim_{x \to 1} \dfrac{x^4 - 1}{x^3 - 1}$. **15.** $\lim_{x \to 4} \dfrac{3x^2 - 17x + 20}{4x^2 - 25x + 36}$.

Lembre-se:

$$(a - b) \cdot (a + b) = a^2 - b^2;$$

$$(a - b) \cdot (a^2 + a \cdot b + b^2) = a^3 - b^3;$$

$$(a + b) \cdot (a^2 - a \cdot b + b^2) = a^3 + b^3.$$

Veja detalhes na p. 329.

Nos Exercícios 16 a 24, levante a indeterminação racionalizando o numerador (ou o denominador). Calcule, então, o limite indicado.

16. $\lim_{x \to 3} \dfrac{x - 3}{\sqrt{x} - \sqrt{3}}$. **17.** $\lim_{x \to 1} \dfrac{\sqrt{x} - 1}{x - 1}$. **18.** $\lim_{x \to 5} \dfrac{\sqrt{5} - \sqrt{x}}{x - 5}$.

19. $\lim_{x \to 0} \dfrac{\sqrt{x+2} - \sqrt{2}}{x}$. **20.** $\lim_{x \to 3} \dfrac{x^2 - 9}{\sqrt{x^2 + 7} - 4}$. **21.** $\lim_{h \to 0} \dfrac{\sqrt{5h + 4} - 2}{h}$.

22. $\lim_{x \to 4} \dfrac{4x - x^2}{2 - \sqrt{x}}$. **23.** $\lim_{x \to 1} \dfrac{x - 1}{\sqrt{x + 3} - 2}$. **24.** $\lim_{x \to 4} \dfrac{4 - x}{5 - \sqrt{x^2 + 9}}$.

Nos Exercícios 25 a 30, levante a indeterminação e calcule o limite indicado.

25. $\lim_{x \to 1} \dfrac{x^3 - 1}{x - 1}$. **26.** $\lim_{h \to 0} \dfrac{\sqrt[3]{h+1} - 1}{h}$. **27.** $\lim_{x \to -8} \dfrac{x + 8}{\sqrt[3]{x} + 2}$.

28. $\lim_{x \to 1} \dfrac{\sqrt[3]{x} - 1}{x - 1}$. **29.** $\lim_{h \to 0} \dfrac{\sqrt[3]{x+h} - \sqrt[3]{x}}{h}$.

30. $\lim_{h \to 0} -\dfrac{(x+h)^{\frac{1}{3}} - x^{\frac{1}{3}}}{h\, x^{\frac{1}{3}} (x+h)^{\frac{1}{3}}}$.

Respostas, sugestões, soluções

Os Exercícios 1-9 não oferecem dificuldades, já que as funções são todas contínuas no ponto limite, e, sendo assim, calcular o limite é o mesmo que calcular a imagem do ponto limite.

Nos Exercícios de 1 a 9 todas as funções são contínuas no ponto limite, assim, para calcular o limite, basta calcular a imagem do ponto.

1. $\lim_{x\to 2} f(x) = f(2) = -1.$

2. $\lim_{x\to -9} f(x) = f(-9) = 2.$

3. $\lim_{x\to -1} f(x) = f(-1) = 1.$

4. $\lim_{x\to -2} f(x) = f(-2) = \sqrt{6}.$

5. $\lim_{x\to 3} f(x) = f(3) = \dfrac{1}{3-\sqrt{2}} \approx 0,630601.$

6. $\lim_{x\to 9} f(x) = f(9) = 27/80.$

7. $\lim_{x\to 1/2} f(x) = f(1/2) = \sqrt{2}.$

8. $\lim_{x\to -3/5} f(x) = f(-3/5) = 17/8.$

9. $\lim_{x\to 2} f(x) = f(2) = 1/5.$

10. Como $x^2-49=(x-7)(x+7)$ então, para $x \neq 7$, $\frac{x-7}{x^2-49} = \frac{1}{x+7} \to \frac{1}{14}$ quando $x \to 7$.

11. Como $9x^2-1=(3x-1)(3x+1)$ então, para $x \neq \frac{1}{3}$, $\frac{3x-1}{9x^2-1} = \frac{1}{3x+1} \to \frac{1}{2}$ quando $x \to 1/3$.

12. Como $x^2-16=(x-4)(x+4)$ e $x^2-5x+4=(x-4)(x-1)$ então, para $x \neq 4$ e $x \neq 1$, $\frac{x^2-16}{x^2-5x+4} = \frac{x+4}{x-1} \to \frac{8}{3}$ quando $x \to 4$.

13. Como $x^2+3x+2=(x+1)(x+2)$ e $x^2-1=(x+1)(x-1)$ então, para $x \neq 1$ e $x \neq -1$, $\frac{x^2+3x+2}{x^2-1} = \frac{x+2}{x-1} \to -\frac{1}{2}$ quando $x \to -1$.

14. Como $x^4-1=(x-1)(x+1)(x^2+1)$ e $x^3-1=(x-1)(x^2+x+1)$ então, para $x \neq 1$, $\frac{x^4-1}{x^3-1} = \frac{(x+1)\left(x^2+1\right)}{x^2+x+1} \to \frac{4}{3}$ se $x \to 1$.

.: OPCIONAL :.

Na p. 107 há instruções sobre como resolver os exercícios 10-15 com o apoio do *software* MAXIMA. Em particular, atente aos Exemplos 2 e 3 da referida página.

15. Como $3x^2-17x+20=(x-4)(3x-5)$ e $4x^2-25x+36=(x-4)(4x-9)$ então, para $x \neq 4$ e $x \neq \frac{9}{4}$, $\frac{3x^2-17x+20}{4x^2-25x+36} = \frac{3x-5}{4x-9} \to 1$ se $x \to 4$.

16. Multiplique o numerador e o denominador por $\sqrt{x}+\sqrt{3}$ e simplifique para obter $\sqrt{x}+\sqrt{3} \to 2\sqrt{3}$ se $x \to 3$.

17. Multiplique o numerador e o denominador por $\sqrt{x}+1$ e simplifique para obter $\frac{1}{\sqrt{x}+1} \to \frac{1}{2}$ se $x \to 1$.

18. Multiplique o numerador e o denominador por $\sqrt{5}+\sqrt{x}$ e simplifique para obter $\frac{-1}{\sqrt{x}+\sqrt{5}} \to \frac{-1}{2\sqrt{5}}$ se $x \to 5$.

19. Multiplique o numerador e o denominador por $\sqrt{x+2}+\sqrt{2}$ e simplifique para obter $\frac{1}{\sqrt{x+2}+\sqrt{2}} \to \frac{1}{2\sqrt{2}}$ se $x \to 0$.

20. Multiplique o numerador e o denominador por $\sqrt{x^2+7}+4$ e simplifique para obter $\sqrt{x^2+7}+4 \to 8$ se $x \to 3$.

21. Multiplique o numerador e o denominador por $\sqrt{5h+4}+2$ e simplifique para obter $\frac{5}{\sqrt{5h+4}+2} \to \frac{5}{4}$ se $h \to 0$.

22. Multiplique o numerador e o denominador por $2+\sqrt{x}$ e simplifique para obter $x\sqrt{x}+2x \to 16$ se $x \to 4$.

23. Multiplique o numerador e o denominador por $\sqrt{x+3}+2$ e simplifique para obter $\sqrt{x+3}+2 \to 4$ se $x \to 1$.

24. Multiplique o numerador e o denominador por $5+\sqrt{x^2+9}$ e simplifique para obter $\frac{\sqrt{x^2+9}+5}{x+4} \to \frac{5}{4}$ se $x \to 4$.

25. Como $x^3 - 1 = (x-1)(x^2+x+1)$ então, para $x \neq 1$, $x^2 + x + 1 \to 3$ quando $x \to 1$.

26. Multiplique o numerador e o denominador por $(h+1)^{2/3} + (h+1)^{1/3} + 1$ e simplifique para obter $\frac{1}{(h+1)^{2/3}+(h+1)^{1/3}+1} \to \frac{1}{3}$ se $h \to 0$.

27. Multiplique o numerador e o denominador por $(x)^{2/3} + 2x^{1/3} + 2^{2/3}$ e simplifique para obter $x^{2/3} - 2x^{1/3} + 4 \to 12$ se $x \to -8$.

28. Multiplique o numerador e o denominador por $(x)^{2/3} - x^{1/3} + 1$ e simplifique para obter $\frac{1}{x^{2/3}+x^{1/3}+1} \to \frac{1}{3}$ se $x \to 1$.

29. Multiplique o numerador e o denominador por $(x+h)^{2/3} - (x+h)^{1/3}x^{1/3} + x^{2/3}$ e simplifique para obter $\frac{1}{(x+h)^{2/3}+x^{1/3}(x+h)^{1/3}+x^{2/3}} \to \frac{1}{3x^{2/3}}$ se $h \to 0$.

30. Multiplique o numerador e o denominador por $(x+h)^{2/3} - (x+h)^{1/3}x^{1/3} + x^{2/3}$ e simplifique para obter $\frac{-1}{x^{1/3}(x+h)+x^{2/3}(x+h)^{2/3}+x(x+h)^{1/3}} \to \frac{-1}{3x^{4/3}}$ se $h \to 0$.

> .: OPCIONAL :.
>
> Na p. 108 há instruções sobre como resolver os Exercícios 16-24 com o apoio do *software* MAXIMA. Em particular, atente aos Exemplos 3 e 4 da referida página.

3.2 Limites laterais, infinitos e no infinito

Limites laterais

Os limites estudados nos exemplos anteriores são calculados com a variável tendendo a um valor fixo, sem nenhuma restrição de que aproxime esse valor por um lado ou pelo outro. Mas, às vezes, temos de fazer tais restrições, isto é, temos de restringir a variável a aproximar o valor fixo ou pela direita ou pela esquerda. Isso dá origem às noções de *limites laterais*, à direita e à esquerda. Por exemplo, a função já considerada (veja o gráfico na Fig. 3.1, p. 90),

$$f(x) = \frac{|x|}{x} = \begin{cases} -1 & \text{se} \quad x < 0, \\ 1 & \text{se} \quad x > 0, \end{cases}$$

exibe limites laterais diferentes, conforme x tenda a zero pela direita ou pela esquerda. Para dar um exemplo menos trivial, seja

$$f(x) = \frac{|x|}{x}(x^2+1) = \begin{cases} -x^2 - 1 & \text{se} \quad x < 0, \\ x^2 + 1 & \text{se} \quad x > 0. \end{cases}$$

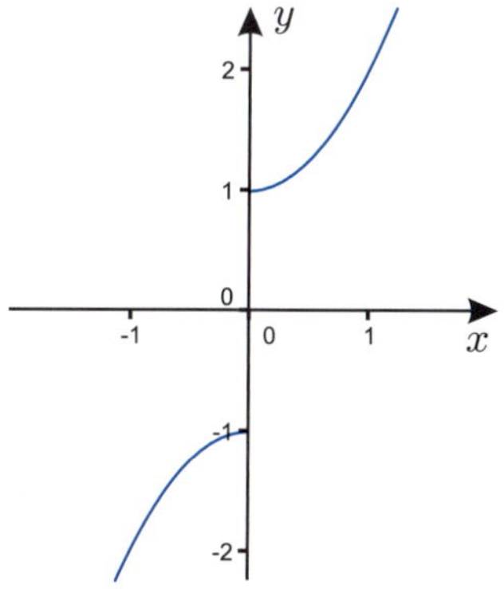

Figura 3.7

O gráfico dessa função está ilustrado na Fig. 3.7: à esquerda da origem ele coincide com o ramo da parábola $y = -x^2 - 1$, e à direita com o ramo da parábola $y = x^2 + 1$. Os limites laterais com x tendendo a zero pela direita e pela esquerda são, respectivamente, $+1$ e -1. Indicamos isso escrevendo:

$$\lim_{x \to 0+} f(x) = +1 \quad \text{e} \quad \lim_{x \to 0-} f(x) = -1.$$

De um modo geral, os símbolos "$x \to a+$" e "$x \to a-$" significam, respectivamente, "x tende a a pela direita" e "x tende a a pela esquerda".

Um exemplo mais natural de limite lateral ocorre com a função $y = \sqrt{x}$, com $x \to 0$. Esse limite só pode ser considerado com $x \to 0+$, pois a função não está definida para $x < 0$. A Fig. 2.13 da p. 69 exibe o gráfico dessa função.

Derivabilidade e continuidade

Quando procuramos calcular a derivada de uma função f num ponto $x = a$, pode acontecer que a razão incremental

$$\frac{f(a+h)-f(a)}{h}$$

tenda para um valor quando $h \to 0$ positivamente e a outro valor quando $h \to 0$ negativamente. Um exemplo é dado pela função $f(x) = |x|$ em $x = 0$ (Fig. 3.8). Com efeito, neste caso,

$$\frac{f(0+h)-f(0)}{h} = \frac{f(h)}{h} = \frac{|h|}{h}$$

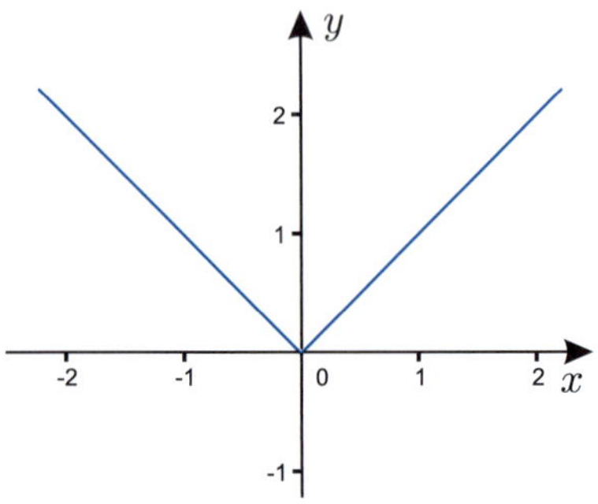

Figura 3.8

Ora, sabemos que

$$h > 0 \Rightarrow \frac{|h|}{h} = \frac{h}{h} = 1 \quad \text{e} \quad h < 0 \Rightarrow \frac{|h|}{h} = \frac{-h}{h} = -1.$$

Isso mostra que a razão incremental que estamos considerando realmente tem dois limites diferentes, 1 e -1, conforme h tenda a zero por valores positivos ou negativos, respectivamente. Dizemos que a função tem derivadas diferentes, à direita e à esquerda, as chamadas *derivadas laterais*, no ponto considerado. Ela não tem derivada no sentido ordinário, isto é, com $h \to 0$ por valores positivos e negativos.

Podem acontecer situações mais complicadas, em que nem derivadas laterais existam. Nesses casos a função pode até ser descontínua no ponto considerado.

No entanto, se a função for derivável, ela certamente será contínua, isto é,

> *toda função derivável num ponto $x = a$ é contínua nesse ponto.*

Para provar isso, começamos observando que a expressão (em que η é uma letra grega de nome "eta")

$$\frac{f(x)-f(a)}{x-a} - f'(a) = \eta$$

tende a zero com $x \to a$. Dessa expressão decorre que

$$f(x) - f(a) = (x-a)[f'(a) + \eta],$$

donde

$$f(x) = f(a) + (x-a)[f'(a) + \eta].$$

Essa última expressão deixa claro que $f(x) \to f(a)$ com $x \to a$, provando que a função f é realmente contínua em $x = a$.

Limites infinitos e limites no infinito

As noções de limites infinitos, ou quando a variável tende a $\pm\infty$, não oferecem maiores dificuldades. Vamos ilustrar várias situações por meio de exemplos.

▸ Exemplo 1: Limite de $y = 1/x$ com $x \to 0$.

A função $y = 1/x$ está definida para todo $x \neq 0$. Quando x se aproxima de zero pela direita, o denominador também se aproxima de zero, permanecendo sempre positivo; logo, a função cresce acima de qualquer número. Dizemos que ela tende a $+\infty$, ou simplesmente ∞ (Fig. 3.9):

$$\lim_{x\to 0+} \frac{1}{x} = +\infty, \quad \text{ou} \quad \lim_{x\to 0+} \frac{1}{x} = \infty.$$

Ao contrário, se $x \to 0-$, isso acontece exclusivamente por valores negativos, de forma que a função $1/x$, em valor absoluto, tende a infinito; mas como permanece sempre negativa, dizemos que ela tende a $-\infty$ (Fig. 3.10):

$$\lim_{x\to 0-} \frac{1}{x} = -\infty.$$

Podemos reunir os dois casos analisados escrevendo, de maneira compacta,

$$\lim_{x\to 0\pm} \frac{1}{x} = \pm\infty,$$

entendendo haver correspondência de sinais.

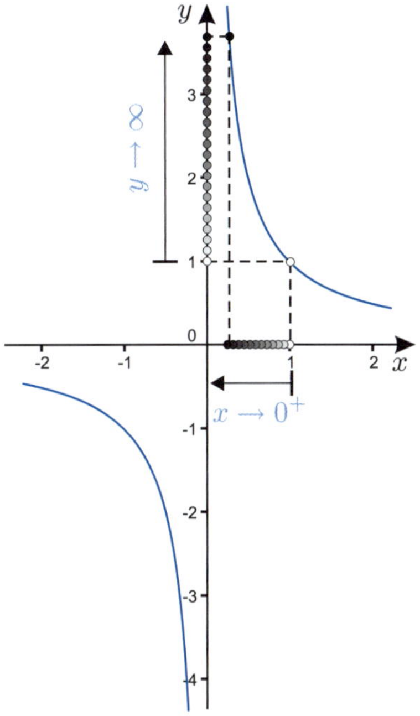

Figura 3.9

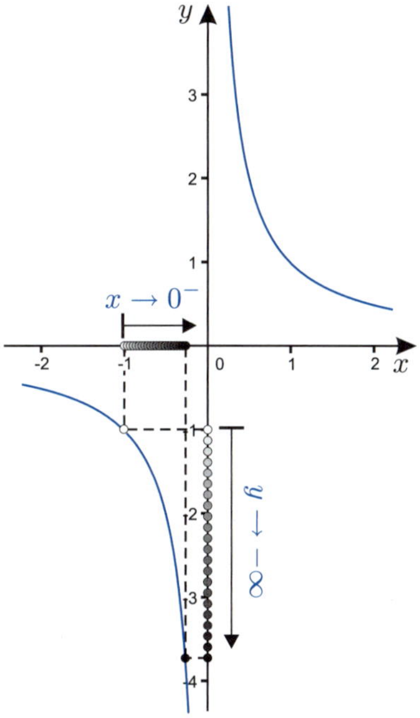

Figura 3.10

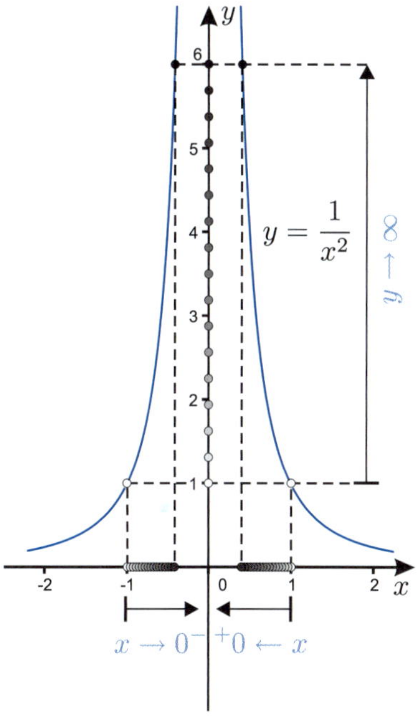

Figura 3.11

▶ **Exemplo 2: Limite de $y = 1/x^2$ em $x = 0$.**

Diferentemente do exemplo anterior, com o tender de x a zero, seja pela direita ou pela esquerda, aqui o denominador, sempre positivo, tende a zero, de sorte que a função tende a $+\infty$. Nesse caso temos um limite no sentido ordinário, não apenas pela direita ou pela esquerda (Fig. 3.11):

$$\lim_{x\to 0} \frac{1}{x^2} = \infty.$$

▶ **Exemplo 3: Limite de $y = 1/x^3$ em $x = 0$.**

Aqui a situação é a mesma que a de $y = 1/x$, pois o denominador x^3 é positivo se $x > 0$ e negativo se $x < 0$ (Fig. 3.12). Então,

$$\lim_{x\to 0\pm} \frac{1}{x^3} = \pm\infty.$$

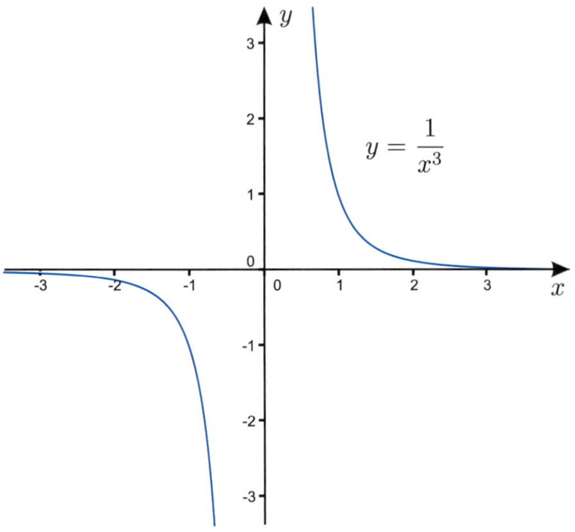

Figura 3.12

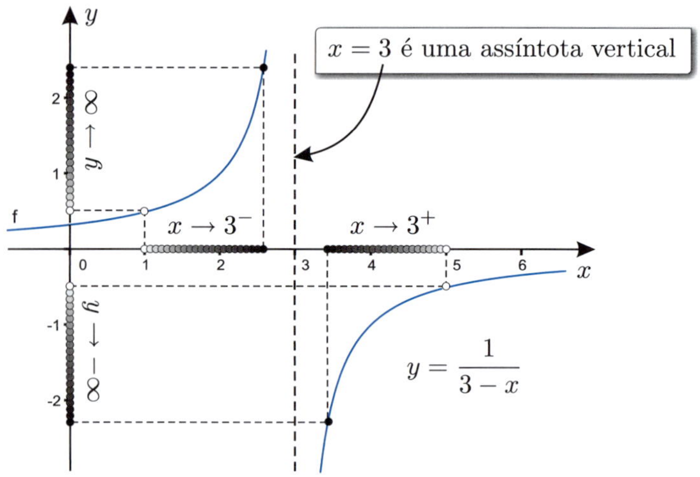

Figura 3.13

▶ Exemplo 4: Mais limites laterais e uma assíntota vertical.

Qual o valor do limite de $1/(3-x)$ quando $x \to 3+$? Observe: quando $x \to 3+$, x é sempre maior que 3, de forma que $3-x$ é negativo e $3-x \to 0$ negativamente, isto é, $3-x \to 0-$, de sorte que a função $1/(3-x)$, em valor absoluto, tende a $+\infty$, mas é sempre negativa. Então,

$$\lim_{x\to 3+} \frac{1}{3-x} = -\infty.$$

Analogamente,

$$\lim_{x\to 3-} \frac{1}{3-x} = +\infty.$$

Como em situação anterior, vamos juntar os dois resultados assim:

$$\lim_{x\to 3\pm} \frac{1}{3-x} = \mp\infty,$$

havendo correspondência de sinais (Fig. 3.13). Observe que a reta $x = 3$ é uma assíntota vertical.

Observe a Fig.3.14. Note que, na medida em que $x \to \infty$, o gráfico da função vai ficando cada vez mais próximo da reta $y = 3$ por valores maiores que 3; e se $x \to -\infty$, o gráfico da função vai ficando cada vez mais próximo de $y = 3$ por valores menores que 3. Portanto, a reta $y = 3$ é uma assíntota horizontal.

▶ Exemplo 5: Limite no infinito e uma assíntota horizontal.

A função

$$y = 3 + \frac{2}{x} - \frac{1}{x^2}$$

tem limite 3 com $x \to \infty$ ou $x \to -\infty$, pois, em ambos os casos, $2/x$ e $1/x^2$ tendem a zero:

$$\lim_{x\to\pm\infty} \left(3 + \frac{2}{x} - \frac{1}{x^2}\right) = 3.$$

A Fig. 3.14 mostra o gráfico da função e sua assíntota $y = 3$.

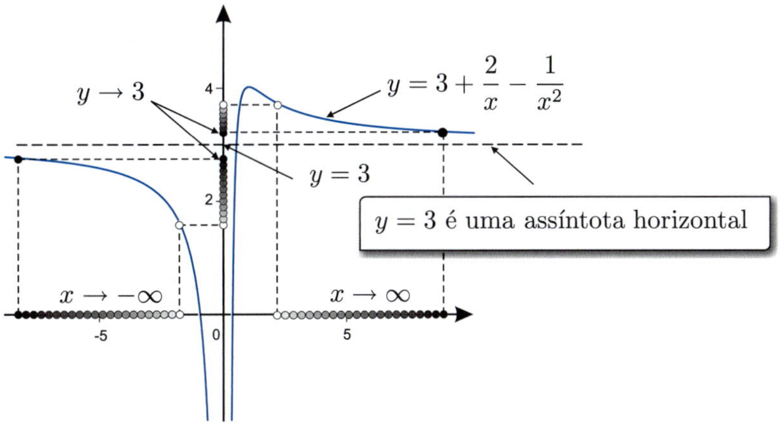

Figura 3.14

▶ Exemplo 6: Limite de $y = \dfrac{x^3+1}{\sqrt{x}-1}$ em $x = 1$.

A função

$$y = \frac{x^3+1}{\sqrt{x}-1}$$

tende a $+\infty$ com $x \to 1+$ e a $-\infty$ com $x \to 1-$. De fato, no primeiro caso, $\sqrt{x}-1 \to 0+$ e o numerador x^3+1 tende a 2; no segundo caso, o numerador ainda tende a 2, mas o denominador $\sqrt{x}-1$ tende a zero pela esquerda (Fig. 3.15):

$$\lim_{x+1\pm} \frac{x^3+1}{\sqrt{x}-1} = \pm\infty.$$

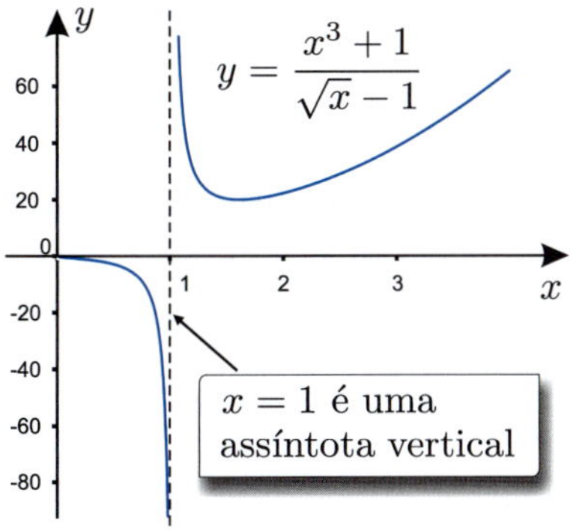

Figura 3.15

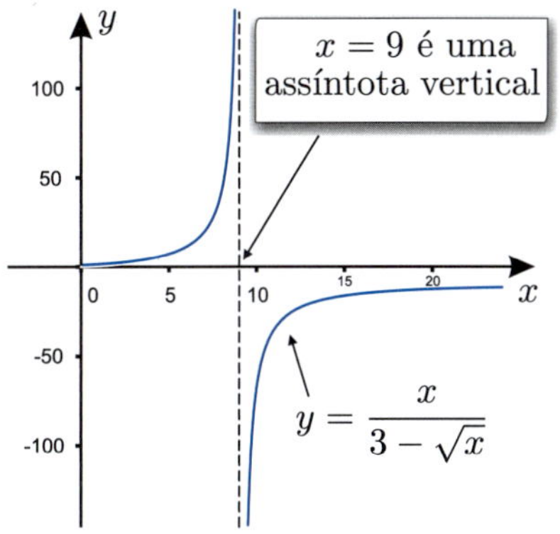

Figura 3.16

▶ Exemplo 7: Limite de $y = \dfrac{x}{3-\sqrt{x}}$ em $x = 9$.

Aqui a função considerada tende a $-\infty$ com $x \to 9+$ e a $+\infty$ com $x \to 9-$ (Fig. 3.16):

$$\lim_{x \to 9\pm} \frac{x}{3-\sqrt{x}} = \mp\infty.$$

Polinômios

Quando $x \to \pm\infty$, um polinômio sempre tende a infinito em valor absoluto; se é $+\infty$ ou $-\infty$ depende do sinal do termo de mais alto grau e depende também de ser $x \to +\infty$ ou $x \to -\infty$.

▶ Exemplo 8: Limite de um polinômio no infinito.

Vamos verificar que

$$\lim_{x\to\pm\infty}(3x^4 - 7x^3 + x^2 + 5) = +\infty.$$

Para isso fatoramos a potência de mais alto grau, assim:

$$3x^4 - 17x^3 + x^2 + 5 = x^4\left(3 - \frac{17}{x} + \frac{1}{x^2} + \frac{5}{x^4}\right).$$

A expressão entre parênteses tende a 3 com $x \to \pm\infty$, ao passo que o fator x^4 tende a $+\infty$, tanto com $x \to +\infty$ como com $x \to -\infty$. Portanto,

$$\lim_{x\to\pm\infty}(3x^4 - 17x^3 + x^2 + 5) = \lim_{x\to\pm\infty} x^4\left(3 - \frac{17}{x} + \frac{1}{x^2} + \frac{5}{x^4}\right) = +\infty.$$

▶ Exemplo 9: Quando o limite é $-\infty$.

Quando o expoente da potência de mais alto grau for ímpar e $x \to -\infty$, o limite do polinômio também será $-\infty$. Eis um exemplo:

$$\lim_{x\to-\infty}(4x^5 - 7x^4 + 2) = -\infty.$$

Para vermos isso, novamente fatoramos a potência de mais alto grau:

$$4x^5 - 7x^4 + 2 = x^5\left(4 - \frac{7}{x} + \frac{2}{x^5}\right).$$

Quando $x \to -\infty$, a expressão entre parênteses tende a 4, ao passo que o fator x^5 tende a $-\infty$. Portanto,

$$\lim_{x\to-\infty}(4x^5 - 7x^4 + 2) = \lim_{x\to-\infty} x^5\left(4 - \frac{7}{x} + \frac{2}{x^5}\right) = -\infty.$$

▶ Exemplo 10: Polinômio de grau par tendendo a $-\infty$.

Parecido com o anterior é este outro exemplo:

$$\lim_{x\to+\infty}(-3x^2 + x - 10) = \lim_{x\to+\infty} x^2\left(-3 + \frac{1}{x} - \frac{10}{x^2}\right) = -\infty,$$

pois o fator x^2 tende a $+\infty$, enquanto a expressão entre parênteses tende a -3.

Esses vários exemplos mostram que o termo com maior expoente é o que decide o limite, por isso mesmo é chamado *termo dominante* com $x \to \pm\infty$. Os demais são irrelevantes, como se vê pondo em evidência a potência de mais alto grau. Feita essa observação, nem precisamos fatorar. Exemplos:

$$\lim_{x\to\pm\infty}(7x^3 + 2x^2 - 1) = \pm\infty;$$

$$\lim_{x\to\pm\infty}(-9x^6 + 1 - 3x) = \mp\infty;$$

$$\lim_{x\to\pm\infty}(-2x^3 + 3x - 5) = \mp\infty.$$

Quociente de polinômios

O cálculo do limite do quociente de polinômios com $x \to \pm\infty$ também não oferece grande dificuldade. Há três casos a considerar, conforme o grau do numerador seja igual, menor ou maior que o do denominador. Vamos examinar esses três casos com os três exemplos seguintes.

▶ **Exemplo 11: Numerador e denominador com o mesmo grau.**

Seja calcular o limite

$$\lim_{x\to\pm\infty} \frac{3x^3 - 7x + 2}{5x^3 + 4x^2 + 8x - 1}.$$

Nesse caso o limite é o quociente dos coeficientes dos termos de maior grau. E para ver isso dividimos numerador e denominador pela potência de maior grau. Veja:

$$\begin{aligned}
\lim_{x\to\pm\infty} \frac{3x^3 - 7x + 2}{5x^3 + 4x^2 + 8x - 1} &= \lim_{x\to\pm\infty} \frac{(3x^3 - 7x + 2)/x^3}{(5x^3 + 4x^2 + 8x - 1)/x^3} \\
&= \lim_{x\to\pm\infty} \frac{3x^3/x^3 - 7x/x^3 + 2/x^3}{5x^3/x^3 + 4x^2/x^3 + 8x/x^3 - 1/x^3} \\
&= \lim_{x\to\pm\infty} \frac{3 - 7/x^2 + 2/x^3}{5 + 4/x + 8/x^2 - 1/x^3} = \frac{3}{5},
\end{aligned}$$

pois o limite das outras parcelas tanto no numerador quanto no denominador é igual a zero.

▶ **Exemplo 12: O maior grau é o do denominador.**

Aqui também começamos dividindo o numerador e o denominador pela potência de maior grau.

$$\begin{aligned}
\lim_{x\to\pm\infty} \frac{3x^3 - 7x + 2}{5x^4 + 4x^2 + 8x - 1} &= \lim_{x\to\pm\infty} \frac{(3x^3 - 7x + 2)/x^4}{(5x^4 + 4x^2 + 8x - 1)/x^4} \\
&= \lim_{x\to\pm\infty} \frac{3x^3/x^4 - 7x/x^4 + 2/x^4}{5x^4/x^4 - 4x^2/x^4 + 8x/x^4 + 2/x^4} \\
&= \lim_{x\to\pm\infty} \frac{3/x - 7/x^3 + 2/x^4}{5 - 4/x^2 + 8/x^3 + 2/x^4} = 0,
\end{aligned}$$

pois no numerador as três parcelas tendem a zero e o denominador tem limite 5.

▶ **Exemplo 13: O maior grau é o do numerador.**

Agora um exemplo em que o grau do numerador é maior que o do denominador. Dividindo o numerador e o denominador pela potência de maior grau ficamos com:

$$\begin{aligned}
\lim_{x\to\pm\infty} \frac{3x^4 - 7x + 2}{5x^3 + 8x - 1} &= \lim_{x\to\pm\infty} \frac{(3x^4 - 7x + 2)/x^4}{(5x^3 + 8x - 1)/x^4} \\
&= \lim_{x\to\pm\infty} \frac{3x^4/x^4 - 7x/x^4 + 2/x^4}{5x^3/x^4 + 8x/x^4 - 1/x^4} \\
&= \lim_{x\to\pm\infty} \frac{3 - 7/x^3 + 2/x^4}{5/x + 8/x^3 - 1/x^4}
\end{aligned}$$

$$= \lim_{x\to\pm\infty} \frac{3}{5/x}$$

pois as demais parcelas tendem a zero. Assim,

$$\lim_{x\to\pm\infty} \frac{3x^4 - 7x + 2}{5x^3 + 8x - 1} = \lim_{x\to\pm\infty} \frac{3x}{5} = \pm\infty.$$

Exercícios

> **.: OPCIONAL :.**
>
> Na p. 111 o leitor encontrará instruções sobre como usar os *softwares* MAXIMA e GeoGebra para visualizar e calcular os limites pedidos nos Exercícios 1-6.

Calcule os limites indicados nos Exercícios 1 a 6.

1. $\lim_{x\to 2^+} \frac{4}{x-2}$. **2.** $\lim_{x\to -2^+} \frac{x+3}{x+2}$. **3.** $\lim_{x\to 1^-} \frac{x}{1-x}$.

4. $\lim_{x\to 2} \frac{x}{(x-2)^2}$. **5.** $\lim_{x\to 0} \frac{x-1}{|x|}$. **6.** $\lim_{x\to 1^+} \frac{2-x}{(1-x)^3}$.

> **.: OPCIONAL :.**
>
> Na p. 113 o leitor encontrará instruções sobre como usar os *softwares* MAXIMA e GeoGebra para visualizar e calcular os limites no infinito para casos semelhantes aos Exercícios 7-20.

Encontre os limites indicados nos Exercícios 7 a 10.

7. $4x^2 - 10x - 9$ com $x \to \pm\infty$. **8.** $-3x^2 + 6x - 13$ com $x \to \pm\infty$.

9. $x^3 - 7x + 2$ com $x \to \pm\infty$. **10.** $-2x^5 - 26x + 17$ com $x \to \pm\infty$.

Nos Exercícios 11 a 20, encontre os limites e interprete-os geometricamente.

11. $\frac{2-x}{1+3x}$ com $x \to \pm\infty$. **12.** $\frac{1+2x^2}{3x^2-5x+1}$ com $x \to \pm\infty$.

13. $\frac{3x^2+9x+2}{7-x-x^2}$ com $x \to \pm\infty$. **14.** $\frac{6x^2-x-3}{1+2x^2}$ com $x \to \pm\infty$.

15. $\frac{12x^3+7x-2}{3-4x^3}$ com $x \to \pm\infty$. **16.** $\frac{3x^2-5}{x^5+2x^3-3}$ com $x \to \pm\infty$.

17. $\frac{2x^3+x-1}{3x^2+2}$ com $x \to \pm\infty$. **18.** $\frac{2x^3+1}{1-x^2}$ com $x \to \pm\infty$.

19. $\frac{3x^4-6x^3+1}{2x^2+1}$ com $x \to \pm\infty$. **20.** $\frac{5x^5+1}{x^4-3x+7}$ com $x \to \pm\infty$.

Respostas, sugestões, soluções

1. Aqui, $x - 2$ tende a zero positivamente; logo,

$$\lim_{x\to 2^+} \frac{4}{x-2} = +\infty.$$

2.	$+\infty$.	**3.**	$+\infty$.	**4.**	$+\infty$.	**5.**	$-\infty$.	**6.**	$-\infty$.
7.	$+\infty$.	**8.**	$-\infty$.	**9.**	$\pm\infty$.	**10.**	$\mp\infty$.	**11.**	$-1/3$.
12.	$2/3$.	**13.**	-3.	**14.**	3.	**15.**	-3.	**16.**	Zero.
17.	$\pm\infty$.	**18.**	$\mp\infty$.	**19.**	∞.	**20.**	$\pm\infty$.		

Experiências no computador

Nesta seção usaremos tanto o SAC MAXIMA quanto o *software* GeoGebra para estudar os tópicos apresentados no Capítulo 3. O leitor não deve se esquecer que o cálculo manual é muito instrutivo e deve ser feito. Os *softwares* apenas apontarão aonde deverá chegar, qual é a resposta correta e como encontrar erros cometidos enquanto resolvia o exercício. Caso o leitor sinta necessidade de rever as apresentações dos *softwares*, basta ir ao anexo dos Capítulos 1 (p. 41) e 2 (p. 79), mais precisamente na p. 41 para o GeoGebra e p. 82 para o MAXIMA.

Explorando a Seção 3.1 com o MAXIMA

Para que possa usar o MAXIMA como ferramenta, é interessante que acrescente ao que já conhece sobre o *software* mais um comando e tome conhecimento de alguns operadores que estão a sua disposição e que serão apresentados a seguir.

Atribuição: O comando usado para atribuir um valor ou uma expressão a uma variável é o ":" (dois pontos). Para visualizar isso, escreva:

```
>> a:2
>> a+b
```

Você notará o seguinte

```
(%i1) a:2;
```

(%o1) 2

```
(%i2) a+b;
```

(%o2) $b+2$

Note que quando pediu ao *software* para adicionar "a+b" no lugar de "a" ele colocou 2. Não é necessário que seja número; pode ser uma expressão qualquer. Usamos aqui a variável "a", mas poderia ser uma palavra qualquer. A única exigência é que o primeiro símbolo seja uma letra.

Operadores: Os principais operadores (incluindo os aritméticos) são:

+ Usado para adição.

- Usado para subtração.

* Usado para multiplicação.

/ Usado para divisão.

^ Usado para potência.

sqrt() Extrai a raiz quadrada do que está entre parênteses.

float() Transforma o número real que está entre parênteses em uma aproximação decimal com 16 dígitos após a vírgula.

factor() Fatora o que está entre parênteses.

ratsimp() Simplifica o que está entre parênteses.

expand() Expande a expressão que está entre parênteses.

Variáveis Especiais: Há algumas variáveis especiais que já possuem valores ou significados próprios. São elas:

%e Representa o número de Euler ($e \approx 2,718281828459045$).

%pi Representa o número $\pi \approx 3,141592653589793$.

minf Representa $-\infty$.

inf Representa ∞.

% Variável que fica com a última saída.

%oX Variável que fica com a saída "X".

Vejamos alguns exemplos de uso dos comandos anteriores.

O leitor pode optar por usar botões em vez de escrever comandos. Para a atividade proposta no Exemplo 1, ative o grupo de botões chamado MATEMÁTICA GERAL. Para isso, no menu principal, clique em MAXIMA > PAINÉIS > MATEMÁTICA GERAL.

▶ **Exemplo 1:** **Atribuição, expansão e fatoração.**

Considere o problema de atribuir o valor $(a+b)^2$ à variável f, expandir o conteúdo dessa variável e depois fatorar o conteúdo da variável %. No MAXIMA isso pode ser feito assim (segure a tecla SHIFT (⇑) e aperte ENTER após cada comando):

```
>> f:(a+b)^2

>> expand(f)

>> factor(%)
```

Obterá o que vem a seguir.

(%i1) `f:(a+b)^2;`

(%o1) $(b+a)^2$

(%i2) `expand(f);`

(%o2) $b^2+2\,a\,b+a^2$

```
(%i3)  factor(%);
```

(%o3) $(b+a)^2$

▶ Exemplo 2: Fatorar a expressão $x^3 + 9x^2 + 27x + 27$.

Caso opte por usar botões, com o painel MATEMÁTICA GERAL, ativado entre com a primeira linha de comando (`f:(a+b)^2` Shift+Enter) e depois aperte o botão EXPANDIR; posteriormente, aperte o botão FATORAR. O efeito será o mesmo.

Considere o problema de gravar a expressão dada na variável "expr" e fatorá-la. No MAXIMA, você poderá resolver o problema usando a seguinte sequência de comandos (após cada comando segure a tecla SHIFT (⇑) e aperte a tecla ENTER).

```
>> expr:x^3+9*x^2+27*x+27

>> factor(expr)
```

O resultado que deverá obter é o que vem a seguir.

```
(%i4)  expr:x^3+9*x^2+27*x+27;
```

(%o4) $x^3 + 9\,x^2 + 27\,x + 27$

```
(%i5)  factor(expr);
```

(%o5) $(x+3)^3$

▶ Exemplo 3: Simplificar a expressão $\dfrac{x^2+x-6}{x^2-9x+14}$.

Considere o problema de simplificar a expressão dada depois de gravá-la na variável f. Fatore o numerador e o denominador para ver o fator que será cancelado.

Aproveitaremos esse exemplo para mostrar como você poderá agrupar os comandos antes de executá-los. Para isso, basta colocar um ";" (ponto e vírgula) após o término do comando e apertar a tecla ENTER (sem segurar a tecla SHIFT). Depois de escrever todos os comandos, segure a tecla SHIFT (⇑) e aperte a tecla ENTER. Acompanhe os passos seguintes.

`>> f:(x^2+x-6)/(x^2-9*x+14);` (aperte a tecla ENTER)
`ratsimp(f);` (segure a tecla SHIFT (⇑) e aperte a tecla ENTER).

Você verá o que vem a seguir:

```
(%i6)  f:(x^2+x-6)/(x^2-9*x+14);
       ratsimp(f);
```

(%o6) $\dfrac{x^2+x-6}{x^2-9\,x+14}$

(%o7) $\dfrac{x+3}{x-7}$

Seguindo a mesma linha de raciocínio, gravaremos o numerador na variável "num", o denominador na variável "den", o quociente "num/den" na variável "f", o numerador fatorado na variável "numf" e o denominador fatorado na variável "denf". Agrupando o comando como discutido anteriormente (isso é opcional), ficaremos com:

```
(%i8) num:x^2+x-6;
      den:x^2-9*x+14;
      f:num/den;
      numf:factor(num);
      denf:factor(den);
      ratsimp(numf/denf);
```

(%o8) x^2+x-6

(%o9) $x^2-9\,x+14$

(%o10) $\dfrac{x^2+x-6}{x^2-9\,x+14}$

(%o11) $(x-2)\,(x+3)$

(%o12) $(x-7)\,(x-2)$

(%o13) $\dfrac{x+3}{x-7}$

.: IMPORTANTE :.

O leitor não deve se esquecer que o *software* apenas o ajudará mostrando aonde deverá chegar. Cabe ao estudante saber COMO chegar nas expressões finais. É importante que se trilhe o caminho da resolução (manualmente).

Com o que foi discutido até aqui é possível fazer exercícios como o Exemplo 5 (p. 93) e os Exercícios 10–15 da p. 95.

▶ Exemplo 4: Sequência de comandos para racionalização.

A seguir propomos um desafio. Trata-se de uma sequência de comandos, como o anterior, que multiplica o numerador e o denomindador de uma fração por um fator que deverá ser informado. Considere, por exemplo, a expressão

$$\frac{\sqrt{x+h}-\sqrt{x}}{h}.$$

Note que não é possível fazer $h=0$ nessa expressão. Entretanto, se você racionalizar o numerador, poderá cancelar o fator comum h (já que $h \neq 0$ e assim não terá mais esse problema). Para isso, o numerador e o denominador devem ser multiplicados por $\sqrt{x+h}+\sqrt{x}$. Usaremos o comando `expand()` para solicitar ao *software* que multiplique as expressões.

Uma das formas de resolver o desafio proposto é usar a seguinte sequência de comandos:

```
num:sqrt(x+h)-sqrt(x);
den:h;
fator:sqrt(x+h)+sqrt(x);
f:num/den;
num:expand(num*fator);
den:expand(den*fator);
f:ratsimp(num/den);
```

em que,

num representa o numerador.

den representa o denominador.

fator expressão que deve ser multiplicada pelo numerador e pelo denominador.

f representa a função obtida ao dividir o numerador pelo denominador.

Exemplificaremos o uso deste procedimento no exemplo seguinte.

▶ **Exemplo 5:** **Racionalize o denominador de $\dfrac{x-9}{\sqrt{x}-3}$.**

Qual deve ser o fator pelo qual devemos multiplicar o numerador e o denominador para racionalizar o denominador? Usando a sequência de comandos do exemplo anterior, só precisamos adaptá-la a este problema. Note que é necessário que se modifiquem apenas as três primeiras linhas. Nesse caso o numerador é $x-9$ e assim `num:x-9;`. Como o denominador é $\sqrt{x}-3$, então `den:sqrt(x)-3`. Observe que na linha "fator" a expressão que é colocada após ":" é a que deverá multiplicar o numerador e o denominador e deve ser escolhida de forma adequada. Nesse caso, o fator escolhido será $\sqrt{x}+3$, e a sequência ficará da seguinte forma:

Esse problema foi resolvido de uma outra forma na p. 94 (Exemplo 6). Compare as duas formas de resolução. O procedimento apresentado pode ser usado para mostrar os passos da resolução dos Exercícios 16-24 e 25-30 da p. 95.

```
num:x-9;
den:sqrt(x)-3;
fator:sqrt(x)+3;
f:num/den;
num:expand(num*fator);
den:expand(den*fator);
f:ratsimp(num/den);
```

Veja o resultado que o *software* lhe dá e compare com o que está na p. 94.

Explorando a Seção 3.2 com o GeoGebra e o MAXIMA

Para explorar a Seção 3.2, usaremos inicialmente o *software* GeoGebra e posteriormente o MAXIMA. No quadro que há na margem, é possível saber a sintaxe das principais funções matemática do GeoGebra.

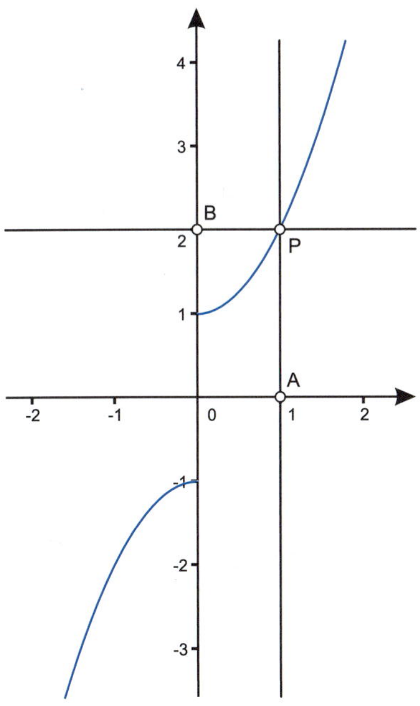

Figura 3.17

Como explorar limites laterais

Construiremos uma ilustração que permita explorar a ideia de limites laterais e infinitos. Com a construção feita, bastará que se modifique a função para ver a apresentação para outra função. Usaremos a função

$$f(x) = \frac{|x|}{x}\cdot(x^2+1)$$

apresentada na p. 97. Para isso, abra o *software* GeoGebra e no CAMPO DE ENTRADA entre com os seguintes comandos:

- `f(x)=abs(x)/x*(x^2+1)`
- `A=Ponto[EixoX]`
- `B=(0,f(x(A)))`
- `a=Perpendicular[A,EixoX]`
- `b=Perpendicular[B,EixoY]`
- `P=Interseção[a,b]`

Se tudo correu bem até agora, você estará diante de algo semelhante ao que mostra a Fig. 3.17. O que faremos a seguir é esconder a reta vertical e a reta horizontal que passam pelo ponto **P** e colocar um segmento pontilhado ligando os pontos **A-P** e **B-P**. Depois disso colocaremos um texto dinâmico mostrando a ordenada do ponto **B** que é a imagem da abscissa do ponto **A**. Então, faça o seguinte:

- Clique com o botão do lado direito do *mouse* sobre a reta vertical que passa pelo ponto **P** e selecione a opção EXIBIR OBJETO. Faça o mesmo com a reta horizontal que passa pelo ponto **P**.

No CAMPO DE ENTRADA, digite:

- `r=Segmento[A,P]`
- `s=Segmento[B,P]`
- Clique com o botão do lado direito do *mouse* sobre o segmento **AP** e escolha a opção PROPRIEDADES. Na nova janela que aparecerá, clique sobre a guia DECORAÇÃO e escolha o tipo de tracejado que deseja. Faça o mesmo para o outro segmento. É possível modificar várias propriedades. Depois de fazer todas as modificações, clique em FECHAR.
- Ative a ferramenta INSERIR TEXTO (10ª Janela) e clique no canto esquerdo superior da JANELA DE VISUALIZAÇÃO (ou onde deseja que o texto dinâmico apareça).
- Na nova janela que aparecerá, escreva

```
"f(" + (x(A)) + ")=" + (y(B))
```

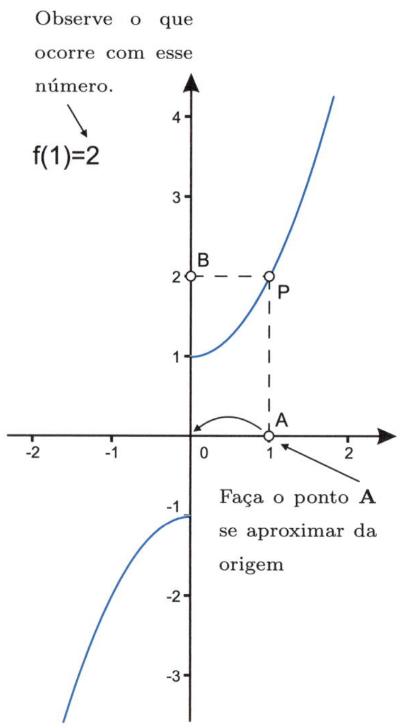

Figura 3.18

Se tudo correu bem, você estará diante de algo como o que mostra a Fig. 3.18. O nosso interesse é observar o que ocorre com a imagem da abscissa do ponto **A** quando este tende a zero pela direita (e também pela esquerda). Aperte a tecla ESC e arraste o ponto **A** para próximo da origem *pelo lado direito* e veja o que ocorre com a imagem da abscissa deste ponto (está no texto dinâmico). Faça com que o ponto **A** se aproxime da origem *pelo lado esquerdo* e tente perceber para onde a imagem deste ponto está tendendo.

Nos Exercícios 1–6 (p. 104) você encontrará situações para serem exploradas. Para isso, basta escrever no CAMPO DE ENTRADA a lei da função (e apertar ENTER). Veja para onde x tende e arraste o ponto **A** para essa posição. Por exemplo, para o Exercício 5, escreva no CAMPO DE ENTRADA `f(x)=(x-1)/abs(x)` e aperte ENTER. Entenda o porquê do

$$\lim_{x\to 0} \frac{x-1}{|x|} = -\infty.$$

Lembre-se de que você deverá concluir que o limite é $-\infty$ por raciocínio algébrico. A imagem que está na tela do computador nada prova. É apenas uma ilustração que, no máximo, mostra aonde deve chegar.

Como explorar limites infinitos

Antes de explorar limites infinitos, precisamos fazer alguns ajustes e aprender a modificar a escala do desenho.

Como fixar texto dinâmico na tela

Aqui usaremos a construção feita na seção anterior. Faremos apenas algumas modificações para que você possa explorar a ideia de limites infinitos. Primeiramente façamos com que o texto dinâmico criado na seção anterior fique fixo na tela quando ampliar ou reduzir o desenho. Para isso, clique com o botão do lado direito do *mouse* sobre o texto dinâmico e selecione a opção PROPRIEDADES. Na janela que se abrirá na guia BÁSICO, marque a caixa POSIÇÃO ABSOLUTA NA TELA e clique em FECHAR.

Como modificar a escala do desenho

Para uma melhor exploração precisamos aprender a modificar a escala do desenho. Para isso, basta ativar a ferramenta DESLOCAR EIXOS (11ª Janela), clicar sobre o eixo que deseja modificar a escala (eixo Ox por exemplo) e arrastar. Para voltar ao normal, basta clicar sobre uma área branca da JANELA DE VISUALIZAÇÃO com o botão do lado direito do *mouse* e selecionar a opção VISUALIZAÇÃO PADRÃO.

Como ação opcional, pode-se clicar com o botão do lado direito do *mouse* sobre o ponto **B** (construção da seção anterior) e selecionar a opção EXIBIR RASTRO.

A ferramenta DESLOCAR EIXOS (11ª Janela) pode ser ativada simplesmente segurando a tecla SHIFT (⇑). Segure esta tecla, clique sobre um dos eixos e arraste para modificar a escala.

▶ Exemplo 1: Limites infinitos.

Vamos ilustrar a ideia de limites infinitos usando a função

$$f(x) = \frac{1}{x}.$$

Escreva no CAMPO DE ENTRADA

```
f(x)=1/x
```

e aperte ENTER. Agora, faça o ponto **A** se aproximar da origem pela direita (Fig 3.19). Tente perceber o que ocorre com a imagem. Se tudo correr bem, você perceberá que o número correspondente à imagem (acompanhe o texto dinâmico) fica cada vez maior. Dizemos então que

$$f(x) = \frac{1}{x} \to \infty \quad \text{quando} \quad x \to 0^+.$$

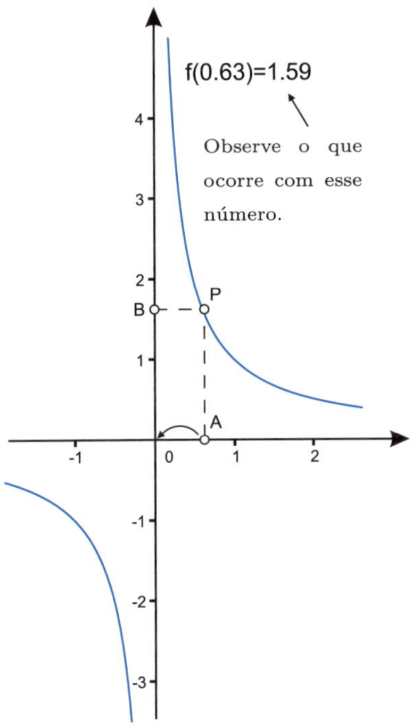

Figura 3.19

Agora faça o ponto **A** se aproximar da origem pela esquerda. Você verá que os valores que a função assume são cada vez menores com módulo cada vez maior. Dizemos que

$$f(x) = \frac{1}{x} \to -\infty \quad \text{quando} \quad x \to 0^-.$$

Esse assunto foi discutido no Exemplo 1 da p. 98. Explore cada um dos exemplos dados na Seção 3.2 (p. 97) usando a construção que acabou de fazer; o mesmo vale para os Exercícios 1–6 (p. 104). Não esqueça de salvar sua construção.

Como calcular limite com o SAC MAXIMA

Na seção anterior, tivemos a oportunidade de visualizar a ideia de limites infinitos usando o *software* GeoGebra. Com o MAXIMA é possível ver, de fato, qual é o limite de uma função. Na coluna esquerda do MAXIMA[2] há vários botões e em um deles está escrito LIMITE...

Se clicar sobre ele, aparecerá uma pequena janela como na Fig. 3.20. Outra forma de acessar a mesma função é clicar em CÁLCULO no MENU PRINCIPAL e em seguida em ENCONTRAR LIMITE... Se preencher os campos com a expressão, variável, ponto limite, direção e apertar OK, o MAXIMA escreverá o comando e fará o cálculo. Na Fig. 3.20, consideramos o cálculo do limite

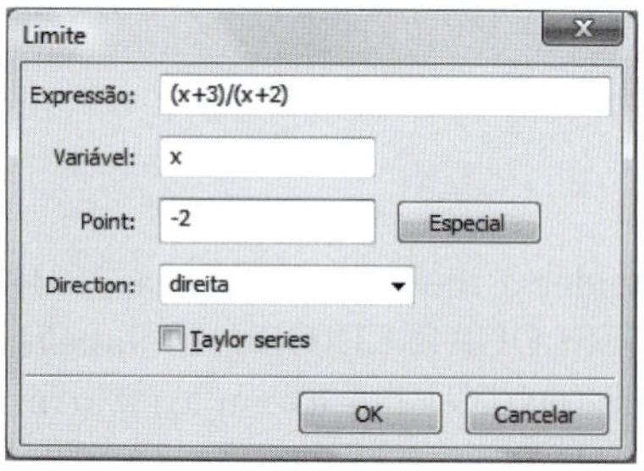

Figura 3.20

$$\lim_{x \to -2^+} \frac{x+3}{x+2}.$$

e a saída do *software* será

```
(%i1) limit((x+3)/(x+2),x,-2,plus);
```

(%o1) ∞

para o limite à direita e

```
(%i2) limit((x+3)/(x+2),x,-2,minus);
```

(%o2) $-\infty$

para o limite à esquerda. No caso de cálculo de limite bilateral, o terceiro argumento é desnecessário. Por exemplo, para calcular o limite

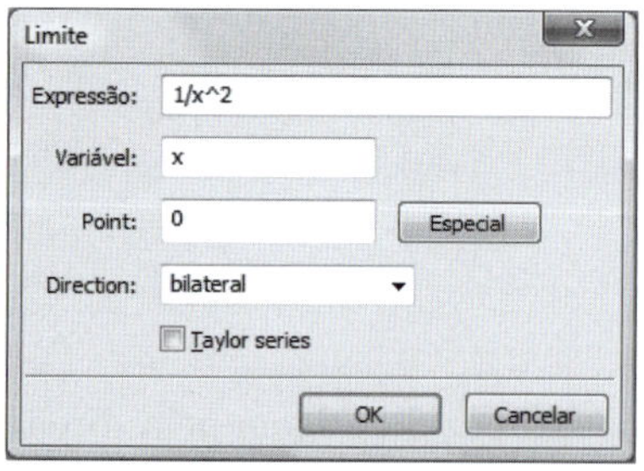

Figura 3.21

$$\lim_{x \to 0} \frac{1}{x^2}$$

basta clicar no botão LIMITE... e preencher os campos como mostra a Fig. 3.21 ou escrever diretamente o comando como se segue.

```
(%i3) limit(1/x^2, x, 0);
```

(%o3) ∞

A lógica é a seguinte:

```
limit(expressão, variável, valor limite)
```

e, no caso de limite lateral,

```
limit(expressão, variável, valor limite, plus)
```

para limite pela direita, e

```
limit(expressão, variável, valor limite, minus)
```

para limite à esquerda. Use o comando para verificar se acertou os cálculos que irá fazer nos exercícios da Seção 3.2 (p. 104). Lembre-se de que deve saber o porquê do resultado, e não apenas dizer a resposta usando um *software* qualquer.

[2] A coluna esquerda com os botões aparece se, no MENU PRINCIPAL, se clicar em MAXIMA > PAINÉIS > MATEMÁTICA GERAL. Observe que há outros grupos de botões que você pode deixar visíveis.

Como calcular limites envolvendo infinito

De posse do que acabamos de ver na seção anterior com respeito ao uso do MAXIMA para cálculo de limites, o *software* pode, então, ser usado para checar se os cálculos que você fez enquanto tentava resolver os exercícios estão ou não corretos. Lembre-se de que deve ser dada uma justificativa formal.

Iremos tomar o Exercício 15 da p. 104 como exemplo. O problema é calcular o seguinte limite

$$\lim_{x\to\pm\infty} \frac{12x^3+7x-2}{3-4x^3}.$$

Para conhecer o limite usando o MAXIMA, entre com os seguintes comandos

```
>> f:(12*x^3+7*x-2)/(3-4*x^3)

>> limit(f,x,inf)

>> limit(f,x,minf)
```

que produzirão a seguinte saída

(%i1) `f:(12*x^3+7*x-2)/(3-4*x^3);`

(%o1) $\dfrac{12\,x^3+7\,x-2}{3-4\,x^3}$

(%i2) `limit(f,x,inf);`

(%o2) -3

(%i3) `limit(f,x,minf);`

(%o3) -3

Visualização com o GeoGebra

É possível visualizar o que é esse limite usando a construção feita no GeoGebra. Para isso, abra a construção criada na seção anterior e no CAMPO DE ENTRADA escreva:

```
f(x)=(12*x^3+7*x-2)/(3-4*x^3)
```

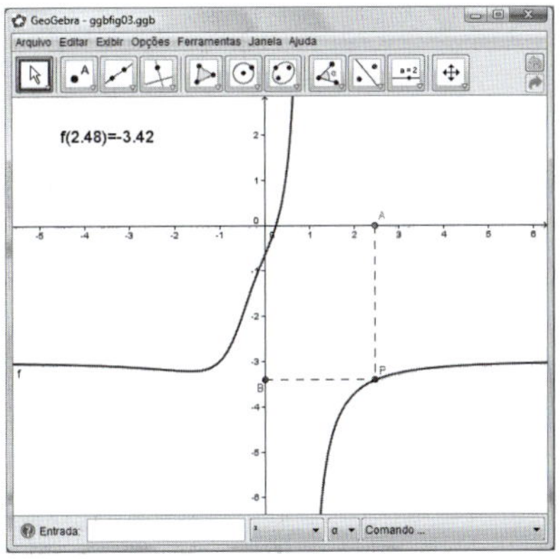

Figura 3.22

e após apertar a tecla ENTER estará diante de uma imagem como a que é mostrada na Fig. 3.22.

Clique e arraste o ponto A para a direita, fazendo com que sua abscissa fique cada vez maior. Observe o que ocorre com a imagem dessa abscissa no texto dinâmico. Você verá que ela ficará cada vez mais perto de -3. Girando a *rodinha* do *mouse* poderá modificar o *zoom*. Feito isso, faça com que o ponto **A** fique à esquerda do eixo Oy e arraste-o para a esquerda, fazendo com que sua abscissa fique cada vez menor. Observe o que ocorre com a imagem dessa abscissa. Você verá que ela tenderá a -3 também. Isso ilustra o fato de que

$$\lim_{x\to\infty} \frac{12x^3+7x-2}{3-4x^3} = -3 \quad \text{e} \quad \lim_{x\to-\infty} \frac{12x^3+7x-2}{3-4x^3} = -3.$$

O que foi feito para este exercício pode ser feito com qualquer um da lista de exercícios da Seção 3.2 (p. 104).

Regras de derivação

Agora que já sabemos o que é derivada de uma função e seu significado, vamos considerar o problema de calcular derivadas. Os exemplos tratados até aqui foram muito simples, de sorte que não foi difícil obter as derivadas diretamente da definição, calculando o limite da razão incremental em cada caso. No entanto, esse procedimento não é viável no caso da maioria das funções com que nos deparamos, mesmo funções simples como polinômios, quociente de polinômios etc. Temos então necessidade de utilizar regras especiais de derivação, que são o objeto deste capítulo.

4.1 As primeiras regras

Este capítulo terá apenas duas seções. Nesta primeira trataremos de quatro regras básicas de derivação: a da derivadas de uma potência, de uma soma, de um produto e de um quociente de funções.

Derivada de x^n

No Capítulo 2 já tivemos oportunidade de calcular as derivadas de x^2 e x^3, obtendo, respectivamente,

$$(x^2)' = 2x \quad \text{e} \quad (x^3)' = 3x^2.$$

Vamos agora tratar o caso geral, calculando a derivada de $f(x) = x^n$, em que n é um inteiro positivo qualquer. Para isso utilizaremos o binômio de Newton. Embora a fórmula geral desse binômio costume ser um tabu para a maioria dos estudantes, o que dele necessitamos aqui é muito pouco. De fato, como veremos logo a seguir, basta conhecer os dois primeiros termos e o modo como os expoentes dos dois termos do binômio aparecem, uns crescendo de zero a n, enquanto os outros vão decrescendo de n a zero. Isso, aliás, está explicado na p. 335 (Apêndice). Pelo que vimos lá,

$$\begin{aligned} f(x+h) = (x+h)^n &= x^n h^0 + nx^{n-1}h^1 + \ldots + nx^1 h^{n-1} + x^0 h^n \\ &= x^n + nx^{n-1}h + \ldots + nxh^{n-1} + h^n. \end{aligned}$$

Então,

$$f(x+h) - f(x) = nx^{n-1}h + \ldots + nxh^{n-1} + h^n.$$

Nessa expressão, os expoentes de h vão crescendo, de 0 a n, de sorte que os termos do 2º membro de

$$\frac{f(x+h) - f(x)}{h} = nx^{n-1} + nx^{n-2}h + \ldots + nxh^{n-2} + h^{n-1},$$

à exceção do primeiro, contêm, todos eles, o fator h pelo menos uma vez. Assim, quando fazemos $h \to 0$, todos esses termos desaparecem, uma vez que tendem a zero; portanto, obtemos:

$$f'(x) = \lim_{h \to 0} \frac{f(x+h) - f(x)}{h} = nx^{n-1},$$

isto é,

$$(x^n)' = nx^{n-1}.$$

O leitor deve ficar prevenido de que é importante saber de cor derivadas de funções simples, como $1/x$, $\sqrt{x}$, etc., e deve adquirir prática para calcular derivadas com facilidade, como derivadas de $1/\sqrt{x}$, $1/x^2\sqrt{x}$, etc. A habilidade de fazer manipulações algébricas, diga-se de passagem, simples como as que se observam nesses exemplos, é imprescindível.

Como vemos, a análise que acabamos de fazer só se aplica quando n é inteiro positivo. Não obstante, essa regra de derivação de uma potência é verdadeira, qualquer que seja o número n, positivo, negativo, fracionário ou irracional, como provaremos mais adiante na p. 241.

Terminamos esta subseção com exemplos que mostram como usar a regra de derivação de uma potência. (O leitor pode fazer uma recordação de expoentes e radicais na p. 336 no Apêndice.)

$$\left(\frac{1}{x}\right)' = (x^{-1})' = (-1)x^{-1-1} = -x^{-2} = -\frac{1}{x^2};$$

$$(\sqrt{x})' = (x^{1/2})' = \frac{1}{2}x^{(1/2)-1} = \frac{1}{2}x^{-1/2} = \frac{1}{2}\frac{1}{x^{1/2}} = \frac{1}{2\sqrt{x}};$$

$$\left(\frac{1}{\sqrt{x}}\right)' = (x^{-1/2})' = \frac{-1}{2}x^{(-1/2)-1} = \frac{-1}{2}x^{-3/2} = \frac{-1}{2x^{3/2}} = \frac{-1}{2x\sqrt{x}};$$

$$(x^{\sqrt{2}})' = \sqrt{2}x^{\sqrt{2}-1}$$

Daqui por diante usaremos essa regra de derivação em todos os casos, com n real qualquer.

Derivada de uma soma

Quando lidamos com funções que podem ser interpretadas como soma de outras funções, sua derivada é obtida como a soma das derivadas das parcelas, como já tivemos oportunidade de ver em alguns exercícios do Capítulo 2. Por exemplo,

$$(x^3 + x^2)' = (x^3)' + (x^2)' = 3x^2 + 2x;$$

$$(x^2 + \sqrt{x})' = (x^2)' + (\sqrt{x})' = 2x + \frac{1}{2\sqrt{x}};$$

$$\left(x^3 + x^2 + \frac{1}{x}\right)' = (x^3)' + (x^2)' + \left(\frac{1}{x}\right)' = 3x^2 + 2x - \frac{1}{x^2}.$$

Para demonstrar essa regra, vamos considerar primeiro o caso de duas funções deriváveis f e g. Temos, então, para a razão incremental da soma $f + g$:

$$\frac{[f(x+h) + g(x+h)] - [f(x) + g(x)]}{h}$$

$$= \frac{f(x+h) - f(x)}{h} + \frac{g(x+h) - g(x)}{h}.$$

Quando $h \to 0$, o segundo membro tende para $f'(x) + g'(x)$; logo,

$$[f(x) + g(x)]' = f'(x) + g'(x).$$

Essa regra se generaliza para um número qualquer de funções $f_1, f_2, \ldots, f_n$:

$$(f_1 + f_2 + \ldots + f_n)' = f_1' + f_2' + \ldots + f_n'.$$

Lembre-se:
a derivada da soma é a soma das derivadas.

De fato, se $n = 3$,

$$(f_1 + f_2 + f_3)' = (f_1 + f_2)' + f_3' = f_1' + f_2' + f_3'.$$

Do mesmo modo, o caso $n = 4$ reduz-se ao caso $n = 3$, e assim procedendo, sucessivamente, estabelecemos a regra para um número n qualquer de funções.

Derivada de um produto

O leitor ainda inexperiente pode pensar que a derivada de um produto seja o produto das derivadas. Isto não é verdade, como podemos verificar por meio de exemplos simples. Assim, a derivada de

$$x^5 = x^2 \cdot x^3$$

é $5x^4$, enquanto o produto das derivadas de x^2 e x^3 é $2x \cdot 3x^2 = 6x^3$.

Observe no contraexemplo dado que

$$x^5 = x^2 x^3,$$

mas

$$5x^4 = D[x^5] \neq 6x^3 = 2x \cdot 3x^2$$
$$= D[x^2]D[x^3],$$

ou seja, $D[x^2 \cdot x^3] \neq D[x^2]D[x^3]$.

Para obter a derivada do produto de duas funções deriváveis, f e g, começamos por observar que o incremento da função produto pode ser escrito da seguinte maneira:

$$\begin{aligned}
&f(x+h)g(x+h) - f(x)g(x)\\
=&f(x+h)g(x+h) - f(x)g(x+h) + f(x)g(x+h) - f(x)g(x)\\
=&[f(x+h) - f(x)]g(x+h) + f(x)[g(x+h) - g(x)]
\end{aligned}$$

portanto,

$$\begin{aligned}
&\frac{f(x+h)g(x+h) - f(x)g(x)}{h}\\
&= \frac{f(x+h) - f(x)}{h} g(x+h) + f(x)\frac{g(x+h) - g(x)}{h}.
\end{aligned}$$

Quando fazemos $h \to 0$, as razões incrementais de f e g tendem para as derivadas $f'(x)$ e $g'(x)$, respectivamente. A função g é contínua no ponto x, já que ela é derivável nesse ponto (e, como vimos na p. 98, toda função derivável é contínua); portanto, $g(x+h) \to g(x)$ com $h \to 0$. Então, fazendo $h \to 0$ na expressão anterior, obtemos:

$$[f(x)g(x)]' = f'(x)g(x) + f(x)g'(x).$$

Na regra do produto, suponhamos que uma das funções seja uma constante C; como a derivada de uma constante é zero, obtemos

$$[Cf(x)]' = C'f(x) + Cf'(x) = 0 \cdot f(x) + Cf'(x) = Cf'(x)$$

ou seja,

$$[Cf(x)]' = Cf'(x).$$

Daqui e da regra de derivação da soma obtemos a derivada de um polinômio qualquer. Exemplos:

$$D\left(x^4 - \frac{7}{6}x^3 + 3x^2 - 3x + 10\right) = 4x^3 - \frac{7}{2}x^2 + 6x - 3;$$

$$D(ax^2 + bx + c) = 2ax + b;$$

$$D(2t^3 - t^2 + 5t - 7) = 6t^2 - 2t + 5;$$

$$\frac{d(x^2 - 3x)}{dx} = 2x - 3; \qquad \frac{d(4 + 3t)}{dt} = 3;$$

$$\frac{d(v_0 + at)}{dt} = a; \qquad \frac{d(10 - 2t + 5t^2)}{dt} = -2 + 10t;$$

$$\frac{d}{dt}\left(s_0 + v_0 t + \frac{at^2}{2}\right) = v_0 + at.$$

Derivada de um quociente

Seja $h = f/g$ o quociente de duas funções deriváveis num ponto x, em que $g(x) \neq 0$. Sua derivada pode ser calculada pela regra do produto: de $f = gh$ obtemos $f' = g'h + gh'$, donde

$$h' = \frac{f' - g'h}{g} = \frac{f' - (fg'/g)}{g},$$

isto é,

$$\left(\frac{f}{g}\right)' = \frac{f'g - fg'}{g^2}.$$

Alguns autores preferem escrever

$$\left(\frac{f}{g}\right)' = \frac{gf' - fg'}{g^2}$$

para representar a derivada do quociente. Use a forma que melhor se adaptar.

Resumo das regras de derivação

As regras de derivação obtidas até agora são de importância fundamental e devem ser memorizadas; portanto, convém repeti-las aqui, com destaque.

$$\begin{aligned}
&\text{Potência}: \ (x^n)' = nx^{n-1};\\
&\text{Soma}: \ (f+g)' = f' + g';\\
&\text{Produto por constante}: \ (Cf)' = Cf';\\
&\text{Produto}: \ (fg)' = f'g + fg';\\
&\text{Quociente}: \ \left(\frac{f}{g}\right)' = \frac{f'g - fg'}{g^2}.
\end{aligned}$$

Terminamos esta subseção com exemplos ilustrativos do uso dessas várias regras:

$$\begin{aligned} D[(x^3-2x)(x^2-1)] &= D[(x^3-2x)]\cdot(x^2-1)+(x^3-2x)D[(x^2-1)] \\ &= (3x^2-2)(x^2-1)+(x^3-2x)2x \\ &= 5x^4-9x^2+2; \end{aligned}$$

$$\begin{aligned} D[(x^2-3x+1)(3x^2+5x-5)] &= D[(x^2-3x+1)]\cdot(3x^2+5x-5)+(x^2-3x+1)D[(3x^2+5x-5)] \\ &= (2x-3)(3x^2+5x-5)+(x^2-3x+1)(6x+5) \\ &= 12x^3-12x^2-34x+20; \end{aligned}$$

$$D(1/x\sqrt{x}) = D\left(\frac{1}{x\cdot x^{1/2}}\right) = D\left(\frac{1}{x^{3/2}}\right) = D(x^{-3/2}) = -\frac{3}{2}x^{-5/2} = \frac{-3}{2x^2\sqrt{x}};$$

$$\begin{aligned} D\left(\frac{x^2-1}{x^2+1}\right) &= \frac{D[(x^2-1)](x^2+1)-(x^2-1)D[(x^2+1)]}{(x^2+1)^2} \\ &= \frac{2x(x^2+1)-(x^2-1)2x}{(x^2+1)^2} = \frac{4x}{(x^2+1)^2}; \end{aligned}$$

$$\begin{aligned} D\left(\frac{\sqrt{x}}{1+\sqrt{x}}\right) &= \frac{D[\sqrt{x}](1+\sqrt{x})-\sqrt{x}D[(1+\sqrt{x})]}{(1+\sqrt{x})^2} \\ &= \frac{\dfrac{1}{2\sqrt{x}}(1+\sqrt{x})-\sqrt{x}\dfrac{1}{2\sqrt{x}}}{(1+\sqrt{x})^2} = \frac{1}{2\sqrt{x}(1+\sqrt{x})^2}. \end{aligned}$$

Exercícios

Calcule as derivadas das funções dadas nos Exercícios 1 a 26.

1. $2x^5$.

2. $3x^7$.

3. x^π.

4. $5x^{\pi+2}$.

5. $9x^4/4$.

6. $(3/5)x^{15}$.

7. $x^{3/2}$.

8. $\dfrac{3}{5}x^{5/3}$.

9. $2x^{1/2}$.

10. $2x^2\sqrt{x}$.

11. $x^{-2/3}$.

12. $1/x\sqrt{x}$.

13. $x^2/\sqrt[3]{x^2}$.

14. $x^{-7/8}/\sqrt{x}$.

15. $x^7-\dfrac{5x^6}{3}-x^4+2x-10$.

16. $\sqrt{x}(x-1)$.

17. $(3x^2-1)(x^2+2)$.

18. $(\sqrt{x}+2)(\sqrt{x}-3)$.

19. $(x^2-2)(x^2-3x+5)$.

20. $(3x^2+2x-5)(2x^2+3)-6x$.

21. $(x+a)/(x-a)$.

22. $(x-a)/(x+a)$.

23. $(\sqrt{x}+a)/(\sqrt{x}-a)$.

24. $(\sqrt{x}-a)/(\sqrt{x}+a)$.

25. $(x^2-3x+1)/(x^2-1)$.

26. $(x^2-3x+1)/(x^2+2x+5)$.

27. Demonstre a fórmula $(x^n)' = nx^{n-1}$ usando a fatoração de $a^n - b^n$ dada na p. 329.

28. Dada a função $f(x) = 1/x$, calcule $f'(x)$, $f''(x)$, $f'''(x)$ etc. Demonstre que a derivada n-ésima é dada por

$$f^{(n)}(x) = (-1)^n \frac{n!}{x^{n+1}}$$

29. Esboce o gráfico de $y = -\sqrt{x+2}$, $x \geq -2$. Determine a reta tangente a essa curva num ponto genérico de abscissa $x = a$.

Repita o procedimento do exercício anterior para os Exercícios 30 a 33.

30. $y = \dfrac{1}{x}$.

31. $y = \dfrac{x^2}{2} - 2$.

32. $y = 2\sqrt{x-1}$.

33. $y = \dfrac{x^3}{3}$.

34. Demonstre que

$$(fg)'' = f''g + 2f'g' + fg'' \quad \text{e} \quad (fg)''' = f'''g + 3f''g' + 3f'g'' + fg'''.$$

35. Demonstre que $(fgh)' = f'gh + fg'h + fgh'$.

Respostas, sugestões, soluções

1. $10x^4$.

2. $21x^6$.

3. $\pi x^{\pi-1}$.

4. $5(\pi+2)x^{\pi+1}$.

5. $9x^3$.

6. $9x^{14}$.

7. $3x^{1/2}/2 = 3\sqrt{x}/2$.

8. $x^{2/3} = \sqrt[3]{x^2}$.

9. $x^{-1/2} = 1/\sqrt{x}$.

10. $y = 2x^{2+1/2} = 2x^{5/2}$, $y' = 5x^{3/2} = 5x\sqrt{x}$.

11. $-\dfrac{2}{3}x^{-5/3} = \dfrac{-2}{3x\sqrt[3]{x^2}}$.

12. $y = x^{-3/2}$, $y' = -\dfrac{3}{2}x^{-5/2} = \dfrac{-3}{2x^2\sqrt{x}}$.

13. $y = x^{4/3}$, $y' = \dfrac{4}{3}x^{1/3} = \dfrac{4\sqrt[3]{x}}{3}$.

14. $y = x^{-11/8}$, $y' = -\dfrac{11}{8}x^{-19/8} = \dfrac{-11}{8x^2\sqrt[8]{x^3}}$.

15. $7x^6 - 10x^5 - 4x^3 + 2$.

16. $y = \dfrac{x-1}{2\sqrt{x}} + \sqrt{x} = \dfrac{x-1+2x}{2\sqrt{x}} = \dfrac{3x-1}{2\sqrt{x}}$.

17. $6x(x^2+2) + (3x^2-1)2x = 12x^3 + 10x = 2x(6x^2+5)$.

18. $1 - 1/2\sqrt{x}$. **19.** $4x^3 - 9x^2 + 6x + 6$. **20.** $24x^3 + 12x^2 - 2x$.

21. $-2a/(x-a)^2$. **22.** $2a/(x+a)^2$. **23.** $-a/\sqrt{x}(\sqrt{x}-a)^2$.

24. $\dfrac{a}{\sqrt{x}(\sqrt{x}+a)^2}$. **25.** $\dfrac{3x^2-4x+3}{(x^2-1)^2}$. **26.** $\dfrac{5x^2+8x-17}{(x^2+2x+5)^2}$.

27. $f(x) = x^n$, $\dfrac{f(y)-f(x)}{y-x} = y^{n-1} + y^{n-2}x + \ldots + x^{n-1}$. Cada um dos termos dessa expressão tende a x^{n-1} com $y \to x$. Como são n termos ao todo, o resultado é nx^{n-1}.

28. $f'(x) = \dfrac{-1}{x^2}$, $f''(x) = \dfrac{2}{x^3}$, $f'''(x) = \dfrac{-3.2}{x^4}$, $f^{(4)}(x) = \dfrac{4.3.2}{x^5}$. Por raciocínio indutivo se vê que, em geral, $f^{(n)} = (-1)^n \dfrac{n!}{x^{n+1}}$.

29. O gráfico desta função pode ser obtido transladando o gráfico da função $y = \sqrt{x}$ em duas unidades para a esquerda e refletindo em torno do eixo Ox (Fig. 4.1). Em um ponto genérico $x = a$,

$$y' = \frac{-1}{2\sqrt{a+2}} = m$$

é o declive da tangente. A equação da reta tangente é

$$y + \sqrt{a+2} = \frac{-(x-a)}{2\sqrt{a+2}}$$

ou seja,

$$y = \frac{-x}{2\sqrt{a+2}} - \frac{4+a}{2\sqrt{a+2}}$$

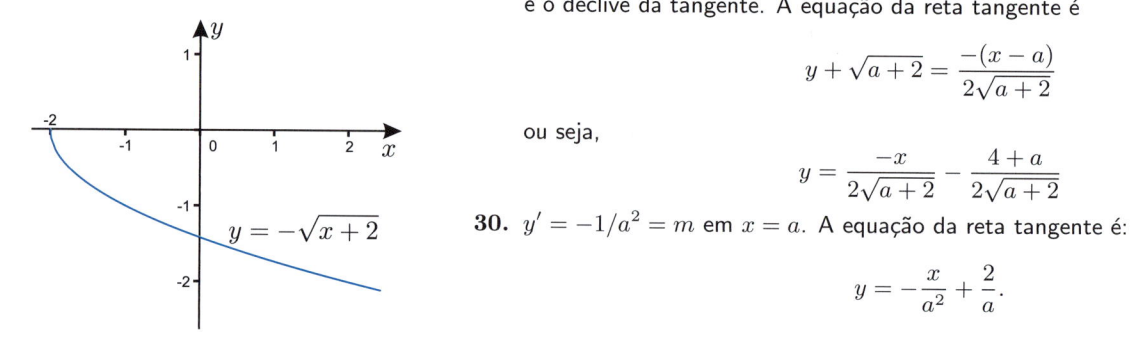

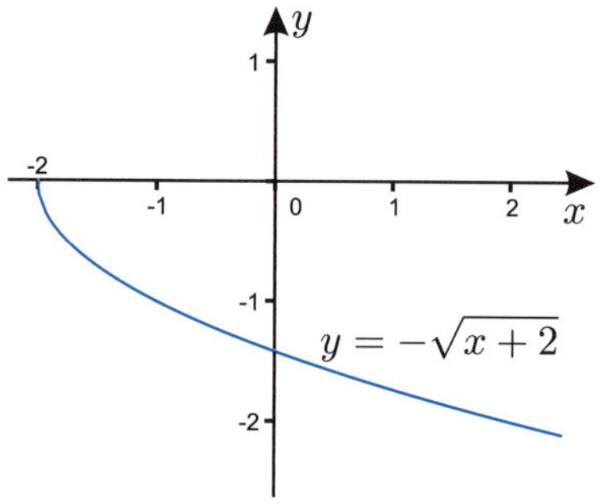

Figura 4.1

30. $y' = -1/a^2 = m$ em $x = a$. A equação da reta tangente é:

$$y = -\frac{x}{a^2} + \frac{2}{a}.$$

31. Reta tangente: $y = ax - a^2/2 - 2$.

32. Reta tangente: $x - \sqrt{a-1}y + a - 2 = 0$.

33. Reta tangente: $y = a^2x - 2a^3/3$.

34. $(fg)' = f'g + fg'$;
$(fg)'' = (f'g)' + (fg')' = (f''g + f'g') + (f'g' + fg'') = f''g + 2f'g' + fg''$;
$(fg)''' = (f''g)' + 2(f'g')' + (fg'')' = (f'''g + f''g') + (2f''g' + 2f'g'')$
$+(f'g'' + fg''') = f'''g + 3f''g' + 3f'g'' + fg'''$.

35. $(fgh)' = f'(gh) + f(gh)' = f'gh + f(g'h + gh') = f'gh + fg'h + fgh'$.

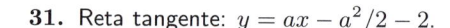

4.2 Função composta e regra da cadeia

As regras de derivação discutidas na seção anterior não são suficientes para calcularmos as derivadas de todas as funções que surgem na prática. O leitor poderá certificar-se desse fato tentando calcular a derivada de uma função relativamente simples, como $y = \sqrt{x^2+1}$; ou, então, imagine que, para derivar a função $y = (x^{10}+2)^{20}$, tivesse primeiro que expandir essa potência binomial para obter um polinômio de grau 200. Casos como esses são resolvidos com o uso da regra da cadeia, que vamos estudar agora.

Para discutir essa regra, precisamos primeiro introduzir o conceito de função composta. Comecemos com um exemplo. Sejam as funções

$$\begin{aligned} h &: x \to \sqrt{x^2+1}; \\ g &: x \to x^2+1; \\ f &: x \to \sqrt{x}. \end{aligned}$$

O leitor deve notar que f leva x em $\sqrt{x}$; portanto, $f(x^2+1) = \sqrt{x^2+1} = h(x)$; isto é, $h(x) = f(x^2+1)$. Mas $x^2+1 = g(x)$; logo,

$$h(x) = f(g(x)).$$

Em outras palavras, a ação de h sobre x resulta no mesmo que a ação de f sobre $g(x)$:

$$g(x) \xrightarrow{f} f(g(x))$$

$$\underbrace{x \xrightarrow{g} \overbrace{x^2+1}^{g(x)} \xrightarrow{f} \sqrt{x^2+1}}_{h(x)=f(g(x))}$$

Por causa disso, dizemos que h é *função composta* de f e g: primeiro aplicamos g, depois f. É costume indicar a função composta h com o símbolo $f \circ g$; assim, $h = f \circ g$.

Observe que, para compor duas funções f e g, é necessário que o domínio de f contenha a imagem de g. Um modo conveniente de interpretar uma função h como composta de duas ou mais funções consiste em introduzir novos símbolos para certas variáveis intermediárias. No exemplo anterior, $y = \sqrt{x^2+1}$; pondo $u = x^2+1$, obtemos

$$y = \sqrt{u}, \quad u = x^2+1,$$

isto é, y é função de u e u é função de x, de sorte que y resulta função de x através da variável intermediária u.

Vamos supor que uma função h seja composta de duas outras funções f e g, que g seja derivável no ponto x e f derivável no ponto $g(x)$. Como consequência, vamos mostrar que

$$y = h(x) = f(g(x))$$

é derivável no ponto x. Para isso, seja $u = g(x)$. Então,

$$\Delta u = g(x+\Delta x) - g(x), \quad g(x+\Delta x) = u + \Delta u,$$

$$\Delta h = h(x+\Delta x) - h(x) = f(g(x+\Delta x)) - f(g(x)) = f(u+\Delta u) - f(u),$$

de forma que

$$\begin{aligned} \frac{\Delta h}{\Delta x} &= \frac{h(x+\Delta x)-h(x)}{\Delta x} = \frac{f(u+\Delta u)-f(u)}{\Delta x} \cdot \frac{\Delta u}{\Delta u} \\ &= \frac{f(u+\Delta u)-f(u)}{\Delta u} \cdot \frac{\Delta u}{\Delta x} \\ &= \frac{f(u+\Delta u)-f(u)}{\Delta u} \cdot \frac{g(x+\Delta x)-g(x)}{\Delta x}. \end{aligned} \tag{4.1}$$

Nessa última passagem, apenas incluímos $\Delta u = g(x+\Delta x) - g(x)$ no numerador e no denominador. Para isso, temos de supor que Δu seja sempre diferente de zero. Quando $\Delta x \to 0$, o mesmo ocorre com Δu, pois estamos admitindo que g é derivável, isto é, que existe o limite

$$\lim_{\Delta x \to 0} \frac{g(x+\Delta x)-g(x)}{\Delta x} = g'(x) = \lim_{\Delta x \to 0} \frac{\Delta u}{\Delta x} = \frac{du}{dx}.$$

Fazendo então, Δx tender a zero em (4.1) obtemos

$$\lim_{\Delta x \to 0} \frac{\Delta h}{\Delta x} = \lim_{\Delta x \to 0}\left(\frac{\Delta f}{\Delta u} \cdot \frac{\Delta g}{\Delta x}\right) = \left(\lim_{\Delta u \to 0} \frac{\Delta f}{\Delta u}\right)\left(\lim_{\Delta x \to 0} \frac{\Delta g}{\Delta x}\right),$$

ou seja,

$$h'(x) = f'(u)g'(x).$$

Como $u = g(x)$, obtemos, finalmente, a chamada *regra da cadeia*:

$$h(x) = f(g(x)), \quad h'(x) = f'(g(x))g'(x),$$

ou ainda, com a notação de Leibniz,

$$\frac{dy}{dx} = \frac{dy}{du} \cdot \frac{du}{dx}.$$

Na demonstração acima, tivemos de supor Δu sempre diferente de zero. Não vamos cuidar da demonstração quando isso não acontece, porque ela depende de um tratamento mais delicado com limites. O importante a observar agora é que a regra da cadeia é válida ainda nesse caso.

▶ **Exemplo 1:** **Calcular a derivada da função $y = \sqrt{x^2+1}$.**

Com a introdução de uma variável intermediária u, temos

$$y = \sqrt{u}, \qquad u = x^2 + 1.$$

Então,

$$\frac{dy}{dx} = \frac{dy}{du} \cdot \frac{du}{dx} = \frac{1}{2\sqrt{u}} \cdot 2x.$$

ou seja,

$$\frac{dy}{dx} = \frac{x}{\sqrt{x^2+1}}.$$

▶ **Exemplo 2:** **Calcular a derivada de $y = \dfrac{1}{\sqrt{x^4+1}}$.**

Às vezes é necessário introduzir mais de uma variável intermediária, como neste exemplo:

$$y = \frac{1}{\sqrt{x^4+1}}; \qquad u = x^4 + 1; \qquad v = \sqrt{u}.$$

$$y' = \frac{dy}{dx} = \frac{dy}{dv} \cdot \frac{dv}{du} \cdot \frac{du}{dx} = \frac{d(1/v)}{dv} \cdot \frac{d(\sqrt{u})}{du} \cdot \frac{d(x^4+1)}{dx}$$

$$= \frac{-1}{v^2} \cdot \frac{1}{2\sqrt{u}} \cdot 4x^3 = \frac{-2x^3}{(x^4+1)^{3/2}}.$$

Evidentemente, à medida que se ganha experiência, as variáveis intermediárias só aparecem mentalmente. Assim, no exemplo seguinte, pense em $\sqrt{x^4+1}$ como variável intermediária u e pense em x^4+1 como variável intermediária v:

$$y = \frac{1}{\sqrt{x^4+1}}; \quad y' = \frac{-1}{x^4+1} \cdot \frac{1}{2\sqrt{x^4+1}} \cdot 4x^3 = \frac{-2x^3}{(x^4+1)^{3/2}}.$$

Observe também que podemos derivar pela regra do expoente, assim:

$$y' = D\left[\frac{1}{\sqrt{x^4+1}}\right] = D\left[(x^4+1)^{-1/2}\right] \qquad \text{(Manipulação algébrica)}$$

$$= -\frac{1}{2}(x^4+1)^{-1/2-1}D[(x^4+1)] \qquad \text{(Derivada de potência)}$$

$$= -\frac{1}{2}(x^4+1)^{-3/2}4x^3 = \frac{4x^3}{2(x^4+1)^{3/2}} \qquad \text{(Derivada de potência)}$$

Assim,

$$y' = \frac{-2x^3}{(x^4+1)^{3/2}}.$$

O leitor encontrará no Exemplo 4 a seguir o caso geral envolvendo a ideia apresentada nessa última parte do exercício.

▶ Exemplo 3: Calcular a derivada de $y = (x^{10}+2)^{20}$.

Seja calcular a derivada da função $y = (x^{10}+2)^{20}$, que também pode ser escrita

$$y = u^{20}, \qquad u = x^{10}+2.$$

Temos:

$$\frac{dy}{du} = 20u^{19} \quad \text{e} \quad \frac{du}{dx} = 10x^9;$$

portanto,

$$\frac{dy}{dx} = \frac{dy}{du} \cdot \frac{du}{dx} = 20u^{19} \cdot 10x^9,$$

ou ainda

$$\frac{d}{dx}(x^{10}+2)^{20} = 200x^9(x^{10}+2)^{19}.$$

▶ Exemplo 4: Calcular a derivada de $f(x)^n$.

O exemplo anterior é um caso particular de função do tipo

$$y = f(x)^n,$$

ou seja,

$$y = u^n \quad \text{e} \quad u = f(x).$$

Aplicando a regra da cadeia, obtemos:

$$\frac{dy}{dx} = \frac{dy}{du} \cdot \frac{du}{dx} = nu^{n-1}f'(x),$$

isto é,

$$Df(x)^n = nf(x)^{n-1} \cdot f'(x).$$

Para considerar uma situação concreta, seja

$$y = \sqrt{\frac{x+3}{x-1}} = \left(\frac{x+3}{x-1}\right)^{1/2} = f(x)^{1/2},$$

em que $f(x) = (x+3)/(x-1)$. Nesse caso,

$$f'(x) = \frac{-4}{(x-1)^2};$$

logo,

$$\begin{aligned} D\left[\sqrt{\frac{x+3}{x-1}}\right] &= D\left[\left(\frac{x+3}{x-1}\right)^{\frac{1}{2}}\right] = \frac{1}{2}\left(\frac{x+3}{x-1}\right)^{-1/2} \cdot \frac{-4}{(x-1)^2} \\ &= \left(\frac{x-1}{x+3}\right)^{1/2} \cdot \frac{-2}{(x-1)^2} = \frac{-2}{(x-1)^2}\sqrt{\frac{x-1}{x+3}} \\ &= \frac{-2}{(x-1)\sqrt{(x-1)(x+3)}}. \end{aligned}$$

Exercícios

Calcule as derivadas das funções dadas nos Exercícios 1 a 18.

1. $f(x) = (x^4 - 1)^5$.

2. $f(x) = (x^3 - 4x^2 + 2x - 3)^8$.

3. $f(x) = (3x^2 - 1)^{9/2}$.

4. $f(x) = 1/\sqrt{x^2+1}$.

5. $f(x) = \sqrt[3]{x^5 - 4x^3 + 1}$.

6. $f(x) = x^2\sqrt{x^2+1}$.

7. $f(x) = 1/(x+1)$.

8. $f(t) = 1/(1-t)$.

9. $f(t) = 1/(1-t^2)$.

10. $f(t) = 1/\sqrt{t^2-1}$.

11. $f(u) = (u^2+1)^{-10}$.

12. $f(t) = (1 - 1/t)^5$.

13. $f(x) = \left(x^2 + \frac{1}{x^2}\right)^4$.

14. $f(t) = \left(\frac{t+1}{t-1}\right)^4$.

15. $f(t) = \left(\frac{t^2-1}{t^2+1}\right)^{3/2}$.

16. $f(u) = \left(\frac{u^3}{3} + \frac{u^2}{2} + u\right)^{-1}$.

17. $f(u) = \left(\frac{u^2-1}{u^2+1}\right)^3$.

18. $f(u) = (u^2-1)^4(u^2+2)^5$.

Calcule a derivada dy/dx em cada um dos Exercícios 19 a 24.

19. $y = \dfrac{u}{u-1}$, $u = (x^2+1)^3$.

20. $y = \dfrac{u^2-3}{u^2+2}$, $u = \dfrac{1}{1-x^2}$.

21. $y = \dfrac{t}{t^2+1}$, $t = \left(x^2 - \dfrac{1}{x^2}\right)^3$.

22. $y = \left(\dfrac{1}{u} + x\right)^2$, $u = x^4 - 2x^2$.

23. $y = \dfrac{x-1}{u+1}$, $u = (x-1)^5$.

24. $y = \left(x^2 - \dfrac{1}{u^2}\right)^2$, $u = (x^2-1)^3 - (x^2+1)^3$.

Resolva os seguintes problemas.

25. Determine a equação da reta tangente à curva $y = (x^2-1)^{-2}$ em $x = 2$.

26. Mesmo problema para $y = \sqrt[3]{u^2}$, $u = (x-1)/(x+1)$ em $x = 0$.

27. Mesmo problema, em $x = 0$, para a curva $y = x^2 - \sqrt{1+u^2}$, em que $u = (x+1)/(x-1)$.

28. Determine a reta tangente à curva $h(x) = f(g(x))$, em $x = 1$, sabendo que $f(1) = -2$, $f'(1) = 2$, $g(1) = 1$ e $g'(1) = -1$.

29. Faça o mesmo em $x = -1$, para a curva $h(x) = g(f(x))$, sendo $f(-1) = 2$, $f'(-1) = -1/3$, $g(2) = -3$ e $g'(2) = 6$.

30. Demonstre que a derivada de uma função par é uma função ímpar.

31. Demonstre que a derivada de uma função ímpar é uma função par.

Respostas, sugestões, soluções

1. $20x^3(x^4-1)^4$.

2. $8(x^3-4x^2+2x-3)^7(3x^2-8x+2)$.

3. $27x(3x^2-1)^{7/2}$.

4. $-x/(x^2+1)^{3/2}$.

5. $\dfrac{x^2(5x^2-12)}{3(x^5-4x^3+1)^{2/3}}$.

6. $\dfrac{3x^3+2x}{\sqrt{x^2+1}}$.

7. $-(x+1)^{-2}$.

8. $(1-t)^{-2}$.

9. $\dfrac{2t}{(1-t^2)^2}$.

10. $\dfrac{-t}{(t^2-1)^{3/2}}$.

11. $\dfrac{-20u}{(u^2+1)^{11}}$.

12. $\dfrac{5(t-1)^4}{t^6}$.

13. $8\left(x^2+\frac{1}{x^2}\right)^3\left(x-\frac{1}{x^3}\right)$.

14. $\frac{-8(t+1)^3}{(t-1)^5}$.

15. $\frac{6t}{(t^2+1)^2}\left(\frac{t^2-1}{t^2+1}\right)^{1/2}$.

16. $-\left(\frac{u^3}{3}+\frac{u^2}{2}+u\right)^{-2}(u^2+u+1)$.

17. $\frac{12u(u^2-1)^2}{(u^2+1)^4}$.

18. $6u(3u^2+1)(u^2-1)^3(u^2+2)^4$.

19. $\frac{-6x(x^2+1)^2}{(u-1)^2}$.

20. $\frac{20xu}{(u^2+2)^2(1-x^2)^2}$.

21. $\frac{6(1-t^2)}{(1+t^2)^2}\left(x^2-\frac{1}{x^2}\right)^2\left(x+\frac{1}{x^3}\right)$.

22. $y' = 2\left(\frac{1}{u}+x\right)\left(1-\frac{1}{u^2}\cdot\frac{du}{dx}\right) = 2\left(\frac{1}{u}+x\right)\left(1-\frac{4x^3-4x}{u^2}\right)$.

23. $\frac{u+1-5(x-1)^5}{(1+u)^2} = \frac{1-4u}{(1+u)^2}$.

24. $2\left(x^2-\frac{1}{u^2}\right)\left(2x+\frac{2}{u^3}\cdot\frac{du}{dx}\right) = 4x\left(x^2-\frac{1}{u^2}\right)\left(1-\frac{24x^2}{u^3}\right)$.

25. $8x+27y-19=0$. **26.** $4x+3y-3=0$. **27.** $\sqrt{2}x+y+\sqrt{2}=0$.

28. Observe que $y_0 = f(g(1)) = f(1) = -2$ e $m = f'(g(1))g'(1) = -2$.
Resp.: $y = -2x$.

29. $2x+y+5=0$.

30. Derivando $f(x) = f(u)$, em que $u = -x$, obtemos: $f'(x) = f'(u)\frac{du}{dx}$; ou seja, visto que $du/dx = -1$, $f'(x) = -f'(-x)$. Isso prova que f' é função ímpar. Invente um gráfico para $f(x)$ em $x > 0$ e estenda-o para $x < 0$.

31. Como no exercício anterior, $f(x) = -f(u)$ e $u = -x$ nos dá $f'(x) = -f'(u)\frac{du}{dx}$, donde $f'(x) = f'(-x)$, provando que f' é função par. Invente um gráfico para $f(x)$ em $x > 0$ e estenda-o para $x < 0$.

Experiências no computador

Nesta seção usaremos o SAC MAXIMA para estudar os tópicos apresentados no Capítulo 4. Caso o leitor sinta necessidade de rever a apresentações deste *software*, basta ir até o anexo do Capítulo 2.

Explorando a Seção 4.1 com o MAXIMA

Para explorar o Capítulo 4 com o MAXIMA, é necessário conhecer basicamente o comando para derivadas. Esse comando pode ser acessado via janela clicando no botão que está na coluna esquerda[1] do *software* escrito DERIVAR... Outra forma de acessar a mesma função é clicar em CÁLCULO no MENU PRINCIPAL e em seguida escolher a opção DIFERENCIAR... Aparecerá uma janela como a mostrada na Fig. 4.2. No primeiro campo deverá ser avisada qual função irá derivar. A expressão pode ter sido gravada em uma variável, e nesse caso basta escrever o nome da variável. No segundo campo deverá ser informado qual é a variável de derivação, e no terceiro quantas vezes irá derivar.

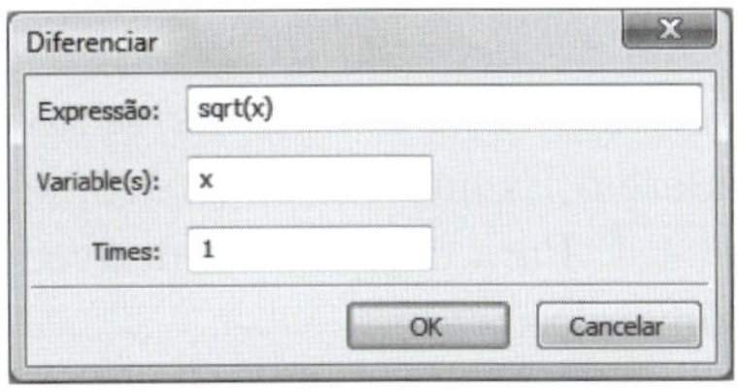

Figura 4.2

Na Fig. 4.2 a função é $f(x) = \sqrt{x}$ e deverá ser derivada em relação a x uma vez. Quando apertar a tecla OK o *software* irá escrever o comando e executá-lo. A saída será a que se pode ver a seguir.

```
(%i1) diff(sqrt(x),x,1);
```

(%o1) $$\frac{1}{2\sqrt{x}}$$

O comando para derivar tem a seguinte sintaxe:

```
diff(expressão, variável)
```

para derivar uma única vez e

```
diff(expressão, variável, número de vezes)
```

[1] Para deixar os botões que executam comandos que apresentaremos aqui, ative o painel MATEMÁTICA GERAL. Para tal vá ao MENU PRINCIPAL > MAXIMA > PAINÉIS > MATEMÁTICA GERAL. Observe que é possível ativar outros painéis.

para derivar um número de vezes maior ou igual a um. Nos exercícios da p. 118, o MAXIMA pode ser útil para checar a resposta e verificar se as expressões foram simplificadas de forma correta.

Vamos exemplificar usando o Exercício 13, em que a função que deve ser derivada é $f(x) = x^2/\sqrt[3]{x}$. Sugerimos que, primeiramente, o leitor atribua a uma variável a expressão que será derivada e depois peça ao *software* para derivar. Isso permitirá que se veja a forma simplificada da expressão. Para este caso, deverá entrar com os seguintes comandos

```
>> f:x^2/x^(1/3)

>> diff(f,x)
```

que produzirão a seguinte saída:

(%i1) `f:x^2/x^(1/3);`

(%o1) $x^{\frac{5}{3}}$

(%i2) `diff(f,x);`

(%o2) $\dfrac{5\,x^{\frac{2}{3}}}{3}$

Observe que, ao escrever `f:x^2/x^(1/3)`, o *software* já simplifica a expressão e retorna $x^{\frac{5}{3}}$. Com isso, você pode conferir antes de derivar se simplificou a expressão de forma correta e posteriormente se acertou a derivada.

Esse procedimento pode ser usado para a maioria dos exercícios da Seção 4.1, mas não se esqueça que o *software* irá apenas mostrar se você acertou ou errou. É necessário que você saiba encontrar as derivadas manualmente.

Para os Exercícios 29 a 33 (p. 119), que tratam de encontrar equação da reta tangente, sugerimos que visite a p. 79. Lá há instruções sobre como proceder.

Explorando a Seção 4.2 com o MAXIMA

Na Seção 4.2 o assunto discutido foi regra da cadeia. O MAXIMA deriva normalmente aplicando a regra da cadeia. Considere o Exemplo 1 da p. 122, em que a função que deve ser derivada é $y = \sqrt{x^2+1}$. Para encontrar a derivada dessa função, basta entrar com os seguintes comandos:

```
>> f:sqrt(x^2+1)

>> diff(f,x)
```

e a seguinte saída será produzida:

(%i3) `f:sqrt(x^2+1);`

(%o3) $\sqrt{x^2+1}$

(%i4) `diff(f,x);`

(%o4) $\dfrac{x}{\sqrt{x^2+1}}$

Confronte essa resposta com aquela dada na resolução do Exemplo 1. Você verá que é a mesma. O *software* dará a resposta, mas é necessário que você saiba trilhar o caminho até chegar a ela.

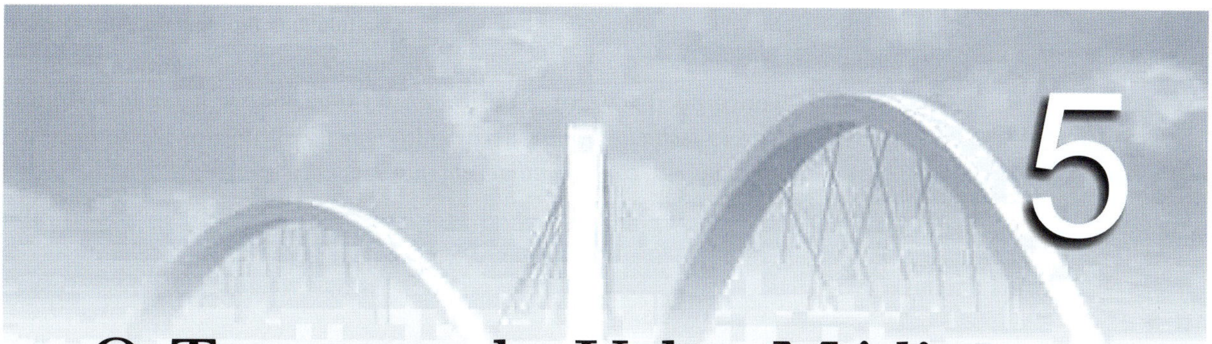

O Teorema do Valor Médio e Aplicações

Este capítulo se inicia com o Teorema do Valor Médio e várias de suas aplicações, ao lado de aplicações da derivada. Estudaremos a variação das funções, a concavidade de seus gráficos, a determinação de valores máximos e mínimos de funções e as consequências dessas questões na solução de problemas práticos.

5.1 O Teorema do Valor Médio

O teorema que vamos estudar agora é o resultado central do cálculo diferencial. Ele possui um conteúdo geométrico bastante sugestivo, que merece ser analisado antes mesmo que o enunciemos. Para isso, consideremos uma função f e dois pontos sobre seu gráfico:

$$A = (a,\, f(a)) \quad \text{e} \quad B = (b,\, f(b)).$$

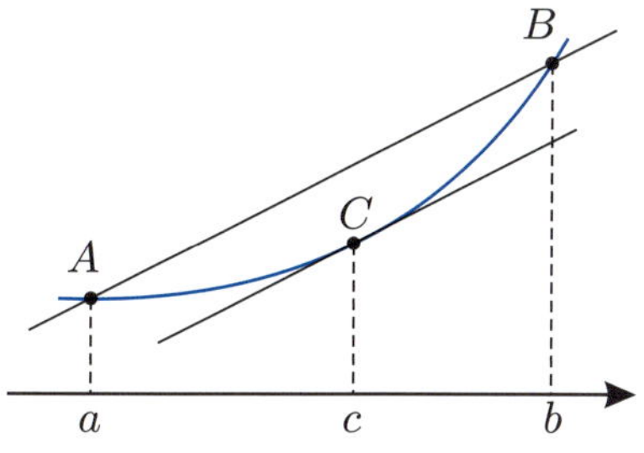

Figura 5.1

O declive da secante AB é dado por

$$\frac{f(b) - f(a)}{b - a}.$$

A Fig. 5.1 sugere que entre A e B deve haver um ponto $C = (c,\, f(c))$ sobre o gráfico, onde a reta tangente à curva seja paralela à secante AB. Mas então os declives dessas duas retas serão iguais. Como o declive da tangente em C é $f'(c)$, teremos

$$\frac{f(b) - f(a)}{b - a} = f'(c),$$

ou ainda

$$f(b) - f(a) = f'(c)(b - a). \tag{5.1}$$

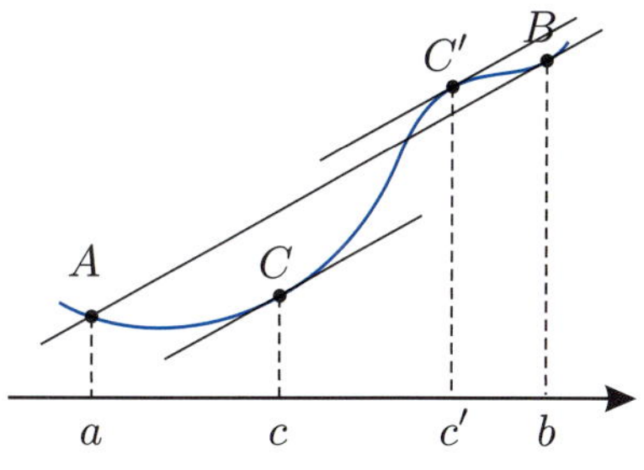

Figura 5.2

Este resultado é conhecido como Teorema do Valor Médio. Observe que o valor c, entre a e b, satisfazendo (5.1), pode não ser único. A Fig. 5.2 ilustra uma situação em que há dois pontos C e C' entre A e B, onde as tangentes são paralelas à secante AB. Portanto, neste caso há duas abscissas c e c' tais que

$$f(b) - f(a) = f'(c)(b - a) = f'(c')(b - a).$$

Pode acontecer, também, que não haja ponto nenhum nas condições citadas, como vemos na Fig. 5.3. Isso mostra que, para a validade geral da Eq. (5.1), é imprescindível que a função f seja derivável no intervalo aberto $(a,\, b)$.

Estamos agora em condições de enunciar o referido Teorema do Valor Médio:

Teorema do Valor Médio. *Seja f uma função definida e contínua num intervalo fechado $[a,\ b]$ e derivável nos pontos internos. Então existe pelo menos um ponto c, compreendido entre a e b, tal que*

$$f(b) - f(a) = f'(c)(b - a) \tag{5.2}$$

A demonstração desse teorema depende de um lema, conhecido como Teorema de Rolle, e será feita no Apêndice (pp. 323-324).

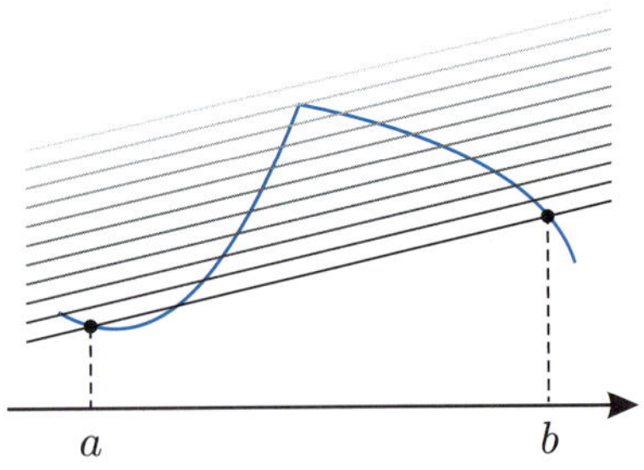

Figura 5.3

Exercícios

Nos Exercícios 1 a 12, determine os valores c tais que

$$f'(c) = \frac{f(b) - f(a)}{b - a}$$

e faça os gráficos em cada caso.

> O procedimento é simples. Encontre o número correspondente ao quociente
>
> $$\frac{f(b) - f(a)}{b - a}.$$
>
> Este será igual a $f'(c)$ para algum c em $(a,\ b)$. Faça com que a expressão da derivada ($f'(c)$) seja igual ao número encontrado no quociente e resolva a equação em c. Você encontrará aqueles valores de c tais que
>
> $$f'(c) = \frac{f(b) - f(a)}{b - a}.$$
>
> Use o GeoGebra para visualizar o aspecto geométrico do que encontrará. Há instruções na p. 169.

1. $f(x) = x^2,\ a = 1,\ b = 2.$

2. $f(x) = x^2 + 3x,\ a = -1,\ b = 1.$

3. $f(x) = x^3,\ a = 0,\ b = 1.$

4. $f(x) = x^3,\ a = -2,\ b = 2.$

5. $f(x) = x^3 - x^2,\ a = -2,\ b = 3.$

6. $f(x) = -x^4 + x^2,\ a = -1,\ b = 1.$

7. $f(x) = 1/x,\ a = 1,\ b = 5.$

8. $f(x) = -1/x^2,\ a = -3,\ b = -1.$

9. $f(x) = \sqrt{x},\ a = 1,\ b = 4.$

10. $f(x) = \sqrt{x},\ b > a > 0.$

11. $f(x) = \dfrac{1}{\sqrt{x}},\ b > a > 0.$

12. $f(x) = \dfrac{x-1}{x+1},\ b > a > 1.$

13. Considere a função $f(x) = 2 - \sqrt[3]{x^2}$. Mostre que não existe $c \in [-2,\ 2]$ tal que $f'(c) = 0$. Por que isso não contradiz o Teorema do Valor Médio?

14. Considere a função $f(x) = |x - 2|$. Mostre que não existe $c \in [1,\ 4]$ tal que $f(4) - f(1) = f'(c)(4 - 1)$. Por que isso não contradiz o Teorema do Valor Médio?

15. Demonstre que no caso da função $y = f(x) = Ax^2 + Bx + C$ só existe um número c que satisfaz o Teorema do Valor Médio, o qual é dado por $c = (a + b)/2$. Faça um gráfico e interprete esse resultado geometricamente. Lembre-se de que a função dada representa uma parábola com eixo vertical.

Respostas, sugestões, soluções

Para visualização dos gráficos, consulte a p. 169.

.: OPCIONAL :.

Saber o significado do que encontra é importante. Na p. 169 há instruções para que você construa ilustrações que mostram o significado geométrico dos valores encontrados.

1. Como $f'(c) = 3$ e $f'(x) = 2x$, então $c = 3/2$.

2. Como $f'(c) = 3$ e $f'(x) = 2x + 3$, então $c = 0$.

3. Como $f'(c) = 1$ e $f'(x) = 3x^2$, então $c = \sqrt{3}/3$.

4. Como $f'(c) = 4$ e $f'(x) = 3x^2$, então $c = \pm 2\sqrt{3}/3$.

5. Como $f'(c) = 6$ e $f'(x) = 3x^2 - 2x$, então $c = (1 \pm \sqrt{19})/3$.

6. Como $f'(c) = 0$ e $f'(x) = -4x^3 + 2x$, então $c = \pm\sqrt{2}/2$ ou $c = 0$.

7. Como $f'(c) = -1/5$ e $f'(x) = -1/x^2$, então $c = \sqrt{5}$.

8. Como $f'(c) = -4/9$ e $f'(x) = 2/x^3$, então $c = -\sqrt[3]{9}/\sqrt[3]{2}$.

9. Como $f'(c) = 1/3$ e $f'(x) = 1/2\sqrt{x}$, então $c = 9/4$.

10. Como $f'(c) = (\sqrt{b} - \sqrt{a})/(b - a)$ e $f'(x) = 1/2\sqrt{x}$, então $c = \dfrac{(b-a)^2}{4(\sqrt{b} - \sqrt{a})^2}$.

11. Como $f'(c) = -\dfrac{\sqrt{b} - \sqrt{a}}{\sqrt{a \cdot b}\,(b - a)}$ e $f'(x) = \dfrac{-1}{2x^{3/2}}$ então, podemos mostrar que $c = \dfrac{\left(b \cdot \sqrt{a} + a \cdot \sqrt{b}\right)^{\frac{2}{3}}}{2^{\frac{2}{3}}}$.

12. Como $f'(c) = \dfrac{2}{a + b + ab + 1}$ e $f'(x) = \dfrac{2}{(x+1)^2}$, então podemos mostrar que $c = \sqrt{a + b + ab + 1} - 1$.

13. A equação $f'(c) = -1/3c^{1/3} = 0$ não possui solução e assim não existe $c \in [-2,\, 2]$ tal que $f'(c) = 0$. Isso não contradiz o Teorema do Valor Médio porque f não é derivável em $x = 0 \in [-2,\, 2]$.

14. Para $x \in (1,\, 2)$, $f'(x) = -1$; se $x \in (2,\, 4)$, $f'(x) = 1$; em $x = 2$, f não é derivável. Isso não contradiz o Teorema do Valor Médio porque f não é derivável em $x = 2 \in [1,\, 4]$.

15. Como $f'(c) = \dfrac{f(b) - f(a)}{b - a} = \dfrac{b\,B - a\,B + b^2\,A - a^2\,A}{b - a}$ e $f'(x) = 2A \cdot x + B$ então, resolvendo a equação $2A \cdot x + B = \dfrac{b\,B - a\,B + b^2\,A - a^2\,A}{b - a}$, em relação a x, obteremos $x = \frac{a+b}{2}$, que é o ponto médio entre $x = a$ e $x = b$.

5.2 Funções com a mesma derivada

Vamos iniciar esta seção com uma propriedade muito importante:

Se a derivada de uma função f é zero em todo um intervalo aberto $(a,\, b)$, então a função é constante nesse intervalo.

Para demonstrá-la, utilizamos o Teorema do Valor Médio, aplicando a Eq. (5.2) com a e b substituídos por dois pontos quaisquer, x e x', do intervalo $(a,\, b)$: existe um c entre x e x' tal que

$$f(x) - f(x') = f'(c)(x - x') = 0 \cdot (x - x') = 0.$$

Como a derivada de f é zero em todo o intervalo, obtemos $f(x) = f(x')$. Isso prova que f tem valor constante, conforme queríamos demonstrar.

Essa propriedade tem um significado geométrico simples e intuitivo, fácil de entender: como $f'(x) \equiv 0$, o declive da reta tangente ao gráfico da função f é sempre horizontal, o que sugere que esse gráfico seja mesmo uma reta horizontal, donde a função ser mesmo constante.

Finalmente, consideremos o caso de duas funções, $f(x)$ e $g(x)$, que tenham a mesma derivada: $f'(x) = g'(x)$. Então, a diferença $h(x) = f(x) - g(x)$ tem derivada zero, pois $h'(x) = f'(x) - g'(x) = 0$; em consequência, $h(x)$ é constante, ou seja, $f(x)$ e $g(x)$ diferem por uma constante C, vale dizer,

$$f(x) - g(x) = C, \quad \text{ou, ainda,} \quad f(x) = g(x) + C.$$

Aplicações à cinemática

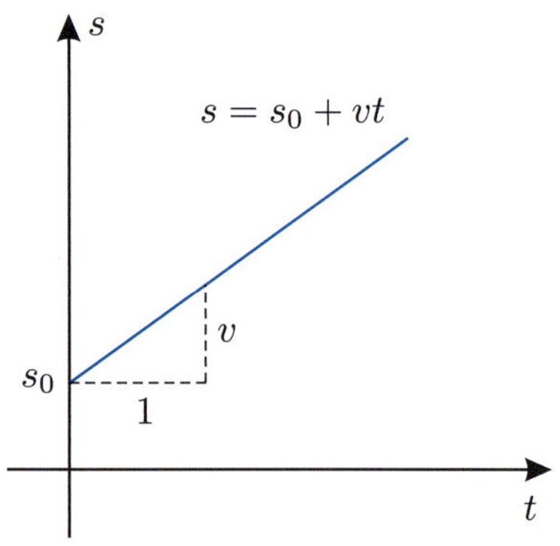

Figura 5.4

Veremos agora, como esse último resultado, que é uma consequência do Teorema do Valor Médio, tem interessantes aplicações em Cinemática. Consideremos primeiro uma partícula em *movimento uniforme*. Isso significa que sua velocidade v é constante, o que nos permite escrever

$$\frac{s(t) - s_0}{t} = v, \quad \text{donde} \quad s(t) = s_0 + vt.$$

em que $s(t)$ é a posição do móvel no instante t e s_0 é o *posição inicial*, ou seja, o valor de $s(t)$ em $t = 0$.

A equação $s(t) = s_0 + vt$ é chamada a *equação horária* do movimento. Seu gráfico é uma reta com declive v, cortando o eixo dos s no ponto de ordenada s_0. A Fig. 5.4 ilustra uma situação em que s_0 e v são números positivos.

Movimento uniformemente variado

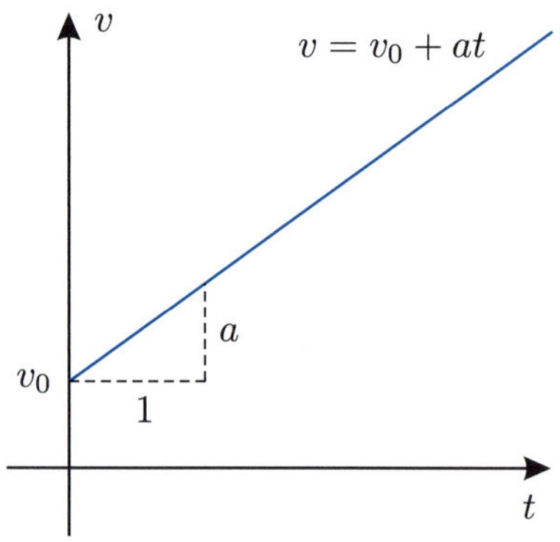

Figura 5.5

Nesse movimento, a velocidade é variável, mas sua taxa de variação instantânea, conhecida como aceleração, é constante. Exemplo típico de tal movimento é o que ocorre na queda de um corpo. Consideremos, pois, um movimento com aceleração constante a. Teremos

$$\frac{v - v_0}{t} = a,$$

em que $v = v(t)$ é a velocidade e v_0 é a *velocidade inicial*, ou seja, a velocidade no instante $t = 0$. Resolvendo a equação anterior, obtemos

$$v = v_0 + at, \tag{5.3}$$

que é a *equação da velocidade*. Seu gráfico é uma reta, ilustrada na Fig. 5.5 quando v_0 e a são positivos.

Equação horária

Para obtermos a equação horária do movimento, sejam $s = s(t)$ o espaço percorrido pelo móvel até o instante t e $s_0 = s(0)$ a *posição inicial*, ou espaço no instante $t = 0$. Observe que a derivada de $s(t)$ é a velocidade dada em (5.3). Ora, a função

$$t \mapsto v_0 t + \frac{at^2}{2}$$

também tem a mesma derivada $v_0 + at$. Então, pelo que vimos há pouco, as funções $s(t)$ e $v_0 t + at^2/2$ diferem por uma constante C:

$$s(t) - \left(v_0 t + \frac{at^2}{2}\right) = C,$$

ou seja,

$$s(t) = C + v_0 t + \frac{at^2}{2}.$$

O significado de C torna-se claro quando fazemos $t = 0$:

$$C = s(0) = s_0.$$

Em consequência,

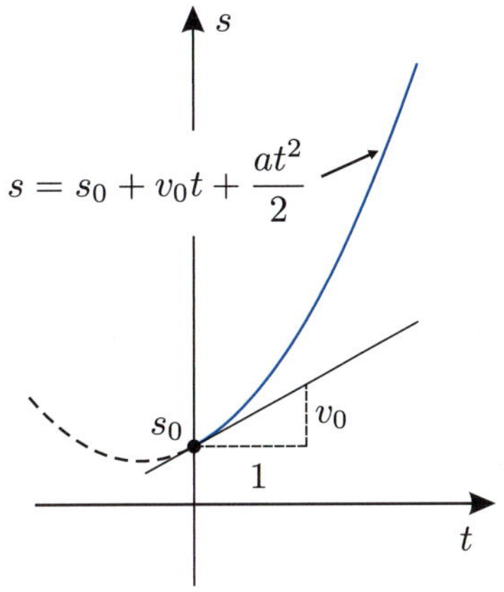

Figura 5.6

$$s = s_0 + v_0 t + \frac{at^2}{2}.$$

Essa é a equação horária do movimento. Como s é um trinômio do 2º grau em t, seu gráfico é uma parábola, como ilustra a Fig. 5.6, na hipótese de serem s_0, v_0 e a todos positivos.

▶ Exemplo 1: Trajetória de um corpo lançado (qualquer direção).

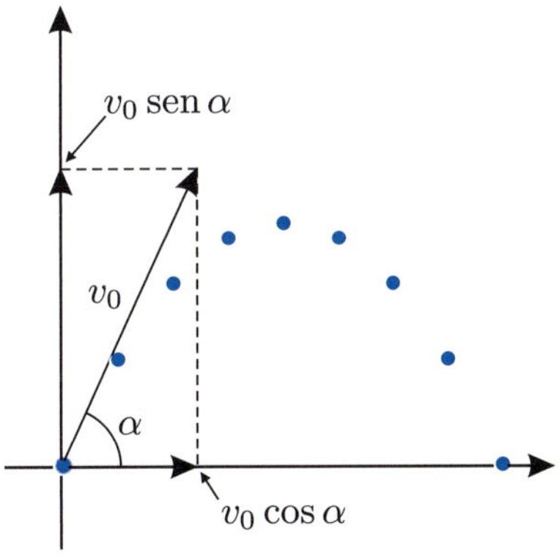

Figura 5.7

Vamos provar que se um corpo for lançado com certa velocidade inicial diferente de zero numa direção qualquer, e abandonado à ação da gravidade, sua trajetória será uma parábola.

Suponhamos que a direção inicial do movimento faça um ângulo α com a horizontal. Escolhendo os eixos coordenados como na Fig. 5.7, o movimento efetivo é a resultante de dois movimentos, sobre esses eixos, de equações horárias dadas por

$$x = (v_0 \cos\alpha)t \quad \text{e} \quad y = (v_0 \operatorname{sen}\alpha)t - \frac{gt^2}{2},$$

respectivamente.

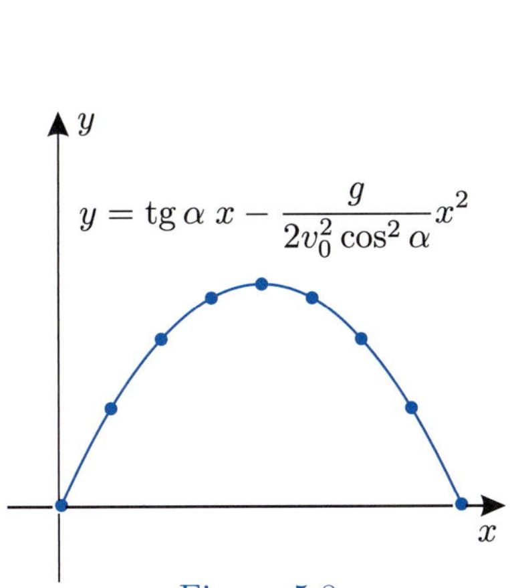

Figura 5.8

De fato, o movimento horizontal é uniforme com velocidade $v_0 \cos\alpha$, enquanto o movimento vertical é desacelerado com velocidade inicial $v_0 \operatorname{sen}\alpha$ e aceleração negativa $-g$. Da primeira equação tiramos $t = x/v_0 \cos\alpha$; substituindo esse valor na segunda equação, obtemos:

$$y = (\operatorname{tg}\alpha)x - \frac{g}{2v_0^2\cos^2\alpha}x^2 = \underbrace{-\frac{g}{2v_0^2\cos^2\alpha}}_{a}x^2 + \underbrace{(\operatorname{tg}\alpha)}_{b}x.$$

Observe que essa equação é do tipo $y = ax^2 + bx + c$, em que

$$a = -\frac{g}{2v_0^2\cos^2\alpha}, \quad b = \operatorname{tg}\alpha, \quad c = 0,$$

portanto, equação de uma parábola que passa pela origem e tem a concavidade voltada para baixo (Fig. 5.8).

▶ Exemplo 2: Lançamento vertical para cima.

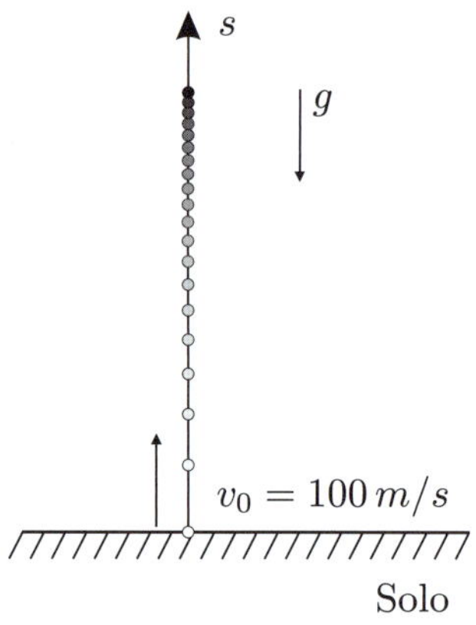

Figura 5.9

Um objeto é lançado do solo, verticalmente para cima, com velocidade de 100 m/s. Desprezando a resistência do ar, vamos calcular sua altura máxima e o tempo gasto para atingi-la.

Com o eixo orientado para cima (Fig. 5.9), a equação horária do movimento é dada por

$$s = 100t - \frac{gt^2}{2},$$

donde obtemos a equação da velocidade: $v = \dot{s} = 100 - gt$. A altura máxima h ocorre quando $v = 0$, isto é, quando $t = 100/g$ s. Este é o tempo gasto para atingi-la. Substituindo esse valor na primeira das equações, obtemos

$$h = \frac{100^2}{g} - \frac{100^2}{2g} = \frac{5000}{g}.$$

Tomando $g = 9,8$ m/s^2, esses valores serão: $t \approx 10,204$ s e $h \approx 510,2$ m.

▶ Exemplo 3: Movimento horizontal de uma partícula.

Vamos estudar o movimento de uma partícula ao longo de um eixo horizontal, com equação horária

$$s = t^3 - 3t^2 - 9t + 1.$$

Como de costume, supomos que o eixo esteja orientado da esquerda para a direita, como ilustra a Fig. 5.10(a). Para analisar esse movimento, calculamos sua velocidade:

$$v = \frac{ds}{dt} = 3t^2 - 6t - 9.$$

Trata-se de um trinômio de segundo grau, com raízes $t = -1$ e $t = 3$; portanto,

$$v = 3(t+1)(t-3).$$

O gráfico dessa função está ilustrado na Fig. 5.10(b). Observando os dois gráficos da Fig. 5.10, vemos que a velocidade decresce de $+\infty$ em $t = -\infty$[1] a $v = 0$ em $t = -1$; continua decrescendo (portanto, agora é negativa, o que significa que o móvel está se deslocando para a esquerda, como ilustra a Fig. 5.10(a) até $t = 1$, onde passa a crescer e se anula novamente em $t = 3$, e a partir de então desloca-se sempre para a direita, com velocidade crescente e tendendo a $+\infty$.

A aceleração do movimento, que é dada por

$$a = v'(t) = 6t - 6 = 6(t-1),$$

ajuda a entender o que se passa: ela é negativa para $t < 1$, se anula em $t = 1$ e é positiva para $t > 1$; isso mostra que a velocidade, positiva e infinita em $t = -\infty$, decresce até um valor mínimo em $t = 1$, e a partir daí volta a crescer, tendendo a infinito com $t \to +\infty$.

---

(1) Isto é um modo informal de dizer que $v(t) \to +\infty$ com $t \to -\infty$.

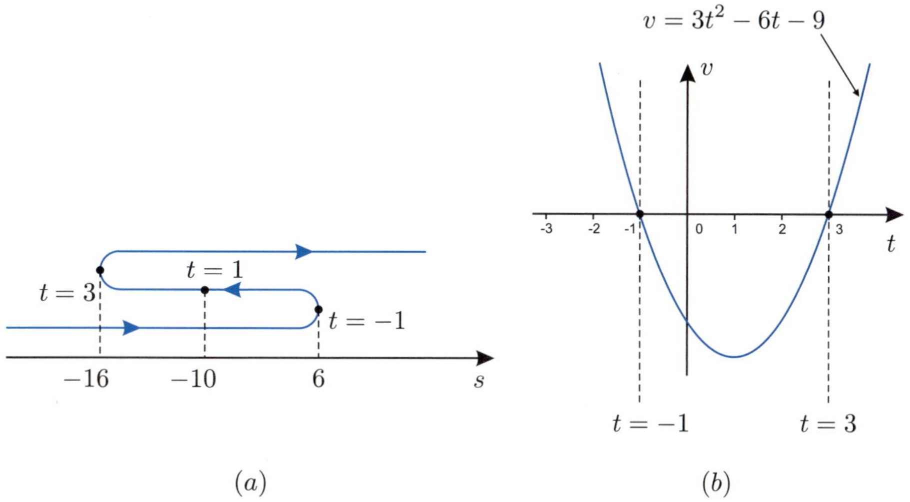

Figura 5.10

Exercícios

Nos Exercícios 1 a 10, considere a aceleração da gravidade como $g = 9,8$ m/s^2.

1. Um automóvel percorre 40 km a uma velocidade constante de 60 km/h, e outros 100 km à velocidade constante de 80 km/h. Calcule sua velocidade média em todo o trajeto.

2. Calcule o tempo que um foguete gasta para atingir a velocidade de 12 km/s, supondo que ele seja lançado com aceleração igual a cinco vezes a da gravidade.

3. Um carro à velocidade de 80 km/h aplica os freios, adquirindo uma desaceleração constante, parando em 15 s. Calcule sua aceleração negativa.

4. Um corpo é lançado para cima com certa velocidade inicial v_0. Demonstre que o tempo de subida é igual ao tempo de descida. Calcule esse tempo e a altura máxima atingida pelo corpo em termos de v_0 e g.

5. Um projetil lançado para cima, na vertical, atinge a altura máxima de 2 km. Calcule sua velocidade inicial.

6. Um projetil é lançado para cima com velocidade de 100 m/s. Determine sua velocidade 5 segundos após o lançamento; determine a altura máxima atingida e o tempo gasto para atingi-la.

7. Um foguete é lançado segundo a lei horária $s = 12t^2$ m, em que t é expresso em segundos. Calcule a altura do foguete quando ele atingir a velocidade do som (330 m/s) e o tempo necessário para que isso aconteça. Calcule a altura e a velocidade do foguete um minuto após o lançamento.

8. Um avião com aceleração constante de a m/s^2 precisa atingir uma velocidade crítica de V m/s para levantar voo. Mostre que a pista necessária para isso deve ter comprimento l, inversamente proporcional à aceleração, dado por $l = V^2/2a$ m.

9. Demonstre que a velocidade média de um corpo em movimento uniformemente acelerado, durante um tempo t, é igual à velocidade instantânea no instante $t/2$. Interprete esse resultado graficamente.

10. Mostre que num movimento uniformemente acelerado, vale a relação $v^2 - v_0^2 = 2a(s - s_0)$.

Nos Exercícios 11 a 19, uma partícula se move ao longo de um eixo com equação horária dada. Encontre as expressões para a velocidade e a aceleração, descrevendo o movimento da partícula, fazendo, inclusive, uma representação esquemática do que ocorre.

11. $s = t^2 - 8t + 12$. **12.** $s = -t^2 + 9t - 14$. **13.** $s = t^2 + 2t - 8$.

14. $s = 2t^2 - t - 15$. **15.** $s = -3t^2 + 10t - 7$. **16.** $s = t^3 - 9t^2 + 24t + 1$.

17. $s = t^3/3 - t^2 - 3t$. **18.** $s = -t^3 + 8t^2 + 20t$. **19.** $s = 3t^5 - 5t^3$.

Respostas, sugestões, soluções

1. Não confunda velocidade média com média de velocidades. t = tempo de percurso:

$$t = \frac{40}{60} + \frac{100}{80} = \frac{2}{3} + \frac{5}{4} = \frac{23}{12} \text{ horas;}$$

$$v_m = \frac{40 + 100}{23/12} = \frac{1680}{23} \approx 73 \text{ km/h}.$$

2. $v = (5g) \cdot t$, donde $t = 12.000/(5 \times 9,8) \approx 245$ s = 4 min 5 s.

3. Substitua os valores numéricos (e $v = 0$) em $v = v_0 - at$. É conveniente transformar km/h em m/s.

$$a = \frac{80\,000}{3\,600 \cdot 15} \approx 1,48 \text{ m/s}^2.$$

4. $v = v_0 - gt = 0$ no fim da subida; então, $t = t_s = v_0/g$. Altura máxima

$$h = v_0 t - \frac{gt^2}{2} = \frac{v_0^2}{g} - \frac{gv_0^2}{2g^2} = \frac{v_0^2}{2g}.$$

Na descida, $h = gt^2/2 = v_0^2/2g$, donde $t = t_d = v_0/g = t_s$.

5. Seja h_{max} a altura máxima. Como no Exercício 4, $h_{max} = v_0^2/(2 \cdot g)$, donde obtemos $v_0 = \sqrt{2 \cdot g \cdot h_{max}}$ e, assim, $v_0 = \sqrt{2 \cdot 9,8 \cdot 2\,000} \approx 197,99$ m/s.

6. Como $v = v(t) = v_0 - gt$ então $v(5) = 100 - 9,8 \cdot 5 = 100 - 49 = 51$ m/s. Do Exercício 4, sabemos que $h_{max} = v_0^2/(2 \cdot g)$ então

$$h_{max} = 100^2/(2 \cdot 9,8) = 10\,000/19,6 \approx 510 \text{ m}.$$

O tempo de subida é $t \approx 10,2$ s (veja Exercício 4 e Exemplo 2).

7. $v = 24t$; $t = v/24 = 330/24 = 13,75$ s; $h = 12(330/24)^2 = 2\,268,75$ m. Um minuto após o lançamento,

$$v = 24 \cdot 60 = 1\,440 \text{ m/s}, \quad s = 12 \cdot 60^2 = 43\,200 \text{ m}.$$

8. $t = V/a$, $l = at^2/2 = aV^2/2a^2 = V^2/2a$.

9. $v(t) = v_0 + at$. $\dfrac{v(t) + v_0}{2} = v_0 + a\dfrac{t}{2} = v\left(\dfrac{t}{2}\right)$.

10. Tire t de $v = v_0 + at$ e substitua em $s = s_0 + v_0 t + at^2/2$.

11. $v = 2t - 8.$ **12.** $v = -2t + 9.$ **13.** $v = 2t + 2.$

14. $v = 4t - 1.$ **15.** $v = -6t + 10.$ **16.** $v = 3t^2 - 18t + 24.$

17. $v = t^2 - 2t - 3.$ **18.** $v = -3t^2 + 16t + 20.$ **19.** $v = 15t^2(t^2 - 1).$

5.3 Função crescente e função decrescente

Seja f uma função definida em todo o eixo real, num semieixo ou em um intervalo limitado. Diz-se que f é *crescente* se ela varia no mesmo sentido que a variável independente, isto é, se $f(x)$ cresce à medida que x cresce, e decresce à medida que x decresce. Em linguagem formal, isso significa:

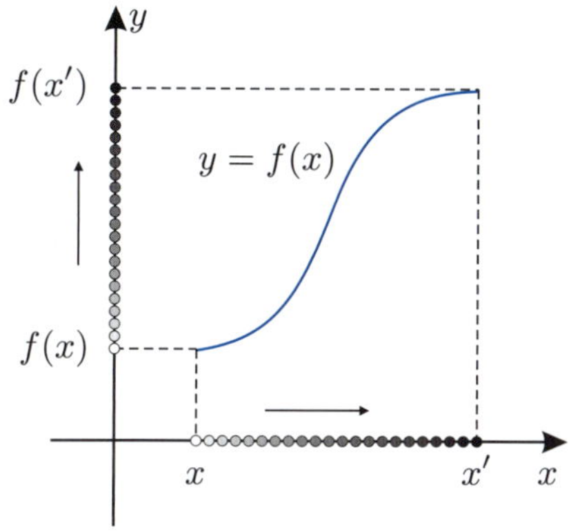

Figura 5.11

$$x < x' \Rightarrow f(x) < f(x').$$

Observe que isso também equivale a escrever: $x > x' \Rightarrow f(x) > f(x')$. O importante a notar aqui é que x e $f(x)$ variam no mesmo sentido, isto é, se a variável independente cresce (ou decresce), a função também cresce (ou decresce). O gráfico de uma função crescente tem um aspecto ascendente, como ilustra a Fig. 5.11.

A definição de função decrescente é análoga à de função crescente: diz-se que uma função f é *decrescente* se x e $f(x)$ variam em sentidos contrários, isto é, se x cresce, então $f(x)$ decresce; e se x decresce, então $f(x)$ cresce. Formalmente,

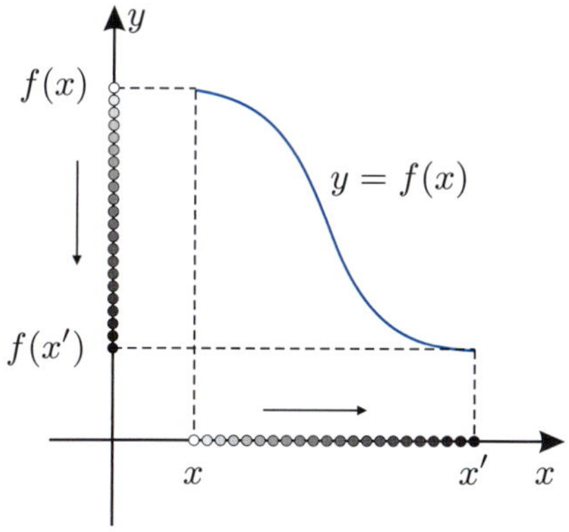

Figura 5.12

$$x < x' \Rightarrow f(x) > f(x').$$

Ou, ainda,

$$x > x', \Rightarrow f(x) < f(x').$$

O gráfico de uma função decrescente tem um aspecto descendente, como ilustra a Fig. 5.12.

Geralmente lidamos com funções definidas em todo o eixo real ou em intervalos. Uma função pode ser crescente em um ou mais intervalos de seu domínio e decrescente em outros; é esse o caso da função $y = x^2$, que é decrescente em $x \leq 0$ e crescente em $x \geq 0$.

A derivada acusa o comportamento da função

O sinal da derivada de uma função permite saber se a função é crescente ou decrescente.

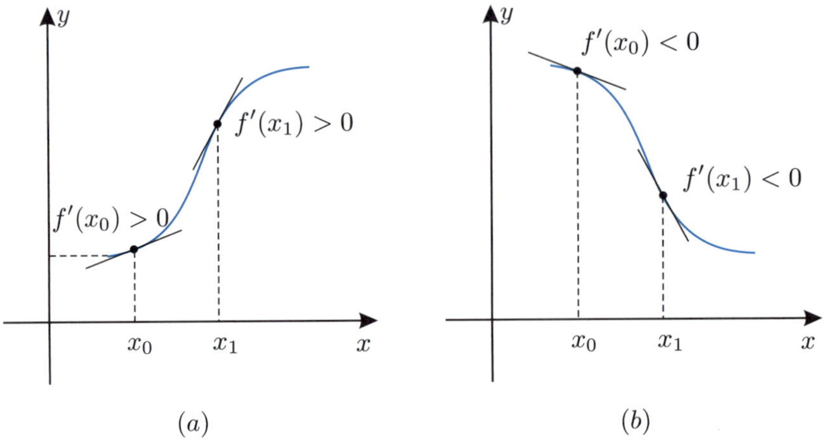

Figura 5.13

Quando a derivada é positiva, a função é crescente, e quando a derivada é negativa, a função é decrescente.

A demonstração desse fato é consequência do Teorema do Valor Médio. De fato, (5.2) (p. 130) permite escrever:

$$f(x') - f(x) = f'(c)(x' - x),$$

em que $x' > x$ e c é um ponto compreendido entre x e x'. Observe que o lado direito dessa equação tem o mesmo sinal que $f'(c)$, pois $x' - x > 0$. Então, se a derivada $f'(c)$ for positiva, concluímos que $f(x') > f(x)$, e a função será crescente; se for negativa, concluímos que $f(x') < f(x)$ e f será decrescente.

Observe que a própria visualização geométrica do gráfico da função aponta para a veracidade da afirmação que acabamos de demonstrar analiticamente. Com efeito, se a derivada f' é positiva num certo valor x, isso significa que a reta tangente no ponto $P = (x, f(x))$ tem declive positivo, como ilustra a Fig. 5.13(a); assim, nas imediatas vizinhanças desse ponto, o gráfico de f é ascendente. Ao contrário, se a derivada for negativa, a reta tangente terá declive negativo e o gráfico de f será descendente nas imediatas vizinhanças do ponto P [Fig. 5.13(b)].

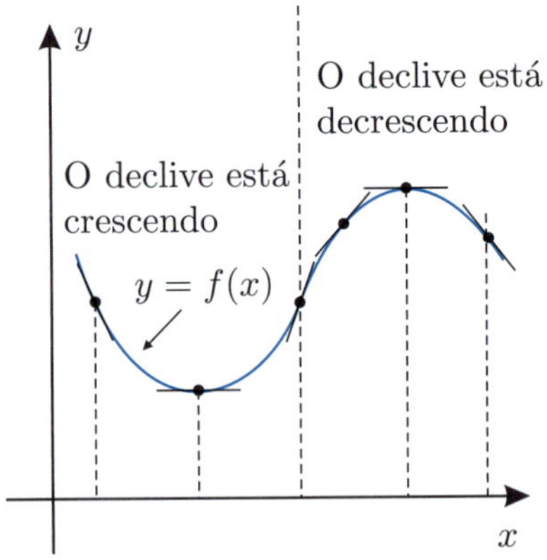

Figura 5.14

Concavidade

Outra conclusão referente ao gráfico da função decorre do modo como varia sua derivada. Se a derivada for crescente, é porque, com o crescer de x, a reta tangente ao gráfico de f vai girando no sentido anti-horário, como ilustra a parte esquerda da Fig. 5.14. Nesse caso diz-se que o gráfico de f *tem sua concavidade voltada para cima*, ou que ele é *convexo*. Se a derivada for decrescente, é porque, com o crescer de x, a reta tangente ao gráfico de f vai girando no sentido horário, como ilustra a parte direita da Fig. 5.14. Diz-se, então, que o gráfico de f *tem sua concavidade voltada para baixo*, ou que é *côncavo*. Resumindo,

Derivada crescente $\Rightarrow$ concavidade para cima.
Derivada decrescente $\Rightarrow$ concavidade para baixo.

O trinômio do segundo grau

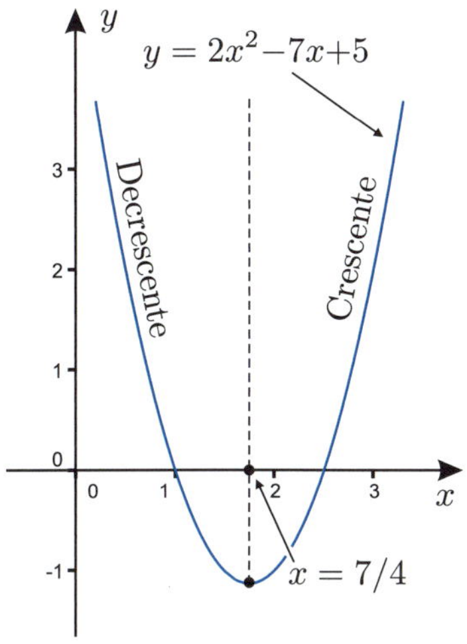

Figura 5.15

Vamos ilustrar a aplicação dessas ideias num caso simples, o da função quadrática ou trinômio do 2º grau, $y = ax^2 + bx + c$. Faremos isso primeiramente por meio de dois exemplos concretos, o primeiro ilustrando o caso em que o coeficiente a é positivo, e o segundo no caso em que a é negativo. Qualquer trinômio se encaixa em um desses dois casos.

▶ Exemplo 1: Um exemplo simples.

Consideremos o trinômio

$$y = f(x) = 2x^2 - 7x + 5,$$

cuja derivada, $y' = f'(x) = 4x - 7 = 4(x - 7/4)$, é positiva para $x > 7/4$ e negativa para $x < 7/4$; consequentemente, o trinômio é crescente à direita de $x = 7/4$ e decrescente à esquerda, como ilustra a Fig. 5.15. Em outras palavras, o trinômio decresce quando x varia de $-\infty$ a $x = 7/4$ e cresce quando x varia de $x = 7/4$ a $+\infty$. Portanto, ele atinge seu valor mínimo em $x = 7/4$, onde a tangente é horizontal, pois $f'(7/4) = 0$. Esse valor mínimo é dado por $f(7/4) = -9/8 = -1{,}125$.

Como a derivada é uma função crescente em todo o eixo real, o declive da reta tangente ao gráfico de f vai crescendo sempre com o crescer de x. Geometricamente, isso significa que a reta tangente vai girando no sentido anti-horário à medida que x cresce, e o gráfico de f tem sua concavidade voltada para cima (Fig. 5.15).

O trinômio se anula em $x = 1$ e $x = 5/2$, e está decrescendo ao passar pela primeira dessas raízes e crescendo ao passar pela segunda. Vemos, assim, que ele será negativo quando x estiver no intervalo das raízes e positivo quando x estiver fora desse intervalo, como ilustra a Fig. 5.15.

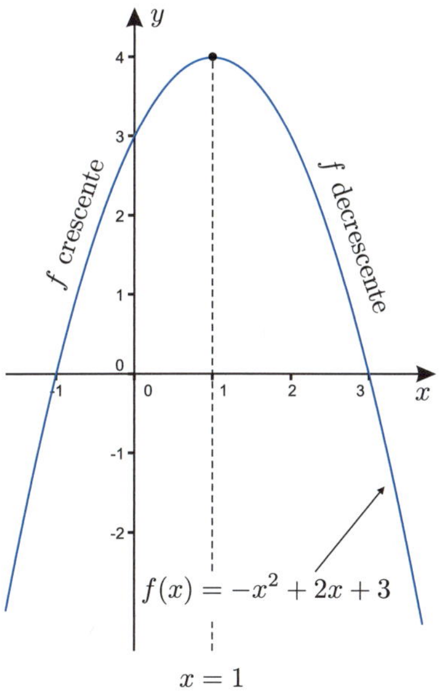

Figura 5.16

▶ Exemplo 2: Mais um exemplo simples.

Consideremos agora o trinômio

$$y = f(x) = -x^2 + 2x + 3.$$

Sua derivada, $y' = f'(x) = -2x+2 = 2(1-x)$, é positiva para $x < 1$; portanto, o trinômio é crescente nessa parte de seu domínio e é negativa para $x > 1$, onde o trinômio é decrescente (Fig. 5.16). Em outras palavras, o trinômio cresce quando x varia de $-\infty$ a $x = 1$ e decresce quando x varia de $x = 1$ a $+\infty$. Assim, ele atinge seu valor máximo em $x = 1$, onde a tangente é horizontal, pois $f'(1) = 0$. Esse valor máximo é $f(1) = 4$.

Como a derivada é uma função decrescente em todo o eixo real, o declive da reta tangente ao gráfico de f vai decrescendo sempre com o crescer de x. Geometricamente, isso significa que a reta tangente vai girando no sentido horário à medida que x cresce, e o gráfico de f tem sua concavidade voltada para baixo (Fig. 5.16).

Como no exemplo anterior, aqui também a análise do sinal do trinômio é simples: ele é positivo quando x se situa entre as raízes $x = -1$ e $x = 3$ e negativo quando x está fora desse intervalo, como ilustra a Fig. 5.16.

Trinômio genérico

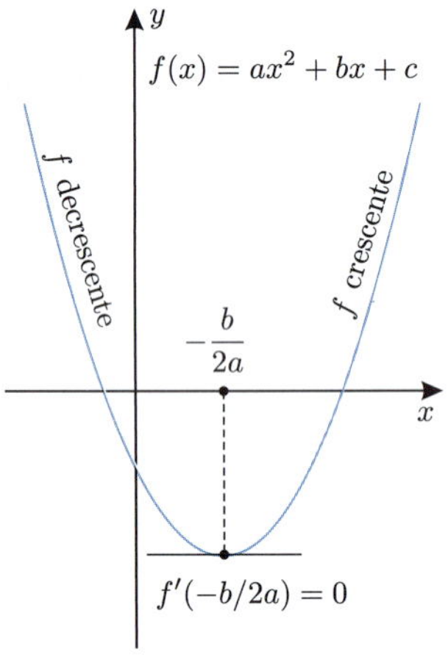

Figura 5.17

O caso geral do trinômio $y = f(x) = ax^2 + bx + c$ encaixa-se em um dos casos discutidos nos exemplos anteriores. Como veremos a seguir, se $a > 0$, o trinômio comporta-se como no caso do Exemplo 1; e se $a < 0$, seu comportamento é como no caso do Exemplo 2.

Consideremos primeiro o caso em que $a > 0$. Então, a derivada

$$y' = f'(x) = 2ax + b = 2a\left(x + \frac{b}{2a}\right)$$

é positiva em $x > -b/2a$ e negativa em $x < -b/2a$; portanto, o trinômio é crescente à direita desse valor de x e decrescente à esquerda (acompanhe o raciocínio observando a Fig. 5.17), atingindo seu valor mínimo em $x = -b/2a$, onde a tangente é horizontal (pois $f'(-b/2a) = 0$, como se verifica prontamente). O gráfico do trinômio terá sua concavidade voltada para cima, pelo fato de sua derivada ser sempre crescente.

Consideremos agora o caso em que $a < 0$. A expressão da derivada nos mostra que ela será sempre decrescente (veja a Fig. 5.18) e se anula em $x = -b/2a$. Em consequência, ela será positiva em $x < -b/2a$ (onde o trinômio será crescente) e negativa em $x > -b/2a$ (onde o trinômio será decrescente). Agora o gráfico terá sua concavidade voltada para baixo, pois a derivada é decrescente. O trinômio assumirá seu valor máximo em $x = -b/2a$, onde a derivada se anula e a reta tangente é horizontal.

Sinal do trinômio

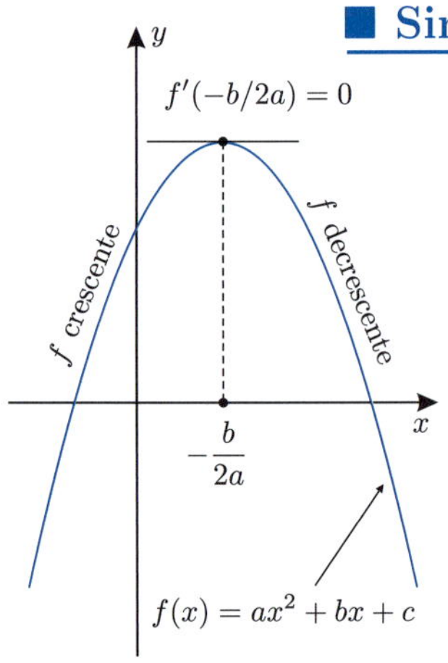

Figura 5.18

No caso de um trinômio genérico, $y = ax^2 + bx + c$, a expressão da derivada, $y' = 2ax + b$, mostra que ela é crescente se $a > 0$ e decrescente se $a < 0$. Para fixar as ideias, vamos supor $a > 0$. Então, o gráfico do trinômio terá sua concavidade voltada para cima; daí, se o trinômio tiver duas raízes reais e distintas, ele será negativo quando x estiver entre as raízes e positivo se x estiver fora do intervalo das raízes [como na Fig. 5.19(a)]. Caso o trinômio tenha uma única raiz (dupla), ele será sempre positivo se x for diferente dessa raiz [Fig. 5.19(b)]. E se o trinômio não tiver raiz real, ele será sempre positivo, ou seja, terá o mesmo sinal de a [Fig. 5.19(c)].

O estudo do caso $a < 0$ é inteiramente análogo e fica para os exercícios. (Exercício 13 adiante, p. 142.)

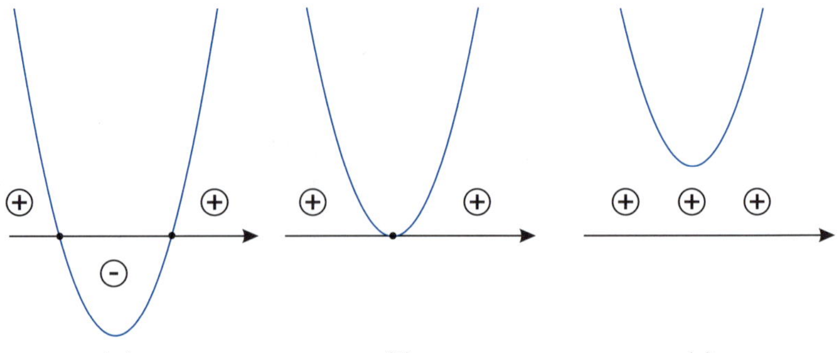

Figura 5.19

Problemas de otimização

▸ Exemplo 3: Maximização do lucro.

Um industrial vende 6 000 unidades de um certo produto mensalmente, ao preço unitário de R$ 4,00, quando o custo de produção é de R$ 3,00 por unidade. Ele pretende aumentar o preço de venda para aumentar o lucro, mas sabe que a demanda pelo produto cai de 300 unidades para cada real de aumento no preço de venda. Determine o preço ótimo de venda, isto é, o preço de venda de cada unidade do produto para maximizar o lucro.

Seja x o preço a determinar. Observe que a demanda mensal do produto é

$$6\,000 - 300(x-4) = 6\,000 - 300x + 1\,200 = 7\,200 - 300x = 300(24-x).$$

Portanto, o lucro mensal é dado por

$$L(x) = 300(24-x)(x-3) = 300(-x^2+27x-72).$$

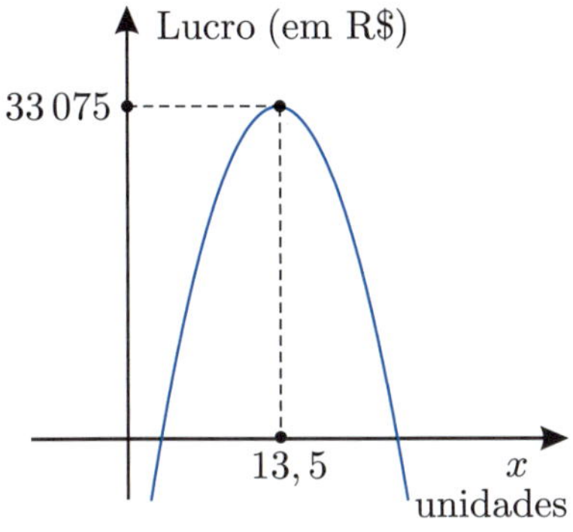

Figura 5.20

Maximizar o lucro é o mesmo que maximizar o trinômio $y = -x^2 + 27x - 72$. Isso acontece para o valor de x que anula a derivada $y' = -2x + 27$, isto é, para $x = 13,5$, de sorte que o lucro máximo ocorre quando o preço unitário é R$13,50 (Fig. 5.20). O valor do lucro mensal é dado por

$$L(13,5) = 300(24-13,5)(13,5-3) = 300 \cdot 10,5 \cdot 10,5 = \text{R\$}33.075,00.$$

Esse exemplo ilustra um fato simples e interessante. O lucro depende do lucro unitário dos produtos, mas também da demanda. É claro que, à medida que o preço sobe, a demanda diminui, de forma que não se pode aumentar muito o preço. Mas a diminuição do preço de venda também tem um limite, abaixo do qual o lucro diminui.

O leitor deve notar que a função lucro acima é um modelo muito simplificado. O problema maior dos economistas é a dificuldade de encontrar modelos matemáticos simples que traduzam fielmente os fenômenos econômicos. Só para citar um exemplo do dia a dia, o governo aumenta as tarifas de importação para proteger o produtor nacional. O difícil é saber qual o valor ideal de determinada tarifa, pois se aumentar pouco prejudica o produto nacional e se aumentar muito elimina a competição interna e favorece o aumento abusivo de preços do produto nacional.

Exercícios

Em cada um dos Exercícios 1 a 6, utilize a derivada para estudar as funções dadas, intervalos onde são crescentes ou decrescentes, concavidade de seus gráficos, valores máximos e mínimos e intervalos de variação de sinais. Faça os respectivos gráficos.

1. $y = x^2 + 2x - 3$. **2.** $y = 4x - x^2 - 3$. **3.** $y = 2x^2 - 7x + 3$.

4. $y = 4 - 4x - 3x^2$. **5.** $y = 9x^2 + 12x + 4$. **6.** $y = x^2 - x + 1$.

Em cada um dos Exercícios 7 a 15, há um problema envolvendo crescimento e decrescimento de funções. Faça o que se pede.

7. Prove que a função $f(x) = \sqrt{x}$, definida para todo $x \geq 0$, é crescente.

8. Prove que a função $f(x) = 1/x$ é decrescente em $x > 0$ e também, separadamente, em $x < 0$.

9. A função do exercício anterior é um bom exemplo de que a definição de função crescente ou decrescente deve referir-se a todo um intervalo do domínio; não pode referir-se, pois, a um intervalo que contenha pontos que não pertencem ao domínio. Explique isso.

10. Determine os intervalos de valores em que a função $f(x) = 1/(2-x)$ é crescente e/ou decrescente.

11. Prove que o valor máximo ou mínimo do trinômio $y = f(x) = ax^2 + bx + c$ é $-\Delta/4a = (4ac - b^2)/4a$; será máximo se $a < 0$ e mínimo se $a > 0$.

12. Mostre que o máximo ou o mínimo do trinômio $y = f(x) = ax^2 + bx + c$ ocorre no ponto médio entre as raízes do trinômio.

13. Faça o estudo do sinal do trinômio $y = ax^2 + bx + c$, supondo $a < 0$, análogo ao que fizemos no texto para o caso $a > 0$.

14. Prove que, se uma função f é crescente, então $f(x) < f(y) \Rightarrow x < y$. Enuncie e demonstre proposição análoga para função decrescente.

15. Prove que, se uma função f é crescente ou decrescente, então $f(x) = f(y) \Rightarrow x = y$.

16. Um industrial vende $3\,000$ unidades de um certo produto mensalmente, ao preço unitário de R\$14,00, quando o custo de produção é de R\$3,00 por unidade. Ele pretende aumentar ainda mais o preço de venda, pensando que assim vai aumentar o lucro, embora saiba que a demanda pelo produto cai de 300 unidades para cada real de aumento no preço de venda. Determine o preço ótimo de venda, isto é, o preço de venda de cada unidade do produto para maximizar o lucro.

Respostas, sugestões, soluções

1. $y' = 2x + 2$ possui gráfico crescente, e, assim, a concavidade do gráfico do trinômio é voltada para cima. Como y' se anula para $x = -1$, o gráfico do trinômio é decrescente se $x < -1$, crescente para $x > -1$, e assume valor mínimo -4 se $x = -1$. Como as raízes são $x = -3$ e $x = 1$, o trinômio assume valores negativos se x estiver no intervalo das raízes e positivo se x estiver fora desse intervalo. O gráfico é deixado por conta do leitor.

2. $y' = 8x - 1$ possui gráfico crescente e, assim, a concavidade do gráfico do trinômio é voltada para cima. Como y' se anula para $x = 1/8$, o gráfico do trinômio é decrescente se $x < 1/8$, crescente para $x > 1/8$, e assume valor mínimo $-49/16$ se $x = 1/8$. Como as raízes são $x = -3/4$ e $x = 1$, o trinômio assume valores negativos se x estiver no intervalo das raízes e positivo se x estiver fora desse intervalo. O gráfico é deixado por conta do leitor.

3. $y' = 4x - 7$ possui gráfico crescente, e, assim, a concavidade do gráfico do trinômio é voltada para cima. Como y' se anula para $x = 7/4$, o gráfico do trinômio é decrescente se $x < 7/4$, crescente para $x > 7/4$, e assume valor mínimo $-25/8$ se $x = 7/4$. Como as raízes são $x = 1/2$ e $x = 3$, o trinômio assume valores negativos se x estiver no intervalo das raízes e positivo se x estiver fora desse intervalo. O gráfico é deixado por conta do leitor.

4. $y' = -6x - 4$ possui gráfico decrescente, e, assim, a concavidade do gráfico do trinômio é voltada para baixo. Como y' se anula para $x = 2/3$, o gráfico do trinômio é crescente se $x < 2/3$, crescente para $x > 2/3$, e assume valor máximo $16/3$ se $x = 2/3$. Como as raízes são $x = -2$ e $x = 2/3$, o trinômio assume valores positivos se x estiver no intervalo das raízes e negativo se x estiver fora desse intervalo. O gráfico é deixado por conta do leitor.

5. $y' = 18x + 12$ possui gráfico crescente, e, assim, a concavidade do gráfico do trinômio é voltada para cima. Como y' se anula para $x = -2/3$, o gráfico do trinômio é decrescente se $x < -2/3$, crescente para $x > -2/3$, e assume valor mínimo 0 se $x = -2/3$. Como há uma única raiz real $x = -2/3$, o trinômio não assume valores negativos e assume valores positivos se $x \neq -2/3$. O gráfico é deixado por conta do leitor.

6. $y' = 2x - 1$ possui gráfico crescente, e, assim, a concavidade do gráfico do trinômio é voltada para cima. Como y' se anula para $x = 1/2$, o gráfico do trinômio é decrescente se $x < 1/2$, crescente para $x > 1/2$ e assume valor mínimo $3/4$ se $x = 1/2$. Como $\Delta = -3 < 0$, não há raízes reais, e desse modo o trinômio assume valores positivos para todo $x \in \mathbb{R}$.

7. Observe que, como x e x' são não negativos,

$$\sqrt{x} < \sqrt{x'} \Leftrightarrow x < x'.$$

8. Sugestão: com $xx' > 0$ (ambos fatores positivos ou ambos negativos), tem-se:

$$\frac{1}{x} < \frac{1}{x'} \Leftrightarrow x' < x \text{ ou } x > x'.$$

Daqui segue que a função é decrescente, tanto em $x > 0$ como em $x < 0$.

9. Observe que $f(x) < f(x')$ se $x < 0 < x'$, mas isso não ajuda para definir a função como "crescente" em um intervalo $[A,\ B]$ que inclua o zero, pois, se $A \leq x < 0 < x' \leq B$, existem valores a e b tais que $A \leq x < a < 0 < b < x' \leq B$ e $f(x) > f(a) < f(b) > f(x')$. Faça um gráfico.

10. Função crescente em $x < 2$ e em $x > 2$.

11. Basta calcular $f(-b/2a)$, que é o valor do trinômio onde sua derivada se anula.

12. Notando que o máximo ou o mínimo do trinômio ocorre no ponto onde sua derivada se anula, isto é, em $x = -b/2a$, basta provar que este número é a média das duas raízes.

13. A derivada $y' = 2ax + b$ é decrescente, já que $a < 0$; logo, a concavidade do gráfico do trinômio está voltada para baixo. Se o trinômio tiver duas raízes reais e distintas, ele será positivo quando x estiver no intervalo das raízes e negativo para x fora do intervalo das raízes. Se o trinômio tiver uma única raiz (dupla), ele será sempre negativo se x for diferente dessa raiz. E se o trinômio não tiver raiz real, ele será sempre negativo, ou seja, terá o mesmo sinal de a. Faça os respectivos gráficos.

14. Se fosse $x \geq y$, teríamos $f(x) \geq f(y)$.

15. Se fosse $x < y$, teríamos $f(x) < f(y)$; e se fosse $x > y$, teríamos $f(x) > f(y)$.

16. A resposta é a mesma que no exemplo do texto: $x = 13,5$ reais. Portanto, o comerciante deve diminuir e não aumentar o preço de venda.

5.4 Máximos e mínimos

Diz-se que $x = c$ é *ponto de máximo* de uma função f se $f(c) \geq f(x)$ para todo x no domínio de f, isto é, se $f(c)$ for o maior valor que a função assume em seu domínio. Analogamente, $x = c$ é *ponto de mínimo* de f se $f(c) \leq f(x)$ para todo x no domínio de f, isto é, se $f(c)$ for o menor valor que a função assume em seu domínio.

Nos últimos exemplos, vimos que os valores máximo ou mínimo de um trinômio do $2^{\underline{o}}$ grau ocorrem nos pontos x onde a derivada se anula. Mas nem sempre é assim com outras funções. Por exemplo, a função $y = \sqrt{x}$, que está definida em $x \geq 0$, tem mínimo em $x = 0$, mas não tem máximo, pois tende a infinito com $x \to \infty$. Se restringirmos seu domínio ao intervalo $[0,\ 1]$, ela terá mínimo em $x = 0$ e máximo em $x = 1$; com domínio o intervalo $(0,\ 1)$, ela não tem nem máximo nem mínimo. No exemplo seguinte veremos um novo fenômeno, que nos levará à introdução dos conceitos de máximo e mínimo locais.

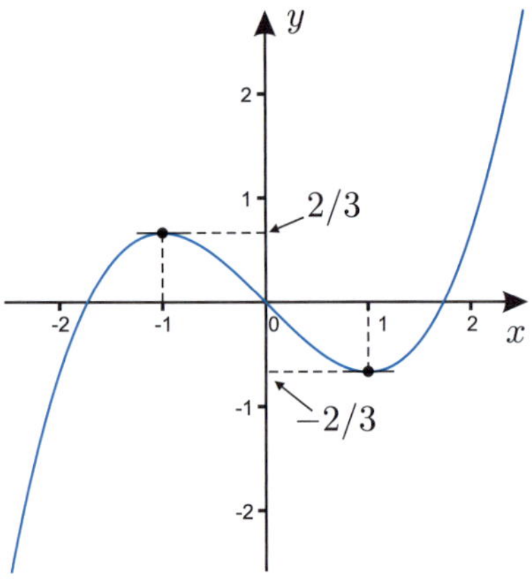

Figura 5.21

▸ Exemplo 1: Um exemplo simples.

Consideremos a função

$$y = f(x) = \frac{x^3}{3} - x = x\left(\frac{x^2}{3} - 1\right),$$

que está definida para todo x. Sendo função ímpar, seu gráfico em $x < 0$ é o refletido, em $x = 0$, da parte do gráfico situada à direita da origem, isto é, todo ponto $(a,\ f(a))$ vai em $(-a,\ -f(a))$ (Fig. 5.21). Sua derivada,

$$y' = f'(x) = x^2 - 1 = (x + 1)(x - 1),$$

se anula em $x = -1$ e $x = 1$, onde a função assume os valores $f(-1) = 1 - 1/3 = 2/3$ e $f(1) = 1/3 - 1 = -2/3$. Nenhum desses valores é máximo ou mínimo, pois a função tende a $+\infty$ com $x \to +\infty$ e a $-\infty$ com $x \to -\infty$.

Embora esses valores $x = -1$ e $x = 1$ não sejam pontos de máximo ou mínimo, o primeiro deles tem o aspecto de um máximo, enquanto o segundo tem o aspecto de um mínimo. Eles são o que se costuma designar de *máximo local* e *mínimo local*, respectivamente, conforme as definições que damos a seguir.

> ▸ **Definições: (Máximo e mínimo local)** *Diz-se que $x = c$ é ponto de máximo local de uma função f se existe um intervalo aberto $(a,\ b)$ contendo $x = c$ e todo contido no domínio da função, tal que, restrita a esse intervalo, f tem máximo em $x = c$. Define-se mínimo local de maneira inteiramente análoga.*

De acordo com essas definições, no exemplo anterior, $x = -1$ é um ponto de máximo local. Para vermos isso, basta restringir a função a um intervalo como $(-2,\ 0)$, $(-3,\ -1/2)$, $(-5,\ 1/2)$ ou qualquer outro intervalo aberto contendo $x = -1$ e suficientemente pequeno; e $x = 1$ é um ponto de mínimo local, como vemos restringindo a função ao intervalo $(0,\ 2)$ ou a qualquer outro intervalo aberto contendo $x = 1$ e suficientemente pequeno.

Máximos e mínimos locais são também chamados máximos e mínimos *relativos*, justamente por se referirem a um domínio restrito da função. Em contraposição a eles, o máximo e o mínimo referentes a todo o domínio da função costumam ser chamados máximo e mínimo *absolutos*.

Para evitar excesso de palavras, os vocábulos "máximo" e "mínimo" são frequentemente usados sem qualificativos, às vezes significando "absolutos", às vezes "relativos", com o significado preciso conforme o contexto. É costume também abreviar a expressão "$x = a$ é um ponto de máximo (ou ponto de mínimo)" para "$x = a$ é um máximo (ou mínimo)". Um máximo (ou mínimo) absoluto pode ao mesmo tempo ser local ou não; e também um máximo (ou mínimo) local pode ao mesmo tempo ser absoluto ou não.

Neste ponto é conveniente introduzir a definição de duas outras expressões muito usadas nesse contexto de máximos e mínimos.

▶ **Definição:** **(Pontos críticos ou estacionários)** *Pontos críticos ou pontos estacionários de uma função são pontos onde a derivada da função se anula.*

▶ **Obs.:** **sobre a definição de ponto crítico adotada.**
Alguns autores de livros de Cálculo entendem por pontos críticos aqueles em que a derivada não está definida, além dos pontos onde ela se anula. A definição que adotamos aqui é a de uso corrente entre os matemáticos profissionais.

Vamos agora provar um teorema de importância fundamental no estudo de máximos e mínimos.

▶ **Teorema:** *Se $x = c$ é ponto de máximo (ou de mínimo) local de uma função f, e se f é derivável nesse ponto, então $f'(c) = 0$.*

Para demonstrar o teorema, suponhamos que $x = c$ seja ponto de máximo. Então, o numerador da razão incremental

$$\frac{f(c+h) - f(c)}{h},$$

será sempre ≤ 0, pois $f(c+h) \leq f(c)$. No entanto, podemos fazer $h \to 0$ por valores positivos de h, como por valores negativos. Quando $h > 0$,

$$\frac{f(c+h) - f(c)}{h} \leq 0$$

(pois numerador negativo com denominador positivo resulta em fração negativa); e quando $h < 0$,

$$\frac{f(c+h) - f(c)}{h} \geq 0$$

(pois numerador negativo com denominador negativo resulta em fração positiva). Vemos assim que a derivada (que é o limite da razão incremental com $h \to 0$) tem de ser, ao mesmo tempo, ≤ 0 e ≥ 0. A conclusão é que essa derivada só pode ser zero: $f'(c) = 0$, como queríamos provar. A demonstração é análoga no caso em que o ponto é de mínimo e não de máximo.

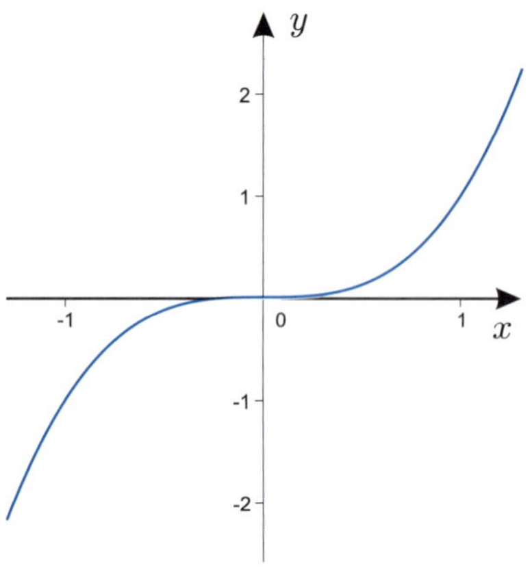

Figura 5.22

► **Obs.:** Devemos notar que a recíproca desse teorema não é verdadeira. Uma função pode ter ponto crítico sem que ele seja de máximo ou de mínimo. Por exemplo, a função $y = x^3$ tem derivada $y' = 3x^2$, que se anula em $x = 0$, e é positiva em todos os demais valores de x. Isso significa que a função dada é crescente em todo o eixo real; portanto, não tem máximo nem mínimo, embora tenha ponto crítico em $x = 0$, como ilustra a Fig. 5.22.

Se o máximo ou o mínimo absoluto da função não ocorrerem em pontos críticos, eles devem ser procurados nos pontos onde a função não tenha derivada. Tais pontos incluem os extremos do domínio da função, já que nesses pontos só pode haver derivada à direita ou à esquerda, mas não derivada no sentido ordinário. O máximo ou o mínimo da função, se existirem, certamente ocorrerão em um ou mais desses pontos.

Uma variedade de exemplos

► **Exemplo 2: Máximos e mínimos em domínios diversos.**

A função do exemplo anterior possui pontos críticos em $x = -1$ e $x = 1$, que são também máximo e mínimo relativos, respectivamente. Pondo em evidência o fator x, é fácil ver que

$$y = f(x) = \frac{x^3}{3} - x = x\left(\frac{x^2}{3} - 1\right)$$

tem raízes em $x = 0$, $x = -\sqrt{3}$ e $x = \sqrt{3}$. Se considerarmos a função com domínio $(-\sqrt{3},\ \sqrt{3})$, os pontos $x = -1$ e $x = 1$, que há pouco eram máximo e mínimo relativos, agora são também absolutos (Fig. 5.23). E se adotarmos como domínio da função o intervalo $(0,\ 1]$, ela terá mínimo absoluto em $x = 1$, mas não terá máximo nem pontos críticos [Fig. 5.24(a)]; com domínio o intervalo $[0,\ 1]$, ela agora tem máximo em $x = 0$ e mínimo em $x = 1$ [Fig. 5.24(b)].

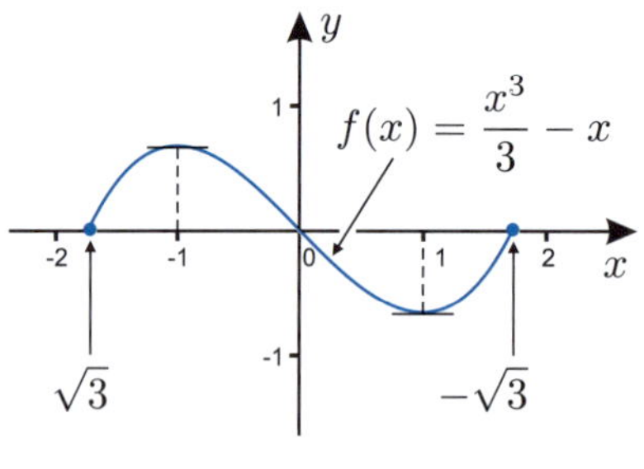

Figura 5.23

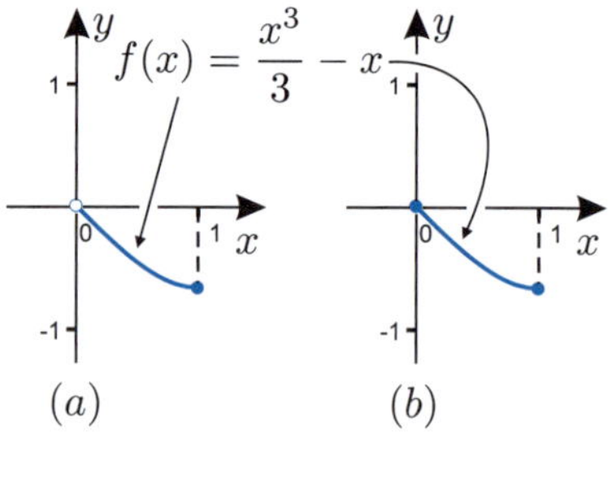

Figura 5.24

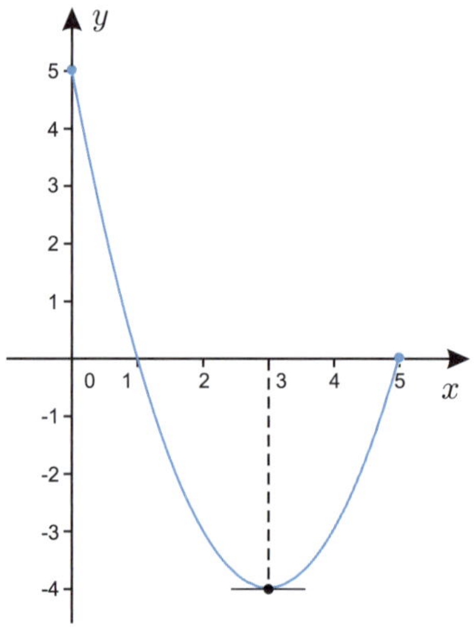

Figura 5.25

► **Exemplo 3: Máximo no extremo esquerdo de um intervalo e mínimo em um ponto crítico.**

Considere a função $f(x) = x^2 - 6x + 5$, com domínio $[0,\ 5]$ (Fig. 5.25). Sua derivada, $f'(x) = 2x - 6$, se anula em $x = 3$. Os valores de f nesse ponto e nos extremos de seu domínio, $x = 0$ e $x = 5$, são

$$f(3) = 3^2 - 6 \cdot 3 + 5 = -4, \quad f(0) = 0^2 - 6 \cdot 0 + 5 = 5$$
$$\text{e} \quad f(5) = 5^2 - 6 \cdot 5 + 5 = 0.$$

Vemos, pois, que a função tem máximo absoluto igual a 5 no extremo $x = 0$ e mínimo absoluto igual a -4 no ponto crítico $x = 3$.

▶ Exemplo 4: **Máximo nos extremos de um intervalo e mínimo em um ponto crítico.**

A função $f(x) = x^2 + x - 6$, tendo por domínio o intervalo $[-3,\ 2]$, tem um ponto crítico em $x = -1/2$, pois sua derivada $f'(x) = 2x + 1$ se anula nesse ponto [Fig. 5.26(a)]. Como

$$f\left(-\frac{1}{2}\right) = \left(-\frac{1}{2}\right)^2 - \frac{1}{2} - 6 = -\frac{25}{4} = -6,25,$$
$$f(-3) = (-3)^2 - 3 - 6 = 0 \quad \text{e} \quad f(2) = 2^2 + 2 - 6 = 0,$$

vemos que f assume o valor máximo zero, tanto no extremo -3 como no extremo 2 de seu domínio; e o valor mínimo $-25/4$ no ponto crítico $x = -1/2$.

A mesma função, tendo por domínio o intervalo $[-3,\ 3)$, continua possuindo mínimo em $x = -1/2$, mas agora não tem máximo; teria em $x = 3$, mas esse ponto não está incluído no domínio da função [Fig. 5.26(b)].

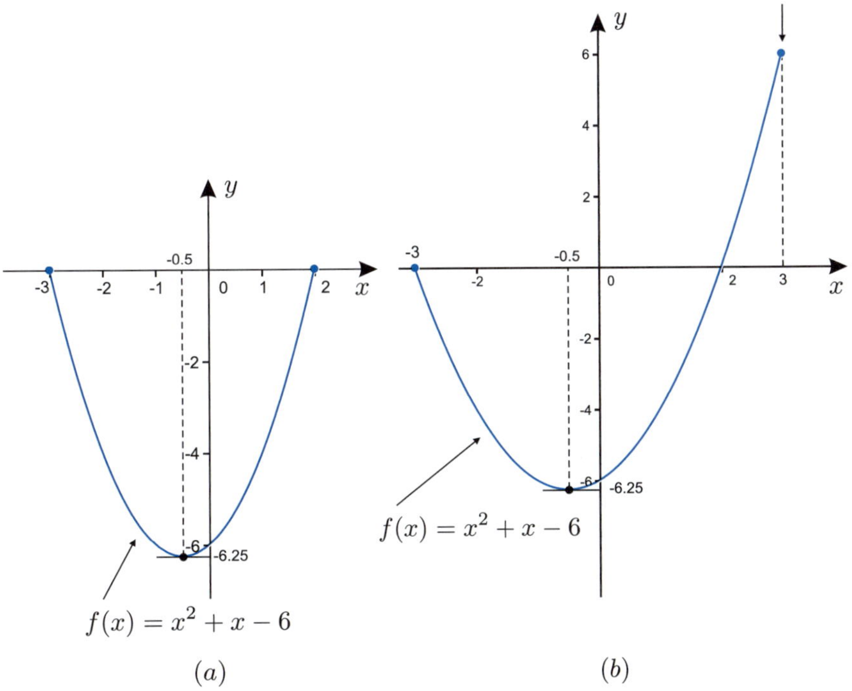

Figura 5.26

A mesma função, considerada em toda a reta, assume o valor mínimo $-6,25$ no ponto crítico $x = -1/2$, porém continua não tendo máximo. Ela tende a $+\infty$ com $x \to \pm\infty$ (Fig. 5.27).

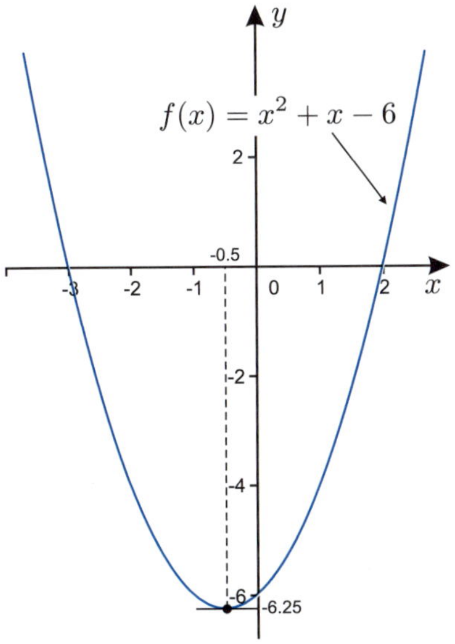

Figura 5.27

▸ Exemplo 5: Ponto de mínimo que não são pontos críticos.

Consideremos a função $f(x) = \sqrt{|x|}$ no intervalo $[-2, 1]$ [Fig. 5.28(a)]. Como

$$f(x) = \begin{cases} \sqrt{x} & \text{se} \quad x \geq 0, \\ \sqrt{-x} & \text{se} \quad x < 0, \end{cases}$$

temos, para sua derivada,

$$f'(x) = \begin{cases} \dfrac{1}{2\sqrt{x}}, & x > 0, \\ \dfrac{-1}{2\sqrt{-x}}, & x < 0, \end{cases}$$

que pode ser expressa numa fórmula única:

$$f'(x) = \frac{1}{2\sqrt{|x|}} \cdot \frac{x}{|x|}.$$

Essa derivada não se anula em ponto nenhum; logo, a função não tem pontos críticos. Devemos procurar seus extremos nos extremos do intervalo de definição da função, $x = -2$ e $x = 1$; e no ponto $x = 0$, onde a derivada não existe. A comparação dos três valores encontrados,

Lembre-se:

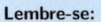

$$|\square| = \begin{cases} \square, & \text{se} \quad \square \geq 0 \\ -\square, & \text{se} \quad \square < 0. \end{cases}$$

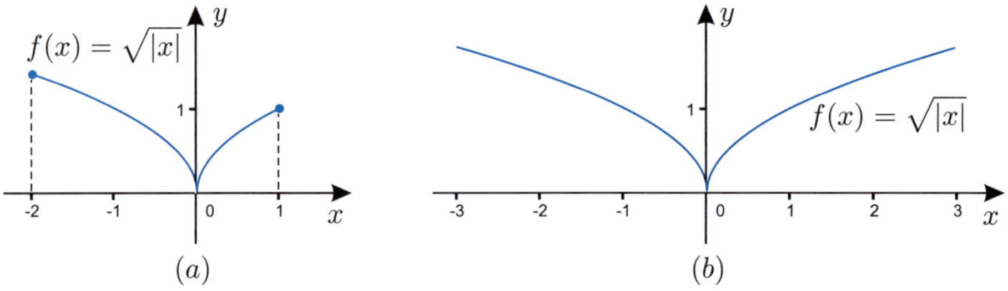

Figura 5.28

$$f(-2) = \sqrt{2} \approx 1,4, \quad f(0) = 0 \quad \text{e} \quad f(1) = 1,$$

mostra que no intervalo original $[-2, 1]$ a função atinge seu valor máximo em $x = -2$ e seu mínimo em $x = 0$.

A mesma função definida em toda a reta não terá máximo, apenas mínimo em $x = 0$ [Fig. 5.28(b)].

▸ Obs.: Máximo e mínimo em um intervalo fechado.

Nos exemplos anteriores, vimos que há funções que não têm máximo ou mínimo. Mas quando a função é contínua num intervalo fechado $[a, b]$, ela sempre atinge um valor máximo e um valor mínimo. Isso é um teorema que se demonstra nos cursos de Análise.

Carga e corrente elétrica

O conceito de *carga elétrica* é o principal elemento utilizado para explicar o fenômeno elétrico e é, além disso, a grandeza mais básica em circuitos elétricos.

No modelo atômico aceito há, no centro do átomo, dois tipos de partículas chamadas de prótons e nêutrons, e a esse conjunto dá-se o nome núcleo. Em volta desse núcleo giram, em movimento permanente, os elétrons (como se fossem satélites), com trajetórias organizadas em camadas sucessivas chamadas órbitas eletrônicas.

Normalmente, cada átomo é eletricamente neutro, ou seja, a quantidade de prótons e elétrons é igual. Podemos dizer que um corpo está eletrizado quando possui excesso ou falta de elétrons. Se há excesso de elétrons, o corpo está eletrizado negativamente; se há falta de elétrons, o corpo está eletrizado positivamente.[(2)] A quantidade de elétrons em falta ou em excesso caracteriza a carga elétrica Q do corpo.

Em um metal condutor, o movimento desses elétrons, que não fica restrito a um único átomo, é o seu movimento que produz o fenômeno chamado *corrente elétrica.*

> A taxa de variação da *carga elétrica* (C) em relação ao tempo (s) é definida como *corrente elétrica* e é medida em **ampère** (A).

Raciocínio por comparação

Comparativamente, pensemos em uma caixa com água, ligados a ela uma bomba e um cano. Para ajudar no entendimento do conceito, pense que a bomba fará pressão para que a água se movimente pelo cano. A água seria equivalente aos elétrons (é o que irá movimentar). A figura adiante ilustra o que vamos propor como raciocínio por comparação.

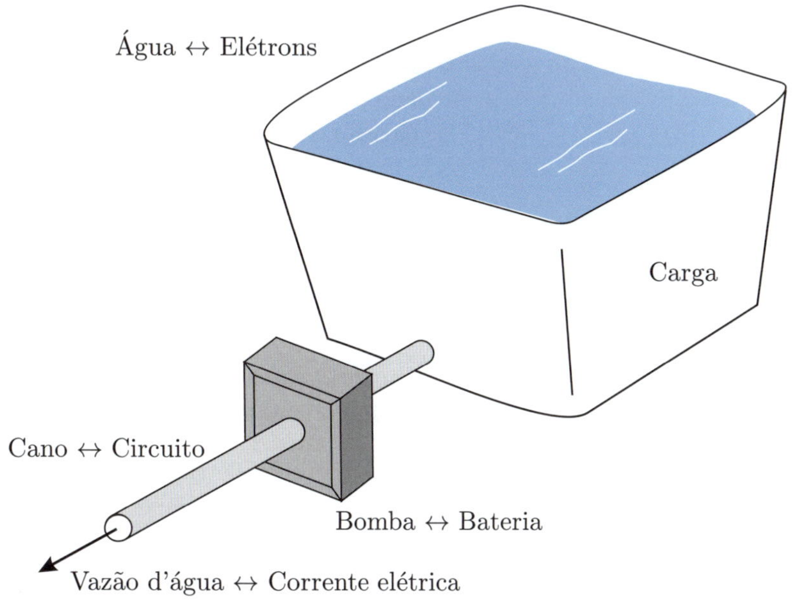

A quantidade de água seria o equivalente à carga elétrica; podemos medir a quantidade de água em litros; já a quantidade de elétrons é medida em *coulombs*. O cano é o meio por onde a água se movimentará e formará um circuito por onde ela passará. Seu análogo seria, por exemplo, um fio de metal, que é um dos meios por onde os elétrons se movimentam.

---

(2) Por convenção, a carga dos prótons foi chamada de positiva (+) e a carga dos elétrons, de negativa (–). Quando o átomo possui a mesma quantidade de prótons e elétrons, dizemos que é neutro. Se há mais elétrons que prótons, diz-se que o átomo está eletrizado negativamente e se há mais prótons que elétrons, eletrizado positivamente.

Enquanto a velocidade da água poderia ser medida em litros por segundo (l/s) a velocidade com que os elétrons se movimentam é medida *coulombs* por segundo (C/s), e essa razão é chamada de *ampères*. A trajetória completa de uma corrente elétrica é chamada de *circuito elétrico*, e podemos pensar nele como o "caminho" para que os elétrons se movimentem.

O papel da bomba-d'água é produzir pressão para provocar o fluxo d'água. Esse papel seria feito, por exemplo, por uma bateria elétrica, que tem por objetivo produzir tensão (medida em *volts*) para que ocorra um fluxo de elétrons. Voltaremos a tratar desse assunto na p. 266.

A título de curiosidade, por conta do uso do símbolo "I" ou "i" para a representação de corrente elétrica, é comum engenheiros eletricistas e de computação usarem o símbolo "j" para representar a unidade imaginária ($j^2 = -1$). Assim, um número complexo é escrito, geralmente, na forma $z = x + jy$ ou $z = |z|e^{j\text{Arg}(z)}$.

Em geral os seguintes símbolos são usados para representar carga e corrente elétrica:

- **Q** ou **q** : representa carga elétrica, e sua medida é em *coulombs*.
- **I** ou **i** : representa corrente elétrica, e sua medida é em *ampères*.

A relação entre essas duas grandezas segue da definição, ou seja,

$$i = \frac{dq}{dt} \quad \text{ou} \quad I = \frac{dQ}{dt}$$

Em palavras, dizemos que *a corrente elétrica é a taxa de variação da carga (elétrica) em relação ao tempo.* Não é incomum problemas envolvendo essas grandezas, como mostra o exemplo seguinte.

▶ Exemplo 6: Corrente elétrica a partir da carga elétrica.

Um capacitor (ou condensador) de um circuito elétrico é um dispositivo usado para armazenar carga elétrica. Suponha que a quantidade de carga de um dado capacitor no instante t é $Q(t) = t^2+t+7$ coulombs. Determine a corrente elétrica no instante inicial no instante $t = 3$ s.

Como $I = dQ/dt = 2t + 1$, a corrente no instante $t = 0$ é de 1 A, e no instante $t = 3$ é de 7 A.

▶ Exemplo 7: Corrente elétrica a partir da carga elétrica.

A quantidade de carga Q em coulombs (C) que passa através de um ponto em um fio no instante t (em segundos) é dada por $Q(t) = \sqrt{t^2+1}$. Determine

(a) A corrente elétrica no instante 3 s.

(b) O que ocorrerá com a corrente com o passar do tempo? Ela se estabilizará? Em torno de que valor?

Como a corrente elétrica $I = dQ/dt$, então, pela regra da cadeia, teremos

$$I(t) = D[\sqrt{t^2+1}] = \frac{1}{2\sqrt{t^2+1}}D[t^2+1] = \frac{2t}{2\sqrt{t^2+1}} = \frac{t}{\sqrt{t^2+1}}$$

No instante $t = 3$,

$$I(3) = \frac{t}{\sqrt{3^2+1}} = \frac{3}{\sqrt{10}} = \frac{3\sqrt{10}}{10} \approx 0,94868 \text{ ampères}$$

e isso responde (a). Para responder (b), basta descobrir o que ocorre com $I(t)$ se $t \to \infty$. Para isso, observe que

$$\frac{t}{\sqrt{t^2+1}} = \frac{\sqrt{t^2}}{\sqrt{t^2+1}} = \sqrt{\frac{t^2}{t^2+1}}$$

$$= \sqrt{\frac{t^2+1-1}{t^2+1}} = \sqrt{\frac{t^2+1}{t^2+1} - \frac{1}{t^2+1}} = \sqrt{1 - \frac{1}{t^2+1}}$$

Como $1 - \frac{1}{t^2+1} \to 1$ quando $t \to \infty$ então, já que $y = \sqrt{x}$ é contínua em $x = 1$ ficaremos com $I(t) \to \sqrt{1} = 1$ ampère se $t \to \infty$.

Exercícios

Determine os pontos críticos das funções dadas nos Exercícios 1 a 14.

.: OPCIONAL :.

O leitor encontrará na p. 174 instruções sobre como usar o software MAXIMA para auxiliar nos cálculos. Não se esqueça que o recurso computacional não substitui o cálculo manual.

1. $y = 3x^2 + 2x + 1.$

2. $y = x^3 - 3x^2 + 3x - 7.$

3. $y = 2x^3 - 3x^2 + 5.$

4. $y = x + 1/x.$

5. $y = 3x^4 + 4x^3 - 12x^2 + 10$ em $-1 \leq x \leq 2.$

6. $y = x - 1/x.$

7. $y = x - \sqrt{x}.$

8. $y = x + \sqrt{x}.$

9. $y = x + 1/\sqrt{x}.$

10. $y = x - 1/\sqrt{x}.$

11. $y = \sqrt{x} + 1/\sqrt{x}.$

12. $y = x\sqrt{x} - x.$

13. $y = x(\sqrt[3]{x} - 1).$

14. $y = x(x^{2/3} - 1).$

Determine, quando existirem, os extremos das funções dadas nos Exercícios 15 a 26 e os pontos onde eles ocorrem.

15. $y = x^2 - 3x + 2, \ 0 \leq x \leq 2.$

16. $y = -x^2 + 6x - 1, \ 4 \leq x \leq 5.$

17. $y = x^2 - x + 5, \ 0 \leq x \leq 10.$

18. $y = x^3 - 6x^2 + 12x - 8, \ 0 \leq x \leq 3.$

19. $y = 2x^3 - 3x^2 - 12x + 1, \ -2 \leq x \leq 3.$

20. $y = x + 1/2, \ 1/2 \leq x \leq 2.$

21. $y = x^3 - 3x, \ -2 \leq x \leq 2.$

22. $y = x^2/4 - x + 1, \ 0 \leq x \leq 4.$

23. $y = x/(1 + x^2), \ |x| \leq 5.$

24. $y = x\sqrt{x+3}, \ -3 \leq x \leq 1.$

25. $y = x\sqrt{x-3}, \ 3 \leq x \leq 7.$

26. $y = \sqrt[3]{x^2}, \ -3 \leq x \leq 1.$

Os Exercícios 27 a 31 são problemas cuja solução passa pela determinação de pontos críticos.

27. Um pomar conta com 80 laranjeiras, cada uma produzindo 450 laranjas por estação. O agrônomo estima que cada nova laranjeira plantada entre as 80 existentes diminua a produção individual em 5 laranjas. Quantas laranjeiras deve conter o pomar ao todo para otimizar a produção?

28. Um industrial, quando produz x unidades de um certo produto, as vende a $130 - 2x$ reais cada uma. O custo de produção de x unidades é $C(x) = x^2/5 + 15x + 500$ reais. Quantas unidades o industrial deve produzir para otimizar o lucro?

29. Um agricultor emprega x quilos de fertilizante para produzir $P(x) = 100 + 4x - x^2/50$ sacas de feijão. Calcule a quantidade de fertilizante que otimiza a produção.

30. A quantidade de carga Q em coulombs (C) que passa através de um ponto em um fio no instante t (em segundos) é dada por $Q(t) = t^3 - 3t^2 + 8t + 1$. Determine

a) A corrente elétrica no instante inicial.

b) A corrente quando $t = 2$ s.

c) O valor mínimo da corrente.

31. É sabido que entre $0°$C e $30°$C o volume V (em cm^3) de 1 kg de água na temperatura T é dado aproximadamente pela fórmula

$$V = 999,87 - 0,06426 \cdot T + 0,0085043T^2 - 0,0000679T^3.$$

Qual é a temperatura em que a água possui densidade (volume/massa) máxima?

Respostas, sugestões, soluções

1. $x = -1/3$. **2.** $x = 1$. **3.** $x = 0$ e $x = 1$.

4. $x = \pm 1$.

5. As raízes de $y' = 12x^3 + 12x^2 - 24x = 12x(x^2 + x - 2) = 0$ são $x = -2$, $x = 0$ e $x = 1$, mas $x = -2$ está fora do domínio proposto, de sorte que a resposta é $x = 0$ e $x = 1$.

6. A derivada $y' = 1 + 1/x^2$ é sempre positiva, a função não tem ponto crítico.

7. $y' = 1 - 1/2\sqrt{x}$ se anula em $x = 1/4$.

8. $y' = 1 + 1/2\sqrt{x} > 0$, y não tem ponto crítico.

9. $y' = 1 - 1/2x\sqrt{x} = 0 \Leftrightarrow 2x\sqrt{x} = 1 \Leftrightarrow x = 1/\sqrt[3]{4}$.

10. $y' = 1 + 1/2x\sqrt{x} > 0$, não tem ponto crítico.

11. $y' = 1/2\sqrt{x} - 1/2x\sqrt{x} = 0$ em $x = 1$.

12. $y' = 3\sqrt{x}/2 - 1$ se anula em $x = 4/9$.

13. $y' = (4/3)x^{1/3} - 1 = 0$ em $x = 27/64$.

14. $y' = (5/3)x^{2/3} - 1 = 0$ em $x = (3/5)^{3/2}$.

15. Máx. $= 2$ em $x = 0$ e mín. $= -1/4$ em $x = 3/2$.

16. Máx. $= 7$ em $x = 4$ e mín. $= 4$ em $x = 5$.

17. Máx. $= 95$ em $x = 10$ e mín. $= 19/4$ em $x = 1/2$.

18. Máx. $= 1$ em $x = 3$ e mín. $= -8$ em $x = 0$.

19. Máx. $= 8$ em $x = -1$ e mín. $= -19$ em $x = 2$.

20. Máx. $= 2,5$ em $x = 2$ e mín. $= 1$ em $x = 1/2$.

21. Máx. $= 2$ em $x = -1$ e $x = 2$; mín. $= -2$ em $x = -2$ e $x = 1$. Observe que a função é ímpar; esboce seu gráfico para entender a simetria desses resultados.

22. Máx. $= 1$ em $x = 0$ e $x = 4$; mín. $= 0$ em $x = 2$.

23. A função é ímpar. Máx. $= 1/2$ em $x = 1$ e mín. $-1/2$ em $x = -1$.

24. Máx. $= 2$ em $x = 1$; mín. $= -2$ em $x = -2$. OPCIONAL: consulte na p. 176 a resolução desse exercício com o auxílio do GeoGebra e MAXIMA.

25. Máx. $= 14$ em $x = 7$ e mín. $= 0$ em $x = 3$.

26. Máx. $= \sqrt[3]{9}$ em $x = -3$ e mín. $= 0$ em $x = 0$.

27. 85 laranjeiras.

28. Aproximadamente 26 unidades, com lucro aproximado de R$1 003,00.

29. $x = 100$ quilos.

30. Como $I = dQ/dt = 3t^2 - 6t + 8$, no instante $t = 0$ a corrente é de 8 ampères, e no instante $t = 2$ é de 8 ampères. O valor mínimo de I ocorre quando $dI/dt = 6t - 6 = 0$, ou seja, se $t = 1$.

31. Exercício apropriado para resolver com o uso de software. Encontre a derivada V' de V, faça $V' = 0$ e resolva a equação em T para encontrar o ponto crítico $T \approx 3,9665°$ C.

5.5 Testes das derivadas primeira e segunda

Pelos problemas resolvidos até agora, vimos que a primeira coisa que se faz ao procurar extremos de uma função é determinar seus pontos críticos, candidatos naturais a máximos e mínimos locais e, eventualmente, absolutos. Mas como saber se um tal ponto é de máximo ou de mínimo?

Veremos agora dois testes muito úteis para resolver essa questão. Mas para isso vamos primeiro introduzir uma terminologia que nos ajudará bastante. Assim, dizer que "$f'(x)$ é positiva à esquerda de c" significa que existe algum intervalo $(c - \delta,\, c)$, com $\delta > 0$, em que $f'(x)$ é positiva. Analogamente, dizer que "$f'(x)$ é positiva à direita de c" significa que existe algum intervalo $(c,\, c + \delta)$, com $\delta > 0$, em que $f'(x)$ é positiva. De modo inteiramente análogo se define o significado de "$f'(x)$ ser positiva à esquerda ou à direita de c".

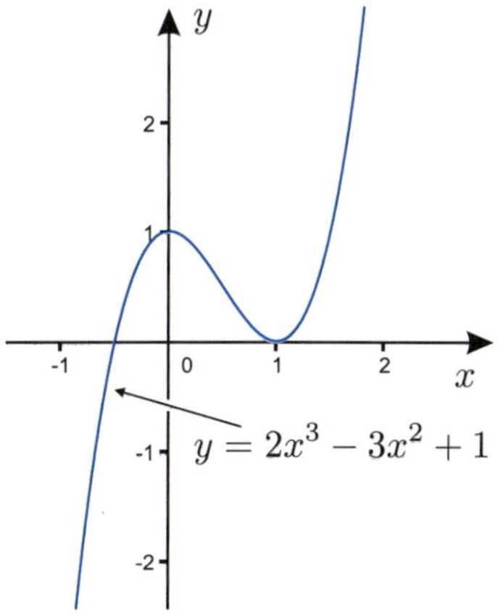

Figura 5.29

▸ Exemplo 1: Derivada muda de sinal no ponto crítico.

A função $y = 2x^3 - 3x^2 + 1$ tem derivada $y' = 6x^2 - 6x = 6x(x - 1)$, que se anula em $x = 0$ e $x = 1$; é negativa no intervalo $(0, 1)$ e positiva em $x < 0$ e em $x > 1$, portanto, em qualquer vizinhança à esquerda de $x = 0$ e à direita de $x = 1$, como ilustra a Fig. 5.29.

Seja f uma função com ponto crítico c. Como $f'(c) = 0$, a tangente ao gráfico de f no ponto $(c,\, f(c))$ é horizontal. Se $f'(x)$ for positiva à esquerda de c e negativa à direita, então $f(x)$ estará passando de crescente (à esquerda de c) a decrescente (à direita de c) e c será ponto de máximo, como ilustra a

[Fig. 5.30(a)]. Analogamente, c será ponto de mínimo se $f'(x)$ for negativa à esquerda e positiva à direita de c [Fig. 5.30(b)].

Os testes anunciados

Outro modo de tirar as mesmas conclusões consiste em analisar o sinal de $f''(x)$. Se essa função for negativa em c e num intervalo $(c-\delta,\, c+\delta)$, com $\delta > 0$, então $f'(x)$ será decrescente nesse intervalo; como $f'(c) = 0$, vemos que $f'(x)$ será positiva à esquerda e negativa à direita de c, e este será um ponto de máximo [Fig. 5.30(a)]. Ao contrário, se $f''(x)$ for positiva em c e em todo um intervalo $(c-\delta,\, c+\delta)$, $f'(x)$ será crescente nesse intervalo; como ela se anula em c, $f'(x)$ será negativa à esquerda de c e positiva à direita, e c será ponto de mínimo [Fig. 5.30(b)].

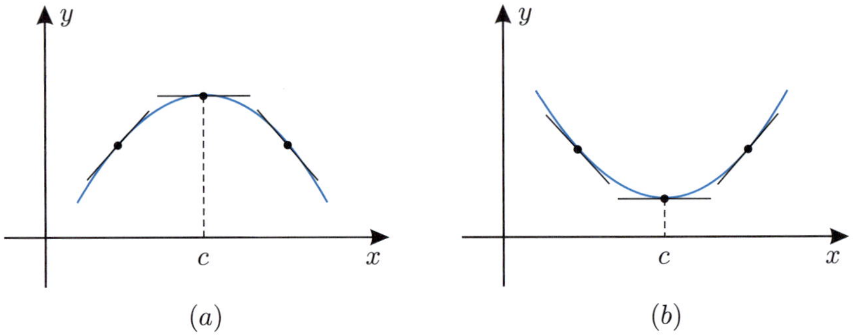

Figura 5.30

▶ **Obs.:** Dissemos "se $f''(x)$ for positiva em c e em todo um intervalo $I_\delta = (c-\delta,\, c+\delta)$". Acontece que, nos casos concretos com que lidamos, $f''(x)$ é uma função contínua; logo, $f''(x)$ será positiva em todo um intervalo I_δ, se $f''(c) > 0$, como se demonstra nos cursos de Análise. Analogamente, $f''(x)$ será negativa em todo um intervalo I_δ, se $f''(c) < 0$.

A argumentação que vimos fazendo constitui as demonstrações de dois teoremas importantes que enunciamos a seguir. São duas regras muito utilizadas que nos permitem saber se um ponto crítico é de máximo ou de mínimo.

▶ **Teorema 1:** **(Teste da derivada primeira)** *Seja f uma função com ponto crítico em c, de sorte que $f'(c) = 0$. Se $f'(x)$ for positiva à esquerda e negativa à direita de c, então c será ponto de máximo de $f(x)$. Ao contrário, se $f'(x)$ for negativa à esquerda e positiva à direita de c, então c será ponto de mínimo de $f(x)$.*

▶ **Teorema 2:** **(Teste da derivada segunda)** *Seja f uma função com ponto crítico em $x = c$, tal que $f'(x)$ seja contínua num intervalo $(c-\delta,\, c+\delta)$. Então c será ponto de máximo se $f''(c) < 0$ e ponto de mínimo se $f''(c) > 0$.*

▶ **Obs.:** **Se a função derivada não mudar de sinal.**
Ao tentarmos aplicar o teste da derivada primeira a uma função f com derivada zero num ponto $x = c$, pode acontecer que f' seja positiva à direita e à esquerda

desse ponto; então f será crescente num intervalo contendo c e será decrescente se f' for negativa nos dois lados de c.

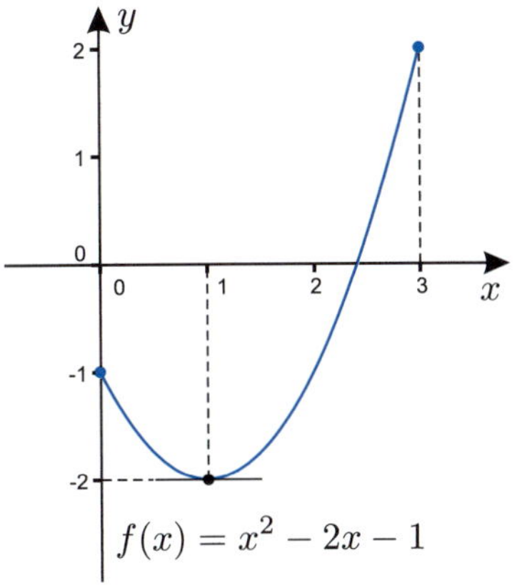

Figura 5.31

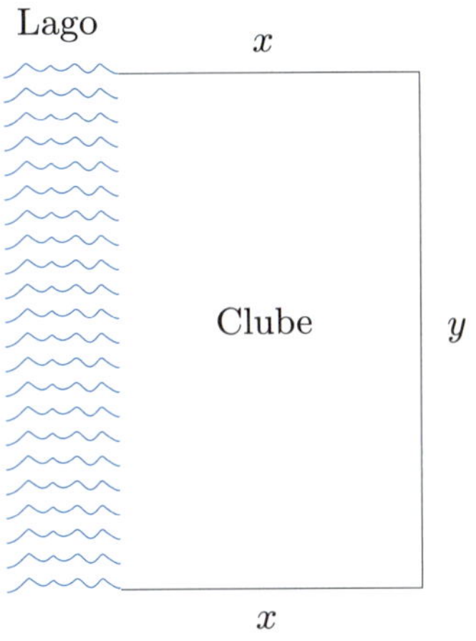

Figura 5.32

▶ Exemplo 2: Ilustrando a aplicação dos dois testes.

Consideremos a função

$$f(x) = x^2 - 2x - 1$$

no intervalo [0, 3] (Fig. 5.31). Sua derivada,

$$f'(x) = 2x - 2 = 2(x - 1),$$

se anula em $x = 1$, é negativa à esquerda e positiva à direita desse ponto. Em consequência, a reta tangente ao gráfico de f tem declive negativo à esquerda de $x = 1$ e positivo à direita; logo, pelo teste da derivada primeira, concluímos que $x = 1$ é ponto de mínimo. Como $x = 1$ é o único ponto crítico, é claro que ele é também ponto de mínimo absoluto, cujo valor é $f(1) = -2$. O máximo absoluto só pode ocorrer num dos extremos. Como $f(0) = -1$ e $f(3) = 2$, vemos que esse máximo é 2 e ocorre em $x = 3$.

Poderíamos também aplicar o teste da derivada segunda para concluir que $x = 1$ é ponto de mínimo relativo, notando que $f''(1) = 2 > 0$.

▶ Exemplo 3: Comprimento mínimo com área fixa.

Deseja-se construir um clube recreativo de formato retangular e área de 20 000 m^2, de forma que um dos lados coincida com a margem de um lago (Fig. 5.32). Calcule as dimensões da referida área para que a cerca em volta do clube tenha custo mínimo. Observe que o lado do retângulo que confronta com o lago dispensa cerca.

Sejam x e y as dimensões da cerca. Para que o custo seja mínimo é preciso que o comprimento total da cerca, $C = 2x + y$, seja mínimo. Como a área do retângulo é $xy = 20\,000$, temos que $y = 20\,000/x$; portanto,

$$C = C(x) = 2x + \frac{20\,000}{x},$$

função esta que deve ser considerada apenas para x positivo. Devemos determinar x para que a função tenha valor mínimo. Sua derivada é

$$C'(x) = 2 - \frac{20\,000}{x^2}.$$

Para que se anule, devemos ter

$$2 = \frac{20\,000}{x^2} \Leftrightarrow 2x^2 = 20\,000 \Leftrightarrow x^2 = 10\,000 \Leftrightarrow x = \pm 100.$$

Só nos interessa a raiz $x = 100$, já que x deve ser positivo. A derivada $C'(x)$ é positiva à direita desse valor e negativa à esquerda; portanto, pelo teste da derivada primeira, trata-se de um ponto de mínimo (Fig. 5.33). De início sabemos tratar-se de mínimo relativo, mas é também absoluto porque a função não tem outro ponto crítico em seu domínio $x > 0$. Ela não tem máximo, já que tende a infinito tanto com $x \to 0$ como com $x \to \infty$, como vemos pela figura. Em consequência, as dimensões da cerca são $x = 100$ e $y = 200$, pois $y = 20\,000/x$.

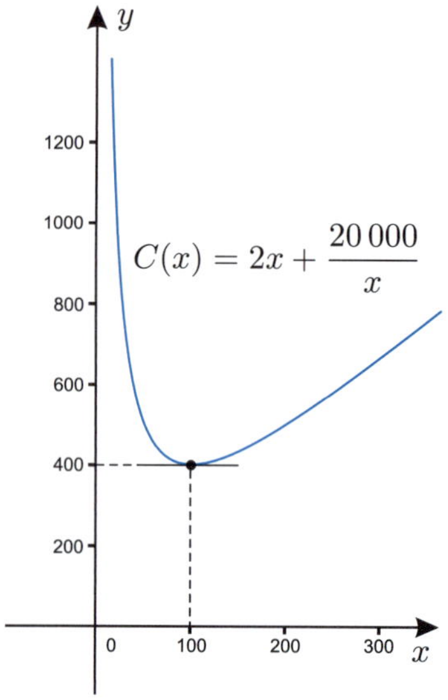

Figura 5.33

Poderíamos também aplicar o teste da derivada segunda. Notando que a derivada segunda $C''(x) = 40\,000/x^3$ é negativa para todo $x > 0$, em particular para $x = 100$, vemos que esse ponto é de mínimo.

▶ Exemplo 4: Aplicando o teste da derivada segunda.

Vamos analisar a função $f(x) = x^3 - x$ no intervalo $[-1, 1]$ (Fig. 5.34). Sua derivada,

$$f'(x) = 3x^2 - 1 = 3\left(x^2 - \frac{1}{3}\right) = 3\left(x + \frac{1}{\sqrt{3}}\right)\left(x - \frac{1}{\sqrt{3}}\right),$$

tem zeros em $x = \pm 1/\sqrt{3}$, que são os pontos críticos da função f. Como $f''(x) = 6x$, vemos que

$$f''\left(-\frac{1}{\sqrt{3}}\right) < 0 \quad \text{e} \quad f''\left(\frac{1}{\sqrt{3}}\right) > 0.$$

Pelo teste da derivada segunda, isso significa que $-1/\sqrt{3}$ e $1/\sqrt{3}$ são pontos de máximo e mínimo relativos de f, respectivamente. Eles são também pontos de máximo e mínimo absolutos, pois

$$f\left(-\frac{1}{\sqrt{3}}\right) = \frac{2}{3\sqrt{3}} \approx 0,4, \quad f\left(\frac{1}{\sqrt{3}}\right) = \frac{-2}{3\sqrt{3}} \approx -0,4$$

e f se anula nos extremos do intervalo de definição: $f(-1) = f(1) = 0$.

A mesma função, considerada em toda a reta, não tem máximo nem mínimo absolutos, já que ela tende a $\pm\infty$, conforme x tende a $\pm\infty$ (Fig. 5.35).

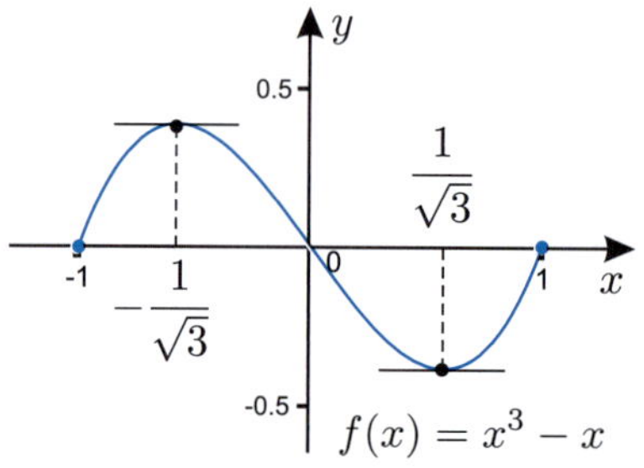

Figura 5.34

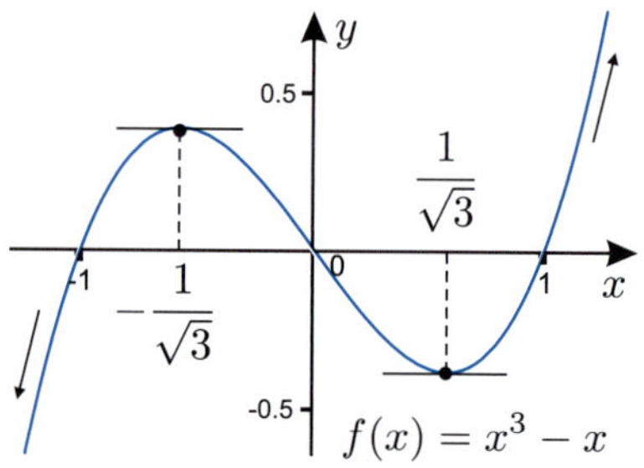

Figura 5.35

▶ Exemplo 5: O teste da derivada segunda não se aplica.

O teste da deridada segunda nem sempre é aplicável. Isso pode ser visto com exemplos simples, como o da função $f(x) = x^4$ [Fig. 5.36(a)], donde $f'(x) = 4x^3$ e $f''(x) = 12x^2$. Então $x = 0$ é ponto crítico. Mas $f''(0) = 0$; logo, não podemos aplicar o teste da derivada segunda. Como $f'(x)$ é positiva à direita da origem e negativa à esquerda, podemos aplicar o teste da derivada primeira e concluir que $x = 0$ é ponto de mínimo.

Se estivéssemos lidando com a função $f(x) = x^3$ [Fig. 5.36(b)], teríamos $f'(x) = 3x^2$ e $f''(x) = 6x$. O valor $x = 0$ ainda é ponto crítico; e ainda temos $f''(0) = 0$, de forma que continuamos não podendo aplicar o teste da derivada segunda. Como $f'(x)$ é positiva à direita e à esquerda da origem, vemos que a função é crescente e $x = 0$ não é ponto de máximo nem de mínimo.

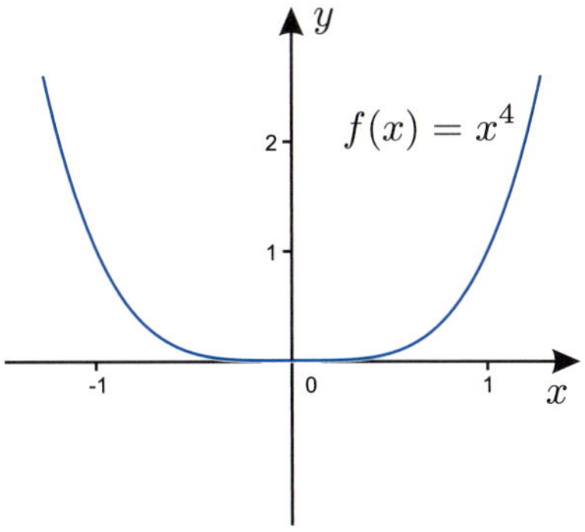

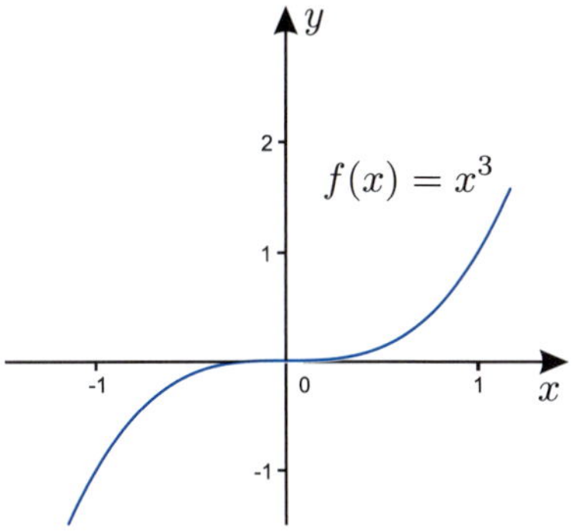

Figura 5.36

Problemas de otimização

A seguir apresentamos alguns problemas em que o leitor terá a oportunidade ver os conceitos discutidos até o momento serem ferramentas para se chegar até a solução.

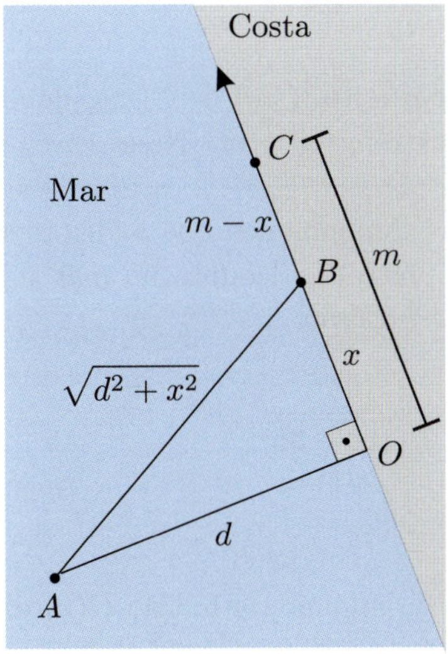

Figura 5.37

▸ Exemplo 6: Construção de oleoduto com custo mínimo.

Deseja-se construir um oleoduto de uma plataforma continental A a um terminal C ao longo da costa. O preço por quilômetro de oleoduto instalado é P no mar e p em terra, sendo $p < P$. Encontre o ponto B ao longo da costa (que supomos seja retilínea) (Fig. 5.37) de forma que o trajeto ABC corresponda ao gasto mínimo com a construção do oleoduto.

Sempre com referência à Fig. 5.37, seja $d = OA$ a distância do ponto A até a costa. Se o ponto O coincidir com C, o problema estará resolvido. Vamos supor que esses pontos sejam distintos. Sejam $m = OC$ e $x = OB$. O ponto B deve estar entre O e C, podendo, eventualmente, coincidir com C. Então,

$$AB = \sqrt{d^2 + x^2} \quad \text{e} \quad BC = m - x,$$

de sorte que o custo de construção do oleoduto ABC será dado por

$$C(x) = P\sqrt{d^2 + x^2} + p(m - x).$$

Mas observe bem: só interessa considerar esta função no intervalo $0 \leq x \leq m$. Calculemos suas derivadas primeira e segunda:

$$C'(x) = \frac{Px}{\sqrt{d^2 + x^2}} - p$$

e

$$C''(x) = \frac{P}{\sqrt{d^2 + x^2}} - \frac{Px^2}{(d^2 + x^2)^{3/2}}$$

$$= \frac{P(d^2 + x^2) - Px^2}{(d^2 + x^2)^{3/2}} = \frac{Pd^2}{(d^2 + x^2)^{3/2}} > 0.$$

A derivada primeira se anula quando

$$\frac{Px}{\sqrt{d^2 + x^2}} = p, \quad \text{donde} \quad Px = p\sqrt{d^2 + x^2}.$$

Elevando ambos os membros dessa última equação ao quadrado, obtemos

$$P^2x^2 = p^2(d^2 + x^2), \quad \text{donde} \quad x^2 = \frac{p^2d^2}{P^2 - p^2}.$$

Daqui segue-se que $C'(x)$ se anula no ponto

$$x = x_0 = \frac{pd}{\sqrt{P^2 - p^2}}.$$

Se esse valor for inferior a m, ele será ponto de mínimo de $C(x)$, pois a derivada segunda é sempre positiva. Obtemos assim a posição procurada num ponto B de abscissa x_0.

Se $x_0 \geq m$, $C(x)$ não tem ponto crítico em seu domínio $[0, m]$; e assume valor mínimo em $x = 0$ ou $x = m$. Para provar que esse mínimo ocorre em $x = m$, notamos que

$$\begin{aligned} C(0) > C(m) &\Leftrightarrow Pd + pm > P\sqrt{d^2 + m^2} \\ &\Leftrightarrow (Pd + pm)^2 > P^2(d^2 + m^2) \\ &\Leftrightarrow P^2d^2 + 2Pdpm + p^2m^2 > P^2d^2 + p^2m^2 \\ &\Leftrightarrow 2Pdpm > 0. \end{aligned}$$

Ora, essa última desigualdade é verdadeira; portanto, $C(0) > C(m)$, donde concluímos que o mínimo de $C(x)$ ocorre no extremo $x = m$. Nesse caso, B coincide com C.

Vamos considerar uma situação concreta. Suponhamos que a distância d da plataforma ao litoral seja de 100 km; o preço do oleoduto no mar seja $P =$ R\$ 10.000,00, enquanto $p =$ R\$ 6.000,00.(3) Então,

$$\begin{aligned} x_0 &= \frac{6.000 \cdot 100}{\sqrt{10^8 - 36 \cdot 10^6}} = \frac{6 \cdot 10^5}{\sqrt{10^6(100 - 36)}} \\ &= \frac{6 \cdot 10^5}{10^3\sqrt{64}} = \frac{600}{8} = 75. \end{aligned}$$

Se $x_0 = 75 < m$, esse $x_0 = 75$ será ponto de mínimo da função $C(x)$ e o trajeto desejado consiste no trecho $AB = \sqrt{100^2 + 75^2} = \sqrt{15\,625} = 125$ km construído no mar, seguido do trecho $BC = m - 75$ km construído ao longo da costa. Se $m \leq 75$, todo o oleoduto deve ser construído no mar, em linha reta $AB = 125$ km.

Se o preço em terra for menor, digamos, $p =$ R\$4.000,00, teremos:

$$\begin{aligned} x_0 &= \frac{4.000 \cdot 100}{\sqrt{10^8 - 16 \cdot 10^6}} = \frac{4 \cdot 10^5}{\sqrt{10^6(100 - 16)}} \\ &= \frac{4 \cdot 10^5}{10^3\sqrt{84}} = \frac{400}{\sqrt{84}} \approx 43,66. \end{aligned}$$

Agora vale a pena construir parte do oleoduto em terra, desde que OC seja maior do que 43,66 km. Mas a partir de $OC = 44$ km já vale a pena construir parte do oleoduto em terra.

Como se vê, se o terminal C estiver muito perto do ponto O (m pequeno, menor do que x_0), não compensa construir nada em terra, mas tudo no mar.

(3) Esses números são fictícios; foram escolhidos levando em conta apenas a facilidade dos cálculos e o objetivo de ilustrar a teoria.

Um exame atento da Fig. 5.37 esclarece o porquê disso: a diferença $AC - AO$ encarece o preço de construção do oleoduto (no mar) em quantidade inferior ao preço do trecho OC em terra.

▶ Exemplo 7: Que velocidade minimiza o custo da viagem?

Uma transportadora calcula que o custo operacional de um de seus caminhões é de $C = 3 + x/1600$ reais por quilômetro, em que x é a velocidade em km/h. Supondo que o motorista ganhe R$4,00 por hora, calcule a velocidade que minimize o custo total numa viagem cobrindo uma distância D.

Se t é o tempo gasto na viagem, $D = xt$, donde $t = D/x$, de forma que o ganho do motorista é $4t = 4D/x$. Assim, o custo total da viagem será

$$C = \left(3 + \frac{x}{1600}\right)D + \frac{4D}{x},$$

donde

$$C' = \frac{D}{1\,600} - \frac{4D}{x^2} = 0 \Leftrightarrow x^2 = 4 \cdot 1\,600.$$

Daqui obtemos

$$x = \sqrt{4} \cdot \sqrt{1\,600} = 2 \cdot 40 = 80 \text{ km/h}.$$

Esse valor $x = 80$ é ponto de mínimo, como se vê pelo teste da derivada primeira; ou da derivada segunda $C'' = 8/x^3$, que é positiva para $x = 80$.

Exercícios

Em cada um dos Exercícios 1 a 18, determine os pontos críticos da função dada, indicando os que são de máximo e os que são de mínimo. Determine os intervalos em que a função é crescente e em que é decrescente.

1. $y = (x-2)^2 + x.$ **2.** $y = (x-2)^3 + x.$ **3.** $y = -2x^2 + 3x + 2.$

4. $y = (x-1)^4 - 32x.$ **5.** $y = x^3 - 3x^2 + 3x - 1.$ **6.** $y = (x-2)^3 - 6x.$

7. $y = x^3 + 6x^2 + 12x + 7.$

8. $y = 2x^3 + 3x^2 - 36x.$ **9.** $y = 7 - 15x + 6x^2 - x^3.$

10. $y = x(x-2)^2.$ **11.** $y = x + 1/x.$ **12.** $y = \dfrac{x}{x^2+1}.$

13. $y = \dfrac{x^2-1}{x^2+1}.$ **14.** $y = x^2(x^2-1).$ **15.** $y = \sqrt{x} + \dfrac{1}{\sqrt{x}}.$

16. $y = \dfrac{x+1}{x-1}.$ **17.** $y = \dfrac{x-1}{x+1}.$

18. $y = (x-1)\sqrt[3]{x^2},\ x > 0.$

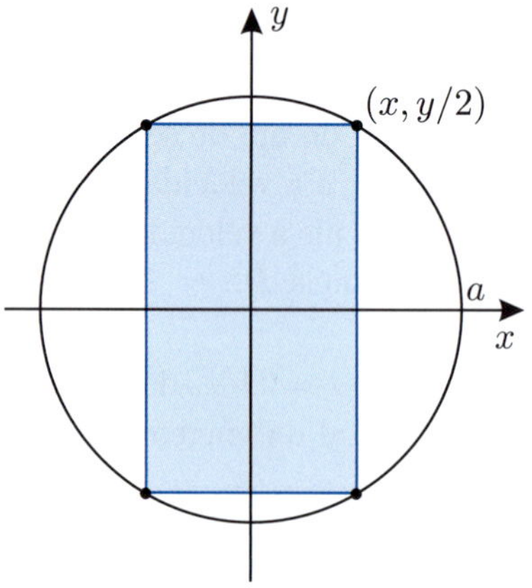

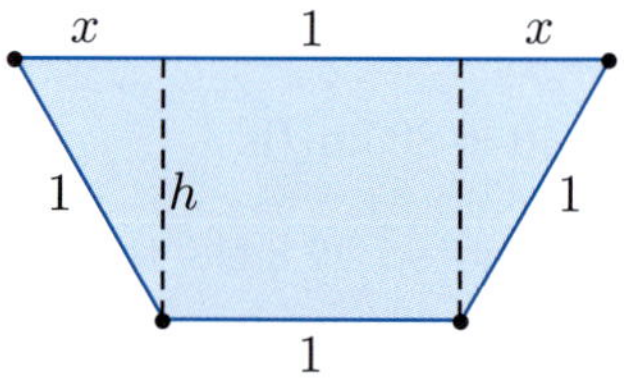

19. Determine o parâmetro a para que $x = 2$ seja ponto crítico da função $y = \sqrt{x} + a/\sqrt{x}$. Determine os intervalos em que a função é crescente ou decrescente.

20. Um industrial vende x milhares de um determinado artigo por $V(x) = 120x - x^2$ reais. Sendo $C(x) = x^3/3 + x^2 + 3x + 10$ o custo de produção, determine o número ótimo de artigos a produzir e vender para maximizar o lucro $L = V - C$.

21. Uma companhia telefônica planeja lançar um cabo de uma estação A a uma estação C nas margens opostas de um lago de largura $AO = 500$ metros, estando A, O e C dispostos como indica a Fig. 5.37, com $OC = 800$ metros. A instalação do cabo no lago fica em R\$ $10,00$ o metro, enquanto em terra o preço é de R\$ $7,00$ o metro. Determine o ponto B entre O e C para que o trajeto OBC tenha custo mínimo.

22. Mostre que a função $f(x) = \frac{1}{201}x^{201} + \frac{1}{101}x^{101} + x + 1$ não possui nenhum ponto de máximo e nenhum ponto de mínimo.

23. Mostre que se f possui um valor máximo em c então $g(x) = -f(x)$ possui um valor mínimo em c.

24. Mostre que o retângulo de maior área é o quadrado.

25. A resistência de uma viga de madeira retangular é proporcional à sua largura e ao cubo de sua altura, ou seja, se x é a largura e y é a altura, a resistência R é dada pela fórmula $R = cxy^3$, em que c é a constante de proporcionalidade. Determine as proporções (razão entre largura e altura) que podem ser cortadas de um dado tronco cilíndrico.

26. Uma calha deve ser feita de três pranchas de madeira, cada uma com 1 m de largura. Se a seção transversal tem a forma de um trapézio, qual deve ser a profundidade da calha para dar à calha a máxima capacidade de transporte (vazão)?

Respostas, sugestões, soluções

1. Ponto crítico em $x = 3/2$, de mínimo absoluto. A função é decrescente em $x \leq 3/2$ e crescente em $x \geq 3/2$.

2. Não tem ponto crítico, nem de máximo nem de mínimo. A função é sempre crescente.

3. Ponto crítico em $x = 3/4$, de máximo absoluto. A função é crescente em $x \leq 3/4$ e decrescente em $x \geq 3/4$.

4. $y' = 4(x-1)^3 - 32$ se anula em $(x-1)^3 = 8$, ou seja, $x - 1 = 2$. Ponto crítico em $x = 3$, de mínimo absoluto. A função é decrescente em $x \leq 3$ e crescente em $x \geq 3$.

5. $y' = 3(x-1)^2 \geq 0$. Ponto crítico em $x = 1$, nem de máximo nem de mínimo. A função é sempre crescente.

6. y' se anula em $x = 2 - \sqrt{2}$ e $x = 2 + \sqrt{2}$, pontos de máximo e mínimo relativos, respectivamente. No intervalo $[2 - \sqrt{2},\ 2 + \sqrt{2}]$, a função é decrescente; e é crescente fora desse intervalo. Não tem máximo nem mínimo absolutos.

7. $y' = 3(x+2)^2 \geq 0$. Ponto crítico em $x = -2$, nem de máximo nem de mínimo. A função é sempre crescente.

8. $y' = 6(x+3)(x-2)$. Pontos críticos em $x = -3$ e $x = 2$. A função é decrescente em $[-3,\ 2]$ e crescente em $(-\infty,\ -3]$ e em $[2,\ \infty)$. $x = -3$ é máximo relativo e $x = 2$ é mínimo relativo. Não há máximo ou mínimo absolutos, pois $y \to \pm\infty$ com $x \to \pm\infty$, respectivamente.

9. O trinômio $y' = -3(x^2 - 4x + 5)$ tem raízes complexas; portanto, nunca se anula, sendo sempre negativo. y não tem máximo nem mínimo, é sempre decrescente, passando de $+\infty$ em $x = -\infty$ a $-\infty$ em $x = +\infty$.

10. $y' = (x-2)^2 + 2(x-2)x = (x-2)(3x-2)$. Pontos críticos em $x = 2/3$ e $x = 2$, o primeiro de máximo local (mas não absoluto, pois $y \to +\infty$ com $x \to +\infty$) e o segundo de mínimo local (mas não absoluto, pois $y \to -\infty$ com $x \to -\infty$). A função é decrescente em $2/3 \leq x \leq 2$ e crescente em $x \leq 2/3$ e $x \geq 2$.

11. Pontos críticos em $x = -1$ e $x = +1$, o primeiro de máximo, o segundo de mínimo, ambos relativos, pois $y \to \pm\infty$ conforme $x \to \pm\infty$, respectivamente. y é crescente em $x \leq -1$ e $x \geq 1$, e decrescente em $-1 \leq x \leq 1$, $x \neq 0$.

12. Pontos críticos em $x = -1$ (de mínimo absoluto) e $x = 1$ (de máximo absoluto). A função é crescente em $-1 \leq x \leq 1$ e decrescente em $x \leq -1$ e $x \geq 1$.

13. Ponto crítico em $x = 0$, de mínimo absoluto, pois a função é decrescente em $x \leq 0$ e crescente em $x \geq 0$. Não tem máximo.

14. $y' = 2x(2x^2 - 1) = 4(x + \sqrt{2}/2)x(x - \sqrt{2}/2)$. Pontos críticos em $x = -\sqrt{2}/2$, $x = 0$ e $x = \sqrt{2}/2$, o primeiro e o último de mínimo, o segundo de máximo.

15. $y' = (x-1)/2x\sqrt{x}$. Ponto crítico em $x = 1$, de mínimo absoluto, pois a função é crescente em $x \geq 1$ e decrescente em $x \leq 1$. Ela não tem máximo.

16. A derivada $y' = -2(x-1)^{-2}$ é sempre negativa, exceto em $x = 1$, em que a função não está definida. Não há pontos críticos, y sendo sempre decrescente.

17. Análogo ao interior. y não tem pontos críticos, sendo sempre crescente.

18. $y' = \sqrt[3]{x^2} + (x-1)2/3\sqrt[3]{x} = (5x-2)/3\sqrt[3]{x}$. Ponto crítico em $x = 2/5$, de mínimo absoluto. y é decrescente em $0 < x \leq 2/5$ e crescente em $x \geq 2/5$.

19. Como $y' = (x-a)/2x\sqrt{x}$, o valor pedido é $a = 2$. A função é crescente à direita desse valor e decrescente à esquerda.

20. Aproximadamente $19\,725$ unidades.

21. D deve ficar entre B e C, com $BD \approx$ 49 metros.

22. A equação $f'(x) = x^{200} + x^{100} + 1 = 0$ não possui solução real, e assim não há pontos críticos.

23. Por hipótese $f'(c) = 0$ e $f''(c) < 0$, e assim $g'(c) = 0$, $g''(c) > 0$ e o resultado segue.

24. Considere um retângulo cujos lados têm medidas x e y e perímetro $L = 2x + 2y$ e área $A = x \cdot y$.Tire y em função de x na equação do perímetro para obter a função $A(x) = x \cdot (L - 2x)/2$. Resolva a equação $A'(x) = 0$ e mostre que $x = y = L/4$.

25. Considere, sem perda de generalidade, $c = 1$ e um retângulo inscrito em uma circunferência de raio a centrada na origem. O ponto $(x, y/2)$ é o vértice superior direito do quadrado. Como esse ponto está sobre a circunferência $x^2 + (y/2)^2 = a^2$. Tire y em função de x na última equação para obter a função de resistência $R(x) = 2x(a^2 - x^2)^{3/2}$. Resolva a equação $R'(x) = 0$, obtenha $x = R/2$ e posteriormente $y = \sqrt{3}R$. A razão entre altura e largura será $\sqrt{3}$.

26. Mostre que a altura h do trapézio é $h = \sqrt{1 - x^2}$ e que a área da seção transversal $A(x) = (x+1)\sqrt{1 - x^2}$. Resolva a equação $A'(x) = -(2x^2 + x - 1)/\sqrt{1 - x^2} = 0$ e encontre $x = 1/2$ e a profundidade da calha $h = \sqrt{3}/2 \approx 0,866$ m.

5.6 Taxas de variação

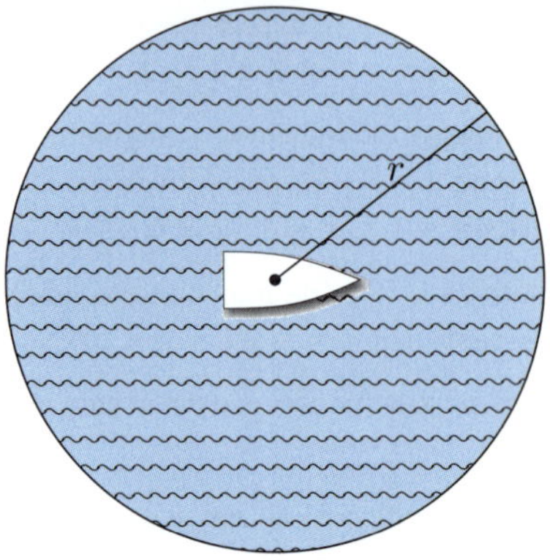

$$A \xrightarrow{\quad} r \xrightarrow{\quad} t$$

$$\frac{dA}{dr} \qquad \frac{dr}{dt}$$

$$\Rightarrow \frac{dA}{dt} = \frac{dA}{dr} \cdot \frac{dr}{dt}$$

Figura 5.38

Vamos considerar agora alguns problemas interessantes de taxas de variação, um tópico já discutido parcialmente no Capítulo 2 (pp. 73 e 75).

▶ Exemplo 1: Navio vazando óleo.

Imagine um petroleiro avariado cujo vazamento de óleo cubra uma área circular A de raio r (Fig. 5.38). Com o passar do tempo, essas duas grandezas crescem a taxas que estão relacionadas. De fato, como a área A depende do raio r, e este depende do tempo t então, pela regra da cadeia,

$$\frac{dA}{dt} = \frac{dA}{dr} \cdot \frac{dr}{dt};$$

e, visto que $A = \pi r^2$, $\dfrac{dA}{dr} = 2\pi r$. Portanto,

$$\frac{dA}{dt} = 2\pi r \frac{dr}{dt}, \quad \text{donde} \quad \frac{dr}{dt} = \frac{dA/dt}{2\pi r}.$$

Isso mostra que o raio r cresce a uma taxa inversamente proporcional a si mesmo. Por exemplo, se a área cresce, digamos, à taxa de 10 000 m^2 por hora, então

$$\frac{dr}{dt} = \frac{10\,000}{2\pi r} \approx \frac{10\,000}{6,2832 r}.$$

Assim, quando r for igual a 2 km, esse raio estará se expandindo à razão

$$\frac{dr}{dt} = \frac{5}{6,2832} \text{ m/h} \approx 80 \text{ cm/h};$$

quando r atingir o valor de 4 km, a taxa de crescimento do raio estará reduzida à metade:

$$\frac{dr}{dt} \approx \frac{2,5}{6,2832} \approx 40 \text{ cm/h}.$$

▶ Exemplo 2: Esvaziando uma piscina.

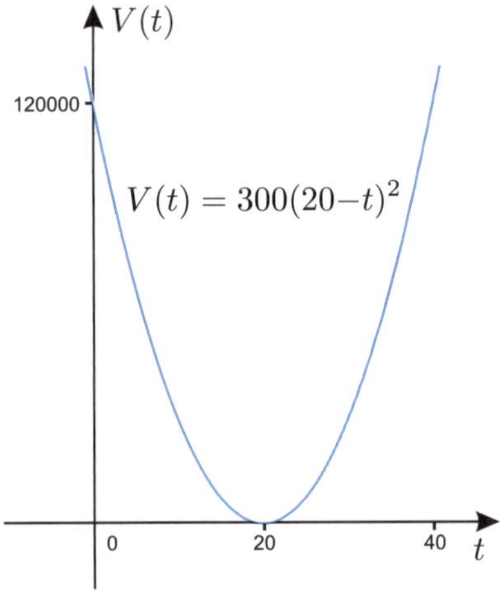

Figura 5.39

Uma piscina está sendo esvaziada de tal forma que a função $V(t) = 300(20-t)^2$ representa o número de litros de água na piscina t horas após o início da operação (Fig. 5.39). Vamos estudar as taxas de escoamento, média e instantânea.

Observe que o domínio de $V(t)$ é o intervalo $[0, 20]$, pois a piscina estará completamente vazia quando $t = 20$ horas. O volume da piscina é $V(0) = 120\,000$ litros, e o volume de água escoada após t horas é $V_1(t) = 120\,000 - V(t)$ [Fig. 5.40(a)]. Assim, a taxa (instantânea) de escoamento é dada por $V_1'(t) = -V'(t) = 600(20-t)$. Trata-se de uma função decrescente de t [Fig. 5.40(b)].

Logo, no início da operação, quando $t = 0$, essa taxa é igual a 12 000 litros por hora. Isso significa que, se o escoamento continuasse como no instante $t = 0$, a cada hora subsequente estariam escoando 12 000 litros de água. Depois de oito horas a taxa de escoamento estará reduzida a $600 \cdot 12 = 7\,200$ litros por hora. Nesse mesmo tempo, a taxa média é igual a

$$\frac{V_1(8)}{8} = \frac{120\,000 - 300 \cdot 12^2}{8} = 9\,600 \text{ litros por hora.}$$

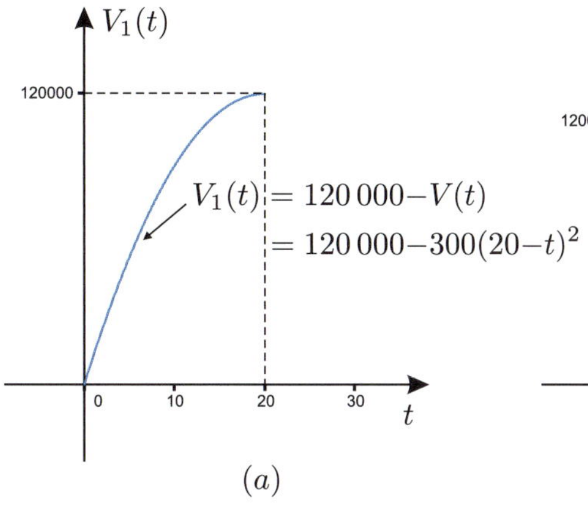

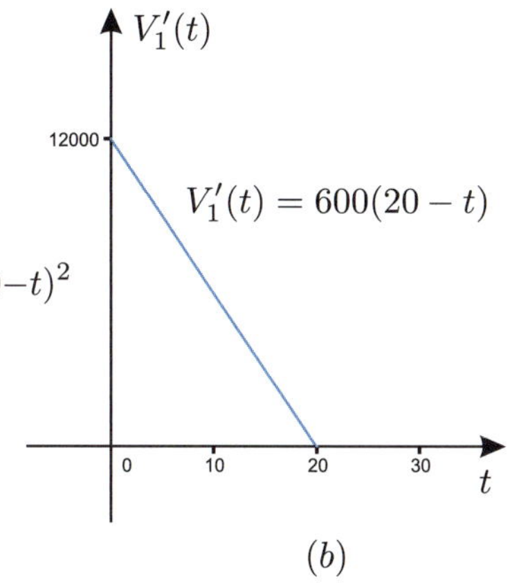

Figura 5.40

Essa é a taxa que deve possuir um regime de escoamento constante nas primeiras oito horas para produzir o mesmo resultado que o escoamento em regime variável durante o mesmo tempo. A taxa média ao final das 20 horas é simplesmente $120\,000/20 = 6\,000$ litros por hora. Observe que a taxa média no intervalo $[0,\ t]$ vai caindo com o crescer do tempo t, o que está de acordo com o fato de que a taxa instantânea é decrescente.

Aplicações à economia

Em Economia, a taxa de variação de uma grandeza G chama-se *marginal* G. Um exemplo típico é proporcionado pela grandeza "custo de produção" de x unidades de um certo artigo num certo tempo, digamos, um mês. Se esse custo for designado por $C = C(x)$, então $C'(x)$ é chamado *custo marginal*. Como o gráfico de $C(x)$ é praticamente retilíneo em pequenos intervalos de x, o custo marginal é praticamente igual ao custo de produção de um artigo a mais quando a fábrica já está produzindo x artigos, isto é,

$$C'(x) \approx \frac{C(x+1) - C(x)}{1} = C(x+1) - C(x).$$

Há que distinguir duas partes no custo de produção: uma parte fixa, representada pelas instalações da fábrica, maquinário, etc., com vistas à produção de uma quantidade mínima do produto em questão; e uma outra parte, representada pela matéria-prima, mão de obra, etc., mais diretamente ligada à produção efetiva da fábrica. O modelo mais simples de custo de produção é aquele em que C é uma função linear de x, digamos,

$$C = C_0 + mx.$$

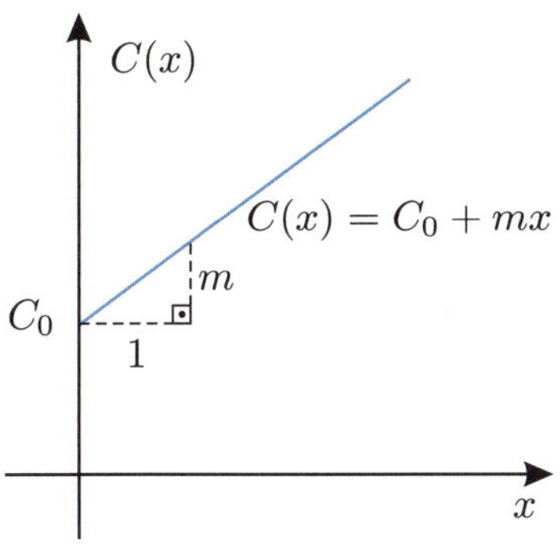

Figura 5.41

Então C_0 representa o custo inicial de funcionamento da fábrica e m é o custo marginal, que, nesse caso, é constante (Fig. 5.41).

Esse modelo só é adequado para pequenos intervalos da variável x. O que acontece na realidade é que, feitos os primeiros investimentos, instaladas as máquinas e contratados os operários, o custo marginal tende a cair com o aumento da produção. Mas isso acontece só até um certo valor x_1, a partir do

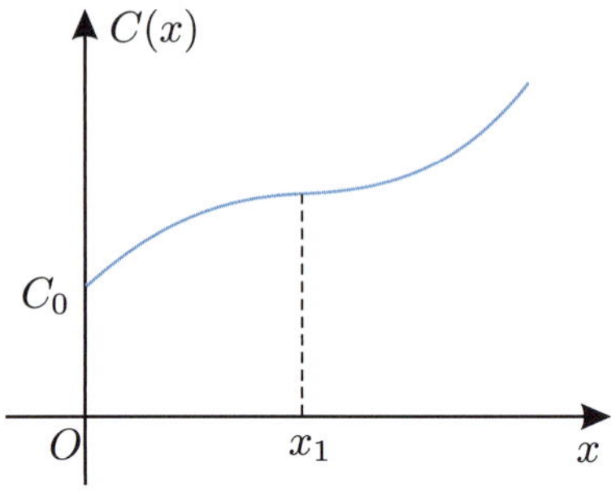

Figura 5.42

qual para aumentar a produção torna-se necessário contratar mais operários, instalar mais máquinas, etc.; em consequência, o custo marginal passa a crescer a partir desse x_1, como ilustra a Fig. 5.42.

► **Exemplo 3: Minimizando o custo marginal.**

Consideremos a função custo

$$C(x) = \frac{x^3}{9\,000} - \frac{x^2}{3} + 340x + 500$$

reais. O custo marginal é

$$m(x) = C'(x) = \frac{x^2}{3\,000} - \frac{2x}{3} + 340,$$

que tem valor inicial 340. Para encontrarmos o mínimo de $m(x)$, igualamos a zero a derivada de $m(x) = C'(x)$, que é $m'(x) = C''(x)$. A equação $C''(x) = 0$ nos dá $x = x_0 = 1\,000$. O valor mínimo de $m(x)$ é

$$m_0 = m(1\,000) = \frac{1\,000^2}{3\,000} - \frac{2\,000}{3} + 340 = 340 - \frac{1\,000}{3} \approx \text{R\$}6,67.$$

O custo efetivo de produção de um artigo a mais quando a fábrica já produz 1 000 artigos é

$$C(1\,001) - C(1\,000) = \frac{1\,001^3}{9\,000} - \frac{1\,001^2}{3} + 340 \cdot 1\,001 + 500$$
$$- \left(\frac{1\,000^3}{9\,000} - \frac{1\,000^2}{3} + 340 \cdot 1\,000 + 500\right).$$

Para facilitar os cálculos, observe que $1\,001^3 = 1,001^3 \cdot 10^9$. Fazendo os cálculos, obtemos $C(1\,001) - C(1\,000) \approx$ R\$6,66, um valor muito próximo do custo marginal. O leitor deve observar que foi muito mais fácil calcular o custo marginal do que esse custo efetivo.

Custo marginal e custo médio

O *custo médio* é dado por $C(x)/x$, ou seja, pelo declive da reta OC na Fig. 5.43. Ele é o que realmente custa para produzir cada artigo numa produção total de x artigos, ao passo que o custo marginal é o custo de produzir um artigo a

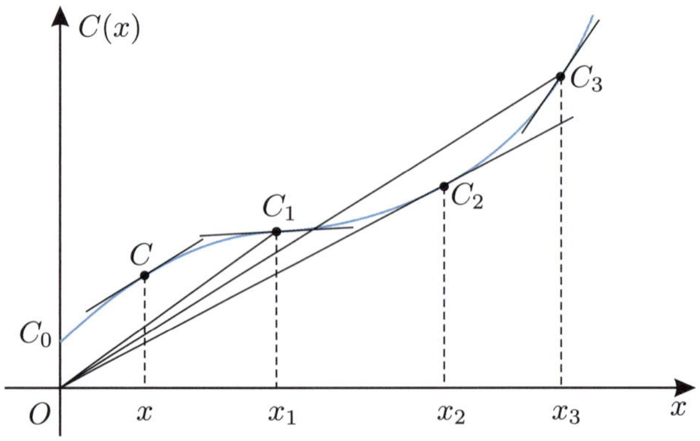

Figura 5.43

mais quando a fábrica já está produzindo x artigos. Por um simples exame da Fig. 5.43 se vê que o custo médio vai diminuindo à medida que x cresce até um valor x_2, em que o custo médio é igual ao custo marginal $C'(x_2)$, que é o declive da reta tangente. Esse declive da reta tangente atinge um valor mínimo em x_1, onde ainda é menor do que o custo médio $C(x_1)/x_1$. Por aí se vê que é vantagem aumentar a produção de mais artigos até se atingir o valor x_2, mas não além desse valor, quando passa a valer a desigualdade $C'(x) > C(x)/x$, vale dizer, custo marginal maior do que custo médio.

▶ Exemplo 4: Continuação do exemplo anterior.

Voltemos à função custo

$$C(x) = \frac{x^3}{9\,000} - \frac{x^2}{3} + 340x + 500.$$

Para o mesmo valor $x = x_0 = 1\,000$, o custo médio unitário

$$\frac{C(x)}{x} = \frac{x^2}{9\,000} - \frac{x}{3} + 340 + \frac{500}{x}$$

é

$$\frac{C(1\,000)}{1\,000} = \frac{1\,000}{9} - \frac{1\,000}{3} + 340 + \frac{1}{2} \approx \text{R\$}118{,}28.$$

Isso mostra que é realmente compensador aumentar a produção acima do valor $x = 1\,000$, já que o custo marginal ou custo por artigo adicional é de apenas R\$6,67, quando a fábrica está gastando, em média, R\$118,28 por um dos 1 000 que já vem produzindo.

A situação é bem diferente quando $x = 2\,000$, pois agora o custo médio unitário

$$\frac{C(2\,000)}{2\,000} \approx \text{R\$}118{,}03$$

é praticamente o mesmo anterior, enquanto o custo marginal é muito maior: $m(2\,000) = \text{R\$}340{,}00$.

Exercícios

1. Expresse a taxa de crescimento do volume de uma esfera, relativamente ao raio, em função do raio. Faça o mesmo para a superfície da esfera. Calcule essas taxas quando o raio for igual a 5 cm.

2. Expresse a taxa de crescimento do volume de uma esfera, relativamente à superfície, em função do raio da esfera. Faça o mesmo para o raio, relativamente ao volume.

3. Qual a taxa média de variação da área de um círculo em relação ao raio, quando este varia de r a $r + \Delta r$? Calcule essa taxa de variação para $r = 1,5$ m e $\Delta r = 5$ cm.

4. Se o raio de um círculo cresce à taxa de 30 cm/s, a que taxa cresce a área em relação ao tempo?

5. Num reservatório contendo um orifício, a vazão pelo orifício é de $110\sqrt{h}$ cm^3/s, em que h é a altura, em centímetros, do nível da água no reservatório, acima do orifício. O reservatório é alimentado à taxa de 88 l/min. Calcule a altura h do nível a que o reservatório se estabiliza.

6. Um reservatório cônico, com o vértice para baixo, contém água de volume V até uma altura h. Supondo que a evaporação da água se processa a uma taxa dV/dt proporcional à sua superfície, mostre que h decresce a uma taxa dh/dt constante.

Esse resultado mostra que, na falta de chuva e em condições atmosféricas constantes, o nível de um tal reservatório baixará da mesma quantidade a cada dia. Prove que o mesmo acontece com um lago ou represa, tomando agora o volume de água como o de um cilindro ou paralelepípedo.

7. Uma bola de neve derrete a uma taxa volumétrica dV/dt proporcional à sua área. Mostre que seu raio r decresce a uma taxa dr/dt constante.

8. A população de uma pequena cidade é dada por

$$P(t) = 10\,000 + \frac{t^2}{4} + 30t,$$

em que t é o tempo em anos. Calcule os valores da população depois de 2, 4, 6 anos e as taxas instantâneas de crescimento para esses mesmos valores de t. Supondo que a taxa se estabilize a partir de $t = 6$, qual será a população ao final de 10 anos? Compare esse valor com o valor real $P(10)$.

9. O custo de produção de x unidades mensais de certo produto é

$$C(x) = \frac{x^3}{8\,400} - \frac{x^2}{2} + 710x + 650.$$

Calcule o custo marginal quando $x = 0$, o custo marginal mínimo e a produção $x = x_0$ para que esse mínimo ocorra. Qual o custo médio por artigo produzido quando $x = x_0$?

10. Mostre que, quando a função custo é linear, $C = C_0 + mx$, com $C_0 > 0$ e $m > 0$, então o custo médio é sempre maior que o custo marginal, e que o custo médio diminui com o aumento da produção. Isso significa que, enquanto o custo for do tipo linear, será vantajoso aumentar a produção. Dê a interpretação geométrica.

11. A função custo num processo de produção de x milhares de certo artigo é dada por

$$C(x) = \begin{cases} 10 + 10x - x^2 & \text{para} \quad x \leq 4; \\ x^2 - 6x + 42 & \text{para} \quad x \geq 4. \end{cases}$$

Determine o custo marginal mínimo e o valor $x = x_0$ que produz esse mínimo. Mostre que o custo médio $C(x)/x$ é igual ao custo marginal $m(x) = C'(x)$ quando $x = \sqrt{42}$, que $C(x)/x > m(x)$ para $x < \sqrt{42}$ e que $C(x)/x < m(x)$ para $x > \sqrt{42}$. Faça os gráficos de $C(x)$ e $m(x)$.

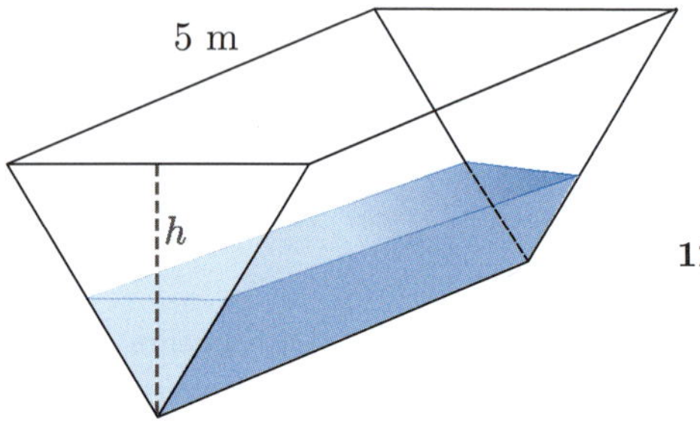

12. Um tanque com 5 m de comprimento tem seção transversal na forma de triângulo equilátero. A água está sendo bombeada para o tanque a uma taxa de $1/2$ m^3/min. Com que velocidade o nível da água sobe quando a água está com $0,3$ m de profundidade?

13. Para a maioria dos gases vale a Lei de Boyle $P \cdot V = C$, em que P é a medida da pressão e V é o volume. Se em um dado instante a pressão for de 200 kg/m^2 e o volume for de 2 m^3, está crescendo (o volume) a uma taxa de 1 m^3/min. Qual é a taxa de variação da pressão em relação ao tempo nesse instante?
Obs.: *A medida de pressão é a razão entre a massa e a área (kg/m^2, lb/in^2, etc.).*

14. Em um dado instante, uma amostra de gás que obedece à Lei de Boyle ocupa um volume de $2\,000$ in^3 a uma pressão de 15 lb/in^2. Se esse gás está sendo comprimido isotermicamente a uma taxa de 20 in^3/min, ache a taxa com que a pressão está crescendo no instante em que o volume é $1\,000$ in^3.

15. Uma correia carrega e despeja areia sobre um monte em forma de cone à taxa constante de 3 m^3 /min. Suponha que a altura do monte seja sempre igual ao raio de sua base. Com que velocidade a altura do monte aumenta quando ele tem 7 m de altura?

Respostas, sugestões, soluções

1. $V = 4\pi r^3/3$ e $S = 4\pi r^2$ nos dão

$$\frac{dV}{dr} = 4\pi r^2 \quad \text{e} \quad \frac{dS}{dr} = 8\pi r.$$

Quando $r = 5$ cm essas taxas assumem os valores 100π cm^3 por centímetro de raio e 40π cm^2 por centímetro de raio, respectivamente.

2. $V = S^{3/2}/6\sqrt{\pi}$ nos dá

$$\frac{dV}{dS} = \frac{\sqrt{S}}{4\sqrt{\pi}} = \frac{\sqrt{4\pi r^2}}{4\sqrt{\pi}} = \frac{r}{2}.$$

Poderíamos também proceder assim:

$$\frac{dV}{dS} = \frac{dV}{dr} \cdot \frac{dr}{dS} = \frac{dV}{dr} \cdot \frac{1}{dS/dr} = 4\pi r^2 \cdot \frac{1}{8\pi r} = \frac{r}{2}.$$

Quanto ao raio relativamente ao volume,

$$\frac{dr}{dV} = \frac{1}{dV/dr} = \frac{1}{4\pi r^2}.$$

3. Observe que

$$\frac{\Delta S}{\Delta r} = \frac{4\pi(r + \Delta r)^2 - 4\pi r^2}{\Delta r} = 4\pi(\Delta r + 2r).$$

Quando $r = 1,5$ m e $\Delta r = 5$ cm, $\Delta S/\Delta r = 1220\pi$ cm^3 por centímetro de raio.

4. $A = \pi r^2$, $\dfrac{dA}{dt} = \dfrac{dA}{dr} \cdot \dfrac{dr}{dt} = 2\pi r \cdot 30 = 60\pi r$ cm^2/s.

5. Devemos ter $110\sqrt{h} = \dfrac{88\,000}{60}$, donde $h = 1\,600/9$ cm.

6. O raio r da superfície da água é proporcional a *h*: $r = Ah$, A uma constante. Então,

$$V = \frac{\pi r^2 h}{3} = \frac{\pi A^2}{3} h^3; \quad \text{logo,} \quad \frac{dV}{dt} = \pi A^2 h^2 \frac{dh}{dt}.$$

Por outro lado, $dV/dt = B\pi r^2$, em que B é outra constante, portanto

$$\pi A^2 h^2 \frac{dh}{dt} = B\pi r^2 = BA^2 \pi h^2.$$

Daqui segue o resultado desejado: $dh/dt = B$.

7. $V = 4\pi r^3/3$, $dV/dt = 4\pi r^2(dr/dt)$ é proporcional à área $4\pi r^2$, isto é, igual a $4\pi r^2 A$, em que A é uma constante; logo, $dr/dt = A$.

8. $P(2) = 10\,061$; $P(4) = 10\,124$; $P(6) = 10\,189$. As taxas correspondentes são obtidas de $P'(t) = t/2 + 30$, donde $P'(2) = 31$, $P'(4) = 32$, $P'(6) = 33$. No pressuposto de que a taxa se estabilize no valor 33, a população passará a crescer linearmente a partir do valor $t_0 = 6$ do tempo, isto é, de acordo com a lei $P_1(t) = 10\,189 + 33(t - 6)$. Assim, depois de 10 anos, $P_1(10) = 10\,189 + 33 \times 4 = 10\,321$, valor este muito próximo do valor exato $P(10) = 10\,325$.

9. $m(0) = 710$; $x_0 = 1\,400$, $m(x_0) = 10$ e $C(x_0)/x_0 = 243,8$.

10. A cargo do leitor.

11. Faça o gráfico de $m(x) = C'(x)$ e observe que seu mínimo ocorre quando $x = 4 \cdot m(4) = 2$. Para a segunda parte, compare $m(x)$ com $C(x)/x$.

12. Escreva a área do equilátero em função de sua altura e você encontrará $A = \sqrt{3}h^2/3$. Assim, o volume do tanque quando a água estiver a uma profundidade $h = h(t)$ será $V(t) = V = 5\sqrt{3}h^2/3$. Como $dV/dt = dV/dh \cdot dh/dt$ e $dV/dt = 1/2$, $dV/dh = 10\sqrt{3}h/3$ teremos, quando $h = 0,3 = 3/10$, $dh/dt = \sqrt{3}/6 \approx 0,288$ m/min.

13. Derive em relação a t em ambos os membros a equação $P \cdot V = C$ e você obterá $dP/dt \cdot V + P \cdot dV/dt = 0$. Substitua $P = 200$, $V = 2$, $dV/dt = 1$ e resolva a equação em relação a dP/dt para encontrar que a pressão diminui a uma taxa de 100 kg/m^2 por minuto.

Outra forma de resolver o exercício é considerar $P = C/V$, usar $P = 200$ e $V = 2$ para encontrar o valor de C. Depois, derivando em relação a t a equação anterior, obteremos $dP/dt = -C/V^2 \cdot dV/dt$. Substituindo V, C e dV/dt, você encontrará o mesmo valor da outra resolução, ou seja, $dP/dt = -100$.

14. Considere $P = C/V$ e use o fato de que $V = 2\,000$, e $P = 15$ para encontrar o valor da constante $C = 30\,000$. Derive em relação a t a primeira equação para obter $dP/dt = -30\,000/V^2 \cdot dV/dt$. Substituindo $dV/dt = -20$ e $V = 1\,000$, você encontrará $dP/dt = 3/5$ lb/in^2 por minuto.

15. Como a altura h é igual ao raio r, o volume $V = 1/3\pi r^2 h = 1/3\pi h^3$. Derivando em relação a t, teremos $dV/dt = dV/dh \cdot dh/dt = \pi h^2 \cdot dh/dt$. Substitua $dV/dt = 3$ e $h = 7$ para encontrar $dh/dt = 3/(49\pi) \approx 0,01948$ m/min.

Experiências no computador

Neste anexo usaremos o SAC MAXIMA e o *software* GeoGebra para estudar os conceitos apresentados no Capítulo 5. Em particular, iremos construir, com o GeoGebra, uma ilustração dinâmica para o Teorema do Valor Médio, mostrando o seu significado geométrico. Além disso, aprenderemos a usar o SAC MAXIMA para resolver sistemas de equações e consequentemente a encontrar pontos críticos de funções. Caso o leitor sinta necessidade de rever as apresentações desses *softwares* poderá encontrá-las nos anexos dos Capítulos 1 e 2.

Explorando a Seção 5.1 com o GeoGebra e o MAXIMA

Na Seção 5.1 estudamos sobre o Teorema do Valor Médio (p. 130). Nesta seção construiremos uma ilustração com o GeoGebra que permita visualizar o significado do referido resultado. Construiremos a ilustração usando a função $f(x) = x^2$ com $a = -1$ e $b = 2$; para ver a ilustração para outras funções e pontos, basta modificar a função f e os pontos a e b. Para isso, abra o *software* ou uma nova janela e digite no CAMPO DE ENTRADA:

- `f(x)=x^2`
- `a=-1`
- `b=2`
- `A=(a,f(a))`
- `B=(b,f(b))`
- `r=Reta[A,B]`

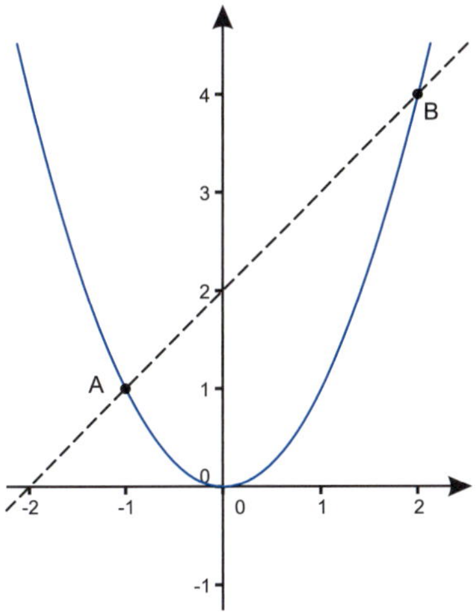

Figura 5.44

Se tudo correr bem, você estará com algo semelhante ao que vê na Fig. 5.44. A seguir, iremos deixar apenas a parte do gráfico de f entre $x = a$ e $x = b$ visível e a reta que passa pelos pontos **A** e **B** pontilhada. Para isso,

- Clique com o botão do lado direito do *mouse* sobre o gráfico da parábola e desmarque a opção EXIBIR OBJETO. O gráfico da parábola irá desaparecer.

- Clique com o botão do lado direito do *mouse* sobre a reta que passa pelos pontos **A** e **B** e selecione a opção PROPRIEDADES. Na nova janela que abrirá na guia ESTILO, escolha o ESTILO DE LINHA que achar melhor. Há outras propriedades que você pode modificar. Após terminar, clique em FECHAR.

Agora, no CAMPO DE ENTRADA, digite:

- `Função[f,a,b]`
- `P=Ponto[f]`
- `t=Tangente[P,f]`
- `m_1=Inclinação[r]`
- `m_2=Inclinação[t]`

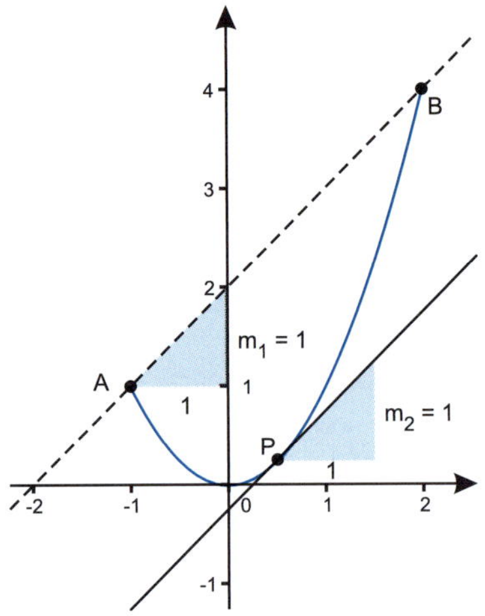

Figura 5.45

Salve sua construção para acesso futuro. Aperte a tecla ESC (para ativar a ferramenta MOVER) e arraste o ponto **P**. O Teorema do Valor Médio diz que para algum valor $c \in (a, b)$ a inclinação da reta tangente ao gráfico no ponto de abscissa c é igual à inclinação da reta que passa pelos pontos **A** e **B**. Na construção feita, procure uma posição em que o número m_1 seja igual ao m_2 (Fig. 5.45).

Essa construção permite que se modifiquem os valores de "a", "b" e a função "f" para adaptar o problema a outra situação. Por exemplo, considere a função $f(x) = x^3 - 2x$ com $a = -2$ e $b = 2$. Para ver a ilustração referente ao Teorema do Valor Médio para esse conjunto de informações, basta digitar no CAMPO DE ENTRADA:

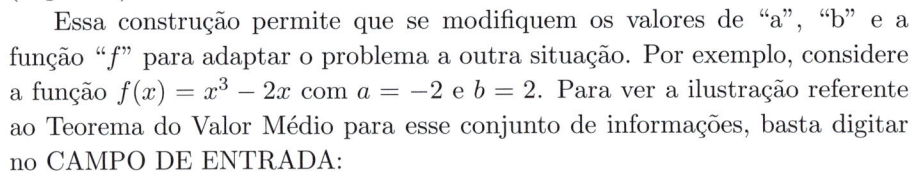

- `a=-2`
- `b=2`
- `f(x)=x^3-2*x`

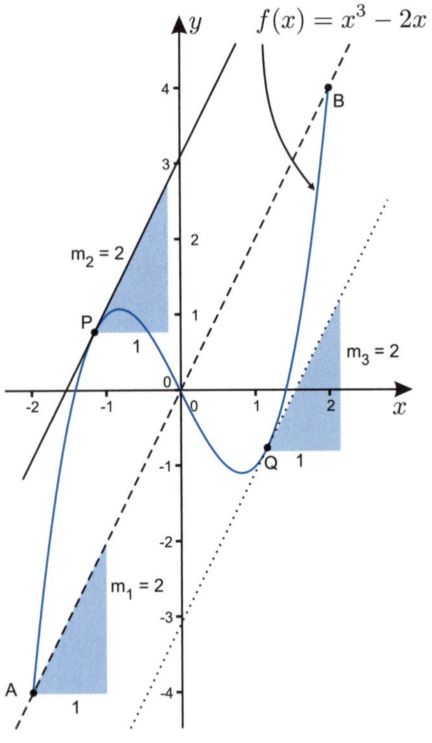

Figura 5.46

Assim como antes, clique e arraste o ponto **P**. Você consegue perceber que existem dois valores entre "a" e "b" onde a reta tangente ao gráfico é paralela à reta que passa pelos pontos **A** e **B**? (Fig. 5.46.)

Vejamos outro exemplo, mas agora que ilustra a não existência desse ponto. Considere a função $f(x) = x^{2/3}$ no intervalo $[-4, 4]$. Para isso, digite no CAMPO DE ENTRADA.

- `a=-4`
- `b=4`
- `f(x)=x^(2/3)`

Veja se é possível encontrar uma posição entre os pontos $x = -4$ e $x = 4$ que faça com que a reta tangente seja paralela à reta que passa pelos pontos **A** e **B**. A resposta deverá ser negativa, e o aspecto gráfico pode ser observado na Fig. 5.47.

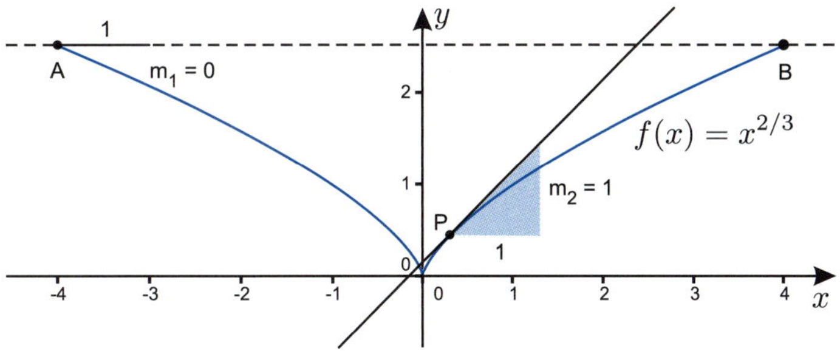

Figura 5.47

▶ **Obs.:** **O que diz o Teorema do Valor Médio?**

Esse teorema, enunciado na p. 130, garante que, se uma função f for derivável em $(a,\, b)$ então há pelo menos um ponto entre a e b onde a inclinação da reta nesse ponto é igual à inclinação da reta que passa pelo ponto de abscissa a e b. Os exercícios da p. 130 podem ser mais bem compreendidos caso você ajuste a função f e os valores de a e b de tal modo que a construção se ajuste ao exercício. Assim, você verá o significado geométrico do Teorema do Valor Médio.

O teorema do valor médio com o MAXIMA

O que vimos na seção anterior permite uma visualização do significado do Teorema do Valor Médio, mas não foi mostrado como encontrar o ponto c. Em relação aos comandos do *software* MAXIMA, será apresentado um novo comando. Trata-se daquele que permite resolver equações e sistemas de equações. Sua sintaxe é a seguinte:

```
solve(equação, variável)
```

para resolver equações de uma única variável e

```
solve([eq1, eq2, ... , eqn], [var1,var2, ... , varn])
```

▶ **Exemplo 1:** **Resolver a equação.**

Para resolver a equação $x^2 - 5x + 6 = 0$, basta entrar com o seguinte comando:

```
>> solve(x^2-5*x+6=0,x)
```

e teremos como resposta

```
(%i1) solve(x^2-5*x+6=0,x);
```

(%o1) $[x = 3, x = 2]$

e assim a solução da equação é $x = 2$ ou $x = 3$.

▶ **Exemplo 2:** **Resolver um sistema de equações.**

Para resolver um sistema como o seguinte

$$\begin{cases} 3x - 2y + 2z = 4 \\ x + z = -10 \\ -2x - y = 3 \end{cases}$$

entramos com o seguinte comando

```
>> solve([3*x-2*y+2*z=4,x+z=-10,-2*x-y=3],[x,y,z])
```

o obteremos como resposta

(%i2) `solve([3*x-2*y+2*z=4,x+z=-10,-2*x-y=3],[x,y,z]);`

(%o2) $[[x = \frac{18}{5}, y = -\frac{51}{5}, z = -\frac{68}{5}]]$

e assim a solução do sistema de equações é $x = \frac{18}{5}$, $y = -\frac{51}{5}$ e $z = -\frac{68}{5}$.

▸ Exemplo 3: Qual o valor de c?

Considere a função $f(x) = x^2$ definida no intervalo $[-1, 2]$. Qual é o valor de c que satisfaz o Teorema do Valor Médio, ou seja,

$$f'(c) = \frac{f(b) - f(a)}{b - a}$$

em que $a = -1$ e $b = 2$ para qual valor de c?

> Para resolver o problema manualmente, calculamos $f(2) = 4$, $f(-1) = 1$ e encontramos
>
> $$f'(c) = \frac{f(2) - f(-1)}{2 - (-1)} = \frac{4 - 1}{2 + 1} = 1.$$
>
> Como $f'(x) = 2x$, então $f'(c) = 2c$. Para que $f'(c) = 1$, devemos ter $2c = 1$ e assim $c = 1/2 = 0,5$. O procedimento para resolver qualquer outro problema é o mesmo, mudando apenas os valores de a, b e a função.

Vamos entrar com os três primeiros dados entrando com os seguintes comandos:

```
>> f(x):=x^2

>> a:-1

>> b:2
```

Usaremos a variável `flc` para representar o número $f'(c)$ e `fx` para representar a derivada de f em relação a x. Entre com os seguintes comandos:

```
>> flc:(f(b)-f(a))/(b-a)

>> fx:diff(f(x),x)

>> solve(fx=flc,x)
```

e obteremos o seguinte:

> Lembre-se de que você pode optar por entrar primeiro com todos os comandos e só depois executá-los. Para isso, entre com cada um dos comandos a seguir (aperte ENTER após “;” (sem segurar a tecla SHIFT (⇑)))
>
> ```
> f(x):=x^2;
> a:-1;
> b:2;
> flc:(f(b)-f(a))/(b-a);
> fx:diff(f(x),x);
> solve(fx=flc,x);
> ```
>
> e terminando segure a tecla SHIFT (⇑) e aperte ENTER.

(%i3) `f(x):=x^2;`

(%o3) $\mathrm{f}(x) := x^2$

(%i4) `a:-1;`

(%o4) -1

(%i5) `b:2;`

(%o5) 2

(%i6) `flc:(f(b)-f(a))/(b-a);`

(%o6) 1

(%i7) `fx:diff(f(x),x);`

(%o7) $2\,x$

(%i8) solve(fx=f1c,x);

(%o8) $[x = \frac{1}{2}]$

Esse último valor é o procurado (se $c \in (a,\, b)$), desde que a função satisfaça as condições do Teorema do Valor Médio. Se voltar à construção anterior feita com o GeoGebra e ajustar o ponto **P** para que sua abscissa coincida com esse número, você verá que a reta tangente ao gráfico é paralela à reta que passa pelos pontos **A** e **B**.

Explorando as Seções 5.4 e 5.5 com o MAXIMA

No comando "subst", a segunda entrada pode ser uma expressão. Por exemplo,

```
subst(5,x^2,x^2+x*y)
```

irá colocar o valor 5 no lugar de x^2 que está na expressão $x^2 + xy$, e o resultado será

```
5+xy.
```

Encontrar máximos e mínimos envolve apenas cálculo de derivadas e a resolução de equações. Para usar o teste da segunda derivada, será interessante saber substituir um valor em uma variável que está em uma expressão. Assim, antes de resolver um problema envolvendo máximos e mínimos, iremos aprender a executar essa ação com o *software* MAXIMA.

A sintaxe do comando é a seguinte

```
subst(valor, variável, expressão)
```

que pode ser lido assim:

*substitua o **valor** no lugar da **variável** que está na **expressão**.*

Para ilustrar o uso desse comando, suponha que na expressão $x^2 + xy$ a variável x deva ser substituída pelo valor 2. Então, para lembrar de como escrever, pense da seguinte forma: queremos substituir o valor 2 no lugar da variável x que está na expressão $x^2 + xy$, e a sintaxe do comando ficará assim:

```
>> subst(2,x,x^2+x*y)
```

Obteremos o seguinte resultado:

(%i1) subst(2,x,x^2+x*y);

(%o1) $2\,y + 4$

É muito comum que a expressão esteja em uma variável, e nesse caso o procedimento é basicamente como se segue. Gravaremos a expressão na variável "expr" e teremos:

(%i2) expr:x^2+x*y;

(%o2) $x\,y + x^2$

(%i3) subst(2,x,expr);

(%o3) $2\,y + 4$

Com isso em mente, podemos agora usar o MAXIMA para explorar conceitos envolvendo pontos críticos de funções.

O comando "subst" pode ser acessado via janela. Para isso, basta clicar no botão "SUBSTITUIR..." que há na coluna esquerda no Painel Matemática

Geral[4] ou no MENU PRINCIPAL clique em SIMPLIFICAR e posteriormente em "SUBSTITUIR...". Aparecerá uma janela como a que se vê na Fig. 5.48.

No campo EXPRESSÃO deverá aparecer a expressão onde será feita a substituição. Usando o mesmo exemplo anterior, nesse campo teremos a expressão $x^2 + xy$. No campo VALOR ANTIGO, indique o que se tem antes da substituição (no caso x), e no campo VALOR NOVO indique o valor que deverá ficar no lugar da variável (no caso 2), como mostra a Fig. 5.48. Feito isso, clique em OK.

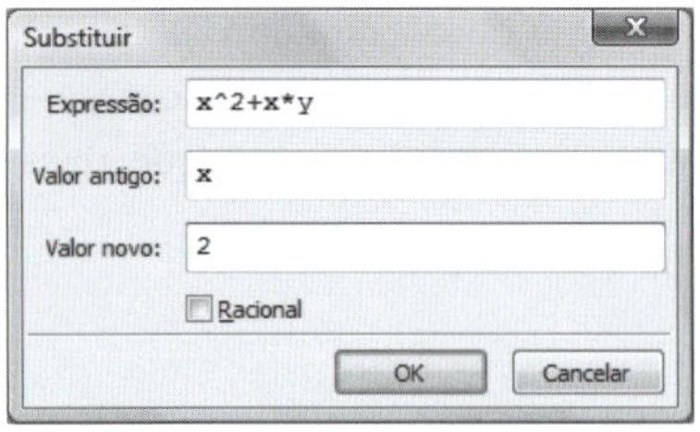

Figura 5.48

Lembre-se de que definimos por ponto crítico (ver p. 145) aquele valor x_0 no domínio de uma função f que faz com que $f'(x_0) = 0$. Então, procurar pontos críticos é procurar pontos onde a derivada é zero.

► Exemplo 4: Encontrar e classificar os pontos críticos.

Para ilustrar o uso do MAXIMA para encontrar e classificar pontos críticos envolvendo um ponto de inflexão, usaremos o Exercício 2 da p. 151. Considere a função$f(x) = x^3 - 3x^2 + 3x - 7$. Devemos encontrar e classificar seus pontos críticos (caso existam). Para resolver esse problema, primeiro derivamos a função e encontramos $f'(x) = 3x^2 - 6x + 3$, e depois resolvemos a equação $f'(x) = 3x^2 - 6x + 3 = 0$. Vejamos como você pode solucionar esse problema.

Entre com os seguintes comandos:

```
>> f:x^3-3*x^2+3*x-7
>> fx:diff(f,x)
>> solve(fx=0,x)
```

e obterá como resposta

(%i1) `f:x^3-3*x^2+3*x-7;`

(%o1) $x^3 - 3\,x^2 + 3\,x - 7$

(%i2) `fx:diff(f,x);`

(%o2) $3\,x^2 - 6\,x + 3$

(%i3) `solve(fx=0,x);`

(%o3) $[x = 1]$

Temos um ponto crítico quando $x = 1$. Para saber a natureza do ponto crítico, tentaremos usar o teste da segunda derivada. Precisamos, assim, da derivada segunda (Seção 5.5, p. 153). Para encontrá-la, basta entrar com o seguinte comando.

A segunda derivada também pode ser encontrada da seguinte forma:

`fxx:diff(f,x,2);`

em que o 2 indica o número de vezes que f será derivada.

(%i4) `fxx:diff(fx,x);`

(%o4) $6\,x - 6$

Devemos substituir o valor 1 (ponto crítico) no lugar da variável x que está na expressão "fxx". O comando que fará isso é:

(%i5) `subst(1,x,fxx);`

(%o5) 0

---

[4] Se esse painel não estiver ativo no MENU PRINCIPAL clique em MAXIMA > PAINÉIS > MATEMÁTICA GERAL.

Naturalmente, se $x = 1$ na segunda derivada $y'' = f_{xx}(x) = 6x - 6$ então será zero, e assim o teste é inconclusivo. Para resolver esse problema, o teste da derivada primeira ajudará. Para isso, desenhe o gráfico da primeira derivada ($f' = f_x = 3x^2 - 6x + 3$). Use o GeoGebra e você obterá algo semelhante ao mostrado na Fig. 5.49.

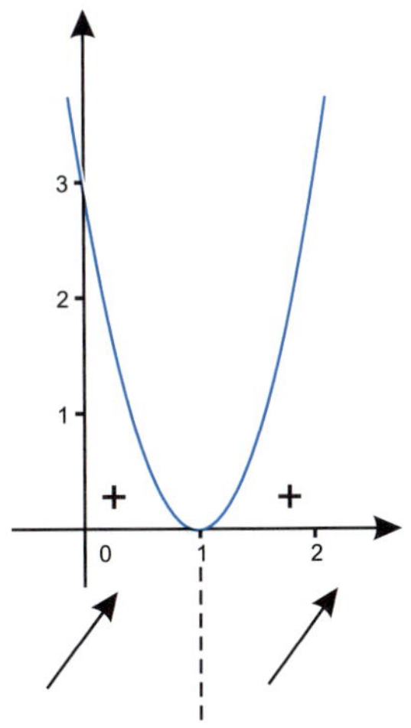

Figura 5.49

Note que a função é crescente onde o sinal da função derivada é positivo, e assim $x = 1$ é um ponto de inflexão (pois a função é sempre crescente). Confira o gráfico da função dada no GeoGebra, e para isso escreva no CAMPO DE ENTRADA `f(x)=x^3-3*x^2+3*x-7` e aperte ENTER. Para ajustar a visualização, use a rodinha do *mouse*.

▸ Exemplo 5: Encontrar e classificar os pontos críticos.

Considere a função $f(x) = x\sqrt{x} - x$ (Exercício 12 da p. 151). Encontraremos o ponto crítico descobrindo qual o valor de x que anula a função derivada. Para tal, entre com os seguintes comandos:

```
>> f:x*sqrt(x)-x
>> fx:diff(f,x)
>> solve(fx=0,x)
```

Você encontrará o seguinte resultado:

(%i1) `f:x*sqrt(x)-x;`

(%o1) $x^{\frac{3}{2}} - x$

(%i2) `fx:diff(f,x);`

(%o2) $\frac{3\sqrt{x}}{2} - 1$

(%i3) `solve(fx=0,x);`

(%o3) $[x = \frac{4}{9}]$

Desse modo, encontramos que há um ponto crítico em $x = 4/9$, mas qual a natureza desse ponto? Para descobrir isso usaremos, inicialmente, o teste da derivada segunda (p. 153). Precisamos avaliar o sinal da função derivada segunda no ponto crítico. Se negativo, será um ponto de máximo; se positivo será um ponto de mínimo. Com esse objetivo, entre com os seguintes comandos:

```
>> fxx:diff(f,x,2)
>> subst(4/9,x,fxx)
```

Você encontrará como resultado:

(%i4) `fxx:diff(f,x,2);`

(%o4) $\frac{3}{4\sqrt{x}}$

(%i5) `subst(4/9,x,fxx);`

(%o5) $\frac{9}{8}$

Como $f_{xx}(4/9) = 9/8 > 0$, então $x = 4/9$ é um ponto de mínimo. Se abrir o GeoGebra e no CAMPO DE ENTRADA escrever

```
f(x)=x*sqrt(x)-x
```

e apertar ENTER você verá o gráfico da função f. Se digitar `f'(x)` e apertar ENTER, verá a função derivada.

Os demais exercícios das pp. 151 e 159 podem ser feitos com a ajuda do MAXIMA no sentido de mostrar se os cálculos feitos estão corretos usando a mesma rotina exibida aqui.

Construção de gráficos sobre um intervalo $[a, b]$ com o GeoGebra

É possível obter o gráfico de uma função f apenas sobre um intervalo[5] $[a, b]$. Para tal, basta entrar no CAMPO DE ENTRADA com um comando com a seguinte sintaxe:

```
Função[lei de associação, início, fim]
```

Vamos a um exemplo simples: construir o gráfico da função $f(x) = -x^2 + 2x$ no intervalo $[0, 3]$. Para tal, escreva no CAMPO DE ENTRADA:

- `Função[-x^2 + 2 x, 0, 3]` e aperte ENTER

No caso dos Exercícios 15 a 26 (pp. 151-151), é interessante ver o gráfico apenas no domínio indicado. Posteriormente, o leitor deverá procurar os pontos críticos, classificá-los e comparar com a imagem dos números nas extremidades dos intervalos. Para ilustrar, considere o Exercício 24 da p. 151.

▸ Exemplo 6: Extremos sobre intervalo fechado.

Considere a função $f(x) = x\sqrt{x+3}$ com $-3 \leq x \leq 1$. Queremos saber onde estão seus pontos de mínimo e máximo (caso existam). Digite no CAMPO DE ENTRADA

- `Função[x*sqrt(x + 3), -3, 1]`

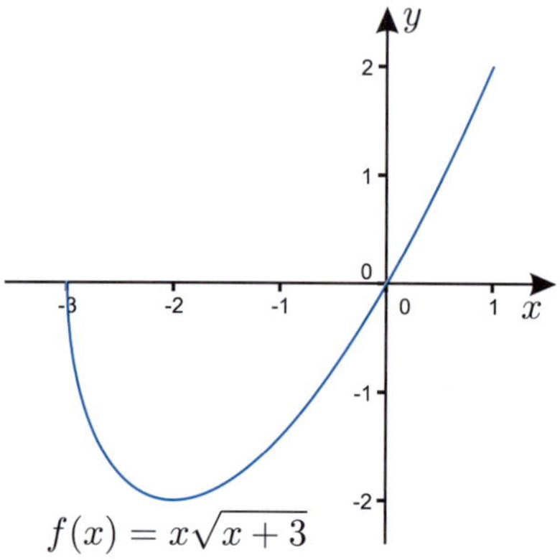

Figura 5.50

Você obterá um gráfico como o da Fig. 5.50. Seu aspecto já nos diz que o ponto de máximo ocorrerá seguramente no extremo direito do intervalo $[-3, 1]$ enquanto o ponto de mínimo ocorrerá no interior desse intervalo. Com a ajuda do MAXIMA, podemos descobrir qual será esse ponto. Observe:

(%i1) `f:x*sqrt(x+3);`

(%o1) $x\sqrt{x+3}$

(%i2) `fx:diff(f,x);`

(%o2) $\sqrt{x+3} + \dfrac{x}{2\sqrt{x+3}}$

[5] É possível que nesse intervalo haja pontos de descontinuidade. Entretanto, o *software* não deixará de mostrar o gráfico por conta disso.

```
(%i3) solve(fx=0,x);
```

(%o3) $[x = -2]$

```
(%i4) fxx:diff(fx,x);
```

(%o4) $$\frac{1}{\sqrt{x+3}} - \frac{x}{4\,(x+3)^{\frac{3}{2}}}$$

```
(%i5) subst(-2,x,fxx);
```

(%o5) $$\frac{3}{2}$$

É interessante que você faça os cálculos manualmente para fixar as ideias. Vamos interpretar o obtido.

1. A função f possui um ponto crítico em $x = -2$.

2. Como $f_{xx}(-2) = \frac{3}{2} > 0$ então, pelo teste da derivada segunda (Teorema 2, p. 154) esse ponto crítico (que pertence ao interior do intervalo $[-3, 1]$) é um ponto de mínimo.

3. Ao avaliar os extremos do intervalo vemos que: $f(-3) = 0$ e $f(1) = 2$ o que nos leva a concluir que em $x = 1$ temos o valor máximo 2. O valor mínimo ocorre no ponto crítico $x = -2$ e é $f(-2) = -2$.

A integral

O presente capítulo é dedicado à integral. Em um de seus aspectos, a integração é operação inversa da derivação. Por causa disso, começamos discutindo "primitivas", um tópico relativamente fácil e que será muito útil para a obtenção de integrais de funções dadas. Mas depois apresentaremos o conceito de integral como área de figuras planas. É interessante observar que, ao contrário da derivada, que só aparece no século XVII, a origem da integral remonta às ideias de Arquimedes (287 - 212 a.C.), em seus cálculos de áreas e volumes. Essas ideias são retomadas pelos matemáticos do século XVII, cujas pesquisas são os primeiros esforços que redundam na criação do Cálculo. Mas os avanços dessa disciplina, com pleno desenvolvimento de seus métodos e técnicas, ocorrem durante todo o século XVIII, um desenvolvimento que é essencialmente de natureza prática e aplicada. Já a "teoria da integral" só se desenvolve e atinge plena maturidade num trabalho de Riemann (1826 - 1866) de 1854.

6.1 Primitivas

Diz-se que uma função F é *primitiva* de uma outra função f se esta é a derivada daquela: $F' = f$. Por exemplo,

$$x^3 \text{ é primitiva de } 3x^2 \quad \text{pois} \quad D(x^3) = 3x^2;$$

$$\sqrt{x} \text{ é primitiva de } \frac{1}{2\sqrt{x}} \quad \text{pois} \quad D(\sqrt{x}) = \frac{1}{2\sqrt{x}};$$

$$\frac{1}{x} \text{ é primitiva de } \frac{-1}{x^2} \quad \text{pois} \quad D\left(\frac{1}{x}\right) = \frac{-1}{x^2}.$$

Arquimedes é considerado o maior matemático da Antiguidade. Para muitos historiadores da Matemática, ele é o maior gênio matemático de todos os tempos. Outros discordam e acham que ele está abaixo de Newton (1642-1727) ou Gauss (1777-1855). Outros ainda preferem Euler (1727-1783) a Gauss.

Como a derivada de uma constante C é sempre zero, se F é primitiva de f, então $F + C$ também é. De fato,

$$[F(x) + C]' = F'(x) = f(x).$$

Vemos assim que uma função f que tenha primitiva F possui uma infinidade de primitivas, do tipo $F(x) + C$, em que C é uma constante arbitrária.

Vamos mostrar que todas as primitivas de f são dessa forma $F(x) + C$. Para isso, seja $G(x)$ uma primitiva qualquer. Então, $G(x)$ e $F(x)$ têm a mesma derivada; logo, diferem por uma constante (como vimos na p. 132). Sendo C essa constante, podemos escrever: $G(x) - F(x) = C$, donde $G(x) = F(x) + C$, que é o resultado desejado.

Em face desse resultado, vemos que o problema de determinar a primitiva geral de uma função f se resume a achar uma primitiva particular F. Foi o que fizemos nos exemplos acima.

▶ Exemplo 1: Equação do movimento uniformemente variado.

Uma interessante aplicação do resultado anterior é a obtenção da equação horária do movimento uniformemente variado, como vimos na p. 133, e que repetimos aqui.

Sejam a a aceleração e v a velocidade. Como

$$\frac{dv}{dt} = a,$$

$v = v(t)$ é uma primitiva de a; portanto,

$$v(t) = at + C.$$

Fazendo $t = 0$, obtemos: $v(0) = C$, isto é, C é o valor $v_0 = v(0)$ da velocidade no instante inicial $t = 0$; portanto,

$$v = v_0 + at.$$

Designando a posição do objeto por s, teremos

$$\frac{ds}{dt} = v = v_0 + at.$$

Isso mostra que $s = s(t)$ é uma primitiva de $v_0 + at$ (já que $ds/dt = v_0 + at$). Mas uma primitiva particular é $v_0 t + at^2/2$, pois

$$\frac{d}{dt}\left(v_0 t + \frac{a}{2}t^2\right) = v_0 + at;$$

portanto, a primitiva genérica é

$$s(t) = v_0 t + \frac{at^2}{2} + C,$$

em que C é uma constante arbitrária. Fazendo $t = 0$, obtemos: $s(0) = C$, isto é, a constante C é o valor $s_0 = s(0)$ da posição no instante inicial $t = 0$; então,

$$s = s_0 + v_0 t + \frac{at^2}{2}$$

e esta é a equação do movimento uniforme que relaciona o tempo percorrido com a posição do objeto.

Como achar primitivas

Nesse momento ainda não dispomos de nenhum método ou técnica para encontrar as funções primitivas. Para encontrá-las, é preciso saber de cor as derivadas de várias funções conhecidas, saber derivar e usar as propriedades de linearidades do operador derivada,[1] isto é, dadas duas funções f, g deriváveis e $k \in \mathbb{R}$, então

(a) $D(f + g) = D(f) + D(g)$,

(b) $D(kf) = kD(f)$.

[1] Essa propriedade segue diretamente da definição de derivada.

Para achar primitivas, é preciso derivar e saber de cor as derivadas de várias funções conhecidas.

► **Obs.:** Em vários momentos seguintes, você encontrará o símbolo $\Leftrightarrow^{(b)}$ ou $\Rightarrow^{(b)}$. Nesse caso, estaremos fazendo referência ao item (b) da propriedade de linearidade do operador derivada.

O leitor deve observar que estamos concluindo que determinada função é primitiva da outra usando apenas o conceito de derivada, isto é, para mostrar que F é primitiva para f mostramos que $D[F] = f$.

► Exemplo 2: Primitiva de $\dfrac{1}{\sqrt{x}}$.

Para achar a primitiva de $1/\sqrt{x}$, devemos lembrar que a derivada de $\sqrt{x}$ é $1/2\sqrt{x}$, ou seja,

$$D(\sqrt{x}) = \frac{1}{2\sqrt{x}} \quad \Leftrightarrow \quad 2 \cdot D(\sqrt{x}) = \frac{1}{\sqrt{x}} \Leftrightarrow^{(b)} \quad D(2\sqrt{x}) = \frac{1}{\sqrt{x}}.$$

Portanto, a derivada de $2\sqrt{x}$ é $1/\sqrt{x}$, o que mostra que $F(x) = 2\sqrt{x}$ é primitiva (particular) de $f(x) = 1/\sqrt{x}$. A primitiva geral é $G(x) = 2\sqrt{x} + C$ em que $C \in \mathbb{R}$.

► Exemplo 3: Primitiva de x^r.

De modo geral, a primitiva de x^r é $\dfrac{x^{r+1}}{r+1}$, desde que $r \neq -1$.[2] De fato,

$$D(x^{r+1}) = (r+1)x^r \Leftrightarrow \frac{1}{r+1} D(\, x^{r+1}) = x^r \Leftrightarrow^{(b)} D\left(\frac{x^{r+1}}{r+1}\right) = x^r.$$

Isso comprova que se $r \neq -1$, $x^{r+1}/(r+1)$ é primitiva de x^r; e nos mostra que, ao integrar uma potência de x, o expoente cresce de uma unidade. No caso geral temos: se $f(x) = x^r$ com $r \neq -1$, então sua primitiva geral é $G(x) = \frac{1}{r+1}x^{r+1} + C$ em que $C \in \mathbb{R}$.

► Exemplo 4: Primitiva de $\dfrac{1}{x\sqrt{x}}$ a partir da derivada de $\dfrac{1}{\sqrt{x}}$.

Derivando a função $f(x) = \frac{1}{\sqrt{x}}$, encontraremos

$$D\left(\frac{1}{\sqrt{x}}\right) = D(x^{-1/2}) = \frac{-1}{2}x^{-1/2-1} = \frac{-1}{2}x^{-3/2}$$

$$= \frac{-1}{2x^{3/2}} = \frac{-1}{2\sqrt{x^3}} = \frac{-1}{2x\sqrt{x}} = \frac{-1}{2}\,\frac{1}{x\sqrt{x}}.$$

Daí,

$$-2 \cdot D\left(\frac{1}{\sqrt{x}}\right) = \frac{1}{x\sqrt{x}} \Leftrightarrow^{(b)} D\left(\frac{-2}{\sqrt{x}}\right) = \frac{1}{x\sqrt{x}}$$

Portanto, $F(x) = -2/\sqrt{x}$ é uma primitiva (particular) de $f(x) = 1/x\sqrt{x}$. A primitiva geral é $G(x) = -2/\sqrt{x} + C$, em que $C \in \mathbb{R}$.

A resolução anterior passa pelo fato que o leitor, de antemão, deve saber que, ao derivar $1/\sqrt{x}$ encontrará, a menos de uma constante que multiplica, a função $f(x) = 1/x\sqrt{x}$. Entretanto, perceber tal propriedade para alguém ainda inexperiente não é tão natural. Felizmente, o Exemplo 3 traz um procedimento

[2] O caso $r = -1$ está ligado ao logaritmo, como veremos no próximo capítulo.

que facilita o cálculo de primitiva de funções desse tipo.

▶ Exemplo 5: Primitiva de $\dfrac{1}{x\sqrt{x}}$ de outra forma.

Observe que

$$\frac{1}{x\sqrt{x}} = \frac{1}{x \cdot x^{1/2}} = \frac{1}{x^{3/2}} = x^{-3/2}.$$

Então, fazendo $r = -3/2$ no Exemplo 3, teremos uma primitiva particular dessa função, a saber,

$$\frac{x^{-3/2+1}}{-3/2+1} = \frac{x^{-1/2}}{-1/2} = \frac{-2}{x^{1/2}} = \frac{-2}{\sqrt{x}}.$$

que é precisamente o resultado encontrado no Exemplo 4.

▶ Exemplo 6: Primitiva de $(3x+7)^5$.

Para achar uma primitiva de $(3x+7)^5$, derive $(3x+7)^6$ e ajuste as constantes:

$$D(3x+7)^6 = 6 \cdot 3(3x+7)^5 = 18(3x+7)^5.$$

Daí,

$$D(3x+7)^6 = 18(3x+7)^5 \quad \Leftrightarrow \quad \frac{1}{18}D(3x+7)^6 = (3x+7)^5$$

$$\Leftrightarrow^{(b)} \quad D\left(\frac{(3x+7)^6}{18}\right) = (3x+7)^5;$$

então, uma primitiva (particular) de $f(x) = (3x+7)^5$ é $F(x) = (3x+7)^6/18$. A primitiva geral é $G(x) = (3x+7)^6/18 + C$, em que $C \in \mathbb{R}$.

▶ Exemplo 7: Primitiva de $\dfrac{1}{x^4}$.

Para achar uma primitiva de $1/x^4$, observe, por um lado, que essa função é $1/x^4 = x^{-4}$, que tem primitiva (pelo Exemplo 3 com $r = -4$)

$$\frac{x^{-4+1}}{-4+1} = \frac{x^{-3}}{-3} = -\frac{1}{3x^3}.$$

Observe, por outro lado, que

$$D\left(\frac{1}{x^3}\right) = D(x^{-3}) = -3x^{-3-1} = -3x^{-4} = \frac{-3}{x^4}.$$

Daí,

$$-\frac{1}{3}D\left(\frac{1}{x^3}\right) = \frac{1}{x^4} \Leftrightarrow^{(b)} D\left(\frac{-1}{3x^3}\right) = \frac{1}{x^4}$$

e a conclusão é a mesma, isto é, a primitiva (particular) de $f(x) = \frac{1}{x^4}$ é $F(x) = -\frac{1}{3x^3}$. A primitiva geral é $G(x) = -\frac{1}{3x^3} + C$, em que $C \in \mathbb{R}$.

O leitor deve observar que para cada valor de C temos uma primitiva F. Dizemos que $G(x) = -\frac{1}{3x^3} + C$ é uma primitiva para $f(x) = \frac{1}{x^4}$, e uma pergunta natural é se há um membro dessa família que passe por um ponto específico. Por exemplo: como encontrar uma primitiva particular que passe pelo ponto (2, 5)? Nesse caso, precisamos encontrar o valor de C que faz com que $G(2) = 5$. Se for assim, deveremos ter

$$G(2) = -\frac{1}{3 \cdot 2^3} + C = 5.$$

Observe que ficamos com uma equação em C que pode ser facilmente resolvida, e encontramos que

$$C = 5 + \frac{1}{24} = \frac{121}{24}$$

e, desse modo, $G(x) = -\frac{1}{3x^3} + \frac{121}{24}$ é a solução particular procurada.

▶ **Exemplo 8: Primitiva de $\dfrac{1}{(2x-1)^4}$.**

Para achar uma primitiva de $1/(2x-1)^4$, o exemplo anterior sugere que devemos derivar $1/(2x-1)^3$ e ajustar as constantes:

$$D\left(\frac{1}{(2x-1)^3}\right) = D\left((2x-1)^{-3}\right) = -3 \cdot 2(2x-1)^{-3-1} = \frac{-6}{(2x-1)^4}.$$

Daí,

$$-\frac{1}{6} D\left[\frac{1}{(2x-1)^3}\right] = \frac{1}{(2x-1)^4} \Leftrightarrow^{(b)} D\left[\frac{-1}{6(2x-1)^3}\right] = \frac{1}{(2x-1)^4}$$

donde se conclui que $-1/6(2x-1)^3$ é o resultado desejado. Essa é uma primitiva particular, e a primitiva geral será dada por

$$G(x) = \frac{-1}{6(2x-1)^3} + C.$$

Para achar, digamos, a primitiva particular que se anula para $x = 0$, devemos resolver a equação $G(0) = 0$, da qual tiramos o valor de C:

$$G(0) = \frac{-1}{6(-1)^3} + C = 0, \quad \text{donde} \quad C = -\frac{1}{6};$$

portanto, $G(x) = \dfrac{-1}{6(2x-1)^3} - \dfrac{1}{6}$ é a primitiva de $\dfrac{1}{(2x-1)^4}$ que se anula quando $x = 0$, ou seja, seu gráfico passa pelo ponto (0, 0).

Exercícios

Determine as primitivas das funções dadas nos Exercícios 1 a 18.

1. x^5.

2. $7x^6$.

3. $4x^3 - 3x^2 + 1$.

4. $x^{2/3}$.

5. $x^{5/3}$.

6. $x^{-1/3}$.

7. $\dfrac{1}{x^2}$.

8. $\dfrac{1}{\sqrt{x}}$.

9. $\dfrac{1}{x\sqrt{x}}$.

> .: OPCIONAL :.
>
> Na p. 201 há instruções sobre como usar o *software* MAXIMA para encontrar primitivas de funções como as solicitadas nos Exercícios 1 a 18. Observe que o computador pode ajudá-lo mostrando se o que encontrou é correto ou não, mas isso não é suficiente para que se aprenda. É imperativo que se redija a resolução de cada exercício atentando a todos os passos.

10. $\dfrac{1}{(x-1)^2}$.

11. $\dfrac{-1}{(x+3)^2}$.

12. $\sqrt{x} - \dfrac{1}{x^2}$.

13. $\dfrac{1}{(x-a)^2}$.

14. $\dfrac{1}{(x+a)^3}$.

15. $\dfrac{1}{(2x+1)^2}$.

16. $\dfrac{1}{(3x+a)^4}$.

17. $6x^2 + 2x - \dfrac{1}{\sqrt{x}}$.

18. $10x^4 - \dfrac{1}{x^2}$.

Determine as primitivas F das funções dadas nos Exercícios 19 a 22, satisfazendo as condições especificadas.

19. $F(x)$ de $4x^3 - 6x^2 + 1$ tal que $F(0) = 5$.

20. $F(x)$ de $x^2 + \dfrac{1}{x^2}$ tal que $F(1) = 0$.

21. $F(x)$ de $\sqrt[3]{x} + \dfrac{1}{\sqrt[3]{x}}$ tal que $F(0) = 1$.

22. $F(x)$ de $\sqrt[5]{x} - \dfrac{1}{x\sqrt[5]{x}}$ tal que $F(1) = 2$.

Respostas, sugestões, soluções

> .: OPCIONAL :.
>
> Na p. 202 há instruções sobre como resolver, em particular o Exercício 16 com o SAC MAXIMA.

1. $\dfrac{x^6}{6} + C$.

2. $x^7 + C$.

3. $x^4 - x^3 + x + C$.

4. $\dfrac{3x^{5/3}}{5} + C$.

5. $\dfrac{3x^{8/3}}{8} + C$.

6. $\dfrac{3x^{2/3}}{2} + C$.

7. $\dfrac{-1}{x} + C$.

8. $2\sqrt{x} + C$.

9. $C - \dfrac{2}{\sqrt{x}}$.

10. $\dfrac{-1}{x-1} + C$.

11. $\dfrac{1}{x+3} + C$.

12. $\dfrac{2x\sqrt{x}}{3} + \dfrac{1}{x} + C$.

13. $C - \dfrac{1}{x-a}$.

14. $C - \dfrac{1}{2(x+a)^2}$.

15. $C - \dfrac{1}{2(2x+1)}$.

16. $C - \dfrac{1}{9(3x+a)^3}$.

17. $2x^3 + x^2 - 2\sqrt{x} + C$.

18. $2x^5 + \dfrac{1}{x} + C$.

19. $F(x) = x^4 - 2x^3 + x + 5$.

20. $F(x) = \dfrac{x^3}{3} - \dfrac{1}{x} + \dfrac{2}{3}$.

21. $F(x) = \dfrac{3x\sqrt[3]{x}}{4} + \dfrac{3\sqrt[3]{x^2}}{2} + 1$.

22. $F(x) = \dfrac{5x\sqrt[5]{x}}{6} + \dfrac{5}{\sqrt[5]{x}} - \dfrac{23}{6}$.

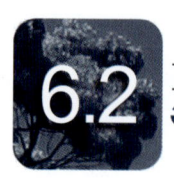

6.2 Definição de integral

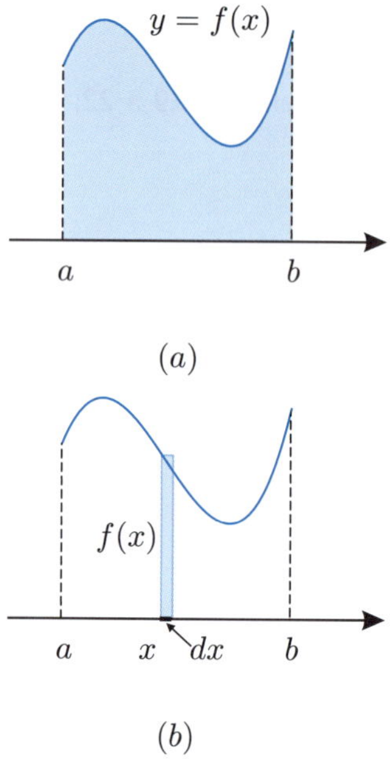

Figura 6.1

Como já vimos, para achar a primitiva geral de uma função f basta achar uma primitiva particular. Mas isso nem sempre é possível. Mesmo funções simples, como $f(x) = \sqrt{x^3 + 1}$, não têm primitivas entre as funções que nos são familiares. A integral, que vamos estudar agora, é um modo de construir uma primitiva particular de uma dada função.

Seja f uma função contínua e **não negativa** num intervalo $[a,\ b]$. Sua integral entre os extremos a e b — chamados "limite inferior" e "limite superior" de integração, respectivamente — é definida como a área da região formada pelo gráfico de f, pelo eixo Ox e pelas retas verticais $x = a$ e $x = b$, como ilustra a Fig. 6.1(a).

Intuitivamente, imaginamos essa área como a soma das áreas de uma infinidade de retângulos de base infinitamente pequena dx e altura correspondente $f(x)$ [Fig. 6.1(b)]. Por causa dessa interpretação geométrica, a integral costuma ser indicada assim:

$$\int_a^b f(x)dx,$$

em que o símbolo "$\int$" é uma letra "s" alongada, como costumava ser grafada antigamente. Ela indica que a integral é uma soma de áreas de retângulos infinitesimais, ou seja, infinitamente pequenos. A integração consiste em "integrar" todas essas áreas infinitesimais numa área única, a da região descrita anteriormente e ilustrada na Fig. 6.1(a). As letras a e b colocadas nas extremidades do símbolo da integral são chamadas de *limites de integração*; eles são os extremos do intervalo no qual estamos integrando.

A integral é o limite de uma soma

Essa interpretação da integral como soma de uma infinidade de áreas infinitamente pequenas pode ser formalizada como o limite de uma soma finita, da seguinte maneira: dividimos o intervalo $[a,\ b]$ em um certo número n de subintervalos de comprimentos iguais a $\Delta x = (b-a)/n$, pelos pontos

$$x_0 = a,\ \ x_1 = x_0 + \Delta x,\ \ x_2 = x_1 + \Delta x,\ \ x_3 = x_2 + \Delta x, \ldots,\ x_n = b,$$

e formamos a soma finita

$$f(x_0)\Delta x + f(x_1)\Delta x + f(x_2)\Delta x + f(x_3)\Delta x + \cdots + f(x_{n-1})\Delta x.$$

Veja: o termo genérico dessa soma, $f(x_i)\Delta x$ (em que o índice i varia de zero até $n-1$), representa a área de um retângulo de base Δx e altura $f(x_i)$, como ilustra a Fig. 6.2(a). Ao fazermos $n \to \infty$, essa soma tende a um limite, que é a referida área que define a integral [Fig. 6.2(b)]. Nesse processo de passagem ao limite, Δx vai-se tornando infinitamente pequeno, daí ser denotado, no limite, pelo símbolo dx.

Se f for uma função negativa, a definição é a mesma, porém a área é tomada com o sinal negativo [Fig. 6.3(a)]; e, se a função tiver trechos em seu domínio onde ela é positiva e trechos onde é negativa, a integral será a soma de áreas ora positivas, ora negativas [Fig. 6.3(b)].

Voltaremos a falar sobre isso um pouco mais adiante.

A noção de *infinitésimos* remonta ao século XVI. Os matemáticos daquela época, como Bonaventura Cavalieri (1598-1647), imaginavam uma região como a da Fig. 6.1(a) fatiada em retângulos de bases infinitamente pequenas dx, sendo a área de tais figuras a "soma infinita" das áreas infinitamente pequenas desses retângulos. É claro que esse modo de encarar a área carecia de uma fundamentação lógica, mas foi uma ideia fértil em resultados e responsável pelo sucesso do desenvolvimento do Cálculo nos séculos XVII e XVIII.

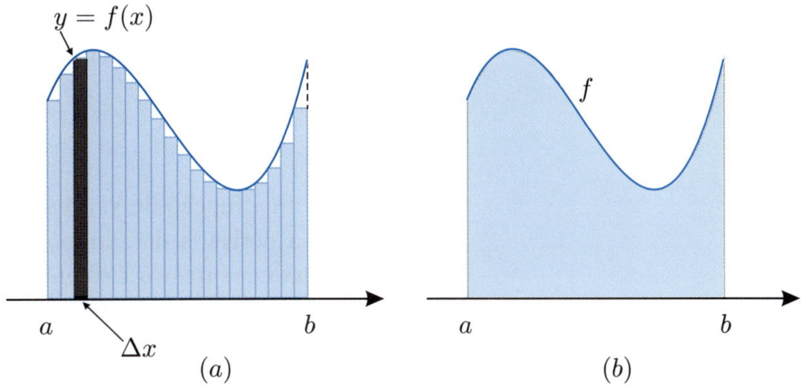

Figura 6.2

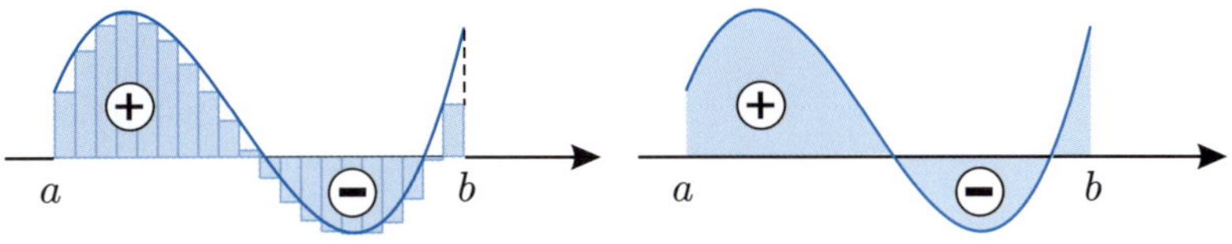

Figura 6.3

Propriedades da integral

Vejamos algumas propriedades simples da integral, que são intuitivamente apreendidas da própria definição.

$$\int_a^b [f(x) + g(x)]dx = \int_a^b f(x)dx + \int_a^b g(x)dx; \quad (6.1)$$

$$\int_a^b Cf(x)dx = C\int_a^b f(x)dx, \quad C \in \mathbb{R}; \quad (6.2)$$

$$\int_a^b f(x)dx + \int_b^c f(x)dx = \int_a^c f(x)dx, \quad (6.3)$$

em que $a < b < c$. Dessa propriedade segue, em particular, que

$$\int_b^c f(x)dx = \int_a^c f(x)dx - \int_a^b f(x)dx. \quad (6.4)$$

As identidades (6.3) e (6.4) permanecem válidas qualquer que seja a ordem dos pontos a, b e c, podendo c estar ou não entre a e b, podendo mesmo haver coincidência de dois desses pontos. Para isso é preciso estender a definição de integral, pondo:

$$\int_b^a f(x)dx = -\int_a^b f(x)dx; \quad \int_a^a f(x)dx = 0.$$

O teorema fundamental — primeira versão

Vamos considerar agora o resultado básico que liga a integral com a derivada. Observe que, no símbolo da integral, podemos representar a variável independente com a letra x ou com qualquer outra letra. Ela é uma "variável neutra", pois está sendo usada apenas para fazer uma soma e passar ao limite. Em particular, podemos escrever

$$\int_a^b f(t)dt \text{ ou } \int_a^b f(z)dz;$$

é a mesma coisa. Preferimos mudar a letra porque desejamos considerar a integral de f com limite superior variável x. Assim, a integral

$$\int_a^x f(z)dz$$

passa a ser uma função da variável x, que denotaremos com a letra F. Vamos provar que a derivada dessa função é a função original f. Esse é o chamado *Teorema Fundamental do Cálculo.*

Para prová-lo, observe que

$$F(x) = \int_a^x f(z)dz \text{ e } F(x+h) = \int_a^{x+h} f(z)dz,$$

de forma que, pondo $b = x$ e $c = x + h$ em (6.4), teremos:

$$F(x+h) - F(x) = \int_x^{x+h} f(z)dz.$$

Geometricamente, isso significa que a área entre os pontos x e $x + h$ é a área entre os pontos a e $x+h$ menos a área entre os pontos a e x (Fig. 6.4). Essa área está compreendida entre as áreas de dois retângulos com a mesma base h e cujas alturas são o máximo e o mínimo da função f, respectivamente, M e m. Assim, $F(x + h) - F(x)$ é igual à área de um retângulo intermediário, de altura $f(w)$, em que w é um ponto conveniente entre x e $x + h$: $F(x + h) - F(x) = hf(w)$; portanto,

$$\frac{F(x+h) - F(x)}{h} = f(w).$$

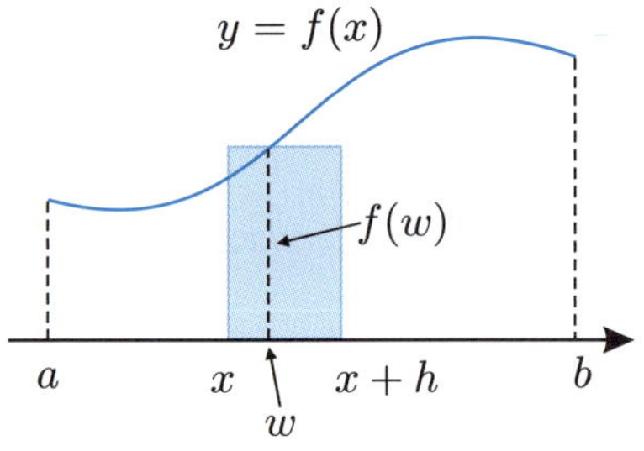

Figura 6.4

Ao fazermos h tender a zero, o ponto w, sempre compreendido entre x e $x + h$, tenderá ao ponto x; e $f(w)$, sendo contínua, tenderá a $f(x)$. Então,

$$\lim_{h \to 0} \frac{F(x+h) - F(x)}{h} = f(x),$$

que é o resultado desejado. Dada sua importância, vamos escrever esse resultado em destaque:

$$\frac{d}{dx}F(x) = \frac{d}{dx}\int_a^x f(z)dz = f(x).$$

Integral definida e integral indefinida

O teorema que acabamos de demonstrar nos diz que

$$F(x) = \int_a^x f(z)dz$$

é uma primitiva de f, precisamente aquela que se anula para $x = a : F(a) = 0$. Ela é chamada *integral indefinida* justamente porque seu limite superior de integração é variável. Em contraposição, chama-se *integral definida* aquela em que os dois limites de integração são fixos, como em

$$\int_a^b f(z)dz.$$

Como $F(x) = \int_a^x f(z)dz$ é uma primitiva particular de f, a primitiva mais geral é dada por

$$G(x) = \int_a^x f(z)dz + C, \qquad (6.5)$$

em que C é uma constante arbitrária.

Já observamos que a variável de integração é neutra, podendo ser representada por qualquer letra. Assim, em (6.5), em lugar de z podemos escrever qualquer outra letra, mas não deveríamos escrever x, que está sendo usado para representar o limite superior de integração, que é variável. Não obstante isso, é comum, na literatura, a notação

$$\int_a^x f(x)dx,$$

em que x tem significados diferentes: um como variável de integração, portanto neutra; e outro como variável autêntica, no limite superior de integração. É também costume escrever

$$G(x) = \int^x f(t)dt + C, \quad G(x) = \int^x f(t)dt$$

ou simplesmente

$$G(x) = \int f(x)dx.$$

Essas três expressões significam a mesma coisa: a primitiva geral de f.

O teorema fundamental — segunda versão

O teorema fundamental do cálculo tem uma outra versão muito útil para calcular integrais em termos de primitivas. Como acabamos de ver,

$$F(x) = \int_a^x f(t)dt$$

é uma primitiva particular de f; e, sendo C uma constante arbitrária,

$$G(x) = F(x) + C = \int_a^x f(t)dt + C$$

é a forma geral de qualquer primitiva de f. Daqui obtemos:

$$G(b) - G(a) = \int_a^b f(t)dt, \qquad (6.6)$$

vale dizer, *a integral de f, de a até b, é igual à diferença $G(b) - G(a)$ entre os valores de uma primitiva qualquer de f, nos pontos b e a, respectivamente.*

A diferença $G(b) - G(a)$ que aparece em (6.6) costuma ser denotada com os símbolos

$$\Big[G(x)\Big]_a^b \quad \text{e} \quad G(x)\Big|_a^b$$

e o leitor poderá acompanhar o uso dessa notação já nos próximos exemplos.

► **Exemplo 1: Calcular a integral de $\frac{1}{x\sqrt{x}}$ sobre $[1, 9]$.**

Como a primitiva de $\frac{1}{x\sqrt{x}}$ é $\frac{-2}{\sqrt{x}}$ (Exemplo 5 da p. 181), podemos escrever:

$$\int_1^9 \frac{1}{x\sqrt{x}}\,dx = \left.\frac{-2}{\sqrt{x}}\right|_1^9 = \frac{-2}{\sqrt{9}} - \left(\frac{-2}{\sqrt{1}}\right) = -\frac{2}{3} + 2 = \frac{4}{3} \approx 1,3333.$$

► **Exemplo 2: Calcular a integral de $(3x+7)^5$ sobre $[-3, 3]$.**

Como a primitiva de $(3x+7)^5$ é $G(x) = \frac{(3x+7)^6}{18}$ (Exemplo 6 da p. 181), então

$$\int_{-1}^{1} (3x+7)^5\,dx = \left.\frac{(3x+7)^6}{18}\right|_{-1}^{1} = \frac{(3\cdot 1+7)^6}{18} - \frac{(3\cdot(-1)+7)^6}{18}$$

$$= \frac{(10)^6}{18} - \frac{4^6}{18} = \frac{50\,000}{9} - \frac{2048}{9} = 55\,328.$$

► **Exemplo 3: Calcular a integral de $\dfrac{1}{(2x-1)^4}$ sobre $[1, 5]$.**

Como a primitiva de $\frac{1}{(2x-1)^4}$ é $G(x) = \frac{-1}{6(2x-1)^3}$ (8xemplo 8 da p. 182), podemos escrever:

$$\int_1^5 \frac{1}{(2x-1)^4}\,dx = \left.\frac{-1}{6(2x-1)^3}\right|_1^5 = \frac{-1}{6(2\cdot 5-1)^3} - \frac{-1}{6(2\cdot 1-1)^3}$$

$$= \frac{-1}{6(9)^3} - \frac{-1}{6(1)^3} = \frac{-1}{4\,374} + \frac{1}{6} = \frac{364}{2\,187} \approx 0,1664$$

Cálculo de áreas com integrais

A segunda versão do Teorema Fundamental é muito usada, em particular, para determinar áreas.

> Se f é uma função **positiva** em $[a, b]$, então sua integral de a até b retorna a área da figura delimitada pelo gráfico de f, pelo eixo Ox e pelas retas verticais $x = a$ e $x = b$.

Mas, pelo que acabamos de ver anteriormente, essa integral é a diferença de valores de uma primitiva qualquer de f, ou seja, se R é a região plana delimitada pelo gráfico de f, o eixo Ox e as retas $x = a$ e $x = b$ então,

$$\text{Área}_R = \int_a^b f(x)\,dx \quad \textbf{se} \quad f(x) \geq 0 \quad \text{em} \quad [a, b]. \tag{6.7}$$

É fácil de notar que se a função f assumir apenas valores não positivos em $[a, b]$ (veja argumento no final da p. 184), então o resultado da integral será um número negativo, mas este, em módulo, será a área da região R, ou seja,

$$\text{Área}_R = -\int_a^b f(x)\,dx \quad \textbf{se} \quad f(x) \leq 0 \quad \text{em} \quad [a, b]. \tag{6.8}$$

Vejamos alguns exemplos.

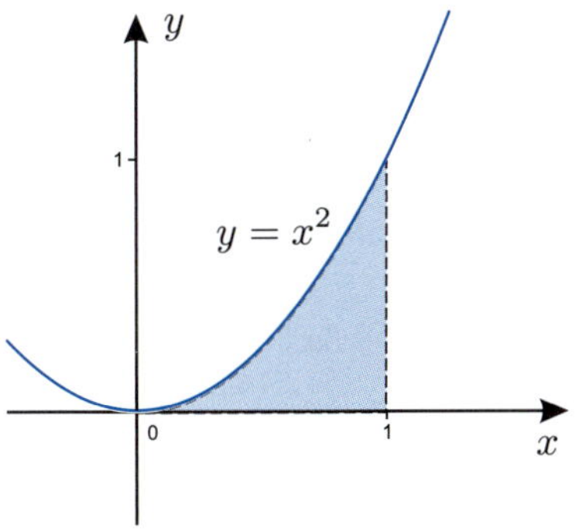

Figura 6.5

▶ **Exemplo 4: Área sob a curva $y = x^2$, com $0 \leq x \leq 1$.**

A área sob a curva $y = x^2$, de $x = 0$ a $x = 1$, ilustrada na Fig. 6.5, é dada por

$$\int_0^1 x^2 dx = \left.\frac{x^3}{3}\right|_0^1 = \frac{1^3}{3} - \frac{0^3}{3} = \frac{1}{3}.$$

▶ **Exemplo 5: Área da região entre uma parábola e o eixo Ox.**

Calcularemos agora a área delimitada pelos eixos e pela parábola $y = x^2 - 1$, de 0 a 1. Após o esboço do gráfico, observamos (Fig. 6.6) que estamos diante de uma situação em que a função assume valores não positivos no intervalo [0, 1]. Desse modo, de acordo com (6.8), a área será calculada assim:

$$\text{Área} = -\int_0^1 (x^2 - 1)dx = -\left(\frac{x^3}{3} - x\right)\Big|_0^1 = -\left(\frac{1}{3} - 1\right) = -\left(-\frac{2}{3}\right) = \frac{2}{3}.$$

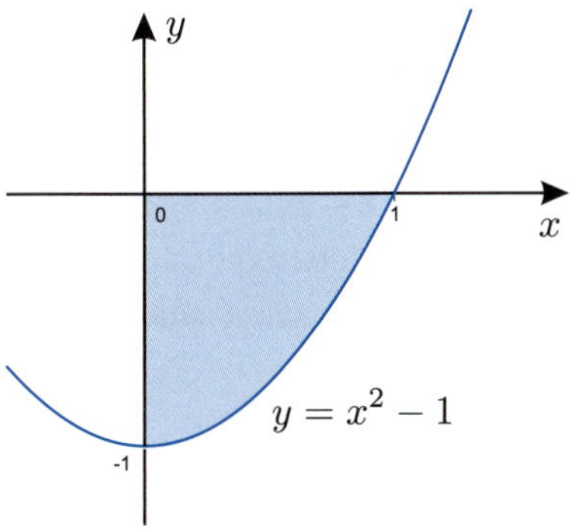

Figura 6.6

Portanto, a área pedida é $2/3$. O leitor deve observar que o valor da integral é $-2/3$ e que esse valor não representa a área; nesse caso, o seu valor absoluto é que representará a área da região. Observe que nem sempre uma integral definida retorna a área de uma região. Para ilustrar tal fato, basta considerar uma função que muda de sinal no intervalo de integração.

▶ **Obs.:** Note que esta área e a do exemplo anterior têm soma 1. A interpretação geométrica é simples: as duas áreas juntas perfazem a área do quadrado de lado unitário (pense nas Figs. (6.5) e (6.6) juntas), pois a parábola $y = x^2 - 1$ é a parábola $y = x^2$ transladada uma unidade para baixo.

▶ **Exemplo 6: O número $\int_{-3}^{3} (x - 2\sqrt{x+3} + 3)\, dx$ é uma área?**

Usando as propriedades (6.1) e (6.2) (p. 185), podemos reescrever a integral como soma de três outras como se segue, em que a primeira e a terceira integral têm primitiva imediata. Veja:

$$\begin{aligned}\int_{-3}^{3} x - 2\sqrt{x+3} + 3\, dx &= \int_{-3}^{3} x, dx + \int_{-3}^{3} -2\sqrt{x+3}\, dx + \int_{-3}^{3} 3\, dx \\ &= \left[\frac{x^2}{2} - 2\int \sqrt{x+3}\, dx + 3x\right]_{-3}^{3}\end{aligned}$$

Para a outra integral restante, nos orientando pela primitiva de x^r como na p. 180 com $r = 1/2$, observamos que $r + 1 = 1/2 = 1 = 3/2$, e seguindo as mesmas ideias da seção anterior vamos derivar $(x+3)^{3/2}$ e ajustar as constantes. Observe:

$$D\left((x+3)^{\frac{3}{2}}\right) = \frac{3}{2}(x+3)^{\frac{3}{2}-1} = \frac{3}{2}(x+3)^{\frac{1}{2}} = \frac{3}{2}\sqrt{x+3}.$$

Daí,

$$\frac{2}{3}D\left((x+3)^{\frac{3}{2}}\right) = \sqrt{x+3} \Leftrightarrow D\left(\frac{2}{3}(x+3)^{\frac{3}{2}}\right) = \sqrt{x+3}$$

donde concluímos que $\int \sqrt{x+3}\,dx = \frac{2}{3}(x+3)^{\frac{3}{2}}$ e assim,

$$\begin{aligned}
\int_{-3}^{3} x - 2\sqrt{x+3} + 3\,dx &= \left[\frac{x^2}{2} - 2\int \sqrt{x+3}\,dx + 3x\right]_{-3}^{3} \\
&= \left[\frac{x^2}{2} - 2\cdot\frac{2}{3}(x+3)^{\frac{3}{2}} + 3x\right]_{-3}^{3} \\
&= \left[\frac{3^2}{2} - \frac{4}{3}(3+3)^{\frac{3}{2}} + 3\cdot 3\right] \\
&\quad - \left[\frac{(-3)^2}{2} - \frac{4}{3}(-3+3)^{\frac{3}{2}} + 3\cdot(-3)\right] \\
&= \left[\frac{27}{2} - \frac{4\cdot 6^{\frac{3}{2}}}{3}\right] - \left[-\frac{9}{2}\right] = 18 - \frac{4\cdot 6^{\frac{3}{2}}}{3} \\
&= 18 - 8\sqrt{6} \approx -1,59591.
\end{aligned}$$

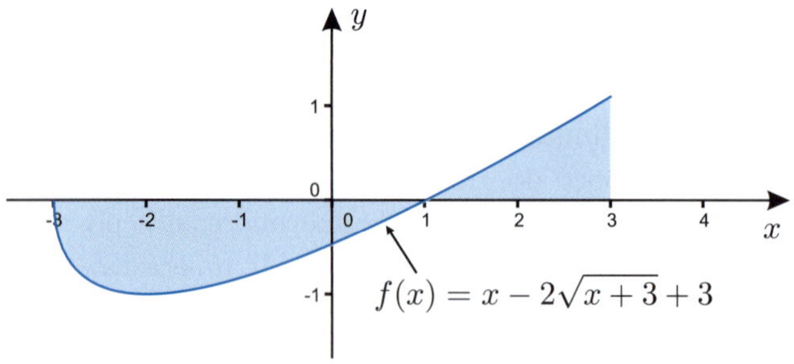

Figura 6.7

Naturalmente esse número não representa a área de uma região (pois é negativo), mas poderíamos perguntar: seu módulo representa a área da região entre o eixo Ox e o gráfico da função $f(x) = x - 2\sqrt{x+3} + 3$ para $-3 \leq x \leq 3$? A resposta é negativa. Note que $f(-2) = -1 < 0$ e $f(2) = 5 - 2\sqrt{5} \approx 0,5278 > 0$. Uma olhadela no gráfico de f (Fig. 6.7) nos leva a perceber que a função f muda de sinal em $[-3,\, 3]$ e a "porção" da área sob o eixo Ox é maior que a "porção" acima do eixo Ox; daí o resultado ser negativo.

Nesse caso, a integral (e tampouco seu módulo) não representa a área da região destacada. Para que a integral de uma função em um intervalo (ou o seu módulo) retorne uma área, é necessário que a função não mude de sinal nesse intervalo. Para esse exercício, o significado geométrico do número encontrado é a área da região que está acima menos a área da região que está abaixo de Ox.

Área entre curvas e área total

Considere uma situação genérica como a mostrada na Fig. 6.8. Uma região R delimitada pelos gráficos das funções f_c e f_b em que $f_c(x) \geq f_b(x)$ para todo $x \in [a,\, b]$.

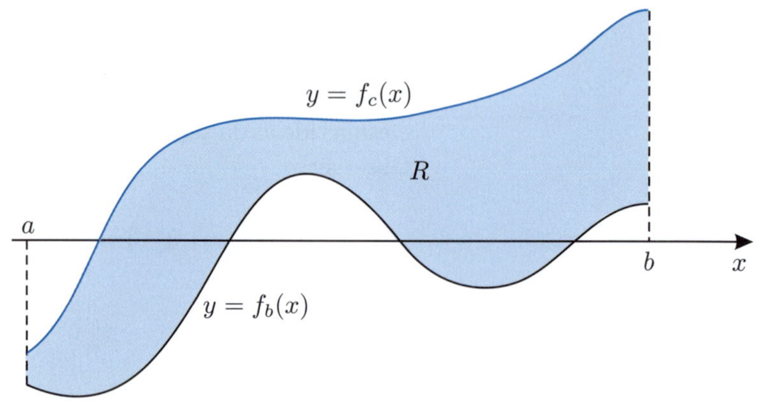

Figura 6.8

Podemos mostrar, sem maiores dificuldades, que a área da região R, independentemente de o gráfico de f_c ou f_b mudar de sinal, é

$$\text{Área}_R = \int_a^b f_c(x) - f_b(x)\,dx. \tag{6.9}$$

De fato, se dividimos o intervalo $[a,\, b]$ em um certo número n de subintervalos de comprimentos iguais a $\Delta x = (b-a)/n$, pelos pontos

$$x_0 = a,\quad x_1 = x_0 + \Delta x,\quad x_2 = x_1 + \Delta x,\quad x_3 = x_2 + \Delta x, \ldots,\ x_n = b$$

então um valor aproximado da área será obtido adicionando a área de n retângulos com vértices nos pontos na forma $(x_i,\, f_b(x_i))$, $(x_i,\, f_c(x_i))$ e largura Δx. Mostraremos que, em qualquer dos casos (Fig. 6.9), a altura do retângulo será sempre $f_c(x_i) - f_b(x_i)$. Com efeito, basta notar que, como $f_c(x) \geq f_b(x)$ para todo $x \in [a,\, b]$, para todo $x_i \in [a,\, b]$, $f_c(x_i) - f_b(x_i)$ é a distância entre um ponto no gráfico da função f_c e outro no gráfico da função f_b para um x_i fixado em $[a,\, b]$, ou seja, é a altura do retângulo genérico. Façamos outro raciocínio. Observe como chegaremos ao mesmo resultado.

a) Se $f_c(x_i) \geq f_b(x_i) \geq 0$, então $f_c(x_i) - f_b(x_i)$ é a altura do retângulo genérico [Fig. 6.9(a)].

b) Se $f_c(x_i) \geq 0 \geq f_b(x_i)$, então $-f_b(x_i)$ é a distância do eixo Ox até o gráfico de f_b e $f_c(x_i)$ é a distância entre o eixo Ox e o gráfico de f_c [Fig. 6.9(b)]; desse modo, a soma dessas duas medidas dará a altura do retângulo genérico, a saber $f_c(x_i) - f_b(x_i)$.

c) Se $0 \geq f_c(x_i) \geq f_b(x_i)$, então $-f_b(x_i)$ será a distância do eixo Ox até o gráfico de f_b (distância maior) $-f_c(x_i)$ será a distância do eixo Ox até o gráfico de f_c (distância menor); assim, a altura do retângulo genérico será $-f_b(x_i) - (-f_c(x_i)) = f_c(x_i) - f_b(x_i)$ [Fig. 6.9(c)].

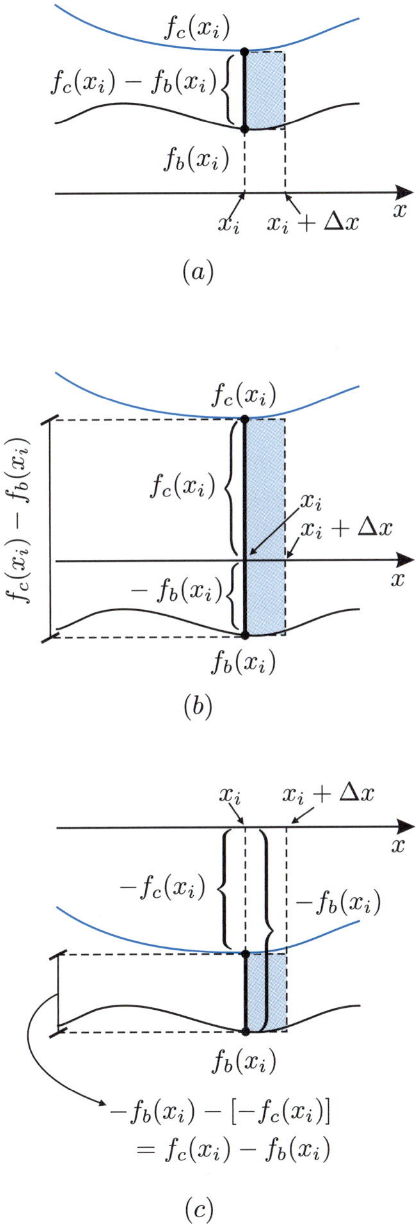

Figura 6.9

Desse modo, a área de um retângulo genérico A_i será

$$A_i = \underbrace{(f_c(x_i) - f_b(x_i))}_{\text{altura}}\ \underbrace{\Delta x}_{\text{base}}$$

e o valor aproximado para a área é obtido formando a soma finita[3]

$$\text{Área}_R \approx A_0 + A_1 + \cdots + A_{n-1} = \sum_{i=0}^{n-1} A_i = \sum_{i=0}^{n-1} (f_c(x_i) - f_b(x_i))\Delta x$$

Agora, passando ao limite e supondo que f_c e f_b são contínuas em $[a,\, b]$, teremos

$$\text{Área}_R = \lim_{n\to\infty} \sum_{i=0}^{n-1} (f_c(x_i) - f_b(x_i))\Delta x \overset{\text{def.}}{=} \int_a^b f_c(x) - f_b(x)\,dx$$

(3) O símbolo Σ (sigma maiúsculo do alfabeto grego) é usado para representar uma soma. Ele representa uma soma gerada por um termo que depende de um índice. Veja alguns exemplos:

$$\sum_{i=3}^{5} i^2 = 3^2 + 4^2 + 5^2; \quad \sum_{j=4}^{7} \frac{1}{j} = \frac{1}{4} + \frac{1}{5} + \frac{1}{6} + \frac{1}{7}; \quad \sum_{k=9}^{10} \Delta_{x_k} = \Delta_{x_9} + \Delta_{x_{10}};$$

$$\sum_{n=0}^{3} f(x_n)\Delta x = f(x_0)\Delta x + f(x_1)\Delta x + f(x_2)\Delta x + f(x_3)\Delta x.$$

como queríamos mostrar. Vejamos alguns exemplos.

▸ Exemplo 7: Área da região entre uma reta e uma parábola.

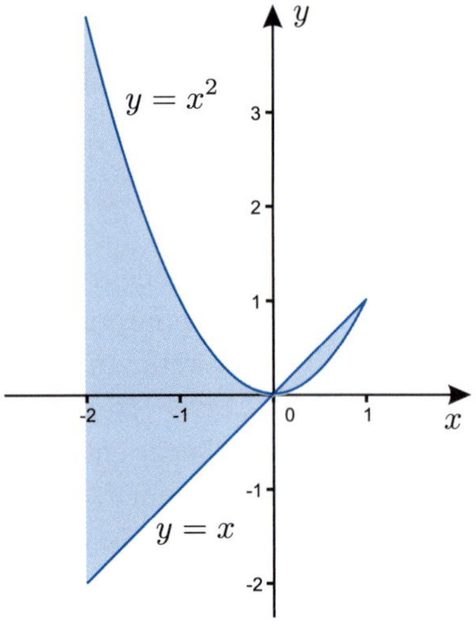

Figura 6.10

Vamos calcular a área delimitada pela parábola $y = x^2$ e a reta $y = x$, de $x = -2$ a $x = 1$ (Fig. 6.10).

Um simples exame da figura nos mostra que a área pedida não pode ser calculada com uma única integral. Note que de -2 até 0 temos $f_c(x) = x^2$ e $f_b(x) = x$. Já de 0 a 2 temos $f_b(x) = x^2$ e $f_c(x) = x$. Por esse motivo, consideramos a região composta por uma R_1 (de $x = -2$ até $x = 0$) e outra R_2 (de $x = 0$ até $x = 1$). Desse modo,

$$\begin{aligned}
\text{Área}_{R_1} + \text{Área}_{R_1} &= \int_{-2}^{0} (\overset{f_c}{x^2} - \overset{f_b}{x})dx + \int_0^1 (\overset{f_c}{x} - \overset{f_b}{x^2})dx \\
&= \left[\frac{x^3}{3} - \frac{x^2}{2}\right]_{-2}^{0} + \left[\frac{x^2}{2} - \frac{x^3}{3}\right]_0^1 \\
&= 0 - \left(\frac{(-2)^3}{3} - \frac{(-2)^2}{2}\right) + \left(\frac{1}{2} - \frac{1}{3}\right) - 0 \\
&= \frac{8}{3} + 2 + \frac{1}{2} - \frac{1}{3} = 4\frac{5}{6} \approx 4{,}8333.
\end{aligned}$$

Note que para encontrar a área de uma região delimitada por curvas é importante que se tenha claro quais são as funções f_c e f_b (função cujo gráfico "cerca" a região por cima e por baixo, respectivamente).

▸ Exemplo 8: Calcular entre o eixo Ox e o gráfico de f.

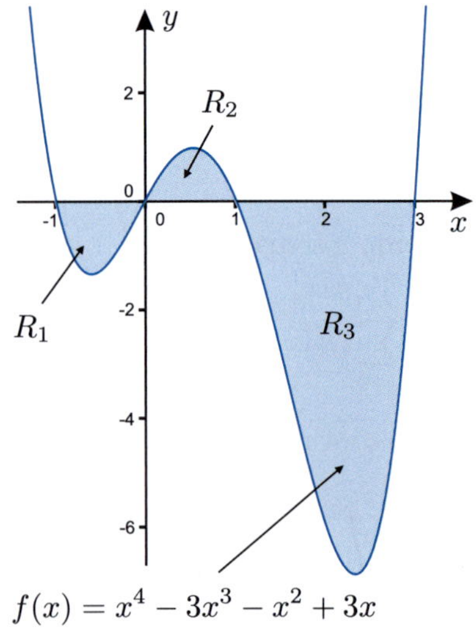

Figura 6.11

Considere a função $f(x) = x^4 - 3x^3 - x^2 + 3x$ cujo gráfico pode ser observado na Fig. 6.11; suponha que queiramos calcular a área da região destacada (delimitada pelo gráfico de f e o eixo Ox com $-1 \leq x \leq 3$). Chamaremos essa área de "área total". Para encontrá-la, precisamos dividir o intervalo $[-1, 3]$ em três subintervalos, de modo que nesses o gráfico da função não cruze com o eixo Ox. Certamente os intervalos naturais são: $[-1, 0]$, $[0, 1]$ e $[1, 3]$. Usaremos a notação f_c e f_b para denotar a função cujo gráfico cerca a região por cima e por baixo, respectivamente.

Se $x \in [-1, 0]$, então $f_c(x) = 0$ (o eixo Ox) e $f_b(x) = f(x)$; a integral que calculará a área da primeira região será

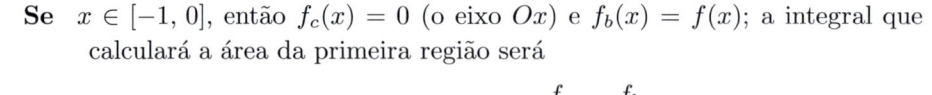

$$\text{Área}_{R_1} = \int_{-1}^{0} f_c(x) - f_b(x)\,dx = \int_{-1}^{0} \overset{f_c}{0} - \overbrace{(x^4 - 3x^3 - x^2 + 3x)}^{f_b}\,dx.$$

$$= \left[-\frac{x^5}{5} + \frac{3\,x^4}{4} + \frac{x^3}{3} - \frac{3\,x^2}{2}\right]_{-1}^{0} = 0 - \left[-\frac{53}{60}\right] = \frac{53}{60}$$

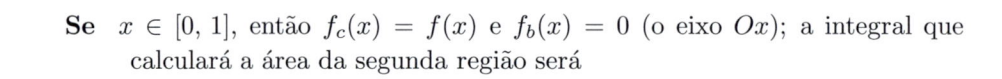

Se $x \in [0, 1]$, então $f_c(x) = f(x)$ e $f_b(x) = 0$ (o eixo Ox); a integral que calculará a área da segunda região será

$$\text{Área}_{R_2} = \int_0^1 f_c(x) - f_b(x)\,dx = \int_0^1 \overbrace{(x^4 - 3x^3 - x^2 + 3x)}^{f_c} - \overset{f_b}{0}\,dx$$

$$= \left[\frac{x^5}{5} - \frac{3\,x^4}{4} - \frac{x^3}{3} + \frac{3\,x^2}{2}\right]_0^1 = \frac{37}{60}$$

Se $x \in [1, 3]$, então $f_c(x) = 0$ (o eixo Ox) e $f_b(x) = f(x)$; a integral que calculará a área da segunda região será

$$\text{Área}_{R_3} = \int_1^3 f_c(x) - f_b(x)\,dx = \int_1^3 \overset{f_c}{0} - \overbrace{(x^4 - x^3 - 4x^2 + 4x)}^{f_b}\,dx$$

$$= \left[-\frac{x^5}{5} + \frac{3\,x^4}{4} + \frac{x^3}{3} - \frac{3\,x^2}{2}\right]_1^3 = \frac{153}{20} - \left[-\frac{37}{60}\right] = \frac{124}{15}.$$

Logo, a área total será

$$\text{Área}_R = \text{Área}_{R_1} + \text{Área}_{R_2} + \text{Área}_{R_3} = \frac{53}{60} + \frac{37}{60} + \frac{124}{15} = \frac{293}{30} \approx 9,7666$$

Exercícios

Calcule as integrais indicadas nos Exercícios 1 a 15, faça gráficos e verifique as áreas ou a diferença de áreas que elas representam.

1. $\displaystyle\int_0^1 \sqrt{x}dx$ **2.** $\displaystyle\int_0^1 (\sqrt{x} - x)dx.$ **3.** $\displaystyle\int_0^1 x^3 dx.$

4. $\displaystyle\int_0^1 (x - x^2)dx.$ **5.** $\displaystyle\int_0^1 (x^2 - x^3)dx.$ **6.** $\displaystyle\int_{-1}^0 x^3 dx.$

7. $\displaystyle\int_{-1}^1 (x^2 - x^3)dx.$ **8.** $\displaystyle\int_1^2 (x^2 - 1)dx.$ **9.** $\displaystyle\int_1^a (x^2 - 1)dx, a>1.$

10. $\displaystyle\int_1^4 \frac{dx}{\sqrt{x}}.$ **11.** $\displaystyle\int_1^2 \left(x - \frac{1}{x^2}\right)dx.$

12. $\displaystyle\int_1^2 \left(x^2 - \frac{1}{x^2}\right)dx.$ **13.** $\displaystyle\int_1^4 \left(\sqrt{x} - \frac{1}{\sqrt{x}}\right)dx.$

14. $\displaystyle\int_1^4 \left(\sqrt{x} - \frac{x+2}{3}\right)dx.$ **15.** $\displaystyle\int_0^1 (\sqrt[3]{x} - x)dx.$

16. Sendo $a < x < b$, prove que $\displaystyle\frac{d}{dx}\int_x^b f(z)dz = -f(x).$

Respostas, sugestões, soluções

1. $\left[\dfrac{2\sqrt{x^3}}{3}\right]\Big|_0^1 = \dfrac{2}{3}.$

2. $\dfrac{2}{3} - \dfrac{1}{2} = \dfrac{1}{6}.$

3. $1/4.$

4. $\dfrac{1}{6}.$

5. $\dfrac{1}{3} - \dfrac{1}{4} = \dfrac{1}{12}.$

6. $-\dfrac{1}{4}.$

7. $\left(\dfrac{x^3}{3} - \dfrac{x^4}{4}\right)\Big|_{-1}^1 = \left(\dfrac{1}{3} - \dfrac{1}{4}\right) - \left(\dfrac{-1}{3} - \dfrac{1}{4}\right) = \dfrac{2}{3}.$

8. $\left(\dfrac{x^3}{3} - x\right)\Big|_1^2 = \dfrac{8}{3} - 2 - \left(\dfrac{1}{3} - 1\right) = \dfrac{4}{3}.$

9. Este caso é análogo ao anterior, mas permite uma instrutiva simplificação algébrica. Veja:

$$\left(\frac{x^3}{3} - x\right)\Big|_1^a = \frac{a^3}{3} - a - \left(\frac{1}{3} - 1\right) = \frac{a^3 - 1}{3} - (a - 1)$$

(nesta passagem usamos a identidade $a^n - b^n = \ldots$ da p. 329, com $b = 1$ e $n = 3$)

$$= \left[\frac{(a-1)(a^2 + a + 1)}{3} - (a - 1)\right] = \frac{(a-1)(a^2 + a - 2)}{3}.$$

10. $[2\sqrt{x}]|_1^4 = 2\sqrt{4} - 2 = 2.$

11. $\left(\dfrac{x^2}{2} + \dfrac{1}{x}\right)\Big|_1^2 = 2 + \dfrac{1}{2} - \left(\dfrac{1}{2} + 1\right) = 1.$

12. $\left(\dfrac{x^3}{3} + \dfrac{1}{x}\right)\Big|_1^2 = \dfrac{11}{6}.$

13. $\left(\dfrac{2x\sqrt{x}}{3} - 2\sqrt{x}\right)\Big|_1^4 = \dfrac{16}{3} - 4 - \left(\dfrac{2}{3} - 2\right) = \dfrac{8}{3}.$

14. $\left(\dfrac{2x\sqrt{x}}{3} - \dfrac{x^2}{6} - \dfrac{2x}{3}\right)\Big|_1^4 = \dfrac{1}{6}.$

15. $\left(\dfrac{3x\sqrt[3]{x}}{4} - \dfrac{x^2}{2}\right)\Big|_0^1 = \dfrac{1}{4}.$

16. Derivando a identidade:

$$\int_a^x f(z)dz + \int_x^b f(z)dz = \int_a^b f(z)dz,$$

obtém-se:

$$f(x) + \frac{d}{dx}\int_x^b f(z)dz = 0.$$

6.3 Trabalho e energia

Veremos agora algumas aplicações da integral a problemas relacionados com a energia de um sistema mecânico.

Lembremos a definição de *trabalho* de uma força F atuando sobre uma partícula que se desloca em linha reta, de uma posição A a uma posição B. No caso em que a força atua na mesma direção do deslocamento e tem intensidade constante, define-se o trabalho W_{AB} como o produto da força pelo deslocamento: $W_{AB} = F \cdot AB$. Esse produto deverá ser tomado com o sinal positivo se a força e o deslocamento tiverem o mesmo sentido, e com o sinal negativo se tiverem sentidos opostos.

Vamos imaginar uma força variável, dependendo apenas da abscissa x da partícula que se desloca de $x = a$ a $x = b$. Nesse caso, consideramos o intervalo $[a,\ b]$ dividido em subintervalos de comprimentos iguais a $\Delta x = (b - a)/n$, pelos pontos (Fig. 6.12)

$$x_0 = a,\ \ x_1 = x_0 + \Delta x,\ \ x_2 = x_1 + \Delta x,\ \ x_3 = x_2 + \Delta x, \ldots,\ x_n = b.$$

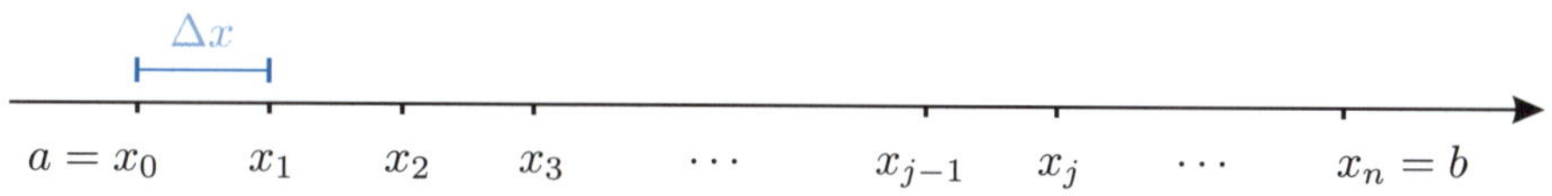

Figura 6.12

Usando um número n bem grande, os subintervalos serão bem pequenos e a força $F(x)$ será praticamente constante em cada um deles. Isso justifica considerar $F(x_i)\Delta x$ como valor aproximado do trabalho da força F no deslocamento de x_{i-1} a x_i, isto é, que acontece no i-ésimo intervalo $I_i = [x_{i-1},\ x_i]$. Então, o trabalho aproximado no deslocamento de a até b será dado pela soma dos trabalhos nos subintervalos, que é

$$F(x_0)\Delta x + F(x_1)\Delta x + F(x_2)\Delta x + F(x_3)\Delta x + \cdots + F(x_{n-1})\Delta x.$$

Naturalmente, quanto maior for n, tanto menor será Δx e mais próximo de uma constante será a função F em cada subintervalo. Essas considerações nos levam a definir o *trabalho da força F no deslocamento de a até b como sendo*

$$W_{ab} = \int_a^b F(x)dx.$$

Conservação da energia

Vamos imaginar uma partícula de massa m deslocando-se de a até b. Sendo F a força que atua sobre essa partícula, então, pela segunda lei do movimento de Newton (força = massa vezes aceleração),

$$F = m\frac{dv}{dt}, \quad \text{em que} \quad v = \frac{dx}{dt}.$$

Por outro lado, supondo que F só dependa da posição x da partícula,

$$W_{ax} = \int_a^x F(s)ds; \quad \text{portanto,} \quad \frac{dW_{ax}}{dx} = F(x).$$

Então

$$\frac{dW_{ax}}{dt} = \frac{dW_{ax}}{dx} \cdot \frac{dx}{dt} = F(x)v.$$

Uma vez que $F = m\frac{dv}{dt}$, ficaremos com

$$\frac{dW_{ax}}{dt} = F(x)v = m\frac{dv}{dt}v = mv\frac{dv}{dt}.$$

Como $v = \frac{d}{dv}\left(\frac{v^2}{2}\right)$ e m é constante, podemos escrever:

$$\frac{dW_{ax}}{dt} = mv\frac{dv}{dt} = m\frac{d}{dv}\left(\frac{v^2}{2}\right)\frac{dv}{dt} = \frac{d}{dv}\left(\frac{mv^2}{2}\right) \cdot \frac{dv}{dt}.$$

Por fim, pela regra da cadeia e o fato de m ser constante, como (veja observação na margem)

$$\frac{dW_{ax}}{dt} = \frac{d}{dv}\left(\frac{mv^2}{2}\right) \cdot \frac{dv}{dt} = \frac{d}{dt}\left(\frac{mv^2}{2}\right),$$

Lembre-se de que, pela regra da cadeia,

$$\frac{dW}{dv} \cdot \frac{dv}{dt} = \frac{dW}{dt}$$

É como se "cancelássemos" dv.

segue-se que

$$\frac{d}{dt}\left(\frac{mv^2}{2}\right) - \frac{dW_{ax}}{dt} = 0 \quad \Rightarrow \quad \frac{d}{dt}\underbrace{\left(\frac{mv^2}{2} - W_{ax}\right)}_{E} = 0;$$

portanto, a grandeza

$$E = \frac{mv^2}{2} - W_{ax} \tag{6.10}$$

é constante (pois E é tal que $\frac{dE}{dt} = 0$ como mostramos). Essa grandeza é conhecida como a *energia* da partícula. O fato de ela ser constante é chamado *Teorema de Conservação da Energia*. Suas duas parcelas,

$$E_c = \frac{mv^2}{2} \quad \text{e} \quad E_p = -W_{ax},$$

são chamadas de *energia cinética* e *energia potencial*, respectivamente. O sinal negativo na definição da energia potencial é necessário para que em (6.10) a energia total seja a soma das duas, cinética e potencial.

Observe que a demonstração do teorema de conservação da energia foi possível graças à hipótese de que F só depende da posição x. Forças desse tipo são chamadas de *conservativas*, justamente porque elas implicam conservação da energia. Outra observação que cabe fazer aqui é que a energia potencial está determinada a menos de uma constante aditiva. De fato, na definição

$$E_p = -W_{ax} = -\int_a^x F(\xi)d\xi$$

podemos trocar o limite inferior de integração a por outro qualquer, sem prejuízo do teorema de conservação. Isso só tem o efeito de alterar E_p por uma constante aditiva.

▶ Exemplo 1: Queda livre: velocidade em um ponto qualquer.

Imaginemos um corpo em queda livre, sob a ação de seu próprio peso. Com

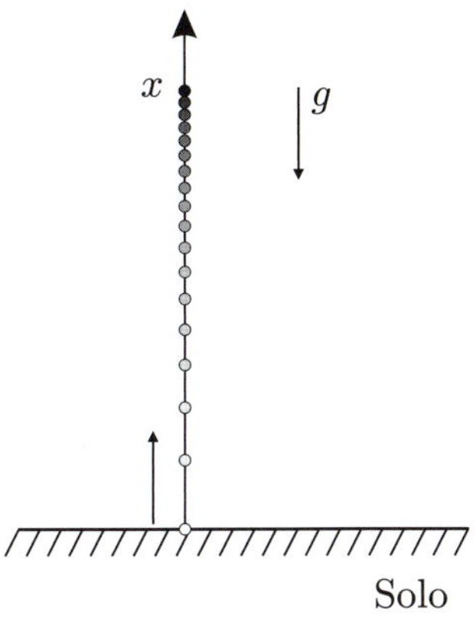

Figura 6.13

referência a um eixo com origem no solo e orientado positivamente para cima (Fig. 6.13), a força peso $F = -mg$ é constante, e a energia potencial é

$$E_p = -W_{ax} = -\int_0^x F(\xi)d\xi = -\int_0^x -mgd\xi$$

ou seja,

$$E_p = mg\int_0^x d\xi = mg\xi\Big|_0^x = mgx;$$

logo, o teorema de conservação da energia se escreve

$$E = \frac{mv^2}{2} - W_{ax} = \frac{mv^2}{2} + mgx.$$

Assim, se o corpo for lançado verticalmente para cima, com velocidade inicial V, no início do movimento sua energia será exclusivamente cinética, dada por $E = mV^2/2$, já que no início do movimento $x = x(t) = 0$. Quando ele atinge a altura máxima h, a velocidade v zero e a energia é apenas potencial: $E = mgh$. Como a energia é sempre a mesma, temos

$$\frac{mV^2}{2} = mgh \Rightarrow V^2 = \frac{2\cancel{m}gh}{\cancel{m}} \Rightarrow V^2 = 2gh \Rightarrow V = \sqrt{2gh}.$$

Essa velocidade V é a que se deve imprimir à partícula para que ela atinja a altura máxima h.

Num ponto qualquer da trajetória, temos sempre, devido à conservação da energia,

$$\frac{mv^2}{2} + mgx = mgh = \frac{mV^2}{2}, \qquad (6.11)$$

daí,

$$\frac{mv^2}{2} = mgh - mgx \Rightarrow \frac{mv^2}{2} = mg(h-x) \Rightarrow \frac{\cancel{m}v^2}{2} = \cancel{m}g(h-x)$$

donde se obtém

$$v^2 = 2g(h-x); \quad \text{logo} \quad v = \sqrt{2g(h-x)}.$$

Esse é o valor da velocidade em qualquer ponto x da trajetória, desde que h seja a altura máxima atingida pela partícula.

▸ Exemplo 2: Atração gravitacional.

De acordo com a lei da gravitação universal de Newton, duas partículas de massas M e m, a uma distância r uma da outra, se atraem mutuamente com força de intensidade

$$F = G\frac{Mm}{r^2},$$

em que G é a constante de gravitação, que depende do sistema de unidades usado. No sistema MKS,[4] seu valor é $6,67 \times 10^{-11}$. Isso significa, por exemplo, que dois corpos de massa 1 kg cada um, a uma distância de 1 m, se atraem com a força $6,67 \times 10^{-11}$ newtons. Para se ter uma ideia de quão ínfima é essa força, lembremos que 1 newton $\approx 1/9,8$ kgf, em que 1 kgf é o peso de 1 kg de massa. Assim, a referida força de atração em kgf é de $6,67 \times 10^{-11} \div 9,8 = 6,8061 \times 10^{-12}$.

[4] Sistema em que a distância é medida em metros, a massa, em quilogramas, e o tempo, em segundos.

Lançamento de um satélite

Imaginemos uma partícula de massa m, em movimento ao longo de uma reta pelo centro da Terra, orientada como indica a Fig. 6.14. Sejam M a massa da Terra e R o seu raio ($R \approx 6\,370$ km). Observe que a força de atração da Terra sobre a partícula é conservativa, pois ela só depende da abscissa r. Vamos tomar a energia potencial como sendo

$$-W_{Rr} = -\int_R^r F(s)ds = \int_R^r \frac{GMm}{s^2}ds = -\frac{GMm}{s}\bigg|_R^r = GMm\left(\frac{1}{R} - \frac{1}{r}\right).$$

Agora o Teorema de Conservação da Energia assume a forma

$$\frac{mv^2}{2} + GMm\left(\frac{1}{R} - \frac{1}{r}\right) = \text{constante}.$$

Podemos juntar o termo constante GMm/R ao valor constante da energia total; isso equivale a redefinir a energia potencial como $E_p = -GMm/r$. Dessa maneira, a energia passa a ser

$$E = \frac{mv^2}{2} - \frac{GMm}{r}.$$

Vamos usar o fato de E ser constante para calcular a *velocidade de escape* V. Esta é definida como a velocidade mínima que deve possuir a partícula na superfície da Terra para que ela se afaste indefinidamente, não tendo o seu movimento revertido pela força de atração da Terra. Isso equivale a dizer que, à medida que r cresce, tendendo a infinito, v tende a zero. Como E permanece constante, seu valor deve ser zero. Daqui e da expressão anterior de E, concluímos que

$$E = \frac{mv^2}{2} - \frac{GMm}{r} = 0.$$

Fazendo $r = R$, obtemos a velocidade de escape:

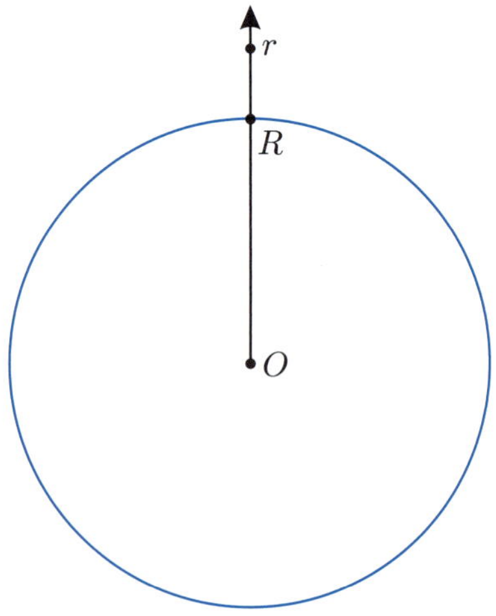

Figura 6.14

$$V = \sqrt{\frac{2GM}{R}}.$$

Vemos, por essa expressão, que V não depende da massa m da partícula.

Vamos eliminar M na expressão de V, observando que, na superfície da Terra, a força GMm/R^2 é dada por mg:

$$\frac{GMm}{R^2} = mg,$$

donde

$$M = \frac{R^2 g}{G}.$$

Portanto,

$$V = \sqrt{2gR}.$$

Como $g \approx 9,8$ m/s^2 e $R \approx 6\,370$ km, o valor de V é dado por

$$V \approx 11,174 \text{ km/s} = 40\,226 \text{ km/h}.$$

Esse é o valor da velocidade que deve ter uma cápsula espacial depois da queima dos foguetes lançadores para que ela não volte mais à Terra.

Exercícios

1. Que velocidade deve ter uma pedra de 2 kg para possuir a mesma energia cinética de um automóvel de $1\,000$ kg a 80 km/h?

2. Demonstre que a energia cinética E_c de um corpo em queda livre é uma função quadrática do tempo:
$$E_c = at^2 + bt + c,$$
em que t é contado a partir do momento em que se inicia a queda com velocidade zero. Determine os coeficientes a, b, c em termos da aceleração da gravidade e da massa m do corpo.

3. Obtenha a equação de conservação da energia usando apenas a equação horária do movimento $x = v_0 t - gt^2/2$.

4. Determine a equação da velocidade $v = v(t)$ e a equação horária $x = x(t)$ do movimento de uma partícula de massa m, ao longo de um eixo, sob a ação de uma força $F(t) = t$. Supondo que a velocidade e o espaço iniciais sejam nulos, mostre que a força é conservativa e obtenha uma expressão da energia cinética em função do tempo.

5. Considere uma partícula de massa m em movimento retilíneo, sob a ação de uma força $F = F(t)$. Demonstre que sua abscissa é dada por
$$x(t) = x_0 + v_0 t + \frac{1}{m}\int_0^t \left(\int_0^u F(s)ds\right)du,$$
em que x_0 e v_0 são o espaço e a velocidade iniciais.

6. Um foguete é lançado verticalmente para cima segundo a equação horária $s = 12t^2$ m, em que o tempo t é expresso em segundos. Em quanto tempo atingirá a velocidade de escape?

7. Calcule a aceleração da gravidade g_L na superfície da Lua, sabendo que sua massa M_L tem valor aproximado de 735×10^{20} kg e seu raio $R_L \approx 1\,740$ km.

8. Utilizando os dados do exercício anterior, calcule a velocidade de escape na superfície da Lua.

9. Mostre que, se uma pessoa consegue saltar a uma altura h na superfície da Terra, apenas com seu esforço muscular, então na superfície da Lua ela saltará a uma altura $h_L = hg/g_L \approx 6,125h$.

Respostas, sugestões, soluções

1. 1 789 km/h $\approx$ 497 m/s.

2. $E_c = \dfrac{m}{2}v^2 = \dfrac{m}{2}(v_0 + gt)^2 = \dfrac{mg^2}{2}t^2 + (mv_0 g)t + \dfrac{mv_0^2}{2}$.

3. De $x = v_0 t - gt^2/2$ segue-se que $v = \dot{x} = v_0 - gt$; logo,

$$\frac{mv^2}{2} + mgx = \frac{m}{2}(v_0 - gt)^2 + mg(v_0 t - gt^2/2) = \frac{mv_0^2}{2}.$$

4. De $m\dfrac{dv}{dt} = F = t$, obtemos $\dfrac{dv}{dt} = \dfrac{t}{m}$, que nos dá, por integração,

$$v = v_0 + \frac{t^2}{2m}.$$

Ora, integrando agora a equação

$$\frac{dx}{dt} = v = v_0 + \frac{t^2}{2m},$$

resulta: $x = x_0 + v_0 t + \dfrac{t^3}{6m}$. Se $x_0 = v_0 = 0$, teremos $x = t^3/6m$. Então $F = t = (6mx)^{1/3}$ só depende da posição x da partícula, logo é conservativa. $E_c = t^4/8m$.

5. Integrando $\dfrac{dv}{dt} = \dfrac{1}{m}\,F(t)$, obtemos:

$$v(t) = v_0 + \frac{1}{m}\int_0^t F(s)ds.$$

Como $\dfrac{dx}{dt} = v(t)$, uma segunda integração nos dá:

$$x(t) = x_0 + v_0 t + \frac{1}{m}\int_0^t \left(\int_0^u F(s)ds\right)du.$$

6. $v = \dot{s} = 24t = 11\,174$; logo, $t \approx 466$ s $= 7$ min 46 s.

7. $g_L = \dfrac{GM_L}{R_L^2} \approx \dfrac{(6,67 \times 10^{-11})(735 \times 10^{20})}{174^2 \times 10^8} \approx 1,6\ \text{m/s}^2$.

8. Aproximadamente 2,36 km/s.

9. Mesma energia potencial na Terra e na Lua: $mgh = mg_L h_L$.

Experiências no computador

Neste anexo usaremos o SAC MAXIMA e o *software* GeoGebra para entender melhor os conceitos apresentados no Capítulo 6. Em particular, iremos construir, com o GeoGebra, uma ilustração dinâmica do conceito de soma inferior, soma superior e, consequentemente, integral definida. Aprenderemos a usar o SAC MAXIMA para resolver integrais indefinidas e definidas com um número razoável de passos que permitirão ao leitor localizar eventuais erros em sua resolução manual; aprenderá também a calcular áreas de regiões planas delimitadas por duas curvas e encontrar o ponto de interseção entre elas. Caso o leitor sinta necessidade de rever as apresentações desses *softwares*, poderá encontrá-las nos anexos dos Capítulos 1 e 2.

Explorando a Seção 6.1 com o MAXIMA

No SAC MAXIMA, o comando para encontrar primitivas de funções possui a seguinte sintaxe

```
integrate(expressão,variável).
```

É comum gravar a expressão em uma letra ou palavra qualquer. Por exemplo: para encontrar a primitiva de $x\sqrt{x}$, podemos gravar essa expressão na letra "f" e posteriormente pedir ao *software* que encontre a primitiva de "f". Para isso, entremos com os seguintes comandos:

```
>> f:x*sqrt(x)

>> integrate(f,x)
```

e obteremos o seguinte resultado:

```
(%i1)  f:x*sqrt(x);
```

(%o1) $x^{\frac{3}{2}}$

```
(%i2) integrate(f,x);
```

(%o2) $\dfrac{2\,x^{\frac{5}{2}}}{5}$

Observe que o *software* já simplifica a expressão $x\sqrt{x}$ e a escreve como $x^{\frac{3}{2}}$ o que é bom, pois mostra ao leitor parte do que ele deve fazer para encontrar a primitiva.

Há outra forma de solicitar ao *software* que calcule uma primitiva sem que precise lembrar a sintaxe do comando. Para isso, basta clicar no botão "INTEGRAR..." que há na coluna esquerda(5) ou no MENU PRINCIPAL clique em "CÁLCULO" e depois selecione "INTEGRAR...". Aparecerá uma janela como a mostrada na Fig. 6.15. Basta digitar a lei da função que você deseja integrar no primeiro campo (ou a variável que está com a expressão) e apertar a tecla OK.

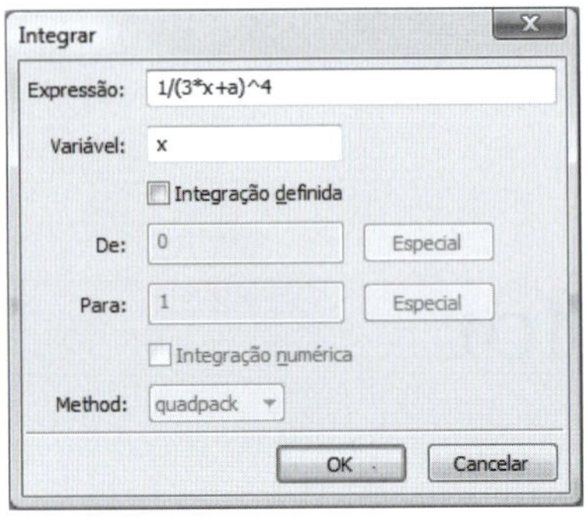

Figura 6.15

▶ Exemplo 1: Primitiva para $y = 1/(3x+a)^4$.

Como ilustração, vamos calcular a integral $\displaystyle\int \frac{1}{(3x+a)^4}\,dx$, Exercício 16 da p. 183. Como vimos anteriormente, há três formas para pedir ao MAXIMA que calcule essa primitiva:

1. digitando o comando diretamente,
2. no MENU PRINCIPAL ao clicar em CÁLCULO >> INTEGRAR... e preencher os campos na janela que aparecerá,
3. ou clicando no botão INTEGRAR na coluna esquerda(6).

Na Fig. 6.15, mostramos como deve ser preenchido cada campo para se calcular a primitiva. Note que x é a variável, e, quando se avisa isso ao *software*, o "a" passa a ser encarado como um parâmetro (um número fixo). O resultado depois que apertar o botão OK será o que vemos a seguir:

```
(%i3) integrate(1/(3*x+a)^4, x);
```

(%o3) $-\dfrac{1}{9\,(3\,x+a)^3}$

Com isso pode-se checar se o que foi feito com relação aos Exercícios 1-18 da p. 182 está ou não correto. O leitor deve tentar resolver aqueles exercícios manualmente e recorrer ao *software* para conferir se o que fez está correto.

Explorando a Seção 6.2 com o GeoGebra e o MAXIMA

Na Seção 6.2 (p. 184) apresentamos o conceito de integral definida e como ela é obtida a partir de uma soma. Nesta seção usaremos o *software* GeoGebra para criar uma ilustração que permita explorar esse conceito. Abra o *software* ou uma nova janela:

(5) Se esse conjunto de botões não estiver visível no MENU PRINCIPAL clique em MAXIMA > PAINÉIS > MATEMÁTICA GERAL.

(6) Veja instrução acima sobre como fazer os botões na coluna esquerda aparecerem.

- Digite no CAMPO DE ENTRADA `a=-1` e posteriormente `b=3` (aperte ENTER após cada comando).

- Criaremos um seletor que controlará em quantas partes o intervalo $[a, b]$ será dividido. Para tal, crie um seletor(7) "n"com valor mínimo 1 e máximo 100 com incremento de 1 (Fig. 6.16).

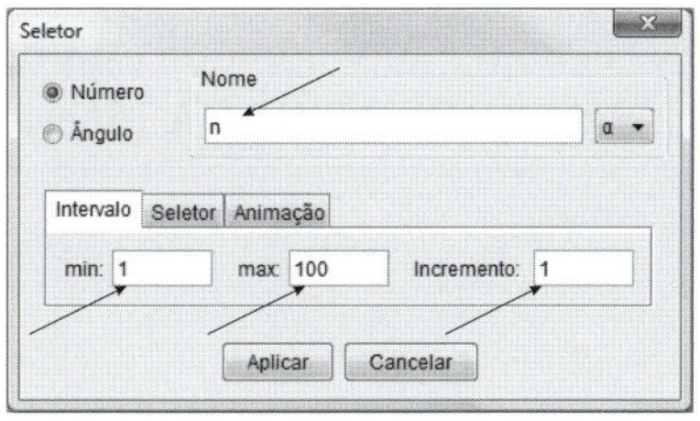

Figura 6.16

Para finalizar, digite no CAMPO DE ENTRADA (aperte ENTER depois de cada comando):

- `f(x)=x^3-2*x^2+1`

- `SomaInferior[f,a,b,n]`

Se tudo correr bem, você estará ao final com algo semelhante ao que é mostrado na Fig. 6.17. Aperte a tecla ESC e arraste o seletor "n" para modificar a quantidade de intervalos em que o intervalo $[a, b]$ será dividido. O número "c", nessa ilustração, mostra o resultado da soma inferior. Quanto maior o valor de "n", o número que está em "c" se aproxima de qual número?

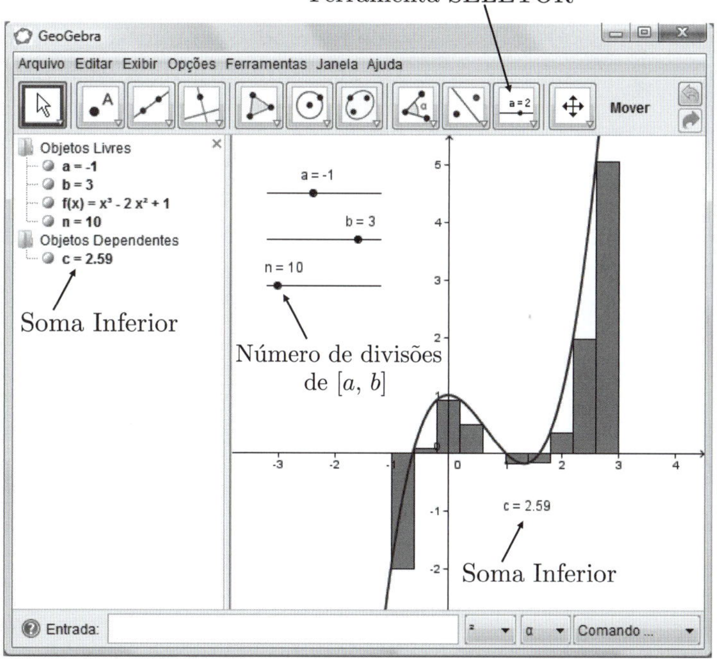

Figura 6.17

O leitor mais atento deve ter notado que em relação ao que foi mostrado na p. 184 a ilustração produzida pelo GeoGebra não usa, para calcular a "altura" do retângulo, a imagem do extremo esquerdo do intervalo, e sim o ponto de menor ou o de maior imagem, no caso das somas inferior e superior, respectivamente. Na verdade, em qualquer caso o limite, caso exista, é o mesmo. Esse é um resultado que é estudado em cursos de Análise e não será mostrado aqui.

Opcionalmente, pode-se ver a soma superior escrevendo no CAMPO DE ENTRADA

`SomaSuperior[f,a,b,n]`

e, ao clicar no pequeno círculo branco ao lado do texto "$c = \cdots$" e "$d = \cdots$", se poderá controlar qual delas deverá aparecer.

Essa ilustração pode ser adaptada para qualquer função em qualquer intervalo e qualquer número de divisões desse intervalo. Para isso, basta entrar no

(7)Para isso, basta ativar a ferramenta SELETOR (11ª Janela) e clicar onde quer que o texto apareça.

CAMPO DE ENTRADA com os novos valores dos parâmetros "a", "b","n" e digitar a nova função"$f(x) = \cdots$".

Em particular, os Exercícios 1-15 da p. 193 se mostram como uma excelente oportunidade de entender o que é de fato o número que encontra quando usa o Teorema Fundamental do Cálculo para encontrar o valor da integral definida.

▶ **Exemplo 2:** **Ilustração para a integral $\int_0^1 (\sqrt[3]{x} - x)dx$.**

Para criar a ilustração com o GeoGebra, faça o seguinte: supondo que está de posse da última construção pronta, digite no CAMPO DE ENTRADA (aperte ENTER após cada comando):

- `a=0`
- `b=1`
- `f(x)=cbrt(x)-x`

Em relação ao último comando, podemos escrever também `f(x)=x^(1/3)-x`, e o resultado será o mesmo. Gire a *rodinha* do *mouse* para ampliar o desenho, se necessário. Aperte a tecla ESC e arraste o SELETOR que está com o valor de n. Se tudo correr bem, você estará com algo semelhante ao que mostra a Fig. 6.18.

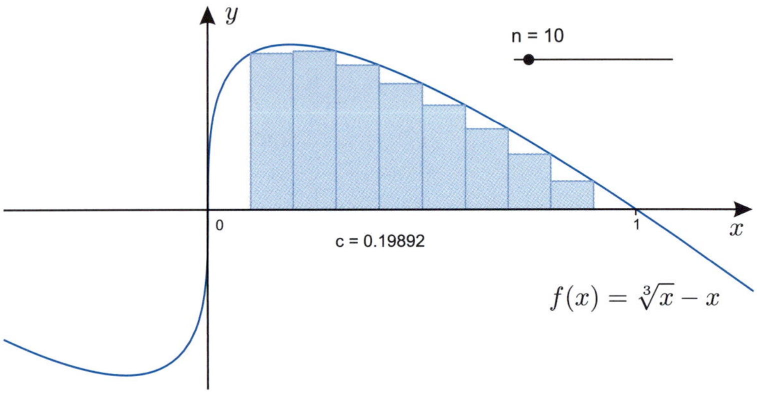

Figura 6.18

O que ocorre se n cresce? O valor da soma parcial (inferior) está com o parâmetro c. Faça o cálculo usando o Teorema Fundamental do Cálculo e compare os resultados.

■ Como calcular integral definida com o GeoGebra

No GeoGebra, o comando que calcula integral definida precisa de três argumentos: a *função* e os *dois extremos de integração*; a sintaxe é a seguinte:

```
Integral[expressão,inicio,fim]
```

Para ilustrar o uso desse comando, tomaremos a função e o intervalo considerado na seção anterior, ou seja, $f(x) = x^3 - 2x^2 + 1$ no intervalo $[-1, 3]$. Abra o *software* ou uma nova janela e no CAMPO DE ENTRADA digite (aperte ENTER após cada comando):

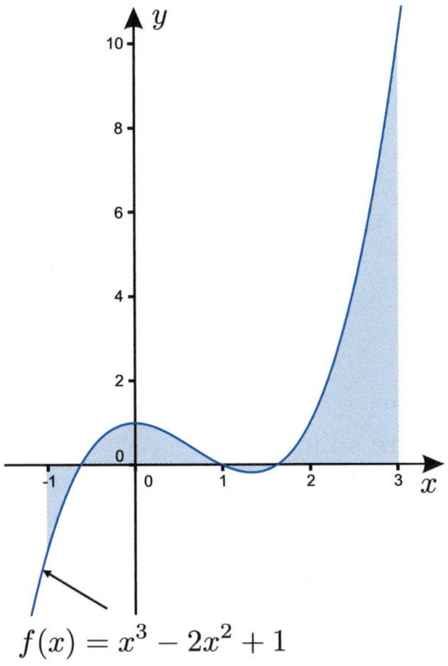

Figura 6.19

- `f(x)=x^3-2*x^2+1`
- `a=-1`
- `b=3`
- `Integral[f,a,b]`

O resultado deve ser algo semelhante ao que é mostrado na Fig. 6.19. Note que o valor retornado é $5,33$, e esse é aquele para onde a soma inferior tenderá (assim como a soma superior). Observe ainda que para essa função específica (nesse intervalo) a integral não representa a área (pois a função assume valores positivos e negativos no intervalo de integração). Para obter a área da região compreendida entre o gráfico da função e o eixo Ox, é preciso considerar o $|f(x)|$. Nesse caso, escreva no CAMPO DE ENTRADA

```
Integral[abs(f),a,b]
```

em que `abs( )` é a função valor absoluto no GeoGebra (e em praticamente todos os *softwares*).

Como mostrar e calcular área de regiões entre curvas

No GeoGebra o comando

```
Integral[f,g,a,b]
```

mostra a região compreendida entre os gráficos de "f" e "g" no intervalo $[a, b]$ e o resultado da integral

$$\int_a^b [f(x) - g(x)]\,dx$$

que é precisamente a área da região entre os gráficos de $y = f(x)$ e $y = g(x)$ em $[a\,b]$, desde que $f(x) \geq g(x)$ para todo $x \in [a\,b]$.

▶ Exemplo 3: Área da região entre duas curvas.

Como usar o GeoGebra para calcular a área da região compreendida entre os gráficos de $f(x) = 4x - x^2$ e $g(x) = x^2$?

Para responder a essa pergunta, primeiro abra o *software* ou uma nova janela e entre com os seguintes comandos no CAMPO DE ENTRADA, e apertando ENTER após cada comando.

- `f(x)=4*x-x^2`
- `g(x)=x^2`

Observe que é necessário saber qual a abscissa do ponto onde os dois gráficos se cruzam, e para tal precisamos resolver a equação $f(x) = g(x)$. No MAXIMA essa equação pode ser resolvida entrando com os seguintes comandos:

```
>> solve(4*x-x^2=x^2,x)
```

e como resultado teremos:

```
(%i4)  solve(4*x-x^2=x^2,x);
```

(%o4) $[x = 0, x = 2]$

Como a interseção ocorre em $x = 0$ e $x = 2$, no CAMPO DE ENTRADA do GeoGebra escreva

```
Integral[f,g,0,2]
```

Se tudo correr bem, você terá algo semelhante ao mostrado na Fig. 6.20.

Como calcular integral definida com o SAC MAXIMA

No MAXIMA há duas formas de calcular diretamente uma integral definida. A primeira delas é usar a janela de entrada de dados. A ilustração será feita usando a integral que calcula a área no Exemplo 3 da seção anterior, ou seja,

$$\int_0^2 [4x - x^2 - x^2]\, dx = \int_0^2 [4x - 2x^2]\, dx.$$

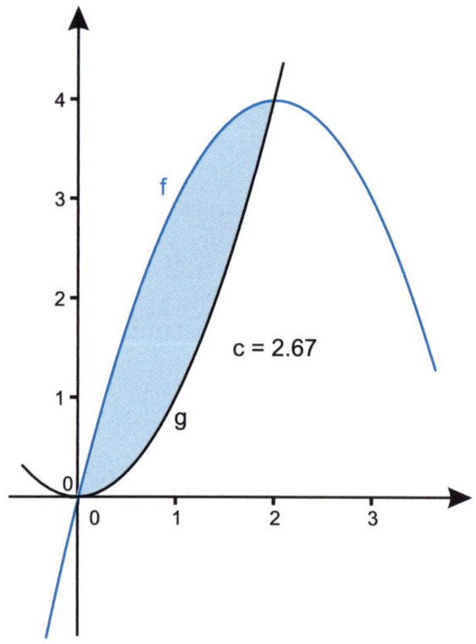

Figura 6.20

Clique no botão "INTEGRAR..." na coluna esquerda[8] da janela do MAXIMA ou no menu principal em CÁLCULO e posteriormente em "INTEGRAR...". Na janela que aparecerá no campo EXPRESSÃO, escreva `4*x-2*x^2`, deixe x como VARIÁVEL e marque a opção INTEGRAÇÃO DEFINIDA. No campo DE, escreva 0, e no campo PARA escreva 2 (Fig. 6.21).

Obteremos o que é mostrado a seguir.

```
(%i5)  integrate(4*x-2*x^2, x, 0, 2);
```

(%o5) $\dfrac{8}{3}$

```
(%i6)  float(%);
```

(%o6) 2.666666666666667

em que `float(%)` diz ao *software* para mostrar a aproximação decimal do número que está na última saída. Observe que este é o mesmo número obtido pelo GeoGebra.

Figura 6.21

A segunda forma de resolver uma integral definida é entrar diretamente com o comando escrito. Para isso, precisa conhecer a sintaxe, a saber

```
integrate(expressão, variável, início, fim)
```

Por exemplo: para calcular a integral $\int_1^7 \dfrac{x}{x+1}\, dx$, você deverá escrever

```
integrate(x/(x+1), x, 1, 7)
```

[8] Se esse conjunto de botões não estiver visível no MENU PRINCIPAL, clique em MAXIMA > PAINÉIS > MATEMÁTICA GERAL.

Como resolver passo a passo uma integral definida

Obter a resposta final da integral definida é bom para verificar se você acertou a resposta, mas não é possível saber onde errou apenas com a resposta. A seguir mostramos como usar o MAXIMA para resolver em passos uma integral definida. Para isso usaremos o comando "`subst`", discutido na p. 173. Usaremos a mesma integral para a que calculou a área nas duas seções anteriores, ou seja,

$$\int_0^2 [4x - x^2 - x^2]\,dx = \int_0^2 [4x - 2x^2]\,dx.$$

Abra o *software* ou reinicie o MAXIMA (no menu principal MAXIMA > REINICIAR MAXIMA). Aproveitaremos para mostrar como você poderá fazer para calcular áreas usando o MAXIMA. Gravaremos a função que cerca a região por cima na variável `fcima` e gravaremos a função que cerca a região por baixo na variável `fbaixo` e a primitiva na variável `int`. Desse modo, entre com os seguintes comandos:

```
>> fcima:4*x-x^2

>> fbaixo:x^2

>> F:integrate(fcima-fbaixo,x)
```

que prontamente nos dará

(%i1) `fcima:4*x-x^2;`

(%o1) $4\,x - x^2$

(%i2) `fbaixo:x^2;`

(%o2) x^2

(%i3) `F:integrate(fcima-fbaixo,x);`

(%o3) $2\,x^2 - \dfrac{2\,x^3}{3}$.

Com isso, podemos verificar se a primitiva está correta. Se houve um erro no cálculo da primitiva, você deverá voltar e rever os cálculos. A seguir lembramos que

$$\int_a^b f(x)\,dx = F(b) - F(a)$$

em que F é a primitiva de f. Nesse caso, $F(x) = 2x^2 - \frac{2x^3}{3}$, $a = 0$ e $b = 2$. Precisamos substituir o valor 0 no lugar de x na expressão da função F (que guardamos na variável "`F`") e posteriormente substituir x por 2 na expressão de F. Para isso, usaremos o comando "`subst`"(p. 173). Entre com os seguintes comandos:

```
>> Lsup:subst(2,x,F)

>> Linf:subst(0,x,F)

>> Lsup-Linf
```

e obteremos

```
(%i4) Lsup:subst(2,x,int);
```

(%o4) $\frac{8}{3}$

```
(%i5) Linf:subst(0,x,int);
```

(%o5) 0

```
(%i6) Lsup-Linf;
```

(%o6) $\frac{8}{3}$

Esse último número é o resultado da integral definida. Observe que guardamos na variável `Lsup` o valor que obtivemos quando substituímos x por 2 em F e na variável `Linf`, o que ocorre quando substituímos x por 0 em F. Finalmente, o que ocorre quando subtraímos limite superior menos limite inferior.

Com isso, o leitor tem a oportunidade de checar, em vários momentos, se seus cálculos estão corretos, não apenas com a resposta final.

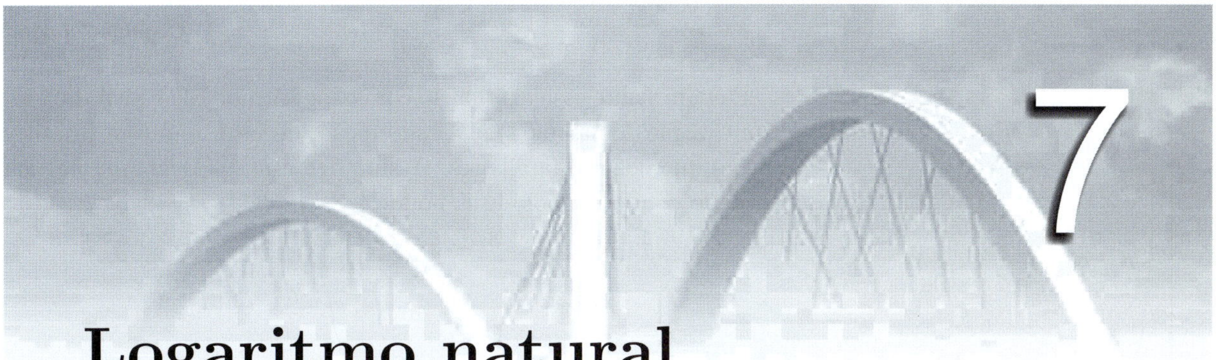

Logaritmo natural

Os logaritmos foram inventados no início dos anos 1600 com o objetivo de facilitar cálculos numéricos. Naquela época, havia necessidade de realizar cálculos trabalhosos, na elaboração de cartas náuticas, mapas e no próprio comércio. E os logaritmos realmente ajudaram muito, permitindo que operações mais complexas, como multiplicação e divisão, pudessem ser substituídas por adição e subtração, que são bem mais simples. Essa utilidade dos logaritmos perdurou até aproximadamente 1960, quando os grandes computadores começaram a se tornar populares nas universidades e grandes empresas. Mas, a partir de então, os logaritmos foram rapidamente caindo em desuso; mais ainda depois de 1980, quando começaram a surgir as calculadoras manuais e os microcomputadores. Não obstante isso, a função "logaritmo natural" tem enorme importância no Cálculo e em vários ramos da Matemática e outras áreas científicas. E é interessante observar desde já que o logaritmo de um número em qualquer base é sempre o produto de uma constante pelo logaritmo natural desse número. Daí a importância de estudarmos esse logaritmo.

7.1 Introduzindo o logaritmo natural

O logaritmo costuma ser estudado no ensino médio com base no conceito de exponenciação. Assim, fixado um número $a > 0$, $a \neq 1$, o *logaritmo de um número positivo N na base a, indicado por* $\log_a \mathrm{N}$, *é o expoente r a que se deve elevar a base para se obter N.* Em símbolos, escrevemos assim:

$$\log_a N = r \quad \Leftrightarrow \quad a^r = N.$$

No Cálculo, entretanto, o que realmente importa é o "logaritmo natural", objeto de estudo do presente capítulo. Em termos dele, estudaremos, no capítulo seguinte, a função exponencial e o logaritmo numa base qualquer. Veremos, então, que o logaritmo natural será o logaritmo numa base particular, o número e (que introduziremos logo adiante). Com o andamento do curso, o leitor irá percebendo a importância do logaritmo natural.

Dissemos, no capítulo anterior, que muitas funções não têm primitivas entre as funções conhecidas, dadas por fórmulas. Depois introduzimos a integral e demonstramos o teorema fundamental, segundo o qual a integral indefinida de uma função f é uma primitiva de f. A situação fica assim reduzida ao seguinte: se desejamos achar uma primitiva de dada função f, que não logramos encontrar entre as funções que nos são familiares, recorremos ao Teorema Fundamental do Cálculo, que nos assegura que a função

$$F(x) = \int_1^x f(t)dt$$

é uma primitiva de $f(x)$.

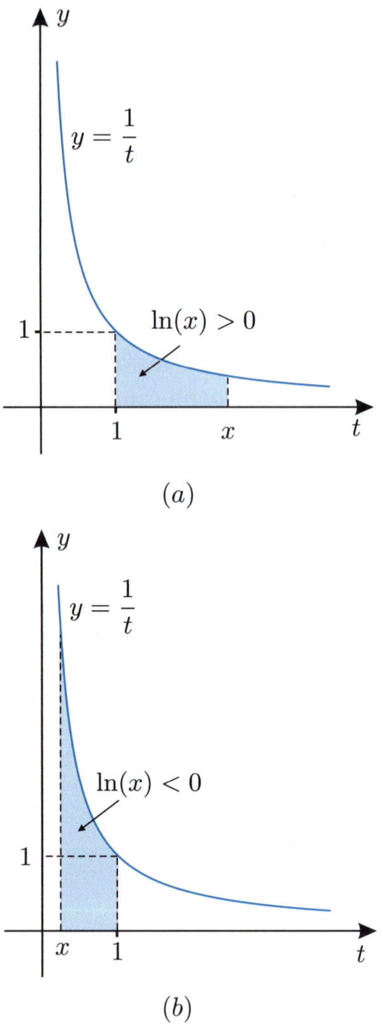

Figura 7.1

É exatamente essa a situação com o logaritmo. Ele é introduzido como uma primitiva particular de $1/x$. Essa função, de fato, não tem primitiva entre as funções que nos são familiares. Assim, definimos o *logaritmo natural* de $x > 0$, denotado com o símbolo $\ln x$, pondo

$$\ln x = \int_1^x \frac{dt}{t}. \tag{7.1}$$

Note bem: só definimos o logaritmo para números positivos. Dessa definição, vemos que $\ln 1 = 0$ e $\ln x > 0$ se $x > 1$. Se $0 < x < 1$, $\ln x < 0$, pois então

$$\ln x = \int_1^x \frac{dt}{t} = -\int_x^1 \frac{dt}{t}$$

e essa última integral é positiva, já que $x < 1$. Observe que $\ln x$ é a área da figura delimitada pelas retas $t = 1$, $t = x$, o eixo Ot e a hipérbole $y = 1/t$, como ilustra a Fig. 7.1, essa área sendo positiva se $x > 1$ e negativa se $x < 1$.

Usaremos sempre a notação $\ln x$ para indicar o logaritmo que acabamos de definir. Outras notações usadas são $\operatorname{Ln} x$ e $\log x$. Essa última, entretanto, pode causar confusão com o logaritmo decimal, mas é muito usada para o logaritmo natural e não apresenta inconveniente nenhum quando este é o foco das considerações, e não o logaritmo decimal.

▸ **Obs.:** O leitor não terá dificuldade em perceber que a função $\ln()$, como foi definida, tem a propriedade

$$\ln(a) < \ln(b) \quad \Rightarrow \quad a < b.$$

Uma justificativa mais formal será dada quando discutirmos o gráfico desta função (p. 214). Um dos aspectos que se observará é que $\ln()$ é uma função crescente. Você consegue justificar agora o porquê?

Um exemplo numérico

Existem várias maneiras de calcular o logaritmo de um número. Uma delas consiste em aproximar a área que define o logaritmo por áreas de figuras mais simples, de cálculo fácil de ser efetuado, como ilustramos no exemplo a seguir.

▸ **Exemplo 1: Um valor aproximado para $\ln 2$.**

Vamos calcular $\ln 2$ aproximadamente. Esse logaritmo é a área da região $ABCD$, com lado CD curvo, ilustrada nas Figs. 7.2 e 7.3, onde o ponto A tem abscissa 1 e o ponto B abscissa 2. Com três pontos intermediários, de abscissas $5/4$, $6/4$ $(= 3/2)$, $7/4$ e $8/4$, dividimos o segmento AB em quatro segmentos menores, cada um de comprimento $1/4$. A área desejada pode ser aproximada, por falta, pelos quatro retângulos sombreados da Fig. 7.2; e por excesso pelos quatro retângulos sombreados da Fig. 7.3. Como é fácil ver, o cálculo da área sombreada da Fig. 7.2 nos dá:

$$\begin{aligned}\ln 2 &> \frac{1}{4}\cdot\frac{4}{5} + \frac{1}{4}\cdot\frac{2}{3} + \frac{1}{4}\cdot\frac{4}{7} + \frac{1}{4}\cdot\frac{1}{2} \\ &= \frac{1}{4}\left(\frac{4}{5} + \frac{2}{3} + \frac{4}{7} + \frac{1}{2}\right) = \frac{1}{4}\cdot\frac{533}{210} = \frac{533}{240} \approx 0{,}6345;\end{aligned}$$

e o da Fig. 7.3 resulta em

$$\ln 2 < \frac{1}{4}\left(1 + \frac{4}{5} + \frac{2}{3} + \frac{4}{7}\right) = 0,45 + \frac{13}{42} \approx 0,45 + 0,3095 = 0,7595.$$

Assim, $0,6345 < \ln 2 < 0,7595$.

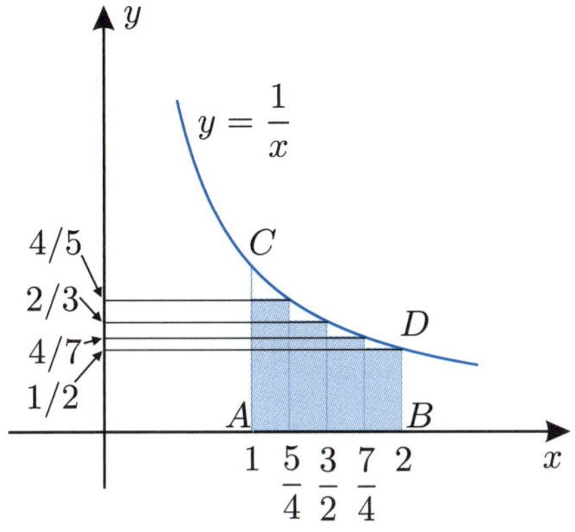

Figura 7.2

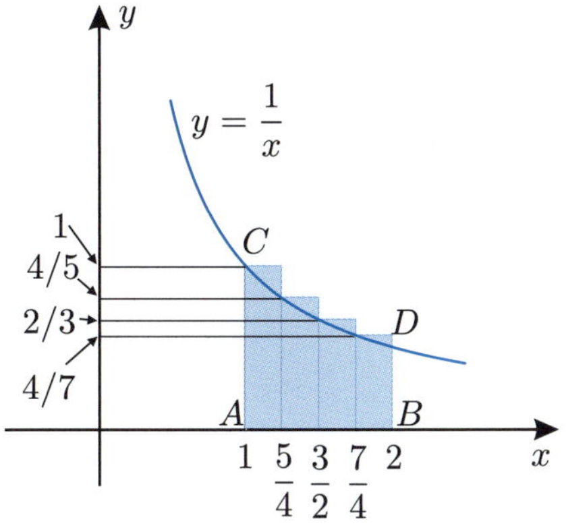

Figura 7.3

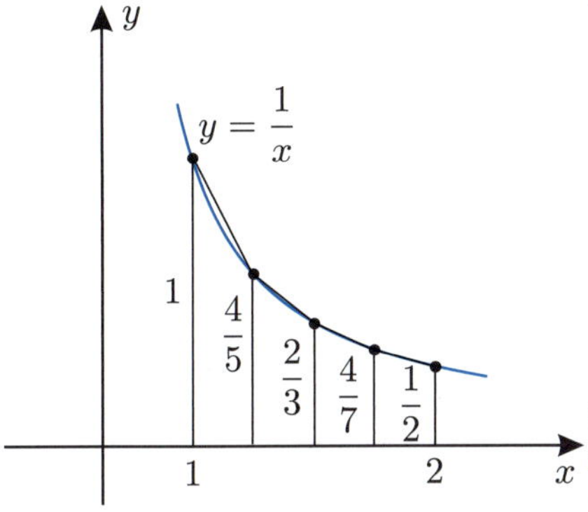

Figura 7.4

Uma aproximação por excesso, melhor do que essa última, pode ser obtida com trapézios em lugar de retângulos. A Fig. 7.4 mostra quatro trapézios de mesma altura (horizontal!) 1/4 e bases 1 e 4/5, 4/5 e 2/3, 2/3 e 4/7, e 4/7 e 1/2. A soma das áreas desses trapézios é um valor por excesso de $\ln 2$, isto é,

$$\ln 2 < \frac{1}{4} \cdot \frac{1}{2}\left[\left(1 + \frac{4}{5}\right) + \left(\frac{4}{5} + \frac{2}{3}\right) + \left(\frac{2}{3} + \frac{4}{7}\right) + \left(\frac{4}{7} + \frac{1}{2}\right)\right]$$
$$= 0,5 + \frac{331}{1680} \approx 0,6970.$$

Vemos então que $0,6345 < \ln 2 < 0,6970$. É claro que o erro que cometemos com qualquer dessas aproximações é inferior à diferença entre elas, isto é, é inferior a 0,0625, o que dá um erro relativo de $0,0625 \div 0,6345 \approx 10\%$, um resultado pouco satisfatório. (Na verdade, $\ln 2 \approx 0,69315$, com erro inferior a 10^{-5}, como se pode verificar com cálculos mais precisos.)

Podemos melhorar as aproximações no cálculo do logaritmo refinando mais e mais a divisão do segmento AB, seja com segmentos de comprimentos $1/8$, $1/16$, $1/32$, ou qualquer outro comprimento, tão pequeno quanto quisermos; em particular, podemos tomar comprimentos do tipo $1/10^n$, com n tão grande quanto desejarmos. Evidentemente, os cálculos vão ficando mais e mais trabalhosos, pelo menos se feitos manualmente; mas é claro que isso pode ser feito facilmente por um *software* programado para execução em computador ou em um dispositivo portátil (como calculadoras).

Devemos observar também que a utilização de trapézios fornece melhores e mais rápidas aproximações do que as que se obtêm com retângulos. Há também maneiras mais eficazes de calcular logaritmos, com o uso de séries infinitas.

O importante a notar aqui é que é possível calcular o logaritmo de qualquer número, com a aproximação que se desejar. Antigamente, isso era importante na construção de tábuas de logaritmos, que eram então usadas em cálculo manual, como explicaremos no final do próximo capítulo.

Número e

Definimos o número e como aquele cujo logaritmo natural é igual a 1 (Fig. 7.5). Vamos mostrar, com um raciocínio muito simples, que $2 < e < 4$. De fato, com referência à Fig. 7.6, é fácil ver que o logaritmo de 4, que é a área da figura $ABCD$, com lado CD curvo, supera a soma das áreas dos três retângulos sombreados, de áreas $1/2$, $1/3$ e $1/4$, respectivamente, isto é,

$$\ln 4 > \frac{1}{2} + \frac{1}{3} + \frac{1}{4} = \frac{13}{12} > 1 = \ln e.$$

Daqui segue-se que $e < 4$.

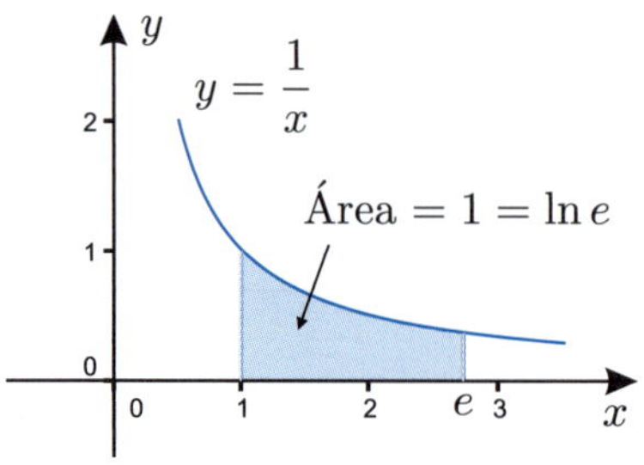

Figura 7.5

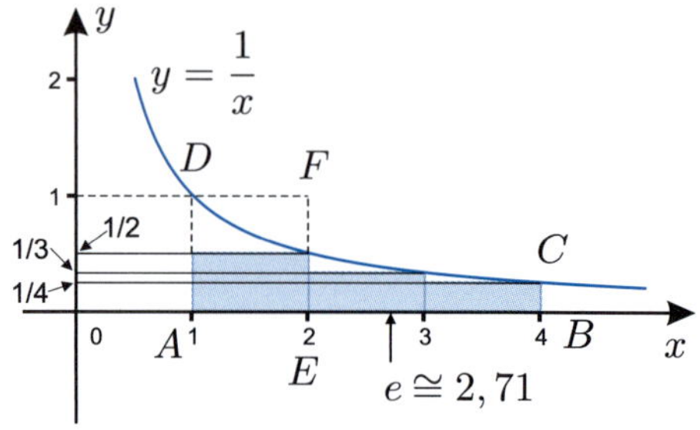

Figura 7.6

De modo análogo, o logaritmo de 2 é menor que a área do retângulo $AEFD$, que é 1:

$$\ln 2 < 1 = \ln e,$$

donde concluímos que $2 < e$. Fica assim provado que $2 < e < 4$. Com um pouco mais de trabalho prova-se que $2 < e < 3$ (Exercício 6, adiante, p. 215). Na verdade, $e \approx 2,71828$, como se demonstra no estudo de séries numéricas.

Derivada do logaritmo

A derivada do logaritmo segue imediatamente da própria definição (7.1) (p. 210) e do Teorema Fundamental do Cálculo. Veja:

$$\ln x = \int_1^x \frac{dt}{t}, \quad \text{donde} \quad \frac{d}{dx} \ln x = \frac{1}{x}.$$

Essa facilidade de calcular a derivada do logaritmo é mais uma forte razão para se preferir estudar primeiro o logaritmo natural para depois estudar a função exponencial. O fato de ela ser a inversa do logaritmo facilita muito o cálculo de sua derivada, como veremos no próximo capítulo. Já o cálculo direto dessa derivada (da função exponencial) é bastante penoso.

Propriedade fundamental e regra da cadeia

Seja a um número positivo fixo. Vamos derivar $\ln ax$ em relação a x. Usando a regra da cadeia, com a variável intermediária $u = ax$, obtemos:

$$\frac{d}{dx} \ln ax = \frac{d}{du} \ln u \cdot \frac{d(ax)}{dx} = \frac{1}{u} \cdot a = \frac{1}{ax} \cdot a = \frac{1}{x}.$$

Isso mostra que a derivada de $\ln ax$ é a mesma que a de $\ln x$, isto é, $1/x$. Portanto, essas duas funções são ambas primitivas de $1/x$; logo,

$$\ln ax = \ln x + C, \tag{7.2}$$

em que C é uma constante. Para determinar o valor dessa constante, fazemos $x = 1$ em (7.2). Lembrando que $\ln 1 = 0$, obtemos

$$\ln a = \ln 1 + C = 0 + C = C, \quad \text{donde} \quad C = \ln a;$$

Substituindo esse valor de C em (7.2), obtemos $\ln ax = \ln a + \ln x$. Finalmente, tomando x igual a qualquer número positivo fixo b, podemos escrever:

$$\ln ab = \ln a + \ln b, \tag{7.3}$$

que é a propriedade fundamental da função logaritmo, a chamada *regra do produto*.

Logaritmo do quociente e de uma potência

A regra do produto, aplicada ao caso em que $b = 1/a$, nos dá

$$0 = \ln 1 = \ln\left(a \cdot \frac{1}{a}\right) = \ln a + \ln \frac{1}{a};$$

portanto,

$$\ln \frac{1}{a} = -\ln a.$$

Esse resultado, juntamente com a regra do produto, fornece a regra do quociente;

$$\ln \frac{a}{b} = \ln a + \ln \frac{1}{b} = \ln a - \ln b. \tag{7.4}$$

A regra do produto se estende a um produto de mais de dois fatores; por exemplo,

$$\ln(abc) = \ln[(ab)c] = \ln(ab) + \ln c = \ln a + \ln b + \ln c.$$

A extensão dessa regra a um número qualquer de fatores se faz de maneira análoga, indutivamente, de sorte que podemos escrever:

$$\ln(a_1 a_2 \ldots a_n) = \ln a_1 + \ln a_2 + \ldots + \ln a_n.$$

Em particular, se todos esses números $a_1, a_2, \ldots, a_n$ são iguais a um mesmo número a, obtemos

$$\ln a^n = n \ln a. \quad (7.5)$$

É claro, por verificação direta, que esta fórmula também vale quando $n = 0$. Por outro lado, da regra do quociente e da regra (7.5) segue-se que

$$\ln a^{-n} = \ln \frac{1}{a^n} = -\ln a^n = -n \ln a.$$

Vemos assim que a propriedade (7.5) é válida para todo inteiro n, positivo, negativo ou nulo.

O leitor mais atento deve ter observado que a propriedade (7.5) está provada inicialmente para $n \in \mathbb{N}$ e logo a seguir fica demonstrado que é válido para $n \in \mathbb{Z}$. Entretanto, nada foi dito sobre o caso em que o expoente é real (não necessariamente inteiro). Adiantamos que essa propriedade é válida para $n \in \mathbb{R}$ (Exercício 25, p. 215).

▶ **Observação:** É preciso ter cuidado na aplicação da propriedade (7.5). Assim,

$$\ln(x-1)^2 = 2\ln(x-1) \quad (7.6)$$

é uma igualdade válida apenas para $x > 1$, que é o domínio de $\ln(x-1)$. No entanto, como $(x-1)^2 = |x-1|^2$, podemos escrever

$$\ln(x-1)^2 = 2\ln|x-1| \quad (7.7)$$

e agora essa igualdade é válida para todo $x \neq 1$. A razão disto é que a regra do produto, da qual segue a propriedade (7.6), foi estabelecida no pressuposto de que os fatores sejam positivos.

As regras do produto e do quociente facilitam o cálculo das derivadas de certas funções, como veremos na próxima seção.

Gráfico do logaritmo

Já observamos que a função $\ln x$ se anula em $x = 1$, é positiva em $x > 1$ e negativa no intervalo $0 < x < 1$. Sua derivada $1/x$, que é o declive do gráfico, é sempre positiva, donde $\ln x$ é função crescente. Mas essa derivada é decrescente; isso mostra que a concavidade do gráfico de $\ln x$ está voltada para baixo e que esse gráfico tem o aspecto ilustrado na Fig. 7.7. Em particular, ele está abaixo de sua reta tangente em qualquer de seus pontos, em particular no ponto (1, 0), fato esse também ilustrado na Fig. 7.7.

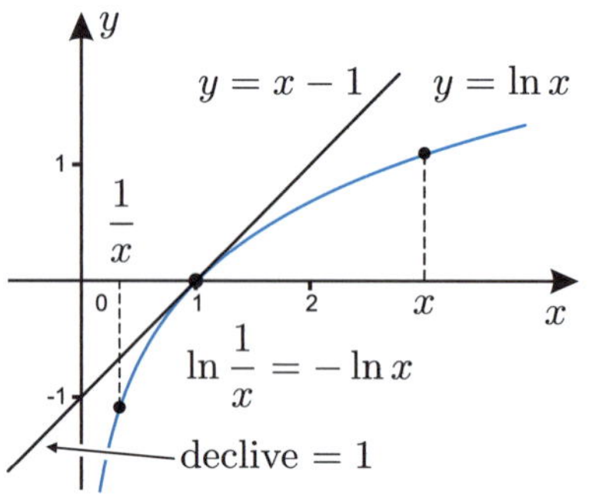

Figura 7.7

Por ser $\ln 2^n = n \ln 2$ e $\ln 2 > 0$, vemos que $\ln 2^n$ pode superar qualquer número que se prescreva, desde que n seja feito suficientemente grande. Isso significa que, embora a concavidade do gráfico de $\ln x$ esteja voltada para baixo, a função cresce acima de qualquer número imaginável, desde que se faça x suficientemente grande. (Note que esse mesmo raciocínio pode ser feito com qualquer número a^n, com $a > 1$, em lugar de 2^n.)

Observe também que a cada número $x > 1$ corresponde um número $1/x$ no intervalo (0, 1) tal que (Fig. 7.7)

$$\ln \frac{1}{x} = -\ln x.$$

À medida que x cresce acima de qualquer número, $1/x$ vai-se tornando arbitrariamente próximo de zero e com logaritmo cada vez maior em valor absoluto, porém negativo. Isso significa que o gráfico de $\ln x$ se aproxima do eixo Oy, tendendo para $-\infty$, como ilustra a Fig. 7.7.

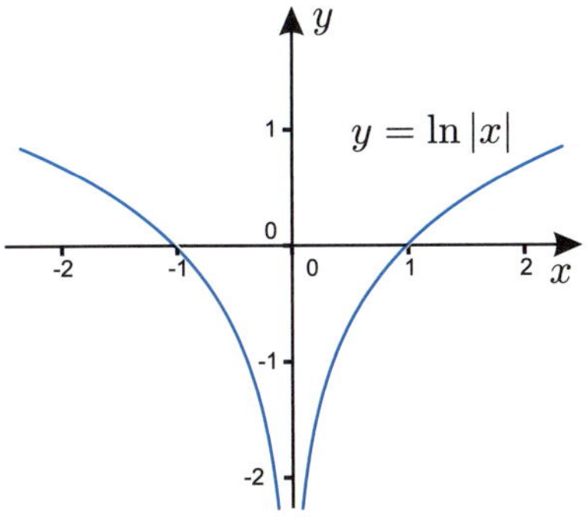

Figura 7.8

▸ Exemplo 2: Gráfico de $y = \ln|x|$.

Vamos esboçar o gráfico da função

$$f(x) = \ln|x|,$$

que está definida para todo número real x não nulo.

Para $x > 0$, $\ln|x| = \ln x$, de forma que o gráfico da função em $x > 0$ é o mesmo gráfico da Fig. 7.7. Como a função é par, pois $f(x) = f(-x)$, já que $\ln|x| = \ln|-x|$, seu gráfico em $x < 0$ é o reflexo do gráfico anterior em $x > 0$. A Fig. 7.8 ilustra o gráfico completo de $\ln|x|$.

Exercícios

Use aproximações retangulares para estabelecer os resultados contidos nos Exercícios 1 a 5.

1. $\ln 2 > \dfrac{1}{2}$.

2. $\dfrac{5}{6} < \ln 3 < \dfrac{3}{2}$.

3. $\dfrac{13}{12} < \ln 4 < \dfrac{11}{6}$.

4. $\dfrac{7}{12} < \ln 2 < \dfrac{5}{6}$.

5. $\dfrac{57}{60} < \ln 3 < \dfrac{77}{60}$.

6. Mostre que $\ln 3 > 28\,271/27\,720 > 1 = \ln e$. Daqui e de $\ln 2 < 5/6 < 1$ (Exercício 4), conclui-se que o número e está compreendido entre 2 e 3: $2 < e < 3$.

Use aproximações trapezoidais para demonstrar os resultados contidos nos Exercícios 7 a 10.

7. $\ln 2 < \dfrac{3}{4}$.

8. $\ln 3 < \dfrac{7}{6}$.

9. $\ln 4 < \dfrac{35}{24}$.

10. $\ln 2 < \dfrac{1\,171}{1\,680}$.

Partindo do gráfico de $\ln x$, faça os gráficos das funções dadas nos Exercícios 11 a 22, especificando, ao mesmo tempo, os domínios dessas funções.

11. $y = \ln(-x)$.

12. $y = \ln(x-1)$.

13. $y = \ln(x+1)$.

14. $y = \ln(1-x)$.

15. $y = \ln(x-2)$.

16. $y = \ln(x+2)$.

17. $y = 2\ln x$.

18. $y = \ln x/2$.

19. $y = \ln(x/2)$.

20. $y = \ln(x/3)$.

21. $y = \ln 3x$.

22. $y = \ln(-3x)$.

23. Prove que a desigualdade $\ln x < x - 1$ é válida para $x > 0$, $x \neq 1$.

24. Prove que a desigualdade $\ln(1+x) < x$ é válida para $x > -1$, $x \neq 0$. Faça um gráfico interpretativo de seu significado geométrico.

25. Prove que para todo $r \in \mathbb{R}$ vale a propriedade $\ln x^r = r \cdot \ln x$ se $x > 0$.

Respostas, sugestões, soluções

6. Use os pontos de divisão

$$1,\ 5/4,\ 3/2,\ 7/4,\ 2,\ 9/4,\ 5/2,\ 11/4 \text{ e } 3$$

para obter

$$\ln 3 > \frac{1}{4}\left(\frac{1}{5/4} + \frac{1}{3/2} + \frac{1}{7/4} + \frac{1}{2} + \frac{1}{9/4} + \frac{1}{5/2} + \frac{1}{11/4} + \frac{1}{3}\right) = \frac{28\,271}{27\,720}.$$

11. Reflexão de $\ln x$ no eixo Oy.

12. Translação de $\ln x$ uma unidade para a direita.

13. Translação de $\ln x$ uma unidade para a esquerda.

14. $y = \ln[-(x-1)]$ é a translação de $y = \ln(-x)$ uma unidade para a direita.

15. Translação de $\ln x$ de duas unidades para a direita.

16. Translação de $\ln x$ de duas unidades para a esquerda.

17. O mesmo gráfico de $\ln x$ com as ordenadas multiplicadas por dois.

18. O mesmo gráfico de $\ln x$ com as ordenadas divididas por dois.

19. O mesmo gráfico de $\ln x$ transladado para baixo de $\ln 2$.

20. O mesmo gráfico de $\ln x$ transladado para baixo de $\ln 3$.

21. O mesmo gráfico de $\ln x$ transladado para cima de $\ln 3$.

22. O mesmo gráfico de $\ln(-x)$ transladado para cima de $\ln 3$.

23. A desigualdade em questão exprime o fato, já notado no texto, de que o gráfico de $y = \ln x$ está abaixo da reta tangente no ponto $(1,\ 0)$. Como esta reta tem declive 1, que é o valor da derivada de $\ln x$ em $x = 1$, sua equação é $y = x - 1$. Um modo mais analítico de provar a desigualdade consiste em verificar que a função $f(x) = x - 1 - \ln x$ tem um mínimo em $x = 1$ (pelo teste da derivada primeira); portanto, $f(x) > f(1) = 0$ para $x \neq 1$, donde a desigualdade desejada.

24. Basta substituir x por $x + 1$ na desigualdade do exercício anterior.

25. Utilize a mesma ideia usada para demonstrar a propriedade (7.5), p. 214. Mostre que $D[\ln x^r] = D[r \cdot \ln x]$. Para descobrir o valor da constante, faça $x = 1$.

7.2 Derivadas

Vimos que o logaritmo só é definido para $x > 0$, de sorte que só podemos escrever $\ln x$ nessa hipótese. No entanto, a função $\ln|x|$ está definida para todo $x \neq 0$. Vamos mostrar que sua derivada, como a de $\ln x$, também é $1/x$, isto é,

$$D \ln|x| = \frac{1}{x} \tag{7.8}$$

não importa se $x > 0$ ou $x < 0$. De fato, pela regra da cadeia,

$$D \ln|x| = \frac{d \ln|x|}{d|x|} \cdot \frac{d|x|}{dx} = \frac{1}{|x|} \cdot \frac{d|x|}{dx}.$$

Mas $|x| = x$ se $x > 0$ e $-x$ se $x < 0$. Então,

$$\frac{d|x|}{dx} = \begin{cases} 1 & \text{se} \quad x > 0, \\ -1 & \text{se} \quad x < 0; \end{cases}$$

logo, essa derivada pode ser escrita na forma $|x|/x$. Substituindo esse valor na expressão acima, obtemos o resultado desejado.

Se $f(x)$ for uma função positiva, podemos considerar seu logaritmo, cuja derivada é obtida pela regra da cadeia:

$$D \ln f(x) = \frac{d(\ln f)}{df} \cdot \frac{df(x)}{dx} = \frac{1}{f(x)} \cdot f'(x),$$

isto é,

$$D \ln f(x) = \frac{f'(x)}{f(x)}.$$

Por motivos óbvios, essa última expressão é conhecida como a *derivada logarítmica* de f. Mesmo que f não seja positiva, sua derivada logarítmica f'/f faz sentido, desde que $f(x)$ seja diferente de zero. Usando a fórmula (7.8) e a regra da cadeia com a variável intermediária $u = f(x)$, obtemos:

$$D \ln |f(x)| = D \ln |u| \cdot \frac{du}{dx} = \frac{1}{u} \cdot f'(x),$$

ou seja,

$$D \ln |f(x)| = \frac{f'(x)}{f(x)}. \tag{7.9}$$

▶ **Exemplo 1:** **Derivada de $y = \ln(x^2 + 1)$.**

Calculemos a derivada da função $y = \ln(x^2 + 1)$. Devemos usar a regra da cadeia, assim:

$$D \ln(x^2 + 1) = \frac{1}{x^2 + 1} \cdot D(x^2 + 1) = \frac{2x}{x^2 + 1}.$$

▶ **Exemplo 2:** **Derivada de $y = \ln \ln x$.**

A função $y = \ln \ln x$ só está definida quando $\ln x > 0$; isso acontece para $x > 1$, visto que $\ln 1 = 0$. Calculamos sua derivada pela regra da cadeia:

$$D[\ln \ln x] = \frac{1}{\ln x} \cdot D[\ln x] = \frac{1}{x \ln x}.$$

▶ **Exemplo 3:** **Derivada de $x \mapsto \ln\left(\frac{x+1}{x-1}\right)$.**

A função

$$x \mapsto \ln\left(\frac{x+1}{x-1}\right) \tag{7.10}$$

só está definida para $x < -1$ e $x > 1$, pois no intervalo $-1 < x < 1$ o argumento do logaritmo em questão é negativo. No entanto, a função

$$x \mapsto \ln\left|\frac{x+1}{x-1}\right| \tag{7.11}$$

está definida para todo $x \neq \pm 1$. De acordo com a fórmula (7.9), sua derivada é dada por

$$D \ln\left|\frac{x+1}{x-1}\right| = \frac{1}{\frac{x+1}{x-1}} \cdot D\left(\frac{x+1}{x-1}\right) = \frac{x-1}{x+1} \cdot D\left(\frac{x+1}{x-1}\right) = \frac{x-1}{x+1} \cdot \frac{-2}{(x-1)^2}$$
$$= \frac{-2}{(x+1)(x-1)} = \frac{-2}{x^2-1}.$$

Note que, enquanto essa função é a derivada de (7.11) para todo $x \neq \pm 1$, ela é a derivada de (7.10) somente para $x < -1$ e $x > 1$.

Lembre-se:

$$\ln a/b = \ln a - \ln b$$

desde que $a > 0$ e $b > 0$.

▶ Exemplo 4: Como derivar função racional usando ln( ).

Vamos calcular a derivada do logaritmo de $(x^2+1)/(x^2-1)$, usando a regra do quociente:

$$D \ln \frac{x^2+1}{x^2-1} = D[\ln(x^2+1) - \ln(x^2-1)]$$
$$= \frac{2x}{x^2+1} - \frac{2x}{x^2-1} = \frac{-4x}{x^4-1}.$$

Aqui, o domínio da função original é o conjunto dos x tais que $|x| > 1$. Esse é também o domínio da derivada $-4x/(x^4-1)$, embora essa função, considerada em si, possa ser estendida ao domínio mais amplo, de todos os números x, excetuados apenas $x = +1$ e $x = -1$.

Já vimos que $f'(x)/f(x)$ é a derivada logarítmica da função $f(x)$, ou derivada de $\ln|f(x)|$. Ela é frequentemente usada no cálculo da derivada de certos produtos ou quocientes, como ilustram os exemplos seguintes.

Em particular, para o Exemplo 4, temos, de (7.9), que

$$\frac{f'(x)}{f(x)} = \frac{-4x}{x^4-1}$$

em que $f(x) = (x^2+1)/(x^2-1)$ de onde vem que

$$f'(x) = f(x) \cdot \frac{-4x}{x^4-1} = \frac{x^2+1}{x^2-1} \cdot \frac{-4x}{(x^2-1)(x^2+1)} = \frac{-4x}{(x^2-1)^2}.$$

Ainda sobre o Exemplo 4, o cálculo direto pela derivada do quociente talvez lhe dê a resposta final de forma mais rápida, mas há situações, como as que se seguem, em que o uso da derivada do produto (p. 116) e quociente (p. 117) pode ser mais trabalhoso.

▶ Exemplo 5: Como usar ln( ) para derivar um produto.

Para derivar a função

$$f(x) = x^2(x^3-1)(x^2+1), \qquad (7.12)$$

primeiro tomamos seu logaritmo, usando a regra do produto:

$$\ln|f(x)| = \ln x^2 + \ln|x^3-1| + \ln|x^2+1|.$$

Lembre-se:

$$\ln a \cdot b = \ln a + \ln b$$

desde que $a > 0$ e $b > 0$.

Daqui obtemos, por derivação,

$$\frac{f'(x)}{f(x)} = \frac{2x}{x^2} + \frac{3x^2}{x^3 - 1} + \frac{2x}{x^2 + 1}.$$

Finalmente, daqui e de (7.12), segue-se que

$$\begin{aligned} f'(x) &= x^2(x^3 - 1)(x^2 + 1)\left(\frac{2}{x} + \frac{3x^2}{x^3 - 1} + \frac{2x}{x^2 + 1}\right) \\ &= 2x(x^3 - 1)(x^2 + 1) + 3x^4(x^2 + 1) + 2x^3(x^3 - 1) \\ &= 7x^6 + 5x^4 - 4x^3 - 2x. \end{aligned}$$

▶ Exemplo 6: Como derivar função racional usando ln( ).

Vamos usar a derivada logarítmica para derivar a função

$$f(x) = \frac{(x^2 - 1)^2(x + 1)^3}{(x^2 + 1)^2}. \tag{7.13}$$

Temos:

$$\ln |f(x)| = 2 \ln |x^2 - 1| + 3 \ln |x + 1| - 2 \ln(x^2 + 1);$$

portanto,

$$\frac{f'(x)}{f(x)} = \frac{4x}{x^2 - 1} + \frac{3}{x + 1} - \frac{4x}{x^2 + 1}.$$

Daqui e de (7.13) obtemos:

$$\begin{aligned} f'(x) &= \frac{(x^2 - 1)^2(x + 1)^3}{(x^2 + 1)^2}\left(\frac{4x}{x^2 - 1} + \frac{3}{x + 1} - \frac{4x}{x^2 + 1}\right) \\ &= \frac{4x(x^2 - 1)(x + 1)^3}{(x^2 + 1)^2} + \frac{3(x^2 - 1)^2(x + 1)^2}{(x^2 + 1)^2} - \frac{4x(x^2 - 1)^2(x + 1)^3}{(x^2 + 1)^3}. \end{aligned}$$

▶ Exemplo 7: Derivada de $y = \dfrac{\sqrt[3]{x + 1}}{(x - 4)\sqrt{x - 1}}$.

Vamos derivar a função

$$y = \frac{\sqrt[3]{x + 1}}{(x - 4)\sqrt{x - 1}},$$

usando a derivada logarítmica:

$$\ln |y| = \frac{1}{3} \ln |x + 1| - \ln |x - 4| - \frac{1}{2} \ln |x - 1|;$$

Por conta de (7.9), p. 217, temos:

$$\begin{aligned} \frac{y'}{y} &= \frac{1}{3(x + 1)} - \frac{1}{x - 4} - \frac{1}{2(x - 1)} \\ &= \frac{2(x^2 - 5x + 4) - 6(x^2 - 1) - 3(x^2 - 3x - 4)}{6(x^2 - 1)\,(x - 4)} \\ &= \frac{7x^2 + x - 26}{6(1 - x^2)\,(x - 4)}. \end{aligned}$$

Daqui obtemos, finalmente,

$$y' = \frac{\sqrt[3]{x + 1}(7x^2 + x - 26)}{6(1 - x^2)(x - 4)^2\sqrt{x - 1}}.$$

▶ Exemplo 8: A equação de uma reta tangente.

Vamos achar a equação da reta tangente à curva dada por $y = \ln(2 - x)$ em $x = 1$. Começamos observando que

$$\ln(2 - x) = \ln[-(x - 2)],$$

por onde se vê que o gráfico dessa função é o mesmo que o de $\ln(-x)$, transladado duas unidades para a direita (Fig. 7.9). Observe que sua derivada $y' = -1/(2 - x)$, é -1 em $x = 1$, valor esse que é o declive da reta tangente. Portanto, essa reta tem equação $y = 1 - x$. Faça um gráfico.

Exercícios

Nos Exercícios 1 a 27, especifique os domínios das funções dadas e calcule suas derivadas.

1. $y = \ln 3x$.

2. $y = \ln x^2$.

3. $y = \ln(x - 1)$.

4. $y = \ln(5x - 7)$.

5. $y = \ln(2x + 9)$.

6. $y = \ln(1 - x)$.

7. $y = \ln(3 - 5x)$.

8. $y = \ln(4 - x^2)$.

9. $y = \ln(x^2 + 1)$.

10. $y = \ln(x^2 - 9)$.

11. $y = \ln(x + 2)^3$.

12. $y = \ln(x^3 + 1)$.

13. $y = \ln\sqrt{5 - x^2}$.

14. $y = \ln\sqrt{x^2 - 3}$.

15. $y = \dfrac{1}{\ln x}$.

16. $y = x\ln x - x$.

17. $y = x\ln|x| - x$.

18. $y = \ln\sqrt{\dfrac{2 - x}{3 - x}}$.

19. $y = \ln\dfrac{x - 2}{3 - x}$.

20. $y = \ln\dfrac{2x - 1}{1 - 3x}$.

21. $y = x^2\ln x$.

22. $y = \ln\ln|x|$.

23. $y = \sqrt{x}\ln x$.

24. $y = \dfrac{\ln x}{\sqrt{x}}$.

25. $y = \dfrac{\ln(x^2 + 1)}{x + 1}$.

26. $y = \dfrac{\sqrt{x}}{\ln(x + 1)}$.

27. $y = \dfrac{\sqrt[3]{\ln(x^4 + 3)}}{x}$.

Calcule as derivadas das funções dadas nos Exercícios 28 a 33 por derivação logarítmica.

28. $y = x^3(x^2 - 2)^2(x + 1)^3$.

29. $y = (2x + 1)(x^2 + 3)(x^3 - 1)$.

30. $y = \dfrac{x^3(x^2 + 1)}{x^2 - 1}$.

31. $y = \dfrac{x(x - 1)(x + 2)}{x + 1}$.

32. $y = \dfrac{\sqrt{x + 1}}{\sqrt{x - 1}}$.

33. $y = \sqrt{\dfrac{x^2 - 1}{x^2 + 1}}$.

34. Determine a equação da reta tangente ao gráfico de $y = \ln(1 - x)$ em $x = 0$.

35. Faça o mesmo para $y = \ln(x - 1)$ em $x = 3$.

36. Faça o mesmo para $y = \ln(1/x)$ em $x = 2$.

Respostas, sugestões, soluções

1. $x > 0,\ y' = 1/x.$ **2.** $x \neq 0,\ y' = 2/x.$ **3.** $x > 1,\ y' = \dfrac{1}{x-1}.$

4. $x > 7/5,\ y' = \dfrac{5}{5x-7}.$ **5.** $x > -9/2,\ y' = \dfrac{2}{2x+9}.$ **6.** $x < 1,\ y' = \dfrac{1}{x-1}.$

7. $x < 3/5,\ y' = \dfrac{5}{5x-3}.$ **8.** $x \neq \pm 2,\ y' = \dfrac{2x}{x^2-4}.$

9. x qualquer, $y' = \dfrac{2x}{x^2+1}.$ **10.** $x \neq \pm 3,\ y' = \dfrac{2x}{x^2-9}.$

11. $x > -2,\ y' = \dfrac{3}{x+2}.$ **12.** $x > -1,\ y' = \dfrac{3x^2}{x^3+1}.$

13. $|x| < \sqrt{5},\ y' = \dfrac{x}{x^2-5}.$ **14.** $|x| > \sqrt{3},\ y' = \dfrac{x}{x^2-3}.$

15. $x > 0,\ y' = \dfrac{-1}{x\ \ln^2 x}.$ **16.** $x > 0,\ y' = \ln x.$ **17.** $x \neq 0,\ y' = \ln|x|.$

18. $x < 2$ e $x > 3,\ y' = \dfrac{1}{2(x-2)(3-x)}.$

19. $2 < x < 3,\ y' = \dfrac{1}{(3-x)(x-2)}.$

20. $1/3 < x < 1/2,\ y' = \dfrac{1}{(2x-1)(3x-1)}.$

21. $x > 0,\ y' = 2x\ln x + x.$ **22.** $x > e,\ y' = \dfrac{1}{x\ln|x|}.$

23. $x > 0,\ y' = \dfrac{2+\ln x}{2\sqrt{x}}.$ **24.** $x > 0,\ y' = \dfrac{2-\ln x}{2x\sqrt{x}}.$

25. $x \neq 0,\quad y' = -\dfrac{(x^2+1)\ln(x^2+1) - 2x^2 - 2x}{(x+1)^2(x^2+1)}.$

26. $x > 0,\ y' = \dfrac{(x+1)\ln(x+1) - 2x}{\sqrt{x}\ (2x+2)\ln(x+1)^2}.$

27. $x \neq 0,\quad y' = -\dfrac{(3x^4+9)\ln(x^4+3) - 4x^4}{(3x^6+9x^2)\ln(x^4+3)^{\frac{2}{3}}}.$

28. $y' = x^2(x^2-2)(x+1)^2(10x^3+7x^2-12x-6).$

29. $2(x^2+3)(x^3-1) + 2x(2x+1)(x^3-1) + 3x^2(2x+1)(x^2+3).$

30. $y' = \dfrac{x^2(3x^4-4x^2-3)}{(x^2-1)^2}.$ **31.** $y' = 2(x-1) + \dfrac{2x(x+2)}{(x+1)^2}.$

32. $y' = \dfrac{-1}{\sqrt{x+1}(x-1)^{3/2}}.$ **33.** $y' = \dfrac{x}{\sqrt{x^4-1}} - \dfrac{x\sqrt{x^2-1}}{(x^2+1)^{3/2}}.$

34. $y = -x.$ **35.** $y - \ln 2 = \dfrac{1}{2}(x-3).$

36. $x + 2y - 2 + 2\ln 2 = 0.$

Experiências no computador

Nesta seção usaremos o *software* GeoGebra para construir uma ilustração que permita ao leitor visualizar a definição de logaritmo natural dada no início do Capítulo 7. Além disso, mostraremos como é a sintaxe dessa função no SAC MAXIMA. Caso o leitor sinta necessidade de rever as apresentações desses *softwares*, poderá encontrá-las nos anexos dos Capítulos 1 e 2.

Explorando a Seção 7.1 com o GeoGebra

Na definição de logaritmo natural dada na p. 210 (7.1), definimos $\ln x$ como a área da região que está entre o eixo Ox e a curva $y = 1/t$ sobre $[1,\, x]$, se $x \geq 1$ [Fig. 7.9(a)] e o oposto da área da região que está entre o eixo Ox e a curva $y = 1/t$ sobre $[x,\, 1]$ [Fig. 7.9(b)]. Nesta seção construiremos uma ilustração usando o *software* GeoGebra que permita explorar essa definição.

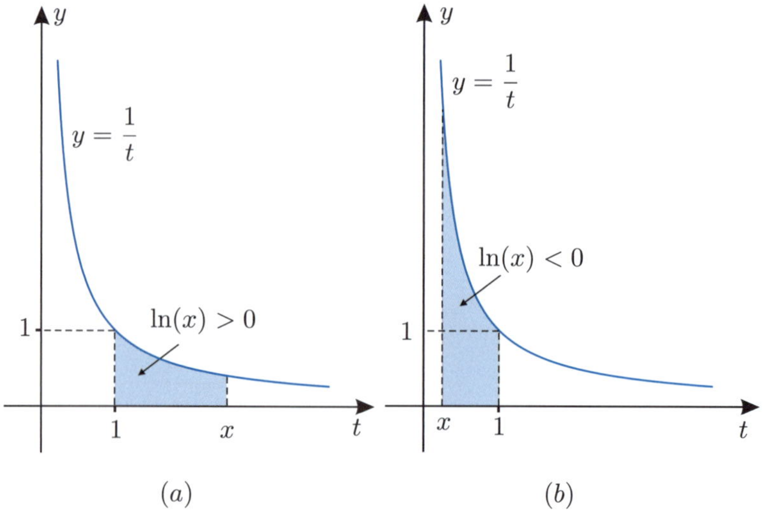

Figura 7.9

Abra o programa ou uma nova janela. Siga as seguintes instruções:

- Ative a ferramenta SELETOR ($10^{\underline{a}}$ Janela) e clique no canto superior esquerdo da JANELA DE VISUALIZAÇÃO (onde deseja que o seletor apareça).
- Na nova janela que se abrirá, no campo NOME escreva `xis`, no campo INÍCIO escreva 0 e no campo FIM escreva 15 (esses são valores sugeridos) e aperte OK.

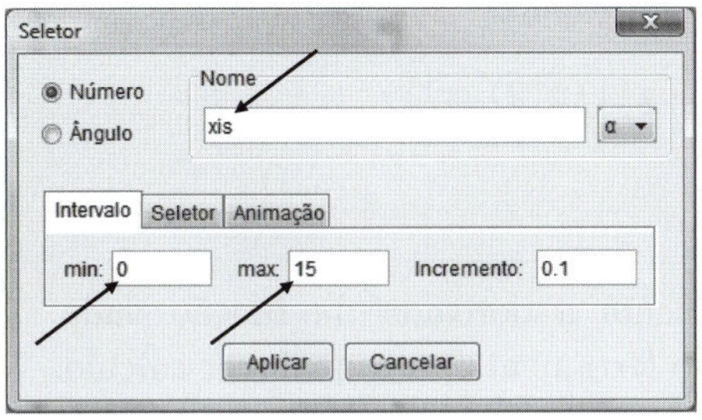

Figura 7.10

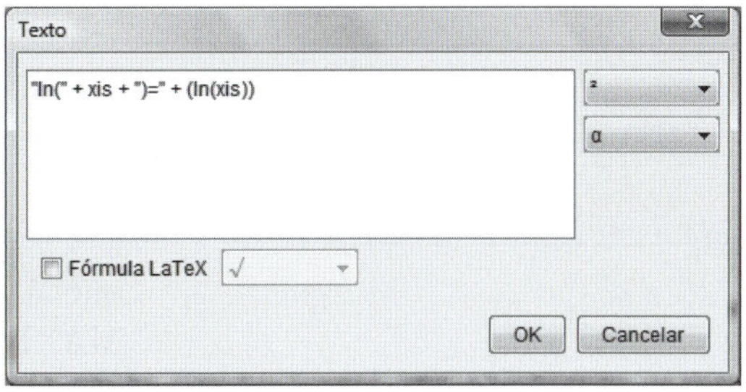

Figura 7.11

Feito isso, no CAMPO DE ENTRADA, entre com os seguintes comandos:

- `xis=2`
- `f(x)=1/x`
- `Integral[1/x,1,xis]`

Aperte a tecla ESC e arraste o seletor que está com o valor de xis. Observe que a área sob a curva. Esse número é o $\ln(xis)$, em que xis é a extremidade direita da área pintada. Para melhorar um pouco mais a construção, usaremos a função ln( ) que há no *software* para comparar o número obtido com a integral de $1/x$.

Ative a ferramenta INSERIR TEXTO ($10^{\underline{a}}$ Janela) e clique na JANELA DE VISUALIZAÇÃO onde o texto deverá aparecer. Na janela que abrirá escreva (Fig. 7.11)

```
"ln(" + xis + ")=" + (ln(xis))
```

e clique em OK. Se tudo correr bem, você chegará a algo como o mostrado na Fig. 7.12

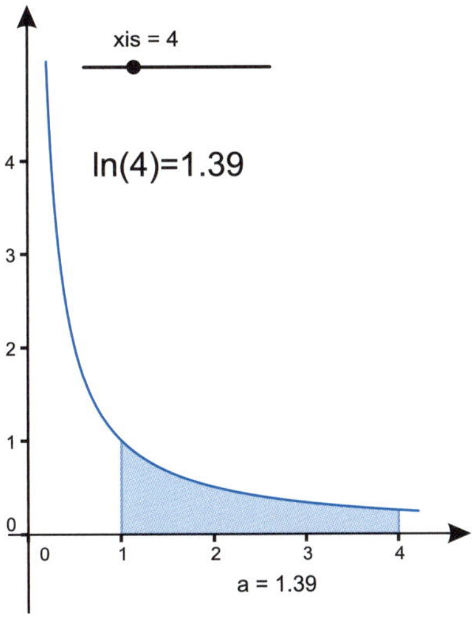

Figura 7.12

Gráfico de logaritmo

No GeoGebra há três funções logarítmicas definidas: o logaritmo natural (`ln( )`), o logaritmo decimal (`log( )`) e o logaritmo binário[(1)] (`ld( )`). Caso o logaritmo considerado seja em outra base, para desenhar o gráfico, basta usar o recurso de mudança de base (que será visto na p. 244).

Por exemplo, para desenhar o gráfico da função $y = \ln|x|$ basta escrever no CAMPO DE ENTRADA: `ln(abs(x))` ou `f(x)=ln(abs(x))` ou `y=ln(abs(x))`. Todas darão a mesma resposta.

[(1)] Chamamos de logaritmo binário aquele que está na base 2, e de logaritmo decimal aquele que está na base 10.

Explorando a Seção 7.2 com o MAXIMA

No MAXIMA, a função logaritmo natural possui a sintaxe "log( )" e o leitor deve estar ciente de que esse é o logaritmo natural. Assim, para derivar a função $y = \ln(1 + x^2)$ entramos com o seguinte comando:

```
>> diff(log(1+x^2),x)
```

e obteremos como resposta

```
(%i1)  diff(log(1+x^2),x);
```

(%o1) $\dfrac{2\,x}{x^2+1}$

que é precisamente a derivada da função dada. O leitor poderá usar o MAXIMA como ferramenta para qualquer cálculo.

8 Exponenciais e logaritmos

Estudaremos no presente capítulo a função exponencial como inversa do logaritmo natural. Essa função é sem dúvida a função mais importante da matemática. Introduzi-la como inversa do logaritmo natural facilita muito a obtenção de sua derivada, quando é muito difícil obter essa derivada se o estudo de exponenciais é feito antes do estudo do logaritmo natural. A partir dessa exponencial, que é a exponencial que tem por base o número e, poderemos introduzir a exponencial geral, ou seja, a exponencial de base arbitrária, e os logaritmos de base qualquer, em particular os logaritmos de base 10.

8.1 Função inversa

Como vamos estudar a função exponencial como inversa do logaritmo, devemos primeiro considerar o problema de inverter uma dada função $y = f(x)$, de forma a obter x como função de y : $x = g(y)$. Já vimos um exemplo dessa situação quando consideramos a função $y = \sqrt{x}$ na p. 32.

Vamos retomar aquele exemplo, porém com função original $y = x^2$. Essa função está definida tanto para $x \geq 0$ como para $x \leq 0$, de sorte que a equação $y = x^2$ nos dá $x = \pm\sqrt{y}$. Isso mostra que, excetuando $x = 0$, existem sempre dois valores de x que são levados no mesmo y pela função $x \mapsto y = x^2$. Como então definir a função inversa $y \mapsto x$? Tanto podemos escolher $y \mapsto x = \sqrt{y}$ como $y \mapsto x = -\sqrt{y}$.

Para evitar essa ambiguidade, é preciso restringir o domínio da função

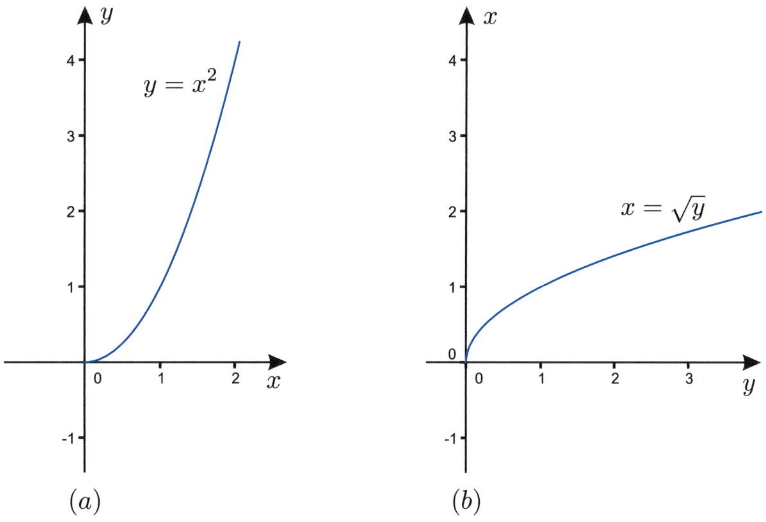

Figura 8.1

original, de forma que não haja mais que um valor de x com a mesma imagem y. Isso pode ser feito com a restrição $x \geq 0$ ou com $x \leq 0$. Dessa maneira, a função original se desdobra nas duas funções seguintes, ilustradas, juntamente com suas inversas, nas Figs. 8.1 e 8.2, respectivamente:

$$x \mapsto y = x^2, \ x \geq 0, \quad \text{com inversa} \quad y \mapsto x = \sqrt{y};$$

$$x \mapsto y = x^2, \ x \leq 0, \quad \text{com inversa} \quad y \mapsto x = -\sqrt{y}.$$

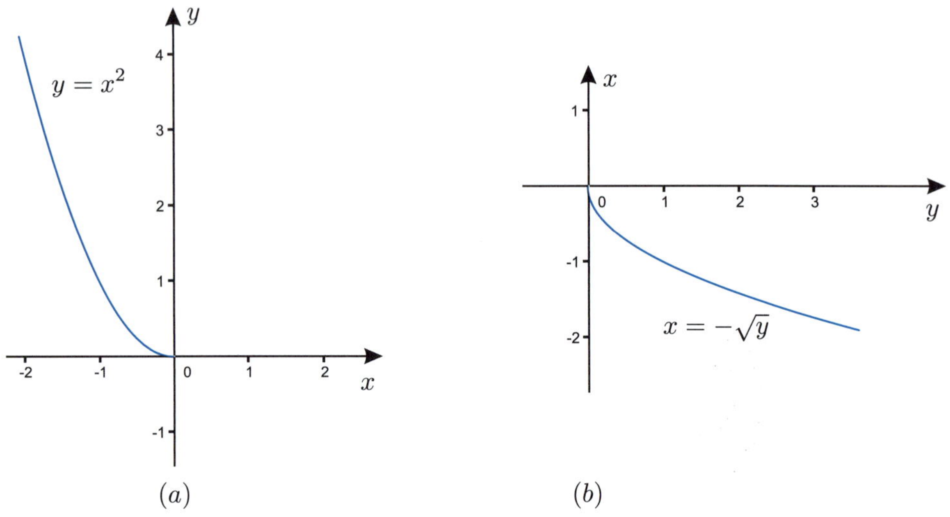

Figura 8.2

A situação ilustrada no exemplo anterior é de caráter geral: para definirmos a inversa de uma função f, é preciso que cada y da imagem de f seja imagem de um único x de seu domínio. Daí a definição que damos a seguir.

▶ **Definição:** **(função injetiva)**
Seja f uma função com domínio D_f e imagem I_f, isto é,

$$f: \ x \in D_f \mapsto y = f(x) \in I_f.$$

Diz-se que f é injetiva (ou injetora) se cada elemento $y \in I_f$ provém de um único elemento x em D_f.

A condição dada nessa definição equivale a dizer que

$$x \in D_f, \ x' \in D_f, \ \text{com } x \neq x' \ \Rightarrow \ f(x) \neq f(x').$$

(Veja o Exercício 17 adiante, p. 231.) Uma função f que seja injetiva é também *invertível*, isto é, podemos definir sua *inversa* g como a função com domínio $D_g = I_f$ e imagem $I_g = D_f$, e tal que:

$$g: \ y \in I_f \mapsto x = g(y) \in D_f \ \text{ em que } \ y = f(x).$$

Assim,

$$g(f(x)) = x \ \text{ para todo } \ x \in D_f \quad \text{e} \quad f(g(y)) = y \ \text{ para todo } \ y \in I_f.$$

Isso mostra que não somente g é a inversa da função f como f é a inversa da função g.

► **Obs.:** A notação consagrada para indicar a inversa de uma função f é o símbolo f^{-1}. Mas, ao utilizar esse símbolo, é preciso ter cuidado para não confundi-lo com $1/f$. f^{-1} significa exatamente o mesmo que vimos indicando com o símbolo g. Na verdade, em todo o nosso estudo, não usaremos esse símbolo, mas continuaremos a denotar com uma outra letra, como g, a inversa de uma função f.

► **Definição: (função sobrejetiva)**
Diz-se que uma função f com domínio D e contradomínio Y é sobrejetiva (ou sobrejetora) se $f(D) = Y$. Costuma-se também dizer que a função é sobre, ou seja, função que "cobre" todo o contradomínio, não deixando de "fora" nenhum de seus elementos.

Uma função que é ao mesmo tempo injetiva e sobrejetiva chama-se *bijeção* ou função bijetiva. É claro que se f é uma bijeção, o mesmo é verdade de sua inversa f^{-1}. Sendo bijeção, f estabelece o que se chama *correspondência biunívoca* entre D e Y: cada elemento de D é levado em um único elemento de Y pela f, e cada elemento de Y é imagem de um único elemento de D; ou ainda, elementos distintos de D são levados em elementos distintos de Y, e todo elemento de Y é imagem de um elemento de D.

Como é fácil ver, uma função injetiva só não será sobrejetiva se sua imagem $f(D)$ for menor que o contradomínio Y. Mas é claro que toda função é sobrejetiva de D sobre $f(D)$. Por exemplo, $y = \sqrt{x}$, com domínio $x \geq 0$, não será sobrejetiva se tomarmos contradomínio todo o eixo real; mas será se considerarmos contradomínio apenas o semieixo $x \geq 0$.

Neste ponto é conveniente explicar que alguns autores distinguem entre "função injetiva" e "função invertível". Para eles, para ser invertível a função tem de ser sobrejetiva, além de ser injetiva. Mas essa distinção é desnecessária porque, como já dissemos, toda função é sobrejetiva quando tomamos sua própria imagem como seu contradomínio, isto é, $Y = f(D)$.

Os gráficos de uma função e de sua inversa

Para representar os gráficos de f e de g no mesmo sistema xOy, observamos que

$$b = f(a) \Leftrightarrow a = g(b),$$

isto é, o ponto (a, b) está no gráfico de f se e somente se (b, a) está no gráfico de g. Vemos, assim, que os dois gráficos estão dispostos simetricamente em relação à reta $y = x$. Convém notar que agora estamos usando as mesmas letras x e y para representar as variáveis independente e dependente, respectivamente, nas duas funções f e g (Fig. 8.3).

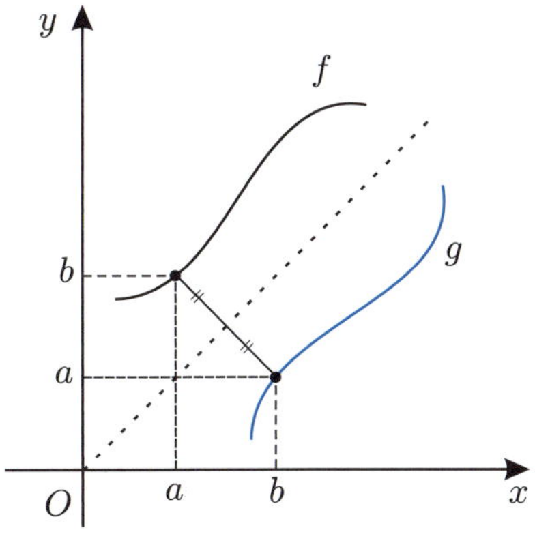

Figura 8.3

Um outro modo de visualizar o gráfico da função inversa consiste em imaginar o gráfico de f refletido no eixo Oy [Fig. 8.4(a)], e em seguida submetido a uma rotação de 90° no sentido horário [Fig. 8.4(b)]. Assim obtemos o gráfico da função inversa g, ilustrado nesta última figura.

As funções invertíveis que ocorrem com frequência nas aplicações são as funções crescentes e as decrescentes, tratadas no Capítulo 5. Se uma função f for crescente, então ela satisfaz a condição que define "função injetiva", pois

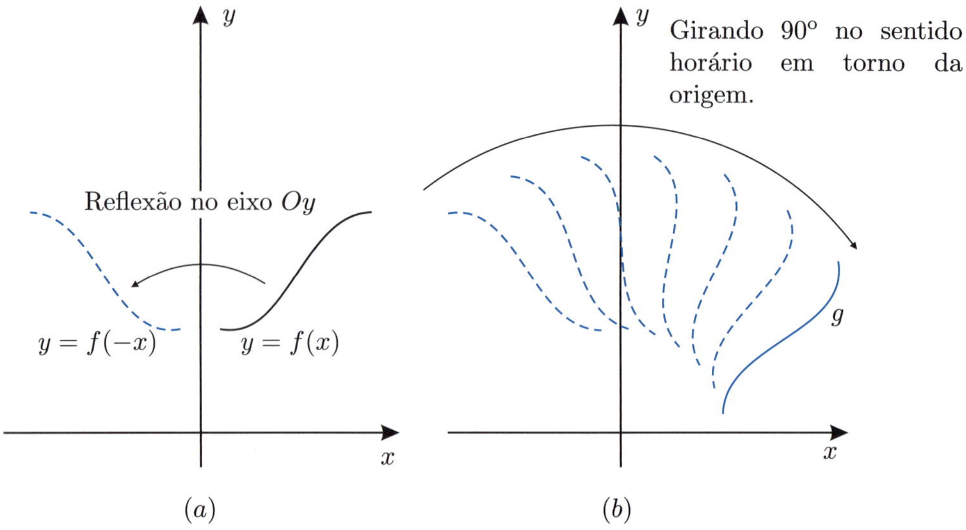

Figura 8.4

sendo $x \neq x'$, certamente será $x > x'$ ou $x < x'$. No primeiro caso, teremos $f(x) > f(x')$; e, no segundo, $f(x) < f(x')$. Portanto, em qualquer dos dois casos, certamente $f(x) \neq f(x')$, provando que f é injetiva, ou seja, invertível.

Do mesmo modo se prova que uma função decrescente é invertível.

Derivada da função inversa

Frequentemente, o cálculo direto da derivada de uma certa função é tarefa difícil ou mesmo impossível, ao passo que o cálculo da derivada de sua inversa se dá de modo mais fácil. Assim, obtemos a derivada da função original em termos da derivada de sua inversa; e felizmente existe uma relação simples entre a derivada de uma função e a de sua inversa. Nosso objetivo agora é encontrar essa relação e mostrar como ela é utilizada praticamente. Ela será muito útil na obtenção da derivada da função exponencial em termos da derivada de sua inversa, o logaritmo.

> **.: OPCIONAL :.**
>
> O leitor encontrará na p. 251 instruções para a construção de uma ilustração dinâmica com o *software* GeoGebra que permitirá ver, com movimento, o que está ilustrado na Fig. 8.4.

Seja f uma função invertível, cuja inversa g seja derivável num ponto y com $g'(y) \neq 0$. Então, como se demonstra em estudos mais avançados, f também é derivável no ponto $x = g(y)$. Para calcular a derivada f', observamos que

$$y = f(x) \quad \text{e} \quad x = g(y); \quad \text{portanto,} \quad y = f(g(y)).$$

Vamos derivar essa última identidade em relação a y, considerando y variável independente. Usando a regra da cadeia no segundo membro, obtemos

$$1 = f'(g(y)) \cdot g'(y) = f'(x) \cdot g'(y);$$

portanto,

$$f'(x) = \frac{1}{g'(y)}. \tag{8.1}$$

Vemos, assim, que a *derivada da função f é o inverso da derivada da função inversa g*.

Essa última equação tem uma interpretação geométrica simples e interessante. Consideremos, num mesmo sistema de coordenadas xOy, os gráficos das funções f e g. Eles são simétricos em relação à reta $y = x$. Seja ABC o triângulo retângulo construído sobre a reta tangente ao gráfico de f no ponto A (Fig. 8.5). Seu simétrico em relação à reta $y = x$ é o triângulo retângulo $A'B'C'$, em que $A'B'$ é tangente ao gráfico de g no ponto A', imagem simétrica de A. Os declives das tangentes aos gráficos de f e de g nos pontos A e A' são dados por r/s e s/r, respectivamente: um é o inverso do outro; mas é precisamente isso que nos diz a Equação (8.1), já que a derivada de uma função é o declive da reta tangente ao seu gráfico no ponto considerado.

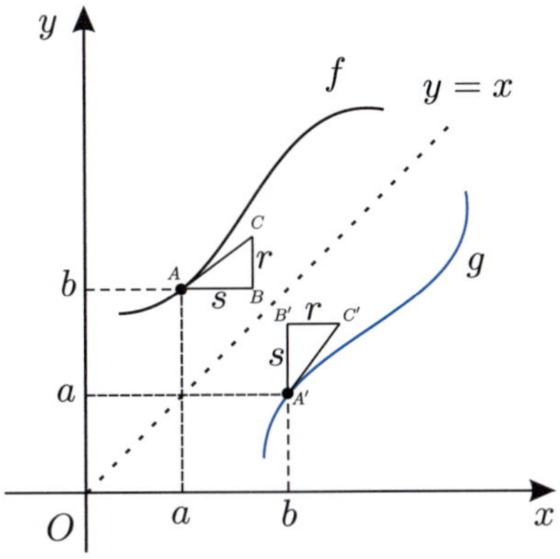

Figura 8.5

A Equação (8.1) é chamada *regra de derivação da função inversa*, pois ela permite calcular a derivada de uma função em termos da derivada da função inversa. Ela é de grande importância prática no cálculo de derivadas de certas funções, quando a derivada da inversa já é conhecida. Vejamos aqui alguns exemplos simples.

▸ Exemplo 1: Derivada de $y = \sqrt{x}$.

O cálculo da derivada de $y = \sqrt{x}$ pode ser obtido facilmente pela utilização da fórmula (8.1):

$$y = \sqrt{x}, \quad x = y^2, \quad \frac{dx}{dy} = 2y, \quad \frac{dy}{dx} = \frac{1}{dx/dy} = \frac{1}{2y} = \frac{1}{2\sqrt{x}}.$$

▸ Exemplo 2: Derivada de $y = \sqrt{x+1}$.

A função $y = \sqrt{x+1}$ está definida para $x \geq -1$, e sua imagem é o semieixo $y \geq 0$ (Fig. 8.6). Como $y^2 = x + 1$, a inversa é dada por

$$y \mapsto x = y^2 - 1, \quad \text{com domínio } y \geq 0.$$

Pela fórmula (8.1),

$$\frac{dy}{dx} = \frac{1}{dx/dy} = \frac{1}{2y} = \frac{1}{2\sqrt{x+1}}.$$

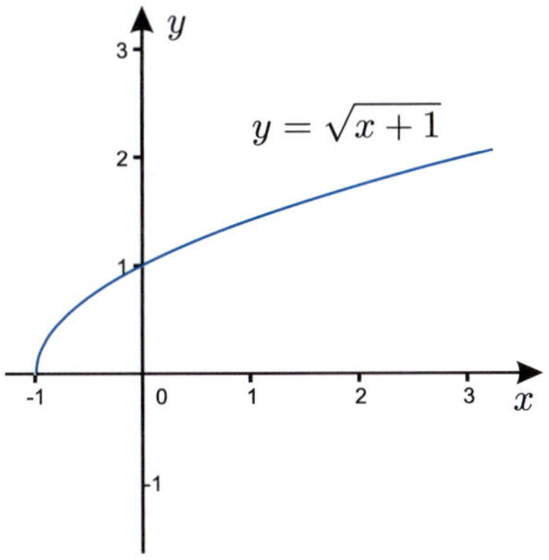

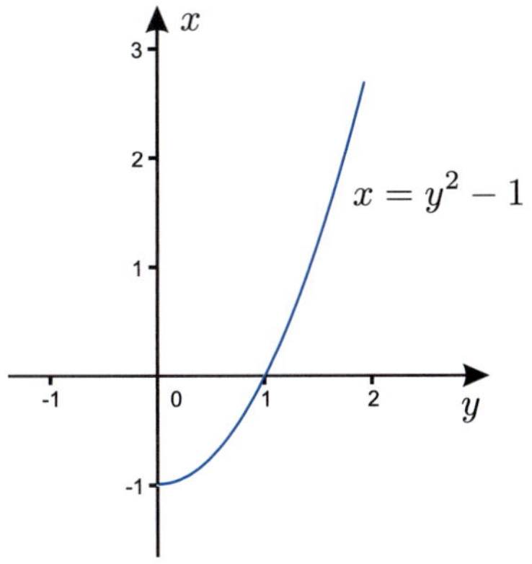

Figura 8.6

Observe que a derivada não está definida em $x = -1$; seu domínio é o semieixo $x > -1$.

Se fosse $y = -\sqrt{x+1}$, a imagem seria $y \leq 0$; ainda teríamos $y^2 = x + 1$, e a inversa seria dada por

$$y \mapsto x = y^2 - 1, \quad \text{com domínio } y \leq 0.$$

Nesse caso a derivada terá um sinal negativo proveniente da fórmula de y:

$$\frac{dy}{dx} = \frac{1}{dx/dy} = \frac{1}{2y} = \frac{1}{-2\sqrt{x+1}}.$$

Deixamos ao leitor a tarefa de fazer o gráfico dessas funções (direta e inversa) em cada caso.

▶ Exemplo 3: Derivada da inversa de $y = x^2 - 2x - 3$.

A função $y = x^2 - 2x - 3$ está definida para todo x. Para achar sua inversa, resolvemos a equação $x^2 - 2x - (3 + y) = 0$ em relação a x. Trata-se de uma equação do 2º grau em x, que, resolvida pela fórmula de Báskara, nos dá $x = 1 \pm \sqrt{4+y}$.

Qual dos sinais devemos tomar? Para responder a essa pergunta, observamos que a função original se anula em $x = -1$ e $x = 3$ e assume o valor mínimo $y = -4$ em $x = 1$ (Fig. 8.7) (esse valor de x sendo a média das raízes $x = -1$ e $x = 3$). $y = y(x)$ é crescente em $x \geq 1$ e decrescente em $x \leq 1$. Em consequência, a função dada é invertível em $x \geq 1$, com inversa $x = 1 + \sqrt{4+y}$; e em $x \leq 1$, com inversa $x = 1 - \sqrt{4+y}$. Ambas as inversas têm o mesmo domínio, que é o semieixo $y \geq -4$. Os gráficos dessas inversas estão ilustrados na Fig. 8.8, (a) e (b), respectivamente.

Em todos esses exemplos, o cálculo da derivada da função inversa pode ser feito diretamente, sem necessidade da fórmula (8.1), p. 228. Entretanto, essa fórmula é decisiva em certos casos, como veremos mais adiante, no cálculo da derivada da função exponencial. Suas derivadas tanto podem ser obtidas diretamente como pela regra de derivação da função inversa, como nos exemplos anteriores. Elas são

$$\frac{dx}{dy} = \frac{1}{2\sqrt{y+4}} \quad \text{e} \quad \frac{dx}{dy} = \frac{-1}{2\sqrt{y+4}}.$$

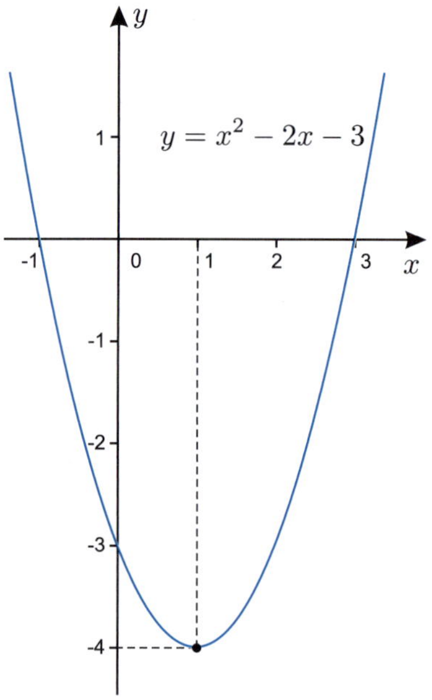

Figura 8.7

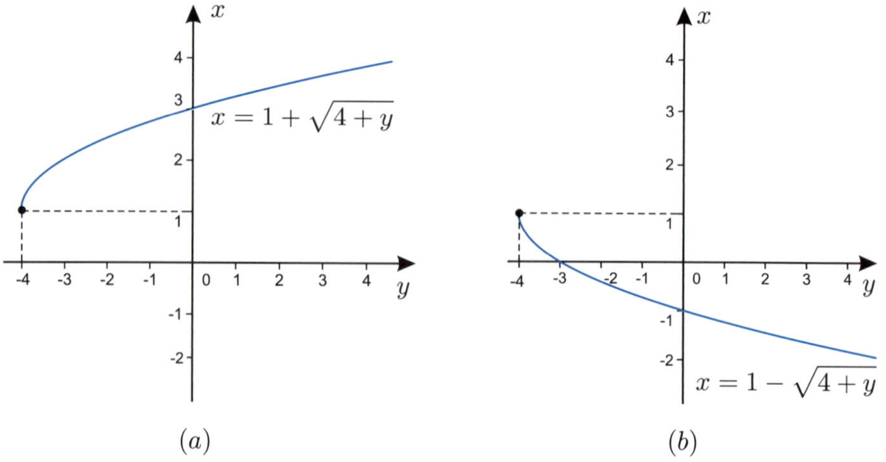

Figura 8.8

Exercícios

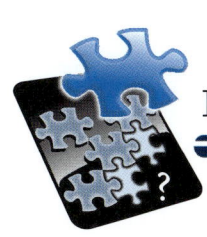

Em cada um dos Exercícios 1 a 12, determine a fórmula explícita da função inversa $x = g(y)$ e indique seu domínio. Faça os gráficos da função dada e de sua inversa.

1. $y = 3x + 4.$

2. $y = \dfrac{1}{x - a}.$

3. $y = \dfrac{3x}{x + 2}.$

4. $y = \dfrac{x + k}{x - k}.$

5. $y = \dfrac{1}{x}, \ x > 0.$

6. $y = \sqrt{x - 1}, \ x \geq 1.$

7. $y = -\sqrt{1 - x}, \ x \leq 1.$

8. $y = -\sqrt{a - x}, \ x \leq a.$

9. $y = \dfrac{x^2}{x^2 + 1}, \ x \geq 0.$

10. $y = \dfrac{x^2}{x^2 + 1}, \ x \leq 0.$

11. $y = x^2 - 4, \ x \leq 0.$

12. $y = x^2 - 4, \ x \geq 0.$

Como nos Exercícios 11 e 12, restrinja cada uma das funções dadas nos Exercícios 13 a 16, de forma a obter as funções invertíveis f_1 e f_2. Determine as inversas e calcule suas derivadas. Faça gráficos em cada caso.

13. $y = x^2 + 4x + 5.$

14. $y = -x^2 + x + 2.$

15. $y = \sqrt{1 - x^2}.$

16. $y = -\sqrt{4 - x^2}.$

17. Demonstre a equivalência das seguintes proposições:

(a) $x_1 \neq x_2 \Rightarrow f(x_1) \neq f(x_2);$

(b) $f(x_1) = f(x_2) \Rightarrow x_1 = x_2;$

(c) $y = f(x) \Rightarrow x$ é único.

18. Demonstre que a inversa de uma função crescente é crescente e a inversa de uma função decrescente é decrescente.

19. Mostre que a função

$$y = f(x) = \frac{x + 2}{2x - 1}$$

coincide com a sua inversa, isto é,

$$D_f = I_f \ \text{ e } \ x = f(y) \ \text{ ou } \ f(f(x)) = x.$$

20. Dada a função

$$y = f(x) = \frac{x}{\sqrt{1 + x^2}},$$

definida para todo x real, demonstre que sua inversa é a função

$$x = g(y) = \frac{y}{\sqrt{1 - y^2}},$$

definida para $|y| < 1.$

21. Ache a inversa da função

$$y = f(x) = \frac{-x}{\sqrt{1+x^2}},$$

definida para todo x real.

Respostas, sugestões, soluções

Deixamos ao leitor a tarefa de construir os gráficos.

1. $x = \dfrac{y-4}{3}$.

2. $x = a + \dfrac{1}{y}$.

3. $x = \dfrac{2y}{3-y}$.

4. $x = \dfrac{k(y+1)}{y-1}$.

5. $x = \dfrac{1}{y}$, $y > 0$.

6. $x = 1 + y^2$, $y \geq 0$.

7. $x = 1 - y^2$, $y \leq 0$.

8. $x = a - y^2$, $y \leq 0$.

9. $x = \sqrt{\dfrac{y}{1-y}}$, $0 \leq y < 1$.

10. $x = -\sqrt{\dfrac{y}{1-y}}$, $0 \leq y < 1$.

11. $x = -\sqrt{y+4}$, $y \geq -4$.

12. $x = \sqrt{y+4}$, $y \geq -4$.

13. Resolvendo em relação a x a equação

$$x^2 + 4x + 5 - y = 0,$$

encontramos

$$x = -2 \pm \sqrt{y-1}.$$

Observe que o trinômio $y = x^2 + 4x + 5$ é sempre positivo, assume o valor mínimo $y = 1$ em $x = -2$. $y = y(x)$ é crescente em $x \geq -2$ e decrescente em $x \leq -2$. (Faça o gráfico) Consequentemente, a função dada é invertível em $x \geq -2$, com inversa $x = -2 - \sqrt{y-1}$; e em $x \leq 1$, com inversa $x = -2 + \sqrt{y-1}$. Ambas as inversas são definidas em $y \geq 1$.

14. Procede-se como no exercício anterior. As raízes de

$$-x^2 + x + 2 = 0$$

são -1 e 2, cujo ponto médio é $1/2$, em que a função dada assume o valor máximo $y = 9/4$. Faça o gráfico. $y = y(x)$ é crescente em $x \leq 1/2$ com inversa

$$x = \frac{1 - \sqrt{9-4y}}{2}, \quad y \leq 9/4.$$

Por outro lado, com domínio $x \geq 1/2$ para a função dada, a inversa é

$$x = \frac{1 + \sqrt{9-4y}}{2}, \quad y \leq 9/4.$$

15. A função dada tem domínio $-1 \leq x \leq 1$ e imagem $0 \leq y \leq 1$. Faça o gráfico. Restringindo-se o domínio a $0 \leq x \leq 1$, obtemos a inversa

$$x = \sqrt{1-y^2}, \quad 0 \leq y \leq 1.$$

Com a restrição $-1 \leq x \leq 0$, a inversa é

$$x = -\sqrt{1-y^2}, \quad 0 \leq y \leq 1.$$

16. O domínio da função é $-2 \le x \le 2$ e a imagem é $-2 \le y \le 0$. Faça o gráfico. Restringindo a função ao domínio $0 \le x \le 2$, sua inversa será

$$x = \sqrt{4 - y^2}, \quad -2 \le y \le 0;$$

ao passo que, com domínio $-2 \le x \le 0$, a inversa é

$$x = -\sqrt{4 - y^2}, \quad -2 \le y \le 0.$$

17. Provemos que (a) $\Rightarrow$ (b). Para isso, supondo $f(x_1) = f(x_2)$, queremos verificar que $x_1 = x_2$. Isso é verdade, senão, por (a), $f(x_1)$ teria de ser diferente de $f(x_2)$.

Provemos agora que (b) $\Rightarrow$ (c). Para isso supomos $y = f(x)$. Se x não fosse único, haveria $x' \ne x$ com $f(x) = f(x')$. Mas, por (b), $f(x) = f(x') \Rightarrow x = x'$.

Finalmente, provemos que (c) $\Rightarrow$ (a). Se $x_1 \ne x_2$, forçosamente $f(x_1) \ne f(x_2)$, pois se fosse $f(x_1) = f(x_1)$, a unicidade de x por (c) exigiria $x_1 = x_2$.

Havendo provado que (a) $\Rightarrow$ (b) $\Rightarrow$ (c) $\Rightarrow$ (a), é claro que ficou estabelecida a equivalência das três proposições, (a), (b) e (c), isto é, (a) $\Leftrightarrow$ (b) $\Leftrightarrow$ (c).

18. Seja $x = g(y)$ a inversa de $y = f(x)$. Supondo f crescente, teremos:

$$x_1 < x_2 \Rightarrow f(x_1) < f(x_2).$$

Supondo $y_1 < y_2$, queremos provar que $g(y_1) < g(y_2)$. Sejam

$$x_1 = g(y_1) \quad \text{e} \quad x_2 = g(y_2),$$

de sorte que

$$y_1 = f(x_1) \quad \text{e} \quad y_2 = f(x_2).$$

Ora, se $g(y_1) \ge g(y_2)$, então, como isso é o mesmo que $x_1 \ge x_2$, teríamos $f(x_1) \ge f(x_2)$, ou seja $y_1 \ge y_2$, contrariando $y_1 < y_2$.

A prova de que f decrescente implica g decrescente é análoga fica a cargo do leitor.

19. De fato, $y = \dfrac{x+2}{2x-1}$ nos dá $x = \dfrac{y+2}{2y-1}$. Mas então f coincide com sua inversa g, pois ambas atuam do mesmo modo na variável independente, não importa se designamos essa variável por x, y ou qualquer outro símbolo s:

$$f : s \longrightarrow \frac{s+2}{2s-1}.$$

Outro modo de resolver o problema é verificar que $f(f(x)) = x$:

$$f(f(x)) = \frac{f(x)+2}{2f(x)-1} = \frac{\dfrac{x+2}{2x-1} + 2}{2 \cdot \dfrac{x+2}{2x-1} - 1} = \frac{x+2+2(2x-1)}{2(x+2)-(2x-1)} = x.$$

20. Se resolvermos $y = \dfrac{x}{\sqrt{1+x^2}}$ em relação a x, obtemos:

$$x = \frac{\pm y}{\sqrt{1-y^2}}.$$

Devemos tomar o sinal positivo ou o negativo? Para decidir, devemos estudar a função dada. Faça seu gráfico, observando que ela é ímpar e que sua imagem é o intervalo aberto $-1 < y < 1$, pois, sendo $x \ne 0$,

$$|y| = \frac{|x|}{\sqrt{1+x^2}} = \frac{1}{\sqrt{1+1/x^2}} < 1;$$

e $|y|$ pode ser feito tão próximo de 1 quanto quisermos, desde que façamos $|x|$ suficientemente grande. A função dada é crescente, percorrendo todo o intervalo $-1 < y < 1$ à medida que x percorre a reta $-\infty < x < +\infty$.

Sua inversa também será crescente; logo, deve ser

$$x = g(y) = \frac{y}{\sqrt{1-y^2}}, \quad -1 < y < 1.$$

21. Análogo ao exercício anterior. Agora a inversa é

$$x = g(y) = \frac{-y}{\sqrt{1-y^2}}, \quad -1 < y < 1.$$

8.2 A função exponencial e^x

Consideremos a função $x = \ln y$, em que a letra y está agora representando a variável independente e x a variável dependente. Como essa função é crescente, sua inversa existe e é também crescente. Ela é conhecida como a *função exponencial*. Vamos indicá-la com o símbolo $E(x)$, de forma que, por definição,

$$y = E(x) \Leftrightarrow x = \ln y. \tag{8.2}$$

Lembremos que $x = \ln y$ tem domínio $y > 0$ e tem por imagem toda a reta $-\infty < x < \infty$. Em consequência, a função exponencial $y = E(x)$ está definida para todo x real e tem por imagem o semieixo $y > 0$.

O que é e^x?

Como vimos na p. 212, o número e é aquele cujo logaritmo é 1, isto é, $\ln e = 1$, donde, pela definição (8.2), $E(1) = e$.

Vamos provar que $E(n) = e^n = e \cdot e \cdots e$, isto é, o produto de n fatores iguais a e. Para isso notamos que $\ln e^n = n \ln e$ para todo inteiro n; e, como $\ln e = 1$, temos que $\ln e^n = n$, donde o resultado desejado:

$$E(n) = e^n.$$

Será também verdade que $E(p/q) = e^{p/q}$, em que p e q são inteiros, com q positivo? Veremos que sim. Primeiro lembramos que $e^{p/q} = \sqrt[q]{e^p}$, como se aprende no ensino básico, quando se estudam os radicais. Isso significa que $e^{p/q}$ é o número que elevado ao expoente q produz o número e^p; ou seja, $(e^{p/q})^q = e^p$. Tomando logaritmos em ambos os membros, obtemos

$$q \ln(e^{p/q}) = p \ln e = p.$$

Mas isso equivale a

$$\ln e^{p/q} = \frac{p}{q}, \quad \text{donde} \quad E(p/q) = e^{p/q},$$

como queríamos demonstrar.

Ficou então provado que $E(x) = e^x$ para todo número racional x. É por causa desta propriedade que se indica a função $E(x)$ com o símbolo e^x para todo x real. Assim, e^x adquire significado mesmo quando x é irracional, e em todos os casos — x inteiro, fracionário ou irracional — e^x significa sempre $E(x)$, que é o número cujo logaritmo é igual a x. Daí a definição a seguir:

▶ **Definição:** (função exponencial)
Dado qualquer número real x, chama-se exponencial de x ao número N, indicado com o símbolo e^x, cujo logaritmo é x, isto é,

$$e^x = N \text{ significa } x = \ln N. \tag{8.3}$$

Observe que essa é uma definição de e^x em termos do logaritmo natural, que foi definido antes em termos da integral. Se tivéssemos definido primeiro a exponencial, poderíamos interpretar (8.2) como definição do logaritmo natural, ou logaritmo na base e, assim:

O logaritmo natural de um número $N > 0$ é o expoente x a que se deve elevar a base e para se obter o número N.

Mais adiante daremos uma definição como essa para o logaritmo numa base qualquer.

O símbolo exp é frequentemente usado quando desejamos fazer referência à exponencial de uma expressão complicada. Assim, por exemplo, é mais cômodo e mais claro escrever

$$\exp\left[\frac{x}{\ln x}\left(\frac{1}{x} - e^{x^2}\right)\right],$$

do que

$$e^{\frac{x}{\ln x}\left(\frac{1}{x} - e^{x^2}\right)}.$$

Gráficos

Como a exponencial e o logaritmo são funções inversas uma da outra, temos

$$\ln e^x = x \text{ para todo } x \text{ real}$$

e

$$e^{\ln x} = x \text{ para todo } x > 0.$$

O gráfico da função inversa, como já vimos na p. 227, é obtido do gráfico da função original por reflexão na reta $y = x$. Assim, o gráfico de $E(x)$ é o próprio gráfico do logaritmo refletido, como ilustra a Fig. 8.9. Como o logaritmo tem concavidade voltada para baixo, a exponencial tem sua concavidade voltada para cima.

Propriedade fundamental

Para quaisquer números x e y, vale a seguinte propriedade:

$$e^{x+y} = e^x e^y,$$

a qual segue da regra do produto para o logaritmo, vista na p. 213. De fato, pondo $a = e^x$ e $b = e^y$, teremos $x = \ln a$ e $y = \ln b$, de sorte que

$$x + y = \ln a + \ln b = \ln ab.$$

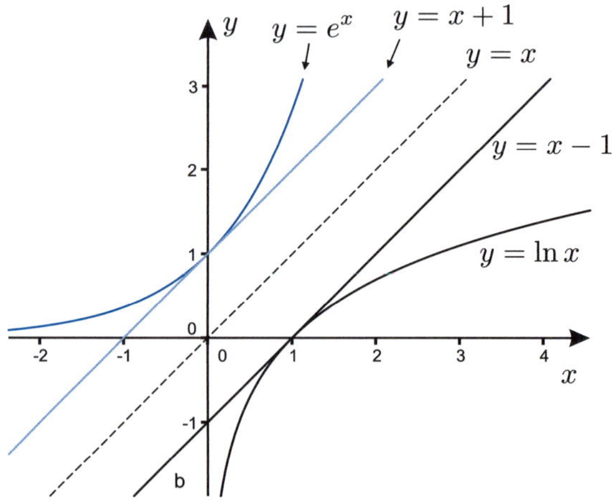

Figura 8.9

Então,

$$e^{x+y} = ab = e^x e^y.$$

que é o resultado desejado. Essa última igualdade, com $y = -x$, nos dá $e^x e^{-x} = e^0 = 1$, que é a propriedade

$$e^{-x} = \frac{1}{e^x}.$$

A exponencial geral a^x

Quando nos referimos à função exponencial, entendemos sempre tratar-se da função e^x, que vimos estudando até agora. No entanto, num sentido mais amplo, a expressão "função exponencial" se aplica a funções tais como 2^x, $3^x, \pi^x$; em geral, à função a^x, como "base"$a > 0$ qualquer, que vamos definir agora.

Já vimos que $\ln a^n = n \ln a$ para todo inteiro n. Essa relação equivale a $a^n = e^{n \ln a}$. Vamos provar que essa última é válida também para números fracionários, isto é,

$$a^{p/q} = e^{\frac{p}{q} \ln a},$$

em que p e q são inteiros e $q > 0$. Com efeito, $a^{p/q}$ é o número que elevado ao expoente q produz a^p, isto é, $(a^{p/q})^q = a^p$. Tomando logaritmos em ambos os membros, obtemos

$$q \ln a^{p/q} = p \ln a \Leftrightarrow \ln a^{p/q} = \frac{p}{q} \ln a, \quad \text{donde} \quad a^{p/q} = e^{\frac{p}{q} \ln a}.$$

Isso prova o resultado desejado.

Como a relação $a^x = e^{x \ln a}$ é válida para todo x inteiro ou fracionário, é razoável usá-la para definir a^x também para x irracional. Assim, para qualquer x definimos

$$a^x = e^{x \ln a} \qquad (8.4)$$

Observe que o lado direito dessa equação já tem significado pelo que fizemos até aqui. O que fazemos é atribuir esse significado ao símbolo a^x. Como se vê, essa definição equivale a dizer que o logaritmo de a^x é $x \ln a$, isto é,

$$\ln a^x = x \ln a.$$

Propriedades

Da definição (8.4), das propriedades do logaritmo e das propriedades já estabelecidas para a função e^x, seguem as propriedades da exponencial a^x, válidas para uma base $a > 0$ qualquer (em particular para $a = e$). Damos aqui a lista dessas propriedades:

$$a^0 = 1; \quad a^{x+y} = a^x a^y; \quad (ab)^x = a^x b^x; \tag{8.5}$$

$$(a^x)^y = a^{xy}; \quad a^{-x} = \frac{1}{a^x}; \tag{8.6}$$

$$a > 1 \Rightarrow a^x \quad \text{é} \quad \text{crescente}; \tag{8.7}$$

$$0 < a < 1 \Rightarrow a^x \quad \text{é} \quad \text{decrescente}; \tag{8.8}$$

$$a > b > 0 \Rightarrow a^x > b^x \text{ se } x > 0 \quad \text{e} \quad a^x < b^x \text{ se } x < 0; \tag{8.9}$$

$$a > 1 \Rightarrow \lim_{x \to +\infty} a^x = +\infty \quad \text{e} \quad \lim_{x \to -\infty} a^x = 0; \tag{8.10}$$

$$0 < a < 1 \Rightarrow \lim_{x \to +\infty} a^x = 0 \quad \text{e} \quad \lim_{x \to -\infty} a^x = +\infty. \tag{8.11}$$

A primeira das propriedades em (8.5) segue imediatamente de (8.4), notando que a^0 fica sendo e^0, que é 1, pois $\ln 1 = 0$.

Para provar a identidade $a^{x+y} = a^x a^y$, notamos que

$$a^{x+y} = e^{(x+y)\ln a} = e^{x \ln a + y \ln a} = e^{x \ln a} e^{y \ln a} = a^x a^y,$$

que é o resultado desejado.

Vamos provar que $(a^x)^y = a^{xy}$:

$$(a^x)^y = e^{y \ln a^x} = e^{xy \ln a} = a^{xy}.$$

A propriedade (8.7) é consequência de ser e^x uma função crescente. Como $a > 1$, então $\ln a > 0$, de sorte que

$$x > y \Rightarrow x \ln a > y \ln a.$$

Daqui segue-se que

$$a^x = e^{x \ln a} > e^{y \ln a} = a^y,$$

ou seja,

$$x > y \Rightarrow a^x > a^y,$$

que é o resultado desejado.

Uma vez bem compreendidas as demonstrações que acabamos de fazer, o leitor deverá ser capaz de fazer as demonstrações das demais propriedades (8.5) a (8.11); por isso mesmo elas ficam para os exercícios. Os gráficos de a^x com $a > 1$ e com $0 < a < 1$ estão ilustrados na Fig. 8.10.

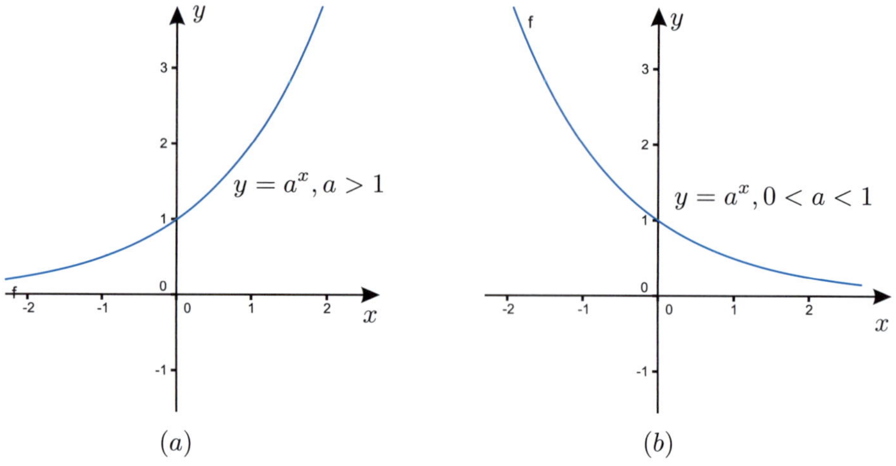

Figura 8.10

Equações envolvendo exponenciais e logaritmos

Terminamos esta seção com exemplos de equações envolvendo logaritmos e exponenciais.

► Exemplo 1: Explicitando y como função de x.

Para explicitar y como função de x na equação $\ln 2xy = 3x$, tomamos exponenciais de ambos os membros, obtendo:

$$e^{\ln 2xy} = e^{3x}, \quad \text{donde} \quad 2xy = e^{3x}, \quad \text{donde} \quad y = \frac{e^{3x}}{2x},$$

com domínio $x \neq 0$.

► Exemplo 2: Explicitando y como função de x.

Vamos resolver em y a equação $e^{2xy} = 1+\sqrt{x^2+1}$. Agora tomamos logaritmos de ambos os membros:

$$\ln e^{2xy} = \ln(1+\sqrt{x^2+1}), \quad \text{donde} \quad 2xy = \ln(1+\sqrt{x^2+1}),$$

donde

$$y = \frac{\ln(1+\sqrt{x^2+1})}{2x},$$

que, como a anterior, tem domínio $x \neq 0$.

► Exemplo 3: Explicitando y como função de x.

Para resolver a equação $\ln(y+1) = 3x + \ln y$ em y, procedemos assim:

$$e^{\ln(y+1)} = e^{3x+\ln y} = e^{3x}e^{\ln y} = ye^{3x},$$

donde

$$y + 1 = ye^{3x}, \quad \text{donde} \quad y(e^{3x}-1) = 1, \quad \text{donde} \quad y = \frac{1}{e^{3x}-1}.$$

Observe que a equação original exige que y seja positivo, de sorte que a solução encontrada tem domínio tal que $e^{3x} > 1$, isto é, $x > 0$.

Exercícios

A partir do gráfico da função e^x, obtenha os gráficos das funções dadas nos Exercícios 1 a 9.

1. $y = e^{-x}$. **2.** $y = e^{|x|}$. **3.** $y = e^{-|x|}$.

4. $y = e^{x-3}$. **5.** $y = e^{x+2}$. **6.** $y = e^{1-x}$.

7. $y = 2e^x$. **8.** $y = e^{x/3}$. **9.** $y = e^{3x}$.

10. Demonstre que $a^{-x} = \dfrac{1}{a^x}$ e $(ab)^x = a^x b^x$.

11. Demonstre a propriedade (8.8).

12. Faça o gráfico de $y = a^x$ nos dois casos: $a > 1$ e $0 < a < 1$, como, por exemplo, $y = 2^x$ e $y = (1/2)^x$.

Simplifique as expressões dadas nos Exercícios 13 a 24.

13. $\ln e^{\sqrt{x}}$. **14.** $e^{\ln\sqrt{x^2+1}}$. **15.** $e^{-\ln 5x}$.

16. $\ln e^{1/x}$. **17.** $\ln e^{-2\sqrt{x}}$. **18.** $\ln \exp\left(\dfrac{x^2-1}{x^2+1}\right)$.

19. $e^{-\ln(1/x)}$. **20.** $e^{2\ln x}$. **21.** $2\ln\ln\exp\sqrt{x}$.

22. $\ln(x^2 e^{-2x})$. **23.** $e^{x+\ln x}$. **24.** $e^{\ln x - 3\ln\sqrt{x}}$.

Resolva as equações dadas nos Exercícios 25 a 30, explicitando y.

25. $e^{\sqrt{y}} = x^2$. **26.** $e^{3y} = x^2$. **27.** $e^{x^2} = \dfrac{e^y}{e^{2x+1}}$.

28. $\ln(y-1) = x + \ln x$. **29.** $\ln(y/x) = \sqrt{x}$. **30.** $\ln xy^2 - \ln y = x$.

Respostas, sugestões, soluções

O leitor pode, opcionalmente, usar o *software* GeoGebra para conferir se os gráficos construídos manualmente estão corretos. Mais instruções na p. 252.

1. Basta refletir o gráfico de $y = e^x$ no eixo Oy.

2. Observe que se trata de uma função par, que coincide com $y = e^x$ em $x \geq 0$.

3. Trata-se de uma função par, que coincide com $y = e^{-x}$ em $x \geq 0$.

4. Translação de $y = e^x$ três unidades para a direita.

5. Translação de $y = e^x$ duas unidades para a esquerda.

6. Observe que $e^{1-x} = e^{-(x-1)} = f(x-1)$, em que $f(x) = e^{-x}$.

7. O mesmo gráfico de e^x com as ordenadas duplicadas.

8. O mesmo gráfico de e^x com as abscissas triplicadas, pois $x/3 = x' \Leftrightarrow x = 3x'$.

9. O mesmo gráfico de e^x com as abscissas divididas por três, pois $3x = x' \Leftrightarrow x = x'/3$.

10. Temos:

$$a^{-x} = e^{-x\ln a} = \frac{1}{e^{x\ln a}} = \frac{1}{a^x};$$

$$(ab)^x = e^{x\ln ab} = e^{x\ln a + x\ln b} = e^{x\ln a}e^{x\ln b} = a^x b^x.$$

11. Use o mesmo raciocínio empregado na demonstração de (8.7), notando agora que $\ln a < 0$.

12. Use (9.3) para analisar os vários casos, notando que $\ln a > 0$ se $a > 1$ e negativo se $0 < a < 1$.

13. $\sqrt{x},\ x > 0$.

14. $\sqrt{x^2+1}$.

15. $1/5x,\ x > 0$.

16. $1/x,\ x > 0$.

17. $-2\sqrt{x},\ x > 0$.

18. $\dfrac{x^2-1}{x^2+1}$.

19. $\dfrac{1}{\exp\ln(1/x)} = \dfrac{1}{1/x} = x,\ x > 0$.

20. $x^2,\ x > 0$.

21. $2\ln\sqrt{x} = 2\ln x^{1/2} = \ln x,\ x > 0$.

22. $\ln|x|^2 + \ln e^{-2x} = 2\ln|x| - 2x,\ x \neq 0$.

23. $e^x e^{\ln x} = xe^x,\ x > 0$.

24. $\dfrac{x}{e^{\ln x^{3/2}}} = \dfrac{x}{x^{3/2}} = \dfrac{1}{\sqrt{x}},\ x > 0$.

25. $y = 4(\ln|x|)^2,\ x \neq 0$.

26. $y = \dfrac{2}{3}\ln|x|,\ x \neq 0$.

27. $y = (x+1)^2$, x qualquer.

28. $y = 1 + xe^x,\ x > 0$.

29. $y = xe^{\sqrt{x}},\ x > 0$.

30. $y = e^x/x,\ x > 0$.

8.3 Derivadas

A derivada de e^x é calculada facilmente usando-se a regra da função inversa (p. 228):

$$y = e^x \Leftrightarrow x = \ln y;$$

$$D[e^x] = \frac{1}{D[\ln y]} = \frac{1}{1/y} = y = e^x,$$

isto é,

$$D[e^x] = e^x.$$

No caso da exponencial a^x, com base $a > 0$ qualquer, basta usar a definição dessa função e a regra da cadeia:

$$D[a^x] = D[e^{x\ln a}] = e^{x\ln a}D[x\ln a] = a^x\ln a,$$

isto é,

$$D[a^x] = a^x \ln a.$$

Estamos agora em condições de provar que $D[x^c] = c \cdot x^{c-1}$, em que c é um número positivo qualquer, resultado este que foi apenas antecipado na p. 115. Para demonstrá-lo, notamos que $x^c = e^{c \ln x}$, logo

$$D[x^c] = D[e^{c \ln x}] = e^{c \ln x} D[c \ln x] = \frac{c}{x} \cdot e^{c \ln x} = \frac{c}{x} \cdot x^c = c \cdot x^{c-1},$$

ou seja,

$$D[x^c] = c \cdot x^{c-1}.$$

▶ **Exemplo 1: Derivada de $y = e^{x^2 - \sqrt{x}}$.**

Vamos derivar a função

$$y = e^{x^2 - \sqrt{x}}.$$

Como $D[e^x] = e^x$, temos:

$$y' = e^{x^2 - \sqrt{x}} D[x^2 - \sqrt{x}] = \left(2x - \frac{1}{2\sqrt{x}}\right) e^{x^2 - \sqrt{x}}.$$

▶ **Exemplo 2: Derivada de $y = 2^{\sqrt{x} \ln x}$.**

Seja derivar a função

$$y = 2^{\sqrt{x} \ln x}.$$

Como $D[2^x] = 2^x \ln 2$, temos:

$$y' = 2^{\sqrt{x} \ln x} (\ln 2) D[\sqrt{x} \ln x] = (\ln 2) \left(\frac{\sqrt{x}}{x} + \frac{\ln x}{2\sqrt{x}} \right) 2^{\sqrt{x} \ln x}.$$

$$= (\ln 2) \left(\frac{1}{\sqrt{x}} + \frac{\ln x}{2\sqrt{x}} \right) 2^{\sqrt{x} \ln x}.$$

▶ **Exemplo 3: Derivada de $y = x^x$.**

Para derivar a função $y = x^x$, observe que ela é o mesmo que $e^{x \ln x}$; portanto,

$$y' = D[e^{x \ln x}] = e^{x \ln x} D[x \ln x] = x^x \left(x \cdot \frac{1}{x} + \ln x \right) = x^x (1 + \ln x).$$

Convém notar que a função x^x está definida em $x > 0$, onde ela é sempre positiva. Esse é também o domínio de sua derivada.

Exercícios

Calcule as derivadas das funções dadas nos Exercícios 1 a 17.

1. $y = e^{3x}$. **2.** $y = 2e^{\sqrt{x}}$. **3.** $y = e^{x^2}$.

4. $y = 4e^{\sqrt{x-1}}$. **5.** $y = e^{x^3-3x}/3$. **6.** $y = e^x/x$.

7. $y = e^x \ln x$. **8.** $y = e^x\sqrt{x}$. **9.** $y = e^{-\sqrt{x}\ln x}$.

10. $y = x^2e^{-x}$. **11.** $y = \ln(e^x + e^{-x})$. **12.** $y = \ln|e^x - e^{-x}|$.

13. $y = (x^2 - e^{-2x})^2$. **14.** $y = e^{e^x}$. **15.** $y = e^{x/\sqrt{x+1}}$.

16. $y = e^{-\sqrt{x}}\ln\sqrt{x}$. **17.** $y = \exp\left(x^2 - \dfrac{x+1}{x-1}\right)$.

18. Calcule as primeiras três derivadas de $y = e^{x^2}$.

19. Calcule as primeiras três derivadas de $y = e^{1/x}$.

20. Determine a reta tangente à curva $y = e^{x-1}$ em $x = 1$ e faça um gráfico.

21. Dada a função $f(x) = x^2 - \ln x$, encontre e classifique os pontos críticos, caso existam.

22. Em um cabo telegráfico (Fig. 8.11), a medida da velocidade (escalar) do sinal $v(x)$ é proporcional a $x^2\ln(1/x)$, em que x é a razão entre a medida do raio do núcleo do cabo e a sua espessura. Encontre o valor de $\ln x$ para o qual a velocidade escalar do sinal seja máxima.

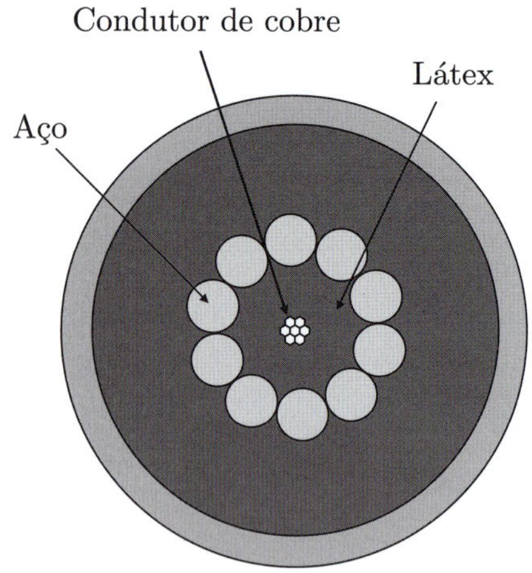

Figura 8.11 Seção transversal de um cabo telegráfico

23. Uma partícula se move ao longo de uma linha reta obedecendo a equação horária $s = (t+1)^3\ln t$ em que t é medido em segundos e s em metros. Determine a velocidade v e a aceleração a da partícula no instante $t = 1$ s.

Considere a seguinte definição:

$$\cosh(x) = \frac{e^x + e^{-x}}{2} \qquad \operatorname{senh}(x) = \frac{e^x - e^{-x}}{2}.$$

As funções $\cosh(\ )$ e $\operatorname{senh}(\ )$ assim definidas são chamadas de funções hiperbólicas, e a relação entre elas é muito semelhante àquelas existentes entre as funções trigonométricas. Daí o motivo de se usar um nome que nos lembra as funções trigonométricas (que veremos no Capítulo 9). Mostre que:

24. $D[\cosh x] = \operatorname{senh} x$ **25.** $D[\operatorname{senh} x] = \cosh x$

26. $\cosh^2 x - \operatorname{senh}^2 x = 1$ **27.** $\cosh^2 x + \operatorname{senh}^2 x = \cosh 2x$

28. $\operatorname{senh} 2x = 2 \cdot \operatorname{senh} x \cdot \cosh x$ **29.** $\cosh^2 x + \operatorname{senh}^2 x = \cosh 2x$

30. $\operatorname{senh}(-x) = -\operatorname{senh} x$ **31.** $\cosh(-x) = \cosh x$

Do mesmo modo que as funções trigonométricas, podemos definir

$$\operatorname{tgh}(x) = \frac{\operatorname{senh}(x)}{\cosh(x)}, \quad \operatorname{cotgh}(x) = \frac{\cosh(x)}{\operatorname{senh}(x)},$$

$$\operatorname{sech}(x) = \frac{1}{\cosh(x)}, \quad \operatorname{cosech}(x) = \frac{1}{\operatorname{senh}(x)}.$$

Mostre que

32. $D[\operatorname{tgh} x] = \operatorname{sech}^2 x$

33. $D[\operatorname{cotgh} x] = -\operatorname{cosech}^2 x$

34. $1 - \operatorname{sech}^2 x = \operatorname{tgh} x$

35. $1 + \operatorname{cosech}^2 x = \operatorname{cotgh} 2x$

Respostas, sugestões, soluções

O leitor poderá usar, opcionalmente, o SAC MAXIMA para conferir se a derivada encontrada manualmente corresponde àquela mostrada pelo *software*. Lembre-se de que o fato de se ter expressões aparentemente diferentes não quer dizer que sua resposta esteja incorreta. Veja instruções sobre isso na p. 252.

1. $y' = 3e^{3x}$.

2. $y' = e^{\sqrt{x}}/\sqrt{x}$.

3. $2xe^{x^2}$.

4. $y' = 2e^{\sqrt{x-1}}/\sqrt{x-1}$.

5. $y' = (x^2-1)e^{x^3-3x}$.

6. $y' = (x-1)e^x/x^2$.

7. $y' = e^x\left(\ln x + \dfrac{1}{x}\right)$.

8. $y' = e^x\left(\sqrt{x} + \dfrac{1}{2\sqrt{x}}\right)$.

9. $y' = -\left(\dfrac{1}{\sqrt{x}} + \dfrac{\ln x}{2\sqrt{x}}\right)e^{-\sqrt{x}\ln x}$.

10. $y' = x(2-x)e^{-x}$.

11. $y' = \dfrac{e^x - e^{-x}}{e^x + e^{-x}}$.

12. $y' = \dfrac{e^x + e^{-x}}{e^x - e^{-x}}$.

13. $y' = 4(x^2 - e^{-2x})(x + e^{-2x})$.

14. $y' = e^x e^{e^x}$.

15. $y' = \dfrac{e^{x/\sqrt{x+1}}}{2(x+1)^{3/2}}(x+2)$.

16. $y' = \dfrac{e^{-\sqrt{x}}}{2\sqrt{x}}\left(\dfrac{1}{\sqrt{x}} - \ln\sqrt{x}\right)$.

17. $y' = 2\left(x + \dfrac{1}{(x-1)^2}\right)\exp\left(x^2 - \dfrac{x+1}{x-1}\right)$.

18. $y' = 2xe^{x^2}$, $y'' = (2+4x^2)e^{x^2}$, $y''' = 4e^{x^2}(2x^3+3x)$.

19. $y' = -\dfrac{e^{1/x}}{x^2}$, $y'' = e^{1/x}\left(\dfrac{1}{x^4} + \dfrac{2}{x^3}\right)$, $y''' = -e^{1/x}\left(\dfrac{1}{x^6} + \dfrac{6}{x^5} + \dfrac{6}{x^4}\right)$.

20. A curva é obtida por translação de $y = e^x$ uma unidade para a direita. A tangente pedida é $y = x$.

21. Como $f'(x) = 2x - 1/x$ se anula quando $x = 1/\sqrt{2}$ (a raiz negativa não serve pois $x > 0$), esse é um ponto crítico. Já que $f''(x) = 2 + 1/x^2$ é positiva no ponto crítico, esse é um ponto de mínimo. Não há ponto de máximo.

22. Sem perda de generalidade, suponha que a constante de proporcionalidade seja 1 e teremos $v(x) = x^2\ln(1/x)$, que nos dá $v'(x) = 2x\ln(x) + x = 0$ se $x = 1/\sqrt{e}$ ou $x = 0$ (não serve) e desse modo $\ln x = -1/2$.

23. Como $v = s'(t) = 3(t+1)^2\ln t + (t+1)^3/t$, em $t = 1$, $v = 8$ m/s; como $a = v'(t) = 6(t+1)\ln t - (t+1)^3/t^2 + 6(t+1)^2/t$, em $t = 1$, $a = 16$ m/s^2.

24. Até o **35.** Basta usar a definição.

8.4 O logaritmo numa base qualquer

Agora que sabemos o que é potência com expoente qualquer, podemos definir o logaritmo numa base qualquer.

► **Definição:** **(logaritmo numa base qualquer)**
Fixado um número $c > 0$, $c \neq 1$, chama-se logaritmo de um número $N > 0$ na base c ao expoente r a que se deve elevar a base c para se obter o número N, isto é, $N = c^r$. Em outras palavras,

$$\log_c N = r \quad \text{significa} \quad c^r = N.$$

Indica-se o logaritmo de N na base c com o símbolo $\log_c N$. Vê-se, dessa definição, que as funções $x \mapsto c^x$ e $x \mapsto \log_c x$ são inversas uma da outra; dito de outra maneira,

$$\log_c x = y,\ x > 0 \quad \Leftrightarrow \quad x = c^y,\ y \text{ real qualquer.}$$

Quando $c = e$, o logaritmo se reduz ao logaritmo natural. Em outras palavras, o logaritmo natural é o logaritmo na base e.

Deixamos para os exercícios a tarefa de demonstrar as seguintes propriedades dos logaritmos:

$$\log_c ab = \log_c a + \log_c b; \tag{8.12}$$

$$\log_c \frac{a}{b} = \log_c a - \log_c b; \tag{8.13}$$

$$\log_c a^x = x \log_c a,\ x \text{ real qualquer.} \tag{8.14}$$

Quaisquer que sejam os números positivos a e b diferentes de 1 e $x > 0$, valem as seguintes igualdades:

$$\log_b a = \frac{1}{\log_a b}; \tag{8.15}$$

$$\log_b x = \frac{\log_a x}{\log_a b} \tag{8.16}$$

O leitor mais atento se lembrará de que propriedades semelhantes às (8.12), (8.13) e (8.14) já foram demonstradas nas pp. 212 e 213. Entretanto, naquela ocasião, os logaritmos eram os naturais, e aqui estamos com logaritmos numa base qualquer.

Essa última identidade é chamada a *fórmula da mudança de base*, porque ela permite efetivamente passar do logaritmo de um número x na base b para o logaritmo na base a, desde que se conheça também o logaritmo de b na base a.

Em particular, com $b = e$ (8.16) nos dá: $\log_a x = \ln x \cdot \log_a e$. Mas, por (8.15), $\log_a e = 1/\ln a$. Substituindo essa última expressão na anterior, obtemos:

$$\log_a x = \ln x \cdot \log_a e = \ln x \cdot \frac{1}{\log_e a} = \ln x \cdot \frac{1}{\ln a},$$

de onde finalmente vem que:

Saber mudar a base de um logaritmo é importante até em cálculos simples usando uma calculadora científica. Geralmente elas vêm equipadas com algoritmos para cálculo de logaritmo natural e decimal (Fig. 8.12). Caso queira calcular, por exemplo, $\log_2 3$, você precisará mudar a base, senão ficará impossibilitado de usar o dispositivo. É simples. Basta calcular $\frac{\ln 3}{\ln 2}$ ou $\frac{\log 3}{\log 2}$.

$$\log_a x = \frac{\ln x}{\ln a} \tag{8.17}$$

Isso mostra que $\log_a x$ só difere de $\ln x$ pelo fator constante $1/\ln a$.

Essa última identidade, em particular, pode ser deduzida diretamente assim:

$$y = \log_a x \Leftrightarrow x = a^y \Leftrightarrow x = e^{\ln a^y} \Leftrightarrow x = e^{y \cdot \ln a}.$$

Tomando logaritmos em ambos os membros, obtemos $\ln x = y \cdot \ln a$, donde segue o resultado desejado (8.17).

A fórmula (8.17) pode ser usada para provar que o logaritmo em qualquer base a pode ser definido, à maneira do logaritmo natural, como área. Assim como este é uma área sob a curva $y = 1/t$, o logaritmo numa base a é uma área sob a curva $y = k/t$, em que $k = 1/\ln a$. De fato. Considere a definição

$$\log_a x = \int_1^x \frac{k}{t}\, dt = k \cdot \ln x.$$

Combinando esse resultado com (8.17), concluímos que $k = 1/\ln a$. Isso mostra que o mais "natural" dos logaritmos é aquele para o qual $k = 1$, isto é, aquele que vimos chamando de "logaritmo natural" desde o capítulo anterior.

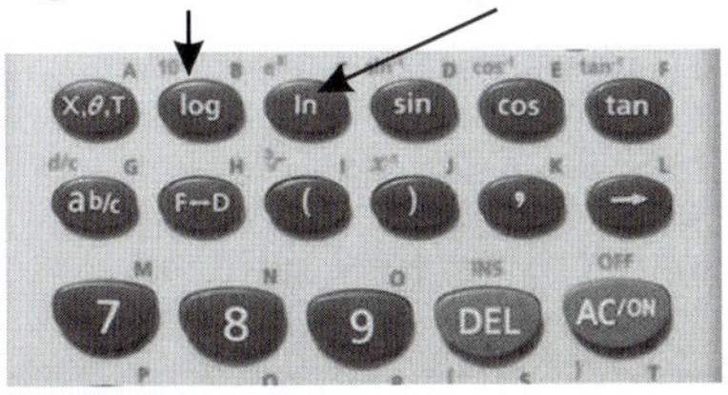

Figura 8.12

Os logaritmos decimais

Os logaritmos dos números na base 10, chamados *logaritmos decimais*, foram inventados para facilitar os cálculos, como multiplicação, divisão, radiciação, principalmente cálculos com números provenientes de relações trigonométricas de triangulação.

Os logaritmos cumpriram seu papel com admirável eficácia, desde quando foram inventados, no século XVII. Mas, essa função dos logaritmos decimais foi perdendo importância há algumas décadas, com o advento dos computadores eletrônicos. A partir de 1980, começaram a surgir os microcomputadores e linguagens eficazes que facilitam a comunicação homem-máquina. De 1990 para cá apareceram não só calculadoras de bolso que implementam esses recursos, bem como também eficazes softwares de computação, que facilitam muito os cálculos. Isso tornou definitivamente superado aquele antigo papel dos logaritmos como instrumento de cálculo manual. Não obstante tudo isso, vale a pena uma informação sucinta sobre como fazer cálculos manuais com os logaritmos decimais.

Começamos notando que qualquer número positivo N pode ser escrito na forma $N = 10^n \cdot \alpha$, em que n é um inteiro e $1 \leq \alpha < 10$. Por ser $10^0 \leq \alpha < 10^1$, é claro que $\alpha = 10^{\log_{10} \alpha}$, com $0 \leq \log_{10} \alpha < 1$. Consequentemente,

$$\log_{10} N = \log_{10}(10^n \cdot \alpha) = n + \log_{10} \alpha,$$

isto é, o logaritmo de um número é igual a um inteiro n, chamado a sua *característica*, mais a parte $\log_{10} \alpha$, compreendida entre zero e 1 (podendo ser zero), chamada a *mantissa* do logaritmo de N. Assim,

$$\log_{10} 5379 = \log_{10}(10^3 \cdot 5,379) = 3 + \log_{10} 5,379;$$

$$\log_{10} 0,005379 = \log_{10}(10^{-3} \cdot 5,379) = -3 + \log_{10} 5,379.$$

As mantissas, como se vê, são logaritmos de números do intervalo [1, 10). Vemos também que basta conhecer as mantissas, isto é, os logaritmos dos números entre 1 e 10, para conhecermos, imediatamente, o logaritmo de qualquer número dado.

O objetivo de uma *tábua*, ou tabela de logaritmos, é precisamente esse: permitir conhecer os logaritmos dos números do intervalo [0, 10). Evidentemente, é impossível construir uma tábua contendo todos esses logaritmos, já que os números de tal intervalo, mesmo apenas os racionais, formam um conjunto infinito. O que se faz é trabalhar por aproximação, construindo tábuas dos logaritmos dos números de 1 a 10, cuja representação decimal tenha um certo número de casas decimais. Eram comuns as tábuas dos números com 3 decimais, o que equivale a dizer, dos números de 1 000 a 10 000, pois, como já observamos, basta tabular as mantissas.

Como usar uma tabela de mantissas

A título de ilustração, considere o problema de calcular o $\log_{10} 15,6$. De sorte que

$$\log_{10} 15,6 = \log_{10} 10 \cdot 1,56 = \log_{10} 10 + \log_{10} 1,56 = 1 + \log_{10} 1,56.$$

A seguir apresentamos um trecho da tabela de mantissas. Queremos usá-la para encontrar qual é o $\log_{10}$ **1,5**<u>**6**</u>. Como proceder?

A tabela foi preparada para ser usada da seguinte forma. Os dois algarismos na primeira coluna junto com o algarismo da primeira linha formam um número com três algarismos. Não importa a posição da vírgula, a *mantissa* desse número será a mesma. Por exemplo: linha com o 13 e coluna com o 8 forma um número 138. O logaritmo desse número tem como *mantissa* 139879, ou seja, o logaritmo decimal de 138 será n, 139879, em que n é a *característica* desse logaritmo (no caso n=2). Entretanto, graças às propriedades (8.12) e (8.14), (p. 244), as *mantissas* dos números 13,8 , 1,38, 0,00138 etc. são todas 139879. Dessa forma, procedemos assim: escrevemos o número cujo logaritmo decimal queremos calcular na forma $10^n \cdot \alpha$, em que α é um número no intervalo $[1, 10)$. Desse número α tomamos a linha dos dois primeiros algarismos e a coluna do terceiro algarismo (não se preocupe com a posição da vírgula). Na interseção da linha e da coluna estará a mantissa procurada. Voltemos ao problema proposto e entendamos esse procedimento por meio de um exemplo.

Lembre-se de que queremos a *mantissa* do número **1,5**<u>**6**</u>. Vá até a linha onde está o **15** e posteriormente até a coluna onde está o <u>6</u>. O número que você encontrará na interseção da linha e coluna selecionada é o 193125. Esse número representa a *mantissa* procurada.

N	0	1	2	3	4	5	<u>6</u>	7	8	9
10	000000	004321	008600	012837	017033	021189	025306	029384	033424	037426
11	041393	045323	049218	053078	056905	060698	064458	068186	071882	075547
12	079181	082785	086360	089905	093422	096910	100371	103804	107210	110590
13	113943	117271	120574	123852	127105	130334	133539	136721	139879	143015
14	146128	149219	152288	155336	158362	161368	164353	167317	170262	173186
15	176091	178977	181844	184691	187521	190332	**193125**	195900	198657	201397

Desse modo,

$$\log_{10} 15,6 = 1 + \log_{10} 1,56 = 1 + 0,193125 = 1,193125$$

Como proceder se determinada mantissa não estiver tabelada

Não é incomum se deparar com números em que a mantissa não está tabelada. Nesse caso, como proceder? Há dois caminhos que você poderá tomar: (1) procurar o número mais próximo do que tem que está na tabela e (2) encontrar a (aproximação da) mantissa usando uma *interpolação linear.*(1)

Por exemplo: se tentar calcular $\log_{10} 15,68$, você precisará da mantissa de 15,68, que é a mesma mantissa de 1 568, que é a mesma mantissa de $1,568$, etc. Procedendo como antes, procuramos na linha em que está o 15 e na coluna do 6. Entretanto, precisaríamos de uma coluna com 68. O que temos é o equivalente a 60 e 70. Tomar a linha com 15 e a coluna com 6 não dará a mantissa correta de 1,568, tampouco a coluna com o 7. No caso (1) , note que 15,68 está mais próximo de 15,70 do que de 15,60. Assim, se você tomar 15,70 como aproximação, deverá tomar a linha do 15 e a coluna do 7, e desse modo a mantissa será 195900 (confira) de onde virá:

$$\log_{10} 15,68 \approx \log_{10} 15,7 = 1 + \log_{10} 1,57 \approx 1 + 0,195900 = 1,195900$$

Entretanto, o mais apropriado é usar uma *interpolação linear* (caso (2)). O procedimento é o seguinte: partimos de dois valores conhecidos e uma reta (pois estamos usando uma aproximação linear) que passe por esses dois pontos e usamos a reta para calcular o desconhecido. A Fig. 8.13 ilustra o que pretendemos.

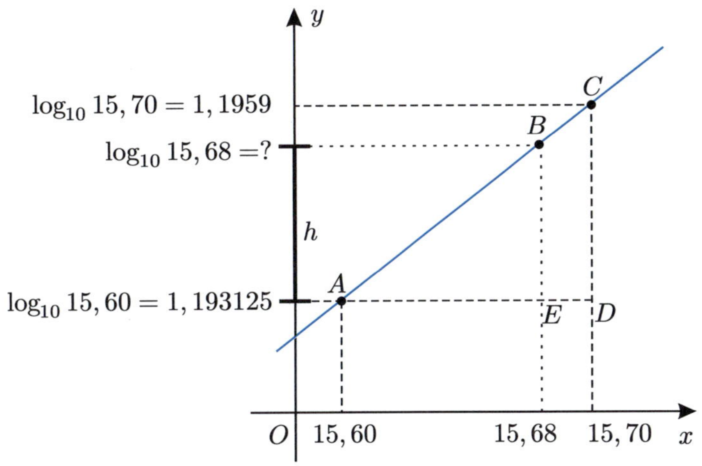

Figura 8.13

Nesse caso, conhecemos, pela tabela de mantissas, o logaritmo de 15,60 e 15,70, e queremos saber qual é o logaritmo decimal de 15,68. Da semelhança dos triângulos ABE e ACD temos:

$$\frac{\log_{10} 15,70 - \log_{10} 15,60-}{15,70 - 15,60} = \frac{h}{15,68 - 15,60}.$$

---

(1)O leitor verá em cursos de Cálculo Numérico que há outros tipos de interpolação. Para o nosso propósito, a *interpolação linear* é suficiente.

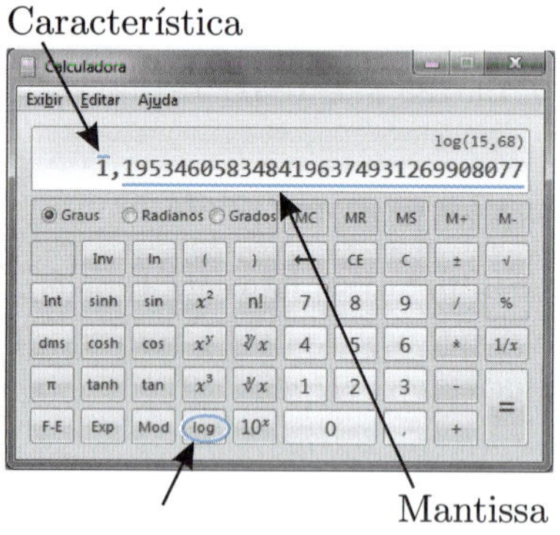

Figura 8.14 A situação exibida é um caso particular em que a parte inteira é a característica e a não inteira, a mantissa.

Por sorte, a tabela de mantissas permite que calculemos os dois logaritmos no primeiro membro. Não é difícil verificar que

$$\log_{10} 15,70 = 1,1959 \quad \text{e} \quad \log_{10} 15,60 = 1,193125$$

e desse modo ficaremos com

$$\frac{1,1959 - 1,193125}{0,10} = \frac{h}{0,08} \Leftrightarrow \frac{0,002775}{0,10} = \frac{h}{0,08}.$$

Resolvendo essa equação, encontraremos $h = 0,0222$. Assim (Fig. 8.13),

$$\log_{10} 15,68 \approx \log_{10} 15,60 + h = 1,193125 + 0,0222 = 1,195345.$$

Compare o resultado obtido no caso (1) e no caso (2) e aquele retornado por uma calculadora científica (Fig. 8.14). Há não muitos anos, os cálculos com logaritmos eram feitos desse modo. Antes das calculadoras científicas, que fazem instantaneamente o que fizemos aqui, existiam as chamadas *réguas de cálculo*. Procure saber mais sobre elas.

A importância dos logaritmos decimais

A preferência pelos logaritmos decimais nos cálculos se deve, evidentemente, ao costume que temos de representar os números no sistema de base 10. Em consequência disso, o logaritmo de um número se separa em característica e mantissa, e isso traz muitas facilidades nos cálculos. Estes ficariam praticamente impossíveis se insistíssemos em trabalhar com logaritmos naturais no sistema de representação decimal.

Embora os logaritmos decimais tenham perdido sua importância como instrumento de cálculo manual, eles ainda estão presentes em várias situações práticas. Daremos, a seguir, alguns exemplos.

A Fig. 8.14 mostra um caso particular em que a parte inteira é a característica e a não inteira, a mantissa. Observe com cuidado os Exercícios de 5 a 12 da p. 249 e tente descobrir para que tipo de números esse fenômeno acontece.

O fator pH

Esse é um índice muito usado pelos químicos para medir a concentração de íons positivos numa solução. Essa concentração é muito importante em tecidos vivos e em solos usados para o cultivo de plantas. As chamadas *soluções ácidas* apresentam uma concentração iônica que varia de 10^{-2} a 10^{-7} mols por litro, enquanto as chamadas *soluções básicas* ou *alcalinas* exibem uma concentração iônica de 10^{-7} a 10^{-12} mols por litro. O índice intermediário de 10^{-7} corresponde a uma concentração neutra, como a água destilada. Como esses números são muito pequenos, ou, equivalentemente, têm denominadores muito grandes, seus logaritmos são mais adequados para caracterizar as concentrações. Só que os logaritmos em si seriam todos negativos, já que esses números são menores do que 1, daí preferir-se definir o pH como o negativo do logaritmo da concentração. Assim, o pH de uma solução varia entre 2 e 12; a solução é considerada neutra para um pH igual a 7, ácida para um pH inferior a 7 e básica se o pH for superior a 7.

Intensidade de um terremoto

Em Sismologia, a medida da intensidade das ondas que emanam de um centro sísmico se faz com uma escala logarítmica decimal, chamada “escala Richter”. Como no caso do pH em Química, aqui também ocorrem números muito grandes nas medidas da energia liberada nos terremotos, e por isso é preferível utilizar o logaritmo para construir a escala de medição da intensidade dos abalos sísmicos.

Acústica

Também em Acústica os logaritmos decimais são usados na construção da escala decibel, que serve para medir a intensidade dos sons. Todas essas escalas são construídas com o logaritmo decimal (poderia ser em outra base) justamente para que os valores das escalas não sejam números muito grandes.

É importante observar, todavia, que, do ponto de vista das funções, basta estudar a função "logaritmo natural", pois qualquer outro logaritmo só difere deste por uma constante multiplicativa, como nos mostra claramente a Eq. (8.17).

Exercícios

1. Supondo $a > 0$ (como, por exemplo, $a = 2$), esboce o gráfico de $y = \log_a x$. O que tem esse gráfico a ver com o de $y = a^x$?
2. Repita o Exercício anterior no caso $0 < a < 1$, como, por exemplo, $a = 1/2$.
3. Demonstre as propriedades (8.12) a (8.14).
4. Demonstre as propriedades (8.15) e (8.16).

Oriente-se pelo trecho da tabela de mantissas mostradas na p. 246 para responder os Exercícios 5 a 8. Encontre a característica e a mantissa em cada caso.

5. $11,4$
6. $0,00145$
7. $0,2$
8. 2

Use os resultados obtidos nos últimos quatro exercícios para encontrar os seguintes logaritmos decimais:

9. $\log_{10} 11,4$
10. $\log_{10} 0,00145$
11. $\log_{10} 0,139$
12. $\log_{10} 12$

Respostas, sugestões, soluções

1. Os gráficos de $y = \log_a x$ e $y = a^x$ são simétricos em relação à reta $y = x$, pois essas funções são inversas uma da outra.
2. Trivial.

3. Pondo $A = \log_c a$ e $B = \log_c b$, teremos:

$$a = c^A \quad \text{e} \quad b = c^B,$$

donde

$$ab = c^{A+B}, \quad \frac{a}{b} = c^{A-B} \quad \text{e} \quad a^x = c^{Ax}.$$

Daqui segue, respectivamente,

$$\log_c ab = \log_c a + \log_c b, \quad \log_c\left(\frac{a}{b}\right) = \log_c a - \log_c b \quad \text{e} \quad \log_c a^x = x \log_c a.$$

4. Tomando o logaritmo na base b em ambos os membros da identidade $b = a^{\log_a b}$, obtemos:

$$1 = \log_b\left(a^{\log_a b}\right) = \log_a b \cdot \log_b a,$$

donde segue o primeiro resultado desejado.

Analogamente, de $x = b^{\log_b x}$, obtemos:

$$\log_a x = \log_a\left(b^{\log_b x}\right) = \log_b x \cdot \log_a b,$$

que é o segundo resultado desejado.

5. Característica: 1; mantissa $= 0,056904$.

6. Característica: -3; mantissa $= 0,161368$.

7. Característica: -1; mantissa $= 0,143015$.

8. Característica: 1; mantissa $= 0,079181$.

9. $\log_{10} 11,4 = 1 + 0,056904 = 1,056904$.

10. $\log_{10} 0,00145 = -3 + 0,161368 = 1,056904 = -2,838632$.

11. $\log_{10} 0,139 = -1 + 0,143015 = -0,856985$.

12. $\log_{10} 12 = 1 + 0,079181 = 1,079181$.

Experiências no computador

Nesta seção aprenderemos a trabalhar com logaritmos e exponenciais tanto no *software* GeoGebra quanto no SAC MAXIMA mostrados no Capítulo 8. Caso o leitor sinta necessidade de rever as apresentações destes *softwares*, poderá encontrá-las nos anexos dos Capítulos 1 e 2.

Explorando a Seção 8.1 com o GeoGebra e o MAXIMA

Nesta seção construiremos uma ilustração usando o *software* GeoGebra que permitirá ao leitor ver, de forma dinâmica, como obter o gráfico de uma função inversa a partir de uma função dada. Siga os passos seguintes. Não explicaremos o porquê de cada comando. Usaremos a função $f(x) = x^2$ com $0 \leq x \leq 5$. Posteriormente esses dados poderão ser mudados. Abra o *software* GeoGebra e digite no CAMPO DE ENTRADA (aperte ENTER) após cada entrada:

- `f(x)=Função[x^2,0,5]`
- `Ponto[f]`
- Aperte a tecla ESC e arraste o ponto A criado. Ele deverá mover apenas sobre o gráfico de f.
- Ative a ferramenta SELETOR (10ª Janela). Dê nome ao seletor de “t”, coloque o valor inicial em 0 e o final em 1.57 (Fig. 8.15). Clique em APLICAR.

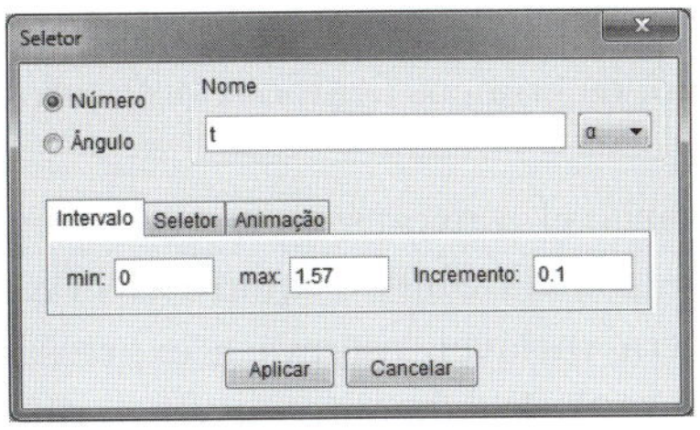

Figura 8.15

Feito isso, criaremos um ponto B que será obtido com a reflexão do ponto A sobre o eixo Oy. Digite no CAMPO DE ENTRADA:

- `B=Reflexão[A,EixoY]`

Agora, vamos criar uma curva que será a reflexão da função f sobre o eixo Oy quando $t = 0$ e a inversa de f quando $t = 1.57$. Para tal, no CAMPO DE ENTRADA, entre com os seguintes comandos:

- `C=(x(B)*cos(-t) - y(B)*sin(-t), x(B)*sin(-t) + y(B)*cos(-t))`
- `LugarGeométrico[C,A]`

> A visualização ficará melhor se você modificar a cor ou outra característica de um dos gráficos. Para isso, basta clicar no gráfico (que quer modificar) com o botão do lado direito do *mouse* e posteriormente em PROPRIEDADES. Clique na guia COR ou ESTILO e modifique de acordo com seu gosto. Ao terminar, clique em FECHAR.

Aperte a tecla ESC e arraste o seletor "t". Quando $t = 9$ o gráfico que tem é o reflexo do gráfico de f em torno do eixo Oy. À medida que aumenta o valor de t, o gráfico irá girar em torno da origem no sentido horário. Quando $t = 1.57 \approx \pi/2$ rad terá o gráfico da função inversa. Compare o que está observando de forma dinâmica com o que está na p. 228.

Você poderá ver essa ilustração para outras funções. Para isso, basta que, no CAMPO DE ENTRADA, modifique a função. Eis alguns exemplos.

- `f(x)=Função[sqrt(x),0,10]` - para a inversa de $y = \sqrt{x}$, $x > 0$
- `f(x)=exp(x)` - para a inversa da exponencial
- `f(x)=ln(x)` - para a inversa do logaritmo natural

Explorando as Seções 8.2 e 8.3 com o GeoGebra e o MAXIMA

Sobre a sintaxe para exponenciais e logaritmos

A função exponencial, tanto no GeoGebra quanto no MAXIMA, pode ser escrita como `exp( )`. Assim, por exemplo, e^{x^2+1} é escrita, tanto no GeoGebra quanto no MAXIMA, `exp(x^2+1)`. O número $e \approx 2.718281828\cdots$ é escrito no MAXIMA como `%e`, enquanto no GeoGebra é apenas `e`. Se escrever no CAMPO DE ENTRADA do GeoGebra `f(x)=e^(-x)` e apertar ENTER, o *software* desenhará o gráfico.

Como saber se acertei a derivada, a integral ou outro cálculo?

Um problema bastante comum entre os estudantes quando estudam derivadas é o fato de sua resposta às vezes diferir da resposta dada pelo autor do livro. Como usar o GeoGebra e o MAXIMA para saber se a resposta está correta?

Com o GeoGebra, o procedimento pode ser o seguinte: desenhe o gráfico da função que você encontrou digitando sua lei de formação no CAMPO DE ENTRADA. Faça o mesmo com o resultado dado pelo autor do livro. Se as duas expressões representarem a mesma função, os gráficos ficarão sobrepostos.

Com o SAC MAXIMA, grave em uma variável a expressão que você encontrou (por exemplo: `f:x^2-2*x+1`), segure a tecla Shift e aperte ENTER (faça isso depois de cada comando). Em outra variável, escreva a expressão com a resposta do livro (por exemplo: `g:(x+1)^2`). Finalmente escreva a diferença destas variáveis (`f-g`). Feito isso, clique no botão SIMPLIFICAR (se o painel MATEMÁTICA GERAL estiver ativado(2)) ou digite `ratsimp(%);` ou

(2)Para ativar o painel MATEMÁTICA GERAL, basta clicar em MAXIMA (no menu principal), PAINÉIS e finalmente em MATEMÁTICA GERAL.

`ratsimp(f-g);`. Se as expressões representarem a mesma função, é de se esperar que o resultado seja zero.

Caso as expressões envolvidas sejam um pouco mais complexas (envolvendo várias composições), é possível que o SAC MAXIMA não consiga fazer com que a diferença seja uma constante.

As funções usadas nesse exemplo são as chamadas *trigonométricas* e serão objeto de estudo do Capítulo 10.

Vejamos um exemplo: suponha que você tente resolver uma integral, ao final encontre como resposta $F(x) = \arctan(\sqrt{e^{2x}-1})$ e, ao olhar na resposta dada pelo autor do livro que está estudando, vê que a resposta é $G(x) = -\operatorname{arcsen}(e^{-x})$. A primeira reação será pensar: *errei na resolução, pois minha resposta não é igual.* Se for ao SAC MAXIMA e fizer como sugerido, você deverá escrever:

```
>> F:atan(sqrt(exp(2*x)-1))

>> G:-asin(exp(-x))

>> ratsimp(F-G)
```

Veja o que o *software* responde:

(%i1) `F:atan(sqrt(exp(2*x)-1));`

(%o1) $\operatorname{atan}\left(\sqrt{e^{2x}-1}\right)$

(%i2) `G:-asin(exp(-x));`

(%o2) $-\operatorname{asin}\left(e^{-x}\right)$

(%i3) `ratsimp(F-G);`

(%o3) $\operatorname{atan}\left(\sqrt{e^{2x}-1}\right)+\operatorname{asin}\left(e^{-x}\right)$

O leitor não deve tomar gráfico como prova de nenhuma propriedade. Ele apenas ilustra. O que vemos na ilustração para a situação proposta é que, aparentemente, se trata de funções que diferem uma da outra por constante. Para afirmarmos que tal fato é verdadeiro, é necessária uma demonstração algébrica.

Isso nada diz se a resposta está ou não correta. Entretanto, se copiar (ou escrever) a diferença entre as funções no CAMPO DE ENTRADA do GeoGebra

- `atan(sqrt(exp(2*x)-1))+asin(exp(-x))`

e apertar a tecla ENTER, você verá o gráfico de uma função constante. De acordo com o que vimos no Capítulo 6, p. 178, duas primitivas de uma função diferem por constante. Então, mesmo que a diferença não tenha dado zero, as duas primitivas estão, aparentemente, corretas.

O que você precisa saber para resolver os exercícios do Capítulo 8

A maioria dos exercícios do Capítulo 8 é simples. Para checar se a resposta encontrada manualmente está correta, você precisará conhecer dois comandos do SAC MAXIMA que fazem as seguintes tarefas:

1. Resolver uma equação (usará para encontrar a lei de formação das funções inversas).

2. Calcular derivadas.

A título de ilustração, considere o Exercício 10 da p. 231. Devemos encontrar a função inversa de $y = \dfrac{x^2}{x^2+1}$, $x \leq 0$. O comando que resolve equações, ou sistemas de equações, é `solve{equação, variável}`

e, no caso de sistemas,

`solve{[eq1, eq2, ..., eqn], [var1, var2, ..., varn]}`

Para esse exercícios, sugerimos que você faça da seguinte forma:

```
>> eq:y=x^2/(x^2+1)

>> solve(eq,x)
```

A resposta será a seguinte:

(%i4) `eq:y=x^2/(x^2+1);`

(%o4) $y = \dfrac{x^2}{x^2+1}$

(%i5) `solve(eq,x);`

(%o5) $\left[x = -\sqrt{-\dfrac{y}{y-1}}, x = \sqrt{-\dfrac{y}{y-1}}\,\right]$

Note que há duas respostas dadas pelo *software*, mas apenas uma serve. No enunciado da questão foi dito que $x \leq 0$. Logo, a solução desse problema deverá ser:

$$x = -\sqrt{-\frac{y}{y-1}} \Leftrightarrow x = -\sqrt{\frac{y}{1-y}}.$$

O cálculo manual deve ser feito.

Para cálculo de derivadas, o trabalho é mais simples. Lembre-se de que o comando tem a seguinte sintaxe:

`diff(expressão, variável)`

e no caso de derivada de ordem superior

`diff(expressão, variável, número de vezes que quer derivar)`

Basicamente, o que sugerimos é: grave a expressão da função em uma variável e depois comande o *software* para derivar o conteúdo dessa variável. Por exemplo, suponha que sua tarefa seja derivar a função $f(x) = e^{\sqrt{x^2+1}}$. Proceda da seguinte forma:

```
>> f:exp(sqrt(x^2+1))

>> diff(f,x)
```

A resposta será a seguinte:

(%i6) `f:exp(sqrt(x^2+1));`

(%o6) $e^{\sqrt{x^2+1}}$

(%i7) `diff(f,x);`

(%o7) $\dfrac{x\,e^{\sqrt{x^2+1}}}{\sqrt{x^2+1}}$

Lembre-se de que o cálculo passo a passo deve ser feito manualmente. O *software* indicará aonde deverá chegar e não substitui o cálculo manual.

9 Comportamento das funções

Quando lidamos com funções, seja na própria Matemática, seja em outros domínios científicos, é muito importante saber como são seus gráficos e como eles se comportam quando aproximamos certos valores. Por exemplo, no estudo da evolução de uma certa população, seja de um país, seja de uma cultura de bactérias, interessa saber como ela pode evoluir com o crescer do tempo. Muitas vezes a comparação entre funções traz informações relevantes; por exemplo, saber que uma certa função de x cresce mais devagar ou mais depressa que qualquer potência de x é uma informação esclarecedora sobre o comportamento dessa função. É desse tipo de questão que trataremos no presente capítulo.

9.1 Formas indeterminadas e a Regra de l'Hôpital

Diz-se que uma dada função $f(x)$ é um *infinitésimo* relativamente a um certo valor x_0 se ela tente a zero com $x \to x_0$; e diz-se que ela é um *infinito* se ela tende a $+\infty$ ou $-\infty$ com $x \to x_0$. Quando lidamos com o quociente de dois infinitésimos ou de dois infinitos, o limite do quociente nem sempre se manifesta de imediato. Por exemplo, no quociente

$$\frac{\sqrt{x}-\sqrt{a}}{x-a}, \tag{9.1}$$

tanto o numerador como o denominador são infinitésimos com $x \to a$. Qual o limite do quociente? Não sabemos responder de imediato. Porém, podemos recorrer a um artifício já utilizado no Exemplo 7 da p. 69, multiplicando numerador e denominador por $\sqrt{x}+\sqrt{a}$ e notando que

$$(\sqrt{x}-\sqrt{a})(\sqrt{x}+\sqrt{a}) = (\sqrt{x})^2 - (\sqrt{a})^2 = x - a.$$

Teremos

$$\frac{\sqrt{x}-\sqrt{a}}{x-a} = \frac{(\sqrt{x}-\sqrt{a})(\sqrt{x}+\sqrt{a})}{(x-a)(\sqrt{x}+\sqrt{a})} = \frac{1}{\sqrt{x}+\sqrt{a}},$$

e agora é fácil ver que

$$\lim_{x\to a}\frac{\sqrt{x}-\sqrt{a}}{x-a} = \lim_{x\to a}\frac{1}{\sqrt{x}+\sqrt{a}} = \frac{1}{2\sqrt{a}}. \tag{9.2}$$

Funções como essa de (9.1), que são quocientes de infinitésimos, chamam-se *formas indeterminadas*, justamente porque seus limites, quando existem, podem ser os mais variados. É por isso que é inútil querer definir $0/0$. Assim, se $a = 9$, o limite em (9.2) é $1/6$; se $a = 36$, o referido limite é $1/12$; e assim por diante.

Outro caso frequente de indeterminação ocorre com um quociente de dois infinitos. Exemplo disso é dado pela função

$$\frac{ax^2 + 7x}{3x^2 + 1}$$

quando $x \to \infty$. O valor do limite não é visível de imediato. No entanto, dividindo numerador e denominador por x^2, encontramos:

$$\lim_{x\to\infty} \frac{ax^2 + 7x}{3x^2 + 1} = \lim_{x\to\infty} \frac{a + 7/x}{3 + 1/x^2} = \frac{a}{3}.$$

Assim, se $a = 12$ o limite é 4; se $a = -21$, o limite é -7 e assim por diante.

As formas que acabamos de considerar são do tipo $F(x) = f(x)/g(x)$, com f e g simultaneamente infinitésimos ou infinitos; por causa disso, elas costumam ser chamadas de formas do tipo $0/0$ e ∞/∞, respectivamente. Todos os demais tipos de indeterminação se reduzem a esses dois tipos básicos, como veremos adiante.

O processo de calcular o limite de uma forma indeterminada chama-se "levantar a indeterminação". Nos exemplos acima foi fácil levantar a indeterminação, com a utilização de artifícios simples. Mas nem sempre é assim. Por exemplo, as formas

$$\lim_{x\to 0+} \frac{\ln(1+x)}{x} \quad \text{e} \quad \lim_{x\to\infty} \frac{\ln x}{x},$$

são do tipo $0/0$ e ∞/∞, respectivamente. Para levantar essas indeterminações, temos de recorrer à chamada "Regra de l'Hôpital", que é objeto do teorema seguinte.

▶ **Teorema: (Regra de l'Hôpital)**
Se f e g são funções contínuas num ponto $x = a$, em volta do qual $g'(x) \neq 0$, se $f(a) = g(a) = 0$ e se existe o limite

$$\lim_{x\to a} \frac{f'(x)}{g'(x)},$$

então existe também o limite de f/g e

$$\lim_{x\to a} \frac{f(x)}{g(x)} = \lim_{x\to a} \frac{f'(x)}{g'(x)}.$$

Demonstração. Pelo Teorema do Valor Médio Generalizado (p. 324), para cada $x \neq a$ e bastante próximo de a (para termos $g'(x) \neq 0$), existe c, $a < c < x$, tal que

$$\frac{f(x)}{g(x)} = \frac{f(x) - f(a)}{g(x) - g(a)} = \frac{f'(c)}{g'(c)}.$$

Quando fazemos $x \to a$, teremos também $c \to a$, e o último membro anterior se aproxima de um valor limite; logo, o primeiro membro também se aproximará desse limite:

$$\lim_{x\to a} \frac{f(x)}{g(x)} = \lim_{c\to a} \frac{f'(c)}{g'(c)},$$

ou, ainda,

$$\lim_{x\to a} \frac{f(x)}{g(x)} = \lim_{x\to a} \frac{f'(x)}{g'(x)}.$$

Para interpretar essa regra geometricamente, consideremos as curvas

$$y = f(x) \quad \text{e} \quad y = g(x)$$

nas proximidades de $x = a$ (Fig. 9.1). Sejam

$$m_1 = f'(a) \quad \text{e} \quad m_2 = g'(a)$$

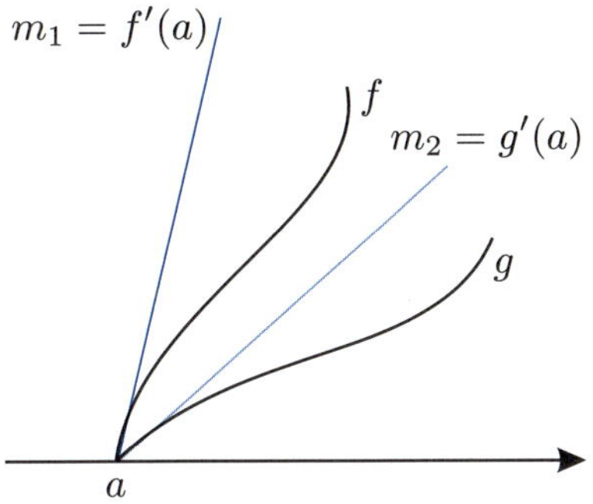

Figura 9.1

os declives dessas curvas no ponto $x = a$. O que a Regra de l'Hôpital nos diz é que o limite de $f(x)/g(x)$, quando $x \to a$, é precisamente o quociente dos declives m_1/m_2. Um pouco de reflexão nos revela que é isso mesmo o que devemos esperar, pois, à medida que x aproxima o valor a, as ordenadas $f(x)$ e $g(x)$ vão-se aproximando mais e mais das ordenadas correspondentes de suas respectivas retas tangentes.

Na aplicação da Regra de l'Hôpital, pode acontecer que $f'(a) = g'(a) = 0$. Então, aplicamos novamente a regra ao quociente $f'(x)/g'(x)$. Se necessário, aplicamos a regra novamente, tantas vezes quantas forem necessárias. Assim, no cálculo do limite seguinte, a regra é aplicada duas vezes:

$$\lim_{x\to 0} \frac{e^x - 1 - x}{x^2} = \lim_{x\to 0} \frac{e^x - 1}{2x} = \lim_{x\to 0} \frac{e^x}{2} = \frac{1}{2}.$$

A mesma regra se aplica quando $a = +\infty$ ou $a = -\infty$. Por exemplo, se $a = +\infty$, pomos $x = 1/t$ e aplicamos a regra, usando derivação em cadeia:

$$\lim_{x\to+\infty} \frac{f(x)}{g(x)} = \lim_{t\to 0+} \frac{f(1/t)}{g(1/t)} = \lim_{t\to 0+} \frac{f'(1/t)(-1/t^2)}{g'(1/t)(-1/t^2)} = \lim_{x\to+\infty} \frac{f'(x)}{g'(x)}.$$

Regra de l'Hôpital análoga à que acabamos de considerar pode ser formulada para lidar com indeterminações do tipo ∞/∞. No entanto, a demonstração nesse caso é mais complicada e não será tratada aqui. Vamos apenas considerar exemplos de aplicação das várias versões da Regra de l'Hôpital. A propósito, os exemplos seguintes, envolvendo o logaritmo e a função exponencial são extremamente importantes.

A vagarosidade do logaritmo

De acordo com a Regra de l'Hôpital,

$$\lim_{x\to+\infty} \frac{\ln x}{x} = \lim_{x\to+\infty} \frac{D(\ln x)}{D(x)} = \lim_{x\to+\infty} \frac{1/x}{1} = 0.$$

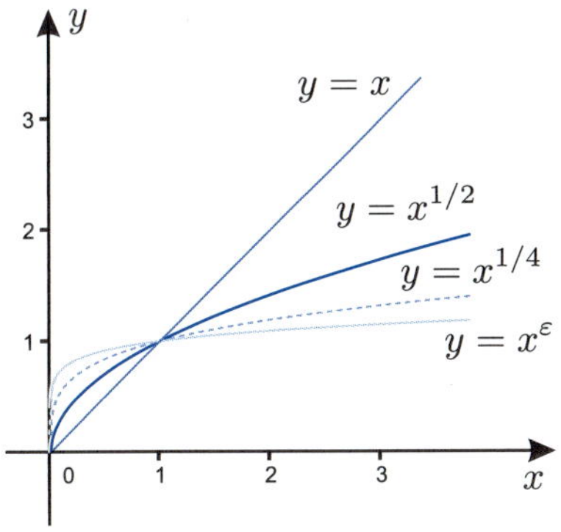

Figura 9.2

Esse resultado significa que $\ln x$ tende a infinito mais devagar que o próprio x. E o interessante é que ele tende a infinito mais devagar que qualquer potência positiva de x, como $y = x^{\varepsilon}$, por menor que seja $\varepsilon > 0$. Repare: quanto menor for esse ε, tanto mais devagar $y = x^{\varepsilon}$ tende a infinito com $x \to \infty$ (Fig. 9.2). Com efeito, de acordo com a Regra de l'Hôpital,

$$\lim_{x\to+\infty} \frac{\ln x}{x^{\varepsilon}} = \lim_{x\to+\infty} \frac{1/x}{\varepsilon x^{\varepsilon-1}} = \lim_{x\to+\infty} \frac{1}{rx^{\varepsilon}} = 0,$$

e isso significa que $\ln x$ tende a infinito, com $x \to +\infty$, mais devagar que qualquer potência positiva de x.

Vamos interpretar esse resultado geometricamente: para x suficientemente grande, o declive $1/x$ da curva $y = \ln x$ acaba sendo superado pelo declive $\varepsilon x^{\varepsilon-1} = \varepsilon x^{\varepsilon}/x$ da curva $y = x^{\varepsilon}$, não importa quão pequeno seja $\varepsilon > 0$, como ilustra a Fig. 9.3. Essa figura mostra que o logaritmo pode superar $y = x^{\varepsilon}$, mas isso só ocorre até um certo valor da abscissa, a partir do qual $\ln x$ volta a ser superado por $y = x^{\varepsilon}$.

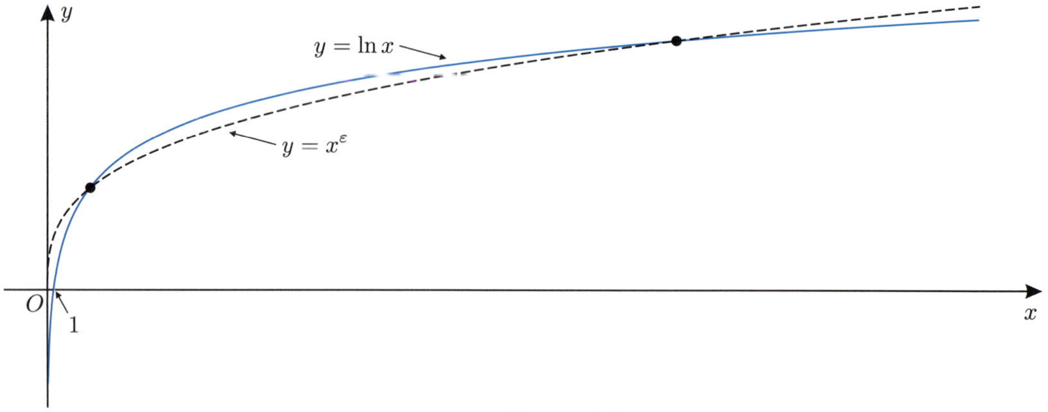

Figura 9.3

Comportamento na origem

Observando bem a Fig. 9.2 pode-se ver que $y = x^{\varepsilon} \to 0$ cada vez mais devagar quanto menor for $\varepsilon > 0$. Mas $\ln x \to -\infty$ tão vagarosamente com $x \to 0+$ que o produto $x^{\varepsilon} \ln x \to 0$, não importa quão pequeno seja o número positivo ε; vale dizer, x^{ε} arrasta $\ln x$ para zero! Observe que estamos lidando aqui com uma forma indeterminada do tipo $0 \cdot \infty$, que se reduz ao caso ∞/∞ quando escrevemos $y = \ln x / x^{-\varepsilon}$. Vamos levantar a indeterminação aplicando a Regra de l'Hôpital:

$$\lim_{x \to 0+} (x^{\varepsilon} \ln x) = \lim_{x \to 0+} \frac{\ln x}{x^{-\varepsilon}} = \lim_{x \to 0+} \frac{1/x}{-\varepsilon x^{-\varepsilon - 1}} = \lim_{x \to 0+} \left(-\frac{x^{\varepsilon}}{\varepsilon} \right) = 0.$$

.: CUIDADO :.

Se o limite de uma função f é zero, o limite de $f \cdot g$ não é, necessariamente, zero. Há situações em que a igualdade pode ocorrer, mas isso não é regra.

Isso prova que $\ln x$ é um infinito mais fraco do que qualquer potência positiva de $1/x$, não importa quão pequeno seja o expoente. Podemos também dizer que $\ln x \to -\infty$ mais devagar do que $x^{\varepsilon} \to 0+$, ou seja, o infinitésimo x^{ε} prevalece sobre o infinito $\ln x$.

A rapidez da exponencial

A vagarosidade com que $\ln x$ tende a infinito com $x \to +\infty$ corresponde à rapidez com que a função inversa $y = e^x$ tende a infinito com $x \to +\infty$. De fato, sendo n inteiro positivo, a aplicação da Regra de l'Hôpital n vezes nos dá (observe que a indeterminação é do tipo ∞/∞):

$$\lim_{x \to +\infty} \frac{e^x}{x^n} = \lim_{x \to \infty} \frac{e^x}{n x^{n-1}} = \lim_{x \to +\infty} \frac{e^x}{n(n-1)x^{n-2}} = \ldots = \lim_{x \to +\infty} \frac{e^x}{n!} = +\infty.$$

Observe que nesse cálculo o expoente n é um inteiro positivo. Mas se fosse um expoente $r > 0$ qualquer, bastaria tomar um inteiro $n \geq r$ e notar que $x^r \leq x^n$ para $x \geq 1$, donde $e^x/x^r \geq e^x/x^n$; e daqui segue que o resultado anterior é válido também para e^x/x^r.

O resultado que estabelecemos significa que e^x é um infinito mais forte que qualquer potência de x, com $x \to +\infty$. Isso fica evidente quando contemplamos as duas curvas, $y = \ln x$ e $y = e^x$, no mesmo gráfico, como ilustra a Fig. 9.4. O fato de o logaritmo se curvar mais e mais para o lado do eixo Ox corresponde ao curvar da exponencial para o lado do eixo Oy.

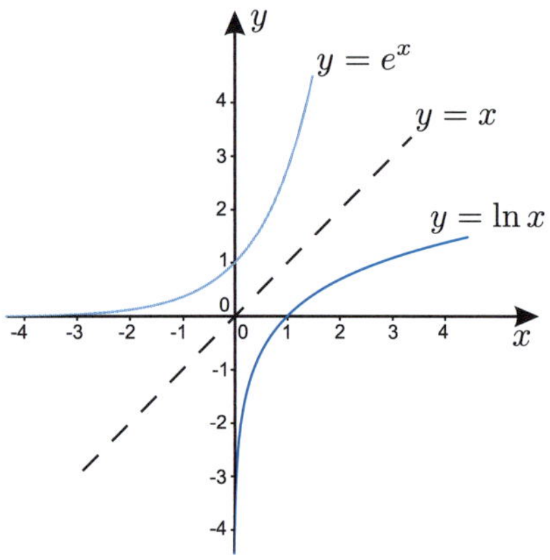

Figura 9.4

Indeterminação do tipo 1^∞

O tipo de indeterminação que desejamos considerar agora ocorre quando lidamos com uma expressão do tipo

$$f(x)^{g(x)}, \quad \text{em que} \quad f(x) \to 1 \;\text{ e }\; g(x) \to \infty.$$

Como

$$f(x)^{g(x)} = \exp\left[\ln\left(f(x)^{g(x)}\right)\right] = \exp\left[g(x)\ln f(x)\right] = \exp\left[\frac{\ln f(x)}{1/g(x)}\right],$$

a referida indeterminação se reduz ao tipo $0/0$. Um exemplo muito importante de tal indeterminação é dado pela função $(1+x)^{1/x}$, quando $x \to 0$. Temos:

$$(1+x)^{1/x} = e^{(1/x)\ln(1+x)},$$

portanto, primeiro calculamos o limite do expoente que aí aparece:

$$\lim_{x\to 0}\left[\frac{1}{x}\ln(1+x)\right] = \lim_{x\to 0}\frac{\dfrac{1}{1+x}}{1} = 1.$$

Em consequência,

$$\lim_{x\to 0}(1+x)^{1/x} = e^{\lim_{x\to 0}(1/x)\ln(1+x)} = e,$$

isto é,

$$\lim_{x\to 0}(1+x)^{1/x} = e.$$

Esse resultado é válido sem restrição sobre a maneira como $x \to 0$; em particular, x pode aproximar-se de zero por valores estritamente positivos ou por valores estritamente negativos. Pondo $x = 1/t$, teremos também

$$\lim_{t\to +\infty}\left(1+\frac{1}{t}\right)^t = \lim_{t\to -\infty}\left(1+\frac{1}{t}\right)^t = e.$$

Exercícios

Utilize a Regra de l'Hôpital para calcular os limites indicados nos Exercícios 1 a 21.

1. $\lim_{x\to 5}\dfrac{x^2-25}{x-5}$.

2. $\lim_{x\to -3}\dfrac{x^2-9}{x+3}$.

3. $\lim_{x\to 16}\dfrac{\sqrt{x}-4}{x-16}$.

4. $\lim_{x\to a}\dfrac{\sqrt{x}-\sqrt{a}}{x-a}$.

5. $\lim_{x\to a}\dfrac{x^2-a^2}{x^3-a^3}$.

6. $\lim_{x\to \pm\infty}\dfrac{3x^2-7x+4}{4x^2+x-3}$.

7. $\lim\limits_{x\to\pm\infty} \dfrac{4x^3+x-1}{x^3+5}$.

8. $\lim\limits_{x\to\pm\infty} \dfrac{1-5x^4}{x^4+2}$.

9. $\lim\limits_{x\to\pm\infty} \dfrac{x-1}{3x^2+4}$.

10. $\lim\limits_{x\to\pm\infty} \dfrac{1-x}{x^2-4}$.

11. $\lim\limits_{x\to\pm\infty} \dfrac{x^3+x-3}{x+8}$.

12. $\lim\limits_{x\to\pm\infty} \dfrac{x^2+1}{x-7}$.

13. $\lim\limits_{x\pm\infty} \dfrac{x^2+1}{7-x}$.

14. $\lim\limits_{x\to 0} \dfrac{e^x-1}{x}$.

15. $\lim\limits_{x\to 0} \dfrac{e^{3x}-1}{x}$.

16. $\lim\limits_{x\to 0} \dfrac{e^{-2x}-1}{x}$.

17. $\lim\limits_{x\to 0} \dfrac{e^{x^2}-1}{x^2}$.

18. $\lim\limits_{x\to 0} \dfrac{e^{-3x^2}-1}{x^2}$.

19. $\lim\limits_{x\to+\infty} \dfrac{(\ln x)^r}{x}$.

20. $\lim\limits_{x\to 0+} x(\ln x)^r$.

21. $\lim\limits_{x\to+\infty} x^n e^{-x}$.

Respostas, sugestões, soluções

1. 10.

2. -6.

3. $1/8$.

4. $1/2\sqrt{a}$.

5. $2/3a$.

6. $3/4$.

7. 4.

8. -5.

9. Zero.

10. Zero.

11. ∞.

12. $\pm\infty$.

13. $\mp\infty$

14. 1.

15. 3.

16. -2.

17. $\lim\limits_{x\to 0} \dfrac{2xe^{x^2}}{2x} = 1$.

18. $\lim\limits_{x\to 0} \dfrac{-6xe^{-3x^2}}{2x} = -3$.

19. Observe que $\dfrac{(\ln x)^r}{x} = \left(\dfrac{\ln x}{x^{1/r}}\right)^r$. Com o resultado já visto no texto, concluímos que o limite proposto é zero.

20. Como no exercício anterior, observe que $x(\ln x)^r = (x^{1/r}\ln x)^r$. O limite proposto é zero.

21. Zero.

9.2 Aplicações da função exponencial

O número e, como veremos nesta seção, está muito presente na descrição de uma grande variedade de fenômenos, como veremos a seguir.

Juros compostos

Nosso primeiro exemplo é o de um capital posto a juros. Seja um capital inicial de C_0 reais, que rende juros à taxa anual j. Compor juros anualmente significa que ao final de um ano o capital inicial C_0 terá rendido juros de jC_0 reais, passando a valer

$$C_0 + jC_0 = C_0(1 + j),$$

isto é, o capital inicial fica multiplicado pelo fator $1+j$. Então, ao final de mais um ano, o novo capital $C_0(1 + j)$ deverá ser multiplicado por $1 + j$, passando a valer $C_0(1 + j)^2$; ao final de três anos, o novo capital será $C_0(1 + j)^3$; e assim por diante. Vemos, portanto, que ao final de t anos o capital passará a valer $C_0(1 + j)^t$ reais. Denotando com $C(t)$ esse capital, e lembrando que todo número é igual à exponencial de seu logaritmo, podemos escrever:

$$C(t) = C_0(1 + j)^t = C_0e^{kt},$$

em que $k = \ln(1 + j)$.

Essa expressão nos mostra que um capital aplicado a juros compostos cresce exponencialmente com o tempo. Embora o capital só mude de valor a cada ano, a lei de crescimento é como se o capital estivesse crescendo continuamente (Fig. 9.5).

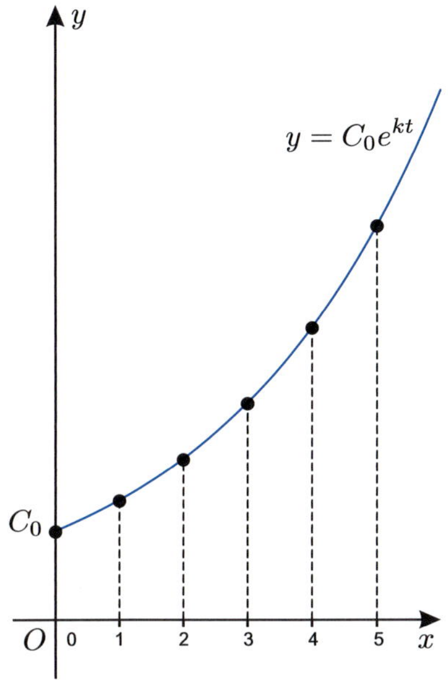

Figura 9.5

Vamos derivar a expressão anterior em relação ao tempo. Usando a regra da cadeia, teremos:

$$\frac{dC(t)}{dt} = kC_0e^{kt},$$

ou seja,

$$\frac{dC(t)}{dt} = kC(t).$$

Isso mostra que a taxa de crescimento instantâneo do capital num determinado instante t é proporcional a seu próprio valor $C(t)$ naquele instante. Essa taxa é o produto $kC(t)$, de forma que k não é "taxa"no sentido próprio do termo, como explicado na Seção 2.3 da p. 73. Entretanto, é costume dizer que k é a *taxa de crescimento exponencial* da função $C(t)$.

Numa situação real, o capital só muda de valor a cada ano (ou a cada seis meses, um mês etc.), mas sua lei de crescimento permite uma interpretação de crescimento contínuo, como se ele estivesse sendo composto a cada instante a uma taxa k. É natural, pois, esperar que essa taxa k seja inferior à taxa j de crescimento anual que produz o mesmo resultado com o capital sendo composto a cada ano. Isso significa que $k = \ln(1 + j)$ deve ser menor do que j. Mas isso é verdade, como vimos anteriormente no caso $j = x$ (Exercício 24 da p. 215).

Crescimento populacional

O *crescimento populacional* é outro fenômeno da mesma natureza que o crescimento de um capital a juros compostos. Quando dizemos que uma população cresce à taxa de 3% ao ano, isso significa que ela aumenta, a cada ano, 0,03 do seu valor. Então, se P_0 é o valor inicial da população, ao final de t anos seu valor será $P_0(1 + 0,03)^t = P_0(1,03)^t$. Em geral, se ela cresce à taxa anual j, sua lei de crescimento, como no caso do capital, será

$$P(t) = P_0e^{kt}, \tag{9.3}$$

em que P_0 é o valor inicial da população e $k = \ln(1+j)$ é a taxa de crescimento instantâneo.

O fato de o crescimento de uma população ser exponencial, justifica muito bem a expressão "explosão populacional", já que a função e^{kt} cresce mais rapidamente do que qualquer potência de t com $t \to \infty$.

Calculando taxas

Consideremos o crescimento de uma população num período de t anos, a uma taxa anual média j, ou taxa instantânea k:

$$P(t) = P_0(1+j)^t = P_0 e^{kt}.$$

Para resolver essa equação em relação a j, procedemos assim:

$$(1+j)^t = \frac{P(t)}{P_0} \quad \text{donde} \quad t\ln(1+j) = \ln\frac{P(t)}{P_0}$$

$$\text{donde} \quad \ln(1+j) = \frac{1}{t}\ln\frac{P(t)}{P_0},$$

donde tiramos, por exponenciação de ambos os membros:

$$j = \exp\left(\frac{1}{t}\ln\frac{P(t)}{P_0}\right) - 1. \tag{9.4}$$

▶ Exemplo 1: Taxa média de crescimento.

Calcule a taxa anual média de crescimento da população brasileira entre 1940 e 1950, quando as populações foram $P_0 = 41\,236\,315$ e $P(10) = 51\,944\,397$, respectivamente.

Substituindo esses valores na última equação, obtemos:

$$j \approx 0,023354 \approx 2,34\,\% \text{ ao ano.}$$

É interessante notar que essa taxa é inferior à da década 1950-1960, que foi de $3,16963\%$. (Veja o Exercício 2, p. 268, adiante.)

A taxa de crescimento instantâneo pode ser calculada a partir de j, como $\ln(1+j)$, ou resolvendo diretamente $P(t) = P_0e^{kt}$. Em qualquer dos casos, temos:

$$k = \frac{1}{t}\ln\frac{P(t)}{P_0} = 0,0230855 = 2,308\% \text{ ao ano.}$$

Como era de se esperar, essa taxa é inferior à taxa média j.

Tempo em que uma população duplica

Seja T o tempo necessário para que uma população dobre seu valor. Como ela cresce à taxa exponencial, podemos escrever

$$2P_0 = P_0e^{kT}, \quad \text{donde} \quad kT = \ln 2 \approx 0,693147.$$

Daqui podemos calcular k, conhecendo T e vice-versa. Esse tempo T é um parâmetro muito sugestivo da rapidez (ou vagarosidade) do crescimento da população: a cada T anos a população dobra seu valor; assim, se ela vale P_0

inicialmente, valerá $2P_0$, $4P_0$, $8P_0$, etc., respectivamente, nos tempos T, $2T$, $3T$ etc. (Fig. 9.6).

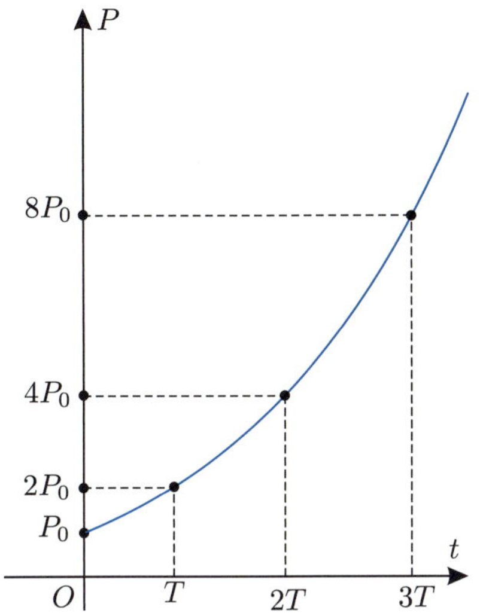

Figura 9.6

▶ Exemplo 2: Tempo para a população duplicar.

Calcule o tempo necessário para que a população brasileira duplicasse, caso continuasse crescendo como na década de 1950, sabendo que em 1950 e 1960 os valores da população foram, respectivamente,

$$P_0 = 51\,944\,397 \quad \text{e} \quad P_1 = 70\,967\,185.$$

Começamos observando que

$$k = \frac{1}{10} \ln \frac{P_1}{P_0},$$

de sorte que o tempo T para duplicar a população é

$$T = \frac{\ln 2}{k} = \frac{10 \ln 2}{\ln(P_1/P_0)}.$$

Efetuando os cálculos, obtemos $T = 22,2131 \approx 22$ anos.

Isso quer dizer que em 1982 o Brasil teria tido cerca de 142 milhões de habitantes; no ano 2004, teria 284 milhões; em 2026, 568 milhões; em 2048, 1,136 bilhão; e assim por diante. Pode-se ver que a população alcançaria números assustadores em pouco tempo.

Mas sabemos que isso não está acontecendo, pois as taxas de crescimento vêm caindo. A taxa anual média entre 1980 e 1990 foi de apenas $1,87\,\%$ ao ano (Exercício 2, p. 268, adiante). Para calcular o tempo de duplicação T no pressuposto de que a população continue crescendo nessa taxa, procedemos como anteriormente, substituindo

$$P_0 = 121\,286\,000 \quad \text{e} \quad P_1 = 146\,000\,000,$$

que são os valores das populações em 1980 e 1990, respectivamente. Obtemos:

$$T = \frac{\ln 2}{k} = \frac{10 \ln 2}{\ln(146/121,286)} \approx 37,4 \text{ anos}.$$

▶ Exemplo 3: Estimando população futura.

Em condições ideais de reprodução, o número de vibriões do cólera de certa colônia duplica a cada 30 minutos. Supondo que a colônia tenha começado com um único vibrião. Calcule quantos vibriões haverá nessa colônia após 10 horas.

Neste problema, como já temos o tempo de duplicação $T = 30$ minutos, e como 10 horas $= 10 \cdot 2 = 20$ períodos de 30 minutos, a solução é, simplesmente,

$$2^{20} = 1\,048\,576 \approx 10^6,$$

um número muito grande. Por aí se vê como é fácil ocorrerem epidemias em populações que vivem em precárias condições de higiene.

A fórmula que dá o crescimento dessa colônia é

$$P(t) = 2^t = e^{(\ln 2)t},$$

em que t é dado em unidades de 30 minutos cada uma; por exemplo, $t = 5$ equivale a 2 horas e meia.

É preciso ter em mente que o crescimento exponencial de uma população só é verdadeiro dentro de certos limites de tempo. Não é verdade, por exemplo, que a população da Terra crescerá sempre exponencialmente, ou mesmo que crescerá sempre. Também não é verdade que alguns vibriões do cólera ingeridos por uma pessoa vão sempre se multiplicar exponencialmente, pois a pessoa ou será curada ou morrerá dentro de algum tempo. O crescimento exponencial pressupõe condições ideais; por exemplo, os indivíduos da população devem se encontrar num meio favorável, onde encontram alimentação ampla e não haja necessidade de competição entre eles.

Desintegração radioativa

Os átomos de uma substância radioativa, como tório, urânio, plutônio etc., se desintegram de maneira espontânea. A substância original vai-se transformando, sucessivamente, através de uma cadeia de outras substâncias radioativas, até chegar a uma substância estável, que não sofre mais desintegração. Por exemplo, as cadeias de desintegração do plutônio e do urânio terminam no elemento chumbo, que é estável. Essa desintegração, ou "decaimento", ocorre ao acaso; entretanto, dada a grande quantidade de átomos da substância, o número daqueles que se desintegram na unidade de tempo é proporcional ao número de átomos existentes a cada instante. Isso equivale a dizer que a massa radioativa M é uma função do tempo t com derivada proporcional à própria massa $M = M(t)$, através de uma constante k, isto é,

$$\frac{dM}{dt} = -kM(t).$$

O sinal negativo que aí aparece se justifica porque a massa M diminui com o tempo, a partir de um valor inicial $M_0 = M(0)$, em vez de aumentar, como no caso de populações.

O fenômeno é parecido com o crescimento populacional, os átomos da substância radioativa desempenhando o papel de indivíduos de uma população. Só que agora a transmutação dos átomos é comparável à morte de indivíduos da população. Assim, em vez de crescimento, temos "decaimento radioativo". A analogia com o crescimento populacional será completa se invertermos a direção do tempo, interpretando a massa $M(t)$ como valor inicial num instante de tempo futuro $t > 0$, que evolui crescentemente para o valor final M_0. Assim, vale agora a mesma fórmula (9.3), com $M(t)$ em lugar de P_0 e M_0 em lugar de $P(t)$, isto é, $M_0 = M(t)e^{kt}$, donde segue que

$$M(t) = M_0 e^{-kt}.$$

Nessa equação, M_0 e $M(t)$ tanto podem ser interpretadas como "massas" ou como "número" de átomos da substância radioativa considerada. Isso porque a massa é proporcional ao número de átomos.

Meia-vida

O tempo necessário para que uma população dobre seu valor é um parâmetro muito sugestivo da velocidade de crescimento dessa população. No caso do decaimento radioativo, o análogo desse parâmetro é a "meia-vida". Chama-se *meia-vida* de uma substância radioativa o tempo T durante o qual sua massa fica reduzida à metade de seu valor original. Assim, se a massa inicial é M_0, ela será $M_0/2$, $M_0/4$, $M_0/8$, etc. nos instantes T, $2T$, $3T$ etc. (Fig. 9.7). A partir de T, calculamos a taxa k, assim:

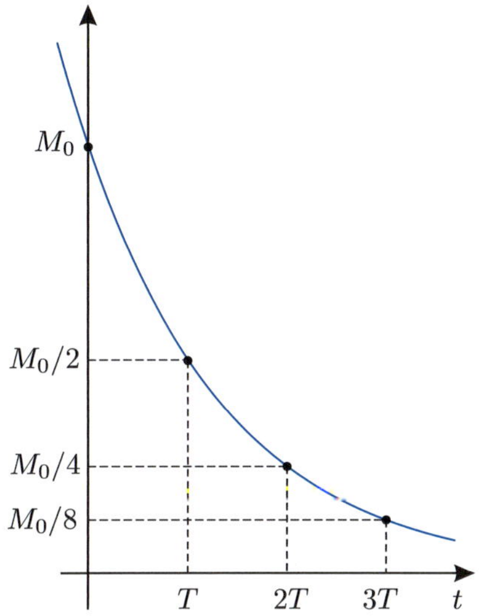

Figura 9.7

$$\frac{M_0}{2} = M_0 e^{-kT};$$

logo,

$$e^{kT} = 2, \quad \text{donde} \quad k = \frac{1}{T}\ln 2 \quad \text{ou} \quad T = \frac{\ln 2}{k}.$$

A determinação da meia-vida de uma substância radioativa é feita por processos técnicos de análise química e medição da intensidade do decaimento radioativo da substância.

▸ Exemplo 4: Estimando a idade de um lago.

Suponha que uma erupção vulcânica que formou certo lago tenha fossilizado partes de uma árvore e esta foi descoberta recentemente. Se uma análise em laboratório revelou que apenas 37,5% do carbono-14 presente na matéria viva ainda está na amostra colhida, estime a idade do lago a partir desses dados. Use 5 730 anos como a *meia-vida* do carbono-14.

Como $M(t) = 37,5\% M_0$ para algum $t > 0$ e $k = \dfrac{\ln 2}{5730}$ então

$$\frac{37,5}{100} M_0 = M_0 e^{-kt}$$

de onde vem que

$$t = \frac{-\ln(0,375)}{k} = \frac{-\ln(0,375)\cdot 5730}{\ln 2} \approx 8\,108,16 \quad \text{anos.}$$

Como calcular a idade da Terra

Para explicar como a radioatividade natural é usada para determinar a idade da Terra, imaginemos uma rocha cuja massa inicial fosse urânio-238 (U^{238}). Esse elemento passa por uma série de desintegrações até atingir o elemento estável chumbo-206. Determinando as quantidades de chumbo e urânio presentes numa amostra de rocha, a lei de decaimento radioativo permite encontrar a idade da rocha em função da taxa de desintegração k e da fração atualmente conhecida do elemento estável em relação ao elemento radioativo. Para tanto, é preciso conhecer a taxa de desintegração k, a qual, como já vimos, é calculada em termos da meia-vida do elemento radioativo considerado.

▸ Exemplo 5: Idade de uma rocha.

Certa amostra de minério contém 1 átomo de urânio-235 para cada 29 átomos de chumbo-207. Supondo que a rocha fosse inicialmente urânio puro, determine sua idade, sabendo que a meia-vida do urânio-235 é de 713 milhões de anos.

A massa atual do urânio é dada por

$$M = M_0 e^{-kt},$$

em que M_0 é a massa original e t é o tempo que desejamos calcular. Tendo em vista que $k = \ln 2/T$, em que T é a meia-vida (713 milhões de anos), obtemos

$$e^{kt} = \frac{M_0}{M} = \frac{1+29}{1} = 30,$$

donde tiramos

$$t = \frac{\ln 30}{k} = \frac{T \ln 30}{\ln 2} = \frac{713 \cdot \ln 30}{\ln 2}.$$

Efetuando os cálculos aí indicados, obtemos, aproximadamente, $t = 3,5$ bilhões de anos. Este é considerado um valor mínimo da idade da crosta terrestre.

▶ Exemplo 6: Idade máxima da crosta terrestre.

A meia-vida do urânio-235 (U^{235}) é de 713 milhões de anos, ao passo que a meia-vida do urânio-238 (U^{238}) é de 4,53 bilhões de anos. Suponhamos que na época da formação da crosta terrestre esses dois isótopos de urânio fossem igualmente abundantes. Atualmente, a proporção de U^{238} para U^{235} é de 137,8 por 1. Mostre, a partir desses dados, que a idade da crosta é da ordem de 6 bilhões de anos. Este é considerado um valor aproximado da idade máxima da crosta terrestre.

Sejam M e N as massas atuais de U^{238} e U^{235}, respectivamente, e t o tempo, em milhões de anos, desde o instante em que $M_0 = N_0$. Então,

$$M = M_0 e^{-\mu t} \quad \text{e} \quad N = N_0 e^{-\nu t},$$

em que $\mu = \ln 2/4530$ e $\nu = \ln 2/713$. Portanto,

$$\frac{M}{N} = \frac{M_0}{N_0} e^{(\nu-\mu)t} = e^{(\nu-\mu)t},$$

donde se segue que

$$t = \frac{1}{\nu - \mu} \ln \frac{M}{N}.$$

Com os valores de μ e ν acima e $M/N = 137,8$, obtemos $t \approx 6,01336$ bilhões de anos. Esse valor é considerado um valor máximo da idade da crosta terrestre.

A disparidade dos resultados dos dois últimos exemplos se explica por outros fenômenos químicos e geológicos demasiado técnicos para serem tratados aqui. A idade mais aceita da crosta terrestre é de 4,5 bilhões de anos, resultado esse a que se chega levando em conta esses outros fenômenos.

■ Circuitos RL

Para entender melhor o que é um circuito RL, precisamos nos apropriar de algumas ideias ainda não discutidas. Seguiremos a linha de raciocínio iniciada na p. 149. Os conceitos relacionadas a carga elétrica, corrente elétrica, circuito elétrico e tensão foram expostos usando uma comparação envolvendo água. Aqui tentaremos expor, de forma comparativa, o que querem dizer *resistência* e *indutância*.

Seguindo mesma linha de raciocínio, a *resistência* é análoga ao atrito no tubo produzido pela água em movimento; este, naturalmente, se opõe ao fluxo de água produzindo queda de pressão. A *resistência* R (medida em ohms (Ω)) provoca queda na *tensão*, que é o que produz o fluxo de elétrons. A *indutância* L (medida em henrys (H)) se opõe a qualquer mudança no fluxo, produzindo uma queda na pressão se o fluxo estiver crescendo e um aumento na pressão se o fluxo estiver decrescendo.

Um circuito é do tipo RL se possuir um *resistor* e um *indutor*. Se além desses ainda houver um *capacitor*, então o circuito é do tipo RLC. Se existirem apenas o *resistor* e o *capacitor*, o circuito é do tipo RC. Vamos considerar um circuito RL que possui uma bateria, uma chave que permite a passagem ou não da corrente elétrica, uma resistência e um indutor, como ilustra a Fig. 9.8.

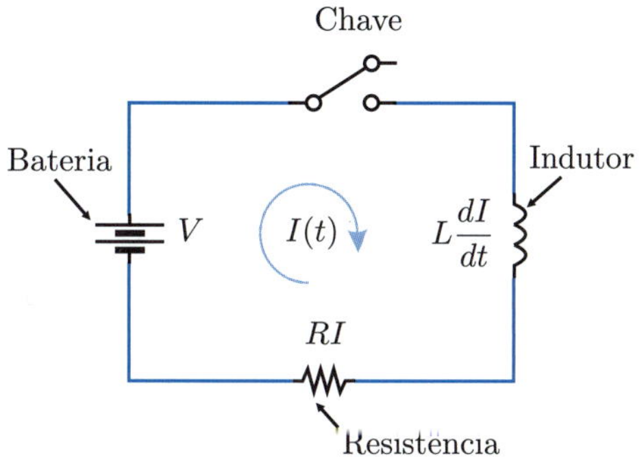

Figura 9.8

Considere que a chave do circuito está aberta e é fechada no instante $t = 0$ quando se inicia a passagem de corrente pelo sistema. Em linhas gerais, o que ocorre é o seguinte: quando a corrente chega ao *indutor*, um potencial aparece dificultando a passagem de corrente. A "velocidade" da corrente passa a ser $L \cdot dI/dt$, em que L é a indutância do *indutor*. Quando a corrente passar pela resistência, haverá uma queda no potencial, que, pela lei de Ohm, é RI, em que R é a resistência do resistor. A Lei de Kirchhoff diz que

> *a tensão aplicada a um circuito fechado é igual à soma das quedas de tensão nesse circuito.*

Se V for a tensão aplicada ao circuito em questão, teremos

$$L \cdot \frac{dI}{dt} + R \cdot I = V \quad \text{com} \quad I(0) = 0. \tag{9.5}$$

Essa é uma equação que envolve derivadas, e a incógnita é uma função $I = I(t)$. Equações com essa característica são chamadas de ***E**quações **D**iferenciais **O**rdinárias*, ou simplesmente EDO. Note que há uma condição inicial $I(0) = 0$, e por isso dizemos que estamos diante de uma EDO com condição inicial ou de contorno. Podemos mostrar que

$$I(t) = \frac{V}{R}\left(1 - e^{-\frac{R}{L} \cdot t}\right)$$

é a solução da EDO(1) (9.5), e com isso temos a corrente escrita em função do tempo.

(1) Veja Exercício 21 adiante (p. 270) e Exercícios 36 e 37 (p. 308) do Capítulo 11.

▶ Exemplo 7: Valor de estado estacionário.

Considere o problema de encontrar o valor de estado estacionário de um circuito RL, isto é, $\lim_{t\to\infty} I(t)$, interpretar o resultado e fazer um esboço do gráfico de $I(t)$. Considere R, L e V constantes não negativas.

Como $-R/L < 0$ então $e^{-R/L\cdot t} \to 0$ quando $t \to \infty$ e assim

$$\lim_{t\to\infty} I(t) = \lim_{t\to\infty} \frac{V}{R}\left(1 - e^{-\frac{R}{L}\cdot t}\right) = \frac{V}{R}.$$

Esse resultado nos mostra que com o decorrer do tempo a corrente tende a se estabilizar em torno do número V/R e não depende da indutância L, apenas da resistência R e da tensão V. Então, no que a indutância interfere? A resposta é simples: *a indutância interfere na velocidade com que a estabilização ocorre.*

De fato, o número L/R torna-se uma unidade de medida interessante por permitir obter o percentual do valor de estado estacionário atingido. Como ilustração, considere o tempo $t = 2L/R$ (Fig. 9.9). A corrente elétrica nesse instante será

$$I\left(\frac{2L}{R}\right) = \frac{V}{R}\left(1 - e^{-\frac{R}{L}\cdot\frac{2L}{R}}\right) = \frac{V}{R}\left(1 - e^{-2}\right) \approx \frac{V}{R}0,8646 = 86,46\%\frac{V}{R}$$

que nos diz que a corrente subiu 86,46% do que irá subir. Quanto menor o valor da indutância, mas rápido a corrente se aproxima do valor de estado estacionário.

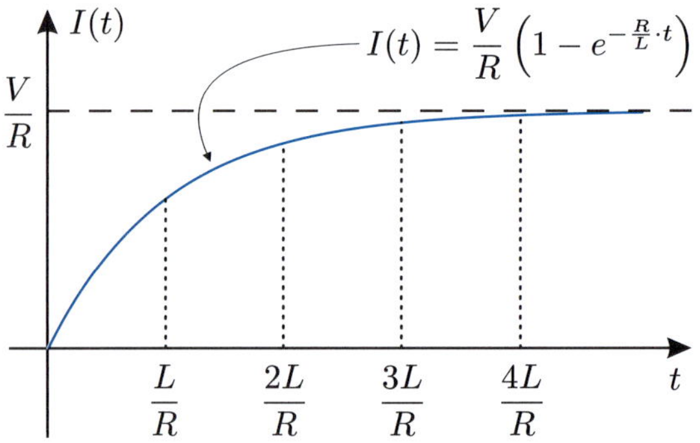

Figura 9.9

Exercícios

1. Uma instituição financeira paga juros anuais de 12% sobre o capital depositado. Se o capital inicial for C reais, qual será o capital após 20 anos?

2. Calcule as taxas médias anuais de crescimento da população brasileira nas décadas dos anos 50, 60, 70 e 80, sabendo que os valores da população em 1950, 1960, 1970, 1980 e 1990 foram 51 944 397, 70 967 185, 93 204 379, 121 286 000 e 146 000 000, respectivamente.

3. Imagine que um país como o Brasil tivesse uma população de $10^8 = 100$ milhões de habitantes e uma taxa de crescimento exponencial $k = 3\,\%$ ao ano. Em quanto tempo a população dobraria seu valor? Em quanto tempo ela atingiria 85×10^{11}, isto é, 1 habitante por metro quadrado?

4. Calcula-se que a população máxima que nosso planeta pode comportar, em termos das terras agricultáveis disponíveis, seja de pouco mais de 40 bilhões. Atualmente a população mundial está entre 5 e 6 bilhões. Supondo que essa população duplique a cada 30 anos, calcule em quanto tempo ela atingiria 50 bilhões de pessoas.

5. Uma colônia de bactérias cresce 50% em 10 horas. Calcule sua taxa de crescimento exponencial e dê a fórmula relacionando a população $P(t)$ ao tempo t.

6. Uma cultura contém, inicialmente, 200 bactérias. Observa-se que o número de bactérias sobe para 1.200 nove horas depois. Quantas bactérias haverá 15 horas após a primeira contagem?

7. A *Escherichia coli* é uma bactéria encontrada no intestino humano, onde, evidentemente, o número de indivíduos é aproximadamente constante. Todavia, quando cultivada em condições ideais em laboratório, sua população duplica a cada 20 minutos. Qual é a expressão que dá o número de bactérias após um tempo t? Numa experiência ideal de laboratório, iniciada com 10 bactérias, quantas deverão existir depois de 5 horas e 40 minutos? E depois de 5 horas e meia?

8. Numa certa cultura de bactérias, o número delas triplica a cada 30 minutos. Calcule o tempo de duplicação dessas bactérias.

9. Deseja-se amortizar uma dívida D em n meses. Se essa dívida cresce a uma taxa mensal j, mostre que a prestação mensal a ser paga é dada por

$$p = \frac{Dq^n(q-1)}{q^n - 1},$$

em que $q = 1 + j$.

10. A taxa de decaimento exponencial do rádio é $k = 0{,}000433$ por ano. Que fração da massa original de rádio restará depois de 100 anos de desintegração? Qual a meia-vida do rádio?

11. O iodo-131 é utilizado na medicina para exames de tireoide e possui meia-vida de oito dias. Determine o tempo necessário para que a quantidade de iodo-131 ingerida por um paciente caia para 10% da quantidade inicial.

12. O conceito de meia-vida é muito importante para se preconizar a posologia (indicação das doses em que se deve administrar os medicamentos) de um medicamento. Suponha que uma cápsula de certo medicamento tenha 500 mg e que este tenha meia-vida de 1,3 h. Se o médico julga que a quantidade mínima de medicamento no organismo do paciente deve ser 7 mg. Qual deve ser a posologia?

13. Por análise de laboratório, determina-se que um pergaminho antigo perdeu 20% de seu carbono-14 original. Calcule a idade desse pergaminho.

14. Uma pintura supostamente devida a Michelangelo (1475-1564) foi analisada em um laboratório, e verificou-se que a quantidade de carbono-14 presente na amostra continha 97% da quantidade presente na matéria viva. A pintura pode ser original? Por quê? (Considere $5\,730$ anos a meia-vida do carbono-14.)

15. Quando a luz penetra na água (no oceano, por exemplo), ela perde intensidade com o aumento da profundidade x da água. A taxa de diminuição dessa intensidade em relação a x é proporcional à própria intensidade. Sabe-se que a intensidade cai pela metade numa profundidade de 10 metros. Qual a intensidade da luz a 100 metros de profundidade, em termos da intensidade na superfície?

16. Se P N/m^2 for a pressão atmosférica à altura h acima do nível do mar, então $P = 101\,314 e^{-0{,}0000096 \cdot h}$. Encontre a taxa de variação da pressão em relação ao tempo fora de um avião que está a 2800 m e subindo a uma velocidade de 30 m/s.

17. Uma certa quantidade de açúcar numa determinada porção de água dissolve-se a uma taxa proporcional à quantidade de açúcar não dissolvida. Se a quantidade inicial Q_0 de açúcar cai pela metade em 2 minutos, quanto tempo levará para que ela caia para $Q_0/4$? Em quanto tempo o açúcar se dissolve por completo?

18. Quando um corpo à temperatura T é colocado num ambiente a uma temperatura inferior e constante C, a diferença $C - T$ decai exponencialmente com o tempo, isto é,

$$T - C = (T_0 - C)e^{-kt},$$

em que $T_0 = T(0)$ e k é uma taxa constante. Essa relação é conhecida como a **Lei do Resfriamento de Newton**.

Uma esfera de aço, à temperatura de 100° C, é colocada num meio cuja temperatura se mantém sempre a 40° C. Calcule o tempo necessário para a temperatura da esfera cair para 50° C, sabendo que ela cai para $80°$C em 2 minutos.

19. Use a Lei do Resfriamento de Newton (exercício anterior) para estimar o tempo necessário para que um objeto com temperatura $25°$C chegue a $0°$C se colocado em um congelador a $-10°$C, sabendo que passados 4 min a temperatura do objeto é de $15°$C.

20. Numa reação química, uma substância se decompõe a uma taxa proporcional à quantidade de substância presente a cada instante. Em 3 horas, a substância fica reduzida à metade de sua massa original. Quanto restará da substância depois de 13 horas?

21. Considere a EDO (9.5) da p. 267

$$L \cdot \frac{dI}{dt} + R \cdot I = V \quad \text{em que} \quad I(0) = 0.$$

Divida ambos os membros por L e posteriormente multiplique ambos por $e^{\frac{R}{L}\cdot t}$. Mostre que o primeiro membro é a derivada $\frac{d}{dt}\left(I \cdot e^{\frac{R}{L}\cdot t}\right)$ e obtenha (9.5) reescrita de forma equivalente da seguinte forma

$$\frac{d}{dt}\left(e^{\frac{R}{L}\cdot t}\right) = \frac{V}{L}e^{\frac{R}{L}\cdot t}$$

22. Mostre que em um circuito RL após $t = 3L/R$ a corrente elétrica está a cerca de 95% de seu valor de estado estacionário.

Respostas, sugestões, soluções

1. $C(1 + 0,12)^{20} \approx 9,65C.$

2. Utilizando a fórmula (9.4) da p. 262, calculemos a taxa referente à década de 1950:

$$j = \exp\left(\frac{1}{10}\ln\frac{P(10)}{P_0}\right) - 1 = \exp\left(\frac{1}{10}\ln\frac{70\,967\,185}{51\,944\,397}\right) - 1$$
$$\approx 3,17\,\% \text{ ao ano.}$$

O procedimento é o mesmo para o cálculo referente às outras décadas, resultando em

$$j \approx 2,76\,\%,\ 2,67\,\% \text{ e } 1,87\,\% \text{ ao ano, respectivamente.}$$

Observe como essas taxas vêm baixando a cada década.

3. 23 e 378 anos, respectivamente.

4. Seja t o tempo pedido. De

$$50 = 5e^{kt}, \quad \text{e} \quad k = \frac{\ln 2}{30},$$

resulta:

$$t = \frac{\ln 10}{k} = \frac{30 \cdot \ln 10}{\ln 2} = 99,6578,$$

aproximadamente 100 anos.

5. Como $P(t) = P_0 e^{kt}$ e $P_0 + 50\%$ de P_0 é $3P_0/2$, devemos ter $P_0 e^{10k} = 3P_0/2$, donde

$$k = \frac{1}{10} \ln 1,5 \approx 0,0405 \quad \text{e} \quad P(t) = P_0 e^{0,405t}.$$

6. De $200e^{9k} = 1200$ obtemos $k = \frac{1}{9} \ln 6$, de sorte que o número de bactérias pedido é

$$1200e^{15k} \approx 23\,774.$$

7. Temos: $P(t) = 10e^{kt}$, t em minutos, em que

$$k = \frac{\ln 2}{T} = \frac{\ln 2}{20} \approx 0,0346574 \quad \text{por minuto.}$$

Observe que 5 horas e 40 minutos é o mesmo que $17 \cdot 20$ minutos, de sorte que após esse tempo a colônia deverá ter $10 \cdot 2^{17} = 1\,310\,720$ bactérias; e depois de 5 horas e meia, isto é, 330 minutos, o número de bactérias será

$$P(330) = 10e^{0,0346574 \cdot 330} \approx 926\,831.$$

Observe que em apenas 10 minutos a mais houve um aumento considerável no número de bactérias. Mais 10 minutos e o número dobraria!

8. Aproximadamente 22,8 min.

9. Após o pagamento da primeira prestação, a dívida fica reduzida a $Cq - p$; depois do segundo pagamento, fica sendo $Cq^2 - qp - p$. Em geral, após n meses devemos ter

$$Cq^n - (q^{n-1} + q^{n-2} + \ldots + q + 1)p = 0,$$

donde

$$p = \frac{Cq^n(q-1)}{q^n - 1}.$$

10. A resposta à primeira pergunta é dada por

$$\frac{M(t)}{M_0} = e^{-100 \cdot 0,000433} \approx 0,958;$$

quanto à segunda pergunta,

$$\frac{M_0}{2} = M_0 e^{-kT} \Rightarrow T = \frac{\ln 2}{k} \approx 1\,600 \quad \text{anos.}$$

11. Temos $k = \ln(2)/8 \approx 0,086643397$. Para que $M(t) = 10\% M_0$, é necessário que $t = -\ln(0,1)/k \approx 26,57$ dias.

12. Análogo ao anterior. De 8 em 8 horas.

13. Como a vida-média do carbono-14 é $T = 5\,730$ anos, temos que $k = \ln 2/T$ e, sendo t a idade do pergaminho,

$$e^{-kt} = \frac{M(t)}{M_0} = 0,8, \quad \text{donde} \quad t = \frac{T \ln(10/8)}{\ln 2} \approx 1\,845 \quad \text{anos.}$$

14. A pintura é falsa, pois pode ter, no máximo, cerca de 252 anos.

15. Temos: $I(x) = I_0 e^{-kx}$, em que $I(x)$ é a intensidade a uma profundidade x e I_0 é a intensidade na superfície. Então,

$$I(10) = \frac{I_0}{2} = I_0 e^{-10k}, \quad \text{donde} \quad k = \frac{\ln 2}{10};$$

$$I(100) = I_0 e^{-100k} = I_0 e^{-10 \ln 2} = \frac{I_0}{2^{10}} = \frac{I_0}{1024} \approx 0{,}00098 I_0.$$

16. Como $dP/dt = dP/dh \cdot dh/dt$ quando $h = 2800$ e $dh/dt = 30$ então $dP/dt = -28.40$ N/m^2/s.

17. 4 minutos. Tempo infinito para ser dissolvido por completo.

18. $8,84$ minutos.

19. Cerca de $24,1$ min.

20. $0,05 = 5\,\%$ da massa original.

21. Basta notar que

$$\frac{d}{dt}\left(I \cdot e^{\frac{R}{L} \cdot t}\right) = \frac{dI}{dt} \cdot e^{\frac{R}{L} \cdot t} + I \cdot \frac{d}{dt}\left(e^{\frac{R}{L} \cdot t}\right)$$

22. Siga a ideia da segunda parte do Exemplo 7 (p. 268).

9.3 Notas históricas e complementares

Idades geológicas

Por volta de 1900, a ideia aceita entre os geólogos era de que a história de nosso planeta se situava entre os limites de 20 a 100 milhões de anos. Isso não era nada satisfatório, em confronto com as previsões dos evolucionistas, que exigiam um mínimo de 200 milhões de anos para explicar a complexidade e a diversidade atingida pelos organismos vivos em sua evolução. Em 1905, o físico Ernest Rutherford (1871-1937) estabeleceu a ligação da radioatividade com a desintegração atômica, reconhecendo a possibilidade de usar esse fato para determinar idades de rochas. O próprio Rutherford calculou a idade de um cristal como superior a 500 milhões de anos. A partir daí, os químicos e geólogos têm desenvolvido e aperfeiçoado vários métodos de determinação de idades geológicas, baseados na desintegração radioativa. Esses estudos aplicados a rochas terrestres e minerais obtidos de meteoritos levam à conclusão de que a idade provável da crosta terrestre é de 4,5 bilhões de anos.

Idades históricas e arqueológicas

Os elementos radioativos usados na determinação de idades geológicas, como urânio, tório, potássio, decaem tão vagarosamente que são inadequados para se determinar idades de acontecimentos ocorridos há apenas alguns milhares de anos. Logo após a grande guerra de 1939 a 1945, um método apropriado à determinação de idades de importância histórica e arqueológica foi desenvolvido pelo químico norte-americano Willard F. Libby, em colaboração com seus alunos de doutorado, baseado num isótopo de carbono, o carbono-14.

O elemento carbono-14 tem vida média de aproximadamente 5 730 anos. Ele se forma nas camadas superiores da atmosfera, por efeito da radiação cósmica sobre o nitrogênio, sendo razoável supor que sua presença na superfície da Terra tenha atingido, há muito tempo, uma proporção constante relativamente ao carbono ordinário. Os animais e plantas absorvem o C^{14} pela respiração e alimentação, de forma que, enquanto vivos, possuem C^{14} em proporção fixa. Depois de mortos, a absorção desse elemento cessa, e o que possuíam continua a se desintegrar. Portanto, a análise da proporção de C^{14} existente em um osso, um pedaço de madeira ou uma peça de linho permite determinar a idade desses objetos.

Libby e seus colaboradores fizeram centenas de determinações de idades, pelo método do carbono-14, dentre as quais destacamos as seguintes: carvão deixado pelo homem na caverna de Lascaux, na França, notável pelas pinturas lá encontradas: $15\,516 \pm 900$ anos; carvão deixado pelo homem nos famosos monumentos de Stonehenge, na Inglaterra: $3\,789 \pm 275$ anos; linho que embrulhava o papiro do livro de Isaías, encontrado numa caverna do Mar Morto em 1 947: $1\,917 \pm 200$ anos. Libby foi laureado com o Prêmio Nobel de Química em 1 960 pelos seus trabalhos de determinação de idades pelo método do carbono-14.

Nos últimos anos, interessantes pesquisas antropológicas e arqueológicas vêm sendo desenvolvidas na Serra da Capivara, no município de São Raimundo Nonato, no Piauí, onde têm sido encontrados muitos vestígios de grupamentos humanos pré-históricos, inclusive pinturas rupestres tão ou mais importantes que as de Lascaux, na França. A idade desses sítios arqueológicos tem sido calculada pelo método do carbono-14, resultando ser de muitas dezenas de milhares de anos, talvez mais de 30 000 anos.

O método do carbono-14 é empregado também para dirimir questões históricas de natureza policial ou de puro charlatanismo. Assim é que, pelo exame de tintas e tecidos das telas, tem sido possível determinar como falsificações várias telas atribuídas a pintores famosos de alguns séculos atrás. Até mesmo um sudário preservado em Torino, na Itália, e venerado como tendo envolvido o corpo de Cristo, foi submetido a estudos para determinação de sua idade, resultando ser um objeto de cerca de apenas oito séculos atrás.

A função exponencial ocorre em muitos outros fenômenos naturais, alguns deles já considerados nos exercícios da última lista do presente capítulo.

O porquê do número e

O leitor que trava contato com o número e pela primeira vez costuma achar esse número muito estranho, principalmente para funcionar como base de um sistema de logaritmos, ou base de uma função exponencial. Afinal, é um número irracional, só conhecido por suas aproximações. Não seria mais natural adotar uma base mais simples e conhecida, como 2 ou 10?

Ora, os exemplos estudados neste capítulo mostram o surgimento da função exponencial em uma variedade de situações concretas que, por si sós, deveriam bastar para justificar a importância dessa função e do número e. No entanto, vamos conceder ao leitor o direito de ser cético e argumentar:

— Será que a função e^x é mesmo mais fundamental que outra exponencial, como 2^x ou a^x, com $a > 0$? Afinal, podemos sempre substituir a exponencial e^x por esta outra:

$$e^x = 2^{x \ln_2 e} = 2^{rx}, \quad \text{com} \quad r = \ln_2 e.$$

$$e^x = a^{x \ln_a e} = a^{sx}, \quad \text{com} \quad s = \ln_a e.$$

Mas, como se vê, o número e continua aparecendo aí através dos números r e s; ainda não nos livramos dele.

Suponhamos que o leitor não se dê por satisfeito e tente outra argumentação:

— O número e foi introduzido por nós (p. 212), definindo-o como aquele que tem logaritmo (natural) igual a 1. Fomos *nós* que inventamos esse número, pela introdução desse "logaritmo natural". Não poderíamos ter evitado tudo isso, para nunca nos envolvermos com esse tal de número e?

Vamos tentar. Vamos supor que nunca apelássemos para a ideia de "logaritmo natural", que começássemos definindo primeiro a exponencial com base $a > 0$ qualquer e só depois definíssemos o logaritmo de um número como *o expoente a que se deve elevar a base para se obter o número.* Começamos a estudar um certo fenômeno, como o crescimento populacional, e nos deparamos com aquela fórmula $P(t) = P_0(1 + j)^t$. O estudo do fenômeno — vale dizer, do comportamento da função $P(t)$ — exige que calculemos sua derivada, o instrumento mais básico no estudo de uma função, para saber se ela cresce ou decresce, se tem concavidade para cima ou para baixo etc. E a transformação que fizemos antes, escrevendo $P = P_0e^{kt}$, foi justamente para ficar fácil calcular a derivada, já que, como vimos, a derivada da exponencial é ela mesma, isto é, $(e^x)' = e^x$.

Observe que se $a^h = t + 1$ então, aplicando $\ln_b()$ em ambos os membros ficaremos com $\ln_b(a^h) = \ln_b(t + 1)$ de onde vem $h \cdot \ln_b a = \ln_b(t + 1)$ e finalmente que $h = \ln_b(t + 1)/\ln_b a$.

— Não, não — dirá o leitor. — Por que fazer a transformação em termos do número e? Por que não deixar na forma em que já se encontra: $P(t) = P_0(1 + j)^t$? Afinal, isso já é uma forma exponencial com base $1 + j$.

Vamos fazer isso. Temos então de derivar $y = a^x$ diretamente, em que $a = 1+j$. Tentando sempre evitar o número e, se tivermos de usar o logaritmo, optaremos por uma base b, a ser escolhida posteriormente. Nas transformações que fazemos, primeiro pomos $t = a^h - 1$, depois $n = 1/t$. Quando $h \to 0$, o mesmo acontece com t, mas $n \to \infty$. De $t = a^h - 1$, obtemos $a^h = t + 1$, donde $h = \ln_b(1+t)/\ln_b a$ (veja detalhamento na primeira caixa na lateral); portanto,

$$Da^x = \lim_{h\to 0} \frac{a^{x+h} - a^x}{h} = \lim_{h\to 0} \frac{a^x \cdot a^h - a^x}{h} = a^x \cdot \lim_{h\to 0} \frac{a^h - 1}{h} = a^x \cdot \lim_{t\to 0} \frac{t \ln_b a}{\ln_b(1 + t)}$$

$$= a^x \cdot \ln_b a \cdot \lim_{t\to 0} \frac{1}{\frac{1}{t}\ln_b(1 + t)} = a^x \cdot \ln_b a \cdot \lim_{t\to 0} \frac{1}{\ln_b(1 + t)^{\frac{1}{t}}}$$

$$= a^x \cdot \ln_b a \cdot \frac{1}{\ln_b \lim_{n\to\infty}(1 + 1/n)^n}.$$

Veja o detalhamento da finalização da derivada da função a^x:

$$Da^x = a^x \cdot \ln_b a \cdot \frac{1}{\ln_b \lim_{n\to\infty}(1 + 1/n)^n}$$

$$= a^x \cdot \ln_b a \cdot \frac{1}{\ln_b e} = a^x \frac{\ln_b a}{\ln_b e}$$

$$= a^x \ln_e a = a^x \cdot \ln a.$$

Mas o número que aparece nessa última expressão, na forma de um limite, é exatamente o número e, como vimos na p. 212! Não há, pois, como evitar esse número, mais cedo ou mais tarde ele acaba aparecendo em nossos cálculos! Vemos, em seguida, que se fizermos $a = e$ na última fórmula, obtemos $De^x = e^x$, isto é, somos naturalmente levados a considerar a função e^x, que tem a notável propriedade de coincidir com a sua derivada. Ao considerarmos sua inversa, verificamos que ela é exatamente aquela função que vimos chamando de "logaritmo natural". Por fim verificamos que $\ln e = 1$. Como se vê, não há como se livrar do número e, que é também dado pela expressão

$$e = \lim_{n\to\infty}\left(1 + \frac{1}{n}\right)^n.$$

Aliás, foi nessa forma que ele primeiro apareceu na história da Matemática, por obra do matemático suíço Jacques Bernoulli (1654-1705), em cálculos envolvendo juros compostos. (Veja a Nota seguinte.)

Voltemos à expressão acima da derivada de a^x, que é simplesmente

$$Da^x = a^x \cdot \frac{\ln_b a}{\ln_b e}.$$

Veja, estamos de volta com o número e, antes mesmo de fixar a base b! É claro que a forma mais simples dessa última expressão é obtida quando escolhemos $b = e$, que faz o denominador igual a 1 e o numerador igual a $\ln a$, isto é,

$$Da^x = a^x \ln a.$$

É principalmente para evitar complicações com o cálculo de derivadas de exponenciais (mesmo a de e^x) que é preferível introduzir primeiro o logaritmo natural, para depois definir a exponencial. Seguindo esse caminho, o cálculo da derivada de a^x ficou simples, com o emprego da regra da cadeia.

Como se vê, não fomos nós que inventamos o número e. Ele surge na Matemática de maneira natural e espontânea, assim como surge o número π no estudo do círculo. Para aqueles que acreditam que a Matemática é algo que existe independentemente de nós, ao invés de ser uma criação humana — os chamados "realistas" ou "platônicos" —, o número e é tão natural como as asas nos pássaros ou o sangue em nossas veias. E se em nosso universo existir algum outro mundo onde imperem as mesmas leis físicas e do intelecto, com outra espécie inteligente como nós, humanos, dificilmente eles entenderiam qualquer mensagem que lhes enviássemos, através de qualquer das línguas do nosso planeta; mas, certamente, saberiam do que estaríamos falando se conseguíssemos comunicar-lhes algo como 2,71828 ou 3,14159.

Como surgiu o número e?

O número e surgiu pela primeira vez na história da Matemática com o problema de compor juros continuamente, proposto pelo matemático suíço Jacques Bernoulli (1654-1705). Imagine um capital inicial de C_0 reais, rendendo juros à taxa anual j. Então, ao final de t anos o capital será $C_0(1+j)^t$ reais.

Se os juros forem compostos a cada seis meses, com a taxa semestral $j/2$, então o capital deverá ser multiplicado por $1 + j/2$ ao fim de cada semestre. Como t anos é o mesmo que $2t$ semestres, ao final desse período o capital será $C_0(1+j/2)^{2t}$. De modo análogo, compondo-se os juros a cada três meses, à taxa trimestral $j/4$, ao final de t anos o capital será $C_0(1+j/4)^{4t}$. Em geral, se os juros forem compostos a cada fração $1/n$ de ano, à taxa j/n por tal período, ao final de t anos o capital será

$$C_n(t) = C_0\left(1+\frac{j}{n}\right)^{nt} = C_0\left[\left(1+\frac{j}{n}\right)^{n/j}\right]^{jt}.$$

Qual será o valor do capital $C(t)$, ao final de t anos, se os juros forem compostos *continuamente* com o passar do tempo? Para responder a essa pergunta, basta fazer $n \to \infty$ na expressão anterior. Pondo $n/j = x$ e notando que $x \to \infty$ com $n \to \infty$, obtemos

$$C(t) = C_0\left[\lim_{x\to\infty}\left(1+\frac{1}{x}\right)^{x}\right]^{jt}.$$

Como já vimos, o limite que aí aparece nada mais é do que o número e, de forma que podemos escrever:

$$C(t) = C_0 e^{jt}.$$

Esse é o capital que obtemos com a composição contínua dos juros, usando a mesma taxa j da composição anual. É de se esperar que o capital anual seja inferior ao capital da composição instantânea, isto é,

$$C_0(1+j)^t < C_0 e^{jt},$$

o que é verdade, pois $(1+j)^t = e^{t\ln(1+j)}$; e, como já vimos, $\ln(1+j) < j$.

Potência na linguagem de programação PASCAL

No ano de 1970, o suíço Niklaus Wirth criou uma linguagem de programação chamada PASCAL, em homenagem ao matemático Blaise Pascal (1623-1662), com dupla finalidade: ensinar programação estruturada e utilizar em sua fábrica de *software*.

Durante os anos 1970, 1980 e até por volta de 1995, essa foi uma linguagem de programação bastante utilizada. Entretanto, nos dias atuais, ela está restrita a alguns redutos acadêmicos e não é mais utilizada para a produção de *softwares* comerciais, pois foi substituída por linguagens mais robustas.

Não obstante isso, do ponto de vista educacional, continua sendo interessante aprender a produzir pequenos *softwares* usando essa linguagem. Há versões livres de compiladores para PASCAL disponíveis, como Dev-Pascal, Free Pascal, GNU Pascal, Pascal zim e outros.

O leitor deve se perguntar: *por que estamos falando de uma linguagem de programação em um livro de Cálculo?* Ocorre que em PASCAL há um fato interessante: **não há uma função que permita calcular potência**. Para fazer esse cálculo, é preciso compor as funções exp( ) e ln( ) como mostrado na p. 236 em (8.4). Isso requer do estudante conhecer um pouco de matemática para escrever alguns tipos (específicos) de software.

> Usamos o símbolo $e^{i\cdot\theta}$, em que i é a unidade imaginária e $\theta \in \mathbb{R}$, para representar o número complexo $\cos\theta + i\cdot\operatorname{sen}\theta$. A notação é muito apropriada, pois faz lembrar a exponencial real e suas propriedades. Essas propriedades são demonstradas logo no início de qualquer curso de *Variáveis Complexas* e não serão tratadas aqui. O que necessitamos é, basicamente, da definição, ou seja,
>
> $$e^{i\cdot\theta} = \cos\theta + i\cdot\operatorname{sen}\theta.$$
>
> A partir dessa definição, é possível escrever qualquer número complexo $z = x + j\cdot y$ na forma complexa, a saber
>
> $$z = |z|e^{i\cdot Arg\{z\}}$$
>
> em que $|z| = \sqrt{x^2+y^2}$ é o módulo do número completo z e $Arg\{z\}$ seu argumento, que mede o ângulo que o vetor Oz forma com a horizontal Ox, no plano complexo.

Por exemplo: suponha que você queira escrever um programa que terá a função de uma calculadora. Escrever esse programa para as quatro operações básicas da aritmética é fácil. Entretanto, a potenciação oferece um desafio interessante, principalmente se o expoente não for inteiro (por exemplo $\sqrt{3}^{\pi}$). Felizmente vale a seguinte propriedade

$$a^b = e^{\ln a^b} = e^{b\cdot\ln a} \quad \text{se} \quad a > 0$$

que coloca a potência em função da exponencial e do logaritmo natural, funções que fazem parte da biblioteca matemática da linguagem PASCAL.

Desse modo, para calcular, por exemplo, 3^5 é preciso calcular $\exp(5 * \ln(3))$. Nesse caso em particular, seria possível calcular a potência apenas multiplicando o 3 por ele mesmo cinco vezes. Saindo da trivialidade de potências com números naturais, no problema de calcular, por exemplo, $\pi^{\sqrt{2}}$, não temos o expoente representando uma quantidade de vezes que a base será multiplicada por ela mesma. A potência aqui não tem esse significado. Entretanto, graças às funções exponencial e logaritmo natural, o cálculo é simples. Basta comandar seu programa para calcular $\exp(\sqrt{2}\cdot\ln\pi)$.

Entretanto, ocorre um problema quando a base é negativa – nessa formulação –, pois a função ln(.) não está definida para esse tipo de número. No caso de a base ser negativa, por exemplo $(-2)^3$, o *software* retornará um erro, pois ele não consegue calcular o logaritmo natural de -2, já que esse número seria obtido da seguinte forma: $\exp(3\cdot\ln(-2))$. Note que, nesse caso particular, estamos novamente em uma situação muito simples que poderia ser tratada separadamente, pois nesse caso o expoente indica a quantidade de vezes que a base será multiplicada por ela mesma. Uma potência com expoente racional também não oferece muita dificuldade, mas uma situação mais geral como $(-3)^{\pi}$ oferece uma dificuldade adicional. O que seu programa retornaria caso o usuário digitasse essa potência para ser calculada em seu *software*? Caso só tenha a seu dispor as funções exponenciais e logaritmo natural, como em PASCAL, como você resolveria esse problema? Que sentido podemos dar ao símbolo $(-3)^{\pi}$?

A matemática para resolver esse problema é menos trivial. Passa por uma representação complexa desse número. É óbvio que isso exigirá do estudante um conhecimento que vai um pouco além do que se conhece para números reais. Essa matemática é estudada, geralmente, em cursos de Variáveis Complexas. Não temos a pretensão de nos aprofundar nesse assunto. Ao leitor interessado sugerimos uma consulta em [1, pp. 65;66]. Em linhas gerais,(2) o cálculo deve ser feito da seguinte forma:

$$(-3)^{\pi} = (i^2 \cdot 3)^{\pi} = i^{2\pi} \cdot 3^{\pi} = \left[e^{i \cdot \frac{\pi}{2}}\right]^{2\pi} \cdot 3^{\pi} = e^{i \cdot \pi^2} \cdot e^{\pi \ln 3}$$

de onde vem que

$$(-3)^{\pi} = e^{i \cdot \pi^2 + \pi \ln 3}$$

Agora, mostre através desta última formulação para potência usando uma combinação das funções exponenciais e logarítmicas, que, de fato, $(-2)^3 = -8$.

Podemos escrever esse mesmo número da seguinte forma:

$$(-3)^{\pi} = 3^{\pi} \cdot e^{i \cdot \pi^2} = 3^{\pi} \cdot \left(\cos \pi^2 + i \cdot \operatorname{sen} \pi^2\right)$$

$$= 3^{\pi} \cdot \cos \pi^2 + i \cdot 3^{\pi} \cdot \operatorname{sen} \pi^2 \approx -28,47456044 - 13,57354242 \cdot i.$$

De modo geral, se $a > 0$, podemos mostrar, à luz dos números complexos, que

$$(-a)^b = e^{\pi \cdot b \cdot i + b \cdot \ln a}.$$

(2) Consideraremos apenas o *ramo principal* do logaritmo. O leitor encontrará mais detalhes em [1, pp. 65;66].

10 Funções trigonométricas

Vamos tratar agora das funções trigonométricas, de importância fundamental em muitas aplicações e na própria Matemática. A trigonometria é uma parte da Matemática elementar que costuma ser vista pelos iniciantes como disciplina muito complicada e difícil. Isso acontece quando o aluno é exposto logo de início a uma grande quantidade de identidades e equações trigonométricas. Mas isso é desnecessário; bastam umas poucas identidades básicas para se desenvolver tudo o que é essencial nessa disciplina. É exatamente isso que faremos neste capítulo.

10.1 Medição de ângulos, funções trigonométricas

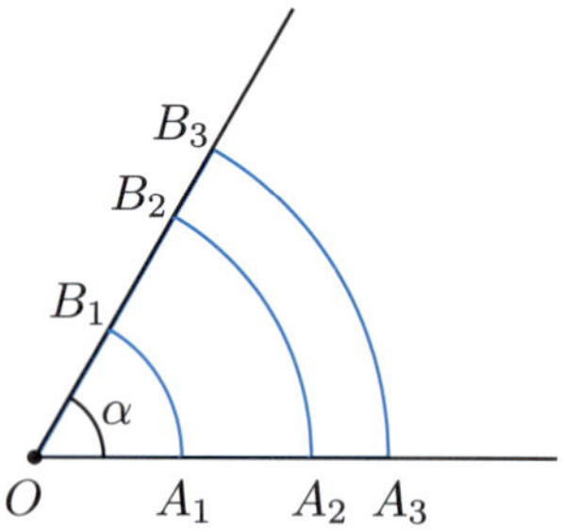

Figura 10.1

Como preliminar à discussão das funções trigonométricas, vamos considerar o problema da medição de ângulos. Sejam um ângulo α e vários círculos, todos centrados no vértice desse ângulo. Então, os lados do ângulo determinam nesses círculos os arcos $\overset{\frown}{A_1B_1}$, $\overset{\frown}{A_2B_2}$, $\overset{\frown}{A_3B_3}$ etc. Em Geometria Elementar, aprendemos que a razão do arco pelo raio do círculo correspondente é constante (Fig. 10.1):

$$\frac{\overset{\frown}{A_1B_1}}{OA_1} = \frac{\overset{\frown}{A_2B_2}}{OA_2} = \frac{\overset{\frown}{A_3B_3}}{OA_3} = \text{const.}$$

Essa razão dá a medida do ângulo em *radianos*, sendo que o ângulo de um radiano (1 rad) é aquele para o qual o raio OA é igual ao arco $\overset{\frown}{AB}$ (Fig. 10.2). Uma circunferência de raio r tem comprimento $2\pi r$, de forma que o ângulo de uma volta mede 2π rad. Para relacionar o radiano com o grau, basta notar que o ângulo de uma volta mede 360 graus ($360°$) ou 2π rad:

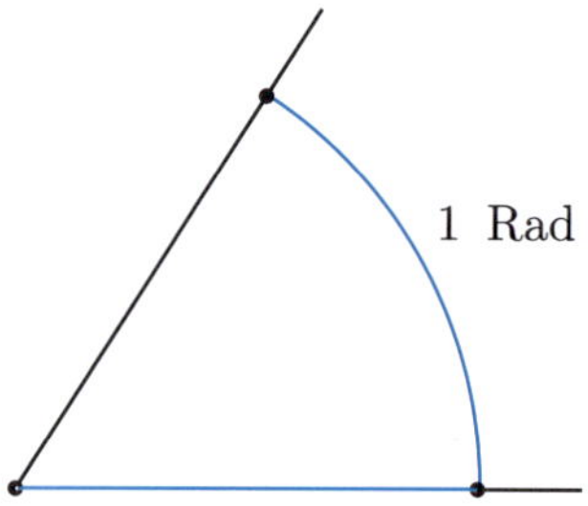

Figura 10.2

$$2\pi \text{ rad} = 360°.$$

Portanto,

$$1 \text{ rad} = \left(\frac{180}{\pi}\right)^{\circ} \approx 57°17'44,8''; \qquad 1° = \frac{\pi}{180} \text{ rad} \approx 0,01745 \text{ rad}.$$

Funções seno e cosseno

Lembramos, agora, a maneira como as funções seno e cosseno são introduzidas em Trigonometria. No plano xOy tomamos uma circunferência de centro na origem e raio igual à unidade de comprimento. Dado um número real θ, marcamos, sobre a circunferência, a partir do ponto $A = (1, 0)$, o arco $AP = \theta$. Se θ é um número positivo, o arco é marcado sobre a circunferência no sentido anti-horário; se negativo, no sentido horário (Fig. 10.3).

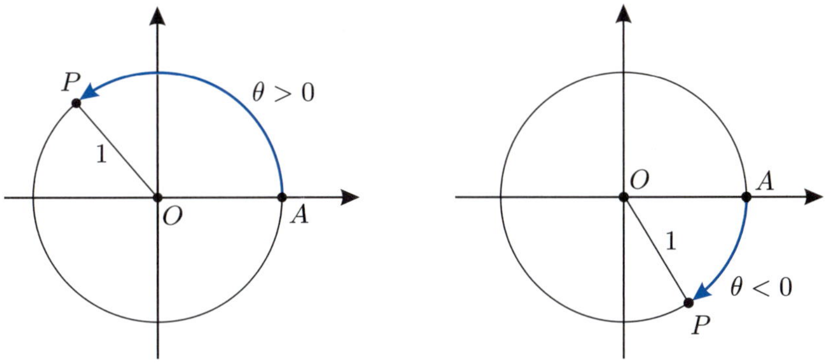

Figura 10.3

O *seno* de θ, indicado por $\operatorname{sen}\theta$, é definido como a ordenada do ponto P; o *cosseno* de θ, cuja notação é $\cos\theta$, é a abscissa de P (Fig. 10.4). Como P está sobre a circunferência unitária, o teorema de Pitágoras nos dá, imediatamente, uma das identidades trigonométricas fundamentais:

$$(\operatorname{sen}\theta)^2 + (\cos\theta)^2 = 1.$$

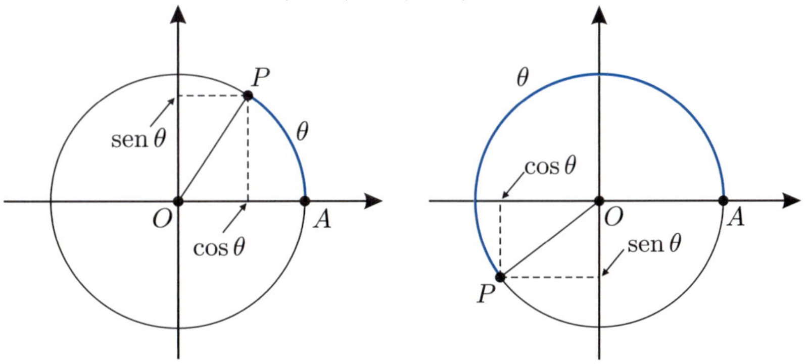

Figura 10.4

É costume consagrado escrever $\operatorname{sen}^2\theta$ em lugar de $(\operatorname{sen}\theta)^2$ e $\cos^2\theta$ em lugar de $(\cos\theta)^2$, de sorte que a relação anterior fica sendo[(1)]

$$\operatorname{sen}^2\theta + \cos^2\theta = 1.$$

À medida que o ponto P se move sobre a circunferência, tanto sua abscissa como sua ordenada variam, mantendo-se em valor absoluto nunca superior ao raio da circunferência, que é igual a 1. Isso significa que, para todo θ, temos sempre

$$-1 \leq \operatorname{sen}\theta \leq 1, \quad -1 \leq \cos\theta \leq 1.$$

Observe que o seno cresce de 0 a 1, à medida que θ varia de 0 a $\pi/2$, e o cosseno decresce de 1 a 0; quando θ varia de $\pi/2$ a π, o seno decresce de 1 a 0 e o cosseno decresce de 0 a -1. Tudo isso está ilustrado na Fig. 10.5.

[(1)]Não confunda $(\operatorname{sen}\theta)^2$ com $\operatorname{sen}\theta^2$, nem $(\cos\theta)^2$ com $\cos\theta^2$. Em programas de computador, deverá escrever `sin(x)^2` para representar $\operatorname{sen}^2 x$.

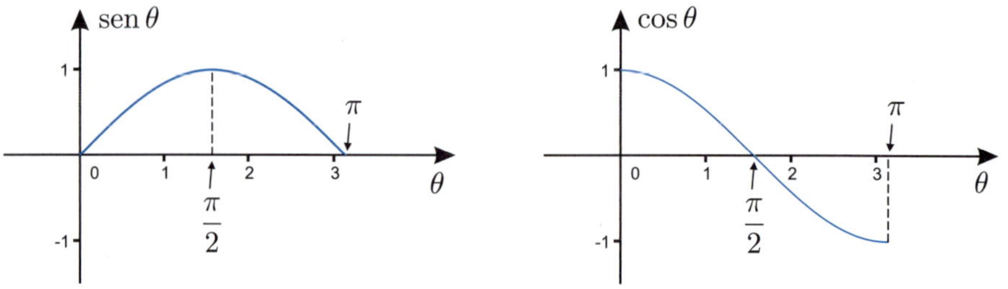

Figura 10.5

Vemos, diretamente das definições, que o seno é uma função ímpar e o cosseno é par, isto é,

$$\operatorname{sen}(-\theta) = -\operatorname{sen}\theta, \quad \cos(-\theta) = \cos\theta.$$

Portanto, os gráficos anteriores se estendem ao intervalo $-\pi \leq \theta \leq 0$, como indica a Fig. 10.6. Ainda da definição podemos verificar que essas funções são periódicas, de período 2π, vale dizer,

$$\operatorname{sen}(\theta + 2\pi) = \operatorname{sen}\theta, \quad \cos(\theta + 2\pi) = \cos\theta.$$

Os gráficos mostrados na Fig. 10.7 sugerem que o gráfico da função cosseno é o gráfico da função seno transladado $\pi/2$ rad para a esquerda, ou seja, $\operatorname{sen}(\theta + \pi/2) = \cos(\theta)$. Esse fato o leitor mostrará no Exercício 1 da p. 286.

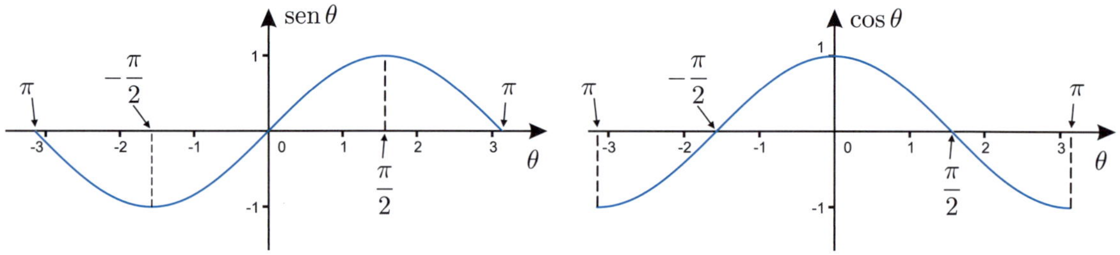

Figura 10.6

Isso nos permite obter os gráficos das funções em toda a reta por repetidas translações de magnitudes $\pm 2\pi$ (Fig. 10.7).

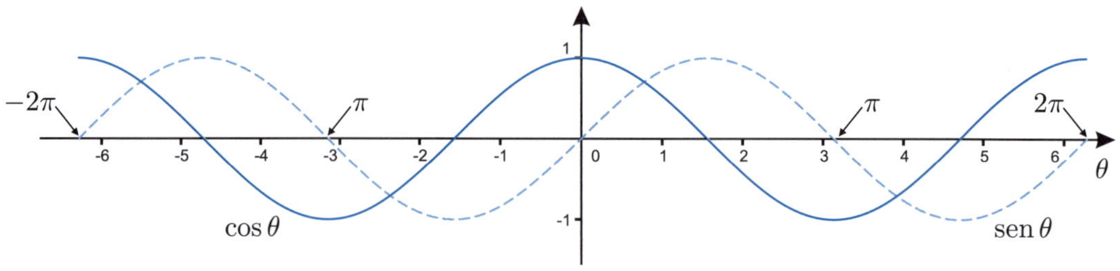

Figura 10.7

Observe que a função sen θ está definida para todo número real θ. O fato de que θ é interpretado como a medida de um ângulo, em radianos, é apenas um recurso para definir o seno. Aliás, há outras maneiras de definir essa função, sem nenhuma referência a ângulos. O fato é que a variável independente θ é apenas um número, que tanto pode ser interpretado como medida de ângulo quanto como medida de tempo ou de qualquer outra grandeza física. Essa variável pode ser denotada por θ, x, t ou qualquer outra letra. Essas observações se aplicam, evidentemente, também à função cosseno e às demais funções trigonométricas que introduziremos a seguir.

Tangente e cotangente

As funções *tangente* (tg) e *cotangente* (cotg) são definidas em termos de seno e cosseno da seguinte maneira:

$$\operatorname{tg}\theta = \frac{\operatorname{sen}\theta}{\cos\theta}, \quad \operatorname{cotg}\theta = \frac{\cos\theta}{\operatorname{sen}\theta} = \frac{1}{\operatorname{tg}\theta},$$

é claro que essas funções não estão definidas onde os denominadores dos segundos membros se anulam. No caso da tangente, isso ocorre nos pontos em que o cosseno se anula, ou seja, quando $\theta = \pi/2 + k\pi$; e no caso da cotangente, quando o seno se anula, ou seja, quando $\theta = k\pi$, em ambos os casos k variando entre os inteiros.

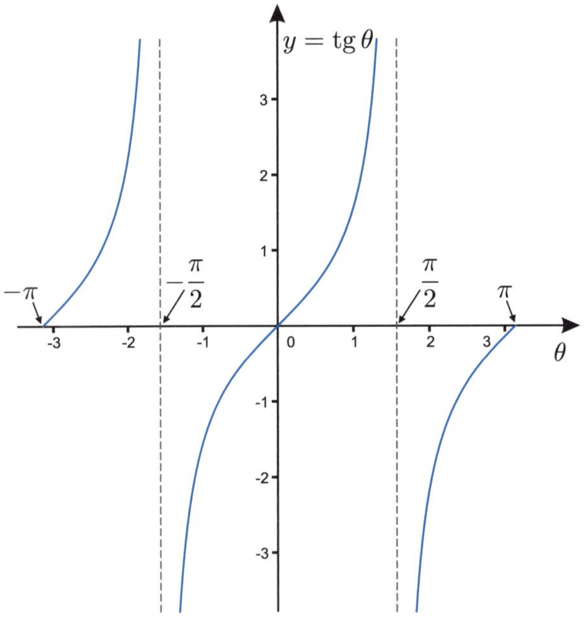

Figura 10.8

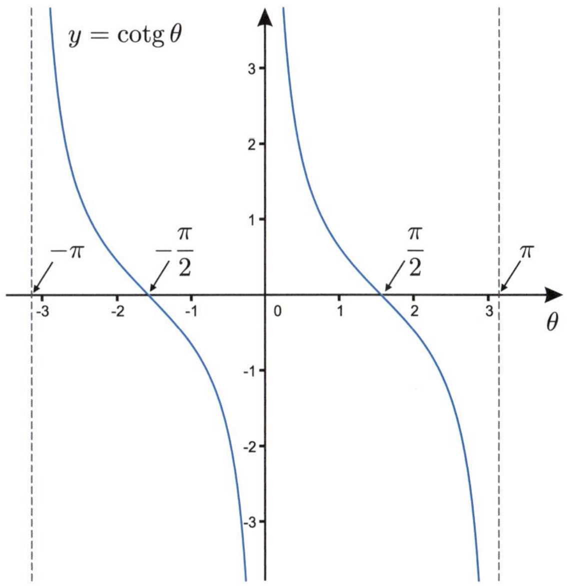

Figura 10.9

Os gráficos dessas funções, mostrados nas Figs. 10.8 e 10.9, são obtidos pelo exame das variações do seno e do cosseno. Por exemplo, quando θ varia de zero a $\pi/2$, o seno varia de zero a 1 e o cosseno, de 1 a zero; o resultado para a tangente e a cotangente são os trechos de gráficos exibidos nas referidas figuras. O leitor não deve encontrar dificuldade para analisar o que ocorre nos demais trechos desses gráficos.

Secante e cossecante

Uma vez entendidos as definições e os gráficos da tangente e da cotangente, fica fácil entender as duas funções trigonométricas restantes, a secante e a cossecante. Elas são definidas assim:

$$\sec\theta = \frac{1}{\cos\theta} \quad \operatorname{cosec}\theta = \frac{1}{\operatorname{sen}\theta}.$$

E seus gráficos são mostrados nas Figs. 10.10 e 10.11 respectivamente, os quais podem ser entendidos com procedimento inteiramente análogo ao que utilizamos no caso da tangente e da cotangente.

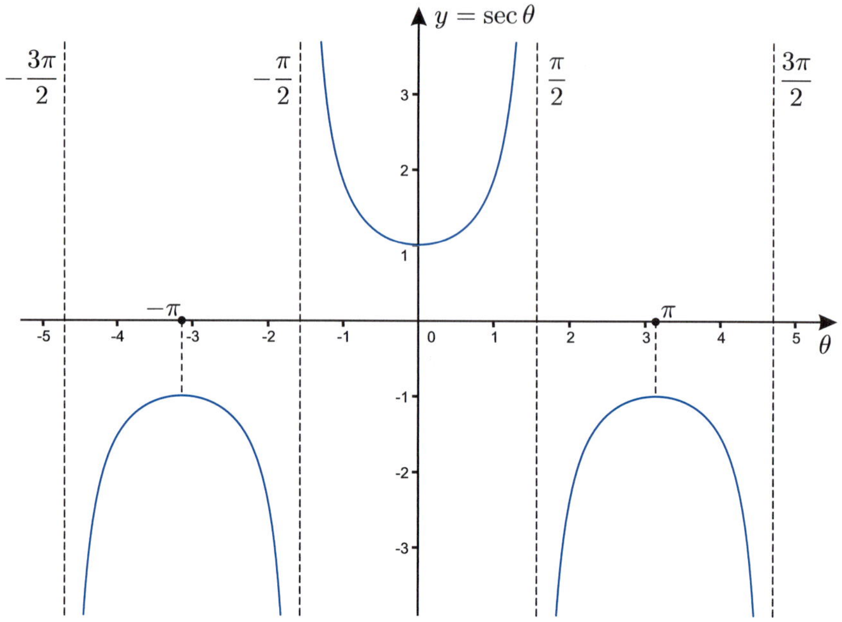

Figura 10.10

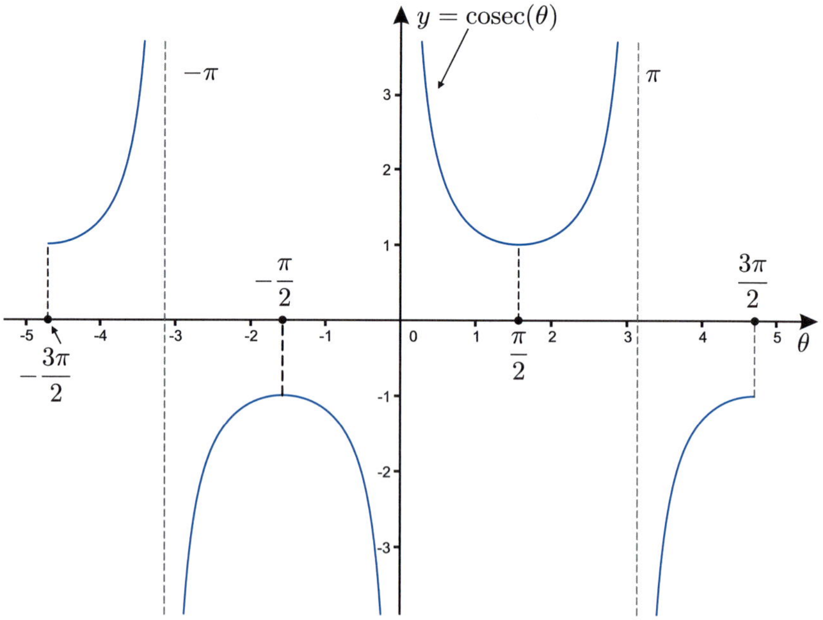

Figura 10.11

Veremos a seguir alguns exemplos de como calcular as funções seno e cosseno para alguns valores do ângulo.

Seno e cosseno de alguns ângulos

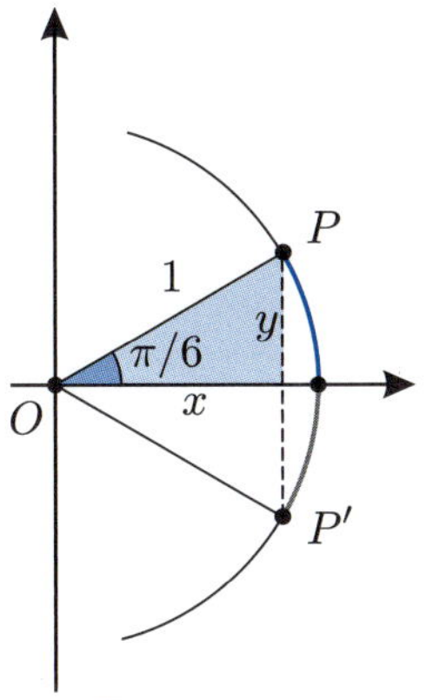

Figura 10.12

Vamos calcular os valores de $\operatorname{sen}\theta$ e $\cos\theta$ para certos valores do ângulo θ. Daremos preferência à medida dos ângulos em radianos. Assim, seja $\theta = \pi/6$ rad, que é o mesmo que $30°$; marcando o ponto P na circunferência unitária e sua imagem P', por reflexão no eixo dos x, obtemos um triângulo equilátero OPP' (Fig. 10.12), já que todos os seus ângulos medem $\pi/3$ rad. Então, $PP' = OP = 1$. Mas $PP' = 2y = 2\operatorname{sen}(\pi/6)$, donde $2\operatorname{sen}(\pi/6) = PP' = 1$; portanto, $\operatorname{sen}(\pi/6) = 1/2$. O cosseno é obtido lembrando que

$$\cos^2\frac{\pi}{6} = 1 - \operatorname{sen}^2\frac{\pi}{6} = 1 - \frac{1}{4} = \frac{3}{4},$$

donde $\cos\left(\dfrac{\pi}{6}\right) = \dfrac{\sqrt{3}}{2}$.

Exercícios

Nos Exercícios 1 a 8, calcule os valores do seno e do cosseno para os valores dados de θ:

1. $\theta = \pi/3$.

2. $\theta = \pi/4$.

3. $\theta = -\pi/3$.

4. $\theta = 3\pi/2$.

5. $\theta = 4\pi/3$.

6. $\theta = -\pi/6$.

7. $\theta = 2\pi/3$.

8. $\theta = 7\pi/6$.

Esboce os gráficos das funções dadas nos Exercícios 9 a 14.

9. $y = 2\operatorname{sen} x$.

10. $y = \dfrac{\operatorname{sen} x}{2}$.

11. $y = \operatorname{sen} 2x$.

12. $y = \operatorname{sen}\dfrac{x}{2}$.

13. $y = \operatorname{sen} 3x$.

14. $y = \operatorname{sen}\dfrac{x}{3}$.

15. Dizemos que uma função f é periódica com período p se

$$f(x+p) = f(x) \tag{10.1}$$

para todo x. Mostre que, se uma função é periódica com período p, então ela é periódica com períodos $-p$, $2p$, $3p$ etc. Em geral, entende-se por *período* o menor número positivo p satisfazendo a Eq. (10.1).

Mostre que as funções dadas nos Exercícios 16 a 20 são periódicas, e determine seus períodos.

16. $f(x) = \operatorname{sen} 3x$.

17. $f(x) = \cos\dfrac{x}{2}$.

18. $f(x) = \operatorname{sen}(5x - 7)$.

19. $f(t) = A\cos\omega t$.

20. $f(t) = A\cos(\omega t - \varphi)$.

Respostas, sugestões, soluções

1. $\operatorname{sen}(\pi/3) = \sqrt{3}/2,\ \cos(\pi/3) = 1/2.$

2. $\operatorname{sen}(\pi/4) = \cos(\pi/4) = \sqrt{2}/2.$

3. $\operatorname{sen}(-\pi/3) = -\sqrt{3}/2,\ \cos(-\pi/3) = 1/2.$

4. $\operatorname{sen}(3\pi/2) = -1,\ \cos(3\pi/2) = 0.$

5. $\operatorname{sen}(4\pi/3) = -\sqrt{3}/2,\ \cos(4\pi/3) = -1/2.$

6. $\operatorname{sen}(-\pi/6) = -1/2,\ \cos(-\pi/6) = \sqrt{3}/2.$

7. $\operatorname{sen}(2\pi/3) = \sqrt{3}/2,\ \cos(2\pi/3) = -1/2.$

8. $\operatorname{sen}(7\pi/6) = -1/2,\ \cos(7\pi/6) = -\sqrt{3}/2.$

Se o leitor sentir necessidade, poderá usar o *software* GeoGebra para visualizar os gráficos das funções dos Exercícios 9 ao 14. Veja na p. 294 como é a sintaxe para produzir os gráficos.

15. $f(x-p) = f((x-p)+p) = f(x)$. Isso prova que f tem período $-p$. Temos também

$$f(x+2p) = f((x+p)+p) = f(x+p) = f(x);$$

logo, f tem período $2p$. Prove, de modo geral, que np é período.

16. Sendo p o período, devemos ter

$$\operatorname{sen}[3(x+p)] = \operatorname{sen} 3x;$$

ou seja,

$$\operatorname{sen}(3x+3p) = \operatorname{sen} 3x.$$

Como 2π é o período da função seno, devemos ter

$$3p = 2\pi \therefore p = 2\pi/3.$$

17. $p = 4\pi.$

18. $p = 2\pi/5.$

19. $p = 2\pi/\omega.$

20. $p = 2\pi/\omega.$

10.2 Identidades trigonométricas

As identidades trigonométricas fundamentais são as seguintes:

$$\operatorname{sen}^2 a + \cos^2 a = 1; \tag{10.2}$$

$$\operatorname{sen}(-a) = -\operatorname{sen} a; \quad \cos(-a) = \cos a; \tag{10.3}$$

$$\operatorname{sen}(a+b) = \operatorname{sen} a \cos b + \cos a \operatorname{sen} b; \tag{10.4}$$

$$\operatorname{sen}(a-b) = \operatorname{sen} a \cos b - \cos a \operatorname{sen} b; \tag{10.5}$$

$$\cos(a+b) = \cos a \cos b - \operatorname{sen} a \operatorname{sen} b; \tag{10.6}$$

$$\cos(a-b) = \cos a \cos b + \operatorname{sen} a \operatorname{sen} b. \tag{10.7}$$

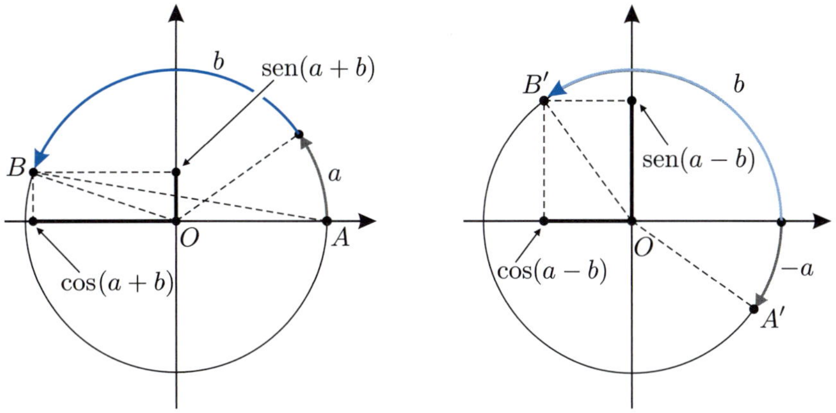

Figura 10.13

As identidades em (10.2) e (10.3) já foram consideradas anteriormente. Para demonstrar a penúltima, observamos que os pontos ilustrados na Fig. 10.13,

$$A = (1,\, 0), \quad B = [\cos(a+b),\, \operatorname{sen}(a+b)],$$
$$A' = (\cos a,\, -\operatorname{sen} a), \quad B' = (\cos b,\, \operatorname{sen} b),$$

são tais que $AB = A'B'$. Daqui e da fórmula da distância de dois pontos, obtemos:

$$[\cos(a+b) - 1]^2 + \operatorname{sen}^2(a+b) = (\cos b - \cos a)^2 + (\operatorname{sen} b + \operatorname{sen} a)^2.$$

Expandindo os quadrados que aí aparecem, encontramos:

$$[\cos^2(a+b) + 1 - 2\cos(a+b)] + \operatorname{sen}^2(a+b)$$
$$= \cos^2 b + \cos^2 a - 2\cos a \cos b + \operatorname{sen}^2 b + \operatorname{sen}^2 a + 2 \operatorname{sen} a \operatorname{sen} b.$$

ou ainda, após simplificações,

$$2 - 2\cos(a+b) = 2 - 2(\cos a \cos b - \operatorname{sen} a \operatorname{sen} b);$$

finalmente,

$$\cos(a+b) = \cos a \cos b - \operatorname{sen} a \operatorname{sen} b,$$

que é a identidade (10.6).

Substituindo b por $-b$ em (10.6) e levando em conta as identidades (10.3), obtemos a identidade (10.7). Fazendo $a = \pi/2$ em (10.7), obtemos

$$\cos\left(\frac{\pi}{2} - b\right) = \operatorname{sen} b,$$

que nos diz que o seno de b é igual ao cosseno de seu *complemento* $\pi/2 - b$. Do mesmo modo, fazendo $a = \pi/2 - c$ e $b = \pi/2$ na mesma identidade (10.7), resulta

$$\cos(-c) = \operatorname{sen}\left(\frac{\pi}{2} - c\right).$$

isto é,

$$\cos c = \operatorname{sen}\left(\frac{\pi}{2} - c\right);$$

vale dizer, o cosseno de c é igual ao seno de seu complemento $\pi/2 - c$.

Para demonstrar a identidade (10.4), basta utilizar os resultados já estabelecidos, da seguinte maneira:

$$\operatorname{sen}(a+b) = \cos\left[\frac{\pi}{2} - (a+b)\right] = \cos\left[\left(\frac{\pi}{2} - a\right) - b\right]$$

$$= \cos\left(\frac{\pi}{2} - a\right)\cos b + \operatorname{sen}\left(\frac{\pi}{2} - a\right)\operatorname{sen} b = \operatorname{sen} a \cos b + \cos a \operatorname{sen} b.$$

Finalmente, a identidade (10.5) é obtida de (10.4) pela substituição de b por $-b$.

Como dissemos, as identidades (10.2) a (10.7) são fundamentais, por isso mesmo devem ser memorizadas. Delas seguem todas as demais identidades trigonométricas. Por exemplo, de (10.4) e (10.6) obtemos, respectivamente,

$$\operatorname{sen}(x+\pi) = -\operatorname{sen} x \quad \text{e} \quad \cos(x+\pi) = -\cos x.$$

Daqui segue-se que

$$\operatorname{tg}(x+\pi) = \frac{\operatorname{sen}(x+\pi)}{\cos(x+\pi)} = \frac{-\operatorname{sen} x}{-\cos x} = \operatorname{tg} x,$$

isto é, a tangente é uma função periódica de período π.

Exercícios

Estabeleça as identidades dos Exercícios 1 a 21.

1. $\operatorname{sen}(a + \pi/2) = \cos a$.

2. $\cos(a + \pi/2) = -\operatorname{sen} a$.

3. $\operatorname{tg}(a+b) = \dfrac{\operatorname{tg} a + \operatorname{tg} b}{1 - \operatorname{tg} a \cdot \operatorname{tg} b}$.

4. $\operatorname{cotg}(a+b) = \dfrac{\operatorname{cotg} a \operatorname{cotg} b - 1}{\operatorname{cotg} a + \operatorname{cotg} b}$.

5. $1 + \operatorname{tg}^2 a = \dfrac{1}{\cos^2 a} = \sec^2 a$.

6. $1 + \operatorname{cotg}^2 a = \dfrac{1}{\operatorname{sen}^2 a} = \operatorname{cosec}^2 a$.

7. $\operatorname{sen} 2a = 2 \operatorname{sen} a \cos a$.

8. $\cos 2a = \cos^2 a - \operatorname{sen}^2 a$
$= 1 - 2\operatorname{sen}^2 a = 2\cos^2 a - 1$.

9. $\operatorname{tg} 2a = \dfrac{2 \operatorname{tg} a}{1 - \operatorname{tg}^2 a}$.

10. $\operatorname{cotg} 2a = \dfrac{\operatorname{cotg}^2 a - 1}{2 \operatorname{cotg} a}$.

11. $\cos^2\left(\dfrac{a}{2}\right) = \dfrac{1 + \cos a}{2}$.

12. $\operatorname{sen}^2\left(\dfrac{a}{2}\right) = \dfrac{1 - \cos a}{2}$.

13. $\operatorname{tg}\dfrac{a}{2} = \dfrac{\operatorname{sen} a}{1 + \cos a} = \dfrac{1 - \cos a}{\operatorname{sen} a}$.

14. $2\cos a \cos b = \cos(a+b) + \cos(a-b)$.

15. $2\operatorname{sen} a \operatorname{sen} b = \cos(a-b) - \cos(a+b)$.

16. $2\operatorname{sen} a \cos b = \operatorname{sen}(a+b) + \operatorname{sen}(a-b)$.

17. $2\cos a \operatorname{sen} b = \operatorname{sen}(a+b) - \operatorname{sen}(a-b)$.

18. $\cos p + \cos q = 2\cos\dfrac{p+q}{2}\cos\dfrac{p-q}{2}$.

19. $\cos p - \cos q = -2\,\mathrm{sen}\dfrac{p+q}{2}\,\mathrm{sen}\,\dfrac{p-q}{2}$.

20. $\mathrm{sen}\; p + \mathrm{sen}\, q = 2\,\mathrm{sen}\dfrac{p+q}{2}\cos\dfrac{p-q}{2}$.

21. $\mathrm{sen}\, p - \mathrm{sen}\, q = 2\,\cos\dfrac{p+q}{2}\mathrm{sen}\dfrac{p-q}{2}$.

22. Mostre que $\mathrm{cotg}\, x$ é função periódica com período π.

23. Mostre que $\sec x$ é função par, enquanto as funções $\mathrm{tg}\, x$, $\mathrm{cotg}\, x$ e $\mathrm{cosec}\, x$ são ímpares.

Respostas, sugestões, soluções

1. Use (10.4).

2. Use (10.6).

3. Use (10.4) e (10.6) em

$$\mathrm{tg}(a+b) = \frac{\mathrm{sen}(a+b)}{\cos(a+b)}$$

e divida numerador e denominador por $\cos a \cos b$.

4. Análogo ao anterior.

5. $1 + \mathrm{tg}^2 a = 1 + \dfrac{\mathrm{sen}^2\, a}{\cos^2 a} = \dfrac{\cos^2 a + \mathrm{sen}^2\, a}{\cos^2 a} = \dfrac{1}{\cos^2 a}$.

6. Análogo ao anterior.

7. Use (10.4) com $a = b$.

8. Use (10.6) com $a = b$.

9. Caso particular do Exercício 3 com $a = b$.

10. Análogo ao anterior.

11. Aplique o Exercício 8 com $a/2$ em lugar de a.

12. Análogo ao anterior.

13. $\mathrm{tg}\dfrac{a}{2} = \dfrac{\mathrm{sen}(a/2)}{\cos(a/2)} = \dfrac{2\,\mathrm{sen}(a/2)\,\cos(a/2)}{2\cos^2(a/2)} = \dfrac{\mathrm{sen}\, a}{1+\cos a}$;

$\mathrm{tg}\dfrac{a}{2} = \dfrac{2\,\mathrm{sen}^2(a/2)}{2\,\mathrm{sen}(a/2)\,\cos(a/2)} = \dfrac{1-\cos a}{\mathrm{sen}\, a}$.

14. Adicione (10.6) e (10.7).

15. Subtraia (10.6) de (10.7).

16. Use (10.4) e (10.5).

17. Idem.

18. Faça $a + b = p$ e $a - b = q$ no Exercício 14.

19. Faça $a + b = p$, $a - b = q$ no Exercício 15.

20. Faça $a + b = p$, $a - b = q$ no Exercício 16.

21. Faça $a + b = p$, $a - b = q$ no Exercício 17.

22. Use a definição da cotangente.

23. Use as definições das funções em pauta.

10.3 Derivadas das funções trigonométricas

O cálculo das derivadas de todas as funções trigonométricas depende fundamentalmente da derivada do seno. E para o cálculo dessa derivada necessitamos de dois limites básicos, o primeiro dos quais é

$$\lim_{x \to 0} \frac{\operatorname{sen} x}{x}.$$

Portanto, vamos começar com o estudo desse limite. Quando x tende a zero, $\operatorname{sen} x$ também tende a zero, de forma que não sabemos, de imediato, o valor do limite. Como $f(x)$ é uma função par, basta estudar o seu limite com $x \to 0+$; o limite pela esquerda terá o mesmo valor.

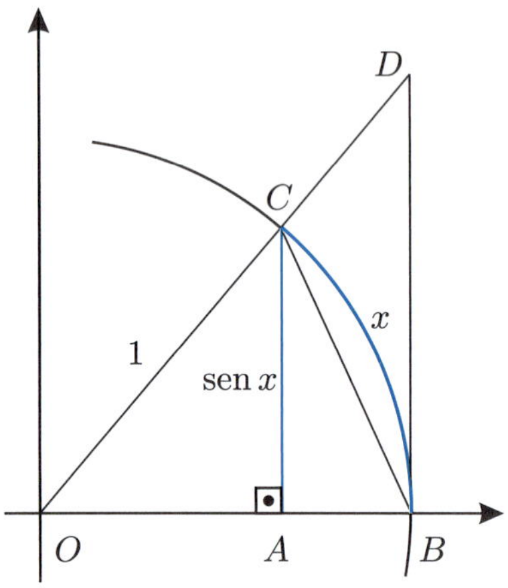

Figura 10.14

Consideremos x entre 0 e $\pi/2$, como ilustra a Fig. 10.14. A área do triângulo OBC é menor que a área do setor circular OBC, a qual é menor que a área do triângulo OBD, isto é,

$$\frac{OB \cdot AC}{2} < \frac{x \cdot OB}{2} < \frac{OB \cdot BD}{2}$$

Tomando o raio $OB = 1$, teremos

$$OA = \cos x, \quad AC = \operatorname{sen} x, \quad BD = \frac{BD}{OB} = \frac{AC}{OA} = \frac{\operatorname{sen} x}{\cos x};$$

Portanto, as desigualdades nos dão

$$\operatorname{sen} x < x < \frac{\operatorname{sen} x}{\cos x}.$$

Dividindo por $\operatorname{sen} x$, teremos:

$$1 < \frac{x}{\operatorname{sen} x} < \frac{1}{\cos x}.$$

Invertendo os três membros dessas desigualdades, elas mudarão de sentido:

$$1 > \frac{\operatorname{sen} x}{x} > \cos x.$$

Como $\cos x \to 1$ quando $x \to 0$, o membro do meio também deve tender para o valor 1, isto é,

$$\lim_{x \to 0} \frac{\operatorname{sen} x}{x} = 1.$$

Outro limite fundamental

Vamos mostrar, em seguida, que

$$\lim_{x \to 0} \frac{\cos x - 1}{x} = 0. \tag{10.8}$$

Para tanto, basta notar que

$$\frac{\cos x - 1}{x} = \frac{(\cos x - 1)(\cos x + 1)}{x(\cos x + 1)} = \frac{\cos^2 x - 1}{x(\cos x + 1)}$$
$$= \frac{-\operatorname{sen}^2 x}{x(\cos x + 1)} = \frac{-1}{\cos x + 1} \cdot \frac{\operatorname{sen} x}{x} \cdot \operatorname{sen} x.$$

Nessa expressão de três fatores, quando $x \to 0$, o primeiro fator tende para $-1/2$, o segundo para 1 e o terceiro para 0; logo, o produto tende para 0. Isso prova a propriedade (10.9).

Derivada do seno

Estamos agora, em condições de calcular a derivada da função $\operatorname{sen} x$. Temos

$$\begin{aligned}\frac{\operatorname{sen}(x+h)-\operatorname{sen} x}{h} &= \frac{\operatorname{sen} x \cdot \cos h + \cos x \cdot \operatorname{sen} h - \operatorname{sen} x}{h} \\ &= \operatorname{sen} x \cdot \frac{\cos h - 1}{h} + \cos x \cdot \frac{\operatorname{sen} h}{h};\end{aligned}$$

portanto,

$$\lim_{h\to 0} \frac{\operatorname{sen}(x+h)-\operatorname{sen} x}{h} = \operatorname{sen} x \cdot \lim_{h\to 0} \frac{\cos h - 1}{h} + \cos x \cdot \lim_{h\to 0} \frac{\operatorname{sen} h}{h}$$

Mas, de acordo com (10.9) e (10.8),

$$\lim_{h\to 0} \frac{\cos h - 1}{h} = 0 \quad \text{e} \quad \lim_{h\to 0} \frac{\operatorname{sen} h}{h} = 1;$$

portanto, a expressão anterior fica sendo:

$$\lim_{h\to 0} \frac{\operatorname{sen}(x+h)-\operatorname{sen} x}{h} = \cos x,$$

isto é,

$$\frac{d(\operatorname{sen} x)}{dx} = \cos x.$$

Derivada do cosseno

A derivada do cosseno pode ser calculada exprimindo o cosseno em termos do seno e usando a regra da cadeia:

$$\cos x = \operatorname{sen}\left(\frac{\pi}{2} - x\right) = \operatorname{sen} u, \; u = \frac{\pi}{2} - x;$$

$$\frac{d(\cos x)}{dx} = \frac{d(\operatorname{sen} u)}{du} \cdot \frac{du}{dx} = \cos u \cdot (-1) = -\cos\left(\frac{\pi}{2} - x\right) = -\operatorname{sen} x,$$

isto é,

$$\frac{d(\cos x)}{dx} = -\operatorname{sen} x.$$

Derivadas das demais funções trigonométricas

Com os resultados anteriores e a regra de derivação de um quociente, podemos derivar as demais funções trigonométricas:

$$\begin{aligned}D[\operatorname{tg} x] = D\left[\frac{\operatorname{sen} x}{\cos x}\right] &= \frac{\cos x \cdot D[\operatorname{sen} x] - \operatorname{sen} x \cdot D[\cos x]}{\cos^2 x} \\ &= \frac{\cos x \cdot \cos x - \operatorname{sen} x \cdot (-\operatorname{sen} x)}{\cos^2 x} = \frac{\cos^2 x + \operatorname{sen}^2 x}{\cos^2 x} \\ &= \frac{1}{\cos^2 x} = \sec^2 x;\end{aligned}$$

$$D[\operatorname{cotg} x] = D\left[\frac{\cos x}{\operatorname{sen} x}\right] = \frac{\operatorname{sen} x \cdot D[\cos x] - \cos x \cdot D[\operatorname{sen} x]}{\operatorname{sen}^2 x}$$
$$= \frac{\operatorname{sen} x \cdot (-\operatorname{sen} x) - \cos x \cdot (\cos x)}{\operatorname{sen}^2 x}$$
$$= \frac{-\operatorname{sen}^2 x - \cos^2 x}{\operatorname{sen}^2 x} = \frac{-1}{\operatorname{sen}^2 x} = -\operatorname{cosec}^2 x;$$

$$D[\sec x] = D\left[\frac{1}{\cos x}\right] = \frac{\cos x D[1] - 1 \cdot D[\cos x]}{\cos^2 x}$$
$$= \frac{\cos x \cdot 0 - \cdot(-\operatorname{sen} x)}{\cos^2 x}$$
$$= \frac{\operatorname{sen} x}{\cos^2 x} = \frac{1}{\cos x} \cdot \frac{\operatorname{sen} x}{\cos x} = \sec x \operatorname{tg} x;$$

$$D[\operatorname{cosec} x] = D\left[\frac{1}{\operatorname{sen} x}\right] = \frac{\operatorname{sen} x \cdot D[1] - 1 \cdot D[\operatorname{sen} x]}{\operatorname{sen}^2 x}$$
$$= \frac{\operatorname{sen} x \cdot 0 - 1 \cdot \cos x}{\operatorname{sen}^2 x}$$
$$= \frac{-\cos x}{\operatorname{sen}^2 x} = -\frac{1}{\operatorname{sen} x} \cdot \frac{\cos x}{\operatorname{sen} x} = -\operatorname{cosec} x \cdot \operatorname{cotg} x.$$

Vamos resumir num quadro os resultados obtidos:

$$\begin{aligned}
D[\operatorname{sen} x] &= \cos x \\
D[\cos x] &= -\operatorname{sen} x \\
D[\operatorname{tg} x] &= \sec^2 x \\
D[\operatorname{cotg} x] &= -\operatorname{cosec}^2 x \\
D[\sec x] &= \sec x \cdot \operatorname{tg} x \\
D[\operatorname{cosec} x] &= -\operatorname{cosec} x \cdot \operatorname{cotg} x
\end{aligned}$$

Com essas regras e as regras de derivação obtidas anteriormente, podemos calcular as derivadas de várias funções novas, como exemplificaremos a seguir.

▶ Exemplo 1: Derivada de $y = \operatorname{sen}\sqrt{x^2+1}$.

Seja derivar a função

$$y = \operatorname{sen}\sqrt{x^2+1}.$$

Para aplicar a regra da cadeia, introduzimos uma variável intermediária u:

$$y = \operatorname{sen} u, \quad u = \sqrt{x^2+1},$$

$$\frac{dy}{dx} = \frac{dy}{du} \cdot \frac{du}{dx} = \cos u \cdot \frac{du}{dx} = \cos\sqrt{x^2+1} \cdot \frac{d\sqrt{x^2+1}}{dx}.$$

Para calcular essa última derivada, usamos mais uma vez a regra da cadeia com nova variável intermediária z:

$$\sqrt{x^2+1} = \sqrt{z}, \quad z = x^2+1,$$

$$\frac{d\sqrt{x^2+1}}{dx} = \frac{d\sqrt{z}}{dz} \cdot \frac{dz}{dx} = \frac{1}{2\sqrt{z}} \cdot 2x = \frac{x}{\sqrt{x^2+1}}.$$

Substituindo esse resultado na equação acima, obtemos:

$$D \operatorname{sen}\sqrt{x^2+1} = \frac{x\cos\sqrt{x^2+1}}{\sqrt{x^2+1}}.$$

Podemos abreviar o procedimento anterior introduzindo logo as duas variáveis intermediárias u e z, assim:

$$y = \operatorname{sen} u, \quad u = \sqrt{z}, \quad z = x^2+1,$$

$$\begin{aligned}\frac{dy}{dx} &= \frac{dy}{du}\cdot\frac{du}{dz}\cdot\frac{dz}{dx} = \cos u \cdot \frac{1}{2\sqrt{z}}\cdot 2x \\ &= \cos\sqrt{x^2+1}\cdot\frac{x}{\sqrt{x^2+1}} = \frac{x\cos\sqrt{x^2+1}}{\sqrt{x^2+1}}.\end{aligned}$$

▶ Exemplo 2: Derivada de $y = \operatorname{tg}^{10}(x^2+3x-5)$.

Vamos derivar a função

$$y = \operatorname{tg}^{10}(x^2+3x-5) = [\operatorname{tg}(x^2+3x-5)]^{10},$$

introduzindo duas variáveis intermediárias,

$$y = u^{10}, \quad u = \operatorname{tg} z, \quad z = x^2+3x-5.$$

Assim,

$$\begin{aligned}\frac{dy}{dx} &= \frac{dy}{du}\cdot\frac{du}{dz}\cdot\frac{dz}{dx} = 10u^9\cdot\sec^2 z\cdot(2x+3) \\ &= 10\operatorname{tg}^9(x^2+3x-5)\cdot\frac{2x+3}{\cos^2(x^2+3x-5)} \\ &= \frac{10(2x+3)\operatorname{tg}^9(x^2+3x-5)}{\cos^2(x^2+3x-5)}.\end{aligned}$$

▶ Exemplo 3: Derivada de $y = \operatorname{sen}(x^3-5x)$.

Com a prática, a introdução de variáveis intermediárias é suprimida, passando a ser uma operação feita apenas mentalmente. Assim, para derivar a função

$$y = \operatorname{sen}(x^3-5x),$$

imaginamos o seu argumento x^3-5x como variável intermediária, cuja derivada é $3x^2-5$. Portanto,

$$y' = (3x^2-5)\cos(x^3-5x).$$

■ Leitura adicional: a função $y = \operatorname{sinc}(x)$

A função $y = \operatorname{sen}(x)/x$ é uma função descontínua em $x = 0$, contínua em $\mathbb{R} - \{0\}$, e se anula em $x = k\pi$ com $k \in \mathbb{Z}$ (Fig. 10.15).

Observe que $\lim_{x\to 0}\operatorname{sen}(x)/x = 1$ (p. 288), e desse modo a descontinuidade pode ser removida, criando uma função definida da seguinte forma:

> A função sinc( ) desempenha papel importante em sistemas de comunicação, tratamento de imagens digitais e outros.

$$f(x) = \begin{cases} \dfrac{\operatorname{sen} x}{x} & \text{se} \quad x \neq 0 \\ 1 & \text{se} \quad x = 0 \end{cases}$$

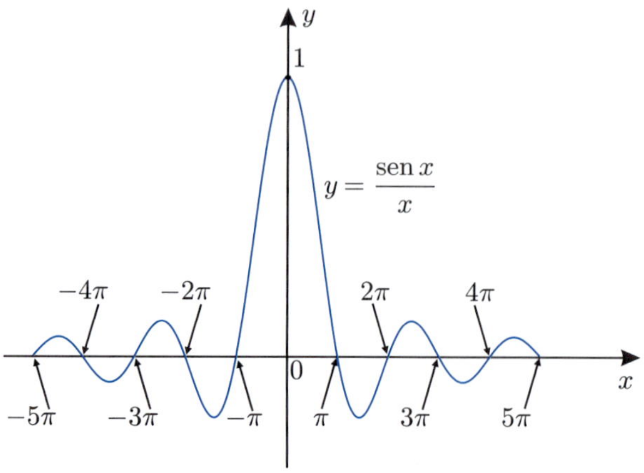

Figura 10.15

Uma pequena variação da função anterior faz com que ela passe a anular nos valores $x \in \mathbb{Z}$. Para isso, basta considerar a função $\operatorname{sen}(\pi x)/\pi x$. Essa forma ocorre de maneira tão frequente em Análise de Fourier que é comum dar a ela um nome especial; é chamada de $\operatorname{sinc}(x)$ (Fig. 10.16), e é, inclusive, nativa em *softwares* usados por muitos matemáticos e engenheiros como MATLAB, Octave, Maple e outros. O leitor que se interessar em aprofundar nesse assunto deve consultar livros que tratam de Sinais e Sistemas.

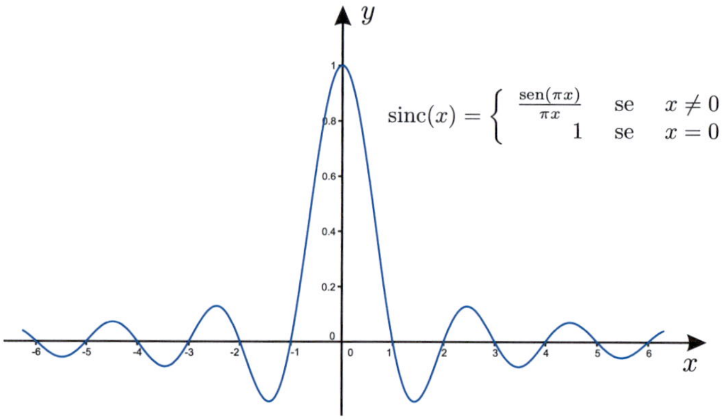

Figura 10.16

Exercícios

Calcule a derivada de cada uma das funções dadas nos Exercícios 1 a 23.

1. $y = \operatorname{sen} 5x$.

2. $y = \cos 3x$.

3. $y = \operatorname{sen} x - \cos x$.

4. $y = \operatorname{sen} x \cos x$.

5. $y = \operatorname{tg} 4x$.

6. $y = x \operatorname{sen} x$.

7. $y = x \cos x$.

8. $y = \operatorname{sen} x^2$.

9. $y = \operatorname{sen}^2 x$.

10. $y = \cos x^3$.

11. $y = \operatorname{sen} \dfrac{1}{x}$.

12. $y = x^2 \cos \dfrac{1}{x}$.

13. $y = \operatorname{tg}\sqrt{x}$.

14. $y = \sqrt{\operatorname{sen} x}$.

15. $y = \operatorname{sen}\dfrac{x}{1-x}$.

16. $y = \operatorname{sen}\,\cos x$.

17. $y = \cos\operatorname{sen}\sqrt{x^2+1}$.

18. $y = \operatorname{tg}\operatorname{sen}(1-3x^2)$.

19. $y = (x^2+3x+5)\operatorname{sen} x$

20. $y = 3(7-x^5)\sec x$

21. $y = 2^{\cos x}$

22. $y = \dfrac{\cos x + x}{\operatorname{tg} x}$

23. $y = \operatorname{sinc} x$

25. Mostre que

$$\lim_{x\to 0}\frac{x\cos x - \operatorname{sen} x}{x^2} = 0.$$

Com isso, mostramos que $y = \operatorname{sinc}' x$ é contínua em $\mathbb{R}$.

26. Mostre que a função $y = \operatorname{sinc} x$ é "dominada" pela função $y = 1/x$, para $x > 0$, ou seja, $|\operatorname{sinc} x| \leq 1/x$.

Respostas, sugestões, soluções

1. $y' = 5\cos 5x$.

2. $y' = -3\operatorname{sen} 3x$.

3. $y' = \cos x + \operatorname{sen} x$.

4. $y' = \cos 2x$.

5. $y' = 4\sec^2 4x$.

6. $y' = \operatorname{sen} x + x\cos x$.

7. $y' = \cos x - x\operatorname{sen} x$.

8. $y' = 2x\cos x^2$.

9. $y' = \operatorname{sen} 2x$.

10. $y' = -3x^2\operatorname{sen} x^3$.

11. $y' = -\frac{1}{x^2}\cos\dfrac{1}{x}$.

12. $y' = 2x\cos\frac{1}{x} + \operatorname{sen}\dfrac{1}{x}$.

13. $y' = \frac{1}{2\sqrt{x}}\sec^2\sqrt{x}$.

14. $y' = \dfrac{\cos x}{2\sqrt{\operatorname{sen} x}}$.

15. $y' = \dfrac{1}{(1-x)^2}\cos\dfrac{x}{1-x}$.

16. $y' = -\operatorname{sen} x\cdot\cos\cos x$.

17. $y' = \dfrac{-x}{\sqrt{x^2+1}}\cos\sqrt{x^2+1}\cdot\operatorname{sen}\operatorname{sen}\sqrt{x^2+1}$.

18. $y' = -6x\cdot\cos(1-3x^2)\cdot\sec^2\operatorname{sen}(1-3x^2)$.

19. $y' = (x^2+3x+5)\cos x + (2x+3)\operatorname{sen} x$.

20. $y' = -15x^4\sec x + 3(7-x^5)\sec x\operatorname{tg} x$.

21. $y' = -\ln(2)\cdot 2^{\cos x}\operatorname{sen} x$

22. $y' = -\dfrac{(\operatorname{sen} x - 1)\operatorname{tg} x + (\cos x + x)\sec^2 x}{\operatorname{tg}^2 x}$

23. Para $x \neq 0$, $y' = (x\cos x - \operatorname{sen} x)/x^2$. Em $x = 0$,

$$\operatorname{sinc}'(0) = \lim_{h\to 0}\frac{\operatorname{sinc}(0+h)-\operatorname{sinc}(0)}{h} = \lim_{h\to 0}\frac{1}{h}\left(\frac{\operatorname{sen} h}{h} - 0\right) = \lim_{h\to 0}\frac{\operatorname{sen} h}{h^2} = 0.$$

Para a última igualdade, use a Regra de l'Hôpital duas vezes.

24. Basta usar a Regra de l'Hôpital duas vezes.

25. Observe que, para $x > 0$,

$$|\operatorname{sinc} x| = \left|\frac{\operatorname{sen} x}{x}\right| = \frac{1}{x}|\operatorname{sen} x|.$$

O resultado segue do fato de que $|\operatorname{sen} x| \leq 1$.

Experiências no computador

Neste anexo aprenderemos a lidar com funções trigonométricas tanto no *software* GeoGebra quanto no SAC MAXIMA mostrados no Capítulo 10. Caso o leitor sinta necessidade de rever as apresentações destes *softwares*, poderá encontrá-las nos anexos dos Capítulos 1 e 2.

Explorando funções trigonométricas com o GeoGebra e o MAXIMA

As ações que vimos em outros capítulos, como derivar, integrar, resolver equações e outras, continuam válidas. Apenas precisamos saber como fazer os *softwares* trabalhar, agora, com as funções trigonométricas. O primeiro passo é saber como escrever cada uma dessas funções. Elas não são escritas, necessariamente, como estamos acostumados a ver nos livros (em língua portuguesa do Brasil). A função sen( ) por exemplo, se escreve sin( ), a função cosec( ) se escreve csc( ) e assim sucessivamente. Nosso primeiro passo será saber como escrevemos essas funções no GeoGebra e no SAC MAXIMA, e elas estão resumidas na seguinte tabela.

Função	GeoGebra	SAC MAXIMA	Função	GeoGebra	SAC MAXIMA
$\operatorname{sen} x$	`sin(x)`	`sin(x)`	$\operatorname{arc\,sen} x$	`asin(x)`	`asin(x)`
$\cos x$	`cos(x)`	`cos(x)`	$\operatorname{arc\,cos} x$	`acos(x)`	`acos(x)`
$\operatorname{tg} x$	`tan(x)`	`tan(x)`	$\operatorname{arc\,tg} x$	`atan(x)`	`acot(x)`
$\operatorname{cotg} x$	---	`cot(x)`	$\operatorname{arc\,cotg} x$	---	`acot(x)`
$\sec x$	---	`sec(x)`	$\operatorname{arc\,sec} x$	---	`asec(x)`
$\operatorname{cosec} x$	---	`csc(x)`	$\operatorname{arc\,cosec} x$	---	`acsc(x)`

Como se observa, as funções cotg( ), sec( ) e cosec( ) não estão definidas previamente no GeoGebra, versão 3.2. Para ver o gráfico de uma dessas funções o leitor deverá digitar no CAMPO DE ENTRADA suas formas originais, ou seja,

$$\text{cotg}(x) = \frac{\cos x}{\text{sen}\, x} \qquad \sec x = \frac{1}{\cos x} \qquad \text{cosec}\, x = \frac{1}{\text{sen}\, x}$$

que em *softwares* têm, respectivamente, as seguintes sintaxes:

$$\cot x = \frac{\cos x}{\text{sen}\, x} \qquad \sec x = \frac{1}{\cos x} \qquad \csc x = \frac{1}{\text{sen}\, x}.$$

Ilustrações para algumas identidades trigonométricas

O propósito desta seção é ilustrar algumas identidades trigonométricas discutidas no Capítulo 8 (várias delas demonstradas e outras deixadas como exercício). Usaremos o GeoGebra para produzir essas ilustrações.

$\text{sen}^2 x + \cos^2 x = 1$ Para construir essa ilustração, abra uma nova janela e no CAMPO DE ENTRADA digite:

- `sin(x)^2+cos(x)^2`

Observe que o gráfico é uma reta horizontal que intercepta o eixo Oy em 1.

Algumas observações:

1. Escrever $y = \cdots$ ou $f(x) = \cdots$ é opcional.
2. O *software* "não entende" o que é `sen^2(x)` ou `sin^2(x)`. O expoente deve ser escrito após a função. O mesmo vale para as outras duas: `cos(x)^2` e `tan(x)^2`. Ocorrerá um erro se você escrever `tan^2(x)` ou `tg^2(x)`.

$\cos^2 x = \frac{1+\cos(2x)}{2}$ Para construir essa ilustração, abra uma nova janela e no CAMPO DE ENTRADA digite:

- `cos(x)^2`
- `(1+cos(2*x))/2`

Os gráficos devem ficar sobrepostos, já que a identidade é verdadeira.

$\text{sen}^2 x = \frac{1-\cos(2x)}{2}$ Para construir essa ilustração, abra uma nova janela, e no CAMPO DE ENTRADA digite:

- `sin(x)^2`
- `(1-cos(2*x))/2`

Novamente os gráficos devem ficar sobrepostos. Um erro comum entre os alunos é pensar que $\text{sen}^2 x$ poderia ser igual a $\frac{1+\text{sen}(2x)}{2}$. Para investigar tal fato, escreva no CAMPO DE ENTRADA

```
(1+sin(2*x))/2
```

e compare com o gráfico que já estava na tela. Você verá que não são iguais, o que nos leva a crer que

$$\text{sen}^2 x \neq \frac{1+\text{sen}(2x)}{2}.$$

$\text{tg}^2\, x + 1 = \sec^2 x$ Para construir essa ilustração, abra uma nova janela, e no CAMPO DE ENTRADA digite:

- `tan(x)^2+1`
- `1/cos(x)^2`

Novamente os gráficos devem ficar sobrepostos. Observe que, como o GeoGebra não possui a função sec( ), temos que escrevê-la como o quociente $1/\cos x$.

Derivada e integral com o SAC MAXIMA

Como vimos em capítulos anteriores, para derivar uma função usando o SAC MAXIMA, o comando que você deverá usar é o `diff(expressão, variável)` e para integrar, `integrate(expressão, variável)`. Vejamos alguns cálculos simples.

Derivada de $\text{tg}(x)$.

(%i1) `diff(tan(x),x);`

(%o1) $\sec(x)^2$

Derivada de $\sec(x)$**.**

(%i2) `diff(sec(x),x);`

(%o2) $\sec(x)\tan(x)$

Derivada de $\text{cotg}(x)$**.**

(%i3) `diff(cot(x),x);`

(%o3) $-\csc(x)^2$

Derivada de $\text{cosec}(x)$**.**

(%i4) `diff(csc(x),x);`

(%o4) $-\cot(x)\csc(x)$

Lembre-se: no SAC MAXIMA o símbolo "`log()` é usado para representar o logaritmo **natural** e não o decimal.

Primitiva de $\sec(x)$**.**

(%i5) `integrate(sec(x),x);`

(%o5) $\log(\tan(x) + \sec(x))$

Primitiva de $\text{tg}(x)$**.**

(%i6) `integrate(tan(x),x);`

(%o6) $\log(\sec(x))$

Primitiva de $\dfrac{e^{\text{tg}(x)}}{\cos^2(x)}$**.**

(%i7) `integrate(exp(tan(x))/cos(x)^2,x);`

(%o7) $e^{\tan(x)}$

Sintaxe para as funções hiperbólicas

A sintaxe para essas funções é basicamente a das funções trigonométricas com um "h" colocado à direita da função trigonométrica. Veja a tabela a seguir.

Função	GeoGebra	SAC MAXIMA	Função	GeoGebra	SAC MAXIMA
$\text{senh}\, x$	`sinh(x)`	`sinh(x)`	$\text{arc senh}\, x$	`asinh(x)`	`asinh(x)`
$\cosh x$	`cosh(x)`	`cosh(x)`	$\text{arc}\cosh x$	`acosh(x)`	`acosh(x)`
$\text{tgh}\, x$	`tanh(x)`	`tanh(x)`	$\text{arc tgh}\, x$	`atanh(x)`	`acoth(x)`
$\text{cotgh}\, x$	---	`coth(x)`	$\text{arc cotgh}\, x$	---	`acoth(x)`
$\text{sech}\, x$	---	`sech(x)`	$\text{arc sech}\, x$	---	`asech(x)`
$\text{cosech}\, x$	---	`csch(x)`	$\text{arc cosech}\, x$	---	`acsch(x)`

As ações com essas funções – por exemplo, derivar ou integrar – não diferem em nada das demais.

11 Métodos de integração

Este capítulo final trata dos "métodos de integração", também conhecidos como "regras de integração". São recursos que permitem encontrar primitivas de determinadas funções. Dois desses métodos são da maior importância, e não podem ser omitidos em nenhum curso de Cálculo. São eles o *método de integração por substituição* e o *método de integração por partes*, apresentados logo a seguir.

Esses dois métodos de integração são importantes, não apenas para calcular efetivamente primitivas de certas funções; mais do que isso, eles são instrumentos poderosos para o desenvolvimento de vários métodos e técnicas do próprio Cálculo bem como de outras disciplinas matemáticas.

No passado, os métodos de integração em geral eram muito usados para encontrar primitivas, até que, por volta de 1980, começaram a surgir *softwares* de computação que permitiram calcular primitivas com bastante facilidade, bastando dar entrada na função a integrar e clicar. É claro que esses *softwares* trazem enormes benefícios, pois permitem obter resultados rapidamente. Mas é importante, ao mesmo tempo, que o usuário desses *softwares*, principalmente sendo ele um estudante ou estudioso da Matemática, tenha alguma noção sobre os recursos matemáticos que fundamentam a elaboração dos *softwares*. Dar ao leitor informação sobre isso é um dos principais objetivos deste capítulo.

11.1 Integração por manipulação algébrica

É interessante que o leitor conheça de cor algumas primitivas elementares já que todo o trabalho para resolver uma integral consiste manipular algebricamente, ou modificar a forma com que a integral está escrita de modo que esta torne-se uma integral conhecida. A seguir sugerimos 12 integrais que devem fazer parte do conhecimento prévio do leitor.

Primitivas elementares básicas

(i)	$\int d\square = \square + C$	(vii)	$\int \sec^2 \square \, d\square = \text{tg } \square + C$
(ii)	$\int \square^N \, d\square = \dfrac{\square^{N+1}}{N+1} + C$, se $N \neq -1$	$(viii)$	$\int \text{cosec}^2 \, \square \, d\square = -\text{cotg}\,\square + C$
(iii)	$\int \square^{-1} \, d\square = \int \dfrac{1}{\square} \, d\square = \ln\lvert\square\rvert + C$	(ix)	$\int \sec\square \cdot \text{tg}\,\square \, d\square = \sec\square + C$
(iv)	$\int \cos\square \, d\square = \text{sen}\,\square + C$	(x)	$\int \text{cosec}\,\square \cdot \text{cotg}\,\square \, d\square = -\text{cosec}\,\square + C$
(v)	$\int \text{sen}\,\square \, d\square = -\cos\square + C$	(xi)	$\int \text{tg}\,\square \, d\square = -\ln\lvert\cos\square\rvert + C$
(vi)	$\int e^{\square} \, d\square = e^{\square} + C$	(xii)	$\int \text{cotg}\,\square \, d\square = \ln\lvert\text{sen}\,\square\rvert + C$

Nesse quadro, no lugar do símbolo $\square$ podemos ter variáveis ou funções. Veja o exemplo a seguir.

▶ Exemplo 1: Integral simples.

Considere a integral $\displaystyle\int e^{\operatorname{sen} x} d(\operatorname{sen} x)$. Nesse caso, $\square = \operatorname{sen} x$, e, por conta de (vi), da tabela da p. 298 temos

$$\int e^{\overset{\square}{\overbrace{\operatorname{sen} x}}}\, d(\overset{\square}{\overbrace{\operatorname{sen} x}}) = e^{\overset{\square}{\overbrace{\operatorname{sen} x}}} + C.$$

▶ Exemplo 2: Integral simples.

Seja a integral $\displaystyle\int \frac{1}{x^2+1} d(x^2+1)$. Nesse caso observe que estamos diante de uma integral na forma de (iii) da tabela da p. 298, em que $\square = x^2+1$. Observe que

$$\int \frac{1}{\underbrace{x^2+1}_{\square}} d(\underbrace{x^2+1}_{\square}) = \ln|\underbrace{x^2+1}_{\square}| + C = \ln(x^2+1) + C.$$

> ### ▶ Observação: Um erro muito frequente.
>
> É muito comum encontrar estudantes que, em um momento de desatenção, pensam que a integral da função $y = \frac{1}{x^2+1}$ é $\ln(x^2+1)$. Entretanto, isso não é verdade. Note que **não** estamos diante de (iii) da tabela da p. 298, e assim
>
> $$\int \frac{1}{x^2+1} dx \neq \ln(x^2+1) + C$$
>
> $\boxed{\text{São diferentes}}$

Os exemplos anteriores mostram situações em que a integral praticamente já está no formato daquelas apresentadas na p. 298. Entretanto, há situações em que é necessária uma manipulação algébrica antes de estarmos diante de uma integral conhecida. Vejamos uma situação que ilustre tal fato.

▶ Exemplo 3: Cálculo de integral por manipulação algébrica.

Considere a integral

$$\int \frac{\operatorname{cosec} x}{\operatorname{cosec} x - \operatorname{sen} x} dx.$$

Naturalmente essa não é uma das integrais que estão na tabela da p. 298. É necessário modificar a forma com que a função que está no integrando está escrita, de forma que passe a ser uma integral de função conhecida, a partir da manipulação algébrica. Nesse caso específico, é necessário que se tenha em mente a definição das funções $\sec x = 1/\cos x$, $\operatorname{cosec} x = 1/\operatorname{sen} x$ e a identidade fundamental $\operatorname{sen}^2 x + \cos^2 x = 1$. Observe como o problema pode ser resolvido:

$$\begin{aligned}\int \frac{\operatorname{cosec} x}{\operatorname{cosec} x - \operatorname{sen} x}\,dx &= \int \frac{\frac{1}{\operatorname{sen} x}}{\frac{1}{\operatorname{sen} x} - \operatorname{sen} x}\,dx = \int \frac{\frac{1}{\operatorname{sen} x}}{\frac{1-\operatorname{sen}^2 x}{\operatorname{sen} x}}\,dx \\ &= \int \frac{1}{1-\operatorname{sen}^2 x}\,dx = \int \frac{1}{\cos^2 x}\,dx = \int \sec^2 x\,dx\end{aligned}$$

Note que essa última integral é conhecida. Então, por (vii) da p. 298, temos

$$\int \frac{\operatorname{cosec} x}{\operatorname{cosec} x - \operatorname{sen} x}\,dx = \int \sec^2 x\,dx = \operatorname{tg} x + C.$$

Há situações em que é necessário o uso de uma das propriedades de integral e diferencial listadas a seguir.

$(P1)$ $\int [f(x) + g(x)]\,dx = \int f(x)\,dx + \int g(x)\,dx;$

$(P2)$ $\int C \cdot f(x)\,dx = C \int f(x)\,dx,$ C uma constante;

$(P3)$ $d[f(x)] = f'(x)\,dx;$

$(P4)$ $d[f(x) + g(x)] = d[f(x)] + d[g(x)];$

$(P5)$ $d[C \cdot f(x)] = C \cdot d[f(x)];$

No exemplo seguinte faremos uso de algumas dessas propriedades.

▶ Exemplo 4: Integral que exige manipulação algébrica.

Considere a integral

$$\int \frac{3t^2\sqrt{t} - 2t^5}{\sqrt[5]{t^2}}\,dt.$$

Mais uma vez chamamos a atenção para o fato de que essa integral não consta na lista de integrais conhecidas da p. 298. Precisamos manipular "algebricamente" a expressão que está no integrando para que tenhamos uma integral conhecida. Para tal, façamos da seguinte forma:

$$\begin{aligned}\int \frac{3t^2\sqrt{t} - 2t^5}{\sqrt[5]{t^2}}\,dt &= \int \frac{3t^2 \cdot t^{\frac{1}{2}} - 2t^5}{t^{\frac{2}{5}}}\,dt = \int \frac{3 \cdot t^{\frac{5}{2}}}{t^{\frac{2}{5}}} - \frac{2t^5}{t^{\frac{2}{5}}}\,dt \\ &= \int 3t^{\frac{21}{10}} - 2t^{\frac{23}{5}}\,dt = 3\int t^{\frac{21}{10}}\,dt - 2\int t^{\frac{23}{5}}\,dt.\end{aligned}$$

A última igualdade foi devido às propriedades $(P1)$ e $(P2)$. Feito isso, estamos prontos para resolver a integral, já que agora ambas podem ser resolvidas usando (ii) da p. 298. Ficaremos então com

$$\begin{aligned}\int \frac{3t^2\sqrt{t} - 2t^5}{\sqrt[5]{t^2}}\,dt &= 3\int t^{\frac{21}{10}}\,dt - 2\int t^{\frac{23}{5}}\,dt \\ &= 3\frac{t^{\frac{21}{10}+1}}{\frac{21}{10}+1} - 2\frac{t^{\frac{23}{5}+1}}{\frac{23}{5}+1} + C = \frac{30\,t^{\frac{31}{10}}}{31} - \frac{5\,t^{\frac{28}{5}}}{14} + C.\end{aligned}$$

Algumas identidades são importantes para manipulação algébrica de funções trigonométricas, e em particular aquelas estabelecidas nos Exercícios 14-17 (p. 286) são particularmente importantes para resolver integrais que envolvam produtos de senos e cossenos em que o argumento dessas funções não são iguais. No exemplo seguinte será ilustrada essa situação.

▶ **Exemplo 5:** **Integral que exige manipulação algébrica.**

Considere a integral

$$\int \operatorname{sen}(10x) \cdot \operatorname{sen}(7x)\, dx.$$

Essa integral não consta na lista de integrais conhecidas da p. 298. Como modificar a forma com que essa integral está escrita? Pela relação estabelecida no Exercício 15 (p. 286), temos

$$2 \operatorname{sen} a \operatorname{sen} b = \cos(a-b) - \cos(a+b).$$

e desse modo, considerando $a = 10x$ e $b = 7x$, ficaremos com

$$\begin{aligned}
\int \operatorname{sen}(10x) \cdot \operatorname{sen}(7x)\, dx &= \frac{1}{2} \int 2 \cdot \operatorname{sen}(10x) \cdot \operatorname{sen}(7x)\, dx \\
&= \frac{1}{2} \int \cos(10x - 7x) - \cos(10x + 7x)\, dx \\
&= \frac{1}{2} \int \cos(3x) - \cos(17x)\, dx \\
&= \frac{1}{2} \int \cos(3x)\, dx - \frac{1}{2} \int \cos(17x)\, dx
\end{aligned}$$

Precisamos de um pequeno ajuste nas integrais. Observe que (iv) da p. 298 diz que

$$\int \cos \square \, d\square = \operatorname{sen} \square + C.$$

Entretanto, não podemos ainda usar (iv) da p. 298, pois

$$\int \underbrace{\cos\,(3x)\, dx}_{\text{São diferentes}}.$$

O ajuste que faremos aqui é comum, e será feito em outros momentos sem necessariamente chamarmos a atenção para os detalhes mostrados aqui. Note que combinando as propriedades $(P2)$ e $(P5)$ (p. 300) teremos

$$\int \cos(3x)\, dx = \frac{1}{3} \int \cos(3x)\, 3 \cdot dx = \frac{1}{3} \int \cos(3x)\, d(3x)$$

e agora estamos em condições de usar (iv) da p. 298. Assim,

$$\int \cos(3x)\, dx = \frac{1}{3} \int \cos(3x)\, d(3x) = \frac{1}{3} \operatorname{sen}(3x) + C.$$

Raciocínio análogo nos leva a concluir que

$$\int \cos(17x)\, dx = \frac{1}{17} \int \cos(17x)\, d(17x) = \frac{1}{17} \operatorname{sen}(17x) + C.$$

Desse modo,

$$\begin{aligned}
\int \operatorname{sen}(10x) \cdot \operatorname{sen}(7x)\, dx &= \frac{1}{2} \int \cos(3x)\, dx - \frac{1}{2} \int \cos(17x)\, dx \\
&= \frac{1}{2} \cdot \frac{1}{3} \operatorname{sen}(3x) - \frac{1}{2} \cdot \frac{1}{17} \operatorname{sen}(17x) + C \\
&= \frac{1}{6} \operatorname{sen}(3x) - \frac{1}{34} \operatorname{sen}(17x) + C.
\end{aligned}$$

▶ Exemplo 6: Integrar $y = \cos^2(5x)$.

As identidades estabelecidas nos Exercícios 11 e 12 da p. 286 são importantes para resolver integrais que envolvam $\cos^2(\ )$ e $\operatorname{sen}^2(\ )$, pois permitem eliminar o expoente 2 da função $\cos(\ )$ (ou $\operatorname{sen}(\ )$). No Exercício 16 da p. 314, o leitor será conduzido a uma demonstração da seguinte identidade:

$$\cos^2 \square = \frac{1+\cos(2\square)}{2} \quad \text{e} \quad \operatorname{sen}^2 \square = \frac{1-\cos(2\square)}{2}.$$

Essas mesmas identidades também podem ser obtidas fazendo $a = 2 \cdot \square$ nos Exercícios 11 e 12 da p. 314.

.: Observação :.

Na p. 313 você encontrará outra forma de resolver problemas envolvendo $\operatorname{sen}^2(\ )$ e $\cos^2(\ )$.

Desse modo, usando as propriedades $(P1)$, $(P5)$ (p. 300) e a que acabamos de enunciar, teremos

$$\begin{aligned}
\int \cos^2(5x)\,dx &= \int \frac{1+\cos(2\cdot 5x)}{2}\,dx = \frac{1}{2}\int [1+\cos(10x)]\,dx \\
&= \frac{1}{2}\left(\int 1\,dx + \int \cos(10x)\,dx\right) \\
&= \frac{1}{2}\left(\int dx + \frac{1}{10}\int \cos(10x)\,d(10x)\right).
\end{aligned}$$

Usando (i) e (iv) da p. 298, teremos

$$\int \cos^2(5x)\,dx = \frac{1}{2}\left(x + \frac{1}{10}\operatorname{sen}(10x)\right) + C = \frac{x}{2} + \frac{\operatorname{sen}(10x)}{20} + C$$

▶ Exemplo 7: Integrar $\operatorname{sen}(kx)$, $\cos(kx)$, e^{kx}, $k \in \mathbb{R}^*$.

A integral de $\operatorname{sen}(kx)$ com $k \in \mathbb{R}^*$ pode ser calculada da seguinte forma:

$$\int \operatorname{sen}(kx)\,dx = \frac{1}{k}\int \operatorname{sen}(kx)\,d(kx) = -\frac{\cos(kx)}{k} + C.$$

Analogamente,

$$\int \cos(kx)\,dx = \frac{\operatorname{sen}(kx)}{k} + C \quad , \quad \int e^{kx}\,dx = \frac{e^{kx}}{k} + C.$$

O mesmo ocorre para as demais integrais. Assim, integrais nessa forma podem ser calculadas diretamente, como por exemplo:

$$\int e^{5x}\,dx = \frac{e^{5x}}{5} + C, \qquad \int \cos(12x)\,dx = \frac{\operatorname{sen}(12x)}{12} + C;$$

$$\int \operatorname{sen}\left(\frac{2}{3}\,x\right)\,dx = -\frac{\cos\left(\frac{2}{3}x\right)}{\frac{2}{3}} = -\frac{3}{2}\cos\left(\frac{2}{3}\cdot x\right) + C;$$

$$\int e^{-\frac{R}{L}t}\,dt = \frac{e^{-\frac{R}{L}t}}{-\frac{R}{L}} + C = -\frac{L}{R}e^{-\frac{R}{L}t} + C,$$

e assim sucessivamente.

► **Exemplo 8:** **Integrar** $y = \text{cotg}(x)$.

A integral (xii) da tabela da p. 298 não foi justificada (ainda). Faremos isso agora. Observe que $\text{cotg}\, x = \cos x / \operatorname{sen} x$ e $d(\operatorname{sen} x) = \cos x\, dx$ (propriedade ($P3$) da p. 300). Desse modo,

$$\int \text{cotg}\, x\, dx = \int \frac{\cos x}{\operatorname{sen} x}\, dx.$$

Precisamos manipular algebricamente a função no integrando de modo que obtenhamos uma integral conhecida. Para isso, observe que

$$\int \frac{\cos x}{\operatorname{sen} x}\, dx = \int \frac{1}{\operatorname{sen} x} \cdot \cos x\, dx = \int \frac{1}{\operatorname{sen} x} d(\operatorname{sen} x).$$

Observe que o mesmo que temos no denominador também temos à direita de "d", e assim estamos diante de uma integral na forma (iii) da tabela da p. 298, e, desse modo,

$$\int \text{cotg}\, x\, dx = \int \frac{1}{\operatorname{sen} x} d(\operatorname{sen} x) = \ln |\operatorname{sen} x| + C.$$

A integral da função $y = \text{tg}\, x$ ((xi) da p. 298) é análoga e será deixada como exercício.

Note que podemos escrever

$$\int \frac{1}{\operatorname{sen} x} \cdot d(\operatorname{sen} x) = \int \frac{1}{\square}\, d\square = \ln |\square| + C = \ln |\operatorname{sen} x| + C$$

em que $\square = \operatorname{sen} x$, ou

$$\int \frac{1}{\operatorname{sen} x} \cdot d(\operatorname{sen} x) = \int \frac{1}{u}\, du = \ln |u| + C = \ln |\operatorname{sen} x| + C$$

em que $u = \operatorname{sen} x$.

Isso se chama *mudança de variável*, e é um recurso que permite visualizar melhor a nova integral em termos da variável considerada e será discutido a seguir.

11.2 Integração por substituição, ou mudança de variável

Sejam f e F duas funções tais que $F' = f$. Então, pela regra de derivação em cadeia,

$$\frac{d}{dx} F(g(x)) = F'(g(x))g'(x) = f(g(x))g'(x),$$

donde se segue que

$$\int f(g(x))g'(x)\, dx = F(g(x)) + C.$$

Se pusermos $u = g(x)$, teremos, evidentemente,

$$\int f(g(x)) \cdot \underbrace{g'(x)\,dx} = \int f(u) \cdot du = F(u) + C = F(g(x)) + C$$

pois, por hipótese, F é primitiva de f.

Daremos, a seguir, vários exemplos ilustrativos de aplicação dessa fórmula na integração. O que temos de fazer, em cada caso, é procurar reduzir a função que desejamos integrar à forma $\int f(g(x)) \cdot g'(x)\,dx$, em que f seja fácil de integrar.

▶ Exemplo 1: Integrar $2x(x^2+1)^3$.

Para resolver uma integral usando substituição simples, devemos procurar escrever a integral na forma $\int f(g(x)) \cdot g'(x)\,dx$. Para isso, precisamos identificar duas funções (uma multiplicando a outra) de tal forma que uma delas seja (a menos de uma constante que multiplica) a derivada do argumento da outra. Então escrevemos:

$$\int 2x(x^2+1)^3\,dx = \int (\underbrace{x^2+1})^3 \cdot \underbrace{2x}\,dx$$

é a derivada de

De sorte que, fazendo a mudança de variável $u = g(x) = x^2 + 1$, teremos $du = 2x\,dx$, donde

$$\int (x^2+1)^3 \cdot 2x\,dx = \int u^3\,du = \frac{u^4}{4} + C = \frac{(x^2+1)^4}{4} + C.$$

A integral $\int x\sqrt{x+1}\,dx$ pode ser resolvida com substituição $u = x+1$, mas você não irá escrevê-la na forma

$$\int f(g(x)) \cdot g'(x)\,dx.$$

Nesse caso substituímos $x = u - 1$ e $dx = du$ para obter

$$\int x\sqrt{x+1}\,dx = \int (u-1)\sqrt{u}du.$$

A resolução fica como exercício, e a resposta será

$$\frac{2\,(x+1)^{\frac{5}{2}}}{5} - \frac{2\,(x+1)^{\frac{3}{2}}}{3} + C.$$

▶ Exemplo 2: Integrar $\dfrac{x^2}{(x^3-2)^5}$.

Seguindo as ideias do exemplo anterior, iniciamos o exercício escrevendo a função dada como um produto de funções. A partir daí tentaremos encontrar uma função que é (a menos de uma constante multiplicando) a derivada do argumento da outra. Observe:

$$\int \frac{x^2}{(x^3-2)^5}\,dx = \int \frac{1}{(x^3-2)^5} \cdot x^2\,dx$$

Observe que o candidato a ser $g'(x)$ é a expressão x^2. Esta deve ser a derivada do argumento da função que está no outro fator. Fazendo $u = x^3 - 2$ teremos $du = 3 \cdot x^2\,dx$. Como o fator 3 junto com $x^2\,dx$ não está no integrando, podemos fazer duas coisas: a primeira é isolar a expressão $x^2\,dx$ e obter $du/3$. Fazendo a substituição, ficaremos com

$$\int \frac{1}{(x^3-2)^5} \cdot x^2\,dx = \int \frac{1}{u^5} \cdot \frac{du}{3} = \frac{1}{3}\int \frac{du}{u^5} = \frac{1}{3}\int u^{-5}\,du = \frac{u^{-6}}{-18} + C$$

Como $u = x^3 - 2$, então

$$\int \frac{1}{(x^3-2)^5} \cdot x^2\,dx = -\frac{(x^3-2)^{-6}}{18} + C$$

O segundo modo de resolver o problema é multiplicar o integrando por uma forma de 1 de modo que o número necessário apareça junto à diferencial $x^3\,dx$, no caso. Teríamos:

Lembre-se:

$$d[f(x)] = f'(x)\,dx.$$

Desse modo,

$$\begin{aligned} d(x^2) &= (x^2)'\,dx = 2x \cdot dx \\ d(\text{sen}(x)) &= (\text{sen}(x))'\,dx = \cos x\,dx \end{aligned}$$

e assim sucessivamente.

$$\int \frac{1}{(x^3-2)^5} \cdot x^2\, dx = \frac{1}{3} \int \underbrace{\frac{1}{(x^3-2)^5}}_{u} \cdot \underbrace{3 \cdot x^2\, dx}_{du} = \frac{1}{3} \int \frac{1}{u^5} du = \frac{1}{3} \int u^{-5}\, du$$

Multiplicar por uma forma de 1 é o mesmo que multiplicar por um número que é igual a 1. Por exemplo: $3 \cdot \frac{1}{3}$, $5 \cdot \frac{1}{5}$, $\operatorname{sen}^2 x + \cos^2 x$, $\sec^2 x - \operatorname{tg}^2 x$ etc.

e o resultado segue do que feito anteriormente.

▶ **Exemplo 3:** **Integrar $x \operatorname{sen}(3x^2)$.**

Seguindo a ideia dos últimos exemplos, temos

$$\int x \operatorname{sen}(3x^2)\, dx = \int \operatorname{sen}(3x^2) \cdot x\, dx$$

Fazendo $u = 3x^2$, encontraremos $du = 6x\, dx$, e assim

$$\begin{aligned} \int \operatorname{sen}(3x^2) \cdot x\, dx &= \frac{1}{6} \int \operatorname{sen}(\underbrace{3x^2}_{u}) \cdot \underbrace{6 \cdot x\, dx}_{du} \\ &= \frac{1}{6} \int \operatorname{sen} u\, du = -\frac{1}{6} \cos u + C = -\frac{1}{6} \cos(3x^2) + C \end{aligned}$$

Substituição em integral definida

Em se tratando de integral definida, (11.1) passa a ser

$$\int_a^b f(g(x))g'(x)\, dx = \int_{g(a)}^{g(b)} f(u)\, du, \qquad (11.1)$$

Vejamos alguns exemplos de aplicações dessa última fórmula.

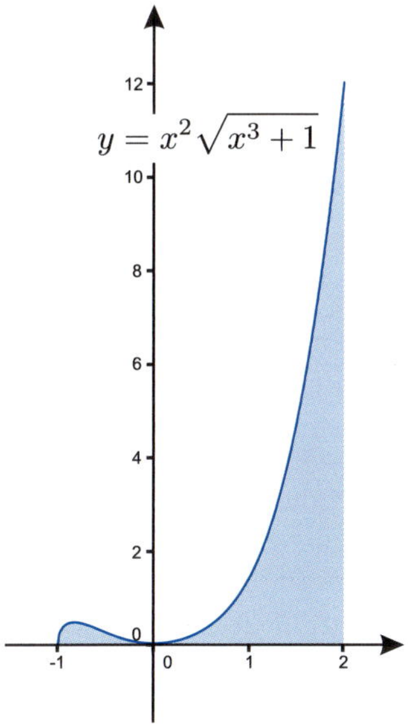

Figura 11.1

▶ **Exemplo 4:** **Cálculo de área.**

Encontre a área da região mostrada na Fig. 11.1.

A área será calculada resolvendo-se a seguinte integral:

$$\int_{-1}^{2} x^2\sqrt{x^3+1}\, dx = \frac{1}{3} \int_{x=-1}^{x=2} \sqrt{x^3+1}\, d(x^3+1).$$

Com a substituição $u = x^3 + 1$,

- se $x = -1$ então $u = (-1)^3 + 1 = 0$;
- se $x = 2$ então $u = (2)^3 + 1 = 9$.

Daí, essa integral assume a forma

$$\frac{1}{3} \int_0^9 \sqrt{u}\, du = \frac{1}{3} \cdot \left. \frac{2u\sqrt{u}}{3} \right|_0^9 = \frac{2}{9} \cdot 9 \cdot \sqrt{9} = 6.$$

Logo, a área é de 6 u.a.

Observe que $D[1+(1-x)^4] = 0+4\cdot(1-x)^3\cdot D(1-x) = 4\cdot(1-x)^3\cdot(-1) = -4(1-x)^3$. Desse modo, $d(1+(1-x)^4) = -4\cdot(1-x)^3$.

▶ Exemplo 5: Calcular a integral definida.

Calcule a integral $\int_0^1 (1-x)^3\sqrt{1+(1-x)^4}\,dx$.

Acompanhe essa manipulação algébrica:

$$\int_0^1 (1-x)^3\sqrt{1+(1-x)^4}\,dx = \int_0^1 \sqrt{1+(1-x)^4}\cdot(1-x)^3\,dx$$

$$= -\frac{1}{4}\int_0^1 \sqrt{1+(1-x)^4}\cdot(-4)(1-x)^3\,dx = \frac{-1}{4}\int_{x=0}^{x=1} \sqrt{1+(1-x)^4}\,d[1+(1-x)^4].$$

Assim, com a substituição $u = 1+(1-x)^4$, teremos:

- se $x=0$ então $u = 1+(1-0)^4 = 2$;
- se $x=1$ então $u = 1+(1-1)^4 = 1$.

Daí, a integral assume a seguinte forma:

$$\frac{-1}{4}\int_2^1 \sqrt{u}\,du = \frac{1}{4}\int_1^2 \sqrt{u}\,du = \frac{1}{4}\cdot\frac{2u\sqrt{u}}{3}\bigg|_1^2 = \frac{2\sqrt{2}-1}{6}.$$

▶ Exemplo 6: Calcular a integral definida.

$$\int_0^{\pi} (\cos x)^3 \operatorname{sen} x\,dx = -\int_{x=0}^{x=\pi} (\cos x)^3\,d(\cos x).$$

Com a substituição $u = \cos x$,

- se $x=0$ então $u = \cos 0 = 1$;
- se $x=\pi$ então $u = \cos\pi = -1$.

Daí, essa integral assume a seguinte forma:

$$\int_0^{\pi} (\cos x)^3 \operatorname{sen} x\,dx = -\int_1^{-1} u^3\,du = \frac{-u^4}{4}\bigg|_1^{-1} = \frac{1-(-1)^4}{4} = 0.$$

▶ Exemplo 7: Calcular a integral imprópria.

$$\int_0^{\infty} (e^{-x}+1)^2 e^{-x}\,dx.$$

Com a substituição $u = e^{-x}+1$,

- se $x=0$ então $u = e^{-0}+1 = 2$;
- se $x\to\infty$ então $u = e^{-x}+1 \to 0+1 = 1$.

Assim, a integral se transforma em:

$$-\int_2^1 u^2\,du = \int_1^2 u^2\,du = \frac{u^3}{3}\bigg|_1^2 = \frac{7}{3}.$$

Geometricamente, esse resultado é a medida da área da região ilimitada, compreendida entre a curva $y = (e^{-x}+1)^2e^{-x}$ e os eixos Ox e Oy (Fig. 11.2).

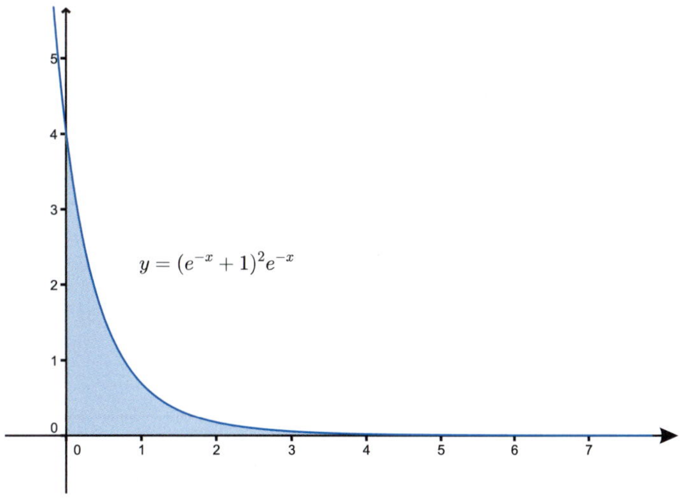

Figura 11.2

Exercícios

Calcule as integrais dadas nos Exercícios 1 a 23.

1. $\displaystyle\int \frac{x}{x^2+1}\,dx.$

2. $\displaystyle\int \operatorname{sen}^2 x \cos x\,dx.$

3. $\displaystyle\int x e^{x^2}\,dx.$

4. $\displaystyle\int \operatorname{tg} x \cdot \sec^2 x\,dx$

5. $\displaystyle\int_0^{\infty} x e^{-x^2}\,dx.$ Interprete o resultado geometricamente.

6. $\displaystyle\int_0^{\pi/2} \operatorname{sen} x \cos x\,dx.$

7. $\displaystyle\int \frac{dx}{x+5}.$

8. $\displaystyle\int \frac{dx}{(x-2)^4}.$

9. $\displaystyle\int \frac{dx}{3x+1}.$

10. $\displaystyle\int \frac{dx}{(3x-5)^7}.$

11. $\displaystyle\int_0^{\infty} e^{-2x}\,dx.$

12. $\displaystyle\int \sqrt{3x+5}\,dx.$

13. $\displaystyle\int e^x \operatorname{sen}(e^x)\,dx.$

14. $\displaystyle\int \cos(2x+1)\,dx.$

15. $\displaystyle\int \frac{\ln x}{x}\,dx.$

16. $\displaystyle\int x^3(1+x^4)\,dx.$

17. $\displaystyle\int_0^1 x\sqrt{1-x^2}\,dx.$

18. $\displaystyle\int_0^{\pi} \frac{\cos x}{3-\operatorname{sen} x}\,dx.$

19. $\displaystyle\int \frac{\operatorname{sen} x}{\cos^3 x}\,dx.$

20. $\displaystyle\int \frac{(\ln x)^3}{x}\,dx.$

21. $\displaystyle\int \frac{\operatorname{sen} x}{\cos^5 x}\,dx.$

22. $\displaystyle\int (x^3+1)^{1/3}x^2\,dx.$

23. $\displaystyle\int \frac{e^{\sqrt{x}}}{\sqrt{x}}\,dx.$

24. $\displaystyle\int \operatorname{sen}^2(3x)\,dx.$

25. $\displaystyle\int \operatorname{sen}(3x)\cos(8x)\,dx.$

26. $\displaystyle\int \cos(10x)\cos(13x)\,dx.$

27. $\displaystyle\int \operatorname{tg} x\,dx.$

28. $\displaystyle\int \sec x\,dx.$

Sugestão: multiplique o numerador e o denominador por $\sec x + \operatorname{tg} x$.

29. $\displaystyle\int \operatorname{cosec} x\,dx.$

Sugestão: multiplique o numerador e o denominador por $\operatorname{cosec} x + \operatorname{cotg} x$.

30. Seja f uma função periódica de período p, isto é, $f(x+p) = f(x)$. Use mudança de variável para provar que

$$\int_0^a f(x)dx = \int_p^{p+a} f(x)\,dx.$$

Interprete esse resultado geometricamente.

31. Seja f uma função par. Prove que

$$\int_{-a}^a f(x)\,dx = 2\int_0^a f(x)\,dx.$$

Interprete esse resultado geometricamente.

32. Se f é uma função periódica de período p, prove que

$$\int_a^{a+p} f(x)\,dx = \int_0^p f(x)\,dx.$$

33. Se f é uma função ímpar, prove que

$$\int_{-a}^a f(x)\,dx = 0$$

e interprete esse resultado geometricamente.

34. Seja f uma função ímpar e periódica, de período p. Prove que

$$\int_0^p f(x)\,dx = 0.$$

35. Calcule a integral $\displaystyle\int_{-a}^a \frac{x^3\cos^{15} x}{x^2+1}\,dx.$

36. Continue o Exercício 21 da p. 270. Integre ambos os membros em relação a t a relação

$$\frac{d}{dt}\left(I\cdot e^{\frac{R}{L}\cdot t}\right) = \frac{V}{L}e^{\frac{R}{L}\cdot t}$$

e mostre que

$$I(t) = e^{-\frac{R}{L}\cdot t}\left(\frac{V}{R}\cdot e^{\frac{R}{L}\cdot t} + C\right) = \frac{V}{R} + C\cdot e^{-\frac{R}{L}\cdot t}$$

em que C é uma constante.

37. Mostre, a partir do resultado obtido no exercício anterior, que se

$$I(t) = \frac{V}{R} + C \cdot e^{-\frac{R}{L} \cdot t}$$

então a condição inicial $I(0) = 0$ nos leva ao valor da constante $C = -\frac{V}{R}$, e, assim, a EDO (9.4) da p. 267 tem como solução

$$I(t) = \frac{V}{R}\left(1 - e^{-\frac{R}{L} \cdot t}\right)$$

38. Considere um circuito RL como mostrado na p. 267. Suponha que o circuito esteja estável, ou seja, a corrente $I = V/R$. Suponha que a bateria seja desligada. Como a tensão passa a ser nula, o modelo matemático vem a ter a seguinte forma

$$L \cdot \frac{dI}{dt} + R \cdot I = 0 \quad \text{em que} \quad I(0) = \frac{V}{R}.$$

Mostre que nesse caso a corrente tende a diminuir, tendendo a zero. Expresse a corrente I em função do tempo t.

Respostas, sugestões, soluções

1. $\frac{\ln(x^2+1)}{2} + C = \ln\sqrt{x^2+1} + C.$

2. $\frac{\operatorname{sen}^3 x}{3} + C.$

3. $\frac{e^{x^2}}{2} + C.$

4. $\frac{\operatorname{tg}^2 x}{2} + C$

5. $1/2$. Isso é a área da figura delimitada pelo semieixo Ox e a curva $y = e^{-x^2}$. Faça o gráfico.

6. $1/2$.

7. $\ln|x+5| + C.$

8. $C - \frac{1}{3(x-2)^3}.$

9. $\frac{\ln|3x+1|}{3} + C.$

10. $C - \frac{1}{18(3x-5)^6}.$

11. $1/2$.

12. $\frac{2(3x+5)^{3/2}}{9} + C.$

13. $C - \cos e^x.$

14. $\frac{\operatorname{sen}(2x+1)}{2} + C.$

15. $\frac{(\ln x)^2}{2} + C.$

16. $\frac{(1+x^4)^2}{8} + C.$

17. $1/3$.

18. $-\ln(3 - \operatorname{sen} x)\Big|_0^{\pi} = 0.$

19. $\frac{1}{2\cos^2 x} + C.$

20. $\frac{(\ln x)^4}{4} + C.$

21. $\frac{1}{4\cos^4 x} + C.$

22. $\frac{1}{4}\sqrt[3]{(x^3+1)^4}+C.$

23. $2e^{\sqrt{x}}+C.$

24. $\frac{x}{2}-\frac{\operatorname{sen}(6\,x)}{12}+C.$

25. $\frac{\cos(5\,x)}{10}-\frac{\cos(11\,x)}{22}+C.$

26. $\frac{\operatorname{sen}(23\,x)}{46}+\frac{\operatorname{sen}(3\,x)}{6}+C.$

27. $-\ln|\cos x|+C=\ln|\sec x|+C.$

28. $\ln|\sec x+\operatorname{tg} x|+C.$

29. $-\ln|\operatorname{cosec} x+\operatorname{cotg} x|+C$

30. Com $x=u-p$, $\int_0^a f(x)\,dx=\int_0^a f(x+p)\,dx=\int_p^{a+p} f(u)du.$

31. $\int_{-a}^0 f(x)\,dx = -\int_0^{-a} f(x)\,dx.$ Fazendo $x=-u$ ficaremos com $\int_0^a f(-u)dy=\int_0^a f(u)du.$ pois f é par. Mudando o símbolo na última integral ficamos com $\int_{-a}^0 f(x)\,dx=\int_0^a f(x)dx.$ Deixamos o final da demonstração por conta do leitor.

32. $\int_a^{a+p} f(x)\,dx=\int_a^p f(x)\,dx+\int_p^{a+p} f(x)\,dx$ considerando $a<p<a+p.$

Daí passamos a ter

$$\int_a^p f(x)\,dx+\int_p^{a+p} f(x-p)\,dp=\int_a^p f(x)\,dx+\int_0^a f(u)du=\int_0^p f(x)\,dx.$$

O término é deixado por conta do leitor.

33. Como $\int_{-a}^0 f(x)\,dx=-\int_0^{-a} f(x)\,dx=\int_0^{-a} f(-x)\,dx$, pois f é ímpar.

Pondo $x=-u$ teremos

$$\int_0^a f(u)du=-\int_0^a f(u)du.$$

O término é deixado por conta do leitor.

34. $\int_0^p f(x)\,dx=-\int_{-p}^0 f(x)\,dx=-\int_{-p}^0 f(x+p)\,dx=-\int_0^p f(y)dy.$

A primeira igualdade segue do Exercício 33.

35. O integrando é uma função ímpar, logo a integral é zero em intervalo cujo ponto médio é a origem.

36. Após resolver as integrais, deixe I isolado no primeiro membro. Lembre-se de que

$$\int e^{\frac{R}{L}\cdot t}dt=\frac{e^{\frac{R}{L}\cdot t}}{\frac{R}{L}}=\frac{L}{R}\cdot e^{\frac{R}{L}\cdot t}.$$

37. Trivial.

38. Note que se

$$L\cdot\frac{dI}{dt}+R\cdot I=0 \quad \text{então} \quad \frac{dI}{dt}=-\frac{R}{L}I$$

e assim

$$\frac{dI}{I}=-\frac{R}{L}dt \quad \text{logo,} \quad \int\frac{dI}{I}=-\int\frac{R}{L}dt.$$

Resolvendo a integral, isolando I e impondo a condição inicial, chegaremos em

$$I(t)=\frac{V}{R}e^{-\frac{R}{L}t}$$

que tende a zero se $t\to\infty$, já que $R>0$ e $L>0$.

11.3 Integração por partes

Pela regra de derivação do produto de duas funções $u = u(x)$ e $v = v(x)$,

$$(uv)' = u'v + uv'.$$

Integrando, obtemos:

$$u(x)v(x) = \int u'(x)v(x)\,dx + \int u(x)v'(x)\,dx,$$

ou, ainda,

$$\int uv'\,dx = uv - \int u'v\,dx.$$

Essa é a fórmula de *integração por partes*, assim chamada porque permite que se reduza a integração do produto uv' à integração do produto $u'v$. Devido a isso costumamos dizer que através dela estamos "derivando" u e "integrando" v'. Observe que ela pode também ser escrita na seguinte forma:

$$\int u\,dv = uv - \int v\,du. \qquad (11.2)$$

Em geral usamos integração por partes para integrar PRODUTO de funções quando o método de integração por substituição simples não se aplica.

Em se tratando de integral definida, a fórmula de integração por partes assume a forma:

$$\int_a^b uv'\,dx = uv\Big|_{x=a}^{x=b} - \int_a^b u'v\,dx.$$

ou

$$\int_a^b u\,dv = uv\Big|_{x=a}^{x=b} - \int_a^b v\,du.$$

Optaremos em usar mais a segunda forma.

A função que escolher para u multiplicada pela que escolheu para dv deve ter como produto o integrando. Não escolha para u o argumento de uma função, denominadores, expoentes etc.

▶ Exemplo 1: Integrar xe^x.

Seja integrar xe^x. A integração seria imediata se não tivéssemos o fator x, mas apenas e^x. Isso sugere derivar x e integrar e^x, daí pormos $u = x$, $dv = e^x$ (portanto, $v = e^x$). Obtemos:

$$\int xe^x\,dx = xe^x - \int e^x\,dx = xe^x - e^x + C. \qquad (11.3)$$

Se fosse x^2e^x o integrando, teríamos de integrar por partes duas vezes, na primeira derivando x^2 e integrando e^x. Assim,

$$\int x^2e^x\,dx = x^2e^x - 2\int xe^x\,dx.$$

Note que ainda temos outra integral que já está resolvida em (11.3). Desse modo,

$$\int x^2e^x\,dx = x^2e^x - 2(xe^x + e^x) + C = x^2e^x - 2xe^x + 2e^x + C.$$

▶ Exemplo 2: Integrar $x \cos x$.

Como no exemplo anterior, a integração seria imediata, não fosse pela existência do fator x. Daí a ideia de usar integração por partes para eliminar esse x. Para isso tomamos $u = x$ ($\Rightarrow du = dx$) e $dv = \cos x$ ($\Rightarrow v = \operatorname{sen} x$), e, desse modo, por (11.2), p. 311,

$$\begin{aligned} \int x \cos x \, dx &= x \operatorname{sen} x - \int \operatorname{sen} x \, dx \\ &= x \operatorname{sen} x + \cos x + C. \end{aligned} \tag{11.4}$$

Se fosse $x^2 \cos x$ a função a integrar, teríamos de fazer duas integrações por partes, na primeira derivando x^2 e integrando $\cos x$, ou seja, tomamos $u = x^2$ ($\Rightarrow du = 2x\,dx$) e $dv = \cos x$ ($\Rightarrow v = \operatorname{sen} x$), e, desse modo,

$$\int x^2 \cos x \, dx = x^2 \operatorname{sen} x - 2 \int x \operatorname{sen} x \, dx$$

A integral que ainda aparece tem solução simples (veja nota na margem). Basta seguir os passos dados em (11.4) e desse modo, por (11.2), p. 311,

$$\int x^2 \cos x \, dx = x^2 \operatorname{sen} x - 2\,(-x \cos x + \operatorname{sen} x)$$

ou seja,

$$\begin{aligned} \int x^2 \cos x \, dx &= x^2 \operatorname{sen} x + 2x \cos x - 2 \operatorname{sen} x \, dx \\ &= (x^2 - 2)\operatorname{sen} x + 2x \cos x + C. \end{aligned}$$

Para resolver a integral

$$\int x \operatorname{sen} x \, dx,$$

faça $u = x$ ($\Rightarrow du = dx$) e $dv = \operatorname{sen} x$ ($\Rightarrow v = -\cos x$). Por (11.2), p. 311, ficaremos com

$$\begin{aligned} & x(-\cos x) - \int -\cos x \, dx \\ &= -x \cos x + \int \cos x \, dx \\ &= -x \cos x + \operatorname{sen} x. \end{aligned}$$

▶ Exemplo 3: A integral inicial aparece.

Eis um exemplo em que duas sucessivas integrações por partes nos levam de volta à integral inicial. Faremos $u = \cos x$, ($\Rightarrow du = -\operatorname{sen} x \, dx$) e $dv = e^x \, dx$ ($\Rightarrow v = e^x$)

$$\begin{aligned} \int e^x \cos x \, dx &= e^x \cos x - \int e^x (-\operatorname{sen} x) \, dx \\ &= e^x \cos x + \int \operatorname{sen} x \cdot e^x \, dx \end{aligned}$$

Agora, para a integral que aparece no segundo membro, faremos $u = \operatorname{sen} x$ ($\Rightarrow du = \cos x \, dx$) e $dv = e^x \, dx$ ($\Rightarrow v = e^x$) e teremos, finalmente,

$$\int e^x \cos x \, dx = e^x \cos x + e^x \operatorname{sen} x - \int e^x \cos x \, dx;$$

portanto, adicionando $\int e^x \cos x \, dx$ a ambos os membros, ficamos com

$$\int e^x \cos x \, dx + \int e^x \cos x \, dx = e^x (\cos x + \operatorname{sen} x);$$

que finalmente nos dá $\displaystyle\int e^x \cos x \, dx = \frac{e^x (\operatorname{sen} x + \cos x)}{2} + C.$

▶ Exemplo 4: Outra forma de integrar $\text{sen}^2(x)$.

Embora essa integral já tenha sido resolvida na seção anterior, resolveremos novamente, mas integrando por partes. Para isso, faremos $\text{sen}^2 x = \text{sen}\, x \cdot \text{sen}(x)$ e então tomaremos $u = \text{sen}\, x$ ($\Rightarrow du = \cos x$) e $dv = \text{sen}\, x\, dx$ ($\Rightarrow v = -\cos x$), e assim:

$$\begin{aligned}
\int \text{sen}^2 x\, dx &= \int \text{sen}\, x \cdot \text{sen}\, x\, dx \\
&= \text{sen}\, x(-\cos x) - \int -\cos x \cos x\, dx \\
&= -\text{sen}\, x \cos x + \int \cos^2 x\, dx \\
&= -\text{sen}\, x \cos x + \int (1 - \text{sen}^2 x)\, dx \\
&= -\text{sen}\, x \cos x + x - \int \text{sen}^2 x\, dx
\end{aligned}$$

portanto,

$$2 \int \text{sen}^2 x\, dx = x - \text{sen}\, x \cos x$$

e, finalmente,

$$\int \text{sen}^2 x\, dx = \frac{1}{2}(x - \text{sen}\, x \cos x) + C.$$

▶ Exemplo 5: Integrar $\ln x$.

Para integrar $\ln x$, usamos (11.2) com $u = \ln x$ e $dv = dx$. Com isso, $du = 1/x\, dx$ e $v = x$. Logo,

$$\int \ln x\, dx = x \ln x - \int x \cdot \frac{1}{x}\, dx;$$

portanto,

$$\int \ln x\, dx = x \ln x - x + C.$$

Exercícios

Calcule as integrais propostas nos Exercícios 1 a 15.

1. $\displaystyle\int x^3 e^x\, dx.$

2. $\displaystyle\int x e^{3x}\, dx.$

3. $\displaystyle\int x\, \text{sen}\, x\, dx.$

4. $\displaystyle\int x^2\, \text{sen}\, x\, dx.$

5. $\int x \cos 5x \, dx.$

6. $\int \cos^2 x \, dx.$

7. $\int e^x \operatorname{sen} x \, dx.$

8. $\int x\sqrt{x+2} \, dx.$

9. $\int x \ln x \, dx.$

10. $\int \frac{\ln x}{x} \, dx.$

11. $\int x^r \ln x \, dx, \quad r \neq -1.$

12. $\int \operatorname{sen}^3 x \, dx.$

13. $\int \cos^3 x \, dx.$

14. $\int x^2 e^{-5x} \, dx.$

15. $\int x e^{-x} \, dx.$

16. A partir das identidades,

$$\begin{cases} \cos^2 x + \operatorname{sen}^2 x = 1 & \text{(I)} \\ \cos^2 x - \operatorname{sen}^2 x = \cos 2x & \text{(II)} \end{cases}$$

deduza que

$$\cos^2 x = \frac{1 + \cos 2x}{2} \quad \text{e} \quad \operatorname{sen}^2 x = \frac{1 - \cos 2x}{2}.$$

Integre as funções $\cos^2 x$ e $\operatorname{sen}^2 x$ usando essas relações e compare com o resultado do Exemplo 4 (p. 313). O que você conclui?

Respostas, sugestões, soluções

1. $e^x(x^3 - 3x^2 + 6x - 6) + C.$

2. $\frac{xe^{3x}}{3} - \frac{e^{3x}}{9} = \frac{e^{3x}}{3}(x - 1/3).$

3. $\operatorname{sen} x - x \cos x + C.$

4. $(2 - x^2)\cos x + 2x \operatorname{sen} x + C.$

5. $\frac{x \operatorname{sen} 5x}{5} + \frac{\cos 5x}{25}.$

6. $$\int \cos^2 x \, dx = \int \cos x \, d\operatorname{sen} x = \operatorname{sen} x \, \cos x + \int \operatorname{sen}^2 x \, dx$$
$$= \operatorname{sen} x \, \cos x + x - \int \cos^2 x \, dx.$$

Resp.: $\int \cos^2 x \, dx = \frac{1}{2}(x + \operatorname{sen} x \cos x) + C.$

7. $\frac{e^x}{2}(\operatorname{sen} x - \cos x) + C.$

8. Observe que $\sqrt{x+2} = \left[\frac{2(x+2)^{3/2}}{3}\right]'.$

Resp.: $\frac{2x}{3}(x+2)^{3/2} - \frac{4}{15}(x+2)^{5/2} + C.$

9. $\frac{x^2}{2}(\ln x - \frac{1}{2}) + C.$

10. $\frac{\ln^2 x}{2} + C.$

11. $\frac{x^{r+1}}{r+1}(\ln x - \frac{1}{r+1}) + C.$

12. $\int \operatorname{sen}^3 x\, dx = -\int \operatorname{sen}^2 x\, d\cos x = -\operatorname{sen}^2 x\, \cos x + 2\int \cos^2 x \operatorname{sen} x\, dx$

$$= -\operatorname{sen}^2 x\, \cos x + 2\int \operatorname{sen} x\, dx - 2\int \operatorname{sen}^3 x\, dx.$$

Resp.: $\frac{-\cos\, x}{3}(\operatorname{sen}^2 x + 2) + C.$

13. $\frac{\operatorname{sen} x}{3}(\cos^2 x + 2) + C.$

14. $C - \frac{e^{-5x}}{5}\left(x^2 + \frac{2x}{5} + \frac{2}{25}\right).$

15. $C - e^{-x}(x + 1).$

16. Se fizer (I)+(II) e isolar $\cos^2(x)$, você encontrará a primeira relação. Se fizer (I)-(II) e isolar $\operatorname{sen}^2(x)$, encontrará a segunda relação. Daí

$$\int \operatorname{sen}^2(x)\, dx = \int \frac{1 - \cos 2x}{2}\, dx = \frac{1}{2}\int 1 - \cos(2x)\, dx = \frac{1}{2}\left(x - \frac{\operatorname{sen}(2x)}{2}\right) + C.$$

Em relação ao Exemplo 4, não há problema nenhum já que as respostas são equivalentes, uma vez que $\operatorname{sen}(2x) = 2 \cdot \operatorname{sen}(x) \cdot \cos(x)$. Para $\cos^2(x)$ o raciocínio é idêntico.

Experiências no computador

Neste anexo aprenderemos a usar o SAC MAXIMA para entender melhor o que foi estudado no Capítulo 11. O *software* será usado para checar se os passos dados na resolução manual estão corretos, para ver se uma mudança de variável em integral definida ou indefinida foi feita de forma correta, e, por fim, para uso de um procedimento que permita ao leitor integrar por partes sem obter de imediato a resposta final. Caso o leitor sinta necessidade de rever a apresentação deste *software*, poderá encontrá-la no anexo do Capítulo 2.

Explorando as Seções 11.1 e 11.2 com o MAXIMA

Nesta seção, veremos como usar o MAXIMA para mostrar partes da resolução de uma integral por manipulação algébrica e por substituição simples, e não somente o resultado final.

■ Integração por manipulação algébrica

O que faremos é, basicamente, guardar a expressão que está no integrando em alguma variável e depois usar um dos botões[(1)] EXPANDIR e/ou SIMPLIFICAR (ou a versão escrita desses comandos).

> Lembre-se de que, para executar um comando, é necessário segurar a tecla SHIFT (⇑) e apertar ENTER. Para que um ENTER execute o comando vá em EDITAR > CONFIGURAÇÕES e, com OPÇÕES já selecionada, marque a caixa ENTER CALCULA A CÉLULA e clique em OK.

► **Exemplo 1:** Manipulação algébrica.

Como exemplo, consideremos o Exemplo 4 da p. 300 e vejamos como o *software* pode ajudar a perceber eventuais falhas na resolução manual. A integral é a seguinte:

$$\int \frac{3t^2\sqrt{t} - 2t^5}{\sqrt[5]{t^2}}\, dt.$$

Para que você tenha algum resultado parcial para esse problema, poderá proceder da seguinte forma: entre com os seguintes comandos

[(1)] Para tornar visíveis os botões mais utilizados, sugerimos que, no MENU PRINCIPAL, você deve clicar em MAXIMA > PAINÉIS > MATEMÁTICA GERAL.

```
>> f:(3*t^2*sqrt(t)-2*t^5)/t^(2/5)
```

```
>> expand(%);
```

e terá como resultado

(%i1) `f:(3*t^2*sqrt(t)-2*t^5)/t^(2/5);`

(%o1) $\dfrac{3\,t^{\frac{5}{2}}-2\,t^{5}}{t^{\frac{2}{5}}}$

(%i2) `expand(%);`

(%o2) $3\,t^{\frac{21}{10}}-2\,t^{\frac{23}{5}}$

Com isso, é possível saber qual expressão é equivalente àquela que está no integrando e tentar fazer a manipulação necessária até chegar a esse resultado. Feito isso, o próximo passo será integrar o último resultado, e, para tal, basta entrar com o seguinte comando:

```
>> integrate(%,t)
```

e encontraremos o mesmo resultado dado no Exemplo 4 (p. 300), ou seja,

(%i3) `integrate(%,t);`

(%o3) $\dfrac{30\,t^{\frac{31}{10}}}{31}-\dfrac{5\,t^{\frac{28}{5}}}{14}$

Integração por substituição, ou mudança de variável

Para melhor explorar esse assunto, precisamos aprender um pouco mais sobre o MAXIMA. Ao mesmo tempo, iremos aprender a usá-lo para ajudar na resolução de integrais por esse método.

Como escrever uma integral sem resolvê-la?

Para que uma integral seja apenas escrita e não resolvida, basta colocar um apóstrofo à esquerda do comando. Vamos a um exemplo. Considere a integral

$$\int x\sqrt{x^2+1}\,dx. \tag{11.5}$$

Para apenas escrever a integral, entre com o comando

```
>> 'integrate(x*sqrt(x^2+1)
```

e teremos como resultado,

(%i4) `'integrate(x*sqrt(x^2+1),x);`

(%o4) $\int x\,\sqrt{x^2+1}dx$

O mesmo ocorre para outros comandos. Se o comando não deve ser executado, apenas coloque um apóstrofo à esquerda do comando como ilustrado.

Substituição em integral indefinida

Há duas formas de se fazer isso. A primeira é por meio de um comando escrito cuja sintaxe é a seguinte:

```
changevar(integral, mudança de var, var nova, var antiga);
```

em que

`integral:` É a integral escrita, mas não resolvida, como mostrado na subseção anterior. É comum (e indicado) que se grave a integral em uma variável. Se fizer assim, basta colocar o nome da variável no espaço reservado para "integral". Quando se grava a integral na variável, há a possibilidade de se verificar se a integral é realmente aquela que se deseja.

`mudança de var:` É a mudança de variável que será feita, como por exemplo: `u=x^2+1`.

`var nova:` É a nova variável da integral. Por exemplo, se a integral está com a variável x e fazemos uma mudança de variável do tipo $u = \cdots$ então a variável nova será u.

`var antiga:` É a variável antiga, ou seja, a variável da integral original.

▶ Exemplo 2: Substituição simples.

Continuaremos com o exemplo da seção anterior, a integral que está em (11.5). Suponha que a última saída do programa tenha sido a integral escrita (mas não resolvida). Então, a variável % está com essa integral. Para fazer a mudança de variável $u = x^2 + 1$, basta escrever:

```
changevar(%, u=x^2+1, u, x);
```

e obteremos como resultado

```
(%i5) changevar(%,u=x^2+1,u,x);
```

(%o5) $\dfrac{\int \sqrt{u}du}{2}$

que é precisamente o que se obtém ao se fazer a mudança de variável sugerida.

O mesmo será obtido se se escrever diretamente

```
(%i5) changevar('integrate(x*sqrt(x^2+1),x), u=x^2+1, u, x);
```

mas com uma possibilidade maior de errar na sintaxe do comando.

Com isso passa a ser possível verificar se a mudança de variável feita está correta. Esse procedimento é interessante para procurar erros. Lembre-se de que o leitor deve fazer todos os cálculos manuais. O computador não irá substituir essa ação. Ele apenas lhe mostrará se até certo ponto você o fez, de forma correta ou não.

▶ Exemplo 3: Substituição simples por campos e botões.

Usaremos uma integral diferente para mostrar outro modo de fazer substituições em integral indefinida. Seja a integral

$$\int x\sqrt{x+1}\,dx.$$

Queremos primeiro escrever a integral. Dessa vez, a gravaremos na variável "int". Entre com o seguinte comando

```
>> int:'integrate(x*sqrt(x+1),x)
```

e obteremos

```
(%i6)  int:'integrate(x*sqrt(x+1),x);
```

(%o6) $\int x\,\sqrt{x+1}dx$

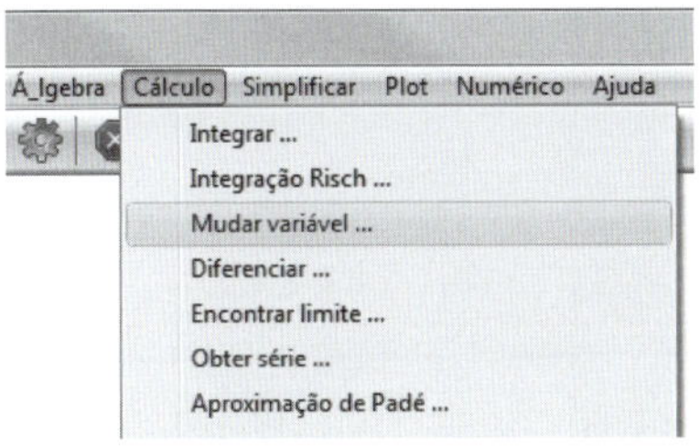

Figura 11.3

A segunda forma de se executar a mesma ação (mudança de variável) é por meio de uma janela para entrada de dados. Para isso, no MENU PRINCIPAL, clique em CÁLCULO e depois em "MUDAR VARIÁVEL..."(Fig. 11.3). Na janela que aparecerá (Fig. 11.4) há quatro campos:

`Integral/Sum:` Entre com a integral escrita (sem resolver). No caso, como gravamos na variável "int", basta escrever nesse campo `int` .

`Old variable:` Entre com a variável antiga, ou seja, a variável da integral original. Nesse caso será `x`.

`New variable:` Entre com a nova variável. Se a mudança de variável for $u = \cdots$, a nova variável será u. Nesse caso será `u`.

`Equação:` É a mudança de variável que irá usar, como $u = x^2 + 1$, $x = u + 3$ e assim por diante. Nesse caso será `u=x+1`.

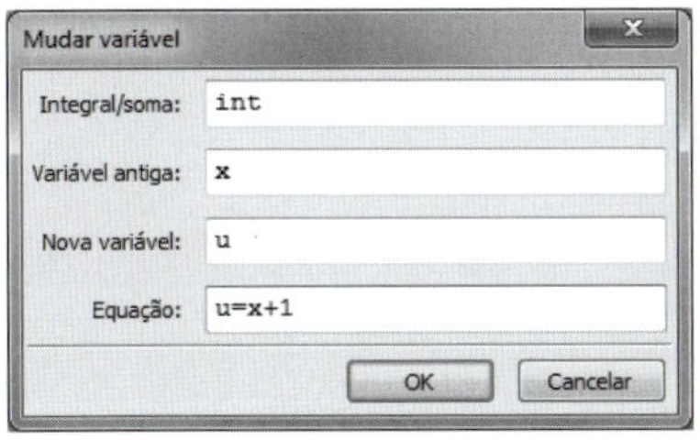

Figura 11.4

O preenchimento deverá ser como o mostrado na Fig. 11.4. Ao apertar OK, o programa retornará

```
(%i7)  changevar(int,u=x+1,u,x);
```

(%o7) $\int (u-1)\,\sqrt{u}du$

Se clicarmos no botão EXPANDIR, teremos

```
(%i8)  expand(%);
```

(%o8) $\int u^{\frac{3}{2}} - \sqrt{u}du$

Essa é nova integral obtida a partir da primeira usando a mudança de variável $u = x+1$. Agora o leitor deve tentar resolver a integral (manualmente), e, caso não tenha chegado até o último resultado, deverá procurar saber onde houve o erro.

Substituição em integral definida

Em relação à integral indefinida, o que muda para o cálculo de uma integral definida é o acréscimo dos extremos de integração no comando.

► **Exemplo 4:** **Mudança de variável em integral definida.**

Considere a integral

$$\int_0^3 x\sqrt{x^2+1}\,dx.$$

Se entrarmos com os comandos

```
>> int:'integrate(x*sqrt(x^2+1),x,0,3)

>> changevar(%, u=x^2+1, u, x)
```

obteremos

```
(%i9)  int:'integrate(x*sqrt(x^2+1),x,0,3);
```

(%o9) $\int_0^3 x\,\sqrt{x^2+1}dx$

```
(%i10) changevar(%,u=x^2+1,u,x);
```

(%o10) $\frac{\int_1^{10}\sqrt{u}du}{2}$

Observe que os extremos de integração foram ajustados. Na primeira integral eram 0 e 3, e na última foram 1 e 10. Com isso, é possível verificar se a mudança de variável em integral definida está sendo feita de forma correta.

► **Exemplo 5:** **Mudança de variável em integral definida.**

Considere a integral

$$\int_1^5 x\sqrt{x+1}\,dx.$$

Se entrarmos com os seguintes comandos

```
>> int:'integrate(x*sqrt(x+1),x,1,5)

>> changevar(%, u=x+1, u, x)
```

obteremos o seguinte resultado

```
(%i11) int:'integrate(x*sqrt(x+1),x,1,5);
```

(%o11) $\int_1^5 x\,\sqrt{x+1}dx$

```
(%i12) changevar(%,u=x+1,u,x);
```

(%o12) $\int_2^6 (u-1)\,\sqrt{u}du$

Note novamente que a mudança de variável foi feita, e o ajuste nos extremos de integração também. Use esse recurso para auxiliá-lo nos cálculos.

Explorando a Seção 11.3 com o MAXIMA

Para usar o MAXIMA para resolver integrais por partes, basicamente precisamos conhecer o procedimento. Dada uma integral, precisamos escolher u e dv de forma que $u \cdot dv$ seja igual ao integrando. Depois disso verificado, devemos derivar u (e encontrar du) e integrar dv (e encontrar v). Feito isso, precisamos escrever a relação

$$\int u \cdot dv = u \cdot v - \int v \, du.$$

► **Exemplo 6:** **Integração por partes.**

Considere a integral $\int x \cos x dx$. Para obter o resultado dessa integral, basta digitar

```
integrate(x*cos(x),x)
```

Entretanto, é nosso desejo mostrar um resultado parcial antes do final. Para isso procederemos da seguinte forma (observe o uso do apóstrofo para não resolver a integral):

```
>> 'integrate(x*cos(x),x)

>> u:x

>> dv:cos(x)

>> u*dv
```

Nesse ponto, observe se a escolha de u e dv está correta, verificando se $u \cdot dv$ é igual ao integrando. Caso sim, prossiga com os seguintes comandos:

```
>> du:diff(u,x)

>> v:integrate(dv,x)
```

Com isso temos as quatro informações necessárias para usar a integração por partes. Para finalizar a ilustração, entre com os seguintes comandos:

```
>> 'integrate(u*dv,x)=u*v-'integrate(v*du,x)
```

Após esse último procedimento, temos a forma equivalente da integral após usar desse método. O resultado deverá ser como se segue:

(%i13) `'integrate(x*cos(x),x);`

(%o13) $\int x \cos(x) \, dx$

(%i14) `u:x;`

(%o14) x

(%i15) `dv:cos(x);`

(%o15) $\cos(x)$

```
(%i16) u*dv;
```

(%o16) $x\cos(x)$

```
(%i17) du:diff(u,x);
```

(%o17) 1

```
(%i18) v:integrate(dv,x);
```

(%o18) $\sin(x)$

```
(%i19) 'integrate(u*dv,x)=u*v-'integrate(v*du,x);
```

(%o19) $\int x\cos(x)\,dx = x\sin(x) - \int \sin(x)\,dx$

Para que a integral seja resolvida, basta retirar o apóstrofo à esquerda do comando. Lembre-se também de que é possível agrupar os comandos como se pode ver a seguir

```
(%i20) 'integrate(x*cos(x),x);
       u:x;
       dv:cos(x);
       u*dv;
       du:diff(u,x);
       v:integrate(dv,x);
       'integrate(u*dv,x)=u*v-'integrate(v*du,x);
```

Se optar por esse modelo, para mudar de problema, basta alterar as três primeiras linhas e com um único SHIFT (⇑)+ENTER todo o procedimento será executado. No modelo anterior são necessárias sete execuções (SHIFT (⇑)+ENTER).

Com isso temos como usar a máquina para nos ajudar a isolar os erros, ou seja, caso a resposta final não esteja correta, há como você saber onde o erro foi cometido. É fato que a "descoberta" desses erros também provoca aprendizado.

Apêndice A

O Teorema do Valor Médio

Este apêndice tem por finalidade apresentar a demonstração do Teorema do Valor Médio. Para isso necessitamos do chamado Teorema de Rolle, que assim se enuncia:

▶ **Teorema de Rolle:** *Seja f uma função contínua num intervalo fechado $[a,\, b]$, derivável nos pontos internos, e tal que $f(a) = f(b)$. Então existe um ponto c entre a e b onde a derivada se anula: $f'(c) = 0$.*

Demonstração. Pode acontecer que f tenha valor constante $f(x) = f(a) = f(b)$ em todo o intervalo $[a,\, b]$; nesse caso, sua derivada f' é identicamente nula e o teorema está demonstrado.

Se f não for constante, ela terá que assumir valores maiores ou menores que $f(a) = f(b)$. Por outro lado, sendo contínua num intervalo fechado, pela Observação da p. 148, f assume um valor máximo e um valor mínimo nesse intervalo. Se f assumir valores maiores que $f(a)$, ela terá um ponto de máximo $x = c$, interno ao intervalo (Fig. A.1). Como f é derivável nesse ponto, podemos aplicar o teorema da p. 145 e concluir que $f'(c) = 0$, como queríamos demonstrar.

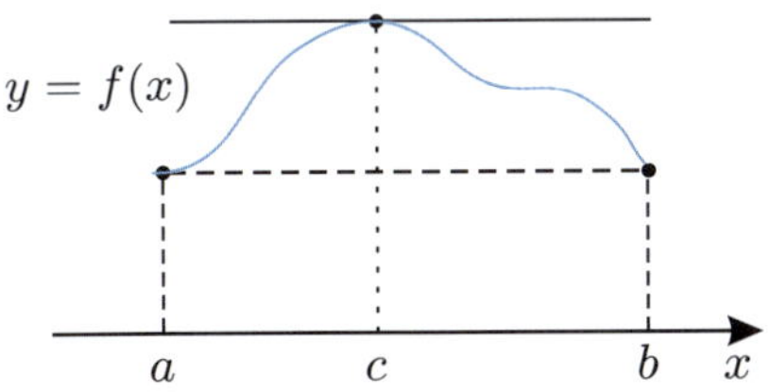

Figura A.1

Deixamos ao leitor a tarefa de completar a demonstração no caso em que f só assuma valores menores que $f(a) = f(b)$. O raciocínio é inteiramente análogo ao anterior.

Estamos agora em condições de demonstrar o Teorema do Valor Médio. Por conveniência, vamos repetir seu enunciado, já visto na p. 130:

▶ **Teorema do Valor Médio:** *Seja f uma função definida e contínua num intervalo fechado $[a,\, b]$, e derivável nos pontos internos. Então existe pelo menos um ponto c, compreendido entre a e b, tal que*

$$f(b) - f(a) = f'(c)(b - a).$$

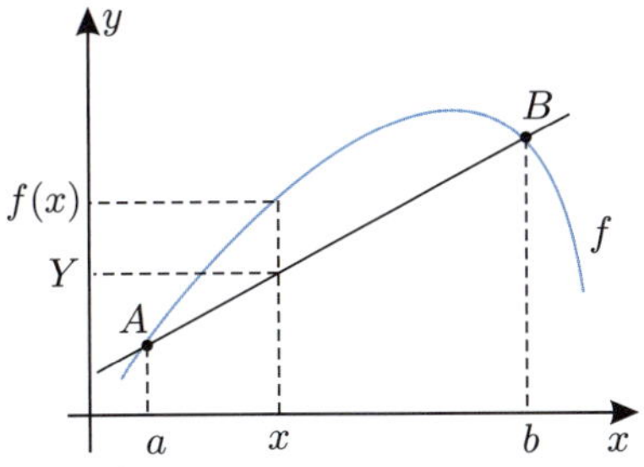

Figura A.2

Demonstração. A demonstração desse teorema será feita reduzindo-o ao Teorema de Rolle. Para isso, vamos considerar a função $F(x)$ igual à diferença entre as ordenadas $f(x)$ da curva e Y da reta secante AB, para um mesmo valor x da abscissa. A secante AB (Fig. A.2) é a reta pelo ponto $(a,\, f(a))$ com declive $\dfrac{f(b) - f(a)}{b - a}$; logo, sua equação é dada por

$$Y - f(a) = \frac{f(b) - f(a)}{b - a}(x - a),$$

ou

$$Y = f(a) + \frac{f(b) - f(a)}{b - a}(x - a).$$

Portanto, a função $F(x) = f(x) - Y$ será dada por (Fig. A.3)

$$F(x) = f(x) - f(a) - \frac{f(b) - f(a)}{b - a}(x - a).$$

Como se vê, $F(a) = F(b) = 0$, além do que F é derivável nos pontos internos ao intervalo $[a, b]$. Portanto, o Teorema de Rolle é aplicável a essa função: existe um ponto c, entre a e b, tal que $F'(c) = 0$. Mas

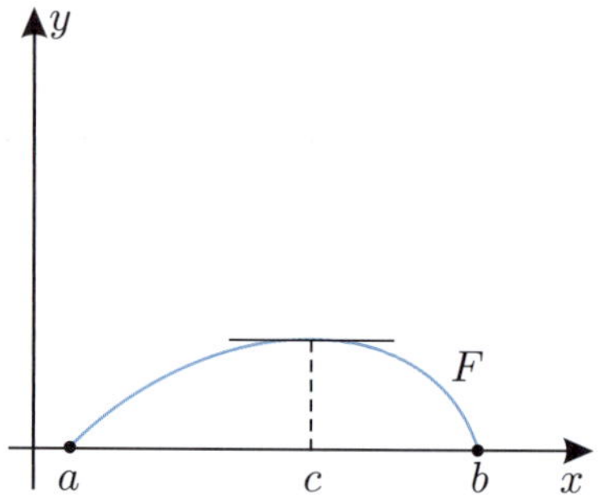

Figura A.3

$$F'(x) = f'(x) - \frac{f(b) - f(a)}{b - a},$$

de sorte que $F'(c) = 0$ significa

$$f'(c) = \frac{f(b) - f(a)}{b - a},$$

ou, ainda,

$$f(b) - f(a) = f'(c)(b - a).$$

Isso completa a demonstração do teorema.

No Capítulo 5, ao tratar a chamada Regra de l'Hôpital, temos necessidade de uma versão mais geral do Teorema do Valor Médio, que incluímos a seguir.

▸ **Teorema do Valor Médio Generalizado:** (de Cauchy)
Sejam f e g funções contínuas num intervalo $[a, b]$ e deriváveis nos pontos internos. Além disso, suponhamos que $g'(x) \neq 0$ e $g(b) - g(a) \neq 0$. Então, existe $c \in (a, b)$ tal que

$$\frac{f(b) - f(a)}{g(b) - g(a)} = \frac{f'(c)}{g'(c)}. \tag{A.1}$$

Demonstração. Consideremos a função auxiliar,

$$F(x) = f(x) - f(a) - Q[g(x) - g(a)],$$

em que Q é o primeiro membro de (A.1). Observe que $F(a) = F(b) = 0$; portanto, pelo Teorema de Rolle, existe $c \in (a, b)$ tal que $F'(c) = 0$, isto é, $f'(c) - Qg'(c) = 0$, donde a relação (A.1).

Apêndice B
Revisão

Este capítulo final contém vários fatos da matemática elementar que o leitor precisa saber para poder seguir o presente curso de Cálculo sem maiores dificuldades. O objetivo aqui não é apresentar os assuntos de maneira completa e exaustiva, mas apenas suprir o essencial para ajudar o leitor menos preparado. Portanto, só o leitor poderá dizer se deve ou não utilizar esta Revisão, pois isso depende de sua base matemática.

B.1 Implicação de equivalência

Chama-se "proposição" uma afirmação qualquer, como "3 é um número", "15 é divisível por 3", "$ABCD$ é um quadrado" etc.

Quando escrevemos "$A \Rightarrow B$", queremos dizer que a proposição A implica (ou acarreta) a proposição B. Por exemplo, A pode significar "N é divisível por 9" e B pode significar "N é divisível por 3". Nesse caso podemos escrever, concretamente:

$$N \text{ é divisível por } 9 \Rightarrow N \text{ é divisível por } 3.$$

Mas a recíproca não é verdadeira, não podemos escrever

$$N \text{ é divisível por } 3 \Rightarrow N \text{ é divisível por } 9.$$

De fato, sempre que um número for divisível por 9 — como 9, 18, 27, etc. —, ele será necessariamente divisível por 3; mas um número pode muito bem ser divisível por 3 — como 6, 12, 15, 21, etc. — sem ser divisível por 9.

Veja: dissemos que N será necessariamente divisível por 3 se for divisível por 9. Dito de outra maneira, "ser divisível por 3" é condição necessária de "ser divisível por 9". Mais formalmente, quando $A \Rightarrow B$, dizemos que B é *condição necessária* de A; vale dizer, acontecendo A, necessariamente acontecerá B. Mas B pode acontecer sem que A aconteça. Por outro lado, A é *condição suficiente* de B, pois A sendo verdadeira, B também será.

Assim, "ser divisível por 3" é condição necessária para um número ser divisível por 9, mas não é suficiente; e "ser divisível por 9" é condição suficiente para um número ser divisível por 3, mas não é condição necessária.

Quando temos, ao mesmo tempo,

$$A \Rightarrow B \quad \text{e} \quad B \Rightarrow A,$$

costumamos escrever $A \Leftrightarrow B$. Nesse caso, qualquer uma das duas proposições (A e B) é ao mesmo tempo condição necessária e suficiente da outra. Costuma-se também dizer que elas são *equivalentes*. Exemplo:

$$x + 3 = 5 \Leftrightarrow x = 2, \quad \text{ou seja,} \quad x + 3 = 5 \Rightarrow x = 2 \ \text{ e } \ x = 2 \Rightarrow x + 3 = 5.$$

Ao resolvermos equações, costumamos transformá-las, sucessivamente, em outras equivalentes, embora essas transformações costumem ser indicadas num só sentido. Exemplo:

$$3x - 7 = 13 - 2x \Rightarrow 3x + 2x = 13 + 7 \Rightarrow 5x = 20 \Rightarrow x = \frac{20}{5} = 4.$$

Todas essas equações são equivalentes entre si, de forma que podíamos ter escrito:

$$3x - 7 = 13 - 2x \Leftrightarrow 3x + 2x = 13 + 7 \Leftrightarrow 5x = 20 \Leftrightarrow x = \frac{20}{5} = 4.$$

B.2 Simplificando frações

Para simplificar uma fração, dividimos o numerador e o denominador pelo mesmo número, ou fator comum. Assim, no exemplo seguinte, 5 é fator comum, pode ser cancelado:

$$\frac{15}{35} = \frac{3 \cdot 5}{7 \cdot 5} = \frac{3 \cdot \cancel{5}}{7 \cdot \cancel{5}} = \frac{3 \cdot 1}{7 \cdot 1} = \frac{3}{7}.$$

Atenção! Ao eliminarmos o fator 5, o que fica no lugar dele é 1 e não zero. Afinal, estamos dividindo numerador e denominador por 5.

No próximo exemplo, ao contrário, 5 é "parcela", tanto no numerador como no denominador; e não pode ser eliminado. Portanto, é errado escrever

$$\frac{a + 5}{b - 5} = \frac{a + \cancel{5}}{b - \cancel{5}} = \frac{a}{b}.$$

Tanto é errado que, se substituímos as letras por números, logo constatamos o erro. Assim, fazendo $a = 20$ e $b = 10$, teremos:

$$\frac{20 + 5}{10 - 5} = \frac{25}{5} = 5,$$

ao passo que, pelo modo errado de cancelar, teríamos

$$\frac{20 + 5}{10 - 5} = \frac{20 + \cancel{5}}{10 - \cancel{5}} = \frac{20}{10} = 2,$$

um resultado diferente do valor correto anterior.

Mais um exemplo de simplificação legítima:

$$\frac{ab}{a} = \frac{\cancel{a}b}{\cancel{a}} = \frac{b}{1} = b.$$

Não confunda a expressão anterior com $\dfrac{a + b}{a}$. Veja como tratar essa última, interpretando-a como a soma de duas frações:

$$\frac{a + b}{a} = \frac{a}{a} + \frac{b}{a} = 1 + \frac{b}{a}.$$

B.3 Cancelamento

São as seguintes as "leis de cancelamento" da adição e da multiplicação:

$$a + x = a + y \Rightarrow x = y \quad \text{e} \quad ax = ay \Rightarrow x = y,$$

essa última só aplicável se $a \neq 0$.

Na equação $x + a = 3y + a$, podemos cancelar a parcela a nos dois membros, resultando em $x = 3y$. Veja: essa parcela a foi substituída por zero, pois na verdade subtraímos o mesmo a dos dois membros da equação.

Na equação $ax = a + 5$ não podemos cancelar o a para obter $x = 5$. Isto é errado porque, no 2º membro, a é parcela e não fator. Podemos fazer esse cancelamento se "forçarmos" o a como fator em $a+5$. Isso se consegue fatorando (veja Fatoração logo adiante), assim: $a + 5 = a(1 + 5/a)$. Portanto,

$$ax = a + 5 \Rightarrow ax = a\left(1 + \frac{5}{a}\right) \Rightarrow \not{a}x = \not{a}\left(1 + \frac{5}{a}\right) \Rightarrow x = 1 + \frac{5}{a}.$$

Chegaríamos a esse mesmo resultado se começássemos subtraindo o a, assim:

$$ax = a + 5 \Rightarrow ax - a = 5 \Rightarrow a(x - 1) = 5$$
$$\Rightarrow x - 1 = \frac{5}{a} \Rightarrow x = 1 + \frac{5}{a}.$$

Observe que ambos os membros da 3ª equação foram divididos por a, resultando na 4ª equação.

B.4 Fatoração

A palavra "fatorar" vem de **fator**, que é o nome dado às partes da multiplicação. Por exemplo: em $2 \cdot 5 = 10$, dizemos que 2 e 5 são fatores e 10 é o produto. Fatorar é o mesmo que transformar em fatores, ou seja, transformar em multiplicação. A seguir veremos os métodos mais comuns de fatoração.

Fator comum

Este caso de fatoração baseia-se na propriedade distributiva da multiplicação em relação à adição, ilustrada nos seguintes exemplos:

$$a(b + c + d) = ab + ac + ad; \quad 3(x^2y - 2a + b) = 3x^2y - 6a + 3b.$$

Veja: o a e o 3 estão como fatores nos primeiros membros; ficaram multiplicados por cada parcela do parêntese correspondente, resultando nos segundos membros. A fatoração é a operação inversa, que consiste em começar com uma expressão em que se identifica um fator comum; reescrevemos essa expressão pondo o fator comum em evidência. Exemplos:

$$ab + ac + ab = a(b + c + d); \quad 3x^2y - 6a + 3b = 3(x^2y - 2a + b).$$

E se não houver fator comum, ainda podemos fatorar? Sim, desde que coloquemos o fator em questão no denominador, assim:

$$a + 5 = a + a \cdot \frac{5}{a} = a\left(1 + \frac{5}{a}\right).$$

Quadrado da soma

Essa fatoração consiste em reconhecer uma expressão como sendo o quadrado de uma soma de dois termos. Observe o seguinte:

$$\begin{aligned}(a+b)^2 &= (a+b)(a+b) = a(a+b) + b(a+b) \\ &= a^2 + ab + ba + b^2 = a^2 + 2ab + b^2,\end{aligned}$$

isto é, $(a+b)^2 = a^2 + 2ab + b^2$. A fatoração aqui consiste em passar do 2º membro ao 1º, assim:

$$a^2 + 2ab + b^2 = (a+b)^2.$$

Quadrado da diferença

Se fosse $-b$ em vez de b, teríamos:

$$(a-b)^2 = a^2 + 2a(-b) + (-b)^2 = a^2 - 2ab + b^2,$$

de forma que, quando encontramos uma expressão que possa ser identificada como $a^2 - 2ab + b^2$, podemos fatorá-la como o quadrado da diferença $a - b$, ou seja,

$$a^2 - 2ab + b^2 = (a-b)^2.$$

Esses dois casos de fatoração podem ser tratados como se fosse um caso único, interpretando corretamente o sinal negativo. Vejamos vários exemplos concretos:

$$\begin{aligned}a^2 + 10a + 25 &= a^2 + 2 \cdot a \cdot 5 + 5^2 = (a+5)^2; \\ a^2 - 10a + 25 &= a^2 - 2 \cdot a \cdot 5 + 5^2 = (a-5)^2; \\ a + 2\sqrt{a} + 1 &= (\sqrt{a})^2 + 2 \cdot \sqrt{a} \cdot 1 + 1^2 = (\sqrt{a}+1)^2; \\ 2\sqrt{a} - a - 1 &= -(a - 2\sqrt{a} + 1) = -(\sqrt{a}-1)^2.\end{aligned}$$

Diferença de dois quadrados

Esse caso de fatoração consiste em transformar diferenças de quadrados do tipo $a^2 - b^2$ no produto $(a+b)(a-b)$. Isso porque

$$(a+b)(a-b) = a(a-b) + b(a-b) = (a^2 - ab) + (ba - b^2),$$

isto é, $(a+b)(a-b) = a^2 - b^2$. Ao fatorar, o que fazemos é o inverso disso, isto é, começamos com o 2º membro e terminamos com o 1º, assim:

$$a^2 - b^2 = (a+b)(a-b).$$

Exemplos:

$$x^2 - 25 = (x+5)(x-5); \quad a^4 - x^2 = (a^2 + x)(a^2 - x);$$

$$\begin{aligned}a^4x^6 - 4y^2 &= (a^2x^3 + 2y)(a^2x^3 - 2y); \\ 3x^2 - 5 &= (\sqrt{3}x + \sqrt{5})(\sqrt{3}x - \sqrt{5}).\end{aligned}$$

O caso $a^n - b^n$

A fatoração por diferença de dois quadrados se generaliza. Começamos com o produto

$$(a-b)(a+b) = a^2 - b^2,$$

do qual passamos a

$$(a-b)(a^2+ab+b^2) = (a^3+a^2b+ab^2) - (a^2b+ab^2+b^3).$$

Após cancelar termos idênticos e de sinais contrários, obtemos:

$$(a-b)(a^2+ab+b^2) = a^3 - b^3.$$

Do mesmo modo,

$$\begin{aligned}&(a-b)(a^3+a^2b+ab^2+b^3)\\&= (a^4+a^3b+a^2b^2+ab^3) - (a^3b+a^2b^2+ab^3+b^4),\end{aligned}$$

donde, após cancelar termos idênticos, resulta:

$$(a-b)(a^3+a^2b+ab^2+b^3) = a^4 - b^4.$$

Façamos mais o caso particular da 5ª potência:

$$\begin{aligned}&(a-b)(a^4+a^3b+a^2b^2+ab^3+b^4)\\&= (a^5+a^4b+a^3b^2+a^2b^3+ab^4)\\&-(a^4b+a^3b^2+a^2b^3+ab^4+b^5).\end{aligned}$$

Cancelando termos idênticos, obtemos:

$$(a-b)(a^4+a^3b+a^2b^2+ab^3+b^4) = a^5 - b^5.$$

Da análise desses casos particulares, percebemos que o caso geral deve ser assim:

$$(a-b)(a^{n-1}+a^{n-2}b+a^{n-3}b^2+\ldots+ab^{n-2}+b^{n-1}) = a^n - b^n.$$

Observe a lei de formação dos termos do segundo parêntese do 1º membro: os expoentes de a vão decrescendo de $n-1$ a zero, enquanto os de b vão crescendo de zero a $n-1$. Para provar a identidade anterior, aplicamos a distributividade na multiplicação do 1º membro e cancelamos os termos idênticos, restando apenas os dois termos do 2º membro. Veja:

$$\begin{aligned}&(a-b)(a^{n-1}+a^{n-2}b+a^{n-3}b^2+\ldots+ab^{n-2}+b^{n-1})\\&= (a^n+a^{n-1}b+a^{n-2}b^2+\ldots+a^2b^{n-2}+ab^{n-1})\\&-(a^{n-1}b+a^{n-2}b^2+a^{n-3}b^3+\ldots+ab^{n-1}+b^n).\end{aligned}$$

Cancelando termos idênticos, obtemos a identidade

$$(a-b)(a^{n-1}+a^{n-2}b+a^{n-3}b^2+\ldots+ab^{n-2}+b^{n-1}) = a^n - b^n,$$

a qual, escrita na forma

$$a^n - b^n = (a-b)(a^{n-1}+a^{n-2}b+a^{n-3}b^2+\ldots+ab^{n-2}+b^{n-1}),$$

é uma fatoração importante.

B.5 Adicionando e subtraindo frações

Vejamos alguns exemplos de adição e subtração de frações.

$$\frac{2}{a+4}+\frac{3}{a-4}=\frac{2(a-4)+3(a+4)}{(a+4)(a-4)}=\frac{5a+4}{a^2-16};$$

$$\frac{2}{a+h}-\frac{3}{a}=\frac{2a-3(a+h)}{(a+h)a}=\frac{-a-3h}{a(a+h)}=-\frac{a+3h}{a(a+h)};$$

$$\frac{1}{x-y}-\frac{1}{x+y}=\frac{(x+y)-(x-y)}{(x+y)(x-y)}=\frac{2y}{x^2-y^2};$$

$$\frac{2}{x^2-9}+\frac{3}{x+3}=\frac{2}{(x+3)(x-3)}+\frac{3(x-3)}{(x+3)(x-3)}=\frac{2+3(x-3)}{x^2-9}=\frac{3x-7}{x^2-9}.$$

B.6 Completando quadrados

Completar quadrados é uma operação importante e muito útil, que consiste em completar uma expressão para que ela fique um quadrado perfeito mais algum número. Exemplos:

$$a^2+2ab=\underbrace{a^2+2ab+b^2}_{(a+b)^2}-b^2 = (a+b)^2-b^2;$$

$$\begin{aligned} x^2-(6x)-1 &= x^2-(2\cdot x\cdot 3)+3^2-3^2-1 \\ &= \underbrace{x^2-2\cdot x\cdot 3+3^2}_{(x-3)^2}\underbrace{-9-1}_{-10} \\ &= (x-3)^2-10. \end{aligned}$$

$$\begin{aligned} 9+(6x) &= 3^2-(2\cdot 3\cdot x)+x^2-x^2 \\ &= \underbrace{9^2-2\cdot 3\cdot x+x^2}_{(9-x)^2}-x^2 \\ &= (9-x)^2-x^2. \end{aligned}$$

$$\begin{aligned} 9+(x) &= 3^2+\left(2\cdot 3\cdot \tfrac{x}{6}\right)+\left(\tfrac{x}{6}\right)^2-\left(\tfrac{x}{6}\right)^2 \\ &= \underbrace{9^2+2\cdot 3\cdot\frac{x}{6}+\left(\frac{x}{6}\right)^2}_{(3+\frac{x}{6})^2}-\left(\frac{x}{6}\right)^2 \\ &= \left(3+\frac{x}{6}\right)^2-\frac{x^2}{36}. \end{aligned}$$

.: FORMA ALTERNATIVA :.

Para ajudar a fixar as ideias, considere a expressão

$$4x^2-7x.$$

Primeiro, escreva no que gostaria que a expressão se transformasse em um trinômio de quadrado perfeito, ou seja,

$$(\ast)^2-2\cdot(\ast)\cdot(\maltese)+(\maltese)^2.$$

Para o primeiro parêntese você deve perguntar: *o que elevado ao quadrado dá* $4x^2$? A resposta será o primeiro termo, correto? Nesse caso será $\ast=2x$, e ficamos com

$$(2x)^2-2\cdot(2x)\cdot(\maltese)+(\maltese)^2.$$

Agora, nessa forma inacabada há um x e um termo desconhecido ($\maltese$). O que gostaríamos? Que

$$2\cdot(2x)\cdot(\maltese)=7x \Leftrightarrow 2\cdot 2\cdot(\maltese)=7$$

$$\Leftrightarrow \maltese=\frac{7}{4}.$$

Assim, acabamos de descobrir qual será o 2º termo $\maltese=\frac{7}{4}$ e agora ficamos com

$$(2x)^2-2\cdot(2x)\cdot\frac{7}{4}+\left(\frac{7}{4}\right)^2=\left(2x-\frac{7}{4}\right)^2.$$

Esse último termo (em azul) precisou ser adicionado. Então, para compensar, subtraímos o mesmo tempo e ficamos com

$$\begin{aligned} &4x^2-7x \\ &=(2x)^2-2\cdot(2x)\cdot\frac{7}{4}+\left(\frac{7}{4}\right)^2-\left(\frac{7}{4}\right)^2. \\ &=\left(2x-\frac{7}{4}\right)^2-\left(\frac{7}{4}\right)^2 \end{aligned}$$

B.7 Valor absoluto

O *valor absoluto* de um número r, também designado *módulo de* r, denotado com o símbolo $|r|$, é definido como sendo r se $r \geq 0$, e como $-r$ se $r < 0$. Assim,

$$|5| = 5, \quad |0| = 0, \quad |-3| = -(-3) = 3.$$

Como consequência da definição, o valor absoluto de um número é o mesmo que o valor absoluto do oposto desse número. Assim, os números 7 e -7 têm o mesmo valor absoluto; o mesmo é verdade de -5 e 5; em geral, $|r| = |-r|$, qualquer que seja o número r.

O módulo de um número real mede a distância que esse número está da origem (do zero). Assim, $|-3| = 3$ pois o ponto correspondente ao -3 está a três unidades de distância da origem, assim como o $|+5| = 5$, pois o ponto correspondente ao 5 na reta real está a cinco unidades de distância da origem. De modo geral,

$$|\square| = \begin{cases} \square, & \text{se} \quad \square \geq 0 \\ -\square, & \text{se} \quad \square < 0 \end{cases}.$$

O leitor deve ter o cuidado de não incorrer no erro de escrever $|-x| = x$. Isso só é verdade quando $x \geq 0$, mas não quando $x < 0$. Por exemplo, com $x = -7$, essa igualdade ficaria sendo

$$|-(-7)| = -7, \quad \text{ou} \quad |7| = -7,$$

o que é falso. Então, o que é $|x|$? Não conhecemos enquanto não soubermos se x é um número positivo, negativo ou nulo. A única coisa que podemos dizer é que $|-x| = |x|$, mas não que $|-x| = x$.

B.8 Raiz quadrada e valor absoluto

Observe que todo número positivo tem duas raízes quadradas, uma positiva e a outra negativa. Assim, 16 tem raízes 4 e -4, 25 tem raízes 5 e -5. Mas não podemos escrever $\sqrt{16} = \pm 4$ ou $\sqrt{16} = -4$, apenas $\sqrt{16} = 4$, pois o símbolo $\sqrt{a}$ significa sempre a raiz quadrada positiva de a, qualquer que seja o número positivo a. Assim, $\sqrt{x^2} = |x|$ e nunca $\sqrt{x^2} = x$, pois x pode ser negativo.

Vamos ilustrar o que acabamos de dizer com a equação

$$\sqrt{4-x} = x - 2. \tag{B.1}$$

É claro que, ao escrever essa equação, já estamos supondo que $4 - x \geq 0$, isto é, que $x \leq 4$. Para resolvê-la, elevamos ambos os membros ao quadrado, obtendo:

$$\sqrt{4-x} = x - 2 \Rightarrow 4 - x = (x-2)^2 \Leftrightarrow 4 - x = x^2 - 4x + 4 \tag{B.2}$$

$$\Leftrightarrow -x + 4x - x^2 = 0 \Leftrightarrow 3x - x^2 = 0 \Leftrightarrow x(3-x) = 0 \Leftrightarrow x = 0 \;\text{ ou }\; x = 3.$$

Dessas duas soluções, somente $x = 3$ resolve a equação inicial. Com o outro valor $x = 0$, a equação inicial ficaria sendo $\sqrt{4} = -2$, o que está errado, pois o símbolo $\sqrt{4}$ significa sempre $+2$. Na verdade, a outra raiz encontrada, $x = 0$, resolve a equação

$$-\sqrt{4-x} = x - 2. \tag{B.3}$$

Observe que tanto essa equação como a equação inicial, ao serem elevadas ao quadrado, implicam a mesma equação $4-x=(x-2)^2$. Esta, sim, tem duas soluções: $x=0$ e $x=3$, uma que é solução de $\sqrt{4-x}=x-2$ e outra que é solução de $-\sqrt{4-x}=x-2$.

Esse exemplo deve convencer o leitor da importância de se convencionar que o símbolo $\sqrt{a}$ significa sempre a raiz quadrada positiva de a, qualquer que seja o número positivo a. Pois é preciso que tal símbolo tenha significado único e preciso sempre. Do contrário, a Eq. (B.1) não seria uma equação só, mas conteria também a Eq. (B.3); ou seja, estaríamos lidando com

$$\pm\sqrt{4-x}=x-2.$$

Temos aqui duas equações, as quais, juntas, equivalem à segunda equação que aparece em (B.1), isto é,

$$\pm\sqrt{4-x}=x-2 \Leftrightarrow 4-x=(x-2)^2,$$

contrariamente ao que acontece em (B.2), onde a primeira implicação é apenas da esquerda para a direita, não valendo a volta.

Para dar mais um exemplo convincente de que o símbolo $\sqrt{a}$ deve significar apenas uma das raízes de a, considere a equação

$$\sqrt{1-x}+2=\sqrt{1+3x}.$$

E agora, a primeira raiz quadrada que aí aparece é positiva? Negativa? E a segunda? É justamente para evitar tais ambiguidades que convencionamos, uma vez por todas, que o símbolo $\sqrt{a}$ significa sempre a raiz quadrada não negativa de a. Poderíamos também ter convencionado que fosse o sinal negativo. O importante é que deve ser um desses sinais para sempre.

► **Obs.:** Diante das considerações que acabamos de fazer, é correto resolver a equação $x^2=9$ escrevendo

$$x^2=9 \Leftrightarrow x=\pm3?$$

Sim, é correto. Mas como? Não deveríamos antes escrever

$$x^2=9 \Leftrightarrow |x|=\pm3?$$

Sim, mas como x é um número a ser encontrado, permanece a pergunta: "que número x tem módulo igual a 3"? A resposta é $x=\pm3$. Como se vê, na primeira equivalência acima, suprimimos uma passagem intermediária, agora incluída:

$$x^2=9 \Leftrightarrow |x|=\pm3 \Leftrightarrow x=\pm3.$$

B.9 Desigualdades

Para lidar com desigualdades, usam-se as mesmas regras das igualdades, porém com a seguinte ressalva:

Uma desigualdade muda de sentido quando se multiplicam ou se dividem seus dois membros por um mesmo número negativo.

Nos exemplos seguintes estamos multiplicando por -1, o que equivale a trocar os sinais dos dois membros da desigualdade:

$$5 > 3 \Rightarrow -5 < -3\,; \quad 2 > -3 \Rightarrow -2 < 3\,; \quad -3 > -10 \Rightarrow 3 < 10,$$

Nos exemplos seguintes estamos multiplicando ou dividindo por um número negativo diferente de -1:

$$2 > -3 \Rightarrow (-4)2 < (-4)(-3), \quad \text{ou seja,} \quad -8 < 12;$$

$$-2 < 7 \Rightarrow (-5)(-2) > (-5)7, \quad \text{ou seja,} \quad 10 > -35;$$

$$15 > -12 \Rightarrow \frac{15}{-3} < \frac{-12}{-3}, \quad \text{ou seja,} \quad -5 < 4.$$

Observe que multiplicar ou dividir por um número negativo é o mesmo que multiplicar ou dividir por um número positivo (o que não altera o sentido da desigualdade) e trocar os sinais de ambos os membros (alterando o referido sentido). Podemos, pois, dizer que a única diferença de comportamento entre igualdades e desigualdades é que

Uma desigualdade muda de sentido quando trocamos os sinais de seus membros.

B.10 Inequações

Tendo em vista o que acabamos de ver sobre desigualdades, fica claro como resolver inequações. Veja este exemplo:

$$5 - 2x < 3x + 25 \Rightarrow -2x - 3x < 25 - 5$$

$$\Rightarrow -5x < 20 \Rightarrow x > \frac{20}{-5} = -4.$$

A solução é o conjunto dos números maiores que -4; abreviadamente, dizemos, simplesmente, que "a solução é $x > -4$".

Outro exemplo:

$$3(1 - x) + 7x < 33 - 4(5 - 2x)$$

$$\Rightarrow 3 - 3x + 7x < 33 - 20 + 8x$$

$$\Rightarrow -3x + 7x - 8x < 33 - 20 - 3$$

$$\Rightarrow -4x < 10 \Rightarrow x > \frac{10}{-4} = \frac{5}{-2} = -2,5.$$

Portanto, a solução da inequação dada é $x > -2,5$, vale dizer, "a solução da inequação é o conjunto de todos os números x tais que $x > -2,5$".

Outro exemplo: $(3x - 2)(3 + 5x) > 0$. Observe que o produto de dois fatores é positivo se ambos são positivos ou ambos são negativos. Portanto, a inequação original fica satisfeita com a solução de

$$3x - 2 > 0 \text{ e } 3 + 5x > 0$$

e também com a solução de

$$3x - 2 < 0 \text{ e } 3 + 5x < 0.$$

As duas primeiras inequações equivalem a $x > 2/3$ e $x > -3/5$, o que equivale a $x > 2/3$; e as duas últimas equivalem a $x < 2/3$ e $x < -3/5$, ou seja, $x < -3/5$. Portanto, a solução procurada é a união do conjunto dos números maiores que $2/3$ e dos números menores que $-3/5$. Informalmente, dizemos que a solução é $x > 2/3$ e $x < -3/5$.

Observe que o "e" que aí aparece está empregado no sentido de união e não intercessão de conjuntos. Estamos aqui empregando linguagem corrente, que não tem precisão, por isso exige que saibamos bem o que estamos querendo dizer.

Ao contrário, se fazemos questão de linguagem precisa, então usamos a notação de conjuntos e escrevemos: a solução é o conjunto

$$\{x|\ x < -3/5\} \cup \{x|\ x > 2/3\}.$$

B.11 Inequações e valor absoluto

Como se faz para resolver a inequação $x^2 < 9$? Será correto simplesmente extrair a raiz quadrada e escrever $x < 3$? Não, isto é errado, pois $x = -4 < 3$, no entanto $(-4)^2 = 16 > 9$.

Lembremos que x^2 é o mesmo que $|x|^2$, de forma que o correto é

$$x^2 < 9 \Leftrightarrow |x|^2 < 9 \Leftrightarrow |x| < 3 \Leftrightarrow -3 < x < 3.$$

Assim, a solução da inequação $x^2 < 9$ é o conjunto dos números do intervalo $(-3, 3)$.

O que usamos na resolução da inequação acima foi a seguinte propriedade:

Se a e b são números não negativos, então $a^2 > b^2 \Leftrightarrow a > b$.

Como se vê, precisamos ter certeza de que os números a e b sejam não negativos. Para evitar essa ressalva, basta substituí-los por seus valores absolutos.

Podemos, pois, enunciar a propriedade anterior assim:

Quaisquer que sejam os números a e b, $a^2 > b^2 \Leftrightarrow |a| > |b|$.

Outro exemplo: $x^2 > 25$. Temos:

$$x^2 > 25 \Leftrightarrow |x|^2 > 25 \Leftrightarrow |x| > 5.$$

A solução é o conjunto dos números x tais que $|x| > 5$. Ora, isso acontece com $x > 5$ e $x < -5$. Portanto, a solução é a união desses dois conjuntos.

B.12 Binômio de Newton

O binômio de Newton é a expressão expandida de $(x + h)^n$, em que n é um inteiro positivo. Por exemplo, já sabemos, da fatoração, que

$$(x + h)^2 = x^2 + 2xh + h^2.$$

A partir daqui obtemos $(x + h)^3 = (x + h)(x^2 + 2xh + h^2)$. Nesse produto temos de multiplicar x e h separadamente por cada um dos três termos do 2º parêntese. Mas observe uma coisa interessante: o x multiplicado por $2xh$ se junta com o h multiplicado por x^2, dando $2x^2h + x^2h = 3x^2h$; o x multiplicado por h^2 se junta com o h multiplicado por $2xh$, dando $xh^2 + 2xh^2 = 3xh^2$. Ficam sem se juntar o x multiplicado por x^2 e o h multiplicado por h^2. O resultado é

$$(x + h)^3 = x^3 + 3x^2h + 3xh^2 + h^3.$$

Vamos agora a $(x + h)^4 = (x + h)(x^3 + 3x^2h + 3xh^2 + h^3)$. Aqui o x multiplicado por $3x^2h$ se junta com o h multiplicado por x^3, dando $4x^3h$; o x multiplicado por $3xh^2$ se junta com o h multiplicado por $3x^2h$, dando $6x^2h^2$; e o x multiplicado por h^3 se junta com o h multiplicado por $3xh^2$, dando $4xh^3$. Ficam sem se juntar o x multiplicado por x^3 e o h multiplicado por h^3. O resultado final é

$$(x + h)^4 = x^4 + 4x^3h + 6x^2h^2 + 4xh^3 + h^4.$$

Vamos agora descobrir a lei de formação dos coeficientes. Começamos escrevendo os coeficientes de $(x + h)^2$, $(x + h)^3$ e $(x + h)^4$ em linhas, assim:

$$\begin{array}{c} 1, \ 2, \ 1 \\ 1, \ 3, \ 3, \ 1 \\ 1, \ 4, \ 6, \ 4, \ 1 \end{array}$$

Veja que há uma lei simples de formação dos coeficientes nessas linhas: excetuados os extremos das linhas, cujos coeficientes são unitários, os demais coeficientes são obtidos adicionando-se os dois que lhe estão logo acima; assim, o primeiro 3 que aparece na segunda linha é a soma $1 + 2$; o segundo é a soma $2 + 1$; o primeiro 4 da terceira linha é a soma $1 + 3$; o segundo é a soma $3 + 1$, enquanto o 6 é a soma $3 + 3$. O leitor deve notar que essa lei de formação dos coeficientes é exatamente o resultado das observações anteriores sobre como juntar termos semelhantes para obter os termos da expansão binomial.

O chamado *triângulo de Pascal* é o triângulo numérico que obtemos acrescentando ao anterior quantas linhas mais quisermos pelo processo descrito, e mais duas no começo, estas apenas com o número 1. Eis o triângulo de Pascal com apenas 7 linhas:

$$\begin{array}{c} 1 \\ 1,\quad 1 \\ 1,\quad 2,\quad 1 \\ 1,\quad 3,\quad 3,\quad 1 \\ 1,\quad 4,\quad 6,\quad 4,\quad 1 \\ 1,\quad 5,\quad 10,\quad 10,\quad 5,\quad 1 \\ 1,\quad 6,\quad 15,\quad 20,\quad 15,\quad 6,\quad 1 \end{array}$$

Utilizando o triângulo de Pascal, podemos expandir qualquer potência de $x+h$. Por exemplo, pela última linha do triângulo acima,

$$(x+h)^6 = x^6 + 6x^5h + 15x^4h^2 + 20x^3h^3 + 15x^2h^4 + 6xh^5 + h^6.$$

Observe que os coeficientes equidistantes dos extremos são iguais e que os expoentes de x vão decrescendo, de 6 até zero, enquanto os de h vão crescendo, de zero até 6.

De modo geral, sendo n um inteiro qualquer, podemos escrever:

$$(x+h)^n = x^n + nx^{n-1}h + \ldots + nxh^{n-1} + h^n,$$

que é o binômio de Newton na sua forma geral.

B.13 Expoentes

Para multiplicar potências de mesma base, conserva-se a base e adicionam-se os expoentes. Exemplo:

$$a^3 \cdot a^2 = a^5, \quad \text{pois} \quad a^3 \cdot a^2 = (aaa)(aa) = aaaaa = a^5.$$

Para dividir potências de mesma base, conserva-se a base e subtraem-se os expoentes. Exemplo:

$$a^5 \div a^2 = a^3, \quad \text{pois} \quad a^5 \div a^2 = \frac{a \cdot a \cdot a \cdot a \cdot a}{a \cdot a} = \frac{a \cdot a \cdot a \cdot \not{a} \cdot \not{a}}{\not{a} \cdot \not{a}} = a^3.$$

Mas se fosse $a^2 \div a^5$, teríamos:

$$a^2 \div a^5 = \frac{a \cdot a}{a \cdot a \cdot a \cdot a \cdot a} = \frac{\not{a} \cdot \not{a}}{a \cdot a \cdot a \cdot \not{a} \cdot \not{a}} = \frac{1}{a^3}.$$

E se for para continuar valendo a regra de subtrair expoentes na divisão de potências de mesma base, devemos ter $a^2 \div a^5 = a^{2-5} = a^{-3}$. Comparando com o resultado anterior, concluímos que a^{-3} deve significar $1/a^3$. Em conclusão, para continuar valendo a regra de subtrair expoentes, devemos convencionar que a^{-3} significa $1/a^3$. De modo geral, a^{-r} significa $1/a^r$.

Por motivos análogos, introduzimos o coeficiente zero. Devemos ter sempre $a^n \div a^n = 1$, qualquer que seja $a \neq 0$, pois estamos dividindo um número por ele mesmo. Mas, pela regra de subtração e expoentes, deveríamos ter $a^n \div a^n = a^0$. Então devemos convencionar que $a^0 = 1$ para todo $a \neq 0$.

Para completar, lembramos as regras de exponenciação: $(ab)^r = a^r b^r$ e $(a^r)^s = a^{rs}$.

B.14 Radicais

Na seção anterior falamos de potências, mas ficamos restritos àquelas em que o expoente é natural. Nesse caso o expoente indica quantas vezes a base pode ser multiplicada por ela mesma. Entretanto, caso nos deparemos com uma potência, como, por exemplo, $2^{\frac{1}{2}}$, o expoente $\frac{1}{2}$ não quer dizer que a base será multiplicada por ela mesma $\frac{1}{2}$ vez. Queremos dar um sentido a essa potência, mas, seja qual for, as propriedades listadas na Seção B.13 devem continuar válidas.

Considere $a > 0$ e m, $n \in \mathbb{N}$. Queremos que

$$\left(a^{\frac{m}{n}}\right)^n = a^{\frac{m}{n}} \cdot a^{\frac{m}{n}} \cdots a^{\frac{m}{n}} = a^{\frac{m}{n}+\frac{m}{n}\cdots\frac{m}{n}} = a^{\frac{n\cdot m}{n}} = a^m$$

Então o símbolo $a^{\frac{m}{n}}$ representa um número que se elevado ao expoente n dará como resultado a^m. Já temos um símbolo que representa esse número, que é $\sqrt[n]{a^m}$, e assim definimos,

$$a^{\frac{m}{n}} \stackrel{Def}{=} \sqrt[n]{a^m}$$

Para o caso em que o expoente for irracional, basta levar em conta que qualquer número irracional pode ser aproximado por uma sequência de números racionais e as propriedades listadas na Seção B.12 continuam válidas.

Então,

$$8^{1/3} = \sqrt[3]{8} = 2; \quad 5^{2/3} = \sqrt[3]{5^2} = \sqrt[3]{25};$$

$$\sqrt{a} = a^{1/2}; \quad a^{7/2} = a^{3+1/2} = a^3 a^{1/2} = a^3\sqrt{a};$$

$$\frac{1}{x\sqrt{x}} = \frac{1}{x \cdot x^{1/2}} = \frac{1}{x^{1+1/2}} = \frac{1}{x^{3/2}} = x^{-3/2}.$$

Observe que

$$\sqrt{a}\cdot\sqrt{b} = \sqrt{ab}, \text{ que é o mesmo que } a^{1/2}b^{1/2} = (ab)^{1/2},$$

mas nunca $\sqrt{a+b} = \sqrt{a} + \sqrt{b}$, que é errado, como é errado escrever, em geral, $\sqrt[q]{a+b} = \sqrt[q]{a} + \sqrt[q]{b}$. Assim, é correto escrever

$$\sqrt{8} = \sqrt{4\cdot 2} = \sqrt{4}\sqrt{2} = 2\sqrt{2};$$

$$\sqrt[3]{x^7} = \sqrt[3]{x^6 x} = \sqrt[3]{x^6}\,\sqrt[3]{x} = x^2\,\sqrt[3]{x};$$

mas $\sqrt[3]{a^3 + b^6} = \sqrt[3]{a^3} + \sqrt[3]{b^6} = a + b^2$ está errado.

Outros exemplos de manipulação algébrica envolvendo radicais:

$$\sqrt[3]{x^2} + \frac{2}{3}(x-1)\frac{1}{\sqrt[3]{x}} = \frac{3\sqrt[3]{x}\,\sqrt[3]{x^2} + 2(x-1)}{3\sqrt[3]{x}}$$

$$= \frac{3\sqrt[3]{x^3} + 2(x-1)}{3\sqrt[3]{x}} = \frac{3x + 2(x-1)}{3\sqrt[3]{x}} = \frac{5x-2}{3\sqrt[3]{x}};$$

Referência Bibliográfica

[1] ÁVILA, Geraldo. *Variáveis complexas e aplicações.* Rio de Janeiro: LTC, 3. ed., 2000.

Índice

Pré-impressão, impressão e acabamento

GRÁFICA
SANTUÁRIO

grafica@editorasantuario.com.br
www.editorasantuario.com.br
Aparecida-SP

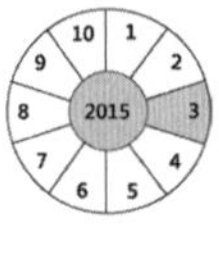